TURTLES OF THE WORLD

世界龟鳖分类图鉴

梁 亮 乔铁伦 / 编著

中国农业出版社
北 京

图书在版编目（CIP）数据

世界龟鳖分类图鉴 / 梁亮，乔轶伦编著. -- 北京 ：中国农业出版社，2023.10（2024.4重印）
ISBN 978-7-109-30961-6

Ⅰ. ①世… Ⅱ. ①梁… ②乔… Ⅲ. ①龟科－世界－图集②鳖－世界－图集 Ⅳ. ①Q959.608-64

中国国家版本馆CIP数据核字(2023)第146857号

世界龟鳖分类图鉴
SHIJIE GUIBIE FENLEI TUJIAN

中国农业出版社出版
地址：北京市朝阳区麦子店街18号楼
邮编：100125
责任编辑：周锦玉
版式设计：尹 丽　　责任校对：吴丽婷　　责任印制：王 宏
印刷：北京中科印刷有限公司
版次：2023年10月第1版
印次：2024年4月北京第2次印刷
发行：新华书店北京发行所
开本：880mm × 1230mm 1/16
印张：36.5
字数：1005千字
定价：398.00元

作者简介

梁亮，1982年生于北京，高级工程师，现就职于农业农村部规划设计研究院。自幼喜爱观赏龟、观赏鱼等小动物，有近30年宠物龟饲养经历。求学期间，师从我国著名昆虫分类学家杨定教授，开展昆虫分类研究，曾赴湖北神农架、云南哀牢山、云南高黎贡山等自然保护区进行生物多样性调查，具有扎实的动物分类学专业知识和丰富的野外科考经验。在*Communications Biology*、*Molecular Ecology Resources*、*Scientific Reports*、《动物分类学报》、《昆虫分类学报》等国内外知名学术期刊发表论文20余篇。

希望能和国内外广大龟鳖爱好者一起学习交流。联系方式如下：

电子邮箱 easygoing216@163.com

微 信 号 easygoing64620374

作者简介

乔轶伦，野生动物保育员、畜牧师、中国野生动物保护协会专家库成员。北京龟鳖协会创办者之一。现就职于北京市动物园爬行动物馆，从事龟鳖及爬行动物物种鉴定、驯养繁殖、策展设计、疾病防治、科学传播等相关工作近二十载。常在报刊、图书及网络等媒体发表多种动物摄影作品和科普文章。擅长策划和开展爬行动物主题的讲座和节目，主张、鼓励公众亲自接触、感知爬行动物，消除对它们的误解，传播保护动物理念。

自 序

龟鳖作为最古老、最特化的爬行动物，早在2亿年前就在地球上繁衍生息且历经时世变迁仍繁衍不衰。现今，由于人类过度的社会活动，一些如平塔岛陆龟"孤独的乔治"、大部分鳖科物种等已经灭绝或濒临灭绝。相反，另一些如巴西龟、拟鳄龟等，或作为宠物龟或作为肉用商品龟被引进到非原生地养殖，因逃离到野外或被饲养者遗弃后，由于具有极强的环境适应性和繁殖能力，对当地龟鳖物种的繁衍造成极大威胁，严重破坏着当地生态系统。

受父辈影响，幼年的我对龟鳖爬宠就有了较为浓厚的兴趣，一直对其情有独钟。那时最开心的事情就是周末父亲带我逛北京的花鸟市场，去观赏商家售卖的各类宠物龟，自己也养过一些像巴西龟、地图龟、草龟、花龟等大众宠物龟，粗算起来前后养过近30个品种80多只龟。后来本人有幸师从中国农业大学杨定教授开始了昆虫分类专业的研究生学习，在求学的这段时间里积累了一些动物分类的专业知识，也正是在那时萌发了对世界现生龟鳖类物种进行梳理介绍的想法。自2012年毕业后，我利用工作之余，对近10年的文献资料和图片素材进行收集整理，最终有幸与乔轶伦老师一起编著了这本《世界龟鳖分类图鉴》。这本书主要以*TURTLES OF THE WORLD*：*Annotated Checklist and Atlas of Taxonomy, Synonymy, Distribution, and Conservation Status*（9th ed）中所列世界龟鳖类物种为基础，记录了目前全球14科95属350种现生龟鳖类物种的名称（学名、英文名、中文名）、地理分布等基本信息，重点从外部形态方面对龟鳖类各物种进行较为详细的描述，并配有大量图片；同时，介绍了一些龟鳖类科普知识，并对我国最新出台的涉及龟鳖类野生动物管理的法律法规进行梳理归纳。希望本书能为我国龟类爱好者掌握龟鳖类动物分类的基础知识和合法合规养龟提供一定的参考指导。

本书编写过程中，得到了30余位国内外龟类爱好者和研究人员的支持与帮助，虽然之前大部分人并不相识也未曾谋面，但他们对本书的顺利完成都起到了非常重要的作用。在此，对他们提供的便利和帮助表示万分感谢！最后，作为一名爱好者，由于专业水平有限，书中遗漏、错误等在所难免，恳请批评指正。

梁 亮

2022年12月

致 谢

感谢*Chelonian Research Monographs*丛书编辑Anders G.J. Rhodin先生对于本书引用*Chelonian Research Monographs*系列出版物中的图片给予的许可和支持。

感谢Herptile Lovers爬宠店Baba Yoshitsugu先生为本书提供了大量宠物龟实物图片。

感谢珍陆龟保育组织（Dwarf Tortoise Conservation）Victor Loehr先生为本书提供了大量非洲分布陆龟的珍贵图片。

感谢Paul Freed先生为本书提供了澳大利亚龟类和纳米比亚海角陆龟（*Chersobius solus*）的珍贵图片。

感谢Uwe Fritz先生为本书引用其团队在*Zootaxa*和*Vertebrate Zoology*等期刊上发表的学术论文中的图片给予的便利和支持。

感谢Eduardo Reyes-Grajales、Fábio A. G. Cunha、Gaurav Barhadiya、Hanyeh Ghaffari、Ivan Sazima、James Harding、Jayaditya Purkayastha、Jeffrey E. Lovich、John B. Iverson、John Fowler、Marco Antonio Lopez-Luna、Mario Vargas Ramirez、Mark de Boer、Peter Paul van Dijk、Robert M. Murphy、Steven Platt、Taylor Edwards、Travis M. Thomas、William E. Magnusson、Vivian P. Páez等十余位国外龟类研究专家和爱好者为本书提供的图片和在图片使用方面给予的便利和支持。

感谢暨南大学生命科学技术学院龚世平教授为本书提供了华鳖属新物种砂板鳖及同属砂鳖、小鳖、中华鳖等实物照片，以及在本书内容方面提供了修改建议。

感谢北京石探记刘晔先生、纳灵优作爬宠店刘旭先生为本书提供了龟类原生境照片和宠物龟幼体照片。

感谢安徽省休宁县水产站林衍峰正高级工程师为本书提供了华鳖属新物种黄山马蹄鳖实物照片。

感谢顽主驿朱彤先生及其团队，现居加拿大的刘宸女士，现居澳大利亚的陈岩老师，现居德国的田煜先生，广东的陈健先生、龟友“文文野爷”，中国科学院动物研究所杜卫国研究员，北京动物园张成林副园长，北京的卢小严女士、张辰亮先生、张岳先生、付山先生、冯士骞先生等在本书编写过程中给予的支持和帮助。

Acknowledgments

We would like to express our gratitude to Mr. **Anders G.J. Rhodin**, the Series Editor of the *Chelonian Research Monographs*, for allowing and supporting the use of images from the series of *Chelonian Research Monographs*. We also thank Mr. **Baba Yoshitsugu** of Herptile Lovers for providing numerous live photographs of pet turtles for this book. We extend our appreciation to Mr. **Victor Loehr** of Dwarf Tortoise Conservation for providing a wealth of valuable images of African tortoises for this book. We are grateful to Mr. **Paul Freed** for providing precious images of Australian turtles and the Namibian sand turtle *Chersobius solus* for this book. We would like to acknowledge Mr. **Uwe Fritz** for facilitating and supporting the use of images from his team's academic papers published in journals such as *Zootaxa* and *Vertebrate Zoology*. We are also grateful to more than ten foreign turtle research experts and enthusiasts, including **Eduardo Reyes-Grajale**s, **Fábio A. G. Cunha**, **Gaurav Barhadiya**, **Hanyeh Ghaffari**, **Ivan Sazima**, **James Harding**, **Jayaditya Purkayasth**a, **Jeffrey E. Lovich**, **John B. Iverson**, **John Fowler**, **Marco Antonio Lopez-Luna**, **Mario Vargas Ramirez**, **Mark de Boer, Robert M. Murphy**, **Peter Paul van Dijk**, **Steven Platt**, **Taylor Edwards**, **Travis M. Thomas**, **William E. Magnusson**, and **Vivian P. Páez**, for providing images and supporting the use of these images in this book. We express our thanks to Professor **Gong Shiping** of the School of Life Science and Technology at Jinan University for providing live photos of the species of the genus *Pelodiscus*, including *Pelodiscus shipian*, *Pelodiscus parviformis*, *Pelodiscus axenaria* and *Pelodiscus sinensis*, as well as suggestions for the content of this book. We also thank Mr. **Ye Liu** of Beijing Shitanji, Mr. **Xu Liu** of Naling Youzuo, for providing photos of wild turtles and juvenile pet turtles for this book. We are grateful to Mr. **Yanfeng Lin**, senior engineer of the Xiuning County Aquaculture Station in Anhui Province, for providing live photos of the *Pelodiscus huangshanensis*. Finally, we would like to thank **Tong Zhu** and his team at Wanzhuyi, Ms. **Chen Liu** now residing in Canada, Mr. **Yan Chen** now residing in Australia, Mr. **Yu Tian** now residing in Germany, Mr. **Jian Chen** and turtle enthusiast "Wenwen Yeye" from Guangdong, Principal Investigators **Weiguo Du** of Institute of Zoology, CAS, Vice Director **Chengiin Zhang** of the Beijing Zoo, Ms. **Xiaoyan Lu**, Mr. **Chenliang Zhang**, Mr. **Yue Zhang**, Mr. **Shan Fu**, and Mr. **Shiqian Feng** from Beijing, for their support and assistance during the writing of this book.

目 录

第一部分
龟鳖概述

恐龙虽曾统治过地球，但那只是历史长河中的一个瞬间。另一类爬行动物已经在地球上生活了约2亿年，它们的生命力已远远超过了恐龙。面对冰河时期、全球温度升高、干旱及地壳上升等种种考验，在外壳的保护下，这些活化石经历了无数世事变迁，最终存活到今天，称得上是生命世界的奇迹，这就是爬行动物中古老而特化的一支——龟鳖类动物，简称"龟鳖"或"龟类"。

在多数人的印象中，龟类远不如鳄鱼、蛇和蜥蜴那样狰狞可怕、令人畏惧，但它们却有着与众不同、不为人所知的生理与生态特性。不论是过去或现在，人们总是对龟类充满好奇与想象，围绕龟类扩展出数不尽的神话、传说、民俗。这些反映了人类对龟类的初步感性认识，同时也夹带了许多不必要的误解，使得许多人对龟类的印象有所扭曲，这些都源于对它们的了解不够。谨以此篇概述，抛砖引玉，笔者寄望于大家能真正地了解这类人们既熟悉又陌生的爬行动物。

一、寻根问祖篇——龟鳖的分类地位

世界已知最早的龟鳖类动物出现于2.2亿年前的三叠纪晚期，该动物化石发现于我国贵州关岭，该动物口中有齿而不是现生龟鳖类动物常见的角质喙，龟甲只有腹面完整，背面仅有中轴的一列骨板，2008年11月由中国科学院古脊椎动物与古人类研究所李淳研究员等将其命名为半甲齿龟（*Odontochelys semitestacea*）。这种过渡型特征显示了龟鳖进化中甲壳形成的过程，为解开龟鳖起源之谜提供了重要的化石证据。现代的龟鳖类动物是由原颚龟类（Proganchelys）演化而来的。

世界已知最早的龟鳖类动物——半甲齿龟（梁 亮 摄）

热河生物群喜欢水中生活的龟鳖类动物——辽西鄂尔多斯龟（梁 亮 摄）

世界已知最早的鳖之一——喇嘛洞连鳖（梁 亮 摄）

龟鳖类动物演化示意图

分类学上，龟鳖类动物（Turtle）隶属动物界（Animalia）脊索动物门（Chordata）爬行纲（Reptilia）无孔亚纲（Anapsida）龟鳖目（Testudines）。按栖息地类型，现生龟鳖类动物可分为水栖龟类和陆栖龟类。其中，水栖龟类包括淡水龟、海龟和鳖；陆栖龟类包括完全陆栖的陆龟和可在浅水及离水不远的陆地上生活的半水龟。按头颈部收回方式，现生龟鳖类动物可分为侧颈龟类和潜颈龟类。顾名思义，侧颈龟类的头颈部只能横向弯曲至壳的一侧，不能缩入壳内；潜颈龟类（海龟科、鳄龟科、平胸龟科等除外）可将看似绷直外露的头颈部呈S形竖直缩进壳内，将头颈部保护起来，超过70%的现生龟鳖类动物属于潜颈龟类。

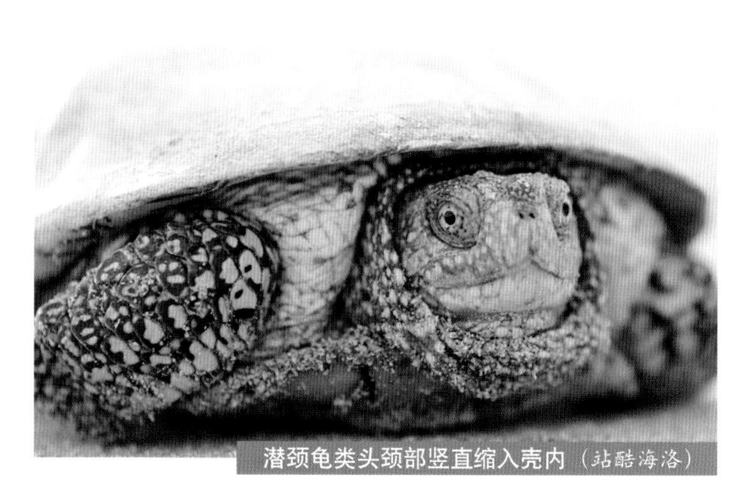
潜颈龟类头颈部竖直缩入壳内（站酷海洛）

2021年Thomson等基于包括龟鳖目14个科92属279种的591个个体的分子遗传数据，构建了龟鳖目科级分类阶元的系统发育关系。但一些龟鳖类动物物种在属种等分类阶元上的分类地位仍存有争议。

侧颈龟类头颈部侧弯缩入壳内（站酷海洛）

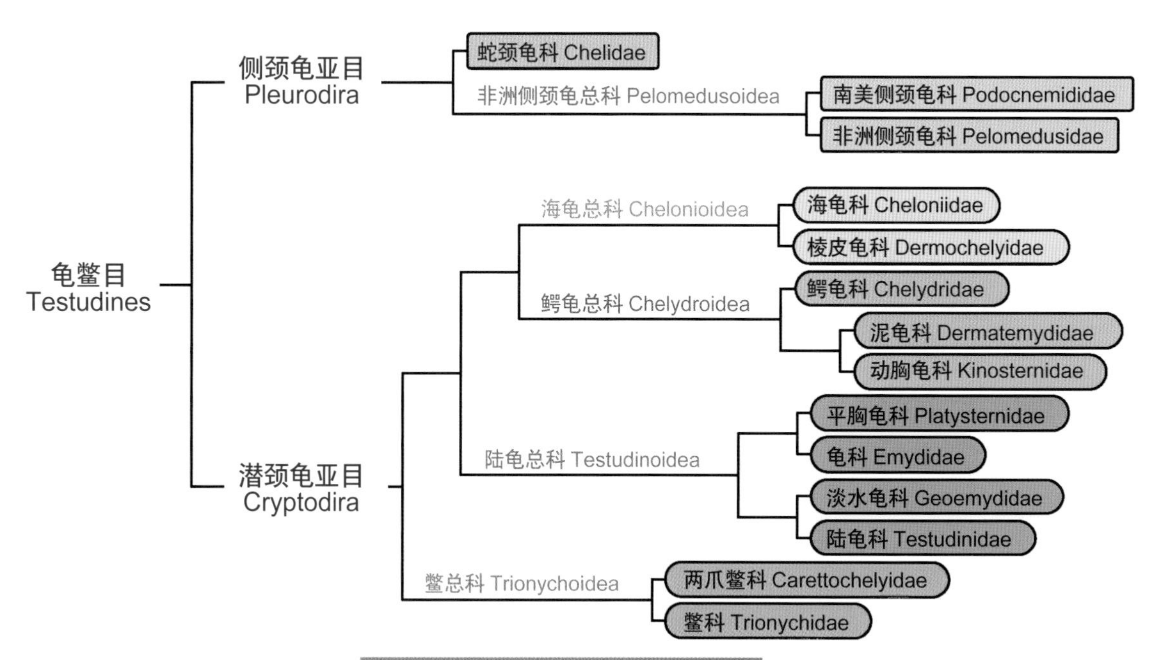

龟鳖目高级分类阶元系统发育关系

截至2022年12月，根据*TURTLES OF THE WORLD*： *Annotated Checklist and Atlas of Taxonomy, Synonymy, Distribution, and Conservation Status*（9th ed）中的龟鳖目物种分类信息和已发表的龟鳖目动物物种分类文献资料，目前全世界现生龟鳖类动物有14科95属350种，其中我国有6科17属36种。

现生龟鳖目科的属、种数目及地理分布

亚目	科	属数目（个）	种数目（个）	地理分布范围
侧颈龟亚目 Pleurodira	蛇颈龟科 Chelidae	15	63	南美洲和澳大利亚、巴布亚新几内亚、印度尼西亚和东帝汶
	非洲侧颈龟科 Pelomedusidae	2	27	非洲
	南美侧颈龟科 Podocnemididae	3	8	南美洲和马达加斯加岛
潜颈龟亚目 Cryptodira	海龟科 Cheloniidae	5	6	大西洋、印度洋和太平洋
	棱皮科 Dermochelyidae	1	1	大西洋、印度洋和太平洋
	鳄龟科 Chelydridae	2	5	美洲
	泥龟科 Dermatemydidae	1	1	墨西哥、伯利兹和危地马拉
	动胸龟科 Kinosternidae	4	31	美洲
	龟科 Emydidae	11	53	美洲、欧洲和西亚
	平胸龟科 Platysternidae	1	1	亚洲
	淡水龟科 Geoemydidae	19	71	美洲、亚洲、欧洲和北非
	陆龟科 Testudinidae	17	47	除澳大利亚以外的热带及亚热带大陆、岛屿
	两爪鳖科 Carettochelyidae	1	1	澳大利亚、印度尼西亚、巴布亚新几内亚
	鳖科 Trionychidae	13	35	非洲、北美洲和亚洲
合计		95	350	

龟鳖目各科都具有其特征及习性：

侧颈龟亚目 Pleurodira

蛇颈龟科 Chelidae：现生63种，又被称为澳美侧颈龟，主要生活在南美洲和澳大利亚、巴布亚新几内亚、印度尼西亚和东帝汶等地的淡水水域中。多数种类为体型较大的淡水龟，身体椭圆形，脖子极长，游泳能力很强。喜暖畏寒，主要为肉食性。

非洲侧颈龟科Pelomedusidae：现生27种，是侧颈龟亚目中较原始的一科，为中小型淡水龟，又称侧颈龟，主要分布在非洲。虽为侧颈龟，但颈部比蛇颈龟科种类要短许多，后足上具5爪（一般的龟类都是后足4爪），部分种类腹甲具韧带构造，可将腹甲闭合。

南美侧颈龟科Podocnemididae：现生8种，多为大中型淡水龟，又称美非侧颈龟，主要分布于南美洲和马达加斯加岛。腹甲具有与非洲侧颈龟科相似的间喉盾，颈部亦短，该科种类水栖性极强，除晒背、产卵外几乎一生都在水中度过。

潜颈龟亚目 Cryptodira

海龟科Cheloniidae：大中型海龟，现生6种，分布最为广泛，主要生活在大西洋、印度洋和太平洋的热带海域中，延伸至邻近亚热带和温带海域。四肢特化成桨形或鳍状。有在觅食地和繁殖地间迁徙的习性，产卵量大，寿命长。

棱皮龟科Dermochelyidae：大型海龟，现生仅1种。分布于大西洋、印度洋和太平洋海域中，身上的甲壳被特殊的棱状革质皮肤所代替。是世界上现存最大的龟类，最大体长超过200厘米，重达900千克。

鳄龟科Chelydridae：现生5种，分布于美洲。因背部的铠甲质感和长长的尾巴像鳄鱼而得名。腹甲部分较小，呈“十”字形。具钩状嘴，性凶猛。最大体长达80厘米，体重达110千克，是最大的淡水龟。

泥龟科Dermatemydidae：现生仅1种，仅分布于中美洲的墨西哥、伯利兹和危地马拉。是淡水龟中较为原始的种类，体型大，可长达65厘米，水栖性很强，鼻部呈管状而略微上翘，属濒危物种。

平胸龟科 Platysternidae：现生仅 1 种，是东南亚地区的特产水龟。身体扁平，头部较大，被角质头盾，无法缩进壳内。尾几乎与身体等长。生活于山区流溪中，喜阴凉，不耐酷热。

淡水龟科 Bataguridae：现生 71 种，是龟类中种类最多的一科。主要分布在美洲（木纹龟属）、亚洲、欧洲和北非，以东南亚及南亚地区的种类最为丰富。其生态习性亦非常多样，多数种类为淡水龟及半水龟，体型大小差异很大。

陆龟科Testudinidae：现生47种，除澳大利亚以外的热带和亚热带大陆、岛屿均有分布。一般背甲高而隆起，头部及四肢覆盖着大型的鳞片，体型较大的种类又常被称为“象龟”。完全陆栖，不会游泳，进入浅水中只是洗澡，多为素食性。

龟科Emydidae：现生53种，除泽龟属分布于欧洲和西亚外，主要栖息在美洲。该科多为中小型的淡水龟及半水龟。体型大小及色彩差异很大。如常见的红耳彩龟（*Trachemys scripta elegans*）就是此科的成员。

动胸龟科 Kinosternidae：现生31 种，分布于美洲，从加拿大向南一直到达南美洲的许多国家。该科龟类多数属中小型水龟，有的喜欢栖息于泥泞的环境中，故又称“泥龟”，因多数种类壳扁呈椭圆形，腹甲具 2 条韧带，前后部可闭合，闭合后呈蛋状，因而得名“蛋龟”。

两爪鳖科Carettochelyidae：现生仅1种，分布在澳大利亚、印度尼西亚、巴布亚新几内亚的水域中，四肢特化如桨状，每肢仅具2爪，故得名，因肉质的鼻部较为突出而又被称为“猪鼻龟”。

鳖科Trionychidae：现生35种，广泛分布于非洲、北美洲和亚洲。为大中型龟类，体型扁平，背甲革质皮肤结构，边缘具有肉质的“裙边”。该科成员吻端呈管状突出，水栖性强，平时常沉于水底泥沙中。

二、形态特征篇——龟鳖的身体结构与感官功能

龟壳乃护身法宝，外刚内柔学问大

龟鳖外部形态相当特别，它们体外包覆着坚硬的甲壳，使得龟鳖成为最容易识别的动物之一。甲壳看似简单，实则十分复杂：背面隆起部分称为背甲，腹面相对平坦部分称为腹甲，身体两侧连接背甲和腹甲的部分称为甲桥，背甲和腹甲由角质的骨板组成。骨板下层是支撑起甲壳的骨骼，就像房屋的龙骨框架一般；骨板表层则是盾片，本质上是特化的鳞片，就像房屋的瓦片一样，紧密覆盖在骨板上，不同种类的盾片颜色、纹路各不相同。不同位置的骨板和盾片都有专业名词，是龟鳖类动物种类鉴别的重要依据。由于龟鳖的骨骼、肌肉都是与壳相连的，所以它们不可能像动画片里那样“脱壳而出”。

龟类背甲的形状因种类及栖息环境的不同而形态各异。为了减少游泳的阻力，水龟的背甲一般比较扁平；而陆龟为了在陆地上更好地保护自己，其背甲相对饱满而高耸。相比于背甲，龟类腹甲通常相对扁平，色彩暗淡而单一。有些如亚洲的闭壳龟（*Cuora* spp.），北美洲的箱龟（*Terrapene* spp.）、动胸龟（*Kinosternon* spp.）等，腹甲的腹盾前后以合页般的韧带相连，当头颈部、四肢及尾部缩进壳内时，腹甲可以向上闭合，起到防护作用。

一些高度水栖的龟类，如鳖的甲壳并非是骨板与盾片的构造，而是被特化的革质皮肤构造取代。中文里常将龟和鳖划分为两类不同动物来明确区分，其实鳖只是隶属于龟鳖目的鳖科，是龟类家族中的一个小分支。区分龟和鳖的关键在于壳。鳖实际上是一类甲壳特化为革质皮肤的龟类，在英文里没有“鳖”这个词，而是将鳖称为“Softshell Turtle”，也就是“软壳龟”的意思。

中华鳖表面革质的扁平背甲（站酷海洛）

辐射陆龟表面覆有盾片的圆拱背甲（站酷海洛）

视听系统——眼神好，听觉佳

龟鳖头部椭圆，皮肤光滑或布满大小不一的鳞片，鼻吻部突出，整个头部所占身体的比例不是很大，脑容量小且其智力不发达。双眼位于头部两侧，如不转动脖子的话，双眼的视角只有约 30°，但视力较好，且能分辨物体颜色，只要视野范围内有外敌接近时，其或入水，或躲藏，或龟缩。水栖龟鳖类动物的眼球表面还附有一层瞬膜，可防止异物进入眼睛，以便在水中自由活动。

龟鳖的耳朵没有外耳孔，被一片圆形的鼓膜所覆盖，但不表示听力就不好。龟鳖可感测到的声音波长与人类不相同，打雷和广播等声音并不会吓到它们。龟类对低频波长较为敏感，比如人类的脚步声和捕食者移动靠近时的声响。不必等到眼睛看见敌人，就可以逃脱或躲藏，所以有人戏称“龟鳖的耳朵长在肚皮上”。

沉默少语的“哑巴”

多数龟类性格较“内向”，因为其体内并没有发声的器官，它们称得上是少语寡言的“静默主义者”。但在繁殖季节里，一些种类（如海龟与大型陆龟）的雄龟在交配时会发出响亮的“叫声”，这种“叫声”其实是低沉的呼吸声。我国的黄缘闭壳龟（*Cuora flavomarginata*）在发情时，雄龟还会从鼻孔中快速喷出气体或液体，并发出极具特色的“鼻音”。此外一些龟类被骚扰时，在快速将头部及四肢缩入甲壳的同时，还会发出一种威慑呼气声，用“嗤之以鼻”的方式来表示对来犯者的不欢迎。

三、生活习性篇——龟鳖的衣食住行

龟速行驶有多慢?

龟鳖虽有外壳保护，但其腿脚上布满了防止水分散失的鳞片，因此仍符合爬行动物的典型特征。不同种类龟鳖的四肢会因栖息环境与生态习性而有所差异：

陆龟的四肢粗壮，后肢呈圆柱形，四肢表面具粗糙大鳞片，尤其是大型种类，有点大象腿的感觉，所以大型的陆龟又常被称为象龟。在人们眼中，龟鳖是出了名的慢性子，尤其是陆龟，由于饱满龟壳的束缚，它们在四足着地行走时，每迈出一步，感觉就是“三点不动，一点在动”。像世界第一大陆龟——加拉帕戈斯陆龟，平均每 10 分钟才移动 60 米，每天的移动距离只有 6.4 千米；而来自北美移动最快的沙漠陆龟，时速也不足 1 千米。陆龟不仅爬行缓慢，且大部分都是“旱鸭子”，无法在深水中游泳，否则会溺死。

然而，也不是所有龟鳖都始终保持“龟速行驶”。淡水龟的四肢扁平，表面鳞片细小，指（趾）间具发达的蹼，游泳、潜水样样精通，有的种类还会轻松地在水底行走。如果将淡水龟拿到岸上去，它会不顾一切地迅速爬行，试图跳回水中。海龟则是高度适应海洋生活、四肢特化的一类水栖龟类。其他多数龟类的指（趾）数是前五后四，但海龟的四肢扁平如船桨，只有一个退化趾的痕迹，后肢掌舵，前肢滑水，看起来如同在水中“飞翔”一般，时速超过 30 千米，就如同人类在地上奔跑一样灵活、迅速。此外，半水龟四肢扁平，指（趾）间仅具半蹼或无蹼；底栖鳖科动物四肢扁平，腿部具褶皱。

陆龟用于支撑身体的圆柱形粗壮后肢（站酷海洛）

海龟的桨状前肢（站酷海洛）

淡水龟指（趾）间具全蹼（梁　亮　摄）

“水下潜艇”的换气绝活

作为陆栖脊椎动物，龟类靠肺呼吸是不足为奇的，但现生龟类约有70%营水栖生活，它们一生中相当长的时间都在水中度过，经常能看到一些龟鳖在深水处一待就是几小时，它们憋气的本领真有那么强吗？显然，肺不是龟类唯一的呼吸器官，不少水栖龟类皮肤上分布着丰富的网状微血管系统，对水中的氧气和二氧化碳有着高度的通透性，可以在水中通过皮肤辅助进行呼吸。比如非洲鳖（*Trionyx triunguis*），在水里70%的时间都是以这种方式进行呼吸的。淡水龟口咽腔内壁的黏膜也有可以交换气体的微血管系统，常能看到它们在水中时咽喉一鼓一瘪地扩张和收缩，其实那是在进行呼吸。一些淡水龟泄殖腔内薄壁的肛囊也可以进行呼吸，比如澳洲侧颈龟（*Emydura*

半水龟指（趾）间具半蹼（站酷海洛）

spp.），栖息在氧气含量丰富的水中，泄殖孔会一直处于微张状态，这样就不用上岸呼吸了。另外，最近的研究还发现，龟壳在水中也有透气、辅助呼吸的作用。骨板内含有大量的钙质，龟类在长时间潜水时，如遇缺氧的话，骨板会释出大量钙离子到血液中，可以缓解因二氧化碳大量累积所造成的酸化现象，避免因为血液的酸碱不平衡而影响体内重要细胞或组织的正常功能。海龟类在水下的时间取决于龟类品种、水温以及水中的溶氧量。海龟较能忍受低含氧量的水环境，在海底一沉就约 20 小时，不会有任何问题；来自北美的巨头麝香龟（*Sternotherus minor*）则能在氧气饱和的水中待上 28 小时以上；而有些温带的龟类冬眠时，代谢速率下降，耗氧量减少，可以在水底蛰伏数周乃至数月之久，而不会窒息。

龟鳖家在哪里？

形形色色的龟鳖类动物由于生态习性差异很大，分布也十分广泛，包括除南极洲、北冰洋以外的所有大洲，以及大洋温带、亚热带和热带地区，河口、湿地（沼泽）、溪流、湖泊、海洋、森林、草原及干旱的沙漠地区中都有发现其踪迹。红海龟（*Caretta caretta*）可以下潜到海平面下 1000 米的深海，非洲的东部钟纹折背陆龟（*Kinixys belliana*）可栖息在海拔 3000 米的高山上。身上背负的龟壳就好似它们的家，加上很多龟类都是生活在水中，所以大多数种类并无固定的巢穴。多数淡水龟会在水里的石块缝隙和角落以及水生植物丛中躲避、休息，生活在河底的鳖常常会用泥沙把自己埋在其中，只露出头部或鼻孔。一些陆龟和半水龟的龟甲上有特殊花纹，是天然的保护色，只需钻到草丛、落叶或石堆中就可以掩护自己了。尽管如此，一些生活在沙漠和森林里的陆龟也会挖洞而居。有时在养殖场、动物园中常能看到大群的龟类生活在一起，不过在野外，特别是非繁殖季节里，大多数龟类的性格还是很独立、内向而不太好热闹的，过着独来独往的生活。

龟鳖是如何解决温饱的？

龟类是变温动物，不能控制自身体温，体温随外界温度的升高（或降低）而升高（或降低）。只有在一定的温度范围内，龟类才能正常地活动、摄食，所以它们的活动规律高度地依赖环境。在温带地区和沙漠，由于早晚温差大，龟类早上“起床”时往往体温很低，要等太阳完全出来，气温上升后，它们才能去寻找食物。一些淡水龟如红耳彩龟（*Trachemys scripta elegans*）、黄头侧颈龟（*Podocnemis unifilis*）等，堪称是太阳的“崇拜者”，经常会在河流中露出水面的湖心小岛、石块或木头上进行集体日光浴，数量多时甚至会堆积在一起“叠罗汉”。另外，晒太阳还有助于龟类的健康生长。阳光中的中波紫外线（UVB）是合成体内维生素 D_3 的必需光线，有助于钙质的吸收。长期晒不到太阳会导致龟类缺钙，引发甲壳、骨骼、神经系统方面的疾病。摄取了足够热能后，龟类会活跃起来，潜入水中或躲到阴凉之处寻找食物。许多生活在热带、亚热带的龟类终年都会觅食，但并非每天都要吃东西，由于自身新陈代谢比较缓慢，即使较长时间不吃东西也不会饿死。为了应对不利的气候条件，生活在温带和高纬度地区的种类则会在长达数月的时间内蛰伏。比如分布于我国新疆的四爪陆龟（*Testudo horsfieldii*），既要冬眠又要夏眠，一年当中只有约 4 个月的时间比较活跃，摄食、生长、繁殖都要在短时间内完成。

集体晒太阳的红耳彩龟（站酷海洛）

不慌不忙的觅食者

几乎没有龟类能以迅捷的速度去捕捉快速移动的猎物，因此大多数龟类的食物是不会移动的植物，如果实（陆龟）；或是比它们速度还要慢的软体动物、昆虫幼虫等（半水龟）。淡水龟多为杂食性，且一些种类的食性会随着年龄的增长而变化，如锦龟（*Chrysemys picta*），幼年时多为肉食性，常捕捉水中的昆虫和小鱼，而成年后则主要以植物为食。一些龟鳖的食性十分狭窄，如马来食螺龟（*Malayemys macrocephala*），倾向于专门吃蜗牛等软体动物。在捕食方式上，大多数龟类是直接用嘴咬，而一些种类会采用独特的技巧和策略来获取食物。比如有“天才钓手”之称的大鳄龟（*Macrochelys temminckii*）和伪装成枯叶的玛塔龟（*Chelus fimbriata*），借助身体的保护色攫取猎物。北美洲的大鳄龟体色和形状如一块沉于水底的朽木，当它准备捕鱼时只需张开大嘴，口中舌头上粉红的部分晃动起来犹如鲜活的蚯蚓一般，经过它面前的小鱼受到引诱后便会靠近嘴边，此时大鳄龟便迅速地猛咬，将猎物吞入口中。南美洲的玛塔龟，利用自身枯叶般的伪装，捕杀从身边经过的小鱼，不过它每次捕食时要靠张口时形成的负压带动水流，将水连同食物一起吸入口中，因此就算陆上有现成的食物，对于只能在水里进食的它来说也只能干着急却吃不到。在人们的印象中，怕龟是因为怕被它咬，传说被咬后不但很疼，而且龟不会松口。龟类真的有这么凶猛吗？被龟咬过的人也许还会有印象，伤口一般会呈V形，并没有真正的一排排细小的牙印。这是为什么呢？由化石的证据发现，早期的龟类多具有牙齿，但现生龟鳖类动物并没有牙齿，无法像人类一样具有咀嚼食物的能力，只能利用上下颚部坚硬的角质喙构造，将食物咬断成小块，囫囵地吞进肚子里。有些龟类为了适应捕食，颚内长有宽阔的锯齿状齿槽，为的是碾碎甲壳动物的外壳及植物的茎干。在人工饲养条件下，由于食物都是精心加工好的，一些龟类的嘴部角质喙鲜有磨损的机会，容易发生增生现象，其实并不是得了什么疾病。还好大多数龟类不具有主动攻击性，只有鳄龟（*Chelydridae* spp.）、平胸龟（*Platysternon megacephalum*）等少数龟类在受到侵犯时才会凶猛地咬人，咬住半天不松口的也只占少数，比如部分鳖。

大鳄龟钓鱼捕食（乔轶伦　摄）

四、繁衍生殖篇——龟鳖的生生不息

龟鳖类动物之所以能在地球上存活如此之久，除了凭借外壳的保护及自身的适应性外，更离不开其自身族群的不断繁衍。它们的繁殖生理、习性和行为同一般的动物有较大区别，下面让我们来揭开它们生生不息的秘密。

雌雄莫辨

龟类的性别是一个很有趣的话题，很多人想知道如何分辨龟类的雌雄，至少在我国古代文学记载中可以看出，人们对龟类性别方面的话题可谓是一头雾水，浮想联翩。《埤雅》中如此描述龟："广肩无雄，与蛇为匹，故龟与它合，谓之玄武。"《尔雅翼》中又提到："按大腰纯雌，细腰纯雄，故龟与蛇牝牡。"《博物志》中说："龟类无雄，与蛇通气则孕，皆卵。"古人的意思就是说龟类背负着龟壳显得腰很粗，因此都是雌的，只能与公蛇交配，因为二者都是爬行动物，且皆为卵生。由此可见，古人因对龟类不了解所造成的偏见和谬论实在荒唐。可以肯定的是，所有龟类必有雌雄之分，只是实际区分起来的难度因种类而定。多数幼体从外形上是较难区分的，体型长到一定程度或是接近成熟的龟类，不难分辨其性别。从体型上看，虽然背负龟壳，但雄性个体的体型一般比雌性要显得狭长，雌性显得更为圆润、饱满。不同生态类型的龟类中，淡水龟体型雄性要小于雌性，半水龟体型雌雄大小差不多，陆龟体型雄性一般要大于雌性。有经验的饲养者及专业人士会将龟类翻身查看，雌雄便一目了然。龟壳虽然有能防身的好处，但却造成交配的不便，所以雄性腹甲往往明显向内凹陷，由于外生殖器官平时隐藏在泄殖腔内而尾巴显得十分粗长，泄殖孔口一般超过背甲外缘；而腹甲平坦，尾巴细短，泄殖孔一般不超过背甲外缘的则是雌性个体。一些种类也可以通过其他特征分辨雌雄：如常见的乌龟（*Mauremys reevesii*），成年雄性个体一般体色乌黑，俗称"墨龟"；雌性个体则一直都是棕褐色，故俗称为"草龟"。红耳彩龟的雄龟前足爪子明显比雌龟长。东南亚的咸水潮龟（*Batagur borneoensis*）在求偶季节，雄性头部会有一鲜红色纵斑。锯缘闭壳龟（*Cuora mouhotii*）雄性眼睛虹膜的颜色鲜红，雌性为棕褐色。

是男是女谁说了算?

龟类等爬行动物的性别问题还会受到孵化温度的影响。有些龟类的性别决定和人类一样，在娘胎里就知道了，实际上是在精子与卵子结合的时候，其性别就已经由控制性别的染色体决定了。有些龟类因缺乏决定性别的异形性染色体，所以卵中的幼体究竟是雄是雌，要靠孵化时的温度决定。温度控制性别的机制又分成两型：一是低温孵化出来的幼体与高温孵化出来的幼体性别相反；二是中温孵化出来的幼体与低温或高温孵化出来的幼体性别相反。在一些人工养殖场内，人们可以利用控温孵化的技术，控制孵化龟（鳖）苗的性别。自然产卵环境中，雌性通过产卵深度、产卵位置遮阳程度的不同，以及产卵季前后的气候差异等，达到族群性别比例的平衡。但野外的龟类种群，雌雄的比例并不一定相等，影响性别比例的自然环境因素非常复杂。

龟鳖的恋爱观

龟鳖类动物的具体繁殖期根据栖息地情况而定，可以说它们的繁殖活动和气候及温度的变化息息相关，它们的“恋爱期”会避开太冷或太热的天气，一般在春暖花开之际及秋高气爽之时，生活在热带的种类则不太固定，全年均可发情、交配。由于多数龟类是独栖动物，在繁殖季节里许多种类可分泌具有强烈味道的化学物质，彼此之间通过这些气味信号找到对方。雄性可以通过气味信息素来判断雌性是否处在发情期，从而选择适合交配的个体。在繁殖期内，常会看到龟类三五成群地在一起出现。当然，来约会的并非全是爱人，有时也会遇到情敌，有的种类雄性在发情期会大打出手，比如安哥洛卡陆龟（*Astrochelys yniphora*），雄性的喉盾向上翘起，这在争偶大战中是十分犀利的工具，身强体壮的雄龟可以借此将对手掀翻，赢得交配的权利。一些雄性水栖龟类在繁殖期也是躁动不安，同性之间争斗十分激烈，人工饲养的黄喉拟水龟（*Mauremys mutica*），就有在发情期中的雄性互相撕咬脖颈而导致一方死亡的案例。在真正交配之前，一些种类之间往往有着复杂而有趣的求偶行为。淡水龟的求偶、交配均在水中进行，雄性红耳彩龟会在雌龟面前表演求爱仪式，用双爪向两边拨水，雄性安布闭壳龟（*Cuora amboinensis*）也会伸长脖颈，在雌龟面前一左一右地摆动着头部。在向“爱人”“表露衷肠”得到应允后，雄龟便会爬上雌龟的背甲，四肢紧紧扣在雌龟身上，尾巴向下弯曲，找好角度，一旦勾住雌龟的尾巴，生殖器官便会伸出与之交配。有时为了控制住雌龟，雄龟还往往会咬住雌龟的脖颈，有时在繁殖季节内常会看到有的淡水龟脖颈上伤痕累累，这也成了特定生理期雌龟的标志。雄性龟类中也有经验不足、鲁莽行事的“愣头青”，不管三七二十一，见到雌性便直接爬上，这样的“霸王硬上弓”最终多以失败而告终。陆龟的求偶行为和水栖龟类相比，要简单许多，雄性缅甸陆龟（*Indotestudo elongata*）交配前多是极力围追堵截雌龟，遇到拒绝者也不甘心，会用四肢支撑起身体，用壳向

交配中的辐射陆龟（刘 晔 摄）

前撞击雌龟，甚至去咬雌龟的四肢，大有不达目的不罢休之意。有些雄龟明显比雌龟体型大的陆龟，如加拉帕戈斯陆龟的雄龟会用前肢有力地按在雌龟的背甲上，将雌龟控制住后与之交配。陆龟交配时雄龟多是张开大嘴，并发出各种特殊的声音。龟类交配的时间根据种类和环境而定，少则几分钟，多则十分钟以上。龟类似乎对爱情并不忠贞，在繁殖季节里，一只雄性龟类可以和多只雌性龟类交配，同样，一只雌性龟类也可以接受多只雄性龟类与之交配。一只雌性龟类每窝所产的卵中可能会是多只雄性龟类的后代。有时，在野外的龟类还会发生跨越种族的“爱情”，不同种类的龟类可以发生自然杂交并留下后代，有时这样的杂交种常会被误认为是“新物种”。

无一例外的卵生动物

现生所有龟类皆是体内受精，利用产卵方式繁殖后代，并未发现有胎生的个例。卵在雌性输卵管中受精，受精后在受精卵表面包覆富含钙质的卵壳，形成真正的龟（鳖）卵。根据种类习性和气候条件，有些龟鳖会当年交配当年产卵，而有些则会当年交配翌年产卵。比如在秋天进行配对的龟类，往往会经过冬眠期，在第二年春季产卵。有些雌性的体内有一种称为储精囊的器官，可以存储雄性的精子。比如北美的东部卡罗莱纳箱龟（*Terrapene carolina*），往往交配一次后在之后的 3 ～ 4 年内都可产下受精卵。有时，在人工饲养下的雌性龟类，在没有雄性的情况下，只要是达到成熟，也有可能产卵，不过这样的卵必定是无法受精的“白蛋”。不论是水栖龟类还是陆栖龟类，都会选择在陆地上产卵，雌性选好巢址后，会用后肢挖掘一个深度适合的坑，然后开始产卵，完毕后用后肢将坑填上，这个过程往往需要几个小时。不同种类产卵数也大相径庭，从 1 ～ 2 枚至上百枚。但很难预测一只雌性龟类在一个繁殖季节内确切产多少卵，因为多数龟类会分批产卵。比如苏卡达陆龟（*Centrochelys sulcata*），可以在长达半年内的时间里产 5 ～ 6 窝，共计百余枚卵；一些龟类如拟鳄龟（*Chelydia* spp.），每年只产 1 窝卵，20 ～ 60 枚。窝卵数根据雌性体型大小及体况而定。所有卵在颜色上也都是无一例外的白色，但形状却各异，一般鳖、陆龟及海龟的卵多为圆球形，而淡水龟和半水龟的卵多为长椭圆形。卵壳的质地亦分为两类，一般陆龟或半水龟的卵壳厚而坚硬，且保水性佳；多数淡水龟的卵壳多为革质，钙质组成较少，外壳柔软，透水性高。除了少数种类如黑靴脚陆龟（*Manouria emys phayrei*）外，大多数雌性龟类没有护卵的习性，产完卵后便会离去，野生情况下卵完全靠自然条件孵化。龟（鳖）卵的孵化受温度、介质含水量的影响。孵化时的温度、含水量和孵化期成反比关系，具体孵化期因种类和气候而定，一般为 2 ～ 4 个月，多者像一些大型陆龟可以长达 7 ～ 8 个月，甚至 1 年之久。发育成熟的幼体，会用喙前如针尖般的卵齿顶破卵壳。由于此时腹甲上残留的卵黄囊尚未完全吸收回体内，幼体通常会在土中停留数日，之后爬出土穴，自谋生路。一些北方种类的幼体，有着极强的生命力。如锦龟，秋末出壳后的个体会延迟出壳时间，随着气候转凉而降低自己的体温，直接在窝内冬眠，能忍耐 −4℃的低温，等待翌年春暖花开之时再爬出来。对于甲壳尚未十分坚硬的幼体而言，面对种种天敌，它们的成长之路注定艰辛。所以，龟类虽然产卵量不小，但自然孵化率及成活率都不是很高。

长寿神龟是否属实？

在人们的印象中，龟类一直被认为是生命力最强的动物之一，更是长寿的象征。《史记》中记载南方有位老人用龟垫床脚达二十年之久，老人死了龟还活着。在我国民间更有“千年王八万年龟”一说。但事实上，龟类的寿命和生命力远没有那么长、那么强，它们并无长生不老的特异功能，更没有任何龟类能活到千年、万年。在许多不负责任的报道中，常会说发现有百岁或千岁的龟，但多数是虚假或无法确定的。自然界中，龟类的寿命远没有人们想象的那样长，许多种类的寿命会与其生境、食物来源、性成熟年龄等生理因素有关。一般而言，在环境条件较有利的情形下，体型较小、成长速度较快、较早达到性成熟的种类，平均寿命会比较短，很多中小型淡水龟 4 ～ 7 岁达到性成熟，平均自然寿命只有 20 ～ 30 年。多数大型陆龟及海龟的性成熟期相对较晚，有的要 15 ～ 20 年才能繁殖后代，所以寿命也长些，通常可以达到 50 岁以上。人工饲养条件下的龟类寿命要远比自然界中的长，圈养的一些陆龟、半水龟都可以达到百岁以上，但实际可信的记录一般都不会超过 200 岁。提到龟类的年龄，那么如何从外观上来判断实际岁数呢？坦诚地讲，目前并没有较可靠通用的方法来判断出龟类的准确年龄。有的人认为，可以依据背甲和腹甲上的生长年轮来估算年龄。而一些淡水龟的盾片在生长过程中会脱换，根本看不出生长纹来；即使有些半水龟和陆龟的确可以在壳上看出生长年轮，年龄一事也只能看个大概，因为龟类背上的年轮并非每年都会长一轮，这要根据食物的丰富度和不同种类不同年龄段的生长速度而定。一些老龄个体，随着色素的增加和角质的形成，生长年轮甚至会磨灭或慢慢消失，年龄更是无法辨清。

五、保护利用篇——龟鳖与人类

喜忧参半的灵物

自古以来，世界各国的很多民族都把龟视为一种神奇的动物。龟在一般人心目中的地位极特殊，直到今天，世界上很多地方还都流传着许多与龟有关的传说、神话、宗教信仰、典章史籍、民间习俗等。在印度的神话中，大地是由龟所背负，因此把背甲和腹甲比喻成天和地。这一点在中国亦有类似记载："神龟之象，上圆法天，下方法地。"所罗门教徒认为，龟是神的化身，龟壳上记载着宇宙的奥秘。在泰国，僧人们依旧将龟视为大地的创造之神，对其顶礼膜拜。在古老的孟加拉国传说中，是圣人洗净了龟壳上的罪恶，使它们成为纯洁的生物，人们通过清洗龟背可以使自己的心灵得到净化。龟在我国文化中也占有极为重要的地位，被尊称

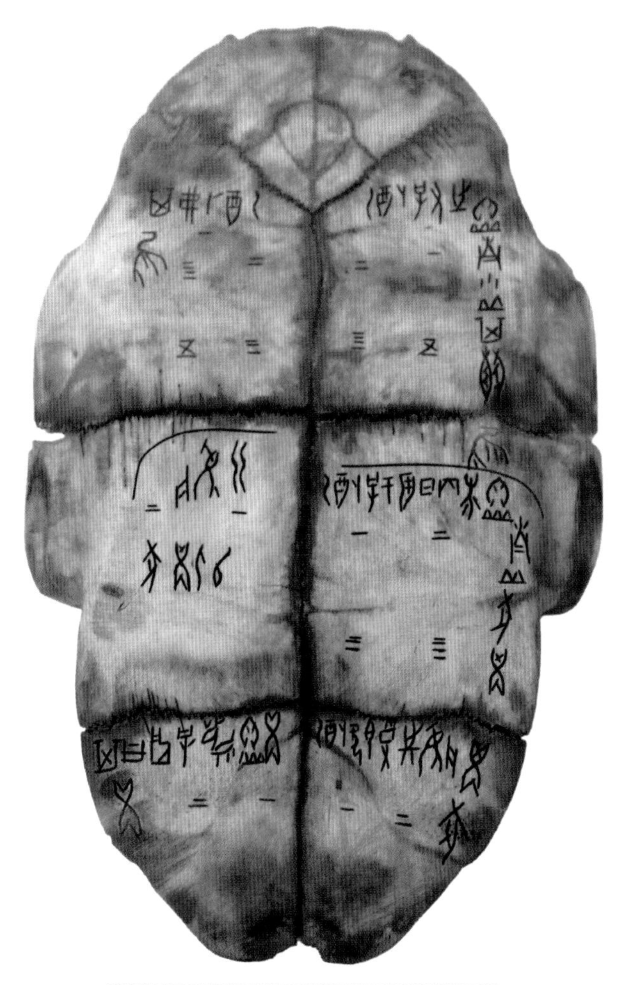
以龟甲为载体的甲骨文（站酷海洛）

北京故宫太和殿前铜龟（站酷海洛）

为四灵之一，是掌管北方的玄武大帝，一些寺院的柱子上也有很多龟的图腾，代表着长寿、持久、力量及财富。早在3000多年前，我国古代最早发明、使用的甲骨文就是以龟甲为载体，繁体中文的龟字就是一个典型的象形文字，上面好像是龟的头，下面好像是龟的尾巴，中间则像是龟甲和龟脚。上古时代，常取龟来祭祀，并取龟甲用以占卜。在秦朝以前，龟甲还曾被当成钱币使用。龟还是帝位和国家权力的象征，早在黄帝时期，就由玄武大帝来掌管北方。曾有很长一段时间内，龟的地位都要远高于龙，唐代五品官职以上的官员佩戴不同材质的“龟袋”，以代表其级别和身份。当然，关于龟的形象和象征意义也不全是褒义的，到了元代以后，龟仿佛身败名裂一般，“王八、缩头乌龟、龟儿子”等词汇将龟变成了污秽、耻辱的象征。龟的形象为什么会从受人膜拜的灵物急转直下，成为遭贬斥的动物了呢？原来，元代以前，尊崇龟的人们大多来自达官贵人等中上阶层，而平民阶层对龟就没有那么关注和喜爱了。在改朝换代之际，旧的高层统治阶层被推翻，其推崇、钟爱的“灵物”自然也会受到“牵连”，所以在民间就出现了将龟由褒到贬的“反叛”。当然，不同时代不同阶层赋予动物的某些意愿，只能算是戏说枉语与隐喻反抗。对龟的贬损，也只是丰富而深远的龟文化中的一个小插曲。直至今日，这些“误解”已逐渐少用，而对龟的崇拜、喜爱、褒奖越来越被更多人所接受。

龟鳖金算盘：龟的经济价值

人类对龟类的欣赏除了象征、民俗和文学等方面之外，还扩展到实际利用等诸多方面。在非洲、南美及我国南方很多地区，都有食用龟类的现象。早期欧洲的航海家和水手们在长途航行中，常常捕捉大型海龟和陆龟放在船上做“活罐头”用。我国饮食及医药文化中，龟是一道传统的食品及药材，食龟肉、喝龟汤被认为是对身体大补，可以益寿延年，甚至可以抗癌、解毒。在国内传统中药市场中，龟板的使用量极大，那是南方人喜食的龟苓膏的主要成分。海龟的龟甲还能制成精美的工艺品、珠宝首饰及皮革制品。在盛行饲养另类宠物的今天，形形色色的龟类常成为“爬宠”队伍中的主力军。正因为龟类拥有极高的经济价值，人类早就打起了它们的“金算盘”，世

作为中药材的龟板（站酷海洛）

以龟板为原料制成的食品——龟苓膏（梁 亮 摄）

界各地产业化的龟鳖养殖场如火如荼地经营着，自古以来人们崇拜的灵物成为特种养殖的对象，全方位、多角度地继续为人类造福。

救救龟鳖——敲响红色警报

贸易问题一直是影响龟类动物种群数量的重要因素，尤其是野生龟类的非法国际贸易，已给许多种类的生存造成严重威胁。很早以前，在一些龟类的产地，传统的收集和开发仅作为生活所需的少量地区性交易。受庞大需求量及经济利益的驱使，人类怀着贪欲之心把手伸向了几乎没有反抗能力的野生龟鳖，造成了龟鳖类动物资源的过度开发。龟类的生物学特征使它们极易受到人类的影响，在强大的捕捉压力下，大多数野生龟类正在以惊人的速度消失。不得不承认，如今要想在中国野外看到原生种的龟类已成为一种奢望。更糟糕的是，由于龟类普遍生长速度慢，成熟期晚，繁殖成活率低，它们的数量一旦衰减，就很难恢复过来。东南亚龟类的兴衰史可以称得上龟鳖类动物种群危机的典型例子。由于东方饮食文化的巨大需求，一些龟类资源丰富的东南亚国家，比如越南、柬埔寨、老挝等国，从 20 世纪 90 年代初期起，将大量的野生龟类出口到中国创汇。食用龟鳖是按斤* 进行买卖的，那时，每天从中国广西、云南边境地区进口的龟类有数吨之多，市场上常会见到“龟山龟海”的景象。随着交易量增至每年数百吨，出口国的龟类种群已逐渐耗尽。亚洲龟类贸易中一些数量较少但相对效益较高的罕见种类还被用于国际宠物交易，这使得亚洲龟类贸易变得更加猖獗。这其中不乏一些外国生物学家、养龟爱好者、繁殖家，他们不远万里来到中国的野生龟类贸易市场，并非为了吃喝，而是从众多野生龟类中寻找一些极为稀有的种类，走私到国外选育、繁殖。像百色闭壳龟（*Cuora mccordi*）、周氏闭壳龟（*Cuora zhoui*）等稀有种类的龟类都是在那个时候的贸易市场上首次被科学界发现，从而定名的新种。近年来，中国大陆地区的龟鳖养殖户又开始“炒龟”，一些数量稀少的亚洲龟类身价飞速上升，如金头闭壳龟（*Cuora aurocapitata*），这种特种龟仅见于我国安徽省某县，如今其在野外的数量不足 300 只，而其身价却已涨到 10 年前的 100 多倍。物以稀为贵，越是少，越是值钱，越值钱，就越能刺激需求，最后的结局就是野外无龟可捕。

截至 2022 年，世界自然保护联盟（IUCN）对全球 251 种龟鳖类动物进行评估，其中 106 种（约 42%）属濒危或极度濒危物种。在 2018 年国际龟类保护基金会发布的全球 50 种濒临灭绝龟类中，亚洲种类就占据了 29 个名额！东南亚龟类系统灭绝的趋势给人类敲响了警钟，但世界各地其他残存的龟类仍面临着其他各种各样的生存难题。由于人口过多，龟类栖息地被占据，产生了更多与龟类竞争的动物，比如加拉帕戈斯群岛上人们饲养的山羊就常会与陆龟竞争草料，而老鼠又常

* 斤为我国非法定计量单位，1 斤为 500 克。——编者注

成为破坏其卵的凶手。水栖龟类面临的最大生存威胁便是栖息地的破坏与消失，许多原有重要水域因人类的开发而大量减少，多数栖息环境急速恶化，污染物中重金属及化学物质会导致龟类的发育受阻。栖息地的支离破碎化阻绝了原有龟类种群的分布，使龟类的迁移、扩散和繁殖受到阻隔。

一些宗教活动中的放生习俗也严重破坏了龟类的生存。我国传统佛教与道教理念中皆劝人为善，要爱惜其他动物的生命，因而自古即有放生的习俗，但很多人并不知道，不当的放生可能会对龟类本身及其生态环境带来极大的危害。将并非原产本地的龟类带到人烟罕至的山区或水域放生，多会出现两种后果：其一，若将南方的龟类放到北方，龟会因无法忍耐冬季低温而死亡；其二，竞争能力较强的外来龟类物种可能会逐渐取代原生龟类物种，亦可能破坏原有食物链的平衡，给生态系统态带来无法挽回的劫难。

随着野生龟类的日趋减少，人类开始采取相应的保护措施。如各国更新国内野生动物保护法和贸易条例，严格控制进出口，严厉打击非法龟类贸易，大力推行、支持以龟类保护、繁育为目的的工作。出于对人兽共患病的考虑，美国农业部还特意规定禁止买卖所有腹甲在 10 厘米以下的龟类，因为幼龟多携带沙门氏菌，此病菌会传染人类引起腹泻，所以接触过龟类后一定要洗手。

目前，全球性的龟类保护已取得重大进展，但其以后面临的挑战仍十分艰巨。人类对许多龟鳖种类的了解还很匮乏，这使得保护活动十分困难。龟类作为自然生态系统不可或缺的一部分，本应在其非凡的进化道路上继续走下去，但是能走多远却要仰仗万物之灵——人的态度。如果再没有有效的保护措施，已经存在了 2 亿年的龟类，也许会在 21 世纪中期到末期就走向灭绝。如果真有那么一天，那将不仅是龟类的末日，也是人类极大的遗憾与损失。人类与龟鳖的未来，值得我们深究。

第二部分

龟鳖形态分类常用术语

一、龟的背甲（carapace）和腹甲（plastron）

（一）背甲（carapace）

背甲由盾片（scutes）和骨板（plates）构成，各相邻盾片之间有接缝（seam），随着生长，各盾片上会出现生长轮（ring 或 annuli）。

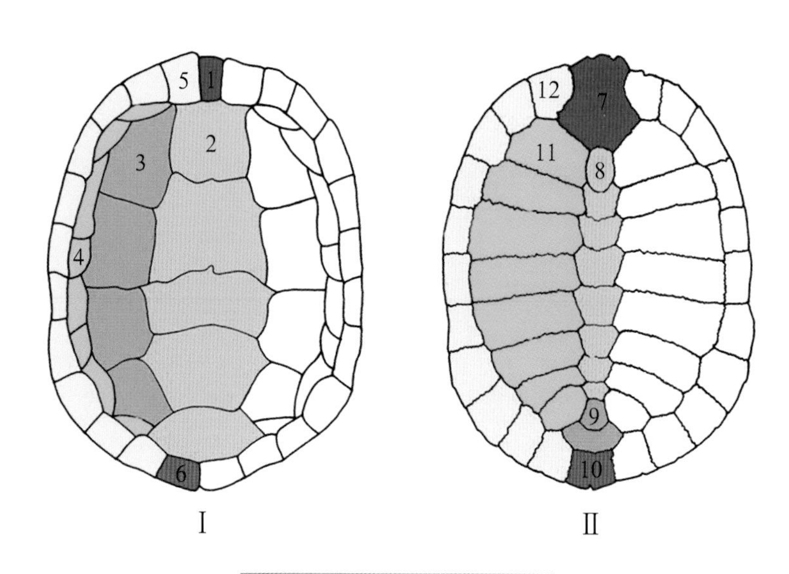

龟背甲盾片和骨板结构

Ⅰ. 背甲盾片（carapacial scutes）

1. 颈盾（cervical scute）：背甲中线前方的 1 枚小盾片。
2. 椎盾（vertebral scute）：颈盾后面的 1 列盾片，一般 5 枚。
3. 肋盾（costal scute）：椎盾两侧与其相连的一列盾片，一般 4 枚。
4. 上缘盾（supramarginal scute）：一些龟类在肋盾和缘盾之间的一列盾片。
5. 缘盾（marginal scute）：肋盾外侧从颈盾沿着边缘的一列盾片，一般每侧 11 ～ 12 枚。
6. 臀盾（supracaudal scute）：背甲后端正中 1 对或 1 枚缘盾的别称。

Ⅱ. 背甲骨板（carapacial bones）

7. 颈板（nuchal plate）：椎板之前的 1 枚骨板。
8. 椎板（neural plate）：背甲中央的 1 列骨板，一般为 8 枚。
9. 上臀板（suprapygal plate）：椎板之后的 1 ～ 2 枚骨板，由前至后分为第一上臀板、第二上臀板。
10. 臀板（pygal plate）：上臀板之后的 1 枚骨板。
11. 肋板（costal plate）：椎板两侧的骨板。
12. 缘板（peripheral plate）：背甲边缘的 2 列骨板。

（二）腹甲（plastron）

腹甲由盾片（scutes）和骨板（plates）构成，各相邻盾片之间有接缝（seam），背甲和腹甲由骨质的甲桥（bridge）或韧带（ligament 或 hinge）连接。

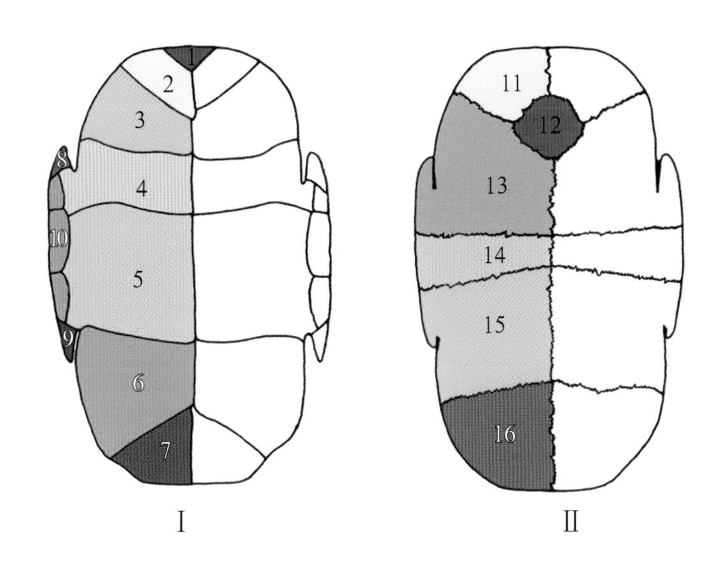

龟腹甲盾片和骨板结构

Ⅰ. **腹甲盾片（plastronal scutes）**

1. 间喉盾（intergular scute）：腹甲最前缘正中的 1 枚盾片。

2. 喉盾（gular scute）：间喉盾后与其相邻的 1 对盾片。

3. 肱盾（humeral scute）：喉盾后与其相邻的 1 对盾片。

4. 胸盾（pectoral scute）：肱盾后与其相邻的 1 对盾片。

5. 腹盾（abdominal scute）：胸盾后与其相邻的 1 对盾片。

6. 股盾（femoral scute）：腹盾后与其相邻的 1 对盾片。

7. 肛盾（anal scute）：股盾后与其相邻的 1 对盾片。

8. 腋盾（axillary scute）：面临腋凹的盾片。

9. 胯盾（inguinal scute）：面临胯凹的盾片。

10. 下缘盾（inframarginal scute）：在腹甲的胸盾、腹盾与背甲的缘盾之间，连接背腹甲的几枚小盾片。

Ⅱ. **腹甲骨板（plastronal bones）**

11. 上板（epiplastron plate）：腹甲最前缘的 1 对骨板。

12. 内板（entoplastron plate）：介于上板与舌板中央的单枚骨板，有时缺失。

13. 舌板（hyoplastron plate）：位于上板、内板和间下板之间的 1 对骨板。

14. 间下板（mesoplastron plate）：舌板和下板之间的 1 对骨板。

15. 下板（hypoplastron plate）：间下板和剑板之间的 1 对骨板。

16. 剑板（xiphiplastron plate）：腹甲最后 1 对骨板。

其他

腹甲前叶（plastron forelobe）：由腹甲的喉盾、肱盾和胸盾组成。

腹甲后叶（plastron hindlobe）：由腹甲的股盾和肛盾组成。

喉盾间缝（intergular seam）：简称喉盾缝，指左右两枚喉盾之间的甲缝，若两枚喉盾完全被间喉盾隔开，喉盾间缝长度为 0。

肱盾间缝（interhumeral seam）：简称肱盾缝，指两枚肱盾之间的甲缝。

胸盾间缝（interpectoral seam）：简称胸盾缝，指两枚胸盾之间的甲缝。

腹盾间缝（interabdominal seam）：简称腹盾缝，指两枚腹盾之间的甲缝。

股盾间缝（interfemoral seam）：简称股盾缝，指两枚股盾之间的甲缝。

肛盾间缝（interanal seam）：简称肛盾缝，指两枚肛盾之间的甲缝。

（三）头鳞（head scalation）

头鳞的变化也是鉴定龟类的主要依据之一。以海龟主要头鳞为例，头鳞名称如下：

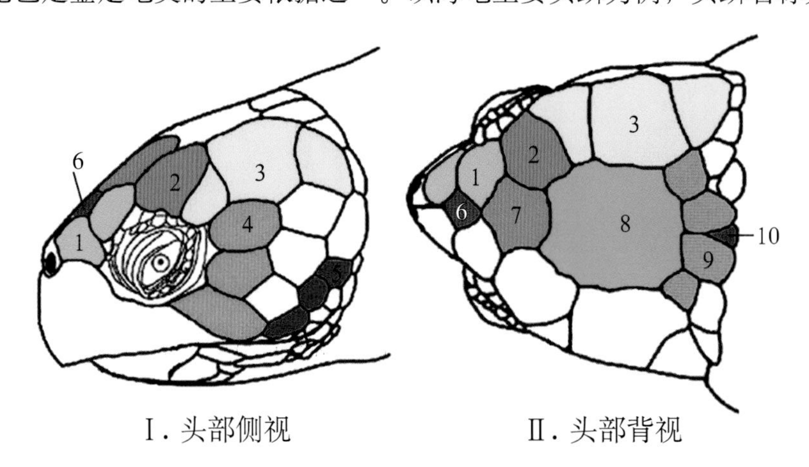

海龟的头鳞结构

1. 前额鳞（prefrontal）
2. 眶上鳞（supraocular）
3. 颞鳞（temporal）
4. 眶后鳞（postocular）
5. 鼓膜鳞（tympanic）
6. 前额间鳞（interprefrontal）
7. 额鳞（frontal）
8. 额顶鳞（frontoparietal）
9. 顶鳞（parietal）
10. 顶间鳞（interparietal）

（四）鳖的骨板（bones）

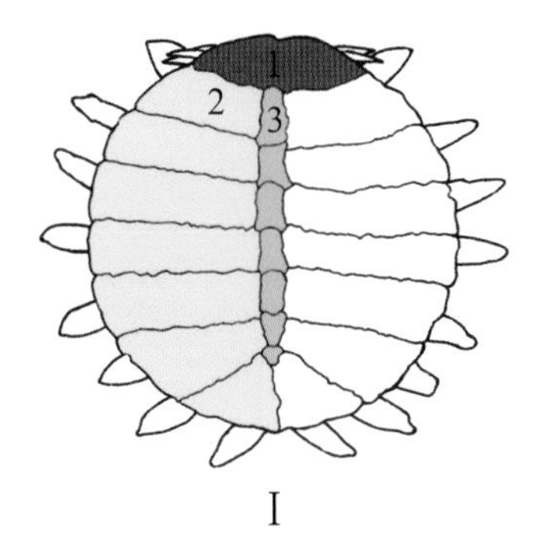

I

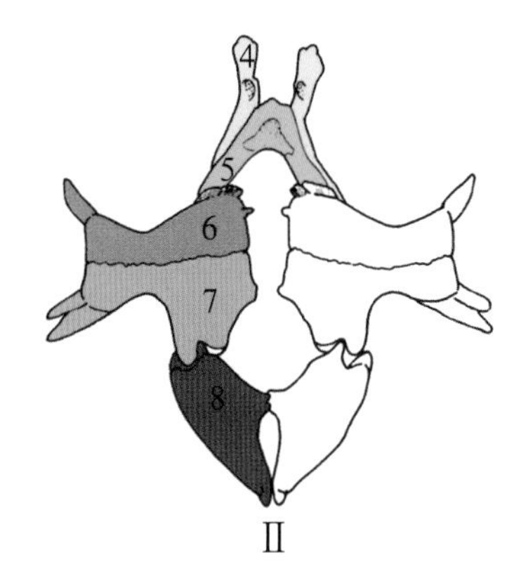

II

鳖背盘骨板和腹盘骨板

Ⅰ. 背盘骨板（carapacial bones）

1. 颈板（nuchal plate）
2. 肋板（costal plate）
3. 椎板（neural plate）

Ⅱ. 腹盘骨板（plastronal bones）

4. 上板（epiplastron plate）
5. 内板（entoplastron plate）
6. 舌板（hyoplastron plate）
7. 下板（hypoplastron plate）
8. 剑板（xiphiplastron plate）

（五）龟的头骨（skull）

龟鳖头骨构造复杂，现以乌龟头骨为例，介绍重要骨块名称。

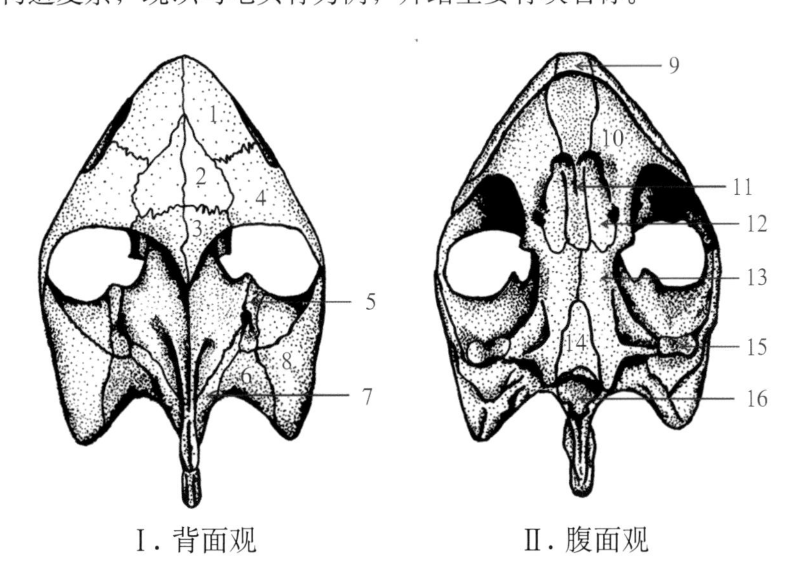

乌龟头骨（梁　亮　绘）

1. 前额骨（prefrontal）
2. 额骨（frontal）
3. 顶骨（parietal）
4. 后额骨（postorbital）

5. 前耳骨（prootica）
6. 后耳骨（opisthotica）
7. 上枕骨（supraoccipital）
8. 鳞骨（squamosal）
9. 前颚骨（premaxilla）
10. 上颚骨（maxilla）
11. 犁骨（vomer）
12. 腭骨（palatine）
13. 翼骨（pterygoid）
14. 基蝶骨（basisphenoid）
15. 基枕骨（basioccipital）
16. 方骨（quadrate）

第三部分
龟鳖物种介绍

龟鳖（Turtle）隶属于龟鳖目（Testudines），龟鳖目下分为侧颈龟亚目（Pleurodira）和潜颈龟亚目（Cryptodira）。其中，侧颈龟亚目下包括蛇颈龟科（Chelidae）、南美侧颈龟科（Podocnemididae）和非洲侧颈龟科（Pelomedusidae）等3科20属98种。潜颈龟亚目下包括海龟科（Cheloniidae）、棱皮龟科（Dermochelyidae）、鳄龟科（Chelydridae）、泥龟科（Dermatemydidae）、动胸龟科（Kinosternidae）、平胸龟科（Platysternidae）、龟科（Emydidae）、淡水龟科（Geoemydidae）、陆龟科（Testudinidae）、两爪鳖科（Carettochelyidae）和鳖科（Trionychidae）等11科75属252种。

龟鳖目的亚目和科检索表

1a 头部侧面收回 …… 2 侧颈龟亚目 Pleurodira
1b 头部竖直收回 …… 4 潜颈龟亚目 Cryptodira
2a 具间下板，间喉盾达腹甲前缘，具方轭骨，下颚无夹板骨 …… 3
2b 无间下板，有些种类间喉盾被喉盾隔开不达腹甲前缘，无方轭骨，下颚具夹板骨 …… 蛇颈龟科 Chelidae
3a 后肢 4 爪 …… 南美侧颈龟科 Podocnemididae
3b 后肢 5 爪 …… 非洲侧颈龟科 Pelomedusidae
4a 前肢桨状 …… 5
4b 前肢非桨状 …… 7
5a 背甲表面具角质盾片 …… 海龟科 Cheloniidae
5b 背甲表面为光滑或粗糙皮肤，无角质盾片 …… 6
6a 四肢有爪，吻部猪鼻状，背甲无棱 …… 两爪鳖科 Carettochelyidae
6b 四肢无爪，吻部非猪鼻状，背甲具 7 道纵棱 …… 棱皮龟科 Dermochelyidae
7a 龟壳骨化、完整，吻部非管状、不伸长 …… 8
7b 龟壳骨质退化、不完整，吻部管状、伸长 …… 鳖科 Trionychidae
8a 腹甲 12 块，如存在前侧韧带，位置在舌板与下板之间 …… 9
8b 腹甲少于 12 块，前侧韧带位于上板与舌板之间 …… 动胸龟科 Kinosternidae
9a 下缘盾存在 …… 10
9b 下缘盾不存在 …… 12
10a 上喙中央非钩状，喙部边缘锯齿状，尾长度适中，背甲缝随年龄消失，形成一个表面光滑的整体 …… …… 泥龟科 Dermatemydidae
10b 上喙中央钩状，下喙边缘非锯齿状，尾长，背甲缝存在 …… 11
11a 腹甲大，头不能完全缩回壳中 …… 平胸龟科 Platysternidae
11b 腹甲小，呈“十”字形 …… 鳄龟科 Chelydridae
12a 后肢柱状，趾间无蹼 …… 陆龟科 Testudinidae
12b 后肢非柱状，趾间具不同程度的蹼 …… 13
13a 第 12 缘盾与第 5 椎盾之间的缝覆盖在上臀板 …… 淡水龟科 Geoemydidae
13b 第 12 缘盾与第 5 椎盾之间的缝覆盖在臀板 …… 龟科 Emydidae

一、侧颈龟亚目 Pleurodira

本亚目现生 3 科 20 属 98 种，主要分布在南半球。主要特征为头颈部不能垂直缩入壳内，只能侧弯缩入壳内，腹甲具间喉盾。

（一）蛇颈龟科 Chelidae Gray, 1825

本科现生 15 属 63 种，分布于南美洲和澳大利亚、巴布亚新几内亚、印度尼西亚和东帝汶。栖息于沼泽、水潭、池塘、河流、湖泊、小溪等环境。食性视物种而定，包括杂食性、草食性和肉食性。主要特征：头颈部侧面收回，间喉盾被喉盾隔开，不达腹甲前缘。

蛇颈龟科的属检索表

1a 前肢 4 爪 ························ 2

1b 前肢 5 爪 ························ 3

2a 间喉盾延伸到腹甲前部边缘，并将喉盾隔开 ························ 渔龟属 *Hydromedusa*

2b 间喉盾未延伸到腹甲前部边缘，喉盾在腹甲前缘相遇 ························ 长颈龟属 *Chelodina*

3a 有椎板 ························ 4

3b 无椎板 ························ 7

4a 间喉盾将喉盾完全分开；多数具 6 块或更少块的椎板 ························ 5

4b 喉盾与间喉盾后部相遇；具 7 块椎板 ························ 蛇颈龟属 *Chelus*

5a 头宽（为背甲长度的 20% ~ 30%），顶骨顶部窄（< 眼眶水平直径 1/2）；具 2 条被中纵棱隔开的背沟，后期可能融合为 1 条背中沟 ························ 中龟属 *Mesoclemmys*

5b 头窄（为背甲长度的 10% ~ 20%），顶骨顶部宽（≥眼眶水平直径）；无背中沟 ························ 6

6a 背甲高，明显隆起；腹甲全黄色或具不明显淡灰色大斑块 ························ 7

6b 背甲低，微拱起；腹甲具斑点或蠕虫纹；颏部和喉部具明显的深色条带 ························ 蟾头龟属 *Phrynops*

7a 头部明显红色，腹盾缝短 ························ 红腿蟾龟属 *Rhinemys*

7b 头部非红色，明显二色性，腹盾缝最长 ························ 蛙头龟属 *Ranacephala*

8a 喉盾将肱盾隔开 ························ 拟澳龟属 *Pseudemydura*

8b 喉盾未将肱盾隔开 ························ 9

9a 第 1 椎盾宽于或与第 2 椎盾同宽 ························ 10

9b 第 1 椎盾窄于第 2 椎盾 ························ 14

10a 具颈盾 ························ 11

10b 无颈盾 ························ 癞颈龟属 *Elseya*（*Pelocomastes* 亚属）

11a 具背甲中沟，股后侧具大而尖的硬棘 ························ 12

11b 无背甲中沟，股后侧无大而尖的硬棘 ························ 13

12a 头背部光滑，背甲具深中沟 ························ 扁龟属 *Platemys*

12b 头背部覆鳞，背甲具浅中沟 ························ 刺颈龟属 *Acanthochelys*

13a 尾大，侧面扁，前泄殖腔区长；眼暗色具退化的瞬膜 ························ 隐龟属 *Elusor*

13b 尾小而圆，侧面不扁，前泄殖腔区短；眼亮白色无瞬膜 ························ 溪龟属 *Rheodytes*

14a 头部颞区外表光滑，具颈盾 ························ 澳龟属 *Emydura*

14b 头部颞区外表覆鳞，无颈盾 ························ 15

15a 头顶角质盾片两侧向鼓膜延伸 ························ 16

14b 头顶角质盾片两侧不向鼓膜延伸 ························ 癞颈龟属 *Elseya*（*Elseya* 亚属）

16a 头顶角质盾片两侧不与鼓膜接触 ························ 宽胸癞颈龟属 *Myuchelys*

16b 头顶角质盾片两侧明显与鼓膜接触 ························ 癞颈龟属 *Elseya*（*Hanwarachelys* 亚属）

刺颈龟属 *Acanthochelys* Gray, 1873

本属4种。主要特征：背中沟浅，第1椎盾宽于或与第2椎盾同宽，无椎板，喉盾未将肱盾隔开，头背部覆鳞，股部后侧具硬棘，前肢5爪。

刺颈龟属物种名录

序号	学名	中文名	亚种
1	*Acanthochelys macrocephala*	巨头刺颈龟	/
2	*Acanthochelys pallidipectoris*	刺股刺颈龟	/
3	*Acanthochelys radiolata*	放射刺颈龟	/
4	*Acanthochelys spixii*	黑腹刺颈龟	/

刺颈龟属的种检索表

1a 背甲黄棕色至橄榄色；股部具一系列大硬棘，其中至少有 1 个大于其他硬棘 ………………………………………………………………………… 刺股刺颈龟 *Acanthochely spallidipectoris*

1b 背甲深灰色至黑色或黑棕色，股部具大小适中的硬棘，无明显大于其他的硬棘 ……………… 2

2a 颈部背面具大量长尖状疣粒 ……………………………… 黑腹刺颈龟 *Acanthochelys spixii*

2b 颈部背面具大量短圆状疣粒 ………………………………………………………… 3

3a 背甲长度是鼓膜处头宽的 5 倍以上 ……………………… 放射刺颈龟 *Acanthochelys radiolata*

3b 背甲长度是鼓膜处头宽的 4.9 倍以下 ……………………… 巨头刺颈龟 *Acanthochelys macrocephala*

Acanthochelys macrocephala（Rhodin, Mittermeier & McMorris, 1984）

英文名：Pantanal Swamp Turtle, Big-headed Pantanal Swamp Turtle

中文名：巨头刺颈龟

分　布：玻利维亚，巴西，巴拉圭

成体（雄性）（Thomas & Sabine Vinke 摄，引自 Chelonian Research Monographs No.5，2009 年）

形态描述：一种中型水栖淡水龟，为本属最大物种。背甲直线长度雄龟最大可达 23.5 厘米，雌龟最大可达 29.5 厘米。成体背甲宽椭圆形，适度伸长，沿第 2 ~ 4 椎盾具 1 条浅的背中沟。第 1 和第 5 椎盾非常宽，第 2 ~ 4 椎盾可能长略大于宽，第 5 椎盾后侧裙状展开。椎盾和肋盾粗糙具生长轮。第 1、2、8、9、10 缘盾微扩展但不呈喇叭状外展，第 3 ~ 7 缘盾常上翘。背甲最高处在中心处之后，最宽处在第 8 缘盾前端；后缘微锯齿状。

成体背部（雄性）（Herptile Lovers　供图）

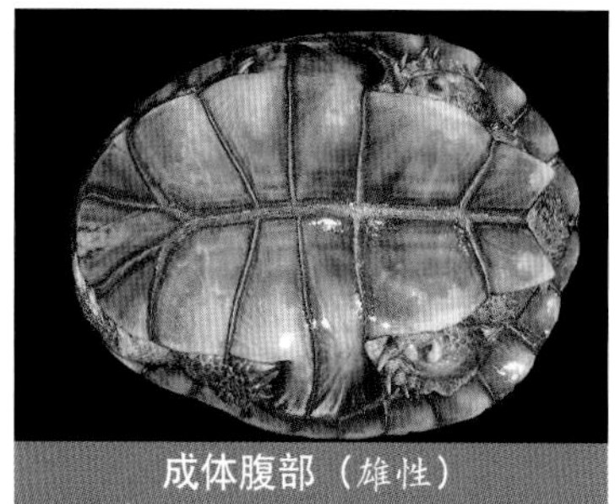

成体腹部（雄性）（Herptile Lovers　供图）

背甲深色至黑棕色，有些个体可能为浅棕色。幼体背甲常具浅棕色辐射纹。腹甲宽，腹甲前叶宽于后叶，肛盾缺刻深。间喉盾几乎是腹甲前叶长度一半。间喉盾＞股盾缝＞腹盾缝＞肱盾缝＞肛盾缝＞喉盾缝＞胸盾缝。腹甲和甲桥黄色，沿甲缝具一些深色斑（有些覆盖大部分腹甲）；深色斑随年龄增长而褪去。头部非常宽；背甲长度平均为鼓膜处头宽的 4.4 倍，年老雌性个体头部巨大。头部背面覆有明显大鳞，颏部具 2 条触须，颈部背面分散一些圆锥形疣粒。头部背面深灰棕色，腹面黄色或奶油色，界限不明显。喙灰黄色，下喙后部和鼓膜黄色，具一些灰色斑块或橙色斑点。虹膜棕褐色。颈部背面灰棕色，腹面黄色。四肢表面覆有大鳞，股部后侧具圆锥形大硬棘。四肢外表面灰色，内表面黄色。

幼体（Herptile Lovers 供图）

幼体背部（Herptile Lovers 供图）

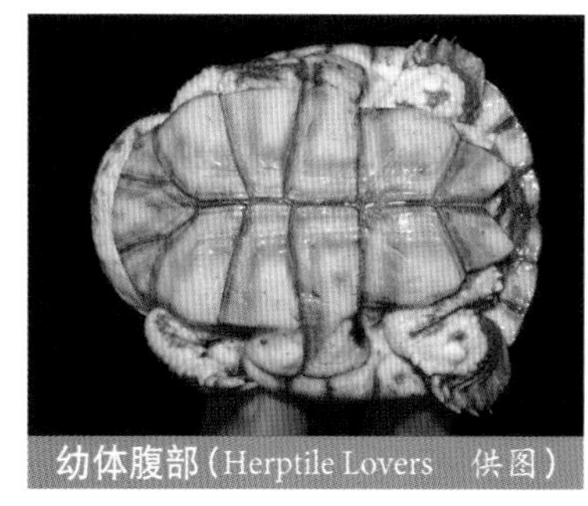
幼体腹部（Herptile Lovers 供图）

Acanthochelys pallidipectoris（Freiberg, 1945）

英文名：Chaco Side-necked Turtle

中文名：刺股刺颈龟

分　布：阿根廷，巴拉圭，玻利维亚（引进）

成体（雌性）（Sébastien Métrailler 摄，引自 Chelonian Research Monographs No.5，2009 年）

形态描述：一种小型水栖淡水龟。背甲直线长度雄龟最大可达 18 厘米，雌龟最大可达 17.5 厘米。成体背甲扁平，椭圆形，第 1 椎盾后部至第 5 椎盾前部具 1 条浅的背中沟。第 1 ~ 3 椎盾宽大于长，第 4 椎盾长大于宽（幼体宽大于长），第 5 椎盾长宽相当或长略大于宽。边缘非锯齿状，前侧和后侧缘盾最宽，侧面缘盾窄且上翘。背甲最高处在中心处之后，最宽处在第 8 缘盾处；背甲颜色在黄棕色至灰棕色或橄榄色之间变化，甲缝常深色。腹甲前叶宽于后叶，肛盾缺刻深。间喉盾几乎是腹甲前叶长度一半。间喉盾＞股盾缝＞腹盾缝＞＜肛盾缝＞喉盾缝＞肱盾缝＞胸盾缝。腹甲和甲桥黄色，沿甲缝具宽的深色图案。某些情况下，深色斑可能变得非常广泛，以至黄色仅限于盾片外边缘。头部背表面覆有大鳞，颈部背面和侧面具圆锥形大疣粒。头部侧面具1条黄边灰棕色宽侧条带。虹膜白色。鼓膜黄色。颈部背面灰棕色，腹面灰黄色。四肢黄色。股部近尾部具一系列圆锥形大硬棘，至少1个大于其他硬棘。指（趾）间具蹼。

幼体（Herptile Lovers 供图）

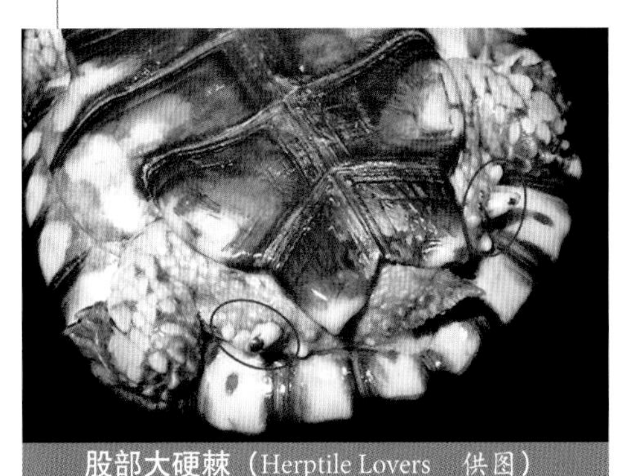

股部大硬棘（Herptile Lovers 供图）

成体（雌性）
（Herptile Lovers 供图）

成体背部（雌性）
（Herptile Lovers 供图）

成体腹部（雌性）
（Herptile Lovers 供图）

Acanthochelys radiolata（Mikan, 1820）

英文名：Brazilian Radiolated Swamp Turtle

中文名：放射刺颈龟

分　布：巴西

成体（Russell A. Mittermeier 摄，引自 Chelonian Research Monographs No.8，2021 年）

形态描述：一种小型水栖淡水龟。背甲直线长度雄龟最大可达18.4厘米，雌龟最大可达19厘米。成体背甲扁平，椭圆形，第2～4椎盾具1条浅的背中沟。第1和第5椎盾宽远大于长；第1椎盾最宽，第2和第3椎盾宽略大于长，第4椎盾长大于宽。前侧和后侧缘盾最宽；侧面缘盾最窄，微上翘。后侧缘盾微外展和锯齿状；具微缺刻。椎盾和肋盾具大量后缘向前缘的辐射条带。背甲最高处在第1和第2椎盾接缝处，最宽处在第6～8缘盾处。背甲深橄榄色、灰色或黑色，具辐射纹。腹甲前叶宽于后叶，前叶微上翘，

成体背部（雄性）
（Herptile Lovers 供图）

成体腹部（雄性）
（Herptile Lovers 供图）

后叶具肛盾缺刻。间喉盾长度略短于腹甲前叶长度一半（为48% ~ 49%）。间喉盾 > 股盾缝 > < 腹盾缝 > 肱盾缝 > 喉盾缝 > 肛盾缝 > 胸盾缝。腹甲和甲桥黄色，腹甲盾片具深色大斑块或深色杂斑，甲缝深色。头部背面覆有不规则形状的鳞片。吻部短，微突出。上喙中央无凹口，颏部具2条黄色小触须。颈部背表面具短圆形疣粒，侧面疣粒少于且小于背表面。头部背面橄榄色至灰棕色，腹面和侧面黄色。上喙黄色至褐色，可能杂有深色，颏部小触须黄色，虹膜白色。颈部背面橄榄色至棕色，腹面黄色。四肢前表面覆有大鳞。股部分散一些小而尖的硬棘。四肢外表面橄榄色或棕色，内表面黄色。尾部短，橄榄色至棕色。

幼体背部（Herptile Lovers 供图）

幼体腹部（Herptile Lovers 供图）

Acanthochelys spixii (Duméril & Bibron, 1835)

成体（Russell A. Mittermeier 摄，引自 Chelonian Research Monographs No.8，2021 年）

英文名：Black Spiny-necked Turtle, Spix's Sideneck Turtle

中文名：黑腹刺颈龟

分　布：阿根廷，巴西，乌拉圭

形态描述：一种小型水栖淡水龟。背甲直线长度雄龟最大可达17.8厘米，雌龟最大可达18厘米。成体背甲扁平，椭圆形，第1椎盾后部至第5椎盾前部具1条浅的背中沟（幼体无背中沟，具1条不明显的中纵棱）。第1和第5椎盾宽大于长，第1椎盾最宽；第2 ~ 4椎盾长宽相当或长大于宽。前侧和后缘缘盾最宽，侧面缘盾最窄。后缘非锯齿状，或仅微锯齿状。背甲盾片常具同心纹和辐射纹。背甲最高处在第2椎盾间缝前端，最宽处在第7或第8缘盾处。成体背甲深灰色至黑色。肋盾基部偶见一些黄色。腹甲前叶宽于后叶，微上翘。肛盾缺刻深。间喉盾长度超过腹甲

成体背部（雄性）（Herptile Lovers 供图）

成体腹部（雄性）（Herptile Lovers 供图）

亚成体背部（Herptile Lovers　供图）

亚成体腹部（Herptile Lovers　供图）

前叶长度一半（55% ~ 60%）。间喉盾＞股盾缝＞腹盾缝＞肛盾缝＞喉盾缝＞肱盾缝＞胸盾缝。成体腹甲和甲桥常为均一深灰色或黑色，但有些个体沿腹甲中缝具小黄点。头部背面覆有许多不同形状的鳞片，在鼓膜上方变成 3 ~ 4 排。吻部短，微突出。上喙中央无凹口。颏部具 2 条触须。颈部背表面具许多长而尖的疣粒，颈部两侧疣粒变短。头部橄榄色至灰色，喙黄色至褐色，颏部触须灰色。虹膜白色。四肢前表面覆有大鳞，股部具几排硬棘，指（趾）间具蹼。尾部相对短。皮肤橄榄色至灰色。

幼体腹部（Herptile Lovers　供图）

幼体背部（Herptile Lovers　供图）

蛇颈龟属 *Chelus* Duméril, 1805

本属 2 种。主要特征：具颈板，间喉盾将喉盾隔开；头颈部大且长，吻部窄呈管状；前肢具 5 爪。

蛇颈龟属物种名录

序号	学名	中文名	亚种
1	*Chelus fimbriata*	枯叶龟	/
2	*Chelus orinocensis*	奥里诺科枯叶龟	/

蛇颈龟属的种检索表

1a 背甲俯视圆形，腹甲白黄色无杂色 ………… 奥里诺科枯叶龟 *Chelus orinocensis*
1b 背甲俯视长方形，腹甲以深色为主 ………… 枯叶龟 *Chelus fimbriata*

Chelus fimbriata（Schneider, 1783）

成体（高品图像 Gaopinimages）

英文名：Amazon Matamata

中文名：枯叶龟（玛塔龟）

分　布：玻利维亚，巴西，哥伦比亚，厄瓜多尔，法属圭亚那，秘鲁，苏里南

成体背部（Herptile Lovers　供图）

成体腹部（Herptile Lovers　供图）

形态描述：一种大型水栖淡水龟。背甲直线长度雄龟最大可达42.8厘米，雌龟最大可达43.7厘米。成体背甲近长方形，前缘平直，两侧几乎平行，后缘明显锯齿状。侧缘下弯，微锯齿状。颈盾小。幼体第1～4椎盾宽大于长，第5椎盾长大于宽；随年龄增长，第2～4椎盾的长宽相当或长略大于宽。第1椎盾前缘扩展；第5椎盾后端扩展。沿着肋盾和椎盾具3条多节纵棱，最高节点位于最后面。背甲盾片具生长轮。背甲棕色或黑色。腹甲狭窄，“十”字形，无韧带；前端微平，后端肛盾缺刻深。甲桥相对狭窄，腋盾和胯盾不明显。间喉盾不能完全将喉盾分离，喉盾常在间喉盾后面相连。如果间喉盾被拉长并分离缩短的喉盾，则：股盾缝＞胸盾缝＞腹盾缝＞肱盾缝＞肛盾缝＞＜喉盾缝＞间喉盾，或间喉盾＞肱盾缝＞肛盾缝＞喉盾缝。腹甲和甲桥奶油色至黄色或棕色。头部三角形、大且扁平，具许多疣粒和皮瓣，吻长、管状，上喙中央无凹口且非钩状。颏部具2根圆锥形触须，在喙角另具两条丝状触须。颈部比脊柱长，两边各具一个侧面小皮瓣。成体头部和颈部灰褐色。前肢具5爪。指（趾）间具蹼。四肢和尾部灰褐色。

幼体（Herptile Lovers　供图）

幼体（高品图像 Gaopinimages）

Chelus orinocensis
Vargas-Ramírez, Caballero, Morales-Betancourt, Lasso, Amaya, Martínez, Viana, Vogt, Farias, Hrbek, Campbell & Fritz, 2020

英文名：Orinoco Matamata

中文名：奥里诺科枯叶龟

分　布：巴西，哥伦比亚，圭亚那，特立尼达和多巴哥，委内瑞拉

形态描述：一种大型水栖淡水龟。背甲直线长度雄性最大可达48.5厘米，雌性最大可达52.6厘米。与同属物种*Chelus fimbriata*相同，具有*Chelus*属一般特征：背甲具3条明显的纵棱；头部扁平、宽三角形，喙长管状，眼小，嘴非常宽，颈部粗长，头部和颈部具皮瓣。在形态学上，*C. orinocensis*与*C. fimbriata*主要从以下两点进行区分：①背甲椭圆形而不是长方形；②甲壳和皮肤浅色，特别是腹甲白黄色且无杂色，而*C. fimbriata*腹甲多以深色为主。

正模标本（引自 Vargas-Ramírez 等，2020 年）

副模标本（引自 Vargas-Ramírez 等，2020 年）

幼体标本（引自 Vargas-Ramírez 等，2020 年）

中龟属 *Mesoclemmys* Gray, 1873

本属 11 种。主要特征：头宽（成体达背甲长度的 20% ~ 30%），顶骨顶部窄（小于眼眶水平直径一半）；多数具少于 6 块椎板；间喉盾将喉盾完全分开；具 2 条被中纵棱隔开的背沟，后期可能形成 1 条背中沟；前肢 5 爪。

中龟属物种名录

序号	学名	中文名	亚种
1	*Mesoclemmys dahli*	达氏蟾头龟	/
2	*Mesoclemmys gibba*	吉巴蟾头龟	/
3	*Mesoclemmys jurutiensis*	小亚马孙蟾头龟	/
4	*Mesoclemmys nasuta*	圭亚那蟾头龟	/
5	*Mesoclemmys perplexa*	狭背蟾头龟	/
6	*Mesoclemmys raniceps*	亚马孙蟾头龟	/
7	*Mesoclemmys sabiniparaensis*	萨宾蟾头龟	/
8	*Mesoclemmys tuberculata*	结节蟾头龟	/
9	*Mesoclemmys vanderhaegei*	疣背蟾头龟	/
10	*Mesoclemmys wermuthi*	韦氏蟾头龟	/
11	*Mesoclemmys zuliae*	苏利亚蟾头龟	/

Mesoclemmys dahli（Zangerl & Medem, 1958）

英文名：Dahl's Toad–headed Turtle

中文名：达氏蟾头龟

分　布：哥伦比亚

成体（雄性）（German Forero-Medina 摄，引自 Chelonian Research Monographs No.5，2013 年）

形态描述：一种中型水栖淡水龟。背甲直线长度雄龟最大可达 22.9 厘米，雌龟最大可达 29.7 厘米。成体背甲卵形至椭圆形，最宽处在中心处之后，后缘微锯齿状，背甲略扁平，侧缘上翘。幼体和个别成体上具 1 条不明显中纵棱。第 1 椎盾最大，宽大于长，像第 5 椎盾一样裙状展开。第 2 和第 3 椎盾通常宽大于长，第 4 椎盾最小，可能长略大于宽或长宽相等。颈盾通常长大于宽。背甲橄榄色至棕色。腹甲发达，具肛盾缺刻。前叶比后叶长且宽；雄性后叶狭窄特别明显，宽度仅为腹甲长度的 36% ~ 38%。甲桥相对宽。间喉盾 > 股盾缝 > 腹盾缝 > 胸盾缝 > 肛盾缝 >

肱盾缝＞＜喉盾缝。间喉盾完全将喉盾分开。腹甲、甲桥和缘盾腹面奶油色至黄色，甲缝外轮廓具灰色斑。头部宽大，吻部微突出，上喙中央具凹口。颏部具 2 条触须，头部背面覆有由小至大形状不规则的鳞片。颈部无角质疣粒。头部背面灰色至橄榄棕色，上喙、鼓膜和头部两侧奶油色至黄色。下喙、颏部和触须黄色。颈部背面灰色，腹面黄色。四肢和尾部外表面灰色至橄榄棕色，内表面黄色。

成体腹部（左雄右雌）
（German Forero-Medina 摄，
引自 Chelonian Research Monographs No.5，2013 年）

成体头部（German Forero-Medina 摄，
引自 Chelonian Research Monographs No.5，2013 年）

Mesoclemmys gibba（Schweigger, 1812）

英文名：Gibba Turtle

中文名：吉巴蟾头龟

分　布：玻利维亚，巴西，哥伦比亚，厄瓜多尔，法属圭亚那，圭亚那，秘鲁，苏里南，特立尼达和多巴哥，委内瑞拉

成体（Frank Deschandol 摄，
引自 Chelonian Research Monographs
No.8，2021 年）

形态描述：一种中型水栖淡水龟。背甲最大长度雄龟最大可达20厘米，雌龟最大可达23.3厘米。成体背甲椭圆形，具中纵棱，后缘微锯齿状，臀盾缺刻浅，通常最宽处在第8缘盾水平，最高处在第3椎盾，背甲光滑或略粗糙。椎盾宽大于长，第3～5椎盾后侧具小突起。背甲栗

成体背部（雄性）（Herptile Lovers　供图）

成体腹部（雄性）（Herptile Lovers　供图）

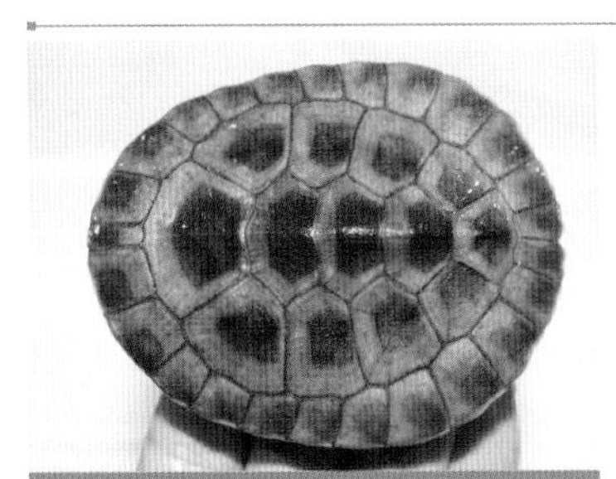
幼体背部（Herptile Lovers　供图）

幼体腹部（Herptile Lovers　供图）

头背部（站酷海洛）

棕色至深灰色或黑色。腹甲发达，前部微上翘。间喉盾完全将喉盾分开。腹甲后叶向内弯曲，肛盾缺刻深。股盾缝＞间喉盾＞腹盾缝＞肱盾缝＞肛盾缝＞胸盾缝＞喉盾缝。腹甲红棕色至黄色，每枚盾片具棕色斑块，前端和后端可能具黄色窄边框。甲桥和缘盾腹面棕色至黄色。头部和颈部加起来长度明显短于背甲。头部背面和侧面覆有大量凸面鳞片；在眼眶和鼓膜之间鳞片小于头顶部和两边。吻部突出，上喙中央既没有凹口也不为锯齿状。颏部具2条触须。头部和颈部背面红棕色至深灰色，腹面灰色至浅黄色；喙部可能具深色斑点，颏部触须黄色。上喙常为黄色至白色，具黑色带。指（趾）间具蹼。前肢和后肢外表面具边缘大鳞。四肢和尾部灰黑色，腋窝黄色。

幼体（Herptile Lovers　供图）

Mesoclemmys jurutiensis Cunha, Sampaio, Carneiro & Vogt, 2021

英文名：Little–Amazon Toad-headed Turtle; Blackheaded Amazon Turtle

中文名：小亚马孙蟾头龟

分　布：巴西

形态描述：一种中型水栖淡水龟。背甲直线长度最大可达 22.8 厘米。成体背甲椭圆形，在第 4 和第 5 椎盾处具不明显的纵棱，无背中沟，后侧缘盾略上翘。第 1 椎盾宽远大于长；第 5 椎盾后侧扩展，宽大于长；第 2 ~ 4 椎盾长大于宽，或至少长宽相当。

成体（Fábio A. G. Cunha　摄）

成体（Fábio A. G. Cunha　摄）

成体腹部（Fábio A. G. Cunha　摄）

背甲深红棕色。缘盾腹面焦黄色。腹甲发达，具肛盾缺刻。腹甲前叶宽于后叶，甲桥宽。肱盾缝＞腹盾缝＞肛盾缝＞胸盾缝＞喉盾缝＞股盾缝＞间喉盾。甲桥焦黄色，腹甲黑色，具黄色边缘。头部大小适中，扁平较短，略呈三角形。吻部尖，颏部具2条长触须。头背部和侧面光滑，无疣粒。两眼前具形态规则、大小不同鳞片组成的顶板。颈部具大量疣粒。头部完全黑色，眼大、红色，颏部长触须淡黄色。前后足黑色，股部变浅，呈灰色，腹股沟部变浅，呈黄白色。尾部具11枚白色颗粒状鳞片和9枚间隔均匀的黑色鳞片。其他部分皮肤黑色，具白色疣状鳞片。

与同域分布的同属物种的区分：

与*M. gibba*在体型大小方面最为相似，但*M. gibba*具相对更高的背甲和明显不同的头部尺寸；另外，两物种颜色明显不同。与*M. raniceps*主要不同在体型上，*M. raniceps*成体较大，背甲长度可达31.5厘米。另外两物种的颜色不同，*M. jurutiensis*幼体和成体头部和颈部全黑色，*M. raniceps*头部背面和腹面深灰色具不规则白色斑点。与*M. nasuta*主要不同在于头部颜色，*M. nasuta*头部明显二色，背面棕或灰色，腹面黄色，具一些橙色杂斑。此外，*M. nasuta*头部巨大。与*M. perplexa*、*M. tuberculata*和*M. vanderhaegei*三物种的主要区别在于眼周区域是否具扁平鳞片，成龟个体的平均大小，头部的结构和颜色（尤其是鼓膜区域），以及腹甲盾片的比例（尤其是肱盾和胸盾的比例）。

Mesoclemmys nasuta（Schweigger, 1812）

成体（Jérôme Maran 摄，引自 Chelonian Research Monographs No.8，2021 年）

成体头部（雄性）（Herptile Lovers 供图）

英文名：Guyanan Toad-headed Turtle

中文名：圭亚那蟾头龟

分　布：巴西，法属圭亚那，苏里南

形态描述：一种中型水栖淡水龟。背甲直线长度雄龟最大可达 31.7 厘米，雌龟最大可达25.6厘米。成体背甲扁平，卵形至椭圆形，最宽处在中心处之后，后缘平滑，通常无背中沟，但是在幼体中可能存在一条低平中纵棱。第 1 椎盾最大，宽大于长，前缘裙状展开；第 5 椎盾次大，宽大于长，后端裙状展开；第 2 ～ 4 椎盾，幼体宽大于长，但是随着生长，长可能略大于宽；第 4 椎盾最小。颈盾窄，从小至窄长间变化。背甲棕色至橄榄灰色。腹甲发达，具肛盾缺刻。间喉盾>股盾缝><腹盾缝><肛盾缝><胸盾缝><肱盾缝>喉盾缝。间喉盾完全将喉盾分开。腹甲颜色多变，黄色底色具或无棕色斑块。头部大且非常宽，吻部微突出，上喙中央仅具微凹口。颏部具 2 条触须。颈部可能具一些圆钝疣粒。头部背面覆有由小至大的不规则鳞片。头部明显呈二色性（背面棕或灰色，腹面黄色），具一些橙色杂斑。颈部背面深色，腹面浅色。四肢背面和侧面灰色，腹面奶油色。

成体背部（雄性）（Herptile Lovers 供图）

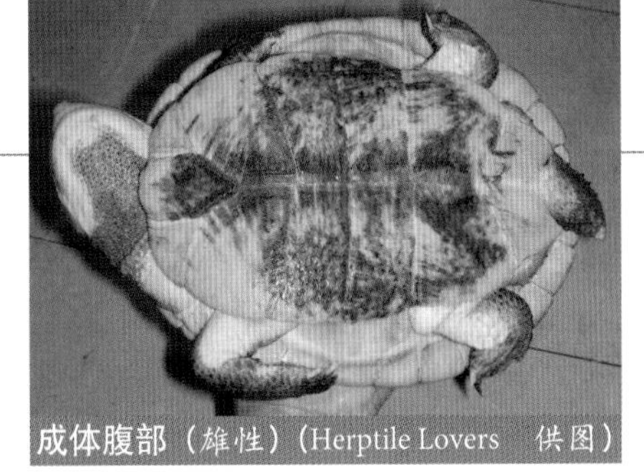

成体腹部（雄性）（Herptile Lovers 供图）

幼体（Herptile Lovers 供图）

幼体腹部（Herptile Lovers 供图）

Mesoclemmys perplexa Bour & Zaher, 2005

英文名：Cerrado Side-necked Turtle

中文名：狭背蟾头龟

分　布：巴西

成体（Vinicius T. de Carvalho 摄，引自 Chelonian Research Monographs No.8，2021 年）

形态描述：一种中小型水栖淡水龟。背甲直线长度雄龟最大可达16.9厘米，雌龟最大可达21.4厘米。成体背甲椭圆形，扁平、偏长，后缘几乎无缺口。中纵棱平滑，从第2椎盾连续至第5椎盾。臀盾约等于第11椎盾。背甲褐色。腹甲相对短窄。间喉盾＞腹盾缝＞肛盾＞股盾缝＞肱盾缝＞胸盾缝＞喉盾缝。间喉盾前端宽。甲桥短，边缘缝弯曲，腋盾（伸长）和胯盾（梯形）明显但小。腹甲黄色，具棕色的中心对称斑块，沿甲桥从肱盾延伸到股盾，在间喉盾变尖。头部宽、扁平、前端相对尖。头背面鳞片界限明显但不突出。喉部皮肤略颗粒状。颏部具2根短小触须。颈部覆有大量圆钝小疣粒，无伸长或尖疣粒。头部和颈部背面暗灰色，腹面颜色较浅。喉部、鼓膜和颈部发白色，略有带淡灰色斑点的不规则杂斑。四肢明显纤细，前肢前表面覆有4～5排大鳞。四肢背面暗灰色，腹面颜色较浅。

成体头部（Herptile Lovers　供图）

Mesoclemmys raniceps（Gray, 1856）

英文名：Amazon Toad-headed Turtle

中文名：亚马孙蟾头龟

分　布：玻利维亚，巴西，哥伦比亚，厄瓜多尔，秘鲁，委内瑞拉

形态描述：一种中型水栖淡水龟。背甲直线长度雄龟最大可达33.4厘米，雌龟最大可达33.5厘米。成体背甲椭圆形，最宽处在中心处之后，背部扁平，后缘平滑。通常无背中沟，但幼体可能具低平的中纵棱。第1椎盾最大，宽大于长，前缘裙状展开；第5椎盾次大，宽大于长，后端裙状展开；第2～4椎盾，幼体宽大于长，但是随着生长，第3和第4椎盾长可能略大于宽；第4椎盾最小。颈盾窄长。背甲黑色，橄榄黑色或深橄榄棕色。腹甲发达，具肛盾缺刻。前后叶几

平同宽。股盾缝＞间喉盾＞腹盾缝＞胸盾缝＞＜肱盾缝＞肛盾缝＞喉盾缝。间喉盾完全将喉盾分开。成体腹甲深棕色至橄榄棕色，沿盾片侧边和甲桥的胯盾区域具黄色斑块。头部大且非常宽，吻部微突出，上喙中央无凹口。颏部具2条触须。头部上表面覆有由小至大的不规则鳞片。成体头部深灰色或橄榄灰色，下喙奶油色至黄色；在幼体上具黑色斑点和短线。颈部背面颜色深腹面浅。四肢深灰色至橄榄灰色。

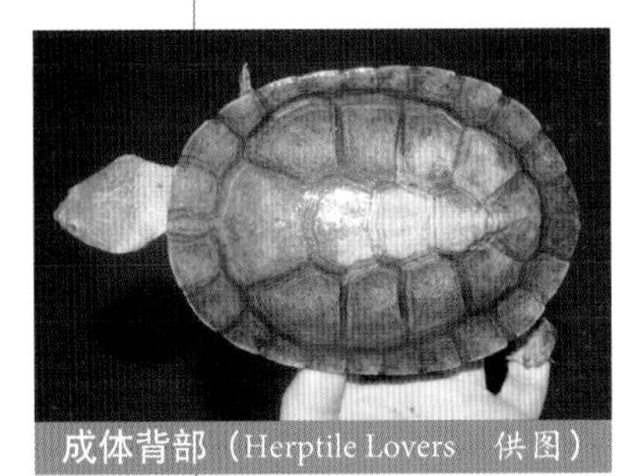
成体背部（Herptile Lovers 供图）

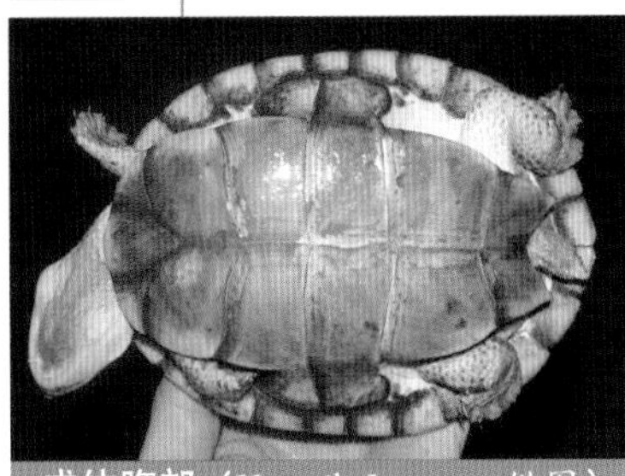
成体腹部（Herptile Lovers 供图）

幼体头部（深色斑点）
（Herptile Lovers 供图）

Mesoclemmys sabiniparaensis
Cunha, Sampaio, Carneiro, Vogt, Mittermeier, Rhodin & Andrade, 2022

英文名：Sabin's Side-necked Turtle

中文名：萨宾蟾头龟

分　布：巴西

形态描述：一种小型水栖淡水龟。背甲直线长度最大可达 17 厘米。成体背甲低平，微拱起；椭圆形，表面平滑，第 3 和第 4 椎盾处具不明显的纵棱。无背中沟；背甲侧缘不上翘。背甲深棕色至黑色，盾片具浅黄棕色斑。腹甲平，间喉盾长宽均大于喉盾。间喉盾＞肛盾缝＞肱盾缝＞股盾缝＞腹盾缝＞胸盾缝＞喉盾缝。腹甲和背甲腹面淡黄棕色，甲缝深色。腹甲的肱盾、胸盾、腹盾和股盾中部黑棕色。头部小，头部平均宽度与长度比为 0.9，平均头宽与背甲长度比为 0.216。头部扁平，呈三角形。眼大，虹膜黑色。吻部尖，嘴小，颏部具 1 对淡黄色长触须。深色的头背部和淡黄色颈部分界明显。颈腹面焦黄色略带粉色。尾小；基部黑色，端部浅色和肉色。

正模标本（雌性）（Fábio A.G. Cunha 摄，引自 Fábio A.G. Cunha 等，2022 年）

配模标本（雄性）（Fábio A.G. Cunha 摄，引自 Fábio A.G. Cunha 等，2022 年）

与同域分布近似种的主要区别：

*Mesoclemmys sabiniparaensis*与*Mesoclemmys gibba*相比，具有扁平不拱起的背甲，背甲侧缘不上翘；与*Mesoclemmys raniceps*相比，具有1对大的颏部触须，没有狭窄的顶骨盖和显著球根状的颞部肌肉组织，此外*Mesoclemmys raniceps*头部相对较宽；与*Mesoclemmys perplexa*相比，头部扁平没有隆起的鳞片和眶斑，肱盾较大；与*Mesoclemmys nasuta*相比，个体较小，头部较窄，顶骨盖较宽；与*Mesoclemmys tuberculata*相比，腹甲胸盾较大，背甲侧缘不上翘。

Mesoclemmys tuberculata（Luederwaldt, 1926）

英文名： Tuberculate Toad-headed Turtle

中文名： 结节蟾头龟

分　布： 巴西

形态描述： 一种中型水栖淡水龟。背甲直线长度雄龟最大可达19.6厘米，雌龟最大可达25厘米。成体背甲椭圆形，微拱起，具中纵棱，最宽处在中心处之后，后边缘光滑或微锯齿状。颈盾宽。椎盾宽大于长；第1椎盾前缘扩大，第5椎盾后端裙状展开。中纵棱不连续，两边具浅纵沟；老年个体上这些沟可能融合成1个背中沟。后边缘在尾部略提升。背甲浅棕色至深棕色或黑色；盾片表面粗糙具突起条纹。腹甲发达，可覆盖大部分背甲开口。腹甲前后叶宽度相当；腹甲前叶前端圆钝，后叶

成体（Daniel O. Santana 摄，引自 Chelonian Research Monographs No.5 2016 年）

成体头部（Daniel O. Santana 摄，引自 Chelonian Research Monographs No.5 2016 年）

亚成体头部（Herptile Lovers 供图）

亚成体背部（Herptile Lovers 供图）

亚成体腹部（Herptile Lovers 供图）

向后逐渐变窄，具肛盾缺刻。间喉盾发达，通常长于腹盾间缝；将喉盾完全分开。腹甲构成可变：间喉盾＞＜股盾缝＞＜肛盾缝＞＜腹盾缝＞喉盾＞胸盾缝＞肱盾缝。如存在，胯盾大于腋盾。腹甲颜色多变，全黄色至黄色带深色缝至几乎全深棕色。头部宽，吻部微突出，上喙中央无凹口，颏部具2条触须。眼眶之后，头部两侧具大量不规则鳞片；眼眶间皮肤完整。颈部可能具圆锥形疣粒。头部颜色从全灰色至灰色具大量粉色或黄色斑点。喙浅棕色，上喙可能具浅色条。颈部灰色至棕色，可能具浅色斑点。四肢灰色至棕色。

幼体（Daniel O. Santana 摄，引自 Chelonian Research Monographs No.5 2016 年）

Mesoclemmys vanderhaegei（Bour, 1973）

成体（Elizângela S. Brito 摄，引自 Chelonian Research Monographs No.5，2014 年）

英文名：Vanderhaege's Toad-headed Turtle

中文名：疣背蟾头龟

分　布：阿根廷，玻利维亚，巴西，巴拉圭

形态描述：一种中型水栖淡水龟。背甲直线长度雄龟最大可达 28.5 厘米，雌龟最大可达 28 厘米。成体背甲椭圆形，与 *Mesoclemmys gibba* 相似，但具 1 条不明显的背中沟，后边缘光滑或微锯齿状。通常最宽处在第 8 缘盾处，最高处在第 3 椎盾处。背甲上可能具粗糙条纹。椎盾宽大于长。背甲棕色至灰色或黑色。腹甲可覆盖大部分背甲开口，前端微上翘，后端具肛盾缺刻。间喉盾完全将喉盾分开，未接触肱盾，长度小于或等于腹盾缝长度。腹甲构成多变，但股盾间

成体头部（Elizângela S. Brito 摄，引自 Chelonian Research Monographs No.5，2014 年）

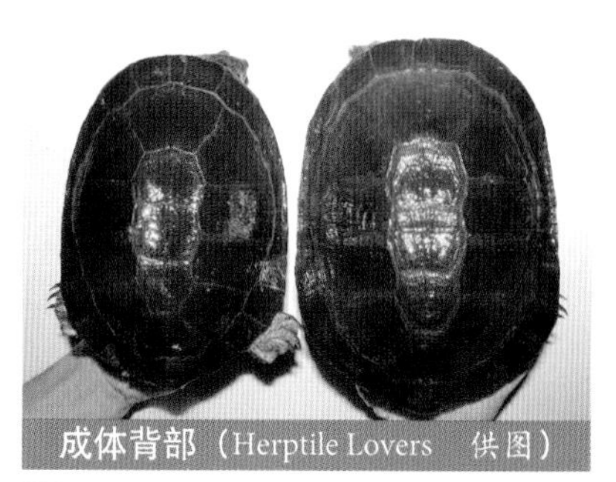
成体背部（Herptile Lovers 供图）

成体腹部（Herptile Lovers 供图）

幼体（Herptile Lovers 供图）

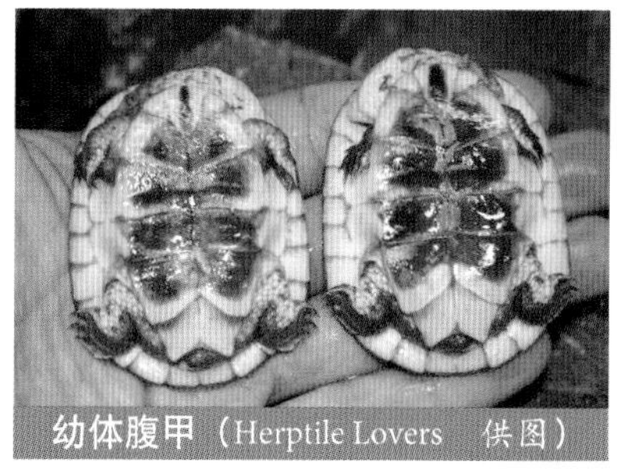
幼体腹甲（Herptile Lovers 供图）

缝、胸盾间缝和间喉盾通常最长。腹甲黄色，具棕色至黑色图案，通常延伸到胸盾和股盾之间。头部和颈部相对短于背甲。吻部微突出，上喙中央无凹口非锯齿状。头部和颈部灰色，喉部和颏部黄色，头部具一些橙色蠕虫纹，上喙黄色少见深杂色，下喙可能红色。前肢外缘具大鳞。其他处皮肤灰色至橄榄色。

成体（Richard C. Vogt 摄，引自 Chelonian Research Monographs No.8，2021 年）

Mesoclemmys wermuthi (Mertens, 1969)

英文名：Wermuth's Toad-headed Turtle

中文名：韦氏蟾头龟

分　布：玻利维亚，巴西，哥伦比亚，秘鲁

形态描述：一种中型水栖淡水龟。背甲直线长度雄龟最大可达 23.2 厘米，雌龟最大可达 33.8 厘米。成体背甲椭圆形，最宽处在中心处之后，背部扁平，后缘平滑。通常无背中沟，但幼体可能具低平的中纵棱。第 1 椎盾最大，宽大于长，前缘裙状展开；第 5 椎盾次大，宽大于长，后端裙状展开；第 2 ~ 4 椎盾，幼体宽大于长，但是随着生长，第 3 和第 4 椎盾可能长略大于宽；第 4 椎盾最小。颈盾窄长。背甲黑色，橄榄黑色或深橄榄棕色。腹甲发达，具肛盾缺刻。

成体背部（Herptile Lovers　供图）

成体腹部（Herptile Lovers　供图）

前后叶几乎同宽。股盾缝＞间喉盾＞腹盾缝＞胸盾缝＞＜肱盾缝＞肛盾缝＞喉盾缝。间喉盾完全将喉盾分开。成体腹甲深棕色至橄榄棕色，边缘奶油色。头部大且非常宽，吻部微突出，上喙中央无凹口。颏部具2条触须。头部上表面覆有由小至大的不规则鳞片。与 *M. raniceps* 相比，头部较宽较圆钝，鼓膜较大。头部深灰色，具黑色小斑点或“)(”形黑条纹，下喙奶油色至黄色；颈部背面颜色深腹面浅色。四肢深灰色至橄榄灰色。

成体头部（Herptile Lovers　供图）

Mesoclemmys zuliae（Pritchard & Trebbau, 1984）

英文名：Zulia Toad-headed Turtle

中文名：苏利亚蟾头龟

分　布：哥伦比亚（?*），委内瑞拉

成体（Peter C.H. Pritchard 摄，
引自 Chelonian Research Monographs No.8，2021年）

形态描述：一种中型水栖淡水龟。背甲直线长度雄龟最大可达20.8厘米，雌龟最大可达27.9厘米。成体背甲椭圆形，有些扁平，雄龟最宽处在中心处之后，但雌龟背甲两边平行。无中纵棱，雌龟可能具背中沟。第1椎盾最大，宽大于长，前缘裙状展开；第5椎盾次大，后端裙状展开，宽大于长；第2～4椎盾可能长宽相当或长略大于宽（第3椎盾最短，第4椎盾最窄）。颈盾窄长。背甲无图案，深灰色至黑色。腹甲发达，前端圆钝，后端具肛盾缺刻。腹甲前叶宽于后叶，甲桥相对宽。雌龟：股盾缝＞间喉盾＞腹盾缝＞胸盾缝＞肱盾缝＞肛盾缝＝喉盾。雄龟：股盾缝＞间喉盾＞肱盾缝＞腹盾缝＞喉盾＞肛盾缝＞胸盾缝。间喉盾完全将喉盾分开。腹甲黄色。头部大，非常宽，吻部略突出，上喙中央具凹口。颏部具2根触须。头背部覆有被分成不规则小鳞的光滑皮肤。头部具有明显的二色性（背面灰色，腹面奶油色至白色），具1条从吻部经眼眶到达鼓膜上方的黑色窄条带。颈部背面颜色深，腹面颜色浅，具有柔软褶皱的皮肤。四肢灰色。

1 ? 表示有待进一步确认。全书同。

蟾头龟属 *Phrynops* Wagler, 1830

本属4种。主要特征：头窄（成体达背甲长的10%～20%），顶骨顶部宽（≥眼眶水平直径）；颏部和喉腹面具明显的深色条带。椎板多数6块或更少，间喉盾将喉盾完全分开；无背中沟，背甲低，微拱起；头和四肢无红色，腹甲具斑点或蠕虫纹；前肢5爪。

蟾头龟属物种名录

序号	学名	中文名	亚种
1	*Phrynops geoffroanus*	花面蟾头龟	/
2	*Phrynops hilarii*	希拉里蟾头龟	/
3	*Phrynops tuberosus*	北部花面蟾头龟	/
4	*Phrynops williamsi*	威廉姆斯蟾头	/

蟾头龟属的种检索表

1a 颏部触须长度远小于眼眶直径；颏部具深色向后开口的U形或马蹄形图案；腹甲黄色，至少甲桥和缘盾腹面具斑点（有时随年龄褪去），背甲长度达36厘米 ………………………………… 威廉姆斯蟾头龟 *Phrynops williamsi*

1b 颏部触须长度等于眼眶直径；颏部和喉下具条纹或不连续的条纹或短线 ……………………………………………… 2

2a 腹甲粉色至微红色，幼体具深色斑，图案随年龄增长而褪去（一些成体腹甲变为淡黄色或白色）；颏部和喉部具条纹 ……………………………………………………………………………………………………… 3

2b 腹甲淡黄色具深色小斑块或斑点（各年龄段都存在）；颏部和喉部具斑点或短线；间喉盾后边明显短 …… ………………………………………………………………………………………… 希拉里蟾头龟 *Phrynops hilarii*

3a 幼体上仅具中纵棱；间喉盾长度小于腹甲前叶长度的1/2 …………………… 花面蟾头龟 *Phrynops geoffroanus*

3b 幼体上具中纵棱和侧纵棱；间喉盾长度大于腹甲前叶长度的1/2 ………… 北部花面蟾头龟 *Phrynops tuberosus*

Phrynops geoffroanus（Schweigger, 1812）

英文名：Geoffroy's Side-necked Turtle

中文名：花面蟾头龟

分　布：阿根廷，玻利维亚，巴西，哥伦比亚，厄瓜多尔，巴拉圭，秘鲁，委内瑞拉

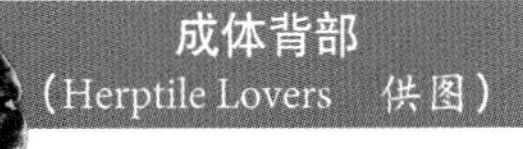
成体背部（Herptile Lovers　供图）

成体腹部（Herptile Lovers　供图）

形态描述：一种大型水栖淡水龟。背甲直线长度雄龟最大可达39.5厘米，雌龟最大可达46.3厘米。成体背甲扁平，椭圆形，最宽处在中心处之后，后缘平滑。成体背中沟浅，幼体可能具不明显的中纵棱。第1椎盾最大，宽大于长，前缘裙状展开；第2～4椎

成体（高品图像 Gaopinimages）

盾幼体的宽大于长，成体长大于宽；第5椎盾宽大于长，后端明显裙状展开。颈盾窄长。背甲棕色至黑色，具灰色杂斑，边缘黄色；盾片通常粗糙具凸起条纹。腹甲发达，具肛盾缺刻。腹甲前叶略宽于后叶，甲桥相对宽。股盾缝＞＜间喉盾＞肛盾缝＞＜腹盾缝＞胸盾缝＞喉盾缝＞＜肱盾缝。间喉盾完全将喉盾分开，长度小于腹甲前叶长度的1/2。老年个体腹甲、甲桥和缘盾腹面黄色至浅棕色。幼体和年轻个体具大量的红色和黑色腹甲图案。头部宽大，吻部突出，上喙中央无凹口非钩状。颏部具2条触须。头背部具许多形状不规则的小鳞，颈部可能具钝疣。头部背灰色或橄榄色，常具黑色蠕虫纹。1条黑色宽条带从鼻孔处向两侧后方经眼眶和鼓膜到颈部侧面，还有1条黑色条带沿上喙到颈侧面；这2条黑色条带间为黄色或奶油色条带。颏部和喉部黄色，喉部具一系列黑色条带。颏部触须黄色。喙黄色，四肢外部表面灰色至橄榄色，腹面奶油色；脚掌可能黑色。

幼体（侧视）（纳灵优作　供图）

幼体背部（纳灵优作　供图）

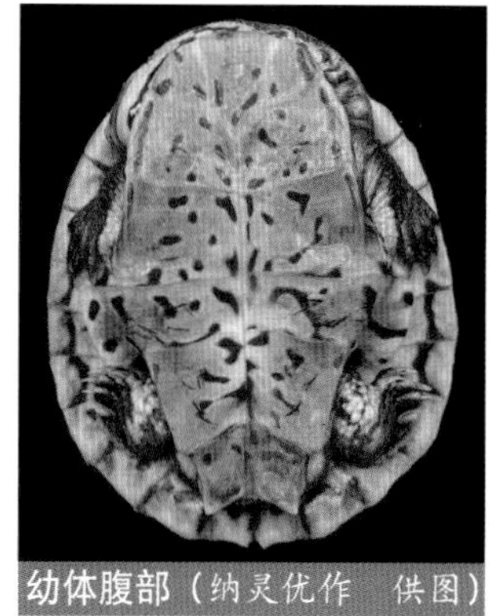
幼体腹部（纳灵优作　供图）

Phrynops hilarii（Duméril & Bibron, 1835）

英文名：Saint-Hilaire's Side-necked Turtle

中文名：希拉里蟾头龟

分　布：阿根廷，巴西，乌拉圭，巴拉圭

形态描述：一种大型水栖淡水龟。背甲直线长度雄龟最大可达35.6厘米，雌龟最大可达40.8厘米。成体背甲扁平，椭圆形，两侧平行，最宽处近中心处，

流线型上喙和棒状触须（站酷海洛）

成体（站酷海洛）

后缘平滑，盾片通常粗糙。成体背中沟浅，幼体可能具不明显的中纵棱。第 1、2、3、5 椎盾宽大于长，第 4 椎盾长宽相当或长大于宽（幼体椎盾宽大于长）；第 1 椎盾最大，前缘裙状展开；第 5 椎盾后端裙状展开。颈盾窄长。背甲背甲深棕色、橄榄色或灰色，边缘黄色；腹甲发达，具肛盾缺刻。腹甲前叶明显宽于后叶，甲桥相对宽。间喉盾＞＜股盾缝＞＜腹盾缝＞＜肛盾缝＞喉盾缝＞肱盾缝＞胸盾缝。间喉盾完全将喉盾分开。老年个体腹甲、甲桥和缘盾腹面黄色具许多形状不规则黑点。头部宽大，吻部突出，颏部具 2 条触须。上喙流线型，中央无凹口非钩状。头背部具许多形状不规则小鳞片，但额鳞明显。颈部可能具钝疣。头背部灰色或橄榄色，具 1 条从鼻孔处向两侧后方经眼眶和鼓膜到颈部侧面的黑色条带，黑色条带下方头部和颈部白色至奶油色。另 1 条黑色带通常在喉部两侧，始于颏部触须，向后延伸，有时可能和上方黑带联合。喙黄色。四肢表面灰色至橄榄色，内侧奶油色；脚掌可能黑色。

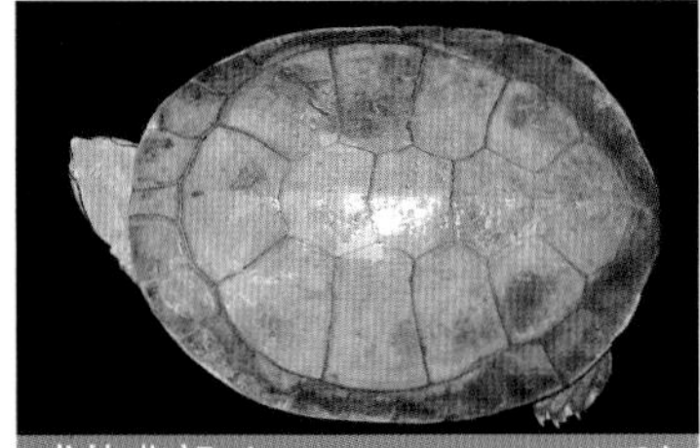
成体背部（Herptile Lovers　供图）

成体腹部（Herptile Lovers　供图）

Phrynops tuberosus（Peters, 1870）

成体（Peter C.H. Pritchard 摄，引自 Chelonian Research Monographs No.8，2021 年）

英文名：Guianan Shield Side-necked Turtle

中文名：北部花面蟾头龟

分　布：巴西，圭亚那，委内瑞拉

形态描述：一种中型水龟。背甲直线长度雄龟最大可达 28.6 厘米，雌龟最大可达 32.6 厘米。过去被认为是 *Phrynops geoffroanus* 的一个亚种，现在确定是 *Phrynops geoffroanus* 的近似种。与 *Phrynops geoffroanus* 的主要区分特征是：①幼体背甲除具中纵棱外，在其两侧沿着每枚肋盾背表面具由一系列隆起结节形成不连续的侧纵棱。②间喉盾长度超过腹甲前叶长度的一半。

成体（雄性）（Herptile Lovers　供图）

成体背部（雄性）（Herptile Lovers　供图）

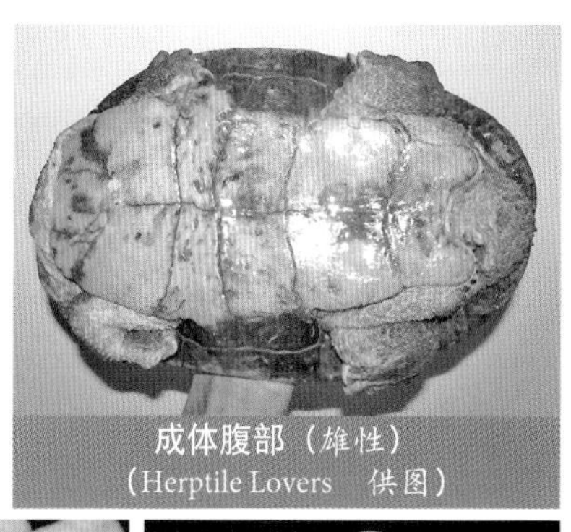
成体腹部（雄性）（Herptile Lovers　供图）

亚成体（Herptile Lovers　供图）

亚成体腹部（Herptile Lovers　供图）

幼体（Herptile Lovers　供图）

幼体腹部（Herptile Lovers　供图）

Phrynops williamsi Rhodin & Mittermeier, 1983

成体（Vinícius T. de Carvalho 摄，引自 Chelonian Research Monographs No.8，2021 年）

英文名：William's Side-necked Turtle

中文名：威廉姆斯蟾头龟

分　布：阿根廷，巴西，巴拉圭，乌拉圭

形态描述：一种中型水栖淡水龟。背甲直线长度雄龟最大可达27.8厘米，雌龟最大可达35.4厘米。本物种与*Phrynops geoffroanus*和*P. hilarii*非常相近。成体背甲适度拱起，椭圆形，最宽处在中心处，边缘微锯齿状，后缘缺刻小。第1椎盾最大；椎

盾宽大于长。第1～4椎盾上无纵棱或背中沟，但第5椎盾后侧微隆起。颈盾长是宽的2倍。背甲棕色具辐射纹，盾片具黑色窄条带和黄色或橙色窄边框。腹甲发达，具肛盾缺刻。腹甲前叶稍宽于后叶，甲桥相对较宽。股盾缝>间喉盾><肛盾缝>腹盾缝><胸盾缝><肱盾缝>喉盾缝。间喉盾完全将喉盾分开。间喉盾短宽，远不及肱盾缝和胸盾缝的联合长度。腹甲灰色至淡黄色。头部适度窄，吻部突出，上喙中央无凹口非钩状。颏部具2条触须。吻部顶部皮肤、眶间区域和头部中间的1/3区域没有完全被鳞片分开。头部背表面其他部分覆有形状不规则的小鳞。颈部短，具一些明显圆钝疣粒。幼体头部背面黑色具微红色窄条纹，颏部和颈部腹表面常为白色但可能深黄

成体（图虫创意）

成体背部的辐射纹图案（站酷海洛）

色或黄色。头部两边具3条近平行的黑色宽带：①1条背侧宽带从鼻孔穿过眼眶和鼓膜上部扩展到颈部；②1条中部宽带从喙角向后沿着鼓膜下边缘到颈部腹侧面；③1条腹面宽带，在颏部形成马蹄形图案，与白色触须形成鲜明对比。喙深色，颏部白色部分与下喙的黑色条纹形成鲜明的对比。四肢外侧黑色至棕色，具明显蠕虫纹；内侧深黄色或黄色，蹼可能微红色。

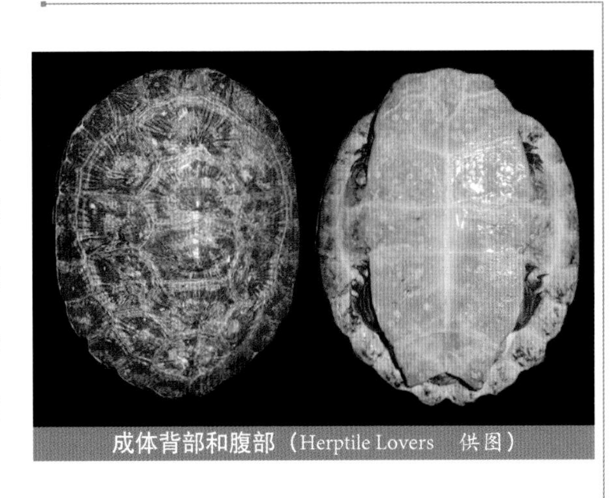

成体背部和腹部（Herptile Lovers　供图）

扁龟属 *Platemys* Wagler, 1830

本属仅1种。主要特征：头背部光滑，背甲具深中沟，无椎板，喉盾未将肱盾隔开，第1椎盾宽于或与第2椎盾同宽，股后侧具大而尖的硬棘，前肢5爪。

扁龟属物种名录

序号	学名	中文名	亚种
1	*Platemys platycephala*	扁龟	*P. p. platycephala* *P. p. melanonota*

扁龟属的亚种检索表

1a 背甲大部分黄色，甲桥深色条占比小于80% ………………………… 扁龟 *Platemys platycephala platycephala*

1b 背甲大部分深色，甲桥深色条占比90%～100% ………………… 黑背扁龟 *Platemys platycephala melanonota*

Platemys platycephala（Schneider, 1792）

英文名：Twist-necked Turtle

中文名：扁龟

分　布：玻利维亚，巴西，哥伦比亚，厄瓜多尔，法属圭亚那，圭亚那，秘鲁，苏里南，委内瑞拉

形态描述：一种小型半水栖龟。背甲直线长度雄龟最大可达18厘米，雌龟最大可达16.7厘米。成体背甲扁平，椭圆形，在第1椎盾后侧至第5椎盾前侧具明显背中沟，幼体椎盾宽大

于长，成体第3椎盾长大于宽；第4和第5椎盾最小。后侧缘盾外展（幼体微锯齿状）；两侧缘盾上翘。背甲黄色具深棕色或黑色斑以不同面积覆盖背甲表面（区分不同地理亚种最简单、最明显特征）。腹甲前叶微上翘，长且宽于腹甲后叶，后叶肛盾缺刻宽。间喉盾是腹甲前叶长度的一半。间喉盾＞腹盾缝＞股盾缝＞肛盾缝＞喉盾缝＞肱盾缝＞＜胸盾缝。腹甲深棕色或黑色具黄色边缘；甲桥黄色具深色横带。头背部光滑，皮肤完整；侧部具1～3排大鳞。吻部短略突出。喙部中央具浅凹口。颏部具2条小触须。颈部背侧表面具许多钝疣粒。头部背面黄色至橙色，侧面和腹面深棕色至黑色；喙部深棕色，虹膜棕色。颈部颜色与头部相似。四肢外表面覆有大鳞，股部具钝的小硬棘。尾短。四肢和尾部黑色。

成体（站酷海洛）

地理亚种：

(1) *Platemys platycephala platycephala* (Schneider, 1792)

英文名：Eastern Twist-necked Turtle, Common Twist–necked Turtle

成体（雌性）(Herptile Lovers 供图)

中文名：东部扁龟

分 布：玻利维亚，巴西，哥伦比亚，法属圭亚那，圭亚那，秘鲁，苏里南，委内瑞拉

成体背部（雌性）
(Herptile Lovers 供图)

成体腹部（雌性）
(Herptile Lovers 供图)

(2) *Platemys platycephala melanonota* Ernst, 1984

英文名：Black–backed Twist-necked Turtle

中文名：黑背扁龟

分　布：哥伦比亚，厄瓜多尔，秘鲁

成体（高品图像 Gaopinimages）

成体（图虫创意）

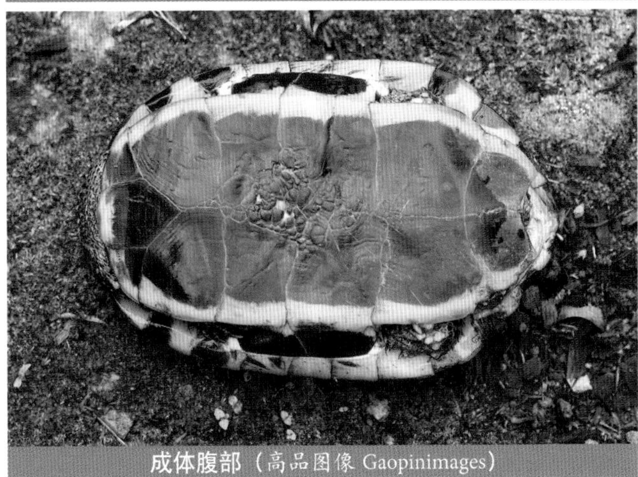
成体腹部（高品图像 Gaopinimages）

亚种特征：

*Platemys platycephala platycephala*背甲黄棕色，深色斑限于椎盾和肋盾分隔缝的边界处，沿背中沟从两侧向下向经第2和第3肋盾到达侧边缘（背中沟仍为黄棕色）；甲桥深色条占比小于80%。

*Platemys platycephala melanonota*背甲深色，黄色斑限于背中沟，有些会到达第1肋盾前部，第4肋盾后部；甲桥深色条占比在90%以上（通常100%）。

蛙头龟属 *Ranacephala* McCord, Joseph-Ouni & Lamar, 2001

本属仅 1 种。主要特征：腹盾缝明显长（为肱盾缝 2 倍）；成体背甲无纵棱，腹甲全黄色或具不明显的灰斑，头部明显双色：背面深色、深灰色至红棕色，腹面黄色。

蛙头龟属物种名录

序号	学名	中文名	亚种
1	*Ranacephala hogei*	霍氏蟾头龟	/

Ranacephala hogei（Mertens, 1967）

英文名：Hoge's Side-necked Turtle

中文名：霍氏蟾头龟

分　布：巴西

成体头部（Russell A. Mittermeier 摄，引自 Chelonian Research Monographs No.8，2021 年）

形态描述：一种中型水栖淡水龟。背甲直线长度雄龟最大可达38厘米，雌龟最大可达34厘米。成体背甲偏长、拱起，椭圆形，无纵棱、背中沟，后缘非锯齿状或后侧缘盾扩展。第1椎盾宽远大于长；第5椎盾后侧扩展，宽大于长；第2～4椎盾长大于宽，或至少长宽相当。背甲在浅棕色至深棕色之间变化。腹甲发达，具肛盾缺刻。腹甲前叶宽于后叶，甲桥宽。腹盾缝＞股盾缝＞间喉盾＞肱盾缝＞喉盾缝=肛盾缝＞胸盾缝。腹甲全黄色或具不规则、模糊的灰棕色斑。头部非常窄，吻部微突出，上喙中央无凹口。颏部具2条相对长的触须。头部明显双色：背面深色、深灰色至红棕色，腹面黄色。雌龟头部两侧具深红色斑块。喙黄色，上喙后部具灰色小斑块。虹膜棕色，围绕瞳孔具不规则黄色边框。颈部背面灰色至棕色，腹面黄色。四肢和尾部外表面和上表面深色，内侧或腹面粉橙色至奶油色。

成体（Ivan Sazima　摄）

红腿蟾头龟属 *Rhinemys* Wagler, 1830

本属仅1种。主要特征：头窄（成体达背甲长的10%～20%），顶骨顶部宽（≥眼眶水平直径）；具椎板，多数为6块或更少；背甲高，明显隆起；间喉盾将喉盾完全分开；腹甲全部黄色，腹盾缝短；无背中沟；头和四肢具明显红色，前肢5爪。

红腿蟾头龟属物种名录

序号	学名	中文名	亚种
1	*Rhinemys rufipes*	红腿蟾头龟	/

Rhinemys rufipes（Spix, 1824）

英文名：Red Side-necked Turtle, Red-footed Sideneck Turtle

中文名：红腿蟾头龟

分　布：巴西，哥伦比亚

成体（William E. Magnusson 摄，引自 Chelonian Research Monographs No.5，2014年）

形态描述：一种中型水栖淡水龟。背甲直线长度雄龟最大可达23厘米，雌龟最大可达25.6厘米。成体背甲椭圆形，具中纵棱，后缘微锯齿状。颈盾窄长。椎盾宽大于长，第1椎盾前部略裙状展开，第5椎盾后部明显裙状展开。侧面和后面缘盾外展。背甲棕色。腹甲大，可以覆盖大部分背甲开口。腹甲前叶宽于后叶，前缘处具长而宽的间喉盾。肛盾缺刻明显。间喉盾完全将喉盾分开。间喉盾><股盾缝>肛盾缝>肱盾缝><胸盾缝>腹盾缝>喉盾缝。腹甲、甲桥和缘盾腹面奶油色至黄色。头部宽平，吻部突出，上喙中央无凹口。眼眶后部，头部两侧具许多形状不规则的鳞片，但顶部皮肤完整光滑。颏部具2条触须。

成体（左雄右雌）
（Richard C. Vogt 摄，引自 Chelonian Research Monographs No.5，2014年）

头部亮红色，具从眼眶向后延伸至颈部的黑色侧条带和从吻部顶端向后到眼眶及颈背部之间的黑色中条带。中条带在吻部或眼眶间可能中断，2 条黑色侧条带可能经过眼眶在眼前与中条带联合。颈部外表面红色。四肢外表面红色，可能沿着前肢外缘和后肢跟部具大量的深棕色或黑色斑。

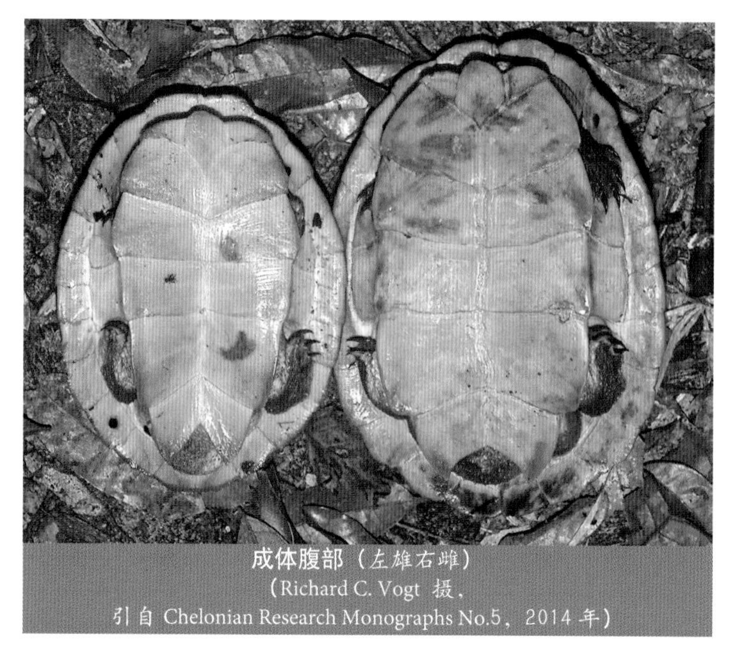

成体腹部（左雄右雌）
（Richard C. Vogt 摄，
引自 Chelonian Research Monographs No.5，2014 年）

幼体（Richard C. Vogt 摄，
引自 Chelonian Research Monographs No.5，2014 年）

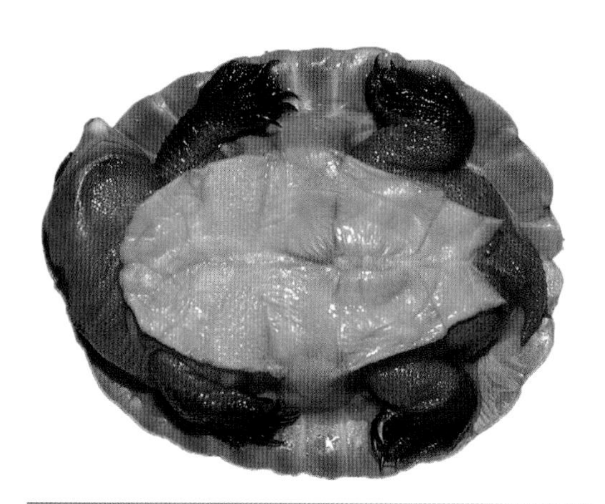

孵化出来不久的幼体
（Richard C. Vogt 摄，引自 Chelonian
Research Monographs No.5，2014 年）

渔龟属 *Hydromedusa* Wagler, 1830

本属 2 种。主要特征：前肢具 4 爪，间喉盾延伸到腹甲前部边缘，并将喉盾隔开。

渔龟属物种名录

序号	学名	中文名	亚种
1	*Hydromedusa maximiliani*	巴西渔龟	/
2	*Hydromedusa tectifera*	阿根廷渔龟	/

渔龟属的种检索表

1a 嘴角具明显瓣膜状皮瓣，头部侧面无黑边浅色条；腹盾缝最短；肋盾上无圆锥形突起……… 巴西渔龟 *Hydromedusa maximiliani*

1b 嘴角无瓣膜状皮瓣，头部侧面从上喙向后延伸到颈部具黑边浅色条；肱盾和胸盾最短；肋盾上具圆锥形突起……… 阿根廷渔龟 *Hydromedusa tectifera*

Hydromedusa maximiliani（Mikan, 1825）

英文名：Brazilian Snake–necked Turtle, Maximilian's Snake–necked Turtle

中文名：巴西渔龟

分　布：巴西

成体（Franco L. Souza 摄，引自 Chelonian Research Monographs No.8，2021 年）

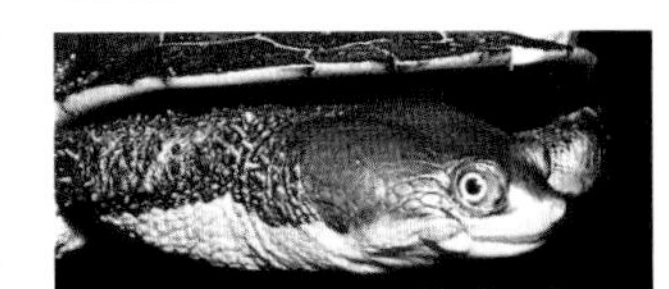

成体头部（Franco L. Souza 摄，引自 Chelonian Research Monographs No.5，2009 年）

形态描述：一种小型水栖淡水龟。背甲直线长度雄龟最大可达17厘米，雌龟最大可达20厘米。成体背甲椭圆形，两侧几乎平行。中纵棱不明显，在第1～4椎盾后侧和第5椎盾前侧形成结节；中纵棱随年龄而消失。成体背甲后缘平滑。颈盾在前2枚缘盾之后。椎盾宽大于长；第1椎盾最大，前缘裙状展开，第4椎盾最短，第5椎盾后缘裙状展开。侧面缘盾微上翘。背甲深棕色。腹甲前叶长于后叶，且前端圆钝；肛盾缺刻浅。甲桥窄。间喉盾＞肛盾缝＞＜股盾缝＞胸盾缝＞＜肱盾缝＞＜喉盾缝＞腹盾缝。腹甲、甲桥和缘盾腹面奶油色至黄色，具深色甲缝或棕色区域。头部大小中等，吻短略突出，上喙中央无凹口非钩状。头背部覆有光滑皮肤，眼后皮肤被鳞片。嘴角具1个明显瓣膜状皮瓣。颈部长于脊柱，颜色同头部，表面具许多刺状疣粒。头部背面棕色至橄榄灰色，侧面和腹面奶油色；这些颜色区域划分以鼓膜下方为界限。喙奶油色至黄色。前肢前表面具横向大鳞，后肢后表面和跟部具类似鳞。前肢具4爪。指（趾）间具蹼。四肢外表面橄榄灰色，腹面奶油色至黄色。尾部背面橄榄色，侧面和腹面黄色。

成体（雄性）（Herptile Lovers　供图）

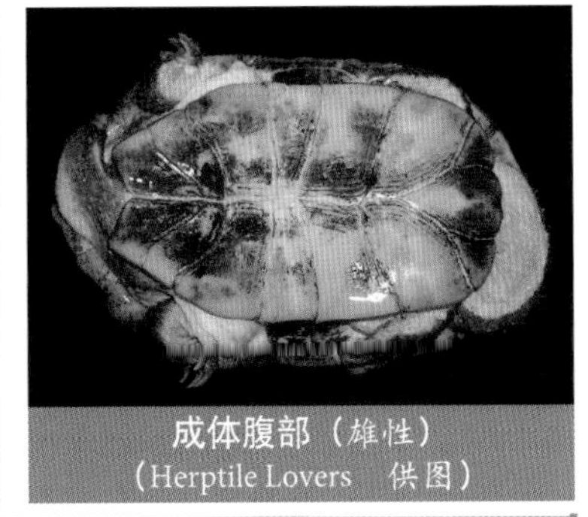

成体腹部（雄性）（Herptile Lovers　供图）

幼体（Shirley Famelli 摄，引自 Chelonian Research Monographs No.5，2009 年）

Hydromedusa tectifera Cope, 1870

英文名：South American Snake-headed Turtle, Argentine Snake-necked Turtle

中文名：阿根廷渔龟

分　布：阿根廷，巴西，巴拉圭，乌拉圭

成体（Peter C.H. Pritchard 摄，引自 Chelonian Research Monographs No.5，2021 年）

形态描述：一种中型水栖淡水龟。背甲直线长度雄龟最大可达 28.4 厘米，雌龟最大可达 30.6 厘米。成体背甲椭圆形，背甲两侧几乎平行。具中纵棱，在第 1 ~ 4 椎盾后侧形成圆锥形结节，第 5 椎盾前侧形成圆锥形结节；幼体中纵棱非常发达，但随年龄增长而消失。颈盾在前 2 枚缘盾之后。幼体椎盾宽大于长，但成体第 1 椎盾长宽相当或长略大于宽，第 4 椎盾可能长宽相当。第 1 椎盾最大，前缘裙状展开，第 4 椎盾最短，第 5 椎盾后缘裙状展开。侧面缘盾微上翘。背甲深棕色，缘盾腹面棕色。腹甲前叶长于后叶，且前端圆钝；后叶肛盾缺刻较 *Hydromedusa maximiliani* 深。间喉盾＞肛盾缝＞＜股盾缝＞喉盾缝＞＜腹盾缝＞胸盾缝＞＜肱盾缝。甲桥窄。腹甲在全黄色至黄色具棕色斑间变化。甲桥要么棕色，要么黄色具棕色大斑。头部大小中等，吻短略突出，上喙中央无凹口且非钩状。背面覆有不规则小鳞。嘴角无 *Hydromedusa maximiliani* 的瓣膜状皮瓣。颈部长于脊柱，表面具许多刺状疣粒。头部橄榄色至灰色，具 1 条从上喙沿着颈部向后延伸的黑边白色或奶油色宽条纹。颏部和颈腹面黄色，具深色斑点或蠕虫纹；喙黄色或褐色。前肢前表面具横向大鳞，后肢后表面和跟部具类似鳞。指（趾）间具蹼，前肢具 4 爪。四肢外表面橄榄色或灰色，腹面奶油色至黄色。尾部橄榄灰色。

成体雄性（Peter C.H. Pritchard 摄，引自 Chelonian Research Monographs No.5，2021 年）

成体雌性（Leandro Alcalde 摄，引自 Chelonian Research Monographs No.5，2021 年）

幼体（Herptile Lovers　供图）

幼体腹部（Herptile Lovers　供图）

长颈龟属 *Chelodina* Fitzinger, 1826

本属16种。主要特征：头颈部长，长度与背甲长度相当；间喉盾未延伸到腹甲前部边缘，喉盾在腹甲前缘相遇。前肢具4爪。

长颈龟属物种名录

序号	亚属	学名	中文名	亚种
1	*Chelodina*	*Chelodina canni*	坎氏长颈龟	/
2		*Chelodina gunaleni*	古氏长颈龟	/
3		*Chelodina longicollis*	东澳长颈龟	/
4		*Chelodina mccordi*	罗地长颈龟	*C. m. mccordi* *C. m. timorensis*
5		*Chelodina novaeguineae*	新几内亚长颈龟	/
6		*Chelodina pritchardi*	普氏长颈龟	/
7		*Chelodina reimanni*	鳞背长颈龟	/
8		*Chelodina steindachneri*	圆长颈龟	/
9	*Chelydera*	*Chelodina burrungandjii*	砂岩长颈龟	/
10		*Chelodina expansa*	宽甲长颈龟	/
11		*Chelodina kuchlingi*	库氏长颈龟	/
12		*Chelodina kurrichalpongo*	达尔文长颈龟	/
13		*Chelodina parkeri*	纹面长颈龟	/
14		*Chelodina rugosa*	北部长颈龟	/
15		*Chelodina walloyarrina*	长须长颈龟	/
16	*Macrochelodina*	*Chelodina oblonga*	西部长颈龟	/

长颈龟属的亚属检索表

1a 腹甲宽，从腹面看，覆盖或几乎覆盖甲壳前部开口；间喉盾约是胸盾间缝的2倍长；头和颈部的长度等于或略小于背甲长度；颈部背面具大量圆钝疣粒；遇到外界刺激时，从腋窝和股沟分泌出刺激性液体 ………………………………………… *Chelodina* 亚属

1b 腹甲窄，从腹面看，仅能覆盖一半甲壳前部开口；间喉盾约等于或略短于胸盾间缝；头和颈部的长度大于背甲长度；颈部背面没有明显的疣粒；遇到外界刺激时，从腋窝和股沟分泌出的液体，无刺激性气味 ………… 2

2a 背甲近卵形；腹甲长度适中，小于或等于前端到甲桥处宽度的2倍 ……………………………… *Chelydera* 亚属

2b 背甲非常窄；腹甲窄长，大于前端到甲桥处宽度的2倍 ……………………………………… *Macrochelodina* 亚属

Chelodina (Chelodina) canni McCord & Thomson, 2002

英文名：Cann's Snake-necked Turtle

中文名：坎氏长颈龟

分　布：澳大利亚

成体（John Cann 摄，引自 Chelonian Research Monographs No.8，2021 年）

成体腹部（Jason Schaffer 摄，引自 Chelonian Research Monographs No.8，2021 年）

形态描述：一种中型水栖淡水龟。背甲直线长度雄龟最大可达 16.9 厘米，雌龟最大可达 27.9 厘米。成体背甲宽椭圆形，幼体背甲明显圆形，最宽处在第 7 缘盾处。除缘盾，背甲表面褶皱，后缘相对平滑，没有明显生长轮。第 12 缘盾位置略提升。幼体背甲盾片由微小褶皱组成了辐射图案。第 1 和第 2 缘盾相等或几乎相等，第 4 ~ 6 缘盾短于其他缘盾；第 7 ~ 10 缘盾明显外展，第 4 ~ 7 缘盾略上翘。颈盾大，前端略宽于后端，长大于宽。第 1 和第 5 椎盾最大，第 4 椎盾最小。背甲棕色至全黑色（幼体颜色非常深），背甲外缘黄色。腹甲前端微上翘。腹甲前叶宽于腹甲后叶，前叶前端圆钝。后叶向后变窄，肛盾缺刻明显。甲桥长度适中，无腋盾和胯盾。间喉盾前端宽于后端，未达到腹甲边缘。间喉盾＞肛盾缝＞腹盾缝＞股盾缝＞胸盾缝＞喉盾缝。腹甲黄色，甲缝深棕色，腹甲盾片具不同的红棕色。缘盾腹面淡黄色，覆有红褐色斑。刚孵化的个体腹甲腹面具红橙色标记，延伸到背甲缘盾背面。幼龟背甲通常深灰黑色至黑色。头宽，覆有不规则小鳞。吻钝不突出，喙中央非钩状。颈部覆有明显尖状疣粒，基部宽。身体背面皮肤灰色至棕色，腹面淡黄色至奶油色，但头部、颈部和四肢散有红色或粉色。刚孵化的个体和幼体头部和颈部具橙色至绿色至深樱桃红色。

成体（Paul Freed 摄）

Chelodina (Chelodina) gunaleni McCord & Joseph-Ouni, 2007

成体（Herptile Lovers 供图）

英文名：Gunalen's Snake-necked Turtle

中文名：古氏长颈龟

分　布：印度尼西亚

形态描述：一种中小型水栖淡水龟。背甲直线长度雄龟最大可达16.7厘米，雌龟最大可达23.9厘米。背甲近圆形，最宽处在第7缘盾处，背甲表面适度褶皱，无背中沟和生长轮。颈盾长度略大于背甲长度的10%；第1缘盾略大于第2缘盾表面积；第4～7缘盾不上翘；第7～9缘盾外展，上臀盾（第12缘盾）在尾部上方提升不明显；第5椎盾通常宽大于长。背甲巧克力棕色，在椎盾、肋盾和第8～12缘盾上具不同程度的黑斑块。腹甲前叶宽于后叶。间喉盾＞肛盾缝＞腹盾缝＞胸盾缝＞股盾缝＞喉盾缝。具肛盾缺刻。腋盾和胯盾缺失。腹甲浅黄色无深色斑。雄性头部窄，雌性头部适度粗大，有时表现出巨头的特征。颏部触须常缺失，或仅残留2条细痕，吻钝略伸长，咀嚼面宽。颈部长度是背甲长度的50%～60%。基部具钝的尖状疣粒；雄性和幼体上疣粒更尖，雌性随年龄变得圆钝。头背部橙棕色具一些黑色斑块，特别是在中间位置。虹膜中心黄色，外围黑色。鼓膜、喙、鼻、头部下面奶油黄色。颈背部灰黑色，腹面奶油黄色。前肢前表面具5枚横向大鳞。身体背面皮肤灰黑色，腹面奶油黄色。

成体头部（Herptile Lovers 供图）

成体腹部（Herptile Lovers 供图）

成体背部（Herptile Lovers 供图）

Chelodina (Chelodina) longicollis（Shaw, 1794）

英文名：Eastern Snake-necked Turtle, Common Snake-necked Turtle

中文名：东澳长颈龟

分　布：澳大利亚

形态描述：一种中型水栖淡水龟。背甲直线长度雄龟最大可达24.9厘米，雌龟最大可达28.2厘

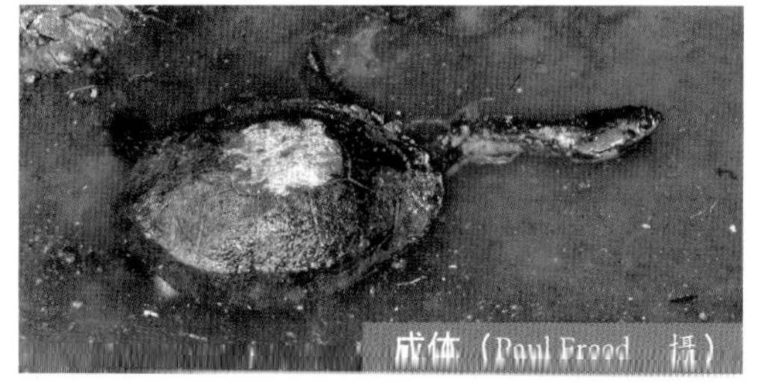
成体（Paul Freed 摄）

成体（站酷海洛）

成体腹部（Herptile Lovers　供图）

米。成体背甲椭圆形，最宽处在中心处后，后缘平滑，在第2～4椎盾上具明显背中沟。成体椎盾宽大于长；第1椎盾最大，前缘裙状展开，第4椎盾最小，第5椎盾后缘裙状展开。尾部上方的缘盾位置提升，两侧缘盾常上翘。腹甲大，几乎覆盖背甲开口。背甲深棕色至黑色。腹甲前叶与后叶同宽或宽于后叶，肛盾缺刻深。间喉盾＞腹盾缝＞肛盾缝＞股盾缝＞＜胸盾缝＞肱盾缝＞喉盾缝。间喉盾约是胸盾缝长度的2倍。腹甲、甲桥和缘盾腹面奶油色至黄色，甲缝边缘具深棕色或黑色斑块。头部随年龄增长而变宽。吻部略上翘，突出，上喙中央无凹口。颈部细长（长度约为背甲长度的60%）；覆有尖状疣粒。头部和颈部背面和侧面棕色至深灰色，腹面黄色。喙奶油色至黄色。前肢前表面具4～5枚横向大鳞。四肢外侧皮肤灰色至棕色，内侧奶油色。

幼体腹部（Herptile Lovers　供图）

幼体（Paul Freed　摄）

Chelodina (Chelodina) mccordi Rhodin, 1994

英文名：Roti Island Snake-necked Turtle

中文名：罗地长颈龟

分　布：印度尼西亚，东帝汶

形态描述：一种中小型水栖淡水龟。背甲直线长度雄龟最大可达20.2厘米，雌龟最大可达24.1厘米。背甲宽，椭圆形，无中纵棱，最宽处在中心处后，大个体背甲中间略内凹，形成背中沟，后缘平滑外展。椎盾宽大于长，第1椎盾最大，第4椎盾最小。背甲颜色多变，大部分灰棕色。腹甲大，几乎覆盖整个背甲开口。腹甲前叶宽于后叶，具肛盾缺刻。间喉盾>肛盾缝≥腹盾缝>股盾缝>胸盾缝>肱盾>喉盾缝。间喉盾至少是胸盾缝长度的2倍。腹甲、甲桥和缘盾腹面奶油色，甲缝浅棕色。头部中等宽，吻部上翘不突出，上喙中央无缺刻。颈部背面具圆钝的小疣粒。皮肤背面浅灰色至灰色，腹面淡白色。

成体（Anders G.J. Rhodin 摄，引自 Chelonian Research Monographs No.5，2008年）

成体背部（雌性）（Anders G.J. Rhodin 摄，引自 Chelonian Research Monographs No.5，2008年）

地理亚种：

(1) *Chelodina mccordi mccordi* Rhodin, 1994

英文名：Western Roti Snake-necked Turtle

分　布：印度尼西亚

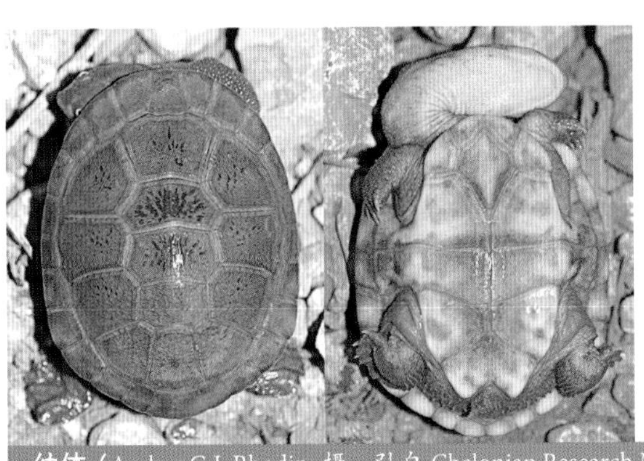

幼体（Anders G.J. Rhodin 摄，引自 Chelonian Research Monographs No.5，2008年）

成体腹部（雌性）（Anders G.J. Rhodin 摄，引自 Chelonian Research Monographs No.5，2008年）

(2) *Chelodina mccordi timorensis* Mccord, Joseph-Ouni & Hagen, 2007

英文名：Timor Snake-necked Turtle

分　布：东帝汶

成体背部（雄性）（Herptile Lovers　供图）

成体腹部（雄性）（Herptile Lovers　供图）

成体（Paul Freed　摄）

成体头部（雄性）（Herptile Lovers　供图）

Chelodina (Chelodina) novaeguineae Boulenger, 1888

英文名：New Guinea Snake-necked Turtle

中文名：新几内亚长颈龟

分　布：印度尼西亚，巴布亚新几内亚

形态描述：一种中小型水栖淡水龟。背甲直线长度雄龟最大可达15.1厘米，雌龟最大可达21.8厘米。成体背甲椭圆形，最宽处

成体（高品图像 Gaopinimages）

成体背部（多一枚椎盾）
（Herptile Lovers 供图）

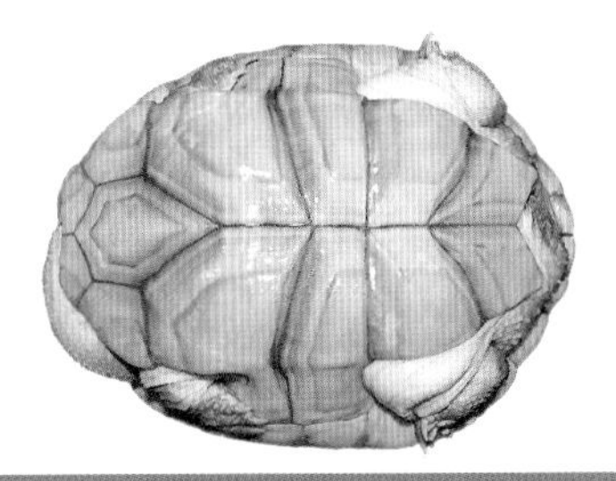

成体腹部（Herptile Lovers 供图）

在中心处之后，后缘平滑，在第2～4椎盾上具明显的背中沟。椎盾宽大于长；第1椎盾最大，前缘裙状展开，第4椎盾最小，第5椎盾后缘裙状展开。两侧缘盾不上翘。尾部上方缘盾位置略提升。背甲栗色至深棕色，至少在幼体背甲表面具不规则辐射纹。腹甲大，几乎覆盖背甲开口，肛盾缺刻深。腹甲前叶宽，但未达缘盾；后叶向后端逐渐变窄。间喉盾＞肛盾缝＞股盾缝＞肱盾＞胸盾缝＞腹盾缝＞喉盾缝。间喉盾约是胸盾缝长度的2倍。甲桥适度宽，腹甲、甲桥和缘盾腹面奶油色至黄色；甲缝具黑色窄边。头部宽、平坦，吻部略突出，上喙中央无凹口。颈部相比较细长（长度为背甲长度的55%～60%），背表面覆有圆钝大疣粒。头部和颈部背面橄榄棕色至棕色，腹面奶油色至黄色。前肢前表面具5枚横向大鳞。四肢橄榄色至棕色。

幼体（Herptile Lovers 供图）

幼体腹部（Herptile Lovers 供图）

Chelodina (Chelodina) pritchardi Rhodin, 1994

成体（Anders G.J. Rhodin 摄，引自 Chelonian Research Monographs No.8，2021 年）

英文名： Pritchard's Snake-necked Turtle

中文名： 普氏长颈龟

分　布： 巴布亚新几内亚

形态描述： 一种中小型水栖淡水龟。背甲直线长度雄龟最大可达 18.6 厘米，雌龟最大可达 22.8 厘米。成体背甲多皱，椭圆形，后缘平滑外展，椎盾内陷，形成背中沟，最宽处在中心处后，一些个体背中沟浅。成体椎盾宽大于长；第 1 椎盾最大最宽；第 4 和第 5 椎盾分别最短。背甲栗棕色。腹甲大，几乎覆盖背甲开口，肛盾缺刻深。腹甲前叶宽于后叶。间喉盾＞肛盾缝＞腹盾缝＞胸盾缝＞股盾缝＞肱盾＞喉盾缝。间喉盾长度是胸盾缝 2 倍。腹甲、甲桥和缘盾腹面浅黄色具深色甲缝。头部较窄，微上翘，吻部突出。上喙中央无凹口。颈部背面覆有圆钝小疣粒。皮肤背面灰棕色，腹面奶油色。

成体（Paul Freed）

Chelodina (Chelodina) reimanni Philippen & Grossmann, 1990

英文名：Reimann's Snake-necked Turtle

中文名：鳞背长颈龟

分　布：印度尼西亚，巴布亚新几内亚

形态描述：一种中小型水栖淡水龟。背甲直线长度最大可达22厘米。成体背甲多皱，无纵棱，背视有些扁平，最宽处在中心处后，后缘非锯齿状。椎盾宽大于长；第1椎盾最大，第4椎盾最小。背甲橄榄色至栗棕色。腹甲大，几乎覆盖背甲开口，具肛盾缺刻。腹甲前叶宽于后叶。间喉盾＞肛盾缝＞腹盾缝＞股盾缝＞胸盾缝＞肱盾＞喉盾缝。间喉盾长度至少是胸盾缝的2倍。腹甲、甲桥和缘盾腹面奶油色或黄色，具深色甲缝。沿腹甲中缝具浅灰色斑块。头部宽，颈部相对短。吻部略上翘突出。上喙中央无凹口。颈部背面覆有圆钝小疣粒。身体背面皮肤灰棕色，腹面浅黄色。

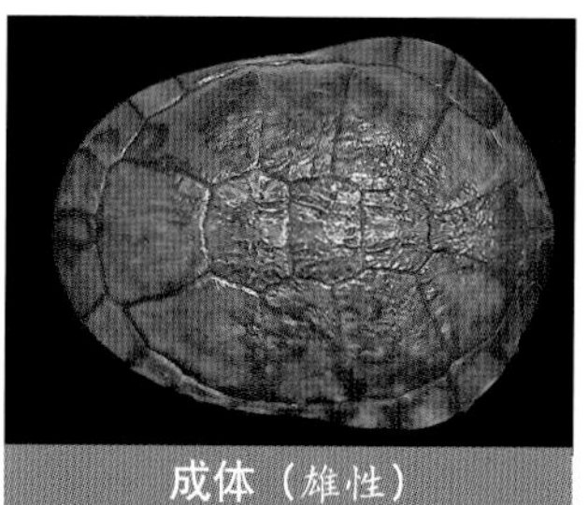
成体（雄性）
（Herptile Lovers　供图）

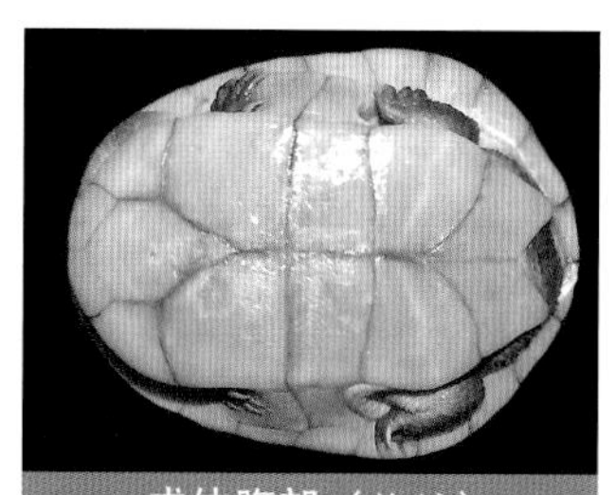
成体腹部（雄性）
（Herptile Lovers　供图）

幼体（Herptile Lovers　供图）

幼体腹部
（Herptile Lovers　供图）

Chelodina (Chelodina) steindachneri Siebenrock, 1914

英文名：Steindachner's Snake-necked Turtle

中文名：圆长颈龟

分　布：澳大利亚

成体（高品图像 Gaopinimages）

形态描述：一种中小型水栖淡水龟。背甲直线长度雄龟最大可达17.8厘米，雌龟最大可达21.2厘米。成体背甲扁平、近圆形，第2～4椎盾具背中沟，后缘非锯齿状，椎盾宽大于长；第1椎盾最大，前缘裙状展开，第5椎盾后缘裙状展开。侧边缘盾不上翘；尾部缘盾位置不提升。背甲颜色在浅色至深棕色之间变化。腹甲窄，前叶宽于后叶，后叶肛盾缺刻宽。间喉盾＞肛盾缝＞股盾缝＞肱盾＞胸盾缝＞＜腹盾缝＞喉盾缝。腹甲、甲桥和缘盾腹面黄色，具深色甲缝。头部小，吻部突出，上喙中央无凹口。颈部相对细短，覆有颗粒状小鳞，形成多皱表面。头部和颈部背面灰色至橄榄色，腹面奶油色。前肢前表面具3枚横向大鳞。四肢外侧灰色至橄榄色，内侧淡黄色。

成体背部（Gerald Kuchling 摄，引自 Chelonian Research Monographs No.7，2017 年）

成体腹部（Gerald Kuchling 摄，引自 Chelonian Research Monographs No.8，2021 年）

Chelodina (Chelydera) burrungandjii Thomson, Kennett & Georges, 2000

英文名：Arnhem Snake-necked Turtle, Sandstone Snake-necked Turtle

中文名：砂岩长颈龟

分　布：澳大利亚

形态描述：一种中小型水栖淡水龟。背甲直线长度雄龟最大可达 22 厘米，雌龟最大可达 27.1 厘米。成体背甲椭圆形，最宽处位于第 8 缘盾，老年

成体（Rod Kennet 摄，引自 Chelonian Research Monographs No.8，2021 年）

成体（Nancy FitzSimmons 摄，引自 Chelonian Research Monographs No.5，2011 年）

成体背部和腹部（Anton Tucker 摄，引自 Chelonian Research Monographs No.5，2011 年）

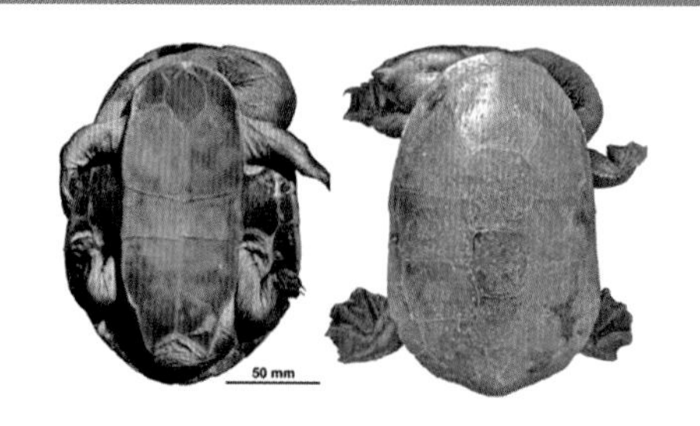

头部（Nancy FitzSimmons 摄，引自 Chelonian Research Monographs No.5，2011 年）

个体具明显背中沟。第 2 ~ 4 缘盾最宽。颈盾宽。第 1 椎盾明显宽于其他椎盾。第 1 椎盾>第 2 椎盾>第 3 椎盾>第 5 椎盾>第 4 椎盾。受个体变异的影响，第 5 缘盾较小扩展。第 4 ~ 6 缘盾略上翘，第 7 ~ 9 缘盾外展。背甲深棕色至黑色，偶见棕色具大量深色杂斑或条纹。腹甲大体为矩形，具肛盾缺刻。胸盾缝>间喉盾>股盾缝>腹盾缝>肱盾缝>肛盾缝>喉盾缝。腹甲和缘盾腹面奶油色，盾片边缘未变成深色。较大且生长缓慢的个体，通常呈焦糖棕色至橙色。头部背部到中侧部被光滑、柔软的皮肤覆盖，分成无数不规则、非角质化的鳞片。颏部触须数量可变，典型的具 2 条明显触须，但沿下喙内侧边缘的直线上最多具 4 条触须。成体头部和喉部腹面皮肤覆有稀疏疣粒。头背部到中侧部为深橄榄绿色至黑色，有时带有黑色细小斑点。上喙橄榄色具小黑斑，下喙橄榄色具大量黑色或棕色条纹，鼓膜浅橄榄色具深色杂斑。大部分头部和颈部腹面奶油色至白色；另外，皮肤疣粒灰色或白色，形成斑纹图案。颈部背面深橄榄绿色具深色杂斑，覆有小而钝的疣粒。四肢上具新月形鳞片，四肢和尾部腹面奶油色具小疣粒。四肢和尾部背面颜色与颈部背面相似。

Chelodina (Chelydera) expansa Gray, 1857

英文名：Broad-shelled Snake-necked Turtle

中文名：宽甲长颈龟

分　布：澳大利亚

成体（Claire Treilibs 摄，引自 Chelonian Research Monographs No.5，2014 年）

形态描述：一种大型水栖淡水龟，是澳大利亚最大的长颈龟。背甲直线长度雄龟最大可达 33.7 厘米，雌龟最大可达 50 厘米。成体背甲椭圆形，最宽处在中心处之后，后缘平滑，无中纵棱和背中沟。椎盾大小和形状多变。第 1 椎盾最大，前缘裙状展开，第 2 和第 3 椎伸长，可能长大于宽，第 4 椎盾最小，宽大于长，第 5 椎盾宽大于长，后缘裙状展开。尾部上方缘盾可能略外展，两侧缘盾不上翘。背甲橄榄色至棕色，随着年龄颜色变深。腹甲非常窄（长约是宽的 2 倍），远不能覆盖背甲开口。腹甲前叶前端圆钝，略宽于后叶，腹甲后叶向后部逐渐变尖细，肛盾缺刻深。甲桥窄。间喉盾>胸盾缝><腹盾缝>股盾缝>肛盾缝>肱盾>喉盾缝。间喉盾未将喉盾完全分开，约是胸盾缝长度的 1.5 倍。腹甲和甲桥灰色至奶油色或黄色。头部宽大，平坦略上翘，吻部突出，上喙中央无凹口，颏部具 2 ~ 4 条触须。颈部粗长（长度超过背甲长度的 65%）；颈部皮肤褶皱无疣粒。头部和颈部背面和侧面深灰色至橄榄色，腹面黄色。喙和颏部奶油色至黄色。前肢前表面具 7 ~ 8 枚横向大鳞。四肢外侧皮肤灰色至橄榄色或棕色，内侧奶油色至黄色。

成体（雌性）（Deborah Bower 摄，引自 Chelonian Research Monographs No.5，2014 年）

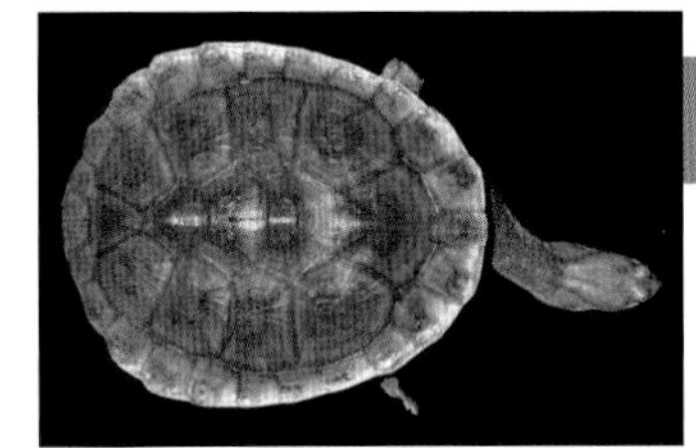
亚成体背部（Herptile Lovers 供图）

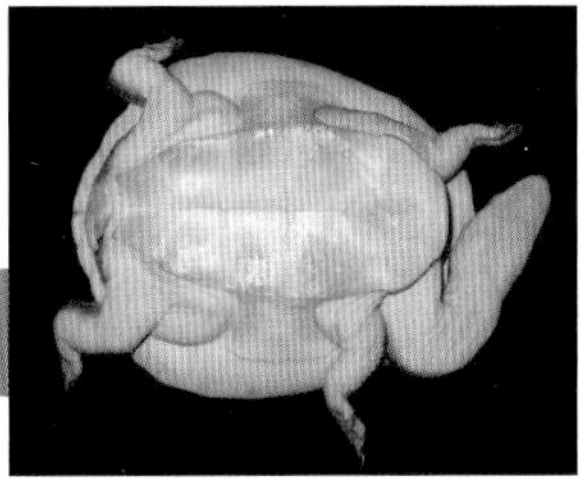
亚成体腹部（Herptile Lovers 供图）

Chelodina (Chelydera) kuchlingi Cann, 1997

成体（Gerald Kuchling 摄，引自 Chelonian Research Monographs No.8，2021 年）

英文名：Kuchling's Snake–necked Turtle

中文名：库氏长颈龟

分　布：澳大利亚

形态描述：一种中小型水栖淡水龟。背甲直线长度雌龟最大可达 23.5 厘米。成体背甲椭圆形，从第 6 缘盾向前变窄，最宽处在第 8 缘盾处。虽然第 3 椎盾长宽相当，但其他椎盾宽大于长。背甲每枚盾片上粗糙的辐射纹是一个最为明显的特征。所有椎盾上具小而明显的中心嵴，从这些小隆起向外放射出辐射纹。肋盾具相似隆起，但更不明显。生长轮明显。背甲亮棕色，边缘浅色。腹甲窄（长约是宽的 2 倍），远不能覆盖背甲开口。腹甲前叶前端圆钝，与后叶同宽，腹甲后叶向后部略变窄，具肛盾缺刻。腹甲和甲桥浅棕色。头部宽，形态与 *Chelodina rugosa* 相似。皮肤背面灰色，腹面奶油黄色。

Chelodina (Chelydera) kurrichalpongo (Joseph-Ouni, McCord, Cann & Smales, 2019)

英文名： Darwin Snake-necked Turtle

中文名： 达尔文长颈龟

分　布： 澳大利亚

形态描述： 一种中型水栖淡水龟。背甲直线长度最大可达31.5厘米。此物种为 *Chelydera* 亚属中 *Chelodina rugosa* 复合体中的一员。背甲卵形至梨形，相对低平，无中纵棱。从第1椎盾后部到第5椎盾前部形成一条浅的背中沟。通常在第1～3缘盾的前部明显变细，第1缘盾和第2缘盾的表面积几乎相等，缘盾非锯齿状。背甲深棕色到深黑色，具皱纹到波纹状的纹理。头部深棕色到灰黑色，颜色一致至被黑点或头部鳞片的黑色轮廓所装饰。虹膜深血红色，外围具一圈黑环，瞳孔周围具金色到淡黄色的虹膜环。喙部经常具明显的暗褐色斑点和深色蠕虫纹。

成体（Arthur Georges 摄，引自 Chelonian Research Monographs No.8，2021 年）

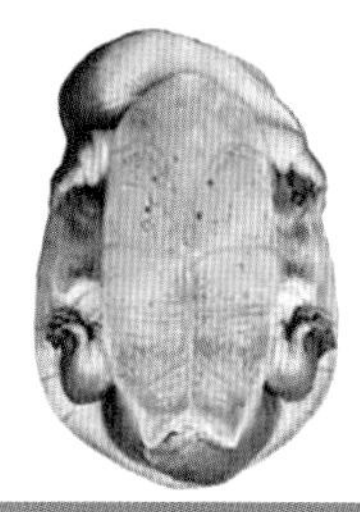

腹部（Arthur Georges 摄，引自 Chelonian Research Monographs No.8，2021 年）

Chelodina (Chelydera) parkeri Rhodin & Mittermeier, 1976

英文名： Parker's Snake-necked Turtle

中文名： 纹面长颈龟

分　布： 印度尼西亚，巴布亚新几内亚

形态描述： 一种中型水龟。背甲直线长度雄龟最大可达27.4厘米，雌龟最大可达35.3厘米。成体背甲椭圆形，扁平、伸长，背甲后缘平滑，两侧几乎平行。成体无中纵棱或背中沟。第1～4椎盾宽大于长，第1椎盾最大，前缘裙状展开，第2～5椎盾减小，第5椎盾最小，后缘裙状展开。缘盾不外展。背甲全部棕色至深棕色，或是沿着前后缘具一些黄色网状纹。

成体头部图案（Herptile Lovers　供图）

成体背部（雄性）（Herptile Lovers　供图）

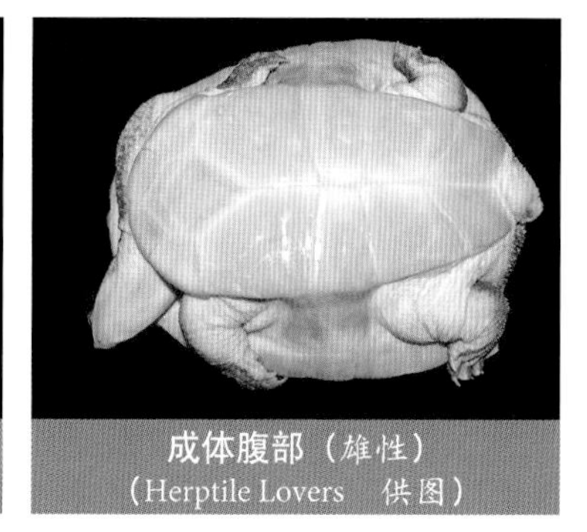

成体腹部（雄性）（Herptile Lovers　供图）

成体（Paul Freed 供图）

腹甲伸长，比背甲开口窄。腹甲前叶前端圆钝，通常宽于后叶，腹甲后叶向后端逐渐变窄，肛盾缺刻浅。间喉盾＞胸盾缝＞腹盾缝＞肛盾缝＞股盾缝＞肱盾＞喉盾缝。间喉盾长约是宽的 1.5 倍。甲桥窄。腹甲、甲桥奶油色至黄色。头部宽而平坦、伸长，吻部略突出，上喙中央无凹口。颏部常具 2 条触须，但数量可变化。颈部长而粗，长度为背甲长度的 75%，背表面覆具尖状的小疣粒。头部灰色至深棕色，具大量白色、奶油色、黄色或绿色的网纹状或点状图案。在鼓膜中后处具 1 枚大亮斑。颈部背面灰色，腹面白色至粉色。前肢前表面具一些横向大鳞。四肢背面灰色，腹面白色至粉色。

注：与相近物种 *Chelodina rugosa* 的区别在于其头部明显的网纹状浅色图案。

幼体（乔轶伦 摄）

幼体（Herptile Lovers 供图）

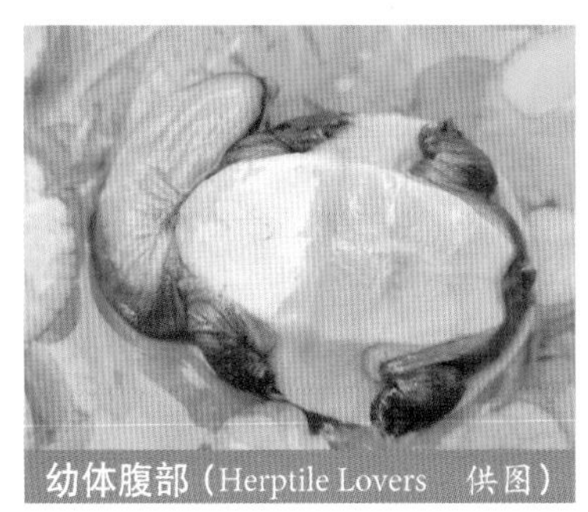
幼体腹部（Herptile Lovers 供图）

Chelodina (Chelydera) rugosa Ogilby, 1890

英文名：Northern Snake-necked Turtle

中文名：北部长颈龟

分　布：澳大利亚，印度尼西亚，巴布亚新几内亚

成体（高品图像 Gaopinimages）

形态描述：一种中型水栖淡水龟。背甲直线长度雄龟最大可达26.8厘米，雌龟最大可达36厘米。成体背甲窄椭圆形，最宽处在中心处之后，后缘平滑。椎盾内陷，在第2～4椎盾处具明显背中沟；可能也会出现浅纵棱。第1、4和5椎盾宽大于长，第2和第3椎盾可能长大于宽。第1椎盾最大，前缘扩展，第4椎盾最小，第5椎盾后缘扩展。幼体和亚成体背甲表面多皱具辐射纹。但老年成体常变平滑。侧缘盾可能略上翘。背甲浅棕色至黑色，可能具深色斑点。腹甲窄长，小于背甲开口。腹甲前叶前端圆钝，比后叶宽。间喉盾＞股盾缝＞胸盾缝＞腹盾缝＞肛盾缝＞肱盾＞喉盾缝。间喉盾长度是胸盾缝的1.2～1.5倍。甲桥窄。腹甲和甲桥奶油色至黄色。头部大而平坦，吻部突出，上喙中央无凹口。颏部可能存在几条触须。颈部粗长，具圆钝疣粒，颈部长度超过背甲长度的75%。头部和喙橄榄色至灰色，具许多深色斑点。颈部橄榄色至灰色。前肢前表面具7枚横向大鳞，四肢橄榄色至灰色。

成体背部（雌性）
（Herptile Lovers　供图）

注：2010年以后，大多数认为*Chelodina rugosa*和*Chelodina oblonga*是同物异名。Kehlmair等人在2019年的研究中确定了*Chelodina oblonga*是疑名，*Chelodina rugosa*才是正确名称。

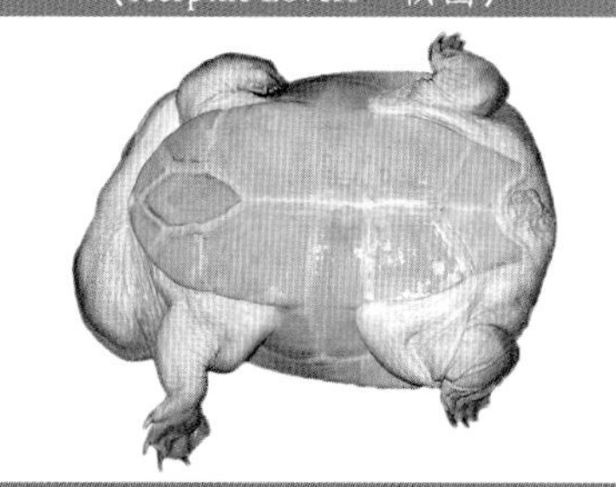
成体腹部（雌性）
（Herptile Lovers　供图）

幼体（Herptile Lovers　供图）

幼体腹部（Herptile Lovers　供图）

Chelodina (Chelydera) walloyarrina Mccord & Joseph-Ouni, 2007

成体（John Cann 摄，引自 Chelonian Research Monographs No.8，2021 年）

英文名：Kimberley Snake-necked Turtle

中文名：长须长颈龟

分　布：澳大利亚

形态描述：一种中型水栖淡水龟。背甲直线长度雄龟最大可达 26 厘米，雌龟最大可达 31.6 厘米。成体背甲通常卵形，最宽处在第 7 缘盾处，表面中度至高度褶皱，无背中沟、纵棱和生长轮。颈盾矩形且宽，第 1 和第 2 缘盾非常宽，第 3 ～ 7 缘盾适度上翘；第 7 ～ 9 缘盾外展；背甲深色。腹甲两边几乎平行或成矩形。间喉盾将喉盾完全隔开，间喉盾>胸盾缝>股盾缝>肛盾缝>腹盾缝>喉盾缝。肛盾缺刻浅。腋盾和胯盾存在。腹甲、甲桥和缘盾腹面浅黄色，一些个体上盾片横缝处具很小程度的深色斑块。头部宽而扁平，颏部通常具 6 条触须，中间一对长而粗；吻部钝略上翘；头背部黑色至橄榄绿色具不同的黑色块、斑点和蠕虫纹，头部腹面白色。上喙浅色具细黑色条纹；下喙橄榄绿色具不规则粗黑条纹。鼓膜白色至橄榄绿色，不同程度黑化。前肢背表面具 5 枚完整的水平鳞片和两枚不完全的鳞片，一枚在 5 枚完整鳞片的上面，另一枚在下面。身体背面皮肤灰黑色，内侧白色。

成体背部和腹部（Anton Tucker 摄，引自 Chelonian Research Monographs No.8，2021 年）

Chelodina (Macrochelodina) oblonga Gray, 1841

英文名：Southwestern Snake-necked Turtle

中文名：西南长颈龟

分　布：澳大利亚

形态描述：一种中型水栖淡水龟。背甲直线长度雄龟最大可达 23.3 厘米，雌龟最大可达 31 厘米。成体背甲表面光滑，背甲极其细长，后部略宽于前部；背甲颜色绿黄色至灰铜色或深褐红色，

成体（Gerald Kuchling 摄，引自 Chelonian Research Monographs No.8，2021 年）

成体（站酷海洛）

相对浅色甲壳上具深色小斑。有时背甲具细小的蠕虫纹，自然界背甲上常附有藻类和苔藓。头部长且后部宽，眼睛非常接近前部，颏部触须退化。颈部非常长，超过背甲长度，整个颈部表面颗粒状，具小圆疣粒。头部浅绿色至棕色。颈部背面浅绿色，腹面黄色。爪强壮，蹼发达。

幼体极具攻击性；背甲几乎黑色、铁灰色或深绿色，沿甲壳边缘具一圈浅黄线。喉部至四肢腹面黄色。颈部与甲壳同长，头部宽，颜色稍浅。浅色区域常具深色斑。

腹部（Gerald Kuchling 摄，
引自 Chelonian Research Monographs No.8，2021 年）

癞颈龟属 *Elseya* Gray, 1867

本属 9 种。主要特征：喉盾未将肱盾隔开，无椎板；头部颞区外表覆鳞，头顶角质盾片两侧不向鼓膜延伸，或向鼓膜延伸侧明显与鼓膜接触；前肢具 5 爪，后肢具 4 爪。

癞颈龟属物种名录

序号	亚属	学名	中文名	亚种
1	*Elseya*	*Elseya branderhorsti*	布氏癞颈龟	/
2		*Elseya dentata*	齿缘癞颈龟	/
3		*Elseya flaviventralis*	黄腹癞颈龟	/
4	*Hanwarachelys*	*Elseya novaeguineae*	新几内亚癞颈龟	/
5		*Elseya rhodini*	南部新几内亚癞颈龟	/
6		*Elseya schultzei*	北部新几内亚癞颈龟	/
7	*Pelocomastes*	*Elseya albagula*	白喉癞颈龟	/
8		*Elseya irwini*	欧文癞颈龟	/
9		*Elseya lavarackorum*	拉氏癞颈龟	/

Elseya (Elseya) branderhorsti（Ouwens, 1914）

英文名：White–bellied Snapping Turtle, Branderhorst's Snapping Turtle

中文名：布氏癞颈龟

分　布：印度尼西亚，巴布亚新几内亚

形态描述：一种大型水栖淡水龟。背甲直线长度雄龟最大可达 40.2 厘米，雌龟最大可达 48.1 厘米。成体背甲通常为深色，无任何规律性斑点，无颈盾。腹甲奶油色或黄色。头部头盾明显，但两侧不向鼓膜延伸，咀嚼面具明显中嵴，虹膜通常不清晰，颜色较深，与周围巩膜颜色相似。

成体（雌性）（Herptile Lovers　供图）

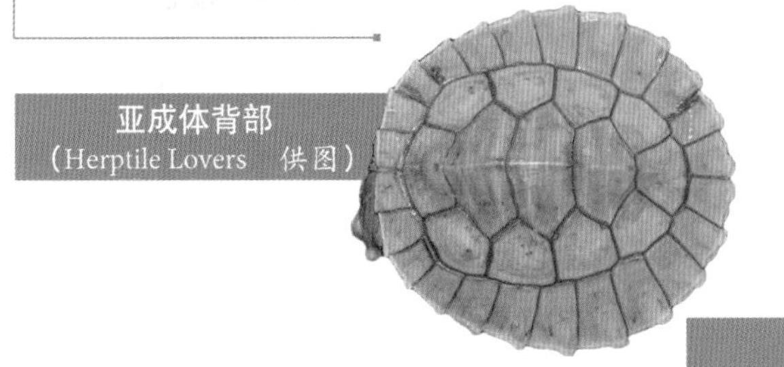

亚成体背部（Herptile Lovers　供图）

成体腹部（雌性）（Herptile Lovers　供图）

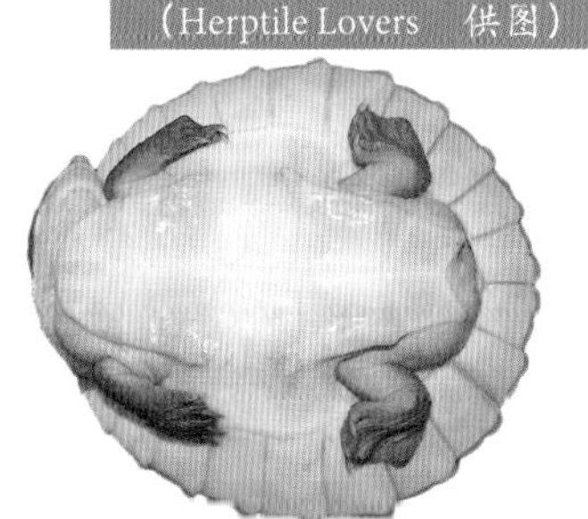

亚成体腹部（Herptile Lovers　供图）

亚成体（Herptile Lovers　供图）

成体头部（Herptile Lovers　供图）

Elseya (Elseya) dentata（Gray, 1863）

英文名：Northern Snapping Turtle, North Australian Snapping Turtle

中文名：齿缘癞颈龟

分　布：澳大利亚

成体（Gerald Kuchling 摄，引自 Chelonian Research Monographs 2017）

形态描述：一种中型水栖淡水龟。背甲直线长度雄龟最大可达28厘米，雌龟最大可达33厘米。成体背甲扁平、表面粗糙、椭圆形，通常最宽处在中心处之后，无中纵棱，后缘平滑。刚孵化个体和幼体背甲圆，具中纵棱，后缘明显锯齿状。具颈盾。椎盾通常宽大于长，但雌性大个体第2～4椎盾可能长大于宽；第1和第5椎盾最小；第1椎盾前缘外展，第5椎盾后缘外展。背甲橄榄灰色至深棕色或黑色。随年龄增长而黑化。腹甲窄长，不能覆盖大部分背甲开口。腹甲前叶基部宽，宽于后叶，向前逐渐变窄，前端圆钝或尖。后叶向后逐渐变窄，具肛盾缺刻。甲桥宽。间喉盾窄长，长是宽的2倍以上，将喉盾完全分隔。胸盾缝><股盾缝>腹盾缝><肛盾缝>间喉盾>喉盾缝>肱盾缝。腹甲和甲桥随年龄增长从奶油色或黄色至灰棕色或黑色之间变化。头部大，吻部突出，上喙中央无凹口至微凹口。咀嚼面具中嵴。头部背面覆有巨大角质盾片替代光滑皮肤，但两侧不向鼓膜延伸，颏部具2条触须。颈部背面覆具钝的大疣粒。头部、颈部和四肢灰色至橄榄色或深棕色，头部两边具从眼眶下方向颈部延伸的浅色宽条带。喙黄色至浅棕色。

头部（高品图像 Gaopinimages）

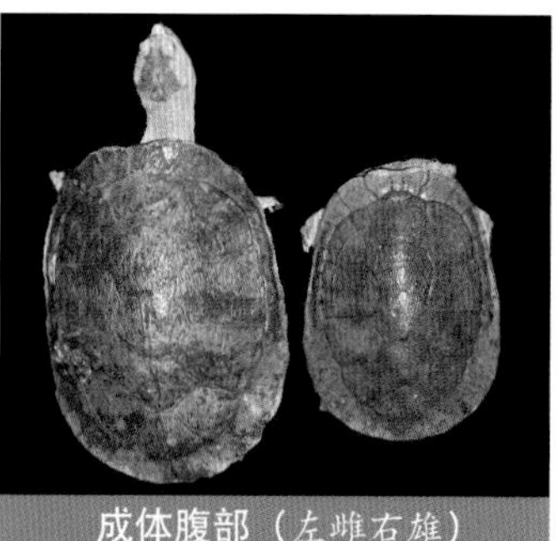

成体腹部（左雌右雄）（Herptile Lovers　供图）

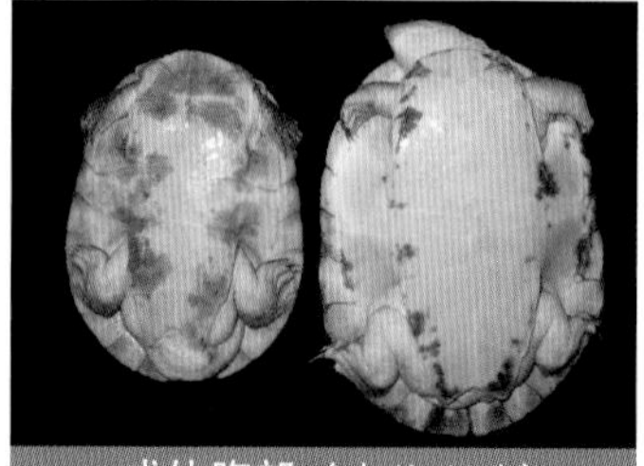

成体腹部（左雄右雌）（Herptile Lovers　供图）

Elseya (Elseya) flaviventralis Thomson & Georgers, 2016

成体（Arthur Georges 摄，引自 Chelonian Research Monographs No.8，2021 年）

英文名：Yellow–bellied Snapping Turtle

中文名：黄腹癞颈龟

分　布：澳大利亚

形态描述：一种中型水栖淡水龟。背甲宽椭圆形，前端窄，背甲直线长度雄龟最大可达26.5厘米，雌龟最大可达34厘米。成体第4～7缘盾边缘上翘，第8～11缘盾外展。成体无中纵棱，但幼龟具微中纵棱。成体边缘非锯齿状，但幼体后侧边缘从第7缘盾后部起呈锯齿状。在各生长期缘盾刺状突起都不存在。背甲棕色至深棕色，生长轮明显，盾片表面平滑、有光泽。胸盾缝＞股盾缝＞腹盾缝＞肛盾缝＞间喉盾＞肱盾缝＞喉盾缝。腹甲窄，腋窝宽度约为背甲宽度的40%。甲桥宽，腹甲后叶长于前叶。其前叶明显窄于同等大小的*Elseya dentata*，与其他物种更圆的形状相比，其前叶具棱角。腹甲黄色、奶油色或白色，腹甲无黑色条纹或杂斑。头部大，但窄于*Elseya dentata*，背部灰色至棕色，腹部奶油色。喙黄色无条纹。头部侧边覆有中等大小鳞片，但不突起和角质化。具头盾，但两侧不向鼓膜延伸。颈部背表面覆有中等大小的尖状疣粒，颏部具2条圆头触须。虹膜绿色，周围瞳孔无环，巩膜棕色。在虹膜前后部无深色斑点。其他部分皮肤背面深灰色至棕灰色，腹面奶油色至白色。

头部（Arthur Georges 摄，引自 Chelonian Research Monographs No.8，2021 年）

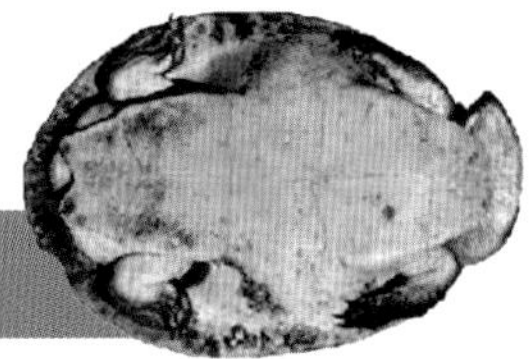
腹部（Arthur Georges 摄，引自 Chelonian Research Monographs No.8，2021 年）

Elseya (Hanwarachelys) novaeguineae（Meyer, 1874）

英文名：Western New Guinea Stream Turtle, New Guinea Snapping Turtle

中文名：新几内亚癞颈龟

分　布：印度尼西亚

形态描述：一种中小型水栖淡水龟。背甲直线长度雄龟最大可达 19.1 厘米，雌龟最大可达 22.9 厘米。成体背

成体（雌性）（Herptile Lovers　供图）

成体的头盾形状（Herptile Lovers　供图）

成体背部（雌性）（Herptile Lovers　供图）

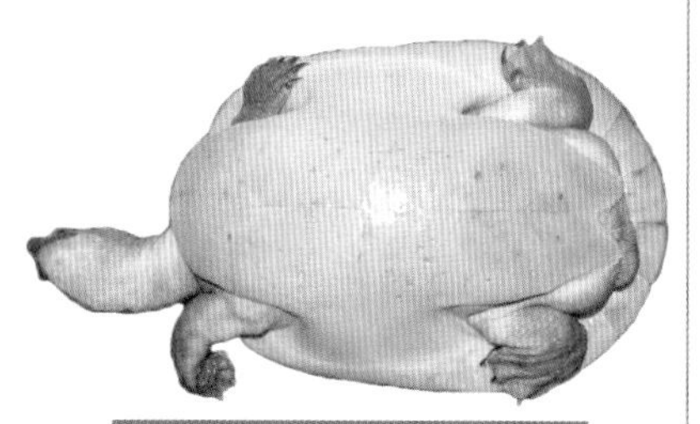
成体腹部（雌性）（Herptile Lovers　供图）

甲深色、圆形至椭圆形，通常最宽处在中心处之后，具中纵棱，后缘至少微锯齿状。幼体具明显的中纵棱和锯齿状后缘，尽管随年龄会变得不明显，但不会完全消失。具发达颈盾。椎盾通常宽大于长，第5椎盾最小，后缘裙状展开；第2椎盾最大。侧面和后面缘盾向外扩展。成体背甲棕色至黑色。腹甲窄长，不能覆盖大部分背甲开口。腹甲前叶在甲桥处变宽，宽于后叶，向前逐渐变窄，前端圆钝。后叶向后逐渐变窄，具肛盾缺刻。甲桥发达。间喉盾非常窄，长几乎是宽的3倍，将喉盾完全分隔。胸盾缝＞＜股盾缝＞肛盾缝＞腹盾缝＞间喉盾＞喉盾缝＞肱盾缝。腹甲和甲桥奶油色至黄色。头部窄小，吻部突出，上喙中央无凹口。咀嚼面无中嵴。头部背面覆有巨大的角质盾片替代光滑皮肤，两侧向鼓膜延伸并与鼓膜接触，颏部具2条小触须。鼓膜前具扁平疣粒；颈部具小而尖的疣粒。头部、颈部和四肢灰色。

亚成体（Herptile Lovers　供图）

幼体（Herptile Lovers　供图）

幼体腹部（Herptile Lovers　供图）

Elseya (Hanwarachelys) rhodini Thomson, Amepou, Anamiato & Georges, 2015

英文名：Southern New Guinea Stream Turtle, Rhodin's Stream Turtle

中文名：南部新几内亚癞颈龟

分　布：印度尼西亚，巴布亚新几内亚

成体（John Cann 摄，引自 Chelonian Research Monographs No.8，2021年）

形态描述：一种中小型水栖淡水龟。背甲直线长度雄龟最大可达20.5厘米，雌龟最大可达27.6厘米。成体背甲宽椭圆形，第1椎盾与第2椎盾同宽。后肢上方的缘盾略外展。颈盾存在，相对较窄。背甲棕色，每枚盾片中间可能存在斑点，并会在成体上保留下来。腹甲

矩形，最宽处在前叶后端。胸盾缝＞股盾缝＞腹盾缝＞肛盾缝＞间喉盾＞肱盾缝。间喉盾将喉盾完全分隔。腹甲奶油色至黄色，偶尔有些粉色。头背部颜色在黄棕色至深棕色间变化。巩膜金色具绿色斑点，虹膜金色，相对不明显。

成体（John Cann 摄，引自 Chelonian Research Monographs No.8，2021 年）

Elseya (Hanwarachelys) schultzei（Vogt, 1911）

英文名：Northern New Guinea Stream Turtle, Schultze's Snapping Turtle

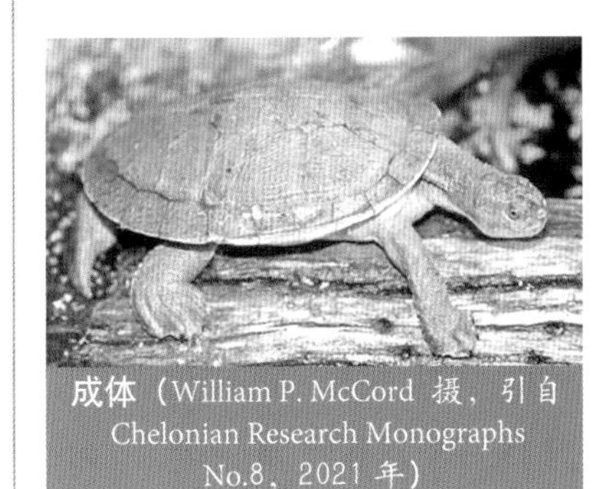
成体（William P. McCord 摄，引自 Chelonian Research Monographs No.8，2021 年）

中文名：北部新几内亚癞颈龟

分　布：印度尼西亚，巴布亚新几内亚

形态描述：一种中小型水栖淡龟。背甲直线长度雌性最大可达22.5厘米。根据Scott Thomson等（2015）的描述，与同亚属的 *Elseya novaeguineae* 和 *Elseya rhodini* 相比，其眼睛巩膜典型呈绿色，具明亮的金色虹膜。头盾完整，两侧向下向鼓膜延伸，与鼓膜的接触面较大。头盾比 *Elseya novaeguineae* 窄，但比 *Elseya rhodini* 宽。与 *Elseya rhodini* 区别在于头骨的翼骨和犁骨间没有接触。

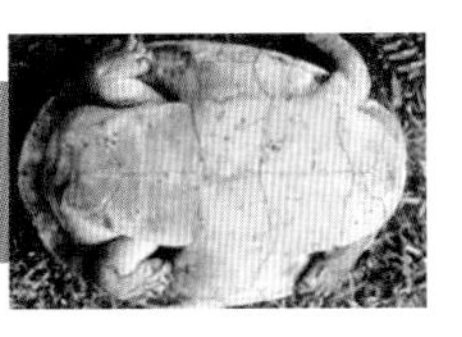
腹部（Anders G.J. Rhodin 摄，引自 Chelonian Research Monographs No.8，2021 年）

头部（Anders G.J. Rhodin 摄，引自 Chelonian Research Monographs No.8，2021 年）

Elseya (Pelocomastes) albagula Thomson, Georges & Limpus, 2006

成体（John Cann 摄，引自 Chelonian Research Monographs No.8，2021 年）

英 文 名：White-throated Snapping Turtle, Southern Snapping Turtle

中文名：白喉癞颈龟

分　布：澳大利亚

形态描述：一种大型水栖淡水龟。背甲长度雄龟最大可达28.3厘米，雌龟可达41.8厘米，为现存最大的癞颈龟。成体背甲前部平钝，后部宽椭圆形。成体第2～6缘盾上翘，第7～11缘盾外展。表面平滑，有或无生长轮，无光泽。幼体椎盾和肋盾上纵棱明显，幼体背甲从第1缘盾后缘开始呈锯齿状，年轻成体从第7缘盾开始呈锯齿状。成体背甲深棕色至黑色，常具大量污斑。幼龟背甲褐色，具一些暗棕色至黑色杂斑，随个体尺寸变化呈深棕色或黑色。每枚盾片具不规则杂斑，集中在缝上和横跨缝上的不规则斑点。腹甲窄。腹甲前叶不逐渐变窄，它的侧缘大致与胸盾长边平行。甲桥宽，腹甲后叶长于前叶。具腋盾和胯盾。股盾缝＞胸盾缝＞腹盾缝＞间喉盾＞肛盾缝≥喉盾缝。腹甲底色奶油色至黄色，有或无较暗的条纹和斑点，常会染色成全黑色。头部粗大。头盾完整，两侧不延伸或接近鼓膜。颞区被中等大小的圆形硬鳞覆盖。颏部具2条非常明显的末端圆形触须；颈背部表面具中等大小的圆疣粒。头部和颈部背面雌龟深灰色，腹面奶油色、黄色或白色，雄龟腹面浅灰色，但也可能是奶油色、黄色或白色。大部分颈部疣粒淡橄榄色。颏部和喉部泛微金色或橙色。上喙黄色，奶油色或灰色，有时具竖条。触须奶油色、灰色，常泛着粉红色。虹膜暗棕橄榄色不明亮，巩膜棕色。无前后眼斑。前肢5爪，后肢4爪。四肢和尾部背面深灰色，腹面浅灰色，有或无不规则斑块，无明显条纹。

成体（高品图像 Gaopinimages）

头部（Arthur Georges 摄，引自 Chelonian Research Monographs No.8，2021年）

腹部（Marilyn Connell 摄，引自 Chelonian Research Monographs No.8，2021年）

Elseya (Pelocomastes) irwini Cann, 1997

英文名：Irwin's Snapping Turtle, Johnstone River Snapping Turtle

中文名：欧文癞颈龟

分　布：澳大利亚

形态描述：一种中型水栖淡水龟。背甲直线长度雄龟最大可达23.9厘米，雌龟最大可达35.7厘米。成体背甲前部圆钝，第1和第2缘盾面积几乎相等，最宽处在第8缘盾处，后缘平滑。

成体（Anders Zimny 摄，引自 Chelonian Research Monographs No.8，2021 年）

头部（Anders Zimny 摄，引自 Chelonian Research Monographs No.8，2021 年）

腹部（Duncan Limpus 摄，引自 Chelonian Research Monographs No.8，2021 年）

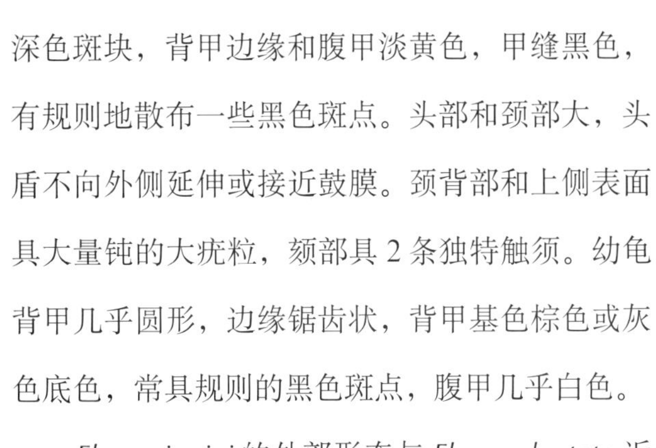

第 3 ~ 7 缘盾上翻。背甲表面光滑，浅棕色，具深色斑块，背甲边缘和腹甲淡黄色，甲缝黑色，有规则地散布一些黑色斑点。头部和颈部大，头盾不向外侧延伸或接近鼓膜。颈背部和上侧表面具大量钝的大疣粒，颏部具 2 条独特触须。幼龟背甲几乎圆形，边缘锯齿状，背甲基色棕色或灰色底色，常具规则的黑色斑点，腹甲几乎白色。

Elseya irwini 的外部形态与 *Elseya dentata* 近似。但头部白色，有时吻部玫瑰粉色。眼睛深色，虹膜黑色。通过这些特征很容易将 *Elseya irwini* 与 *Elseya dentata* 进行区分。

Elseya (Pelocomastes) lavarackorum（White & Archer, 1994）

英文名：Gulf Snapping Turtle, Riversleigh Snapping Turtle

中文名：拉氏癞颈龟

分　布：澳大利亚

成体（雌性）（John Cann 摄，引自 Chelonian Research Monographs No.5，2014 年）

形态描述：一种中型水栖淡水龟。背甲直线长度最大可达35.2厘米。成体背甲宽椭圆形，深棕色至黑色。第3～8缘盾边缘上翘。第8～11缘盾外展。成体无中纵棱，亚成体具小纵棱，幼体纵棱明显。成体从第9缘盾后部呈锯齿状。亚成体和幼体从第7缘盾后部呈锯齿状。背甲盾片上常遍及凹痕，但某些地方有光泽，与本属其他物种背甲暗淡相区别。腹甲窄，腋窝处约为背甲宽度的50%。甲桥宽，但不像*Elseya dentata*和*Elseya novaeguineae*一样大。腋盾存在，胯盾缺失。胸盾缝 = 股盾缝 > 腹盾缝 – 肛盾缝 > 间喉盾 = 肱盾缝 > 喉盾缝。腹甲棕色至黑色。一些个体常覆有一层

成体头部（雌性）(John Cann 摄，引自 Chelonian Research Monographs No.5, 2014 年)

成体（雄性）(Alastair Freeman 摄，引自 Chelonian Research Monographs No.5，2014 年)

薄的碳酸钙，使腹甲呈泥棕色。头部大且非常强壮，头部覆有中等尺寸的鳞片和头盾从鼻孔后面覆盖顶骨到达头骨后部。头盾不向外侧延伸或接近鼓膜。颈部背表面覆有中等尺寸的尖状疣粒；颏部具1～2条圆头触须。头背部灰色至棕色，侧面浅灰色。大个体雌性面部和喉部常具不规则奶油色斑块。上喙深黄色无深色条纹。虹膜绿色无环状围绕，巩膜棕色；瞳孔前后端具眼斑点，这一特征常出现在一些澳龟属物种，在癞颈龟属物种不常见。身体背面皮肤深灰色，腹面浅灰色。

腹部（Alastair Freeman 摄，引自 Chelonian Research Monographs No.5，2014 年）

幼体（John Cann 摄，引自 Chelonian Research Monographs No.5，2014 年）

隐龟属 *Elusor* Cann & Legler, 1994

本属仅 1 种。主要特征：无椎板，喉盾未将肱盾隔开，第 1 椎盾宽于或与第 2 椎盾同宽，无背中沟，眼暗色具退化的瞬膜。股后侧无大而尖的硬棘，前肢具 5 爪。尾大，侧面扁，前泄殖腔区长。

隐龟属物种名录

序号	学名	中文名	亚种
1	*Elusor macrurus*	隐龟	/

Elusor macrurus Cann & Legler, 1994

英文名：Mary River Turtle

中文名：隐龟

分　布：澳大利亚

成体（Marilyn Connell 摄，引自 Chelonian Research Monographs No.8，2021 年）

形态描述：一种大型水栖淡水龟。背甲直线长度雄龟最大可达 43.6 厘米，雌龟最大可达 34.8 厘米。可能是澳大利亚最大的短颈侧颈龟。成体背甲伸长、平滑。在第 2 ~ 4 椎盾上无背中沟，缘盾外展。后侧缘盾圆滑或几乎不为锯齿状。椎盾宽大于长。第 3 ~ 4 椎盾最长，第 5 椎盾最短，后侧裙状展开。颈盾 1 枚。成体背甲无图案，暗黑棕色。腹甲和甲桥长度分别约是背甲长度的 76% 和 22%。肛盾缺刻明显。间喉盾仅分离喉盾。胸盾缝＞股盾缝＞肛盾缝（或股盾缝＞胸盾缝＝肛盾缝）＞腹盾缝＞间喉盾＞肱盾缝＞喉盾缝。腹甲、甲桥和缘盾腹面灰色至深灰色，无图案。头部窄，吻部略突出，上喙中央无凹口，头盾明显。上颚咀嚼面窄且无嵴。颏部具 4 条触须；中间 2 条肥长。颈部背侧具 2 排疣粒。指（趾）间具蹼。尾部侧面扁平，泄殖腔前部非常大，泄殖腔口为纵向狭缝状，这是该物种与众不同的特征。颈部、四肢和尾部背面浅灰色，腹面颜色更浅。

腹部（站酷海洛）

成体（Paul Freed　摄）

头部（高品图像 Gaopinimages）

澳龟属 *Emydura* Bonaparte, 1836

本属5种。主要特征：头部颞区外表光滑，无椎板，喉盾未将肱盾隔开，具颈盾，第1椎盾窄于第2椎盾，前肢5爪。

澳龟属物种名录

序号	学名	中文名	亚种
1	*Emydura gunaleni*	古氏澳龟	/
2	*Emydura macquarii*	墨累澳龟	*E. m. macquarii* *E. m. emmotti* *E. m. krefftii* *E. m. nigra*
3	*Emydura subglobosa*	圆澳龟	*E. s. subglobosa* *E. s. worrelli*
4	*Emydura tanybaraga*	黄面澳龟	/
5	*Emydura victoriae*	红面澳龟	/

Emydura gunaleni Smales, McCord, Cann & Joseph-Ouni, 2019

英文名：Gunalen's Short-necked Turtle

中文名：古氏澳龟

分　布：印度尼西亚

成体（P. McCord & Danny Gunalen 摄，引自 Chelonian Research Monographs No.8，2021 年）

说　明：一种小型水栖淡水龟。背甲直线长度雄龟最大可达14.7厘米，雌龟最大可达18.5厘米。该物种因来自印度尼西亚雅加达的Danny Gunalen首先注意到这种澳龟属物种与众不同的特点，在提供了标本和描述所依据的材料，以及关于它们原产地的信息后，Ian Samles等人开始关注这个物种，故用他的名字Gunalen来命名这一新物种。

Emydura macquarii（Gray, 1830）

英文名：Eastern Short-necked Turtle, Southern River Turtle

中文名：墨累澳龟

分　布：澳大利亚

形态描述：一种中型水栖淡水龟。背甲直线长度雄龟最大可达30厘米，雌龟最大可达36.8厘米。背甲宽椭圆形，最宽处在中心处之后，后缘光滑或微锯齿状。后侧缘盾外展，两侧缘盾可能上翘。具颈盾。幼体和成体可能具中纵棱，随年龄增长变低平；大个体，特别是雌龟可能形成背中沟。第1、4和5椎盾宽大于长；第1椎盾向前裙状展开，第5椎盾向后裙状展开。第2和第3椎盾可能长宽相当或长大于宽。背甲表面粗糙，具大量纵条纹。腹甲窄长，不能覆盖大部分背甲开口。腹甲前叶前侧圆钝，略宽于腹甲后叶，腹甲后叶向后逐渐变窄，具肛盾缺刻。间喉盾长大于宽，完全将喉盾分开。股盾缝＞胸盾缝＞腹盾缝＞间喉盾＞＜肛盾缝＞喉盾缝＞肱盾缝。腹甲、甲桥和缘盾腹面奶油色至黄色。头部大小中等，吻部略突出，上喙中央无凹口。颏部具2条触须。头部背表面覆有光滑皮肤，颈疣小而圆钝。头部、颈部和四肢灰色至橄榄棕色。具1条从嘴角向后到颈部的黄色至奶油色条带，颏部两边各具1个黄色斑点。

成体（站酷海洛）

地理亚种：

(1) *Emydura macquarii macquarii*（Gray, 1830）

英文名：Macquarie River Turtle

分　布：澳大利亚（新南威尔士州、昆士兰州、南澳大利亚州、维多利亚州）

成体（Arthur Georges 摄，引自 Chelonian Research Monographs No.8，2021 年）

成体背部（Herptile Lovers　供图）

成体腹部（Herptile Lovers　供图）

亚成体背部（Herptile Lovers　供图）

亚成体腹部（Herptile Lovers　供图）

(2) *Emydura macquarii emmotti* Cann, Mccord & Joseph-Ouni, 2003

英文名：Cooper Creek Turtle

分　布：澳大利亚（昆士兰州、南澳大利亚州）

腹部（Arthur Georges 摄，引自 Chelonian Research Monographs No.8，2021 年）

成体（Kate Hodges 摄，引自 Chelonian Research Monographs No.8，2021 年）

(3) *Emydura macquarii krefftii*（Gray, 1871）

英文名：Krefft's River Turtle

分　布：澳大利亚（昆士兰州）

亚成体背部
（Herptile Lovers　供图）

成体（Arthur Georges 摄，
引自 Chelonian Research Monographs No.8，2021 年）

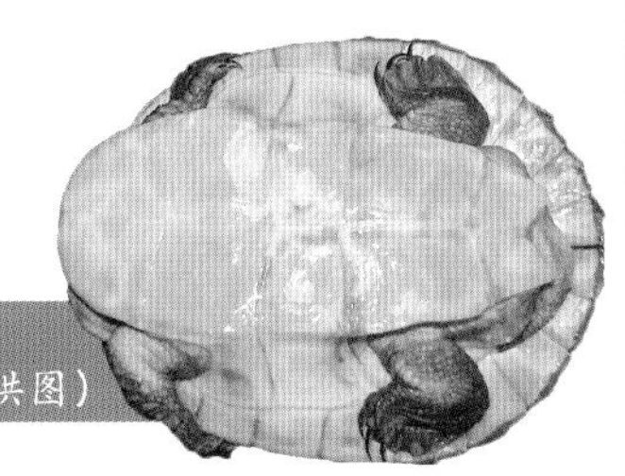

亚成体腹部
（Herptile Lovers　供图）

(4) *Emydura macquarii nigra* Mccord, Cann & Joseph-Ouni, 2003

英文名：Fraser Island Short-necked Turtle

分　布：澳大利亚（昆士兰州）

成体（Arthur Georges 摄，引自 Chelonian Research Monographs No.8，2021 年）

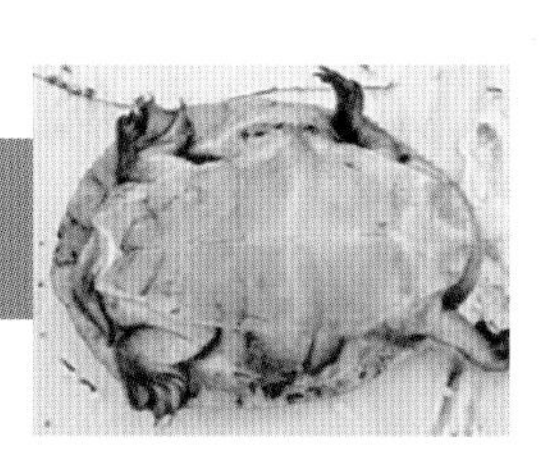

腹部（Duncan Limpus 摄，引自 Chelonian Research Monographs No.8，2021 年）

Emydura subglobosa（Krefft, 1876）

英文名：Red-bellied Short-necked Turtle

中文名：圆澳龟

分　布：澳大利亚，印度尼西亚，巴布亚新几内亚

形态描述：一种中型水栖淡水龟。背甲直线长度雄龟最大可达 20.8 厘米，雌龟最大可达

成体（乔轶伦　摄）

26.1 厘米。背甲棕色，椭圆形，后部宽于前部。成体背甲略拱起，无中纵棱；幼体具纵棱。颈盾发达，椎盾宽大于长。后侧缘盾边缘光滑，有些外展；缘盾下方红色。腹甲窄，间喉盾长大于宽，长于肱盾缝。甲桥由部分胸盾和腹盾组成，无腋盾，仅具小胯盾。具肛盾缺刻。胸盾缝＞股盾缝＞腹盾缝＞肛盾缝＞＜间喉盾＞喉盾缝＞肱盾缝。腹甲黄色具红色宽侧边。甲桥黄色具红色斑。头部橄榄色，具 1 个从吻间通过眼眶到达鼓膜及其上方的黄色带，另具 1 个沿着上喙的黄色带。具 1 条沿下喙到颈部中断的红色条带，通常延伸到腹甲。颏部具 2 条黄色触须。颈部背面深灰色，但腹面浅灰色具红色条带。前肢前表面和侧边及后肢外缘具一系列窄的平行大鳞。四肢和尾部前侧灰色，后侧白色具红色条带。幼体中红色斑块十分明显，随着年龄增长，会变成粉红色。

地理亚种：

（1）*Emydura subglobosa subglobosa*（Krefft, 1876）

英文名：New Guinea Red–bellied Short–necked Turtle

分　布：澳大利亚（昆士兰州），印度尼西亚（巴布亚岛，西马布亚岛），巴布亚新几内亚（南部）

成体（Arthur Georges 摄，引自 Chelonian Research Monographs No.8，2021 年）

成体背部（Herptile Lovers　供图）

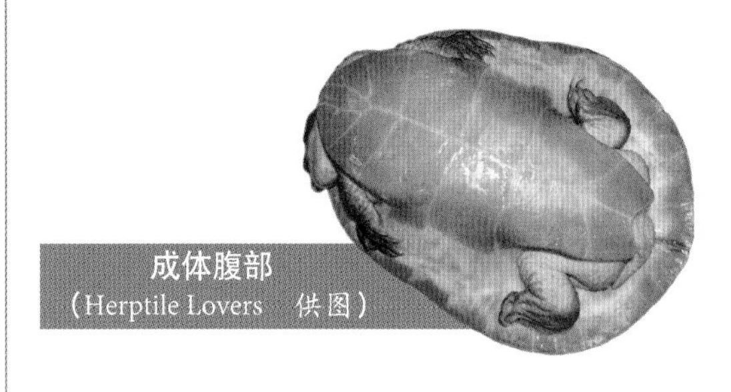

成体腹部（Herptile Lovers　供图）

幼体（高品图像 Gaopinimages）

（2）*Emydura subglobosa worrelli*（Wells & Wellingtion, 1985）

英文名：Worrell's Short-necked Turtle, Diamond-head Turtle

分　布：澳大利亚（北领地、昆士兰州）

成体（Jason Schaffer 摄，引自 Chelonian Research Monographs No.8，2021 年）

幼体（Herptile Lovers　供图）

幼体背部（Herptile Lovers　供图）

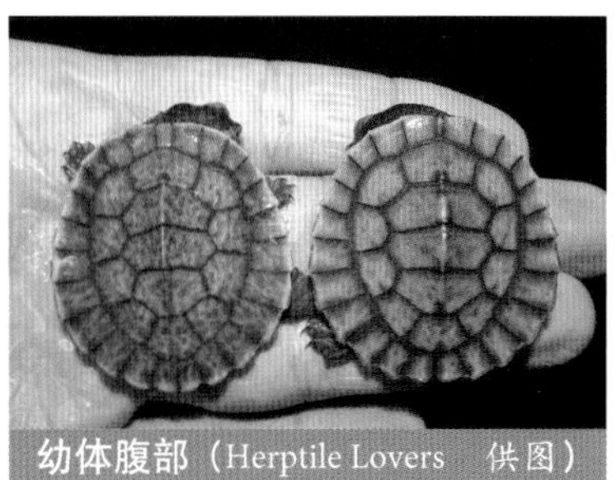

幼体腹部（Herptile Lovers　供图）

Emydura tanybaraga Cann, 1997

成体（Jason Schaffer 摄，引自 Chelonian Research Monographs No.8，2021 年）

英文名：Northern Yellow-faced Turtle

中文名：黄面澳龟

分　布：澳大利亚

形态描述：一种中型水栖淡水龟。背甲直线长度雌龟最大可达 28.5 厘米。背甲椭圆形，表面光滑，从第 8 缘盾之后外展，背甲浅黄褐色至深灰棕色，具深色斑。间喉盾将喉盾完全分开。胸盾缝＞股盾缝＞腹盾缝＞肛盾缝＞间喉盾＞肱盾缝＞喉盾缝。腹甲和甲桥奶油色至黄色。头部宽，吻部略突出，上喙中央无凹口。头部背表面覆有光滑皮肤，颈疣不发达，颏部至多具退化触须。虹膜金橙色，瞳孔前后端具深色斑点。具从眼后延伸至鼓膜上方的面部黄色条纹，通常会随年龄的增长而消失。身体背面皮肤铁灰色，腹面奶油白色。

成体（高品图像 Gaopinimages）

亚成体（图虫创意）

成体（站酷海洛）

Emydura victoriae（Gray, 1842）

英文名：Northern Red-faced Turtle

中文名：红面澳龟

分　布：澳大利亚

成体（Gerald Kuchling 摄，引自 Chelonian Research Monographs No.8，2021 年）

形态描述：一种中型水栖淡水龟。背甲直线长度最大可达 30 厘米。成体背甲拱起、椭圆形，最宽处在中心处之后，后缘微锯齿状。如具中纵棱，中纵棱低平。第 1 和第 5 椎盾宽大于长，第 2 ～ 4 椎盾可能长宽相当；第 5 椎盾后侧裙状展开。背甲棕色至浅棕色或橄榄棕色，具黑色短线或小斑块。腹甲窄长，不能覆盖大部分背甲开口处。甲桥窄。间喉盾将喉盾完全分开，但长略大于宽。胸盾缝＞肛盾缝＞＜股盾缝＞腹盾缝＞间喉盾＞肱盾缝＞喉盾缝。腹甲和甲桥奶油色至黄色，具浅橙色。头部宽，吻部略突出，上喙中央无凹口。颏部至多具退化触须。头部背表面覆有光滑皮肤，颈疣不发达。头部和颈部灰色至橄榄色。头部两边具 2 条橙红色条带：1 条从眼眶向颈延伸；另 1 条从嘴角向颈部延伸。四肢灰色至橄榄色。

幼体（Herptile Lovers　供图）

幼体背部（Herptile Lovers　供图）

幼体腹部（Herptile Lovers　供图）

宽胸癞颈龟属 *Myuchelys* Thomson & Georges, 2009

本属4种。主要特征：头部颞区外表覆鳞，头顶角质板两侧向鼓膜延伸但不与鼓膜接触；无椎板，无颈盾，第1椎盾窄于第2椎盾，间喉盾未将肱盾完全隔开；前肢5爪。

宽胸癞颈龟属物种名录

序号	学名	中文名	亚种
1	*Myuchelys bellii*	贝氏癞颈龟	/
2	*Myuchelys georgesi*	贝林格癞颈龟	/
3	*Myuchelys latisternum*	宽胸癞颈龟	/
4	*Myuchelys purvisi*	曼宁癞颈龟	/

宽胸癞颈龟属的种检索表

1a 背甲宽椭圆形，后侧外展，成体后缘锯齿状（除非常老个体外）；颈背部具明显尖状疣粒 …………………… 2

1b 背甲宽椭圆形，后侧不外展，成体外轮廓平滑；颈背部具圆状小疣粒 …………………………………………… 3

2a 无颈盾（个别除外）；虹膜具前后端深色斑点；分布在新南威尔士北部沿海地区，昆士兰和北部地区 ……… …………………………………………………………………………… 宽胸癞颈龟 *Myuchelys latisternum*

2b 具颈盾（个别除外）；虹膜清晰，无前后端深色斑点；分布在墨累－达令盆地东北部的源头，大分水岭以西 …… ……………………………………………………………………………… 贝氏癞颈龟 *Myuchelys bellii*

3a 背甲和身体腹面皮肤（除非常老的个体外）通常为亮黄色；尾部从肛盾缺刻到泄殖腔具腹面黄色条纹；泄殖腔前外侧具连续或间断黄色条纹，并在泄殖腔处与中央条纹相交；尾尖腹面为黄色；分布在新南威尔士州曼宁河 ……………………………………………………………………… 曼宁癞颈龟 *Myuchelys purvisi*

3b 背甲和身体腹面皮肤（除非常老的个体外）通常不为亮黄色；尾部具鲜艳的图案；分布在新南威尔士州贝林格河 …………………………………………………………………… 贝林格癞颈龟 *Myuchelys georgesi*

Myuchelys bellii（Gray, 1844）

英文名：Bells' Sawshelled Turtle, Western Sawshelled Turtle

中文名：贝氏癞颈龟

分　布：澳大利亚

成体（Darren Fielder 摄，引自 Chelonian Research Monographs No.5，2015 年）

形态描述：一种中型水栖淡水龟。背甲直线长度雄龟最大可达22.7厘米，雌龟最大可达30厘米。背甲宽椭圆形，背甲后部略宽于前部，幼龟后缘锯齿状，成体后缘可能会保留锯齿状，但随着年龄，大多数常变成圆

头部（Arthur Georges 摄，引自 Chelonian Research Monographs No.5，2015 年）

齿状或平滑；盾片平滑；颈盾通常存在，极少数缺失。第2和第3肋盾之间的甲缝与第7缘盾相连接；第3和第4肋盾之间的甲缝与第9缘盾相连接。背甲浅棕色至深棕色。喉盾被间喉盾分隔，间喉盾不与胸盾接触；腹甲和甲桥在腹盾水平处具明显角度。腹甲奶油色或淡黄色，具大量深色斑块或条纹。在一些浅色腹甲的个体中，腹甲盾片间的边缘变深明显；相同颜色会出现在缘盾腹面盾片连接处；头盾完整，从头部的后面和侧面向下延伸，朝向但不与鼓膜接触；颞区表面覆有明显的不规则鳞片。上颚咀嚼面无中嵴；颏部具2条明显触须；颈背面具明显尖状疣粒。虹膜颜色多

成体（玷酷海洛）

变，常为橄榄灰色或巧克力棕色，无前端和尾部深斑点；从嘴角延伸出奶油色、黄色或橙色侧条带，经鼓膜下方区域向下贯穿颈部全长，随年龄变得不明显；颞区条纹消失。颈背面蓝灰色，腹面灰色，有或无奶油色或橙色斑点。前肢具5爪，后肢具4爪，蓝灰色。尾部短于甲壳长度的一半，灰色无明显斑纹。

成体（Darren Fielder 摄，引自 Chelonian Research Monographs No.5，2015 年）

Myuchelys georgesi（Cann, 1997）

英文名：Bellinger River Sawshelled Turtle

中文名：贝林格癞颈龟

分　布：澳大利亚

形态描述：一种中型水栖淡水龟。背甲直线长度雄龟最大可达21.2厘米，雌龟最大可达24厘米。此物种与*Myuchelys latisternum*和*Myuchelys purvisi*相似，背甲宽卵形，前部略宽于后部，边缘平滑，盾片表面光滑，无生长轮，无颈盾。背甲深棕色。间喉盾将喉盾分开，不与胸盾相接触；在腹盾水平，胸盾与甲桥具明显角度。腹甲灰色或奶油色，有或无斑块，盾片边框深色。头盾完整，从头部后面和侧面向下延伸，朝向但不与鼓

成体（John Cann 摄，引自 Chelonian Research Monographs No.5，2015 年）

成体（Arthur Georges 摄，引自 Chelonian Research Monographs No.5，2015 年）

膜接触；颞区表面覆有明显的不规则鳞片。上颚咀嚼面无中嵴；颏部具2条明显触须；颈背面具低而圆钝疣粒。虹膜金色，无前端和尾部深斑点。从嘴角延伸出奶油色或黄色侧条带，经鼓膜下方区域向下贯穿颈部全长，颞区条纹消失。颈背面青灰色，腹面灰色，有或无奶油色斑点。前肢具5爪，后肢具4爪，外表面青灰色，内表面浅灰色。尾部短于甲壳长度的一半，灰色无明显斑纹。

幼体（John Cann 摄，引自 Chelonian Research Monographs No.5，2015 年）

Myuchelys latisternum（Gray, 1867）

英文名：Sawshelled Turtle, Common Sawshelled Turtle

中文名：宽胸癞颈龟

分　布：澳大利亚

成体（Alastair Freeman 摄，引自 Chelonian Research Monographs No.5，2014 年）

形态描述：一种中型水栖淡水龟。背甲直线长度雄龟最大可达22.4厘米，雌龟最大可达28.8厘米。成体背甲椭圆形，宽而扁平，最宽处在中心处之后，具背中沟，后缘明显锯齿状。幼体具中纵棱。颈盾存在或缺失。椎盾宽大于长；第5椎盾后侧裙状展开。背甲盾片略褶皱。背甲橄榄色或栗棕色，具深色杂斑至深棕色或黑色。腹甲窄长，露出大部分背甲开口。腹甲前叶宽于后叶，且前端圆钝。腹甲后叶向后逐渐变窄，具肛盾缺刻。通常间喉盾长是宽的1.5～2倍及以上，将喉盾完全分隔。肛盾缝＞胸盾缝＞股盾缝＞间喉盾＞腹盾缝＞喉盾＞肱盾缝。腹

幼体（Paul Freed 摄）

头部（John Cann 摄，引自 Chelonian Research Monographs No.5，2014 年）

甲奶油色至黄色，盾片侧边缘具棕色斑块。头部大，吻部突出，上喙中央无凹口至略有凹口。上喙咀嚼面无中嵴。头顶部覆有大的角质盾片替代光滑的皮肤；这个角质盾片两边向下指向鼓膜。颏部具2条触须，颈背部具尖而长疣粒。头部栗棕色至橄榄灰或深棕色；喙黄色至褐色。四肢和颈部颜色相似。

亚成体（Paul Freed 摄）

Myuchelys purvisi（Wells & Wellington, 1985）

英文名：Manning River Sawshelled Turtle

中文名：曼宁癞颈龟

分　布：澳大利亚

成体（Phil Spark 摄，引自 Chelonian Research Monographs No.8，2021 年）

形态描述：一种中小型水栖淡水龟。背甲直线长度雄龟最大可达 17.5 厘米，雌龟最大可达 22.9 厘米。具有以下特征的组合：①颈盾宽；②缘盾腹面和腹甲亮黄色；③具颈板；④四肢腹面具从腹甲到第 1 指（趾）的末端的亮黄色条纹；⑤尾部具 3 条亮黄色条纹，腹面中部具 1 条，侧面各具 1 条；⑥尾部末端腹面具亮黄色图案。

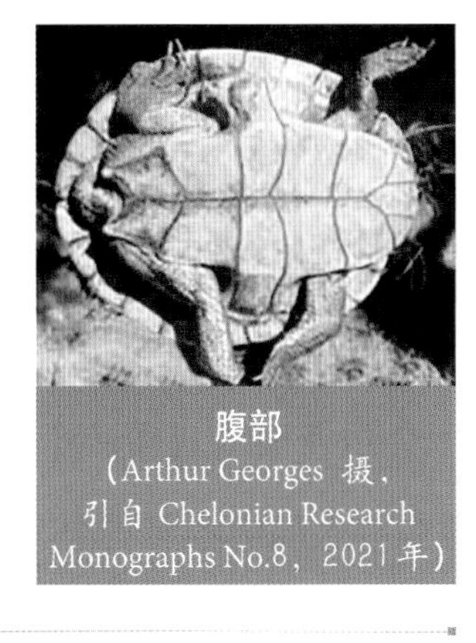
腹部（Arthur Georges 摄，引自 Chelonian Research Monographs No.8，2021 年）

头部（Arthur Georges 摄，引自 Chelonian Research Monographs No.8，2021 年）

溪龟属 *Rheodytes* Legler & Cann, 1980

本属仅 1 种。主要特征：眼亮白色无瞬膜；无椎板，喉盾未将肱盾隔开，第 1 椎盾宽于或与第 2 椎盾同宽，无背甲中沟；前肢 5 爪，股后侧无尖的大硬棘，尾小而圆，侧面不扁，前泄殖腔区短。

溪龟属物种名录

序号	学名	中文名	亚种
1	*Rheodytes leukops*	白眼溪龟	/

Rheodytes leukops Legler & Cann, 1980

英文名：Fitzroy River Turtle

中文名：白眼溪龟

分　布：澳大利亚

成体（Stephen M.Zozaya 摄，引自 Chelonian Research Monographs No.8，2021 年）

形态描述：一种大型水栖淡水龟，背甲直线长度雄龟最大可达42.8厘米，雌龟最大可达26.2厘米。成体背甲椭圆形，边缘圆滑，9.5厘米以下的幼体背甲近圆形，边缘锯齿状。幼体具明显纵棱，但成体仅保留有高点或中侧扁平。通常具颈盾。肋盾间缝与第6～8缘盾后部相接触。成体背甲棕色至深棕色，浅色个体会具一些橄榄色斑，也可能具一些黑色斑点。雌性随年龄增长会变得更浅。刚出生的个体褐色至浅棕色具深色斑，沿着中纵棱和侧纵棱会出现一系列黑点。腹甲窄，无韧带，向前逐渐变窄，前端平钝，后端具肛盾缺刻。股盾缝＞肛盾缝＞腹盾缝＞胸盾缝＞肱盾缝＞间喉盾＞喉盾缝。甲桥宽。腹甲浅黄色至棕色，甲桥颜色略深于腹甲。头部窄，吻部短。咀嚼面窄无中嵴。颈部覆有圆钝大疣粒，颏部具2条触须。头部背面棕色或橄榄色，腹面黄色至橙色；雄性头部随着年龄颜色变浅。成体虹膜乳白色，幼体银色。指（趾）间具发达的蹼。其他处皮肤橄榄灰色。

拟澳龟属 *Pseudemydura* Siebenrock, 1901

本属仅 1 种。主要特征：无椎板，喉盾将肱盾隔开，前肢 5 爪。

拟澳龟属物种名录

序号	学名	中文名	亚种
1	*Pseudemydura umbrina*	澳洲短颈龟	/

Pseudemydura umbrina Siebenrock, 1901

成体（高品图像 Gaopinimages）

英文名：Western Swamp Turtle

中文名：澳洲短颈龟

分　布：澳大利亚

形态描述：一种小型水栖淡水龟。背甲直线长度雄龟最大可达 15.5 厘米，雌龟最大可达 14.2 厘米。成体背甲扁平、矩形，后缘平滑，第 2 ~ 4 椎盾处具背中沟。椎盾宽大于长。第 1 椎盾最大，第 5 椎盾最短，后侧裙状展开。尾部的后侧缘盾位置提升，背甲表面褶皱、皮革状。背甲颜色从浅棕色至黑色。腹甲非常大，几乎覆盖背甲开口处。腹甲后缘具肛盾缺刻。间喉盾非常大，将喉盾和肱盾分开，将胸盾部分分开。间喉盾＞肛盾缝＞胸盾缝＞腹盾缝＞股盾缝＞喉盾缝＞肱盾缝。甲桥宽，约为腹甲长度的 1/3。腹甲、甲桥和缘盾腹面黄色，甲缝深色。头部宽且扁平，吻部短、略突出，上喙中央无凹口。头部皮肤粗糙，覆有疣粒，颏部具 2 条触须。颈部背面覆有许多圆锥形疣粒。头部和颈部棕色，喙表面浅黄色。前肢覆有大鳞，但无前表面横向鳞。指（趾）间具蹼。四肢棕色。

成体（玷酷海洛）

成体腹部（陈　岩　摄）

（二）非洲侧颈龟科 Pelomedusidae Cope, 1868

本科现生 2 属 27 种，分布于非洲。大部分水生，栖息于沼泽、水潭、池塘、河流、湖泊、小溪等环境。肉食性，以腐肉、鱼类、两栖动物及各种无脊椎动物为主。主要特征：头部侧面收回，间喉盾达腹甲前缘，后肢具 5 爪。

非洲侧颈龟科的属检索表

1a 腹甲上胸盾和腹盾间以韧带相连；间下板在腹甲中线相遇 ………………………………… 非洲侧颈龟属 *Pelusios*

1b 腹甲上胸盾和腹盾间无韧带相连；间下板在腹甲中线不相遇 ………………………………… 侧颈龟属 *Pelomedusa*

侧颈龟属 *Pelomedusa* Wagler, 1830

本属 10 种。主要特征：腹甲坚硬，胸盾与腹盾间无韧带；前肢具 5 爪；个体一般较小，20 厘米左右，少数种类达到 30 厘米以上。

侧颈龟属物种名录

序号	学名	中文名	亚种
1	*Pelomedusa barbata*	阿拉伯头盔侧颈龟	/
2	*Pelomedusa galeata*	黑头盔侧颈龟	/
3	*Pelomedusa gehafie*	厄立特里亚头盔侧颈龟	/
4	*Pelomedusa kobe*	坦桑尼亚头盔侧颈龟	/
5	*Pelomedusa neumanni*	诺氏头盔侧颈龟	/
6	*Pelomedusa olivacea*	北非头盔侧颈龟	/
7	*Pelomedusa schweinfurthi*	施氏头盔侧颈龟	/
8	*Pelomedusa somalica*	索马里头盔侧颈龟	/
9	*Pelomedusa subrufa*	沼泽侧颈龟	/
10	*Pelomedusa variabilis*	西非头盔侧颈龟	/

Pelomedusa barbata Petzold, Vargas-Ramírez, Kehlmaier, Vamberger, Branch, Du Preez, Hofmeyr, Meyer, Scheicher, Široký & Fritz, 2014

英文名：Arabian Helmeted Turtle

中文名：阿拉伯头盔侧颈龟

分　布：沙特阿拉伯，也门

形态描述：一种中小型水栖淡水龟。背甲直线长度雄龟最大可达21.6厘米，雌龟最大可达20.1厘米。胸盾矩形，胸盾中缝相对长；或三角形，胸盾中缝相对短。成体背甲浅色，腹甲全黄色。头部每侧各具2枚小颞鳞（少见具1枚大颞鳞）。颏部具2～3根大至很大的触须。

成体（Johannes Els 摄，引自 Chelonian Research Monographs No.8，2021 年）

成体标本（引自 Alice Petzold 等，2014 年）

遗传学特征：与其他侧颈龟属物种的主要区别：在一段360个碱基对的12S rRNA参考基因序列中，第122位的空位取代A、C或T，第330位的G取代A。

Pelomedusa galeata（Schoepff, 1792）

成体（William R. Branch 摄，引自 Chelonian Research Monographs No.8，2021 年）

英文名：South African Helmeted Turtle, Cape Terrapin

中文名：黑头盔侧颈龟

分　布：博茨瓦纳（?），斯威士兰，莱索托，莫桑比克，南非

形态描述：一种中型水栖淡水龟。背甲直线长度雄龟最大可达32.5厘米，雌龟最大可达29厘米，成体背甲长度一般为26厘米左右。胸盾矩形，胸盾中缝相对长。成体背甲和腹甲常以深色为主或全部深色。约有50%个体头部每侧各具2枚小颞鳞，另外50%具1枚不分开的大颞鳞。颏部具2条小触

须。身体背面皮肤比腹面颜色深。

遗传学特征：与其他侧颈龟属物种（除*P. subrufa*）的主要区别：在一段360个碱基对的12S rRNA参考基因序列中，第148位C取代A或G，第159位G取代A，第167位C取代T，第343位G取代A或T。与*P. subrufa*的主要区别：在第60和191位C取代T，第117和298位T取代C，第169位A取代T，第180和233位G取代A，第223、226和296位A取代G，第280位C取代A，第289位G取代T或C。

选模标本（背甲长度5.84厘米）
（引自Uwe Fritz等，2014年）

上：选模标本
（雄性，背甲长度14厘米）
下：正模标本
（雌性，背甲长度19.24厘米）
（引自Uwe Fritz等，2014年）

Pelomedusa gehafie（Rüppell, 1835）

英文名：Eritrean Helmeted Turtle

中文名：厄立特里亚头盔侧颈龟

分　布：厄立特里亚，埃塞俄比亚，苏丹

成体（Tomáš Mazuch 摄，引自Chelonian Research Monographs No.8，2021年）

形态描述：一种小型水栖淡水龟。背甲直线长度最大可达17.8厘米。成体胸盾三角形，与中缝不接触。背甲浅色无图案，成体腹甲全黄色。头部通常具1枚不分开的大颞鳞。颏部具2条小触须。

遗传学特征：与其他侧颈龟属物种（除*P. schweinfurthi*和*P. somalica*）的主要区别：在一段360个碱基对的12S rRNA参考基因序列中，第256位G取代A。*Pelomedusagehafie*与*P. schweinfurthi*和*P. somalica*的主要区别：第125、267、287和345位T取代C，第180

位 A 取代 G，第 223 位 G 取代 A，第 236 位 C 取代 T，第 268 位 A 取代 T。

此外，与 *P. schweinfurthi* 的区别：第 147 位 C 或 G 取代 A，第 148 和 297 位 A 取代 G，第 166、191 和 303 位 C 取代 A，第 266 和 326 位 T 取代 C，第 279 位 C 取代 T，第 298 位 C 取代空位，第 305 位 G 取代 A。与 *P. somalica* 的主要区别：第 94 位 A 取代 T，第 95、122 和 131 位 C 取代 T，第 123 位 A 取代 C，第 124 位 T 取代 C，第 332 位 A 取代 G。

成体标本
（Uwe Fritz 等，2014 年）

Pelomedusa kobe Petzold, Vargas-Ramírez, Kehlmaier, Vamberger, Branch, Du Preez, Hofmeyr, Meyer, Scheicher, Široký & Fritz, 2014

成体标本
（引自 Alice Petzold 等，2014 年）

英文名：Tanzanian Helmeted Turtle

中文名：坦桑尼亚头盔侧颈龟

分　布：坦桑尼亚

形态描述：一种小型水栖淡水龟。背甲直线长度最大可达15.9厘米。胸盾矩形，胸盾中缝相对长；或三角形，胸盾中缝相对短。较大个体背甲栗色，腹甲黄色，腹甲甲缝末端具深色图案。头部通常具1枚不分开的大颞鳞。颏部具2条小触须（少见3条）。身体腹面皮肤比背面颜色浅。

遗传学特征：与其他侧颈龟属物种（除*P. gehafie*, *P. subrufa*）的主要区别：在一段360个碱基对的12S rRNA参考基因序列中，第223位的G取代A。*Pelomedusa kobe*与*P. gehafie*和*P. subrufa*的主要区别：第188位C取代T。

Pelomedusa neumanni Petzold, Vargas-Ramírez, Kehlmaier, Vamberger, Branch, Du Preez, Hofmeyr, Meyer, Scheicher, Široký & Fritz, 2014

英文名：East African Helmeted Turtle, Neumann's Helmeted Turtle

中文名：诺氏头盔侧颈龟

分　布：布隆迪，刚果（金），埃塞俄比亚，肯尼亚，卢旺达，坦桑尼亚，乌干达，赞比亚

成体（Tomáš Mazuch 摄，引自 Chelonian Research Monographs No.8，2021 年）

形态描述：一种小型水栖淡水龟。背甲直线长度最大可达19.4厘米。胸盾矩形，胸盾中缝相对长。成体背甲浅棕色，腹甲全部黄色，一些个体腹甲淡褐色。头部具1枚不分开的大颞鳞。颏部具2条小触须。身体背面皮肤颜色比腹面深。

遗传学特征：与其他侧颈龟属物种（除*P. gehafie*和*P. kobe*）的主要区别：在一段360个碱基对的12S rRNA参考基因序列中，第57位T取代C，第349位T取代C或G，第353位A取代C或G。与*P. gehafie*和*P. kobe*的主要区别：第116位T取代C，第147位A或T取代C或G，第223位A取代G。

此外，与*P. gehafie*的区别：在第256位A取代G，第268位C取代A，第345位C取代T。与*P. kobe*的区别：第298位是C取代T。

腹部（引自 Uwe Fritz 等，2015 年）

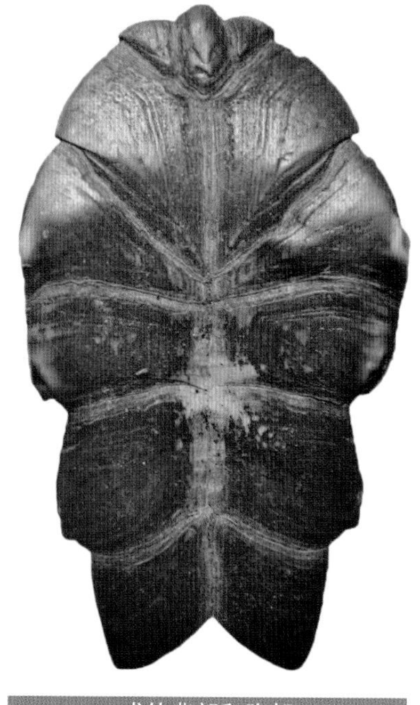
成体背部和腹部（引自 Alice Petzold 等，2014 年）

Pelomedusa olivacea（Schweigger, 1812）

成体（Laurent Chirio 摄，
引自 Chelonian Research Monographs No.8，2021 年）

英文名：Sahelian Helmeted Turtle

中文名：北非头盔侧颈龟

分　布：贝宁，布基纳法索，冈比亚，加纳，几内亚，几内亚比绍，象牙海岸，马里，毛里塔尼亚，尼日尔，尼日利亚，塞内加尔，塞拉利昂，多哥

形态描述：一种小型水栖淡水龟。背甲直线长度最大可达16.8厘米。胸盾三角形，胸盾中缝相对短。背甲和腹甲浅色。头部每侧各具1枚不分开的大颞鳞。颏部具2条小触须。身体腹面皮肤比背面颜色浅。

遗传学特征：与其他侧颈龟属物种的主要区别：在一段360个碱基对的12S rRNA参考基因序列中，第123位是G取代A或C，第271位是A取代G。

成体标本
（引自 Uwe Fritz 等，2014 年）

Pelomedusa schweinfurthi Petzold, Vargas-Ramírez, Kehlmaier, Vamberger, Branch, Du Preez, Hofmeyr, Meyer, Scheicher, Široký & Fritz, 2014

英文名：Schweinfurth's Helmeted Turtle

中文名：施氏头盔侧颈龟

分　布：中非共和国，刚果（金），埃塞俄比亚（?），南苏丹，苏丹，乌干达

形态描述：一种小型水栖淡水龟。背甲直线长度最大可达15.7厘米。胸盾矩形，胸盾中缝相对长；或三角形，胸盾中缝相对短。成体背甲和腹甲相对颜色深。头部具1枚大颞鳞，

多数不分开。颏部具2条小触须。身体腹面皮肤比背面颜色浅。

遗传学特征：与其他侧颈龟属物种的主要区别：在一段360个碱基对的12S rRNA参考基因序列中，第279位是T取代C，第297位是G取代A，第305位是A取代G。

成体标本
（引自 Alice Petzold 等，2014 年）

Pelomedusa somalica Petzold, Vargas-Ramírez, Kehlmaier, Vamberger, Branch, Du Preez, Hofmeyr, Meyer, Scheicher, Široký & Fritz, 2014

成体（Tomáš Mazuch 摄，引自 Chelonian Research Monographs No.8，2021 年）

英文名：Somalian Helmeted Turtle

中文名：索马里头盔侧颈龟

分　布：吉布提（?），埃塞俄比亚，索马里

形态描述：一种小型水栖淡水龟。背甲直线长度最大可达 15.7 厘米。胸盾矩形，胸盾中缝相对长；或胸盾三角形，胸盾中缝相对短。成体背甲浅色，腹甲全部黄色。头部每侧各具 1 枚不分开的大颞鳞。颏部具 2 条小触须。身体腹面皮肤比背面颜色浅。

遗传学特征：与其他侧颈龟属物种的主要区别：在一段 360 个碱基对的 12S rRNA 参考基因序列中，第 122 位由 T 取代 A、C 或空位。

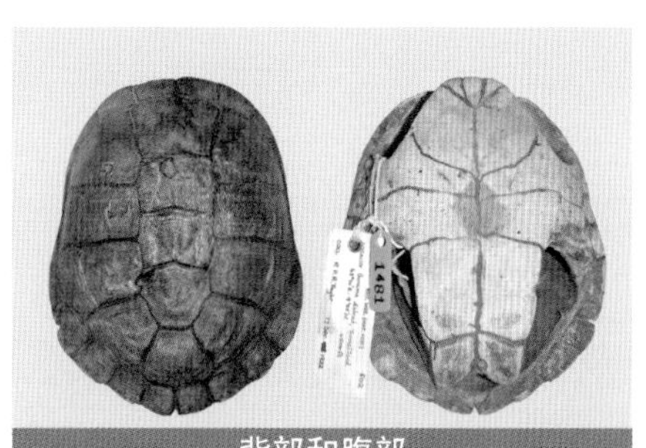

背部和腹部
（引自 Alice Petzold 等，2014 年）

幼体标本（引自 Uwe Fritz 等，2015 年）

Pelomedusa subrufa（Bonnaterre, 1789）

幼体（乔轶伦 摄）

英文名：Helmeted Turtle, African Helmeted Terrapin

中文名：头盔侧颈龟（沼泽侧颈龟）

分 布：安哥拉，博茨瓦纳，刚果（金），肯尼亚，马达加斯加（早期引进），马拉维，莫桑比克，纳米比亚，南非，坦桑尼亚，赞比亚，津巴布韦

幼体（乔轶伦 摄）

幼体腹部（乔轶伦 摄）

形态描述：一种小型水栖淡水龟。背甲直线长度最大可达19.7厘米。成体背甲宽，椭圆形，背侧相对平坦；大部分个体背甲后缘平滑或微锯齿状，可能在第2～4椎盾具1条浅纵棱。第1椎盾宽大于长，第5椎盾最大，第4椎盾宽大于长。无颈盾。背甲棕色至橄榄色。胸盾与中缝相接触。肱盾缝＞股盾缝＞间喉盾＞肛盾缝＞腹盾缝＞喉盾缝＞胸盾缝。腹甲通常黄色至奶油色，甲缝处可能浅棕色或深色。吻部突出。颏部具2条触须。背面具1条纵缝将2枚眶上鳞分开。后接1枚大额鳞，侧面各具2枚颞鳞。头部背面棕色至橄榄色有深色或浅色斑，侧面鼓膜边缘以下黄色至奶油色。腹面黄色至奶油色。颈部背侧或前侧灰棕色至橄榄，腹侧或后侧淡黄色。指（趾）间具蹼。四肢和尾部背侧或前侧灰棕色至橄榄色，腹侧或后侧淡黄色。

成体（雌性）（Herptile Lovers 供图）

成体背部（雌性）（Herptile Lovers 供图）

成体腹部（雌性）（Herptile Lovers 供图）

Pelomedusa variabilis Petzold, Vargas-Ramírez, Kehlmaier, Vamberger, Branch, Du Preez, Hofmeyr, Meyer, Scheicher, Široký & Fritz, 2014

英文名：West African Helmeted Turtle

中文名：西非头盔侧颈龟

分 布：贝宁，布基纳法索，喀麦隆，赤道几内亚，加纳，几内亚，象牙海岸，利比里亚，尼日利亚，多哥

成体（Tomas Diagne 摄，引自 Chelonian Research Monographs No.8，2021年）

形态描述：一种中型水栖淡水龟。背甲直线

长度雄龟最大可达24.8厘米。胸盾多呈三角形，不与中缝相接触，但也有与中缝较宽或较窄相连接的情况。背甲颜色多变，已知有颜色非常深的个体，也有浅色的个体，腹甲全部黄色。头部每侧各具1枚不分开的大颞鳞。颏部具2条小触须。身体腹面皮肤比背面颜色浅。

遗传学特征：与其他侧颈龟属物种的主要区别：在一段360个碱基对的12S rRNA参考基因序列中，第189位A取代T或C，第322位由A取代G。

成体标本
（引自 Alice Petzold 等，2014 年）

非洲侧颈龟属 *Pelusios* Wagler 1830

本属 17 种。主要特征：腹甲胸盾与腹盾间由韧带相连。椎盾宽大于长。

非洲侧颈龟属物种名录

序号	学名	中文名	亚种
1	*Pelusios adansonii*	白胸侧颈龟	/
2	*Pelusios bechuanicus*	欧卡芬哥侧颈龟	/
3	*Pelusios broadleyi*	肯尼亚侧颈龟	/
4	*Pelusios carinatus*	棱背侧颈龟	/
5	*Pelusios castaneus*	西非侧颈龟	/
6	*Pelusios castanoides*	黄腹侧颈龟	*P. c. castanoides* *P. c. intergularis*
7	*Pelusios chapini*	中非侧颈龟	/
8	*Pelusios cupulatt*	科特迪瓦侧颈龟	/
9	*Pelusios gabonensis*	加蓬侧颈龟	/
10	*Pelusios marani*	马氏侧颈龟	/
11	*Pelusios nanus*	侏侧颈龟	/
12	*Pelusios niger*	黑侧颈龟	/
13	*Pelusios rhodesianus*	罗得西亚侧颈龟	/
14	*Pelusios sinuatus*	锯齿侧颈龟	*P. s. sinuatus* *P. s. bottegi*
15	*Pelusios subniger*	东非侧颈龟	*P. s. subniger* *P. s. parietalis*
16	*Pelusios upembae*	乌彭巴侧颈龟	/
17	*Pelusios williamsi*	威廉氏侧颈龟	*P. w. williamsi* *P. w. laurenti* *P. w. lutescens*

Pelusios adansonii（Schweigger, 1812）

成体（Roger Bour 摄，引自 Chelonian Research Monographs No.8，2021 年）

英文名：Adanson's Mud Turtle

中文名：白胸侧颈龟

分　布：贝宁（?），喀麦隆，中非共和国，乍得，埃塞俄比亚，马里，毛里塔尼亚，尼日尔，尼日利亚，塞内加尔，南苏丹，苏丹，乌干达（?）

形态描述：一种中型水栖淡水龟。背甲直线长度雄龟最大可达 20 厘米，雌龟最大可达 23.8 厘米。成体背甲椭圆形，后侧宽于前侧，椎盾处扁平。第 1 ~ 4 椎盾具 1 条低平中纵棱；幼体椎盾宽大于长，但随着年龄增长，椎盾变得长宽相当或长略大于宽。第 4 椎盾最小，无颈盾。后侧缘盾边缘圆滑。背甲黄棕色至灰棕色；一些个体盾片具深色辐射纹或斑点。腹甲比背甲小，关闭时不能完全覆盖四肢。腹甲前叶长圆，通常是腹盾长度的 2 倍。腹甲后叶向后变窄呈椎形，肛盾缺刻深。股盾缝＞腹盾缝＞肱盾缝＞间喉盾＞肛盾缝＞胸盾缝＞＜喉盾缝。间喉盾长是宽的 2 倍。胸盾和腹盾与甲桥相连，通常无腋盾和胯盾。腹甲和甲桥黄色。头宽，吻短微前突，上喙中央无凹口非钩状。额鳞巨大，颏部具 1 对明显触须。头部背面灰棕色具黄色蠕虫纹，腹面黄色。从眼眶到鼓膜延伸出 1 条黄色带。喙黄色，其他处皮肤黄棕色。

成体头部（雌性）（Herptile Lovers　供图）

成体背部（雌性）（Herptile Lovers　供图）

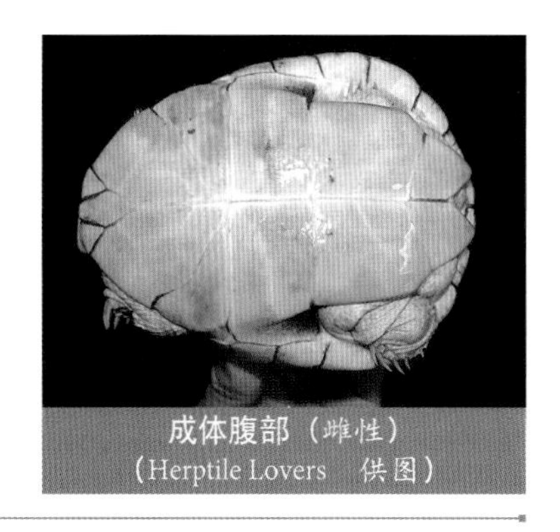
成体腹部（雌性）（Herptile Lovers　供图）

Pelusios bechuanicus Fitzsimons, 1932

成体（William R. Branch 摄，引自 Chelonian Research Monographs No.7，2017 年）

英文名：Okavango Mud Turtle

中文名：欧卡芬哥侧颈龟

分　布：安哥拉，博茨瓦纳，纳米比亚，赞比亚，津巴布韦

形态描述：一种中型水栖淡水龟。背甲直线长度雄龟最大可达 30 厘米，雌龟最大可达

33 厘米。成体背甲卵形，最宽处在中心处之后，后缘非锯齿状。幼体具 1 条多瘤节的中纵棱，随着年龄增长而消失，大型成体完成消失。幼体第 3 椎盾宽大于长，成体长宽相当，其他 4 枚椎盾宽大于长。背甲黑色。腹甲大，腹部韧带发达，后缘具肛盾缺刻。腹甲前叶长于胸盾中缝，但达不到其 2 倍；后叶在腹盾与股盾间缝收缩。腹盾缝 > 股盾缝 > 肱盾缝 > 间喉盾 >< 肛盾缝 > 胸盾缝 > 喉盾缝。间喉盾长是宽的 1.3 倍。腹甲黑色。头部非常宽，吻不突出，上喙无尖。颏部具 2 ~ 3 条触须。头部黑色具黄斑。颈部、四肢和尾部黄色至灰色。

幼体（Herptile Lovers　供图）

成体背部（雄性）
（Herptile Lovers　供图）

成体腹部（雄性）
（Herptile Lovers　供图）

幼体腹部（Herptile Lovers　供图）

成体（Tomas Diagne 摄，引自 Chelonian Research Monographs No.8，2021 年）

Pelusios broadleyi Bour, 1986

英文名：Turkana Mud Turtle

中文名：肯尼亚侧颈龟

分　布：埃塞俄比亚，肯尼亚

形态描述：一种小型水栖淡水龟。背甲直线长度雄龟最大可达 17.9 厘米，雌龟最大可达 14.9 厘米。成体背甲椭圆形，最宽处在中心处之后，1 条多节的中纵棱贯穿 5 枚椎盾。第 3 和第 4 椎盾最高，幼体中纵棱明显，幼体椎盾宽大于长；成体第 1 椎盾向前裙状展开、向后变窄长，第 2 椎盾宽大于长，第 3 椎盾长大于宽，第 4 椎盾宽大于长，第 5 椎盾后侧裙状展开。可能具小颈盾，后侧背甲边缘平圆。背甲底色为灰褐色，背甲盾片具小的深色辐射线或横线。由于胸盾和腹盾间的韧带很难活动，腹甲基本是坚硬的。前叶长圆，通常是腹盾缝长的 2 倍。后叶股盾和肛盾逐渐向后变窄成椎形，

头部图案（Herptile Lovers　供图）

腹甲没有完全覆盖背甲开口。肛盾缺刻深。股盾缝＞肱盾缝＞腹盾缝＞间喉盾＞肛盾缝＞胸盾缝＞喉盾缝。间喉盾长大于宽的 1.4 倍，胸盾和腹盾与甲桥形成有关，通常无腋盾和胯盾。腹甲和甲桥棕色至黑色；腹部中间菱形区域具黄色斑块。幼体腹甲黄色，具深棕色斑块。头部宽，吻短略突出；上喙中央无凹口非钩状。前额鳞大，颏部具 2 条触须。头部背面棕色，具浅色蠕虫纹。颏部和颈部腹面灰色至黄色，上喙黄色，具黑点或条。前肢前表面具大横鳞。其他处皮肤灰色至黄棕色。

成体背部（雄性）
（Herptile Lovers 供图）

成体腹部（雄性）
（Herptile Lovers 供图）

Pelusios carinatus Laurent, 1956

成体（Tomas Diagne 摄，引自 Chelonian Research Monographs No.8，2021 年）

英文名：African Keeled Mud Turtle

中文名：棱背侧颈龟

分 布：刚果（金），刚果（布），加蓬

形态描述：一种中型水栖淡水龟。背甲直线长度最大可达30厘米。这是一种在刚果盆地鲜为人知的侧颈龟。背甲长椭圆形，最宽处在中心处，后缘微锯齿状。中纵棱非常发达；第1和第5椎盾处浅，第2～4椎盾处突出，特别是在第3和第4椎盾后面具凸起结节。幼体中纵棱更为明显，且成体后仍明显。幼体椎盾宽大于长，但在成体中可能会长大于宽。第1椎盾向前裙状展开，第5椎盾向后裙状展开。背甲黑色。腹甲前叶长度不到腹盾中缝长度的2倍。腹甲后叶向后逐渐变窄，呈椎形。具肛盾缺刻。腹盾缝＞股盾缝＞间喉盾＞肱盾缝＞肛盾缝＞胸盾缝＞＜喉盾缝。间喉盾长是宽的1.5倍。甲桥中等长，无腋盾。腹甲黄色，通常在前叶具黑色边。头部大小中等到大，吻短、突出，上喙中央无凹口。颏部具2条小触须。额鳞和颞鳞间具1条长缝。成体头部棕色或黑色，具黄色蠕虫纹。幼体为黄色大理石纹。四肢前表面具横向大鳞。其他处皮肤灰黄色。

成体背部（雄性）
（Herptile Lovers 供图）

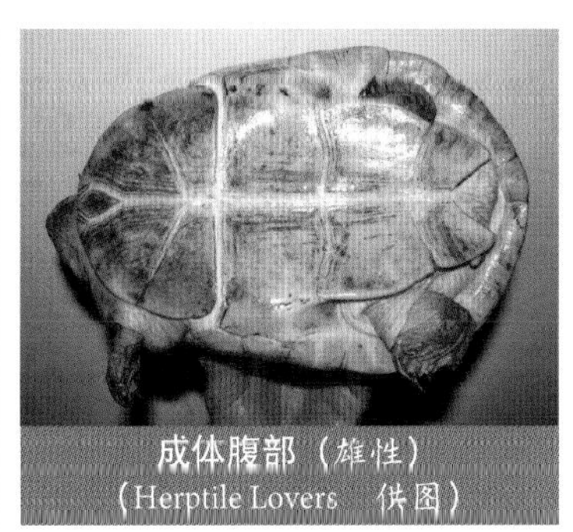
成体腹部（雄性）
（Herptile Lovers 供图）

Pelusios castaneus（Schweigger, 1812）

英文名：West African Mud Turtle

中文名：西非侧颈龟

分　布：安哥拉，贝宁，布基纳法索，喀麦隆，中非共和国，乍得，刚果（金），刚果（布），加蓬，冈比来，加纳，几内亚，几内亚比绍，象牙海岸，利比亚，尼日尔，尼日利亚，塞内加尔，塞拉利昂，多哥

成体（Gabriel H. Segniagbeto 摄，引自 Chelonian Research Monographs No.8，2021 年）

形态描述：一种中型水栖淡水龟。背甲直线长度雄龟最大可达22.2厘米，雌龟最大可达28.5厘米。成体背甲长椭圆形，最宽处在中心处之后，具不明显中纵棱（通常在第4椎盾形成结节）。第1椎盾向前裙状展开，第5椎盾向后裙状展开，全部宽大于长。第2～4椎盾长宽相当，或长略大于宽。背甲后缘锯齿状。背甲颜色多变，黄棕色至橄榄色，深棕色，或黑色。腹甲大，几乎覆盖整个背甲开口，腹甲前叶短，长度不到腹盾中缝长度的2倍。后叶在腹盾和股盾间缝区域微收缩或不收缩。肛盾缺刻深。腹盾缝＞股盾缝＞肱盾缝＞间喉盾＞肛盾缝＞＜胸盾缝＞喉盾缝。间喉盾长为宽的1.3～1.5倍。甲桥宽，无腋盾。腹甲通常黄色，但中部或甲缝外边缘可能具深色斑。头部大小适中至大，吻短、突出，上喙中央两尖状。额鳞和颞鳞间有1条长缝。颏部具2条小触须。头部橄榄色至棕色，具浅色蠕虫纹。颈部黄色至灰色。前肢前表面具横向大鳞，四肢黄色至灰色。

成体背部（雄性）
（Herptile Lovers　供图）

成体腹部（雄性）
（Herptile Lovers　供图）

幼体（纳灵优作　供图）

Pelusios castanoides Hewitt, 1931

成体（Miguel Vences 摄，引自 Chelonian Research Monographs No.8，2021 年）

英文名：Yellow-bellied Mud Turtle

中文名：黄腹侧颈龟

分　布：肯尼亚，马达加斯加（早期引进?），马拉维，莫桑比克，塞舌尔群岛（早期引进?），南非，坦桑尼亚

形态描述：一种中小型水栖淡水龟。背甲直线长度雄龟最大可达 19 厘米，雌龟最大可达 23 厘米。成体背甲长椭圆形，雄龟相对窄些（特别是 *Pelusios castanoides intergularis* 亚种）。第 4 和第 5 椎盾上可能具低平中纵棱，后缘略锯齿状。第 1 椎盾最大，向前裙状展开；第 5 椎盾向后裙状展开；第 4 椎盾最小；第 1 ～ 4 椎盾可能长宽相当，或长略大于宽。背甲淡黄色、橄榄色或偏黑色，具黄色和棕色的大理石图案。腹甲大，几乎覆盖整个背甲开口，前叶明显短于后叶，后叶在腹盾和股盾中缝区域微收缩，肛盾缺刻深。腹盾缝＞股盾缝＞间喉盾＞肱盾缝＞胸盾缝＞<喉盾缝＞<肛盾缝。间喉盾长是宽的 1.35 ～ 1.72 倍。甲桥宽，无腋盾。腹甲黄色，沿甲缝具深色斑。头部大小适中，吻部略突出。颏部具 2 条小触须。头部棕色至橄榄黑色。前肢前表面具横向大鳞。其他部分皮肤黄色至棕色。

成体（Herptile Lovers　供图）

成体背部（Herptile Lovers　供图）

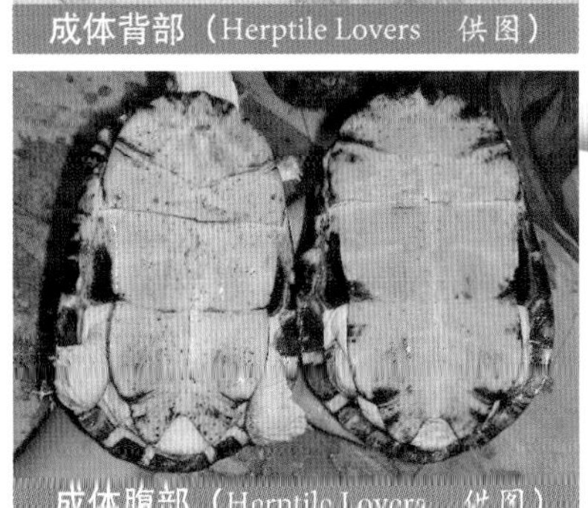
成体腹部（Herptile Lovers　供图）

地理亚种：

(1) *Pelusios castanoides castanoides* Hewitt, 1931

英文名：East African Yellow-bellied Mud Turtle

中文名：东非黄腹侧颈龟

分　布：肯尼亚，马达加斯加，马拉维，莫桑比克，南非，坦桑尼亚

成体（乔轶伦　摄）

(2) *Pelusios castanoides intergularis* Bour, 1983

英文名：Seychelles Yellow–bellied Mud Turtle

中文名：塞舌尔黄腹侧颈龟

分　布：塞舌尔群岛

成体（Justin Gerlach 摄，引自 Chelonian Research Monographs No.5，2008 年）

头部（Justin Gerlach 摄，引自 Chelonian Research Monographs No.5，2008 年）

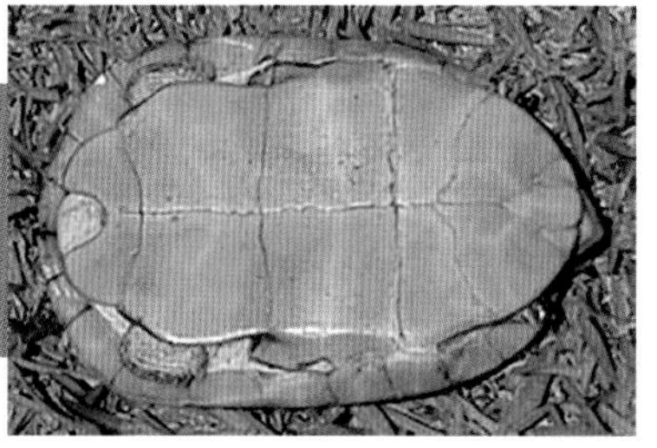

腹部（Justin Gerlach 摄，引自 Chelonian Research Monographs No.5，2008 年）

亚种特征：

*Pelusios castanoides castanoides*背甲黄色、橄榄色或黑色，间喉盾由斜的盾缝将相邻喉盾分开。*Pelusios castanoides intergularis*背甲深色具黄色大理石图案和棕色标记，五角形间喉盾由直的盾缝将相邻喉盾分开。

成体（Jérôme Maran 摄，引自 Chelonian Research Monographs No.8，2021 年）

Pelusios chapini Laurent, 1965

英文名：Central African Mud Turtle

中文名：中非侧颈龟

分　布：喀麦隆（?），中非共和国，刚果（金），刚果（布），加蓬，南苏丹，乌干达

形态描述：一种中型水栖淡水龟。背甲直线长度可达38厘米。成体背甲细长，最宽处在中心处之后，具不明显的中纵棱。第1椎盾向前裙状展开，第5椎盾向后裙状展开，全部宽大于长。第2～4椎盾长宽相当，或长略大于宽。背甲后缘平滑。背甲黑色至深棕色。腹甲大，关闭时几乎覆盖整个背甲开口，腹甲后叶在腹盾和股盾中缝区域微收缩，具肛盾缺刻。前叶短于后叶。腹盾缝＞＜股盾缝＞肱盾缝＞间喉盾＞肛盾缝＞胸盾缝＞喉盾缝。甲桥宽，

无腋盾。腹甲通常黑色至棕色，或者中间具淡黄色或浅棕色斑。头部大小适中，吻短、略突出，上喙中央两尖状。头部鳞片特征同*Pelusios castaneus*。颏部仅具2条小触须。头部棕色，背面具不规则深色图案，侧面色浅。

成体背部（雄性）
（Herptile Lovers 供图）

成体腹部（雄性）
（Herptile Lovers 供图）

Pelusios cupulatta Bour & Maran, 2003

成体（Jérôme Maran 摄，引自 Chelonian Research Monographs No.8，2021 年）

英文名：Ivory Coast Mud Turtle

中文名：科特迪瓦侧颈龟

分　布：加纳，几内亚，象牙海岸，利比里亚，尼日利亚，塞拉利昂

形态描述：一种中型水栖淡水龟。背甲直线长度雄龟最大可达31.3厘米，雌龟最大可达27.1厘米。成体背甲椭圆形，第2～4椎盾微扁平，中纵棱不连续，看起来仅存在于每枚椎盾后侧，尤其是第4椎盾。背甲烟草棕色，具1条深色中线（几乎黑色）和一系列深色辐射小斑点。腹甲大，全部覆盖背甲开口。腹甲前叶短，前端圆钝，腹甲后叶非常宽大，肛盾缺刻明显。腹甲深色，有时会有浅色斑点，韧带发达。头部宽，扁平，沿顶部到末部适度内陷，相对较长，吻部微突出。颏部具2条触须。上喙中央微钩状，两侧具深凹口。头部背面和侧面浅灰色至浅黄色，具小斑点和深色短线条。虹膜银灰色。前肢覆有矩形宽鳞。四肢灰色，或多或少在前表面深色，后表面白色。

亚成体背部（Herptile Lovers 供图）

亚成体头部（Herptile Lovers 供图）

亚成体腹部（Herptile Lovers 供图）

Pelusios gabonensis（Duméril, 1856）

成体（Herptile Lovers　供图）

英文名：African Forest Turtle

中文名：加蓬侧颈龟

分　布：安哥拉，喀麦隆，中非共和国，刚果（金），刚果（布），赤道几内亚，加蓬

形态描述：一种中型水栖淡水龟。背甲直线长度雄龟最大可达32厘米，雌龟最大可达27.2厘米。成体背甲扁平、椭圆形，具不明显的中纵棱，随年龄增长而消失。所有椎盾宽大于长，第1椎盾最宽，第4和第5椎盾最窄。第2～4椎盾长宽相当，或长略大于宽。无颈盾，具11对缘盾。成体后侧缘盾非锯齿状，但幼体可能略锯齿状。该种易从背甲的颜色和图案与其他侧颈龟区别。浅黄色至灰黄色背甲上具黑色的椎盾条带并在前侧缘盾加宽。随着年龄增加，背甲黑色辐射条带有增加的趋势。有些个体可能背甲近全黑色。腹甲大，几乎覆盖整个背甲开口，具肛盾缺刻。腹甲前叶长，可活动，腹盾短（短于前叶长度的一半）。肱盾缝>股盾缝>肛盾缝><间喉盾>腹盾缝>胸盾缝>喉盾缝。腹甲和甲桥全黑色，甲缝淡黄色。头部宽度适中，吻短、突出，上喙中央具浅凹口，两齿状。颏部具2条触须。头部淡黄色具黑色Y形宽条带，从眼眶向后延伸到颈中部。另在眼眶和鼓膜间具深条带。成体喙和喉部棕褐色，幼体黑色。前肢前表面具不规则大鳞。幼体四肢黑色，成体灰色至黄色。

背部图案（Herptile Lovers　供图）

成体背部（Herptile Lovers　供图）

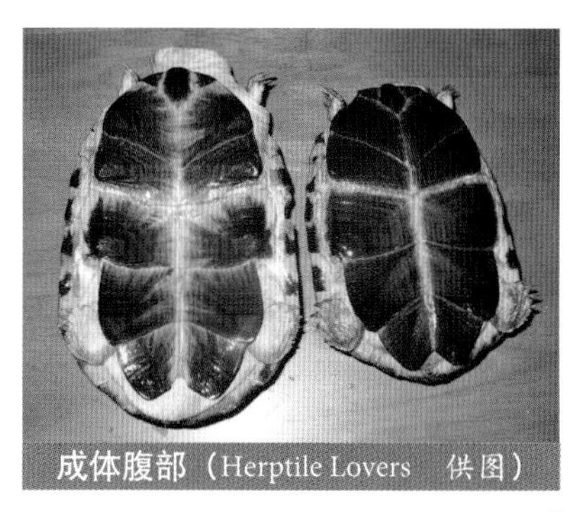
成体腹部（Herptile Lovers　供图）

Pelusios marani Bour, 2000

英文名：Gabon Mud Turtle

中文名：马氏侧颈龟

分　布：刚果（布），加蓬

形态描述：一种中型水栖淡水龟。背甲直线长度雄龟最大可达27.2厘米，雌龟最大可达

22.9 厘米。成体背甲椭圆形，边缘适度锯齿状。后缘在后肢位置上翘。背甲相对平坦，有时椎盾具 1 条浅纵棱，椎盾宽大于长。背甲黑色或深棕色。腹甲大，前叶圆形，韧带几乎没有功能。腹甲后叶肛盾缺刻浅。腹甲和甲桥几乎全部黄色。这个特征可与同属物种 *Pelusios chapini* Laurent，1965 和 *Pelusios gabonensis*（Duméril，1856）区分。头部宽，吻部尖，向前突出。颏部具 2 条小触须。头部和颈部背侧深灰色，几乎黑色，有些变浅呈黄色，腹面金黄色。鼓膜区域浅灰色接近黄色。上喙具 2 个齿状突。四肢表面深色，腹面黄色。

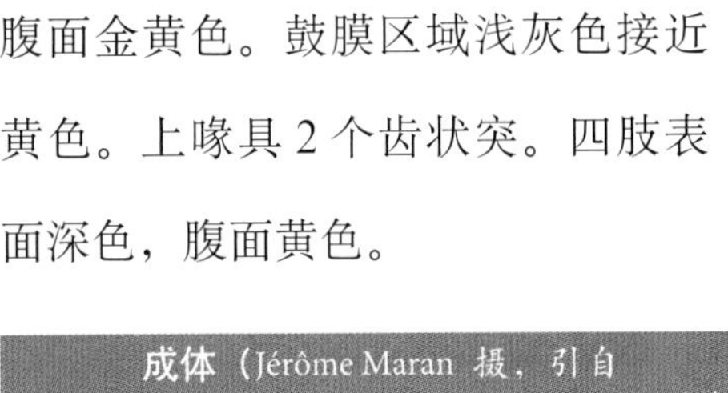

成体（Jérôme Maran 摄，引自 Chelonian Research Monographs No.8，2021 年）

Pelusios nanus Laurent, 1956

成体（Herptile Lovers　供图）

英文名：African Dwarf Mud Turtle

中文名：侏侧颈龟

分　布：安哥拉，刚果（金），赞比亚

形态描述：一种小型水栖淡水龟，本属体型最小的一种。背甲直线长度雄龟最大可达 11.1 厘米，雌龟最大可达 12.2 厘米。成体背甲扁平，长椭圆形，后侧非锯齿状（尽管臀盾间具缺刻）。无颈盾，几乎看不到中纵棱的痕迹。第 1 椎盾向前裙状展开，幼体中宽大于长，但成体中长宽相当。第 2 ~ 4 椎盾长大于宽，但幼体中宽大于长；第 4 椎盾最小。第 5 椎盾向后裙状展开，宽大于长。背甲后侧缘盾稍外展；侧面缘盾无纵棱。背甲棕色，常具深色带。腹甲大，腹甲前叶长（大于胸盾中缝的 2 倍），韧带不发达。前后叶宽；后叶具肛盾缺刻，在腹盾－股盾缝略收缩。股盾缝>肱盾缝><腹盾缝>肛盾缝>间喉盾>胸盾缝>喉盾缝。甲桥黑色，无腋盾和胯盾；胸盾未进入甲桥，甲桥完全由腹盾形成。腹甲黄色，具黑色边框。吻部短平，上喙中央具微凹口。颏部具 2 条触须。前肢无横向大鳞。

成体背部（Herptile Lovers　供图）

成体腹部（Herptile Lovers　供图）

Pelusios niger（Duméril & Bibron, 1835）

英文名：West African Black Mud Turtle

中文名：黑森林侧颈龟

分　布：贝宁，喀麦隆，赤道几内亚，加蓬，尼日利亚，多哥

形态描述：一种中型水栖淡水龟。背甲直线长度雄龟最大可达 35.5 厘米，雌龟最大可达 26.5 厘米。成体背甲扁平、椭圆形，椎盾扁平，后缘非锯齿状。老年个体中纵棱不明显，在第 4 和第 5 椎盾可能已经退化。无颈盾。椎盾宽大于长；第 1 椎盾向前裙状展开，第 5 椎盾向后裙状展开。后侧缘盾略外展。背甲黑色至红棕色，甲缝浅色；一些个体椎盾和肋盾具生长环和浅色辐射纹。腹甲前叶宽且短，略长于或与腹盾缝同长。后叶窄且短，具肛盾缺刻，甲壳不能完全闭合。腹甲后叶在腹盾－股盾中缝区域不收缩。腹盾缝＞股盾缝＞间喉盾＞肱盾缝＞肛盾缝＞喉盾缝＞胸盾缝。腹盾非常长。胸盾不参与形成甲桥，无腋盾和胯盾。腹甲和甲桥黑色，甲缝奶油色至黄色。头窄，吻部尖且突出，上喙中央微钩状，颏部黄色，具 2 条触须。头部黄色，具大量深棕色或黑色蠕虫纹；喙黄色，具深色蠕虫纹。颈部黄色至灰色。前肢前表面具 3 ～ 4 枚横向大鳞。四肢和尾部黄色至灰色。

成体（雄性）(Herptile Lovers　供图)

成体背部（雄性）
（Herptile Lovers　供图）

成体腹部（雄性）
（Herptile Lovers　供图）

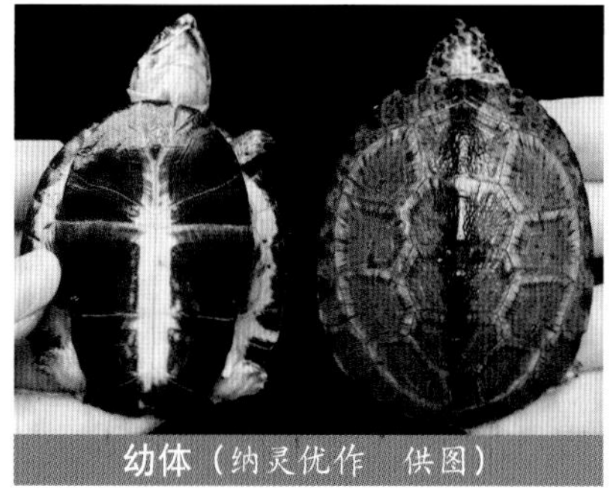

幼体（纳灵优作　供图）

Pelusios rhodesianus Hewitt, 1927

英文名：Variable Mud Turtle, Mashona Hinged Terrapin

中文名：罗得西亚侧颈龟

分　布：安哥拉，博茨瓦纳，布隆迪，刚果（金），刚果（布），马拉维，莫桑比克，纳米比亚，卢旺达，南非，坦桑尼亚，乌干达，赞比亚，津巴布韦

成体（Richard C. Boycott 摄，
引自 Chelonian Research Monographs
No.8，2021 年）

形态描述：一种中型水栖淡水龟。背甲直线长度最大可达 25.5 厘米。成体背甲黑色，长椭圆形，后侧宽于前侧，中纵棱不明显。椎盾处背甲扁平，如具中纵棱，仅在第 4 椎盾上出现结节。虽然第 3 椎盾可能长大于宽，但椎盾通常宽大于长。后缘平滑非锯齿状。腹甲大，略小于背甲开口处，肛盾缺刻深。腹甲前叶短，长仅是胸盾间缝的 1.5 倍。腹甲后叶在胸盾－股盾中缝处不收缩。腹盾缝＞股盾缝＞肱盾缝＞间喉盾＞肛盾缝＞胸盾缝＞喉盾缝。间喉盾长是宽的 1.5 倍。无腋盾。甲桥和缘盾腹面黑色；腹甲通常全黑，但有报道称有些个体具不规则的黄斑或全黄。头部小，吻部略突出，上喙中央两尖状，颏部具 2 条触须。额鳞和颞鳞间具长缝，据报道北部的 *Pelusios rhodesianus* 头部棕色具黄色蠕虫纹，而南部的 *Pelusios rhodesianus* 背面棕色而侧面黄色。颈部和四肢黄色，四肢外表面灰棕色。

成体背部（雌性）
（Herptile Lovers 供图）

成体腹部（雌性）
（Herptile Lovers 供图）

Pelusios sinuatus（Smith, 1838）

英文名：Serrated Hinged Terrapin

中文名：锯齿侧颈龟

分　布：博茨瓦纳，布隆迪，刚果（金），斯威士兰，埃塞俄比亚，肯尼亚，马拉维，莫桑比克，卢旺达，索马里，南非，坦桑尼亚，赞比亚，津巴布韦

形态描述：一种中大型水栖淡水龟。背甲直线长度雄龟最大可达 35 厘米，雌龟最大可达 55 厘米。成体背甲黑色，长椭圆形，幼体后侧明显锯齿状，成体变得不明显。最宽处在甲桥之后，成体椎盾处背甲扁平或内凹。幼体椎盾具明显纵棱，成体变得不明显。成体纵棱在前 4 个椎盾后面退化成突起。幼体椎盾宽大于长，成体通常长大于宽或长宽相当。背甲盾片常具生长轮和辐射纹，使背甲变得粗糙。成体背甲黑色，甲缝黄色；幼体背甲棕色至橄榄色。腹甲大，略小于背甲开口处，肛盾缺刻深。腹甲前叶短，不到胸盾中缝的 2 倍长，腹甲后叶在胸盾－股盾中缝处不收缩。腹盾缝>股盾缝>间喉盾><肛盾缝>肱盾缝>喉盾缝><胸盾缝。间喉盾长是宽的 2 倍。甲桥宽，具小腋盾。甲桥和缘盾腹面黑色；腹甲通常黄色，具黑色边框。头部宽，吻部突出，上喙中央两尖状，颏部具 2 条触须。额鳞大，几乎覆盖整个头部背面。头侧部淡黄灰色至橄榄色，有时具深色小斑。颏部、喉部和颈部腹面黄色，四肢、尾部和颈部背面浅灰色。

亚成体（乔轶伦 摄）

地理亚种：

（1）*Pelusios sinuatus sinuatus*（Smith, 1838）

英文名：Southern Serrated Hinged Terrapin

中文名：南部锯齿侧颈龟

分　布：博茨瓦纳，斯威士兰，莫桑比克，南非，赞比亚（？）

成体（Herptile Lovers 供图）

成体背部（Herptile Lovers 供图）

亚成体（乔轶伦 摄）

成体腹部（Herptile Lovers 供图）

成体（Mike Parr 摄，引自 Chelonian Research Monographs No.8，2021 年）

（2）*Pelusios sinuatus bottegi*（Boulenger, 1895）

英文名：Northern Serrated Hinged Terrapin

中文名：北部锯齿侧颈龟

分　布：博茨瓦纳，布隆迪，刚果（金），埃塞俄比亚，肯尼亚，马拉维，莫桑比克，卢旺达，索马里，坦桑尼亚，赞比亚，津巴布韦

腹部（H. Bradley Shaffer 摄，引自 Chelonian Research Monographs No.8，2021 年）

头部（H. Bradley Shaffer 摄，引自 Chelonian Research Monographs No.8，2021 年）

注：目前根据遗传学特征的不同种群，将这两个亚种作为不同的分类单元。未来还需要证实两个亚种是否存在形态学区分特征。

Pelusios subniger（Bonnaterre, 1789）

英文名：East African Black Mud Turtle

中文名：东非侧颈龟

分　布：博茨瓦纳，布隆迪，刚果（金），马达加斯加（早先引进？），马拉维，莫桑比克，塞舌尔（早先引进？），南非，坦桑尼亚，赞比亚，津巴布韦

成体（刘　晔　摄）

形态描述：一种中小型水栖淡水龟。背甲直线长度雄龟最大可达15厘米，雌龟最大可达20厘米。成体背甲长椭圆形，无中纵棱，后端非锯齿状。成体椎盾宽大于长。背甲棕色。腹甲前叶宽于后叶，长度没超过胸盾间缝长度的2倍。腹甲后叶在腹盾－股盾中缝区域显著收缩，具肛盾缺刻。腹盾缝＞股盾缝＞间喉盾＞＜肱盾缝＞＜肛盾缝＞喉盾缝＞胸盾缝。间喉盾长是宽的1.5倍。无腋盾。腹甲黄色，甲缝黑色或具深色边框；甲桥一般棕色。头部大，吻部平钝不突出，上喙中央具凹口非两尖状，颏部具2条触须。额鳞和颞鳞间具短缝。头部通常棕色，但可能具黑色小斑点；喙黄色。颈部、四肢和尾部灰色。

幼体（刘　晔　摄）

腹部（刘　晔　摄）

幼体腹部（刘　晔　摄）

地理亚种：

(1) *Pelusios subniger subniger*（Bonnaterre, 1789）

英文名： East African Black Mud Turtle

中文名： 东非侧颈龟

分　布： 博茨瓦纳，布隆迪，刚果（金），马达加斯加（先前引进?），马拉维，莫桑比克，南非，坦桑尼亚，赞比亚，津巴布韦

成体（Jérôme Maran 摄，引自 Chelonian Research Monographs No.7，2017 年）

腹部（James Harvey 摄，引自 Chelonian Research Monographs No.8，2021 年）

(2) *Pelusios subniger parietalis* Bour, 1983

英文名： Seychelles Black Mud Turtle

中文名： 塞舌尔侧颈龟

分　布： 塞舌尔

成体（Justin Gerlach 摄，引自 Chelonian Research Monographs No.8，2021 年）

腹部（Justin Gerlach 摄，引自 Chelonian Research Monographs No.8，2021 年）

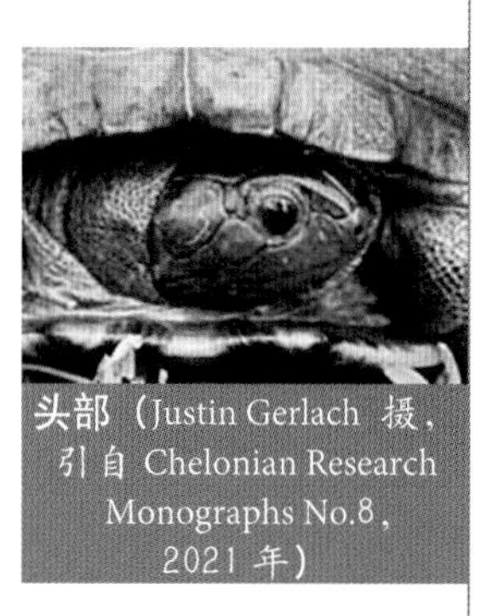

头部（Justin Gerlach 摄，引自 Chelonian Research Monographs No.8，2021 年）

亚种特征：

Pelusios subniger subniger(Bonnaterre, 1789) 眼上鳞片完整（未分割的），顶鳞很少细分，间喉盾不是很大。*Pelusios subniger parietalis* Bour, 1983 眼上鳞和顶鳞被许多缝细分，间喉盾非常大，喉盾相对小。

Pelusios upembae Broadley, 1981

成体（Tomas Diagne 摄，引自 Chelonian Research Monographs No.8，2021 年）

英文名：Upemba Mud Turtle

中文名：乌彭巴侧颈龟

分　布：刚果（金）

形态描述：一种中型水栖淡水龟。背甲直线长度可达 23 厘米。成体背甲长椭圆形，背部扁平，最宽处在中心处后，后缘非锯齿状，背甲最大长度达到 23 厘米。第 1、2、4、5 椎盾宽大于长，第 3 椎盾长稍大于宽。第 1 ~ 3 椎盾最大，第 4 椎盾最小；第 1 椎盾向前裙状展开，第 5 椎盾向后裙状展开。背甲深棕色至黑色。腹甲大且韧带发达，甲壳关闭时，能覆盖大部分背甲开口。具肛盾缺刻，前叶与腹甲间缝同长，腹甲后叶在腹盾 – 股盾中缝区域显著收缩。腹盾缝 > 股盾缝 > 肱盾缝 > 间喉盾 > 肛盾缝 > 胸盾缝 > 喉盾缝。间喉盾宽大于长。腹甲黑色沿中缝具黄色斑块；甲桥黑色。头部宽，吻部平钝，上喙中央非尖形，颏部具 2 条触须。头部全棕褐色，或具黄色蠕虫纹。颈部和喉部皮肤表面呈颗粒状。

幼体（Herptile Lovers　供图）

幼体腹甲（Herptile Lovers　供图）

Pelusios williamsi Laurent, 1965

成体（Jérôme Maran 摄，引自 Chelonian Research Monographs No.8，2021 年）

英文名：Williams' Mud Turtle

中文名：威廉氏侧颈龟

分　布：刚果（金），肯尼亚，坦桑尼亚，乌干达

形态描述：一种中型水栖淡水龟。背甲直线长度雄龟最大可达 19.7 厘米，雌龟最大可达 23.8 厘米。成体背甲长椭圆形，最宽处在中心处之后，中部适度凹陷，具不明显的中纵棱，后缘非锯齿状。第 1 椎盾向前裙状展开，第 5 椎盾向后裙状展开。第 1 ~ 4 椎盾长宽相当或长大于宽。背甲黑色至深棕色。腹甲大，能覆盖大部分背甲开口。腹甲前叶圆且短于后叶。具肛盾缺刻，腹甲后叶在腹盾 – 股盾中缝区域微收缩。腹盾缝 > 股盾缝 > 肱盾缝 > 间喉盾 > 肛盾缝 > 胸盾缝 > 喉盾缝。间喉盾宽约为长的 1.5 倍。甲

桥宽，无腋盾。腹甲黑色具黄边和黄色中缝，或显著黄色。头部宽，吻部略突出，上喙中央无凹口非尖状，颏部具 2 条触须。头部鳞片与 *P.castaneus* 类似。头部棕色。前肢前表面具横向大鳞。四肢棕色，四肢腋窝黄色。

亚成体（Herptile Lovers 供图）

地理亚种：

(1) *Pelusios williamsi williamsi* Laurent, 1965

英文名：Lake Victoria Mud Turtle

中文名：维多利亚湖侧颈龟

分　布：肯尼亚，坦桑尼亚，乌干达

亚成体背部（Herptile Lovers 供图）

亚成体腹部（Herptile Lovers 供图）

亚成体头部（Herptile Lovers 供图）

(2) *Pelusios williamsi laurenti* Bour, 1984

英文名：Ukerewe Island Mud Turtle

中文名：乌克里威岛侧颈龟

分　布：坦桑尼亚

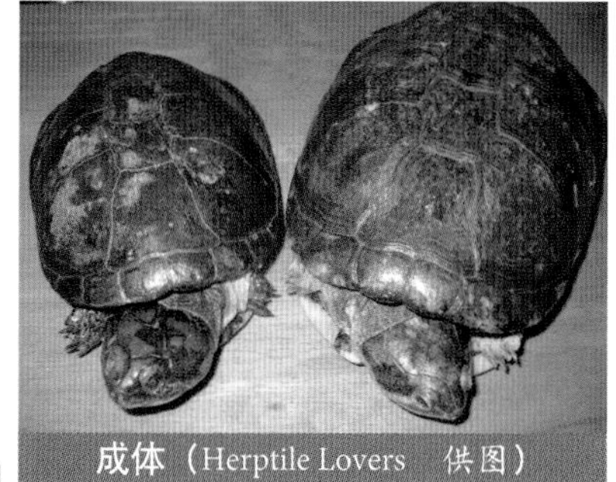
成体（Herptile Lovers 供图）

(3) *Pelusios williamsi lutescens* Laurent, 1965

英文名：Albert Nile Mud Turtle

中文名：艾尔伯特尼罗河侧颈龟

分　布：刚果（金），乌干达

成体腹部（Herptile Lovers 供图）

亚种特征：

维多利亚湖侧颈龟 *Pelusios williamsi williamsi*，腹甲后叶与前叶同长或短于前叶，间喉盾长度大于腹甲前叶长度的一半。艾尔伯特尼罗河侧颈龟 *Pelusios williamsi lutescens*，腹甲后叶与前叶同长或长于前叶，间喉盾长度短于腹甲前叶长度的一半。乌克里威岛侧颈龟 *Pelusios Williamsi laurenti*，腹甲黄色沿喉盾边缘具深色小斑，腹甲后叶长于前叶，间喉盾长度大于腹甲前叶长度的一半。第 1 椎盾沿前缝非常宽，而后侧两边几乎平行，形状呈 T 形。

（三）南美侧颈龟科 Podocnemididae Cope，1869

本科现生3属8种，分布于南美洲和马达加斯加岛。栖息于沼泽、河流、湖泊、被洪水淹没的森林和热带稀树草原等环境。食性视物种而定，包括杂食性、草食性和肉食性。主要特征：头侧面收回，间喉盾达腹甲前缘，后肢具4爪。

南美侧颈龟科的属检索表

1a 间喉盾较长，将喉盾完全隔开 …………………………………… 2
1b 间喉盾较短，未将喉盾完全隔开 …………………… 马达加斯加侧颈龟属 *Erymnochelys*
2a 眼眶间具凹槽；上喙不呈钩状 …………………… 南美侧颈龟属 *Podocnemis*
2b 眼眶间无凹槽；上喙呈钩状 …………………… 盾龟属 *Peltocephalus*

马达加斯加侧颈龟属 *Erymnochelys* Baur, 1888

本属仅1种。主要特征：背甲扁平，无颈盾，椎盾上无纵棱，成体后缘无锯齿状。间喉盾短未将喉盾完全分隔。

马达加斯加侧颈龟属物种名录

序号	学名	中文名	亚种
1	*Erymnochelys madagascariensis*	马达加斯加大头侧颈龟	/

Erymnochelys madagascariensis（Grandidier, 1867）

英文名：Madagascan Big-headed Turtle

中文名：马达加斯加大头侧颈龟

分　布：马达加斯加岛

成体（刘晔 摄）

形态描述：一种大型水栖淡水龟。背甲直线长度雄龟最大可达45.8厘米，雌龟最大可达43厘米。成体背甲椭圆形，扁平，无中纵棱，成体后缘非锯齿状，椎盾宽大于长，第5椎盾最短，后部裙状展开。无颈盾，后侧缘盾外展或在尾部和四肢处上翘，背甲橄榄色至灰褐色，各盾片常具不规则辐射纹，老年个体这些辐射纹被磨平。腹甲窄长，没有完全覆盖背甲开口。

成体（站酷海洛）

腹甲前叶前端圆钝，后叶向后逐渐变窄，肛盾缺刻浅，前叶宽于后叶。间喉盾小，没有将喉盾完全隔开。腹盾缝＞胸盾缝＞股盾缝＞肛盾缝＞间喉盾＞肱盾缝＞喉盾缝。甲桥几乎与腹甲后叶同宽。腹甲和甲桥黄色至棕色。头部宽大，吻部突出，上喙微钩状，下喙钩状。不具眶中沟，间顶鳞大，但未将顶鳞完全隔开。颏部通常仅具 1 条触须，但一些个体具 2 条。头部背面棕色至红棕色，侧面黄色，喙黄色。颈部背面橄榄色、灰色或棕色，腹面黄色。指（趾）间具蹼。后肢后缘具 3 枚大鳞。四肢橄榄色或灰色。

亚成体背部（乔轶伦　摄）

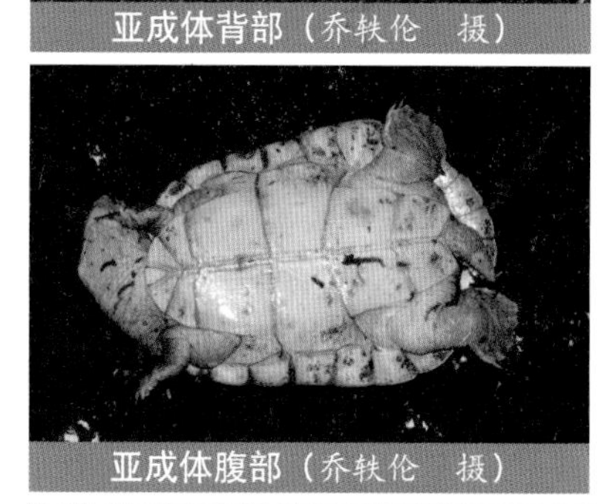
亚成体腹部（乔轶伦　摄）

幼体（Herptile Lovers　供图）

亚成体（站酷海洛）

幼体腹部（Herptile Lovers　供图）

盾龟属 *Peltocephalus* Duméril & Bibron, 1835

本属仅1种。主要特征：背甲隆起，具中纵棱，有颈盾。腹甲宽大，喉盾被间喉盾完全隔开。

盾龟属物种名录

序号	学名	中文名	亚种
1	*Peltocephalus dumerilianus*	大头盾龟	/

Peltocephalus dumerilianus（Schweigger, 1812）

成体（站酷海洛）

英文名：Big-headed Sideneck Turtle

中文名：大头盾龟

分　布：巴西，哥伦比亚，厄瓜多尔，法属圭亚那，秘鲁，委内瑞拉

形态描述：一种大型水栖淡水龟。背甲直线长度雄龟最大可达 50 厘米，雌龟最大可达

成体（高品图像 Gaopinimages）

47 厘米。成体背甲椭圆形，后缘平滑，相对拱起，具中纵棱，中纵棱随年龄增长变得不明显，大个体上中纵棱消失。成体椎盾通常宽大于长，第 5 椎盾向后裙状展开。通常具 1 枚颈盾，后侧缘盾外展，在尾部上方位置略提升。幼体各盾片常具不规则辐射纹，成体消失。背甲灰色至橄榄色，棕色或近黑色。腹甲大，但没有完全覆盖背甲开口。腹甲前叶前端圆钝，后叶向后逐渐变窄，肛盾缺刻浅，前叶宽于后叶。甲桥宽，至少与腹甲后叶同宽。间喉盾长于喉盾，将喉盾完全隔开。股盾缝＞腹盾缝＞间喉盾＞肛盾缝＞胸盾缝＞＜肱盾缝＞喉盾缝。腹甲和甲桥黄色至棕色。头部巨大，从上方看明显呈三角形，吻部突出，上喙中央明显钩状。无眶间沟，且或多或少有些突出。间顶鳞大且后部扩展，将顶鳞大部隔开。鼓膜与眼眶相当或大于眼眶。颏部通常仅具 1 条触须。头部通常灰色至橄榄色，鼓膜处颜色浅，成年个体头部可能变成白色。喙黄褐色，颈部灰色至橄榄色。指(趾)间具蹼，后肢后缘具 3 枚大鳞。四肢灰色至橄榄色。

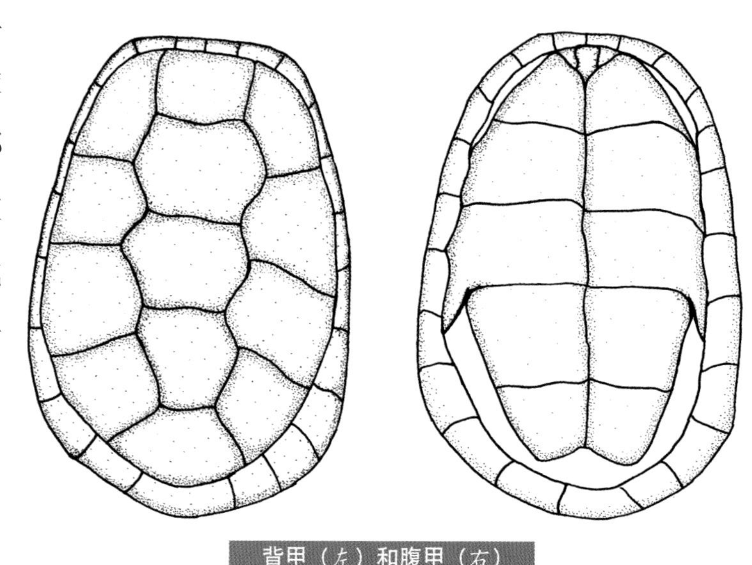

背甲（左）和腹甲（右）
（梁 亮 绘）

南美侧颈龟属 *Podocnemis* Wagler, 1830

本属6种。主要特征：背甲椭圆形，间喉盾将喉盾完全隔开。具眶间沟，上喙中央不呈钩状。

南美侧颈龟属物种名录

序号	学名	中文名	亚种
1	*Podocnemis erythrocephala*	红头侧颈龟	/
2	*Podocnemis expansa*	巨型侧颈龟	/
3	*Podocnemis lewyana*	马格达莱纳侧颈龟	/
4	*Podocnemis sextuberculata*	六疣侧颈龟	/
5	*Podocnemis unifilis*	黄头侧颈龟	/
6	*Podocnemis vogli*	草原侧颈龟	/

南美侧颈龟属的种检索表

1a 背甲扁平 …… 2
1b 背甲不扁平，略拱起 …… 4
2a 上喙具凹口，眼下鳞大；股盾缝＞胸盾缝 …… 草原侧颈龟 *Podocnemis vogli*
2b 上喙无凹口，直线型或流线型，若具眼下鳞，不扩大；股盾缝＜胸盾缝 …… 3
3a 第 2 椎盾长＞宽，上喙直线型，间顶鳞长，无眼下鳞 …… 巨型侧颈龟 *Podocnemis expansa*
3b 第 2 椎盾宽＞长，上喙流线型，间顶鳞短呈心形，具眼下鳞 …… 马格达莱纳侧颈龟 *Podocnemis lewyana*
4a 间顶鳞将顶鳞完全分开，头部无黄色或红色斑，胸盾具结节 …… 六疣侧颈龟 *Podocnemis sextuberculata*
4b 间顶鳞未将顶鳞完全分开，头部具黄色或红色斑，胸盾无结节 …… 5
5a 背甲中心处最宽；头斑黄色、渐变色至棕褐色，颏部常仅具 1 条触须 …… 黄头侧颈龟 *Podocnemis unifilis*
5b 背甲中心处之后最宽；若具头斑，常为红色、橙红色或渐变米黄色至棕色，颏部具 2 条触须 …… 红头侧颈龟 *Podocnemis erythrocephala*

Podocnemis erythrocephala（Spix, 1824）

英文名：Red-headed Amazon River Turtle

中文名：红头侧颈龟

分　布：巴西，哥伦比亚，委内瑞拉

成体（雄性）（Richard C. Vogt 摄，引自 Chelonian Research Monographs No.5 2015 年）

成体（雌性）（Richard C. Vogt 摄，引自 Chelonian Research Monographs No.5 2015 年）

形态描述：一种中型水栖淡水龟。背甲直线长度雄龟最大可达 24.4 厘米，雌龟最大可达 32.2 厘米。成体背甲椭圆形，微拱起，后缘平滑，最宽处在中心处之后，颈凹很浅。第 2 和第 3 椎盾上中纵棱最发达。幼体椎盾通常宽大于长，前 2 枚椎盾可能长宽相当或长略大于宽。第 4 和第 5 椎盾最小，第 5 椎盾向后裙状展开。背甲棕色至栗棕色；边缘处浅色。腹甲大，但没有完全覆盖背甲开口。腹甲前叶比后叶长，但稍窄于后叶，后叶具肛盾缺刻。甲桥宽，与腹甲后叶同宽或略窄于腹甲后叶。腹盾缝＞胸盾缝＞股盾缝＞间喉盾＞肛盾缝＞喉盾＞＜肱盾缝。间喉盾

成体头部（雄性）（Richard C. Vogt 摄，引自 Chelonian Research Monographs No.5 2015 年）

成体头部（雌性）（Russell A. Mittermeier 摄，引自 Chelonian Research Monographs No.5 2015 年）

幼体（Rafael Bernhard 摄，引自 Chelonian Research Monographs No.5 2015 年）

长而窄，将喉盾完全分隔。腹甲黄色外轮廓灰褐色，中缝处橙色、粉色或红色。甲桥棕色至灰色。头部细长，吻部突出，上喙中央具明显缺口，具眶间沟，以凹槽形式延伸至鼻孔。鼓膜与眼眶同宽。间顶鳞短而宽，有时呈心形；顶鳞在其后面相连。具眼下鳞。颏部具 2 条触须。头部底色为深棕色至深灰色。小于 12 厘米的幼体在吻部和鼓膜处具红色或橙红色（少见黄色）的斑点。成体保有颜色，但会褪成暗棕色。喙深色。颈部灰色至棕色。后肢后缘常具 3 枚（少见 2 枚）大鳞。四肢灰色至棕色。

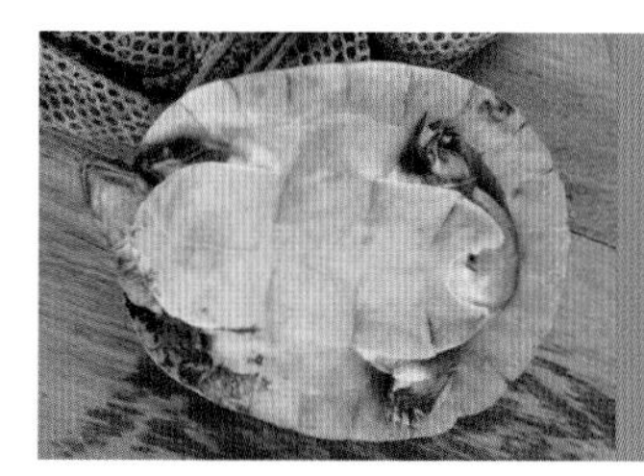
腹部（雄性）（Virginia C.D. Bernardes 摄，引自 Chelonian Research Monographs No.5 2015 年）

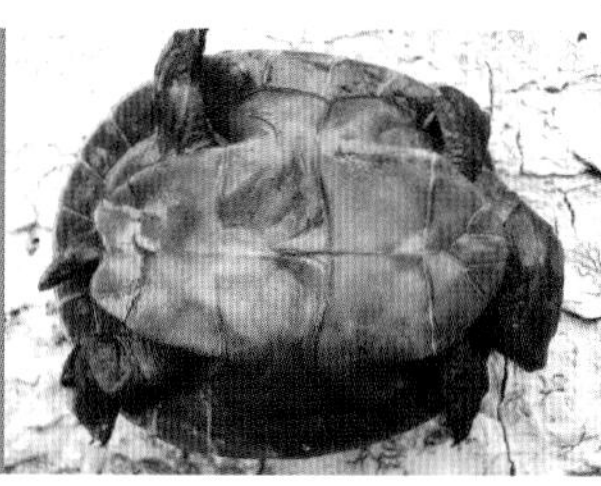
幼体腹部（Virginia C.D. Bernardes 摄，引自 Chelonian Research Monographs No.5 2015 年）

Podocnemis expansa（Schweigger, 1812）

英文名：Giant South American River Turtle, Giant Amazon River Turtle

中文名：巨型侧颈龟

分　布：玻利维亚，巴西，哥伦比亚，厄瓜多尔，圭亚那，秘鲁，委内瑞拉

形态描述：一种大型水栖淡水龟。背甲直线长度雄龟最大可达55厘米，雌龟最大可达

成体（高品图像 Gaopinimages）

成体头部（雌性）
（Herptile Lovers　供图）

成体腹部（雌性）
（Herptile Lovers　供图）

成体背部（雌性）
（Herptile Lovers　供图）

109厘米。成体背甲扁平，后缘平滑，最宽处在中心处之后。至多具很浅的颈凹。通常无中纵棱，若存在，仅出现于第2椎盾上（极少见在第3椎盾出现）。幼体中纵棱明显。幼体椎盾通常宽大于长，但在成体上第2枚椎盾长大于宽。第4椎盾最小，第5椎盾向后裙状展开。后侧缘盾在后肢处外展，背甲盾片表面通常不突起或具年轮纹。背甲橄榄色至深灰或棕色，可能会具一些深色斑点；幼体具浅色边缘。腹甲大，但没有完全覆盖背甲开口。腹甲前叶比后叶宽，前叶前端圆钝，后叶向后变窄，具肛盾缺刻。甲桥宽于腹甲后叶。腹盾缝＞胸盾缝＞股盾缝＞间喉盾＞肛盾缝＞喉盾＞肱盾缝。肱盾缝非常短。间喉盾窄长，将喉盾完全分隔，将肱盾几乎完全隔开。腹甲、甲桥和缘盾腹面黄色。头部宽，吻部突出，上喙中央几乎无凹口非流线型，有些描述为直线型。具眶间沟。颈部背面具小圆鳞或疣状物。头部灰棕色具黄色斑。幼体在顶骨盾片上具2个黄色斑点，头部每边各具1个斑点，这些斑点随年龄增长而褪去。喙黄褐色，颏部黄色。颈部背面灰色腹面黄色。后肢后缘常具2～3枚大鳞。四肢灰色。

成体（高品图像 Gaopinimages）

巨型侧颈龟幼体（左）与黄头侧颈龟幼体（右）
（高品图像 Gaopinimages）

头部（Alejandra Cadavid 摄，引自 Chelonian Research Monographs No.5 2009 年）

Podocnemis lewyana Duméril, 1852

成体（Alejandra Cadavid 摄，引自 Chelonian Research Monographs No.5 2009 年）

腹部（Alejandra Cadavid 摄，引自 Chelonian Research Monographs No.5 2009 年）

英文名：Magdalena River Turtle

中文名：马格达莱纳侧颈龟

分　布：哥伦比亚

形态描述：一种大型水栖淡水龟。背甲直线长度雄龟最大可达 42.4 厘米，雌龟最大可达 50 厘米。成体背甲扁平，通常无中纵棱，无颈凹，后缘平滑，但幼体具不明显中纵棱且后缘锯齿状。椎盾宽大于长，通常第 3 椎盾最宽，第 1 和第 5 椎盾小于其他 3 个椎盾，第 5 椎盾向后裙状展开。背甲灰色至橄榄棕或粉棕色，可能具一些深色斑点。腹甲较小，远小于背甲开口。腹甲前叶短于后叶，前叶前端圆钝，后叶与前叶同宽，后端具肛盾缺刻。甲桥宽。腹盾缝＞＜胸盾缝＞股盾缝＞间喉盾＞肛盾缝＞＜喉盾＞肱盾缝。间喉盾长，宽于喉盾。腹甲和甲桥橄榄灰色。头部窄，吻前突，上喙流线型，中央无凹口。具眶间沟。鼓膜与眼眶同宽，间顶鳞宽呈心形，部分顶鳞在其后相连。具眼下鳞，颏部具 2 条触须。头部灰色至橄榄色，从眼眶背侧到鼓膜有向后延伸的淡黄色条带，喙淡黄色至浅棕色。颈部灰色至橄榄色。后肢后缘具 3 枚大鳞。四肢灰色至橄榄色。

Podocnemis sextuberculata Cornalia, 1849

成体（Richard C. Vogt 摄，引自 Chelonian Research Monographs No.8，2021 年）

英文名：Six-tubercled Amazon River Turtle

中文名：六疣侧颈龟

分　布：玻利维亚，巴西，哥伦比亚，厄瓜多尔（?），秘鲁

形态描述：一种中型水栖淡水龟。背甲直线长度雄龟最大可达25厘米，雌龟最大可达34厘米。背甲椭圆形，拱起，最宽处位于中心处之后。幼体后缘锯齿状，但成体后微锯齿状或变平滑，可能具颈凹。第2和第3椎盾具不明显的中纵棱。椎盾宽大于长，第1和第5椎盾最小，第5椎盾向后裙状展开。背甲盾片表面通常平滑，少数具生长轮。背甲灰色至橄榄棕色。腹甲大，但没有完全覆盖背甲开口。腹甲前叶宽于后叶，前叶前端圆钝。肛盾明显变窄，远窄于股盾，肛盾缺刻浅。幼体腹甲存在6对疣状隆起，位于腹盾和胸盾的甲桥基部、股盾外后部。尽管成体上胸盾隆起可能会保留，但这些隆起会随年龄增长而消失。甲桥没有腹甲后叶宽。腹盾缝>胸盾缝>股盾缝>间喉盾>肛盾缝>喉盾>肱盾缝。间喉盾长，将喉盾隔开。腹甲和甲桥黄色至灰色或棕色。头部宽，吻部突出，上喙中央具凹口。间顶鳞长，将顶鳞完全隔开，眼下鳞大，眶中沟深，鼓膜与眼眶宽度相当。颏部具1～2条触须。头部橄榄色至红棕色，喙奶油色。颈部背面深灰色至橄榄色，腹面颜色较浅。后肢后缘具3枚大鳞。四肢灰色至橄榄色。

幼体腹部边缘的“六疣”（Herptile Lovers　供图）

成体（刘　晔　摄）

Podocnemis unifilis Troschel, 1848

英文名：Yellow-spotted River Turtle, Yellow-spotted Sideneck Turtle

中文名：黄头侧颈龟

分　布：玻利维亚，巴西，哥伦比亚，厄瓜多尔，法属圭亚那，圭亚那，秘鲁，苏里南，委内瑞拉

成体头部（雌性）
（Herptile Lovers　供图）

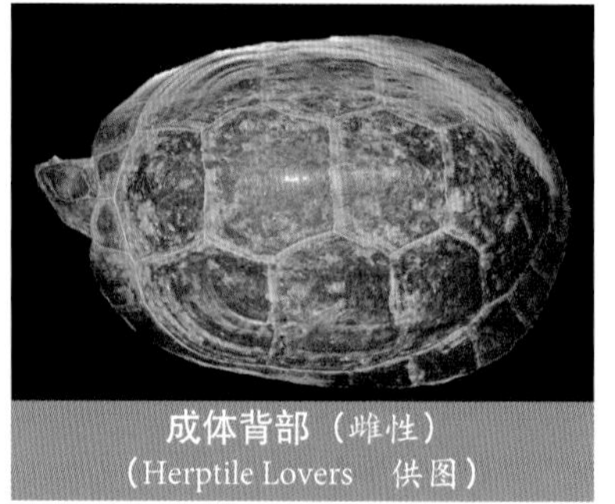
成体背部（雌性）
（Herptile Lovers　供图）

成体腹部（雌性）
（Herptile Lovers　供图）

形态描述：一种大型水栖淡水龟。背甲直线长度雄龟最大可达 33.2 厘米，雌龟最大可达 50 厘米。成体背甲椭圆形、微拱起，最宽处位于中心，后缘平滑，具颈凹，通常具中纵棱，幼体明显，但成体上会在第 2 和第 3 椎盾处退化。幼体的椎盾宽大于长，但成体上第 2 和第 3 椎盾长宽相当或长大于宽。第 5 椎盾最小，向后裙状展开。后肢和尾部上方后侧缘盾外展。腹甲没有完全覆盖背甲开口。腹甲前叶略宽于后叶，前叶前端圆钝。后叶向后逐渐变窄，具肛盾缺刻。甲桥宽，但没有腹甲后叶宽。胸盾缝＞腹盾缝＞股盾缝＞间喉盾＞肛盾缝＞喉盾＞肱盾缝。间喉盾窄长，将喉盾完全隔开，肱盾部分隔开。腹甲和甲桥黄色，随着年龄增长，可能会出现深色斑块。头部细长，吻部突出，上喙中央具明显凹口。具眶中沟，眶间宽度小于眼眶高度。鼓膜宽于眼眶。间顶鳞伸长，但未将顶鳞完全隔开，眼下鳞小。颏部具 1 ～ 2 条触须。头部灰色至橄榄色或棕色，具 9 个黄色斑点，分别为：吻顶部 1 个，间顶鳞上 2 个，吻到上喙边缘每侧各 1 个，头后部较低处到眼眶和嘴角边缘每侧各 1 个，鼓膜处每侧各 1 个。喙深棕色或黑色。颏部具 1 条横带，嘴角下方每侧各具 1 个黄色斑点。后肢后缘通常具 3 枚大鳞。四肢灰色至橄榄色。

幼体（高品图像 Gaopinimages）

幼体背部（Herptile Lovers　供图）

幼体腹部（Herptile Lovers　供图）

亚成体（刘　晔　摄）

幼体（乔轶伦　摄）

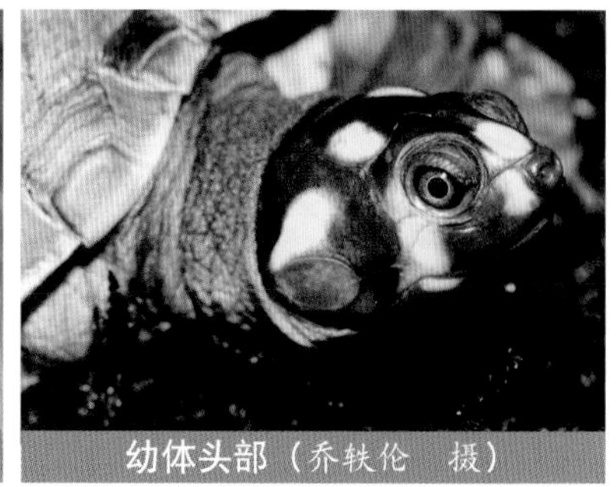
幼体头部（乔轶伦　摄）

Podocnemis vogli Müller, 1935

英文名：Savanna Sideneck Turtle, Llanos Sideneck Turtle

中文名：草原侧颈龟

分　布：哥伦比亚，委内瑞拉

形态描述：一种中型水栖淡水龟。背甲直线长度雄龟最大可达27.7厘米，雌龟最大可达36厘米。成体背甲椭圆形、扁平，后侧不向外扩展，后缘平滑，具颈凹。通常幼体具不明显中纵棱，成体消失。椎盾宽大于长，第5椎盾向后裙状展开。背甲橄榄色至棕色，幼体棕色，甲缝处深色，有窄黄色边缘。腹甲大，但没有完全覆盖背甲开口。腹甲前叶宽于后叶，前叶前端圆。后叶向后逐渐变窄，具肛盾缺刻。甲桥宽于腹甲后叶。腹盾缝＞股盾缝＞胸盾缝＞间喉盾＞＜肛盾缝＞喉盾＞肱盾缝。间喉盾长，将喉盾完全隔开。腹甲和甲桥淡黄色，有褪色的深色斑块。头部宽，吻前突，上喙中央具凹口。具眶中沟。鼓膜宽度与眼眶相当。间顶鳞长，但未将顶鳞完全隔开。眼下鳞大。颏部具2条触须。头部灰色至棕色，幼体在眶间沟和鼓膜处具明显大黄斑，喙黄色，颈部灰色至橄榄色。后肢后缘具3枚大鳞。四肢灰色至橄榄色。

成体（高品图像 Gaopinimages）

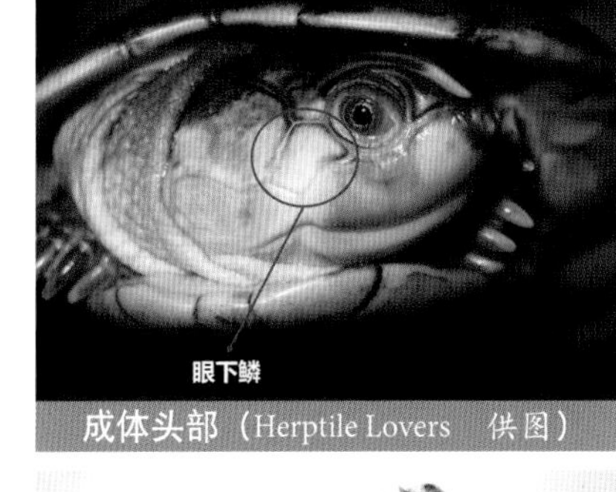

成体头部（Herptile Lovers　供图）

成体背部（雌性）（Herptile Lovers　供图）

成体腹部（雌性）（Herptile Lovers　供图）

亚成体（乔轶伦　摄）

幼体（Herptile Lovers　供图）

二、潜颈龟亚目 Cryptodira

本亚目包括海龟总科（海龟科 + 棱皮龟科）、鳄龟总科（鳄龟科 + 泥龟科 + 动胸龟科）、陆龟总科（平胸龟科 + 龟科 + 淡水龟科 + 陆龟科）和鳖总科（两爪鳖科 + 鳖科），现生 11 科 75 属 252 种。主要特征：头颈部可垂直缩入甲壳内，但平胸龟、海龟总科物种等例外。

（四）海龟科 Cheloniidae Oppel, 1811

本科现生 5 属 6 种，除丽龟属 *Lepidochelys* 有 2 个物种外，其他 4 属各有 1 个物种，分布于太平洋、大西洋和印度洋。栖息于热带和温带的温暖海洋环境，除雌性筑巢产卵外，终生生活在水中。食性视物种而定，包括杂食性、草食性和肉食性。主要特征：头部竖直收回，背甲表面具角质盾片，前肢桨状。

海龟科的属和种检索表

1a 肋盾 4 对，颈盾与第 1 肋盾不相连 ………… 2
1b 肋盾 5 对或更多，颈盾与第 1 肋盾相连 ………… 3
2a 前额鳞 1 对，下喙呈明显锯齿状 ………… 4
2b 前额鳞 2 对，下喙呈微锯齿状 ………… 玳瑁属（*Eretmochelys*）；玳瑁 *Eretmochelys imbricata*
3a 甲桥处有 3 枚下缘盾 ………… 蠵龟属（*Caretta*）；蠵龟（红海龟）*Caretta caretta*
3b 甲桥处有 4 枚下缘盾 ………… 5 丽龟属（*Lepidochelys*）
4a 具 4 枚眶后鳞，上眼睑有大鳞片 ………… 海龟属（*Chelonia*）；绿海龟 *Chelonia mydas*
4b 具 3 枚眶后鳞，上眼睑有不规则小鳞片 ………… 平背龟属（*Natator*）；平背海龟 *Natator depressus*
5a 通常有 5 对肋盾，灰色 ………… 肯氏丽龟 *Lepidochelys kempii*
5b 通常多于 5 对肋盾，橄榄色 ………… 太平洋丽龟 *Lepidochelys olivacea*

蠵龟属 *Caretta* Rafinesque, 1814

本属 1 种。主要特征：前额鳞 2 对，肋盾至少 5 对，颈盾与第 1 肋盾相连，甲桥处具 3 枚下缘盾。

蠵龟属物种名录

序号	学名	中文名	亚种
1	*Caretta caretta*	蠵龟（红海龟）	/

Caretta caretta（Linnaeus, 1758）

英文名：Loggerhead, Loggerhead Sea Turtle

中文名：蠵龟（红海龟）

分　布：太平洋，大西洋和印度洋

成体（站酷海洛）

腹部（乔轶伦 摄）

形态描述：一种大型海龟。背甲直线长度雄龟最大可达125厘米，雌龟最大可达114.9厘米，但一般为85～100厘米。背甲肋盾至少5对，第1肋盾与颈盾相连，椎盾宽大于长，后缘略呈锯齿状。背甲棕红色，盾片边缘常为黄色。甲桥具3枚无孔下缘盾，腹甲和甲桥黄色至奶油色。头大，后侧宽，前侧圆；吻部短宽，具2对前额鳞和3枚眶后鳞。头部在微红色或黄栗色至橄榄棕色间变化，鳞片边缘常为黄色，喙黄棕色。前肢具2爪。四肢和尾部中间深色，侧面和腹面黄色。

成体（站酷海洛）

幼体（高品图像 Gaopinimages）

玳瑁属 *Eretmochelys* Fitzinger, 1843

本属1种。主要特征：肋盾4对，颈盾与第1肋盾不相连，前额鳞2对，下喙呈微锯齿状。

玳瑁属物种名录

序号	学名	中文名	亚种
1	*Eretmochelys imbricata*	玳瑁	/

Eretmochelys imbricata（Linnaeus, 1766）

英文名：Hawksbill Turtle, Hawksbill Sea Turtle

中文名：玳瑁

分　布：太平洋，大西洋和印度洋

形态描述：一种中大型海龟。背甲直线长度雄龟最大可达85厘米，雌龟最大可达94厘米。背甲盾牌状，肋盾4对，后4枚椎盾具中纵棱，后缘锯齿状，第1肋盾不与颈盾相接。椎盾宽大于长，幼体背甲盾片明显重叠，随着成长，盾片重叠变弱，直到最终盾片并排排列。背甲深绿棕色，幼体展现玳瑁图案。甲桥上具4枚无孔下缘盾，腹甲和甲桥黄色。前额鳞2对，眶后鳞3枚。吻部窄长，像鹰嘴。头鳞中间黑色至栗褐色，边缘浅色。喙黄色具棕色条纹颏部和喉部黄色，颈部背面深色。前肢具2爪。

成体（图虫创意）

腹部（站酷海洛）

成体（背视）（图虫创意）

丽龟属 *Lepidochelys* Fitzinger, 1743

本属 2 种。主要特征：肋盾 5 对以上，颈盾与第 1 肋盾相连，甲桥处具 4 枚下缘盾。

丽龟属物种名录

序号	学名	中文名	亚种
1	*Lepidochelys kempii*	肯氏丽龟	/
2	*Lepidochelys olivacea*	丽龟	/

Lepidochelys kempii（Garman, 1880）

英文名：Kemp's Ridley, Kemp's Ridley Sea Turtle, Atlantic Ridley

中文名：肯氏丽龟

分　布：加勒比海，大西洋

形态描述：一种中型海龟。背甲直线长度雄龟最大可达 71 厘米，雌龟最大可达 76 厘米。背甲心形，具纵棱，仅具 5 对肋盾。成体背甲宽大于长，后缘锯齿状。第 1 和第 5 椎盾宽大于长，第 2 ~ 4 椎盾长大于宽。第 1 肋盾与颈盾相连，每侧具 12 ~ 14 枚缘盾。背甲淡黄色至灰色。腹甲和甲桥全白色。头部宽，向前微突出，吻部短宽。头部和四肢灰色。

成体（高品图像 Gaopinimages）

成体（高品图像 Gaopinimages）

成体（站酷海洛）

Lepidochelys olivacea（Eschscholtz, 1829）

英文名：Olive Ridley, Olive Ridley Sea Turtle, Pacific Ridley

中文名：太平洋丽龟

分　布：太平洋，印度洋，大西洋

形态描述：一种中型海龟。背甲直线长度雄龟最大可达 72 厘米，雌龟最大可达 79.3 厘米。背甲扁平，心形，具 6 ~ 8 对肋盾（偶尔 5 ~ 9 对），后缘锯齿状。第 1 椎盾宽略大于长，第 2 ~ 4 椎盾长大于宽，第 5 椎盾宽明显大于长。第 1 肋盾与颈盾相连，每侧具 12 ~ 14 枚缘盾。背甲橄榄色。腹甲具 2 条纵棱，甲桥和腹甲青白色或青黄色。头部宽，特别是在短宽吻部的上部具凹面。皮肤背面橄榄色，腹面浅色。

成体（Nicolas J. Pilcher 摄，引自 Chelonian Research Monographs No.8，2021 年）

成体（高品图像 Gaopinimages）

筑巢产卵的丽龟（高品图像 Gaopinimages）

印尼海龟保育场的丽龟（张　岳　摄）

海龟属 *Chelonia* Brongniart, 1800

本属 1 种。主要特征：前额鳞 1 对，下喙呈明显锯齿状，具 4 枚眶后鳞，上眼睑处具大鳞片。肋盾 4 对，颈盾与第 1 肋盾不相连。

海龟属物种名录

序号	学名	中文名	亚种
1	*Chelonia mydas*	绿海龟	/

印尼海龟保育场的绿海龟（张　岳　摄）

幼体（刘　晔　摄）

成体（站酷海洛）

Chelonia mydas（Linnaeus, 1758）

英文名：Green Turtle, Green Sea Turtle

中文名：绿海龟

分　布：太平洋，大西洋和印度洋。主要分布在热带。

形态描述：一种大型海龟。背甲直线长度雄龟最大可达 108 厘米，雌龟最大可达 141 厘米。背甲宽平，心形，无中纵棱，后缘平滑。椎盾宽大于长。肋盾 4 对，第 1 肋盾与颈盾不相连。背甲橄榄色至棕色，可能有杂色斑、辐射纹或波状花纹。甲桥具 4 枚无孔下缘盾。腹甲白色或黄色。头部具 1 对前额鳞和 4 枚眶后鳞，下喙边缘锯齿状。头鳞边缘黄色。皮肤棕色，有时灰色至黑色。

腹部（玷酷海洛）

平背龟属 *Natator* McCulloch, 1908

本属仅 1 种。主要特征：前额鳞 1 对，具 3 枚眶后鳞，上眼睑处具小而不规则鳞片，下喙明显锯齿状；肋盾 4 对，颈盾与第 1 肋盾不相连。

平背龟属物种名录

序号	学名	中文名	亚种
1	*Natator depressus*	平背海龟	/

成体（站酷海洛）

Natator depressus（Garman, 1880）

英文名：Flatback, Flatback Sea Turtle

中文名：平背海龟

分　布：印度洋，太平洋

成体（Carmen Pilcher 摄，引自 Chelonian Research Monographs No.8，2021 年）

筑巢产卵的平背海龟（高品图像 Gaopinimages）

形态描述：一种中型海龟。背甲直线长度雄龟最大可达 88.4 厘米，雌龟最大可达 93 厘米。成体背甲扁平，椭圆形，后侧略锯齿状，椎盾宽大于长。仅具 4 对肋盾，颈盾与第 1 肋盾不相连。

幼体（高品图像 Gaopinimages）

后侧缘盾可能略上翘。成体背甲灰色至淡绿色，幼体深橄榄色。腹甲宽，腹甲前后端相对窄。腹甲和甲桥纯奶油色。头大小中等，吻部尖。下喙侧缘锯齿状。仅具 1 对伸长的前额鳞，3 枚眶后鳞。上眼睑具许多形状不规则的小鳞片，最大的小于前额鳞宽度的 25%。头部和颈部背面橄榄灰色，腹面奶油色。前肢短，远端一半沿着指骨覆盖单排扩大鳞片。四肢灰色。

（五）棱皮龟科 Dermochelyidae Fitzinger 1843

本科现生仅 1 属 1 种，分布于太平洋、大西洋和印度洋。栖息于开阔的海洋环境。以各种海洋无脊椎动物为食，特别是水母。主要特征：头部竖直收回，吻部非猪鼻状；背甲表面为粗糙皮肤，无角质盾片，具 7 道纵棱；前肢桨状，四肢无爪。

棱皮龟属 *Dermochelys* Blainville, 1816

棱皮龟属物种名录

序号	学名	中文名	亚种
1	*Dermochelys coriacea*	棱皮龟	/

Dermochelys coriacea (Vandelli, 1761)

英文名：Leatherback, Leatherback Sea Turtle

中文名：棱皮龟

分　布：大西洋，太平洋和印度洋

形态描述：一种大型海龟。背甲直线长度雄龟最大可达 226 厘米，雌龟最大可达 187.5 厘米。成体背甲偏长，七弦琴形，表面平滑，向后在尾部上方形成臀盾尖。无角质盾片，覆有一层革质

上岸产卵的棱皮海龟（站酷海洛）

皮肤，背甲具7条纵棱。背甲黑色。吻部平钝不突出，上喙灰色具齿状突。颈部短不能完全缩回。头部和颈部黑色或深棕色，具白色至淡粉色的疹斑。四肢桨状，无爪。四肢黑色具白斑。

幼体（高品图像 Gaopinimages）

成体（图虫创意）

（六）鳄龟科 Chelydridae Gray, 1831

本科现生2属5种，分布于美洲，曾因商业用途被引入亚洲。栖息于包括大型河流、溪流、湖泊、沼泽和小型季节性湿地等淡水环境。杂食性，包括水生植物、水果、坚果，以及活的或死的水生动物。主要特征：头部竖直收回，吻部非管状、不伸长，上喙中央钩状，下喙边缘非锯齿状；龟壳骨化、完整，腹甲小、“十”字形，腹甲具12枚盾片，具下缘盾，背甲缝存在；前肢非桨状；尾长。

鳄龟科的属检索表

1a 无上缘盾，尾部腹面具2行大鳞片，尾背面具1行刺状硬棘 ………… 鳄龟属 *Chelydra*

1b 在第5～8枚缘盾上方具上缘盾，尾部腹面具一些细小鳞片，尾背面具3行刺状硬棘 ………… 大鳄龟属 *Macroclemys*

1. 喉盾
2. 肱盾
3. 胸盾
4. 腹盾
5. 股盾
6. 肛盾
7. 腋盾
8. 胯盾
9. 下缘盾

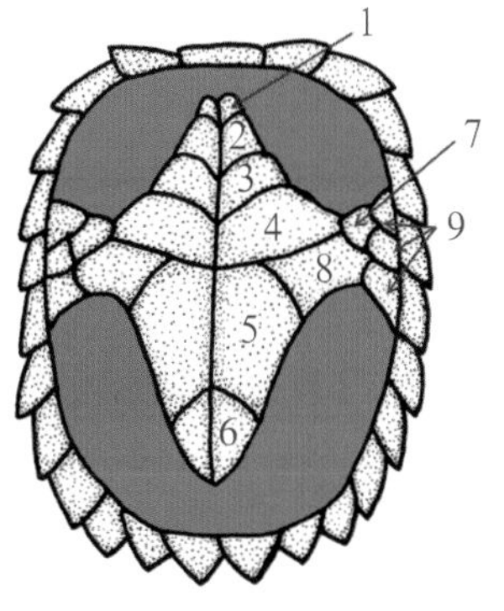

大鳄龟属 *Macroclemys*

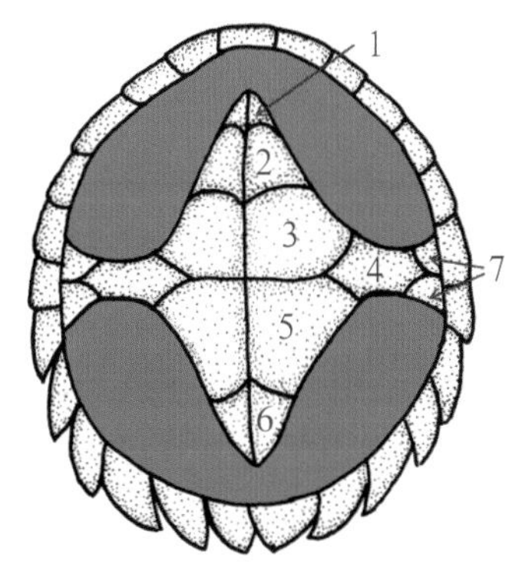

鳄龟属 *Chelydra*

1. 喉盾
2. 肱盾
3. 胸盾
4. 腹盾
5. 股盾
6. 肛盾
7. 下缘盾

鳄龟科各属腹甲组成结构示意图（梁　亮　绘）

鳄龟属 *Chelydra* Schweigger, 1812

本属3种。主要特征：无上缘盾；尾部长，侧面具2行大鳞片，背面具1行刺状硬棘。

成体（站酷海洛）

鳄龟属物种名录

序号	学名	中文名	亚种
1	*Chelydra acutirostris*	南美拟鳄龟	/
2	*Chelydra rossignonii*	墨西哥拟鳄龟	/
3	*Chelydra serpentina*	北美拟鳄龟	/

鳄龟属的种检索表

1a 腹甲前叶长度小于背甲长度的 40% ………………………………………… 北美拟鳄龟 *Chelydra serpentina*

1b 腹甲前叶长度大于背甲长度的 40% ……………………………………………………………………………… 2

2a 第 3 椎盾前缘宽度小于背甲最大宽度的 25%，颈部侧表面具圆钝短疣粒 …… 南美拟鳄龟 *Chelydra acutirostris*

2b 第 3 椎盾前缘宽度大于背甲最大宽度的 25%，颈部侧表面具尖细长疣粒 …… 墨西哥拟鳄龟 *Chelydra rossignonii*

Chelydra acutirostris Peters, 1862

成体（Vivian P. Páez 摄，引自 Chelonian Research Monographs No.8，2021 年）

英 文 名：South American Snapping Turtle

中文名：南美拟鳄龟

分　布：哥伦比亚，哥斯达黎加，厄瓜多尔，洪都拉斯，尼加拉瓜，秘鲁（？），巴拿马

形态描述：一种中大型水栖淡水龟。背甲直线长度雄龟最大可达 41 厘米，雌龟最大可达 39.1 厘米。先前被当作 *Chelydra serpentina* 的一个亚种，现在作为一个单独物种。成体背甲近圆形，后缘明显锯齿状，具 3 条低纵棱，第 3 椎盾前缘宽度小于背甲最大宽度的 25%。背甲棕色至橄榄色，深棕色，橄榄灰或黑色。幼体背甲具浅色辐射纹或小斑点，老年个体常颜色一致。甲桥长度是背甲长度 6% ～ 8%；喉盾分成两部分，具 3 ～ 4 枚下缘盾。通常腹盾宽为长的 2 倍，腹甲前叶长度通常大于背甲长度的 40%。腹甲黄色，褐色或灰色；幼体具浅暗杂色腹甲图案。头大，吻部窄尖，颏部通常具 4 ～ 6 条触须。颈刺小，为圆形乳状疣粒。皮肤灰色至橄榄黑色，或深棕色。

与 *Chelydra serpentina* 区别：腹甲较大，大于背甲区域的 40%，第 3 椎盾前边宽度小于背甲最大宽度的 25%。颈部覆有小而圆的疣粒。头部每侧各具 1 条宽的、上下边是深色线条的浅灰色条带。

成体腹部（Katherine Young-Valencia 摄，引自 Chelonian Research Monographs No.8，2021 年）

Chelydra rossignonii (Bocourt, 1868)

成体（Richard C. Vogt 摄，引自 Chelonian Research Monographs No.8，2021 年）

英文名：Central American Snapping Turtle

中文名：中美拟鳄龟

分　布：伯利兹，危地马拉，洪都拉斯，墨西哥

形态描述：一种中大型水栖淡水龟。背甲直线长度雄龟最大可达47厘米，雌龟最大可达33厘米。先前被当作*Chelydra serpentina*的一个亚种，现在作为一个单独物种。成体背甲近圆形，后缘明显锯齿状，具3条随年龄而变得不明显的纵棱。第3椎盾前边宽度大于背甲最大宽度的25%。背甲棕色至橄榄色，或橄榄黑色；特别是幼体，每枚盾片上可能具浅色辐射纹或小斑点，或者背甲颜色一致。甲桥长度是背甲长度的6%～8%；大部分喉盾分成两部分，可能具3～4枚下缘盾。通常腹盾宽小于长的2倍，腹甲前叶长度常大于背甲长度的40%。腹甲奶油色至黄色，褐色或灰色。头大，吻部窄尖，颏部通常有4～6条触须。颈刺长而尖。皮肤灰色至黑色。

与其他同属种的区别：腹甲较大，大于背甲区域的40%，第3椎盾前边宽度大于背甲最大宽度的25%。颈部覆有圆锥形尖状疣粒。

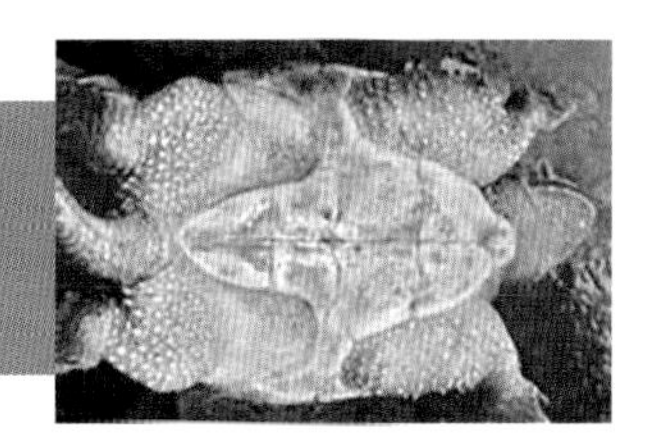
成体腹部（Eduardo Reyes-Grajales 摄，引自 Chelonian Research Monographs No.8，2021 年）

成体（乔轶伦　摄）

Chelydra serpentina（Linnaeus, 1758）

英文名：Common Snapping Turtle, North American Snapping Turtle

中文名：北美拟鳄龟

分　布：加拿大，美国，中国（引进），日本（引进）

形态描述：一种大型水栖淡水龟。背甲直线长度雄龟最大可达 50.3 厘米，雌龟最大可达 39 厘米。整体感觉是一只远古的、具有攻击性的鳄鱼。背甲具 3 条纵棱，年老个体会变得平滑，每枚盾片上会形成尖状突起。背甲颜色常为棕色至橄榄或趋向黑色。背甲盾片上可能具红色辐射纹，幼体中最明显。3 条纵棱随年龄逐渐降低，第 3 椎盾前侧宽度小于背甲最大宽度的 33%。成体腹甲非常小，四肢、颈部和尾部可以自由移动。刚孵化的或幼体深灰色具斑点。甲桥非常小，长度是背甲长度的 6% ~ 10%(通常小于 8%)；喉盾常不分开。腹盾宽通常是长的 2 倍，腹甲前叶的长度常小于背甲长度的

成体（高品图像 Gaopinimages）

40%。下缘盾通常不存在；如有，仅具 1 ~ 2 枚。腹甲淡黄色至褐色。头大而宽，吻部短，微前突，喙发达有力，浅色常具深色条状图案，上喙中央钩状，眼相对小，位于头上部高处。颏部通常仅具 2 条触须。颈部背面的疣粒要么是短而圆钝，要么是长而尖锐。皮肤灰色至黑色，或背面褐色，腹面淡黄色，一些个体具发白斑点。尾巴像鳄鱼一样，长且在尾部背面具 3 排大而尖的鳞片。四肢强壮，蹼较发达，爪锋利。

头部（乔轶伦　摄）

注：基于Feuer在1971年报道了*Chelydra serpentina serpentina*和*Chelydra serpentina osceola*的中间形式，表明了不完全的遗传分离和亚种的地位，一些研究人员（Medem，1977年；Gibbons等，1988年）认为，*Chelydra serpentina*包括*Chelydra serpentina serpentina*和*Chelydra serpentina osceola*两个亚种。但Steyermark等人，在2008年否认了将*Chelydra serpentina osceola*作为一个可明显区分的亚种。

腹部（站酷海洛）

幼体（乔轶伦　摄）

幼体腹部（乔轶伦　摄）

成体（乔轶伦　摄）

大鳄龟属 *Macroclemys* Gray, 1856

本属 2 种。主要特征：第 5 ~ 8 缘盾上方具上缘盾；尾部与背甲同长，背面具 3 行刺状硬棘，腹面具一些细小鳞片。

大鳄龟属物种名录

序号	学名	中文名	亚种
1	*Macrochelys suwanniensis*	萨旺尼大鳄龟	/
2	*Macrochelys temminckii*	大鳄龟	/

大鳄龟属的种检索表

1a 尾凹宽，呈新月形 …… 萨旺尼大鳄龟 *Macrochelys suwanniensis*
1b 尾凹窄，呈 U 形 …… 大鳄龟 *Macrochelys temminckii*

Macrochelys suwanniensis Thomas, Granatosky, Bourque, Krysko, Moler, Gamble, Suarez, Leone, Enge & Roman, 2014

英文名：Suwannee Alligator Snapping Turtle

中文名：萨旺尼大鳄龟

分　布：美国（佛罗里达州、佐治亚州）

成体（Kevin Enge 摄，引自 Chelonian Research Monographs No.8，2021 年）

形态描述：一种大型水栖淡水龟。背甲直线长度雄龟最大可达 80 厘米，雌龟最大可达 49.2 厘米。该物种于 2014 年从分布广泛的 *Macrochelys temminckii* 中分离出来，形态上大多数方面与后者相似。背甲粗糙，3 条锋利的纵棱贯穿整个背甲，在缘盾和肋盾之间具 1 排上缘盾。背甲棕色。头部异常大，背视呈三角形，喙中央明显钩状。尾巴几乎和身体一样长。形态上与 *Macrochelys temminckii* 主要区别在于 *Macrochelys suwanniensis* 尾凹（尾部上方背甲后缘的缺口）很宽，呈新月形。*Macrochelys Temminckii* 尾凹相对窄，呈 U 形。

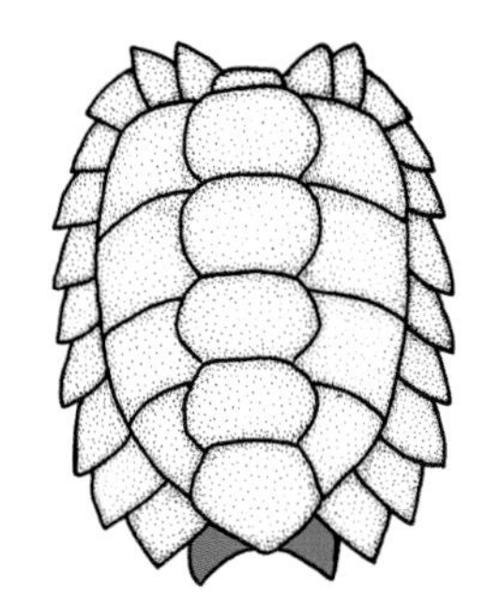
Macrochelys suwanniensis
尾凹很宽，呈新月形

Macrochelys temminckii
尾凹相对窄，呈 U 形

M. suwanniensis 与 *M. temminckii* 尾凹形状比较（梁　亮　绘）

Macrochelys temminckii（Troost, 1835）

英文名：Alligator Snapping Turtle, Western Alligator Snapping Turtle

中文名：大鳄龟

分　布：美国（亚拉巴马州、阿肯色州、佛罗里达州、佐治亚州、伊利诺伊州、印第安纳州、堪萨斯州、肯塔基州、路易斯安那州、密西西比州、密苏里州、俄克拉荷马州、田纳西州、得克萨斯州）

成体（James C. Godwin 摄，引自 Chelonian Research Monographs No.8，2021 年）

形态描述：一种大型水栖淡水龟。背甲直线长度雄龟最大可达 77.5 厘米，雌龟最大可达 53.3 厘米。成体背甲大而粗糙，后缘明显锯齿状，并具 3 条相当高的纵棱，纵棱上具隆起的结节，有时向后弯曲。椎盾宽大于长，具 1 枚短而宽的颈盾。上缘盾 3 ～ 8 枚（通常为 3 枚），位于缘盾和前 3 枚肋盾之间。具 24 枚缘盾。背甲深棕色或深灰色。甲桥小，无韧带连接，腹甲退化成“十”字形，腹盾退化，常不达腹甲中缝，被一系列下缘盾将其与缘盾分开。股盾缝＞＜胸盾缝＞肛盾缝＞肱盾缝＞喉盾缝＞腹盾缝。腹甲灰色至杂色。头大吻尖，上喙中央明显钩状。头部两侧，颏部和颈部具许多疣粒。舌上具 1 条粉红色虫状突，可自由转动。皮肤背面棕色至灰色，腹面浅色；头部可能具深色斑点。尾部约与背甲同长，背面具 3 排低平的硬棘，腹面具许多小鳞。

亚成体腹部（乔轶伦　摄）

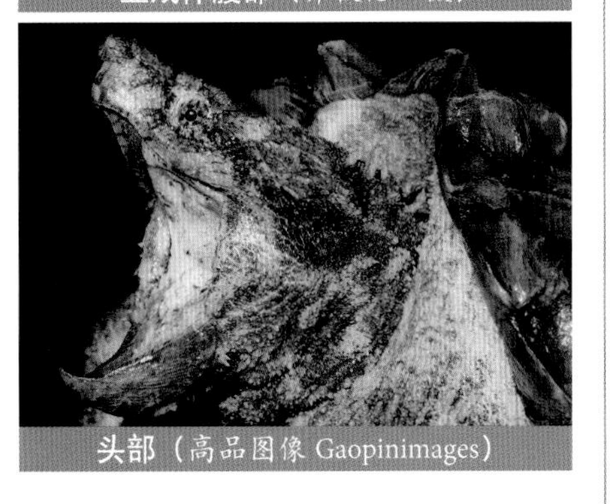

头部（高品图像 Gaopinimages）

亚成体（乔轶伦　摄）

（七）泥龟科 Dermatemydidae Gray, 1870

本科现生仅 1 属 1 种，分布于墨西哥、伯利兹和危地马拉。栖息于包括大型河流、湖泊、U 形河床、甚至一些红树林沼泽等淡水环境。草食性，包括树叶、草和水果。主要特征：头部竖直收回，上喙中央非钩状，喙部边缘锯齿状，吻部非管状、不伸长；龟壳骨化、完整，腹甲 11 ~ 12 枚，下缘盾存在，背甲甲缝随年龄消失，形成一个表面光滑的整体；前肢非桨状，尾部长度适中。

泥龟属 *Dermatemys* Gray, 1847

泥龟属物种名录

序号	学名	中文名	亚种
1	*Dermatemys mawii*	泥龟	/

Dermatemys mawii Gray, 1847

英文名：Central American River Turtle

中文名：泥龟

分　布：伯利兹，危地马拉，墨西哥

成体（Melvin Mérida 摄，引自 Chelonian Research Monographs No.8，2021 年）

形态描述：一种大型水栖淡水龟。背甲直线长度雄龟最大可达47.9厘米，雌龟最大可达60厘米。成体背甲扁平，椭圆形，成体背甲微拱起，后缘非锯齿状，无明显的中纵棱。椎盾长大于宽，幼体则正好相反。缘盾12对。背甲橄榄棕色。腹甲发达，坚硬无韧带，肛盾缺刻宽。喉盾可能单枚或分开，因此，腹甲具11～12枚盾片，腹盾缝＞胸盾缝＞股盾缝＞肱盾缝＞肛盾缝＞喉盾缝。甲桥宽，具3～6枚下缘盾（通常4～5枚）。腹甲和甲桥奶油色。头部相对小，吻部略管状，微上翻。雄龟头背部淡黄色至红棕色，雌龟橄榄灰

成体背部（乔轶伦　摄）

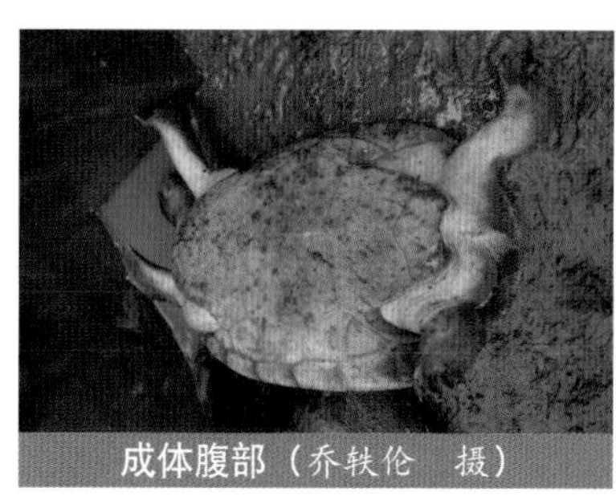

成体腹部（乔轶伦　摄）

成体头部（雄性）（Gracia Gonzalez-Porter 摄，引自 Chelonian Research Monographs No.5，2011 年）

成体头部（雌性）（乔轶伦 摄）

幼体背部（Herptile Lovers 供图）

幼体腹部（Herptile Lovers 供图）

色。头部侧面橄榄灰色，可能具蠕虫纹。下喙白色。四肢外缘一小部分具明显大鳞，指（趾）间具蹼。四肢深灰色无斑纹。

成体（高品图像 Gaopinimages）

（八）动胸龟科 Kinosternidae Agassiz，1857

本科现生4属31种，分布于美洲。栖息于河流、溪流、湖泊、沼泽、泉水、池塘和蓄水池等淡水环境。杂食性和肉食性，包括水生动物和腐肉等。主要特征：头部竖直收回，口吻非管状、不伸长；龟壳完整、骨化，腹甲少于12枚，前侧韧带位于上板与舌板之间；前肢非桨状。

动胸龟科各属腹甲

1. 喉盾
2. 肱盾
3. 胸盾
4. 腹盾
5. 股盾
6. 肛盾
7. 腋盾
8. 胯盾
9. 韧带

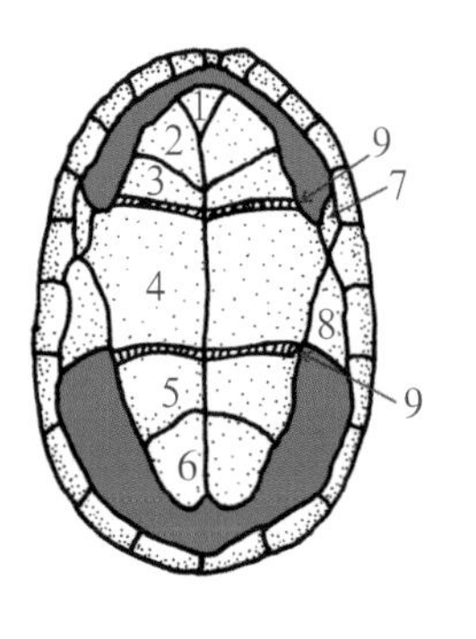
动胸龟属 *Kinosternon*

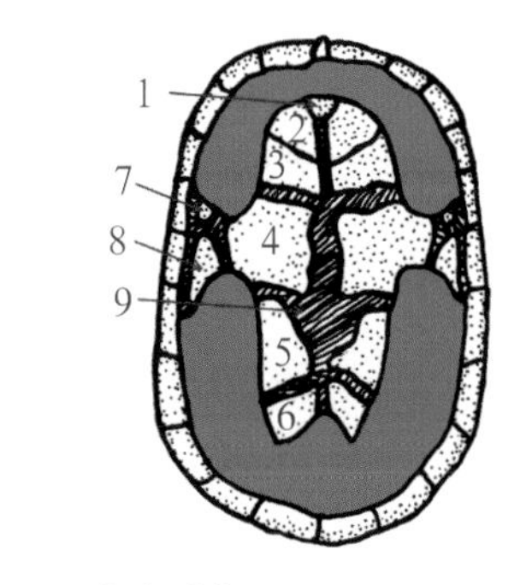
小麝香龟属 *Sternotherus*

1. 喉盾
2. 肱盾
3. 胸盾
4. 腹盾
5. 股盾
6. 肛盾
7. 腋盾
8. 胯盾
9. 韧带

1. 胸盾
2. 腹盾
3. 股盾
4. 肛盾

匣子龟属 *Claudius*

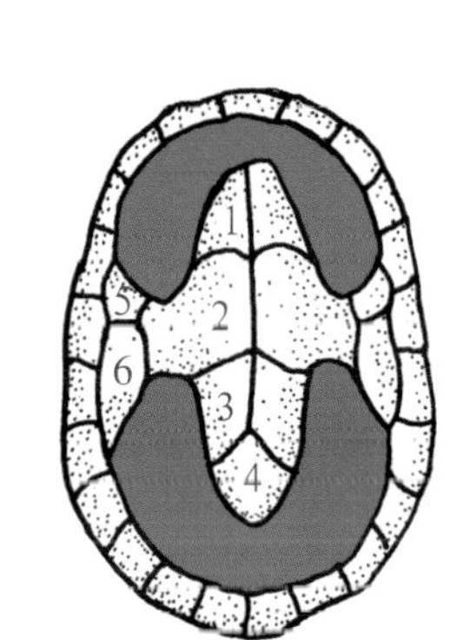
麝香龟属 *Staurotypus*

1. 胸盾
2. 腹盾
3. 股盾
4. 肛盾
5. 腋盾
6. 胯盾

动胸龟科的属检索表

1a 无内板，腹甲大，具 10 ～ 11 枚盾片 …… 2 动胸龟亚科 *Kinoserinae*
1b 具内板，腹甲小，“十”字形，具 7 ～ 8 枚盾片 …… 3 麝香龟亚科 *Staurotypinae*
2a 沿腹甲连接缝外皮裸露；胸盾通常为正方形；如有，喉盾为腹甲中线上最短的盾片 …… 小麝香龟属 *Sternotherus*
2b 沿腹甲连接缝无外皮裸露；胸盾通常为三角形（中缝处窄于边缘处）；无喉盾或为腹甲中线上最短的盾片 …… 动胸龟属 *Kinosternon*
3a 甲桥具大腋盾和胯盾，甲桥通过骨质盾片连接甲壳，腹甲具可活动的韧带 …… 麝香龟属 *Staurotypus*
3b 甲桥上通常无腋盾和胯盾，如有，小且不发达；甲桥通过韧带连接甲壳，腹甲无可活动的韧带 …… 匣子龟属 *Claudius*

动胸龟属 *Kinosternon* Spix, 1824

本属 22 种。主要特征：背甲长椭圆形，具 1 条或 3 条纵棱或无纵棱。喉盾单枚，具颈盾。腹盾前后边缘各具 1 条横向韧带。

动胸龟属物种名录

序号	学名	中文名	亚种
1	*Kinosternon abaxillare*	恰帕斯中部动胸龟	/
2	*Kinosternon acutum*	斑纹动胸龟	/
3	*Kinosternon alamosae*	阿拉莫斯动胸龟	/
4	*Kinosternon angustipons*	窄桥动胸龟	/
5	*Kinosternon baurii*	条纹动胸龟（果核泥龟）	/
6	*Kinosternon chimalhuaca*	哈利斯科动胸龟	/
7	*Kinosternon cora*	科拉动胸龟	/
8	*Kinosternon creaseri*	尤卡坦动胸龟	/
9	*Kinosternon dunni*	乔科动胸龟	/
10	*Kinosternon durangoense*	杜兰戈动胸龟	/
11	*Kinosternon flavescens*	黄动胸龟	/
12	*Kinosternon herrerai*	埃雷拉动胸龟	/
13	*Kinosternon hirtipes*	毛足动胸龟	*K. h. hirtipes* *K. h. chapalaense* *K. h. magdalense* *K. h. murrayi* *K. h. tarascense*
14	*Kinosternon integrum*	墨西哥动胸龟	/
15	*Kinosternon leucostomum*	白吻动胸龟	*K. l. leucostomum* *K. l. postinguinale*

16	*Kinosternon oaxacae*	瓦哈卡动胸龟	/
17	*Kinosternon scorpioides*	蝎动胸龟	*K. s. scorpioides* *K. s. albogulare* *K. s. cruentatum*
18	*Kinosternon sonoriense*	索诺拉动胸龟	*K. s. sonoriense* *K. s. longifemorale*
19	*Kinosternon steindachneri*	佛罗里达动胸龟	/
20	*Kinosternon stejnegeri*	亚利桑那动胸龟	/
21	*Kinosternon subrubrum*	头盔动胸龟	*K. s. subrubrum* *K. s. hippocrepis*
22	*Kinosternon vogti*	巴利亚塔动胸龟	/

动胸龟属的种检索表

1a 第 9 和第 10 缘盾位置高于其他缘盾 …… 2

1b 第 10 缘盾位置高于其他缘盾 …… 4

2a 腹甲前叶不超过背甲长度的 1/3 …… 杜兰戈动胸龟 *Kinosternon durangoense*

2b 腹甲前叶超过背甲长度的 1/3 …… 3

3a 股盾缝最短，明显短于肛盾缝 …… 黄动胸龟 *Kinosternon flavescens*

3b 股盾缝略短于肛盾缝 …… 亚利桑那动胸龟 *Kinosternon stejnegeri*

4a 雄性具黄色大鼻盾 …… 巴利亚塔动胸龟 *Kinosternon vogti*

4b 雄性无黄色大鼻盾 …… 5

5a 背甲具 3 条浅色纵条，腹盾缝长 …… 条纹动胸龟 *Kinosternon baurii*

5b 背甲无 3 条浅色纵条，腹盾缝不一定长 …… 6

6a 腹甲后叶不能活动 …… 7

6b 腹甲后叶能活动 …… 8

7a 喉盾＞股盾缝 …… 埃雷拉动胸龟 *Kinosternon herrerai*

7b 股盾缝＞喉盾 …… 科拉动胸龟 *Kinosternon cora*

8a 鼻盾后部分叉 …… 9

8b 鼻盾后部不分叉 …… 11

9a 腹甲明显变小（远小于背甲开口）；背甲具 1 ～ 3 条纵棱，中纵棱至小后部明显，第 1 椎盾宽 …… 毛足动胸龟 *Kinosternon hirtipes*

9b 腹甲至少前叶变小不明显；背甲通常平滑（通常后部无明显中纵棱）；第 1 椎盾窄 …… 10

10a 甲桥宽；腹甲前叶短于后叶 …… 头盔动胸龟 *Kinosternon subrubrum*

10b 甲桥窄；腹甲前叶通常长于后叶 …… 佛罗里达动胸龟 *Kinosternon steindachneri*

11a 前对颏部触须非常长，约等于眶部直径 …… 索诺拉动胸龟 *Kinosternon sonoriense*

11b 前对颏部触须不长，不接近眶部直径 …… 12

12a 甲桥非常窄，长度小于背甲长度的 1/5 …… 窄桥动胸龟 *Kinosternon angustipons*

12b 甲桥不窄，长度大于背甲长度的 1/5 …… 13

13a 腹甲肛盾缺刻明显 …… 14

13b 腹甲肛盾缺刻不明显 …… 17

14a 雄性股部和小腿处具粗鳞；背甲无纵棱；第 11 缘盾与第 10 缘盾通常等高 …… 乔科动胸龟 *Kinosternon dunni*

14b 雄性股部和小腿处无粗鳞；背甲具 3 条纵棱，但成年后不明显；第 11 缘盾与第 10 缘盾很少等高 ………… 15
15a 甲桥长于背甲最大宽度的 22%（雄性）和 24%（雌性） ………… 16
15b 甲桥短于背甲最大宽度的 20%（雄性）和 23%（雌性） ………… 哈利斯科动胸龟 *Kinosternon chimalhuaca*
16a 腹甲前叶在前韧带处宽度大于背甲最大宽度的 67%；腹甲后叶最大宽度大于背甲最大宽度的 59.5%（雄性）和 62%（雌性）；股盾间缝长度短于甲桥长度的 46%，短于腹甲最大长度的 12% ………… 墨西哥动胸龟 *Kinosternon integrum*
16b 腹甲前叶在前韧带处宽度小于背甲最大宽度的 67%；腹甲后叶最大宽度小于背甲最大宽度的 59.5%（雄性）和 62%(雌性)；股盾间缝长度大于甲桥长度的 38%，大于腹甲最大长度的 9% ………… 哈卡动胸龟 *Kinosternon oaxacae*
17a 喉盾背表面宽于腹表面；雄性具抱握器；头部通常具 1 条浅色眶后条带 ………… 白吻动胸龟 *Kinosternon leucostomum*
17b 喉盾背表面不宽于腹表面；雄性无抱握器；头部无浅色眶后条带 ………… 18
18a 腹盾较长，超过腹部最长度的 1/3；第 1 椎盾与第 2 缘盾相接触 ………… 斑纹动胸龟 *Kinosternon acutum*
18b 腹盾较短，不超过腹部最长度的 1/3；第 1 椎盾可能与第 1 和第 2 缘盾之间的缝相接触，但很少与第 2 缘盾接触更多 ………… 19
19a 背甲具 3 条纵棱 ………… 20
19b 背甲无纵棱 ………… 阿拉莫斯动胸龟 *Kinosternon alamosae*
20a 腹甲后叶前缘与中缝直线交叉 ………… 21
20b 腹甲后叶前缘与中缝非线交叉，向后与中缝成角度 ………… 尤卡坦动胸龟 *Kinosternon creaseri*
21a 腋盾存在 ………… 蝎动胸龟 *Kinosternon scorpioides*
21b 腋盾不存在 ………… 恰帕斯中部动胸龟 *Kinosternon abaxillare*

Kinosternon abaxillare Baur, 1925

成体（雄性）（Eduardo Reyes-Grajales 摄）

英文名：Central Chiapas Mud Turtle

中文名：恰帕斯中部动胸龟

分　布：危地马拉，墨西哥

形态描述：一种小型水栖淡水龟。背甲直线长度雄龟最大可达15.8厘米，雌龟最大可达15.7厘米。成体背甲椭圆形，后端缘盾明显外展。除年老大个体外，背甲适度或明显具三条纵棱。背甲略扁平。第1椎盾宽大于长；除年老大个体外，第2～4椎盾后端中央明显具凹口。亚成体的第2椎盾最长；成体第3椎盾最长，第5椎盾最短。第10缘盾明显高于第9缘盾。背甲颜色多变，从浅棕色至橄榄色至黑色，具深色甲缝。腹甲在腹盾前

成体（雄性）
（Eduardo Reyes-Grajales　摄）

成体(雌性)(Eduardo Reyes-Grajales　摄)

后具2条韧带，可完全闭合。腹甲后叶肛盾缺刻浅，或几乎没有。腹盾缝＞肛盾缝＞喉盾＞肱盾缝＞股盾缝＞胸盾缝。腹甲可能为黄色、橙色、棕色或黑色，通常具深色甲缝。头盾背视呈菱形、钟形或三角形。上喙明显钩状。具3～4对颏部触须，最前面1对最大。头部灰色或橄榄色，具由黄色、奶油色或淡灰色构成的斑点和网状纹。喙奶油色至黄色，具深色纵条纹。尾部末部具尾爪。其他部位皮肤灰色或棕色，通常具深色小斑点。

幼体（Eduardo Reyes-Grajales　摄）

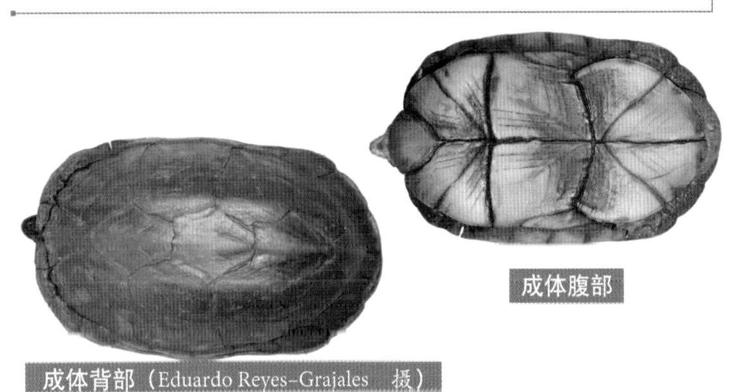
成体腹部

成体背部（Eduardo Reyes-Grajales　摄）

Kinosternon acutum Gray, 1831

成体（John B. Iverson 摄，引自 Chelonian Research Monographs No.8，2021 年）

英文名：Tabasco Mud Turtle

中文名：斑纹动胸龟

分　布：伯利兹，危地马拉，墨西哥

形态描述：一种小型水栖淡水龟。背甲直线长度雄龟最大可达 10.5 厘米，雌龟最大可达 12 厘米。背甲通常具 1 条中纵棱（幼龟可能还有 2 条不明显的侧纵棱），椎盾宽大于长，第 1 椎盾与前 2 枚缘盾相连接。第 4 肋盾一般与第 11 缘盾相连接，第 10 和 11 缘盾高于前面缘盾。背甲棕色至黑色，甲缝深色。腹甲在腹盾前后具 2 条韧带，无肛盾缺刻。腹甲关闭时，几乎可以完全覆盖背甲开口。腹甲后叶在韧带处略收缩。肛盾缝＞腹盾缝＞喉盾＞肱盾缝＞股盾缝＞胸盾缝（喉盾长度超过腹甲前叶长度的 50%）。甲桥宽，胯盾大，通常接触到（也可能略分离）小腋盾。腹甲和甲桥黄色至浅棕色，甲缝深色。头部不是非常大，鼻盾覆盖大部分头背部。头部灰色至黄色或淡红色。头部颞区后侧至颈部常具黄色至红色斑。颏部奶油色，具深色斑。头部和颈部也可能具棕色至黑色斑。股部和腿部无突起的角质鳞片，尾部末端具尾爪。四肢灰色至黄色或淡红色，常具黄色至红色斑。四肢也可能具棕色至黑色斑。

成体头部（雌性）（Herptile Lovers　供图）

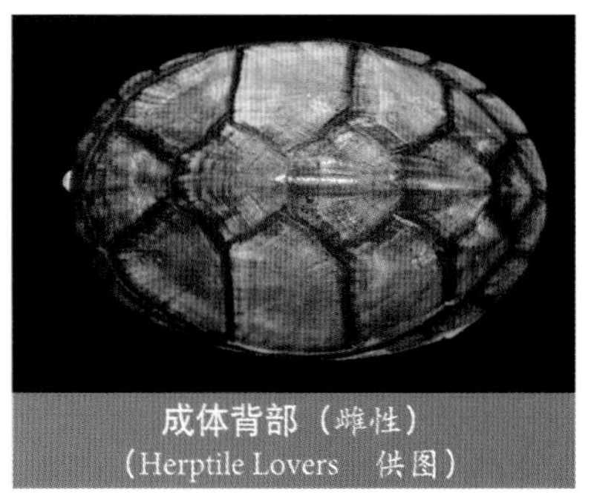
成体背部（雌性）（Herptile Lovers　供图）

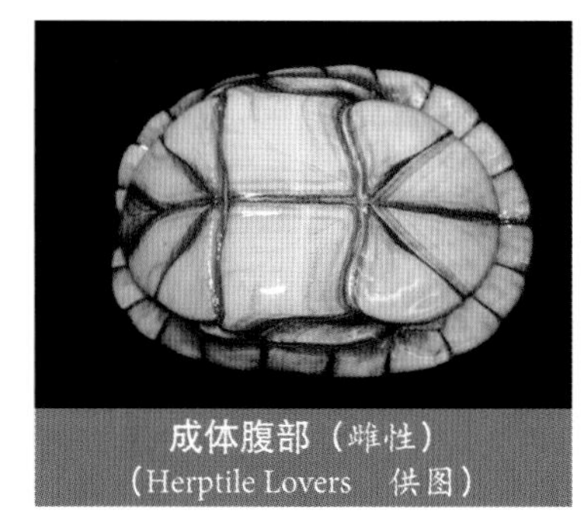
成体腹部（雌性）（Herptile Lovers　供图）

Kinosternon alamosae Berry & Legler, 1980

成体（John B. Iverson 摄，引自 Chelonian Research Monographs No.8，2021 年）

英文名：Alamos Mud Turtle

中文名：阿拉莫斯动胸龟

分　布：墨西哥

形态描述：一种小型水栖淡水龟。背甲直线长度雄龟最大可达 13.5 厘米，雌龟最大可达 12.6 厘米。背甲

窄椭圆形，顶部圆或平，无纵棱，第1椎盾通常不与第2缘盾接触。第10和11缘盾高于前面缘盾。背甲后缘垂直向下，不外展也不内收。背甲褐色或棕色至橄榄色，甲缝深色。腹甲在腹盾前后具2条韧带，前后叶可大范围活动，闭合时几乎可完全覆盖背甲开口，将头部、四肢和尾部隐藏起来。如有，肛盾缺刻非常小。腹盾缝＞肛盾缝＞喉盾＞肱盾缝＞股盾缝＞胸盾缝。腹甲淡黄色，甲缝和生长轮棕色。甲桥长，是背甲长度的26%～33%，腋盾和胯盾远远分开。胯盾与第6缘盾接触，但不接触第5缘盾。头部宽，吻部短，上喙中央微钩状。鼻盾后侧不为凹面也不是V形。颏部具2条黄色触须。头部灰色，背面具深色斑点，侧面具花斑。具1条从眼眶扩展到嘴角的浅色细条带。喙奶油色至灰色，雄龟会具一些模糊的棕色条纹。颈部背面灰色，腹面黄色。股部和腿部无突起的角质鳞片，尾部末端具尾爪。

成体背部（左雄右雌）
（Herptile Lovers　供图）

成体腹部（左雄右雌）
（Herptile Lovers　供图）

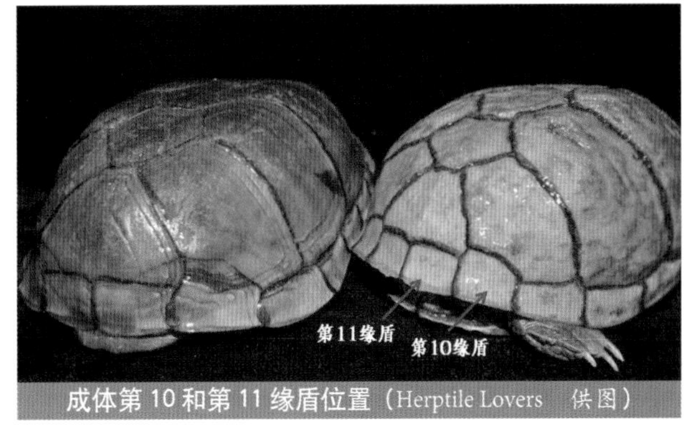

成体第10和第11缘盾位置（Herptile Lovers　供图）

成体腹部（Renae Reed 摄，
引自 Chelonian Research Monographs
No.8，2021年）

Kinosternon angustipons Legler, 1965

英文名：Narrow-bridged Mud Turtle

中文名：窄桥动胸龟

分　布：哥斯达黎加，尼加拉瓜，巴拿马

形态描述：一种小型水栖淡水龟。背甲直线长度雄龟最大可达11.5厘米，雌龟最大可达12厘米。成体背甲椭圆形，扁平，无纵棱，但幼龟可能具3条不明显纵棱，背甲后缘具微凹口，老年个体背甲盾片略重叠。第1～3椎盾长宽相当；第4和第5椎盾宽明显大于长。第1或第3椎盾最长最宽，第5椎盾最短最窄。第1椎盾与第2缘盾

接触。仅第 10 缘盾升高。背甲棕色。腹甲窄，腹甲在腹盾前后具 2 条韧带，具肛盾缺刻。腹甲前后叶分别短于背甲长度的 39% 和 34%。较老个体的腹甲缝具白色软组织。腹盾缝 > 肛盾缝 > 肱盾缝 > 股盾缝 > 喉盾 > 胸盾缝。甲桥非常窄，宽度不到背甲长度的 21%。腋盾和胯盾接触。腹甲和甲桥黄色，至棕色具深色甲缝。头部略宽，上喙中央非钩状无凹口，吻部钝、不突出。常具 3 ~ 6 根奶油色触须，在喉部成纵向排列。头背部深棕色，逐渐变成棕黄色，鼻部两侧奶油色。头侧面和腹面淡奶油色。虹膜棕色，具金色斑点。喙部无图案或仅具一些淡条纹。雄性股部和腿部具突起的角质鳞片，尾部末端无尾爪。四肢灰色至灰棕色。

Kinosternon baurii Garman, 1891

成体（Dawn Wilson 摄，引自 Chelonian Research Monographs No.8，2021 年）

英文名：Striped Mud Turtle

中文名：条纹动胸龟（果核泥龟）

分　布：美国

形态描述：一种小型水栖淡水龟。背甲直线长度雄龟最大可达 11.5 厘米，雌龟最大可达 12.7 厘米。成体背甲宽、表面平滑，无纵棱，后缘非锯齿状，通常最宽和最高处在中心处之后。幼龟具中纵棱。第 1 椎盾伸长，前侧宽，扩展到第 1 和第 2 缘盾间甲缝处。第 2 ~ 5 椎盾常宽大于长。椎盾可能内凹，形成一个浅而宽的背中沟。第 10 缘盾高于其他缘盾。背甲褐色至黑色；一些具相对透明的盾片；常具 3 条变化的淡黄色或奶油色纵条纹。腹甲宽，在腹盾前后具 2 条韧带，肛盾缺刻浅。腹甲后叶大于前叶，腹盾几乎与腹甲前叶长度相当。肛盾缝 > 腹盾缝 > 肱盾缝 > 喉盾 > 股盾缝 > 胸盾缝。腋盾和胯盾接触。腹甲橄榄色至黄色，有些无图案，有些具深色甲缝。头部小，圆锥形，吻部微突出，上喙中央非钩状。鼻盾至多后部微分叉。鼓膜上下方各具 1 条从眼眶向后延伸的浅色条带。皮肤褐色至黑色，颈部和头部可能具深色斑纹。尾部末端具尾爪。

成体背部（Herptile Lovers　供图）

成体腹部（Herptile Lovers　供图）

幼体（Herptile Lovers　供图）

Kinosternon chimalhuaca Berry, Seidel & Iverson, 1997

英文名：Jalisco Mud Turtle

中文名：哈利斯科动胸龟

分　布：墨西哥

成体（雄性）（Herptile Lovers　供图）

形态描述：一种小型水栖淡水龟。背甲直线长度雄龟最大可达16厘米，雌龟最大可达12.7厘米。背甲长椭圆形，略圆拱至适度扁平，具3条低平纵棱，中心处或中心处之前最宽。背甲盾片重叠，一些种群盾片半透明。第1椎盾向前裙状展开，长略大于宽；第2～5椎盾宽大于长，第5椎盾向后裙状展开。一些成年个体的第1～3椎盾可能最长，第4和5椎盾最短。第8～10缘盾外展，第10缘盾高于其他缘盾。背甲褐色至深棕色或橄榄色，常具深色斑块。背甲甲缝深棕色或黑色。腹甲相对小，不能完全覆盖背甲开口处。在腹盾前后具2条韧带，胸盾和腹盾之间的韧带可活动；肛盾具缺刻。后叶长于前叶。腹盾缝＞肛盾缝＞喉盾＞股盾缝＞肱盾缝＞胸盾缝，或腹盾缝＞肛盾缝＞喉盾长＞股盾缝＞胸盾缝＞肱盾缝。甲桥窄，腋盾和胯盾相接触。腹甲和甲桥黄色至棕色具深色甲缝，通常甲桥具大量暗斑。头部大小适中，吻部微突出，上喙中央钩状。颏部具1～4对触须。头部背面棕色具大量黄色至橙色蠕虫纹，下面浅灰色或奶油色至棕黄色，喉部有或无深色斑点。喙黄色、灰色或棕色，一些雄体具深色条带。幼体具1个从眼眶下边向后到下喙的黄色带。通常颈部背面棕色，腹面奶油色至黄色。前肢前表面和后肢跟部具扩大的横向鳞片。尾部末端具尾爪。通常四肢和尾部背面棕色，腹面奶油色至黄色。

成体（雄性）（Herptile Lovers　供图）

成体背部（雄性）
（Herptile Lovers　供图）

成体腹部（雄性）
（Herptile Lovers　供图）

Kinosternon cora Loc-Barragán, Reyes-Velasco, Woolrich-Piña, Grünwald, Venegas de Anaya, Rangel-Mendoza & López-Luna, 2020

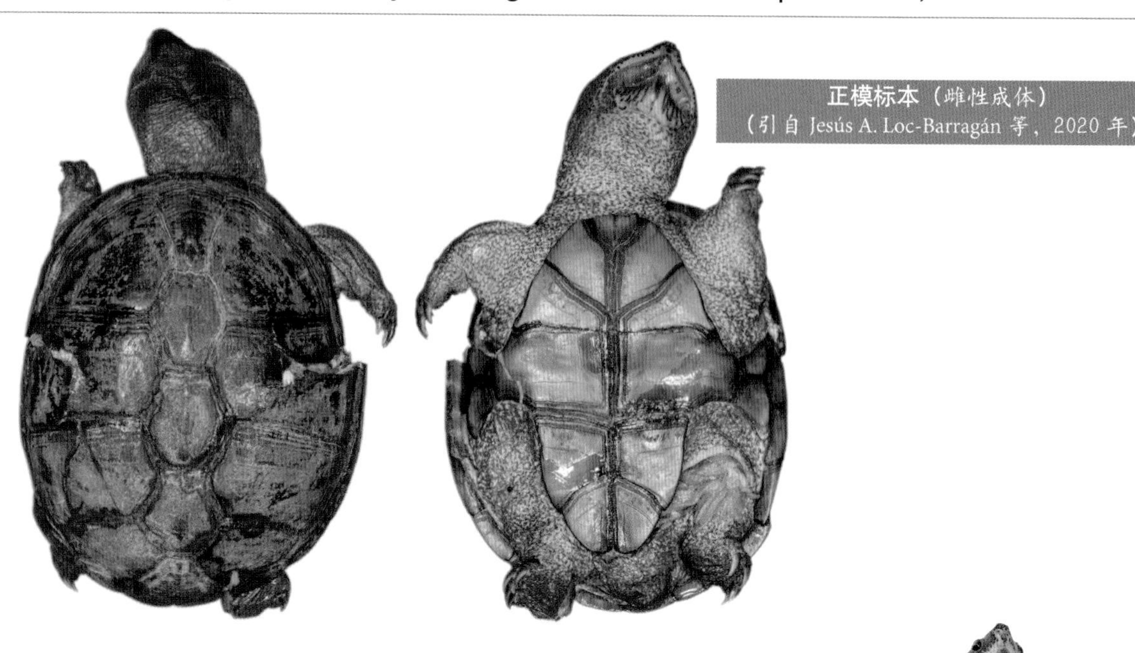

正模标本（雌性成体）
（引自 Jesús A. Loc-Barragán 等，2020 年）

英文名：Cora Mud Turtle

中文名：科拉动胸龟

分　布：墨西哥

形态描述：一种小型水栖淡水龟。背甲直线长度雌龟最大可达 10.8 厘米。背甲椭圆形，扁平，具中纵棱，后缘非锯齿状。第 1 椎盾非常窄，不与第 2 缘盾相接触；第 1、2、3 椎盾长大于宽，第 4 椎盾长宽相当，第 5 椎盾宽大于长。第 10 缘盾高于其他缘盾。背甲橄榄绿至深棕色，甲缝黑色。腹甲小，在腹盾前后具 2 条韧带；前部韧带可自由活动；后部韧带不能活动；无肛盾缺刻；腋盾和胯盾相接触；腹盾缝＞肛盾缝＞肱盾缝＞股盾缝＞

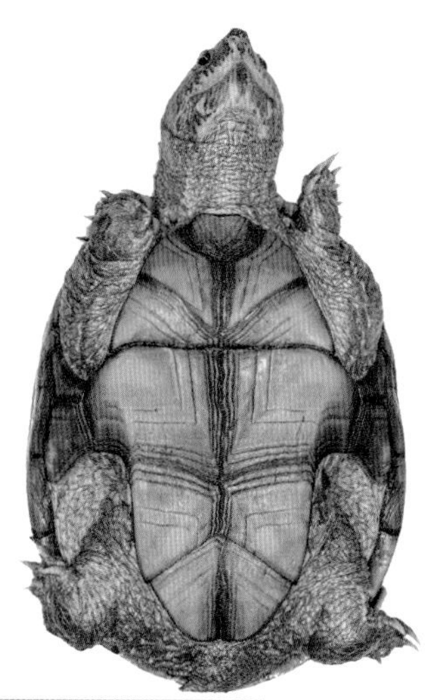

副模标本（雌性成体）
（引自 Jesús A. Loc-Barragán 等，2020 年）

副模标本（雄性成体）
（引自 Jesús A. Loc-Barragán 等，2020 年）

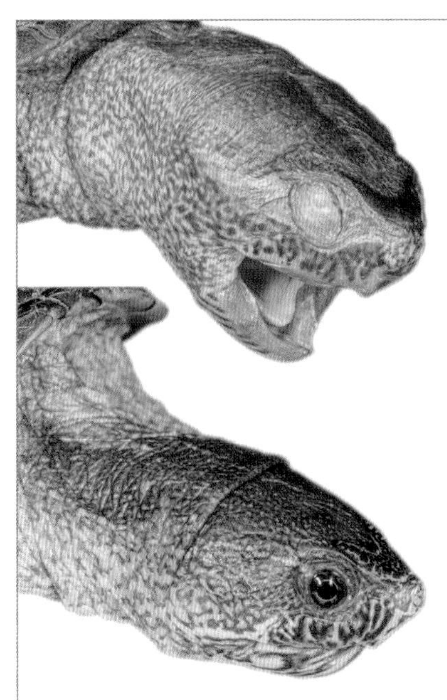

头部［上：正模标本（雌性）；下：副模标本（雄性）］
（引自 Jesús A. Loc-Barragán 等，2020 年）

成体（雄性）
（引自 Jesús A. Loc-Barragán 等，2020 年）

喉盾＞胸盾缝。腹甲浅黄色至亮橙色，甲缝深棕色。头部相对宽，上喙中央钩状，鼻盾大，V 形。颏部具1对伸长且明显的触须。头部背面深灰色，侧面和腹面具淡黄色或白色的网状纹，一些个体网状纹橙色。喙具黄色条纹或深棕色网纹。颈部侧面和腹面浅灰色，网状纹明显。尾部末端具尾爪。四肢前表面和尾部上表面灰棕色。

幼体（雌性）
（引自 Jesús A. Loc-Barragán 等，2020 年）

Kinosternon creaseri Hartweg, 1934

英文名：Creaser's Mud Turtle

中文名：尤卡坦动胸龟

分　布：伯兹利，危地马拉（?），墨西哥

成体（John B. Iverson　摄）

形态描述：一种小型水栖淡水龟，背甲直线长度雄龟最大可达 12.5 厘米，雌龟最大可达 12.1 厘米。背甲椭圆形，最高处在中心处之后，背甲后侧几乎垂直。成体具 1 条不明显的中纵棱，仅幼龟具 2 条不明显的侧纵棱。第 1 椎盾长宽相当或宽略大于长，第 2 ~ 4 椎盾宽大于长，第 5 椎盾小，几乎长宽相同。第 10 ~ 11 缘盾位置高于前 9 枚缘盾。背甲深棕色。腹甲宽，在腹盾前后具 2 条韧带，几乎可以完全关闭。无肛盾缺刻。腹甲前叶长于腹盾缝，但略短于腹甲后叶。肛盾缝＞腹盾缝＞喉盾＞肱盾缝＞股盾缝＞＜胸盾缝。腋盾和胯盾几乎不接触。腹甲和甲桥黄棕色，甲缝深色。头部大，吻部微突出，上喙中央明显钩状。头部和颈部背面深棕色至黑色，具细小的浅色斑点；侧面和腹面颜色较浅。喙具深色条纹。股部和腿部无突起的角质鳞片，四肢浅灰色至棕色。

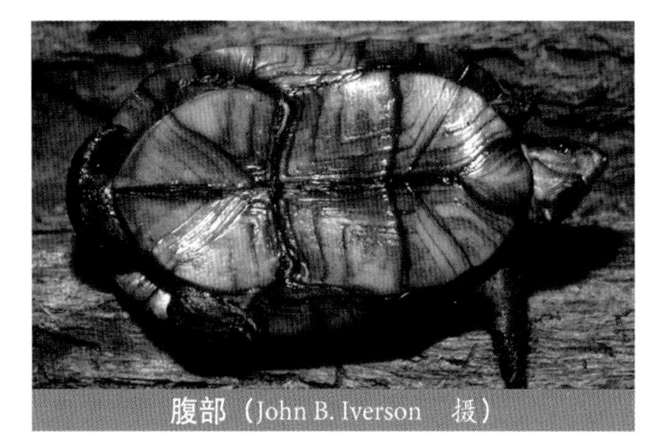
腹部（John B. Iverson　摄）

Kinosternon dunni Schmidt, 1947

英文名：Dunn's Mud Turtle

中文名：乔科动胸龟

分　布：哥伦比亚

成体（雄性）
（Germán Forero–Medina 摄，
引自 Chelonian Research Monographs
No.5 2012 年）

形态描述：一种小型水栖淡水龟。背甲直线长度雄龟最大可达 18 厘米，雌龟最大可达 16.6 厘米。背甲长椭圆形，微扁平，成体无纵棱，幼龟具不明显的三纵棱。背甲盾片略重叠，背甲在甲桥处收缩。第 1 和第 5 椎盾宽大于长，但第 2 ~ 4 椎盾长大于宽；第 1 椎盾与第 2 缘盾接触。第 10 和第 11 缘盾高于前 9 枚缘盾。腹甲窄，在腹盾前后具 2 条韧带，具肛盾缺刻。背甲深棕色。腹甲前叶和后叶长度分别不到背甲最大长度的 40% 和 35%。腹盾缝＞肛盾缝＞肱盾缝＞喉盾＞股盾缝＞胸盾缝。甲桥长度是背甲长度的 21% ~ 26%。腋盾和胯盾相接触。

腹甲和甲桥黄棕色，甲缝深色。头部宽，吻部突出，上喙中央钩状。鼻盾宽大，几乎覆盖大部分头背部，但后端不分叉。颏部具4条触须。头部背面深棕色，但侧面（有些斑纹）和腹面颜色浅。颈部灰棕色。股部和腿部具突起的角质鳞片。尾部末端具尾爪。四肢和尾部灰棕色。

注：此物种与 *Kinosternon angustipons* 形态上最相近。

成体腹部（左雌右雄）
（Germán Forero-Medina 摄，引自 Chelonian Research Monographs No.5 2012 年）

成体（雌性）
（Germán Forero-Medina 摄，引自 Chelonian Research Monographs No.5 2012 年）

Kinosternon durangoense Iverson, 1979

成体（John B. Iverson 摄）

英文名： Durango Mud Turtle

中文名： 杜兰戈动胸龟

分　布： 墨西哥

形态描述： 一种小型水栖淡水龟。背甲直线长度雄龟最大可达19.2厘米，雌龟最大可达14.5厘米。先前认为是 *Kinosternon flavescens* 的一个亚种。形态上与 *Kinosternon flavescens* 的主要区别在于：背甲较宽（为背甲长的73%～82%），第1椎盾较宽（为背甲长的27%～31%），第1椎盾较短（为背甲长的22%～24%）。腹甲前叶较短（为背甲长度的31%～33%），甲桥较长（为背甲长度的20%～24%），喉盾较长（为腹甲前叶长度的54%～69%），股盾中缝较短（为背甲长度的6%～12%），肛盾中缝较短（雄性为背甲长度的16%～17%，雌性为背甲长度的19%～22%）。

Kinosternon flavescens Agassiz, 1857

英文名： Yellow Mud Turtle

中文名： 黄动胸龟

分　布： 墨西哥，美国

形态描述： 一种小型水栖淡水龟。背甲直线长度雄龟最大可达14.7厘米，雌龟最大可达13.5厘米。背甲宽而平滑，边缘非锯齿

成体（John B. Iverson 摄，引自 Chelonian Research Monographs No.8，2021 年）

状，中部扁平无纵棱。第1椎盾伸长，向前裙状展开与第2缘盾接触。第2～5椎盾宽大于长，第5椎盾向后裙状展开。第9～10缘盾高于其他缘盾。背甲黄色至棕色。沿甲缝具深色斑。腹甲大，腹盾前后具2条发达韧带；前叶与后叶同长，或略长于后叶。喉盾远短于腹甲前叶长度的一半。肛盾缝＞腹盾缝＞肱盾缝＞喉盾＞＜股盾缝＞胸盾缝。少见腋盾和胯盾接触。腹甲黄色至棕色，沿甲缝具深色斑。头部大小适中，吻部微突出，雄龟上喙中央钩状（雌龟最多微钩状）。鼻盾后部明显分叉。颏部具2条触须。头部黄色至淡灰色；喙白色至黄色，可能具一些深点。尾部末端具尾爪。其他处皮肤黄色至灰色。

成体背部（雌性）
（Herptile Lovers　供图）

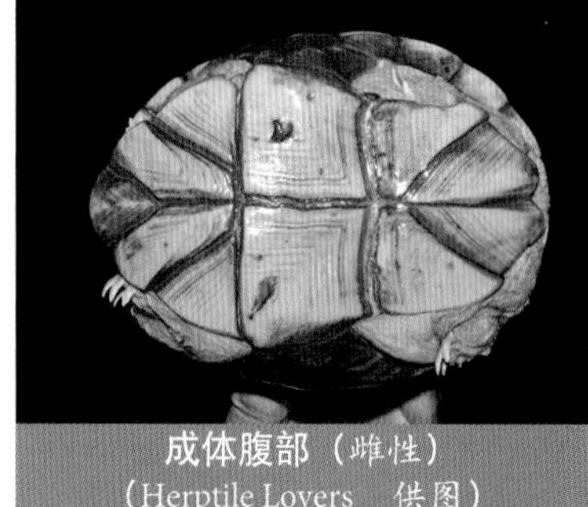
成体腹部（雌性）
（Herptile Lovers　供图）

幼体（Herptile Lovers　供图）

幼体背部（Herptile Lovers　供图）

幼体腹部（Herptile Lovers　供图）

Kinosternon herrerai Stejneger, 1925

英文名：Herrara's Mud Turtle

中文名：埃雷拉动胸龟

分　布：墨西哥

成体（John B. Iverson 摄，
引自 Chelonian Research Monographs No.8，2021年）

形态描述：一种小型水栖淡水龟。背甲直线长度雄龟最大可达17.2厘米，雌龟最大可达15.7厘米。背甲相对长，略拱起，中心处之后更宽。第1椎盾伸长且非常窄；不与第2缘盾接触。第2～5椎盾宽大于长或至少长宽相当。成体具低平中纵棱；幼龟可能还有2条侧纵棱。第10和第11缘盾高于其他缘盾。背甲橄榄色至棕色，甲缝深色。腹甲窄，具肛盾缺刻。雄龟腹甲前叶长于后叶，但雌龟相反。腹盾前后具2条韧带，后侧韧带不能活动。腹盾是腹甲最大长度的20%～30%。喉盾通常不到腹甲前叶长度的一半，胸盾间缝不到腹甲最大长度的10%。肛盾缝＞腹盾缝＞肱盾缝＞喉盾长＞股盾缝＞胸盾缝。甲桥长度约是腹甲长度的18% ~ 20%；腋盾和胯盾接触。腹甲和甲桥黄色至淡棕色，无斑或甲缝深色。头部大，吻部微突出，上喙中央明显钩状，鼻盾后侧分叉。颏部具2条触须。头部灰棕色，背面和侧面具斑点；喙奶油色具深色条纹。尾部末端具尾爪。四肢灰棕色具深棕色斑点。

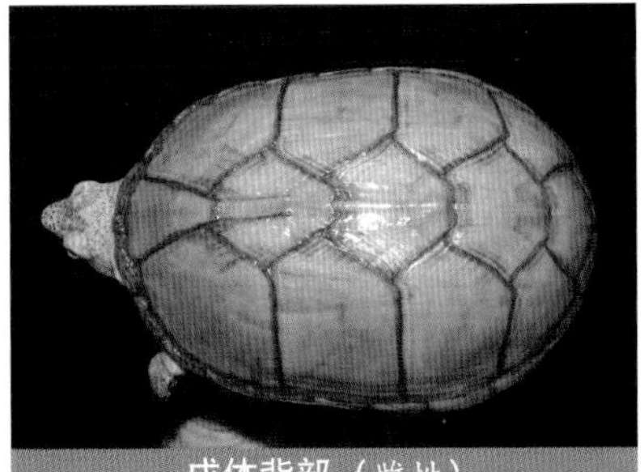

成体背部（雌性）
（Herptile Lovers 供图）

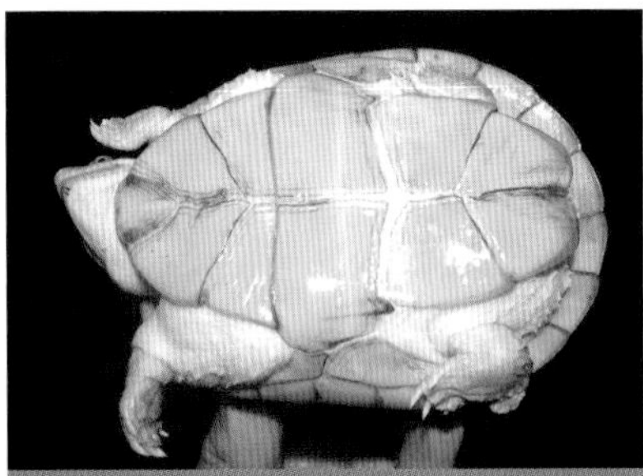

成体腹部（雌性）
（Herptile Lovers 供图）

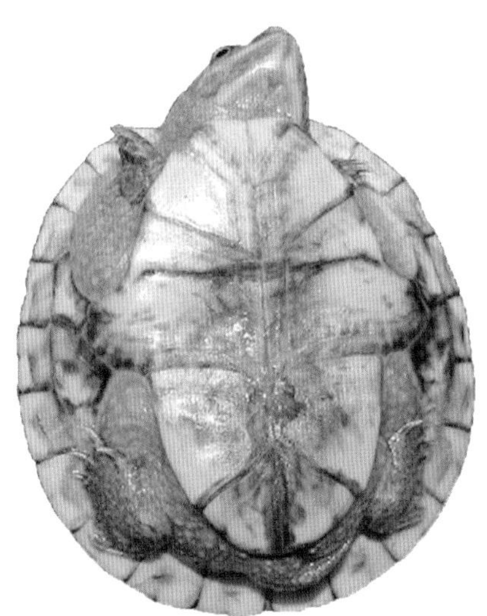

幼体背部和腹部
（Herptile Lovers 供图）

幼体（Herptile Lovers 供图）

Kinosternon hirtipes Wagler, 1830

英文名：Rough-footed Mud Turtle, Rough-legged Mud Turtle

中文名：毛足动胸龟

分　布：墨西哥，美国

形态描述：一种小型水栖淡水龟。背甲直线长度雄龟最大可达18.6厘米，雌龟最大可达16厘米。背甲伸长，略提升，具纵棱，幼体具3条纵棱，但侧纵棱随年龄消失，中纵棱仅存在于背甲后部。第1椎盾向前裙状展开，与前2枚缘盾相接触，第2 ~ 4椎盾长大于宽，第5椎盾后部裙状展开。除第10缘盾外，其余缘盾窄。位于甲桥之后的缘盾略外展。背甲在橄榄色或浅棕色至深棕色或近黑色之间变化；浅色个体具深色甲缝。腹甲窄短，具韧带，闭合时不能完全覆盖背甲开口。具肛盾缺刻。腹盾缝＞肛盾缝＞肱盾缝＞<喉盾>股盾缝><胸盾缝。甲桥短（雄龟是背甲长度的23%，雌龟是背甲长度的27%），腋盾和胯盾较宽接触。

腹甲黄色或褐色至棕色，具深色甲缝（一些个体具深色暗斑）。头部大小中等，吻部突出，上喙中央钩状。鼻盾V形，颏部通常具3对相对短的触须。头部和颈部褐色至黑色，如果黑色，则具浅色网格，如果棕黄色，则具深色网纹或斑点。喙褐色至灰色，可能具深棕色或黑色细条纹。四肢和尾部灰色、橄榄色或浅棕色。

地理亚种：

(1) *Kinosternon hirtipes hirtipes* Wagler, 1830

英文名： Valley of Mexico Mud Turtle

分　布： 墨西哥（联邦首都区、墨西哥城）

成体（Sergio Nolasco-Perez 摄，引自 Chelonian Research Monographs No.8，2021 年）

(2) *Kinosternon hirtipes chapalaense* Iverson, 1981

英文名： Lake Chapala Mud Turtle

分　布： 墨西哥（哈利斯科、米却肯）

成体（左雄右雌）（Herptile Lovers　供图）

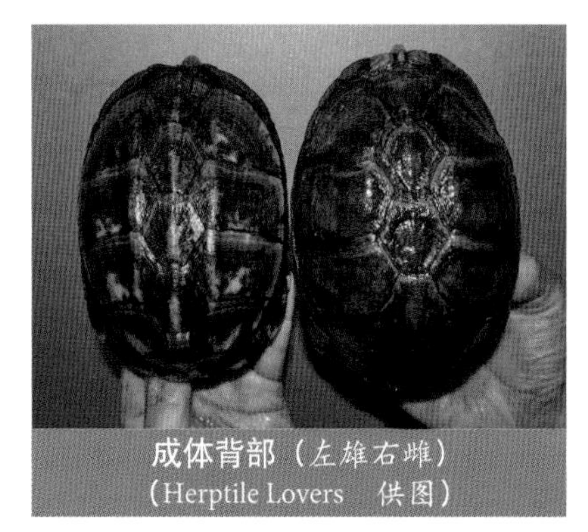

成体背部（左雄右雌）（Herptile Lovers　供图）

成体腹部（左雄右雌）（Herptile Lovers　供图）

成体头部（雄性）（Herptile Lovers　供图）

成体头部（雌性）（Herptile Lovers　供图）

(3) *Kinosternon hirtipes magdalense* Iverson, 1981

英文名： San Juanico Mud Turtle

分　布： 墨西哥（米却肯）

成体背部（Herptile Lovers　供图）

成体背部（Herptile Lovers　供图）

成体腹部（Herptile Lovers　供图）

(4) *Kinosternon hirtipes murrayi* Glass & Hartweg, 1951

英文名： Mexican Plateau Mud Turtle

分　布： 墨西哥（阿瓜斯卡连特斯、奇瓦瓦、科阿韦拉、杜兰戈、瓜纳华托、哈利斯特、墨西哥城、米却肯、萨卡特卡斯），美国（得克萨斯州）

成体（John B. Iverson 摄，引自 Chelonian Research Monographs No.7 2017 年）

成体（John B. Iverson 摄，引自 Chelonian Research Monographs No.8，2021 年）

(5) *Kinosternon hirtipes tarascense* Iverson, 1981

英文名： Pátzcuaro Mud Turtle

分　布： 墨西哥（墨西哥城）

成体（Rodrigo Macip-Ríos 摄，引自 Chelonian Research Monographs No.8，2021 年）

成体（Judith Hirt 摄，引自 Chelonian Research Monographs No.7，2017 年）

亚种特征：

Kinosternon hirtipes hirtipes 背甲中等长度（两性都达到14厘米），甲桥短（雄性为背甲长度的17.6%，雌性为背甲长度的21.7%），肱盾间缝相对短（雄性为背甲长度的6.9%，

雌性为背甲长度的 7.1%）；肛盾间缝相对长（雄性为背甲长度的 20.6%，雌性为背甲长度的 25.8%）。鼻盾三角形、菱形或钟形；头部具杂色图案，具 1 条浅色条从嘴角向后延伸；颏部具 1 ~ 2 对（典型）触须，前面 1 对最大。

Kinosternon hirtipes chapalaense 背甲长度中等（雄性 15.2 厘米，雌性 14.9 厘米）。甲桥长（雄性为背甲长度的 20.3%，雌性为背甲长度的 25.3%）；肛盾间缝长（雄性为背甲长度的 19.1%，雌性为背甲长度的 25.2%）。具减小的新月形鼻盾，头部和颈部斑减少（仅为单独的斑点或背面网状纹，有时具 2 个眶后侧深条纹）；颏部具 1 ~ 3 对触须（前部 1 对最大）。

Kinosternon hirtipes magdalense 背甲小（雄性 13.6 厘米，雌性 13.2 厘米）。腹甲小；甲桥短（雄性为背甲长度的 18.5%，雌性为背甲长度的 19.7%）；喉盾短（雄性为背甲长度的 9.9%，雌性为背甲长度的 11.0%）。头部具细的杂斑至斑点，喙部条纹少或无。鼻盾大 V 形；颏部具 2 对触须。

Kinosternon hirtipes murrayi 背甲相对大（雄性 18.6 厘米，雌性 16 厘米）。甲桥长（雄性为背甲长度的 20%，雌性为背甲长度的 23.7%）；腹甲喉盾长（雄性为背甲长度的 14.7%，雌性为背甲长度的 15.8%）。鼻盾 V 形（后部分叉）；头部图案多变（杂斑到网状纹）；颏部具 2 对触须，前面 1 对最大。

Kinosternon hirtipes tarascense 体型小至中等（雄性 13.6 厘米，雌性 13.2 厘米）。甲桥短（雄性为背甲长度的 18%，雌性为背甲长度的 21.4%）；喉盾短（雄性为背甲长度的 10.6%，雌性为背甲长度的 12.6%）；胸盾间缝长（雄性为背甲长度的 10.1%，雌性为背甲长度的 8.5%）。头部具细微的杂斑或斑点；鼻盾 V 形；颏部具 2 对触须。

Kinosternon integrum Leconte, 1854

成体（John B. Iverson 摄，引自 Chelonian Research Monographs No.8，2021 年）

英文名：Mexican Mud Turtle

中文名：墨西哥动胸龟

分　布：墨西哥

形态描述：一种小型水栖淡水龟。背甲直线长度雄龟最大可达 22.3 厘米，雌龟最大可达 19.6 厘米。背甲椭圆形，后部逐渐倾斜，椎盾扁平。幼体可能具 3 条纵棱，

成体（雌性）（Herptile Lovers　供图）

成体（雌性）（Herptile Lovers　供图）

成体（雌性）（Herptile Lovers　供图）

成体失去纵棱或仅在后侧椎盾上具不明显的中纵棱。颈盾窄。第1椎盾宽大于长（前部宽，后部窄），与前2对缘盾接触；第2～4椎盾长大于宽；第5椎盾宽大于长，后部宽于前部。侧面缘盾下弯，后侧缘盾外展；第10缘盾最高，第11缘盾次高。背甲灰色至黄棕色或深棕色；浅色个体可能具深色斑点。腹甲大，具双韧带，可以或几乎可以完全关闭。通常具肛盾缺刻。腹盾缝＞肛盾缝＞喉盾＞肱盾缝＞股盾缝＞胸盾缝。肛盾间缝大于腹甲后叶长度的67%。甲桥宽，胯盾大，通常与小腋盾接触。腹甲和甲桥黄色具深色缝。头部大，吻部突出，喙中央钩状。鼻盾前端尖后端宽。颏部具2条大触须，后面还有2～4条小触须。头部背面深棕色，侧面和腹面浅灰色或黄棕色。头部两边可能具一些深色杂斑，喙黄色，具深色窄条带或斑点。颈背部深棕色或灰色，两侧和腹面黄色至淡粉色具深色斑点。四肢灰棕色，腋窝奶油色。身体皮肤相对光滑，无隆起粗鳞。

Kinosternon leucostomum Duméril & Bibron, 1851

英文名：White-lipped Mud Turtle

中文名：白吻动胸龟

分　布：伯利兹，哥伦比亚，哥斯达黎加，厄瓜多尔，危地马拉，洪都拉斯，墨西哥，尼加拉瓜，巴拿马

幼体（乔轶伦　摄）

幼体腹部（乔轶伦　摄）

形态描述：一种小型水栖淡水龟。背甲直线长度雄龟最大可达21.4厘米，雌龟最大可达20.8厘米。背甲椭圆形，椎盾处扁平或内凹，向后陡然下降，幼体和年轻成体具单一的椎盾纵棱，随着年龄变低平直至消失。第1、3、4椎盾宽大于长，第1椎盾最宽；第2和第5椎盾成体长大于宽。第1椎盾与第2缘盾相接触，第4肋盾通常与第11缘盾接触。颈盾非常窄。侧面缘盾下弯，后侧缘盾有些外展。第10和11缘盾高于前面9枚缘盾，通常情况下这两枚缘盾同高，但偶尔第10缘盾会略高于

第 11 缘盾。背甲缝随年龄变成深沟。背甲深棕色或黑色。腹甲大，腹盾前后具 2 条发达韧带，可使甲壳完全闭合。无肛盾缺刻或具微缺刻。肛盾缝＞腹盾缝＞喉盾＞肱盾缝＞股盾缝＞胸盾缝。喉盾通常不到腹甲前叶长度的 55%，腹盾间缝长度不到腹甲长度的 27%。腋盾短，胯盾非常长；通常在甲桥上接触。腹甲和甲桥黄色具深色缝。头部大小适中，吻部突出，上喙中央钩状。颏部具 2 条大触须，后面还有 1 对小触须。头部棕色，喙奶油色（可能喙部会出现深色条纹）。1 条淡黄色宽带从眼眶向后延伸到颈部。一些个体这个条带可能青铜色至浅棕色具一些金色斑点。前肢在关节上方具一些横向大鳞，沿着外表面具一些小鳞。后肢跟部具一系列平行鳞片；雄性大腿和小腿具粗鳞。尾部末端具尾爪。四肢灰棕色，腋窝浅灰色。

地理亚种：

(1) *Kinosternon leucostomum leucostomum* Duméril & Bibron, 1851

英文名： Northern White-lipped Mud Turtle

中文名： 北部白吻动胸龟

分　布： 伯利兹，危地马拉，洪都拉斯，墨西哥，尼加拉瓜

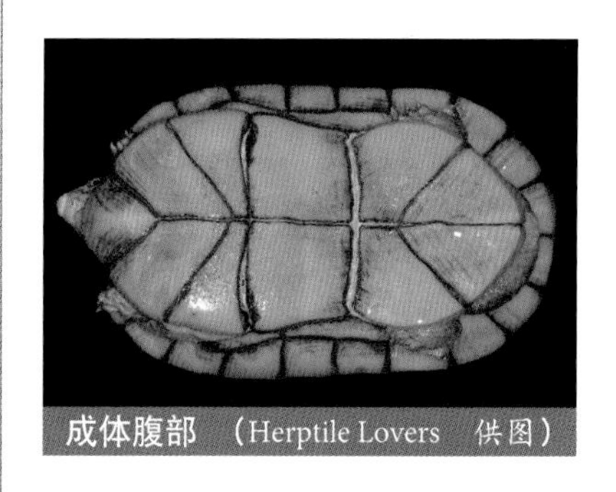

成体腹部（Herptile Lovers　供图）

成体（John B. Iverson 摄，引自 Chelonian Research Monographs No.8，2021 年）

(2) *Kinosternon leucostomum postinguinale* Cope, 1887

英文名： Southern White-lipped Mud Turtle

中文名： 南部白吻动胸龟

分　布： 哥伦比亚，哥斯达黎加，厄瓜多尔，尼加拉瓜，巴拿马

成体（John B. Iverson 摄，引自 Chelonian Research Monographs No.8，2021 年）

亚种特征：

Kinosternon leucostomum leucostomum 背甲高，腹甲大，背甲直线长度最大可达 21.4 厘米；腹甲在前部韧带处平均宽度是背甲宽度的 73%，股盾中间宽度是背甲宽度的 69%（雄性）和 70%（雌性），喉盾长度是背甲长度的 14% ~ 15%。胯盾长通常与腋盾相接触。成体浅色的眶后条带模糊或消失。腿部的粗鳞不发达。

Kinosternon leucostomum postinguinale 背甲相对扁平，背甲直线长度最大可达 17.4 厘米，腹甲相对窄；腹甲在前部韧带处平均宽度是背甲宽度的 69%（雄性）和 71%（雌性），股盾中间宽度分别是背甲宽度的 66%（雄性）和 68%（雌性），喉盾短，长度是背甲长度的 12%。胯盾位于甲桥非常靠后位置，通常与腋盾相分离。成体浅色的眶后条带通常明显，雄性腿部的粗鳞发达。

Kinosternon oaxacae Berry & Iverson, 1980

英文名：Oaxaca Mud Turtle

中文名：瓦哈卡动胸龟

分　布：墨西哥

成体（John B. Iverson 摄，引自 Chelonian Research Monographs No.8，2021 年）

形态描述：一种小型水栖淡水龟。背甲直线长度雄龟最大可达 17.5 厘米，雌龟最大可达 15.7 厘米。背甲扁平，明显具三纵棱。盾片略重叠。椎盾宽度和长度多变；第 1 椎盾或第 3 椎盾至第 5 椎盾最宽，第 1 椎盾或第 4 和第 5 椎盾最短。第 1 椎盾接触第 2 缘盾。颈盾小，第 10 缘盾高于其他缘盾。背甲浅棕色至黑色，可能具深色杂斑或黑色甲缝。腹甲小，后缘具肛盾缺刻，腹盾前后具 2 条韧带，前后叶都

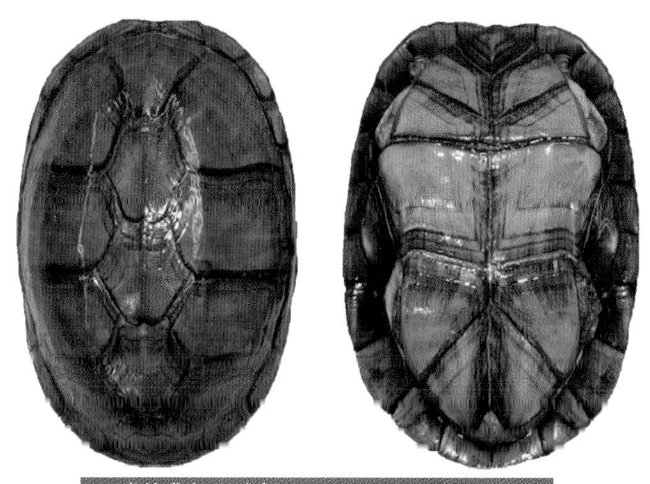

成体背部和腹部（Herptile Lovers　供图）

能自由活动。关闭时，不能完全覆盖后肢（后叶宽度仅为背甲宽度的 57% ~ 63%）。前部韧带直，后部韧带弯曲，腹甲后叶在韧带处有些收缩。

成体头部（雄性）
（Herptile Lovers 供图）

成体头部（雌性）
（Herptile Lovers 供图）

Kinosternon scorpioides（Linnaeus, 1766）

英文名：Scorpion Mud Turtle

中文名：蝎动胸龟

分　布：阿根廷，伯利兹，玻利维亚，巴西，哥伦比亚，哥斯达黎加，厄瓜多尔，萨尔瓦多，法属圭亚那，危地马拉，圭亚那，洪都拉斯，墨西哥，尼加拉瓜，巴拿马，巴拉圭，秘鲁，苏里南，特立尼达和多巴哥，委内瑞拉

形态描述：一种小型水栖淡水龟。背甲直线长度雄龟最大可达 20.5 厘米，雌龟最大可达 19.5 厘米。背甲长椭圆形，高拱，具 3 条纵棱（大个体可能变得低平），中间处之后最宽。第 1 椎盾向前裙状展开，宽大于长；第 2 ~ 5 椎盾通常长大于宽。第 10 和第 11 缘盾高于其他缘盾；第 10 缘盾最高。后部缘盾可能有些外展。背甲浅棕色至深棕色或黑色；浅色个体具深色甲缝。腹甲发达，腹盾前后具 2 条发达韧带，无肛盾缺刻或仅具微缺刻。腹甲不能完全覆盖背甲开口处；后叶长于前叶。腹盾缝＞肛盾缝＞喉盾＞肱盾缝＞股盾缝＞胸盾缝。腋盾和胯盾通常相接触。腹甲和甲桥黄色至黄棕色。头部大小适中至大，吻部微突出，上喙中央钩状。颏部具 2 条前部大触须，后面具 2 ~ 3 对小触须。头部绿棕色，背面深，腹面浅，具不规则深斑点；喙部纯黄色或具一些深色条纹。颈部灰棕色。前肢前表面和后肢跟部具一些横向大鳞。大腿处无粗鳞。四肢和尾部灰棕色。

地理亚种：

(1) *Kinosternon scorpioides scorpioides*（Linnaeus, 1766）

英文名：Scorpion Mud Turtle

中文名：蝎动胸龟

成体
（John B. Iverson 摄，引自 Chelonian Research Monographs No.5 2011 年）

分　布：阿根廷，玻利维亚，巴西，哥伦比亚，厄瓜多尔，法属圭亚那，圭亚那，巴拿马，巴拉圭，秘鲁，苏里南，特立尼达，委内瑞拉

成体背部（雌性）
（Herptile Lovers　供图）

成体腹部（雌性）
（Herptile Lovers　供图）

(2) *Kinosternon scorpioides albogulare* Duméril & Bocourt, 1870

英文名：White-throated Mud Turtle

中文名：白喉动胸龟

分　布：哥伦比亚，哥斯达黎加，萨尔瓦多，危地马拉，洪都拉斯，尼加拉瓜，巴拿马

成体（John B. Iverson 摄，引自 Chelonian Research Monographs No.5 2011 年）

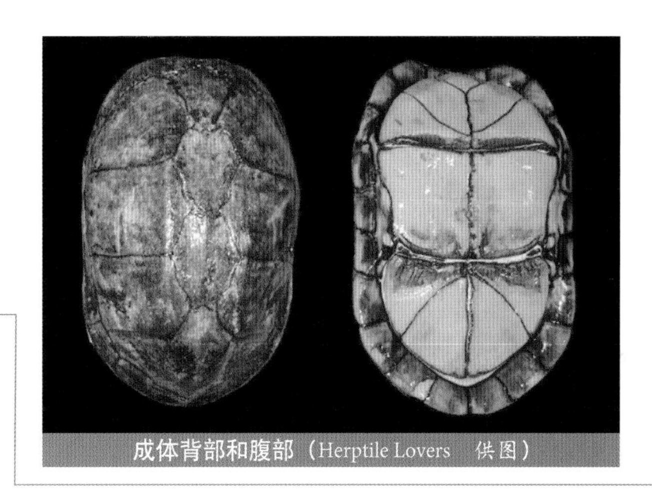
成体背部和腹部（Herptile Lovers　供图）

(3) *Kinosternon scorpioides cruentatum* Duméril, Bibron & Duméril, 1851

英文名：Red-cheeked Mud Turtle

中文名：红面动胸龟

分　布：伯利兹，危地马拉，墨西哥

成体（John B. Iverson 摄，引自 Chelonian Research Monographs No.5 2011 年）

成体背部（雄性）
（Herptile Lovers　供图）

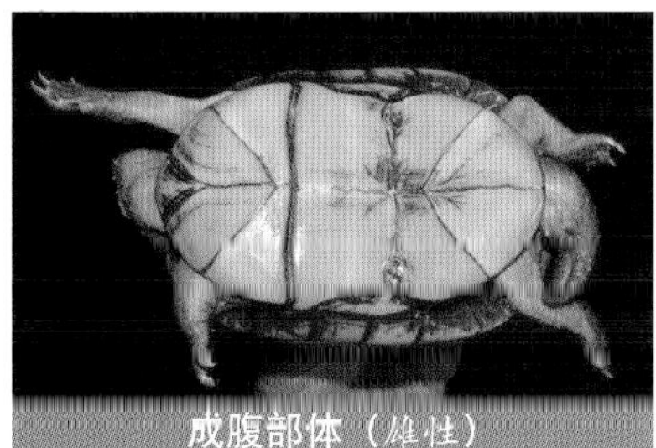
成腹部体（雄性）
（Herptile Lovers　供图）

成体头部（雄性）
（Herptile Lovers　供图）

亚种特征：

Kinosternon scorpioides scorpioides 体型大，背甲直线长度最大可达 19.5 厘米，具 3 条发达的背甲纵棱，颈盾窄。肛盾缺刻明显，腹甲后叶窄。头部大小适中。

Kinosternon scorpioides albogulare 背甲最大长度可达 20.5 厘米，具三纵棱，但有些扁平，通常无肛盾缺刻，雌龟下喙和颏部明显黄色。

Kinosternon scorpioides cruentatum 背甲直线长度可达 16.6 厘米，背甲黄色或微橙色具深色缝，腹甲橙色。随年龄增长，背甲三纵棱变平，腹甲完全闭合。头部两侧具亮红或橙色斑点。

Kinosternon sonoriense LeConte, 1854

英文名：Sonora Mud Turtle

中文名：索诺拉动胸龟

分　布：墨西哥，美国

形态描述：一种小型水栖淡水龟。背甲直线长度雄龟最大可达 16.9 厘米，雌龟最大可达 17.5 厘米。背甲长椭圆形，具 3 条纵棱，后缘非锯齿状。一些个体 3 条纵棱发达，但另一些个体上 3 纵棱变得低平，在非常老的个体上消失。第 1 ～ 4 椎盾长大于宽，第 5 椎盾向后裙状展开，宽大于长。第 1 椎盾向前裙状展开，通常与第 2 缘盾接触。后部缘盾外展，第 10 缘盾高于其他缘盾。背甲橄榄棕色至深棕色，具深色甲缝。腹甲发达，具 2 条韧带，几乎可以完全关闭。至多具微缺刻。腹盾缝＞肛盾缝＞喉盾＞＜肱盾缝＞＜股盾缝＞胸盾缝。腋盾和胯盾通常相接触。腹甲黄色至棕色（有时具杂斑），甲缝深色。甲桥通常棕色。头部大小适中，吻部微突出，上喙中央钩状。颏部具 3 ～ 4 对相对长的触须，鼻盾后部不分叉。头部，颈部和四肢灰色，具杂斑。喙奶油，可能具深色斑点。

地理亚种：

(1) *Kinosternon sonoriense sonoriense* LeConte, 1854

英文名：Sonora Mud Turtle

中文名：索诺拉动胸龟

成体（James N. Stuart 摄，引自 Chelonian Research Monographs No.5 2022 年）

成体（William M. Hammond 摄，引自 Chelonian Research Monographs No.5 2022 年）

成体腹部（John B. Iverson 摄，引自 Chelonian Research Monographs No.5 2022 年）

分　布：墨西哥（奇奇瓦州、索诺拉州），美国（亚利桑那州、加利福尼亚州、新墨西哥州）

(2) *Kinosternon sonoriense longifemorale* Iverson, 1981

英文名：Sonoyta Mud Turtle

中文名：索诺伊塔动胸龟

分　布：墨西哥（索诺拉州），美国（亚利桑那州）

成体（John B. Iverson 摄，引自 Chelonian Research Monographs No.5 2022 年）

腹部（John B. Iverson 摄，引自 Chelonian Research Monographs No.5 2022 年）

亚种特征：

Kinosternon sonoriense sonoriense 肛盾间缝较短（雄性为背甲长度的 14.4%，雌性为背甲长度的 18.5%），股盾间缝较长（雄性为背甲长度的 12.8%，雌性为背甲长度的 13.5%），第 1 椎盾宽（雄性为背甲长度的 28.9%，雌性为背甲长度的 28.8%），喉盾窄（雄性为背甲长度的 17.7%，雌性为背甲长度的 17.8%）。

Kinosternon sonoriense longifemorale 肛盾间缝较长（约为背甲长度的 19.5%），第 1 椎盾中度宽（雄性为背甲长度的 24.4%，雌性为背甲长度的 25.5%），喉盾相对宽（雄性为背甲长度的 20%，雌性为背甲长度的 19.4%）。

Kinosternon steindachneri Siebenrock, 1906

成体（John B. Iverson 摄，引自 Chelonian Research Monographs No.8，2021 年）

英文名：Florida Mud Turtle

中文名：佛罗里达动胸龟

分　布：美国

形态描述：一种小型水栖淡水龟。背甲直线长度最大为 11.4 厘米。先前被认为是 *Kinosternon subrubrum* 的一个亚种 *K.s.steindachneri*，形态上与 *Kinosternon subrubrum* 的主要区别在于：甲桥窄，腹甲前叶通常长于后叶。头部纯色或具杂色。

成体头部（雄性）的 V 形头盾（Herptile Lovers　供图）

幼体（Herptile Lovers　供图）

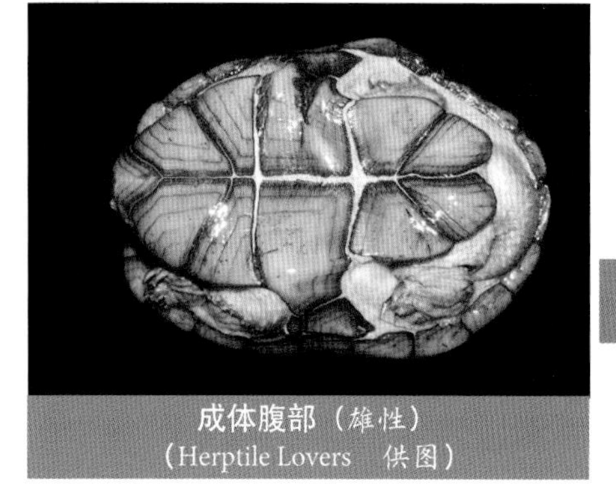
成体腹部（雄性）（Herptile Lovers　供图）

幼体背部和腹部（Herptile Lovers　供图）

Kinosternon stejnegeri（Hartweg, 1938）

成体（John B. Iverson 摄）

英文名：Arizona Mud Turtle

中文名：亚利桑那动胸龟

分 布：墨西哥，美国

形态描述：一种小型水栖淡水龟。背甲直线长度雄龟最大可达18.1厘米，雌龟最大可达16.7厘米。先前被认为是*Kinosternon flavescens*的一个亚种*K.f.arizonense*，形态上与*Kinosternon flavescens*的主要区别在于：背甲较窄（背甲长度的64%～81%）和第1椎盾较窄（背甲长度的21%～27%），腹甲后叶较窄（雄体，背甲长度的35%～42%；雌体，背甲长度的39%～45%），甲桥较长（背甲长度的20%～24%），喉盾较长（腹甲前叶长度的54%～70%），股盾中缝较短（背甲长度的7.5%～13%），肛盾中缝较短（雄15%～20%，雌18%～24%），第1椎盾较短（背甲长度的20%～26%）。形态上与*Kinosternon durangoense*的主要区别为腹甲前叶较长（背甲长度的32%～38%）。

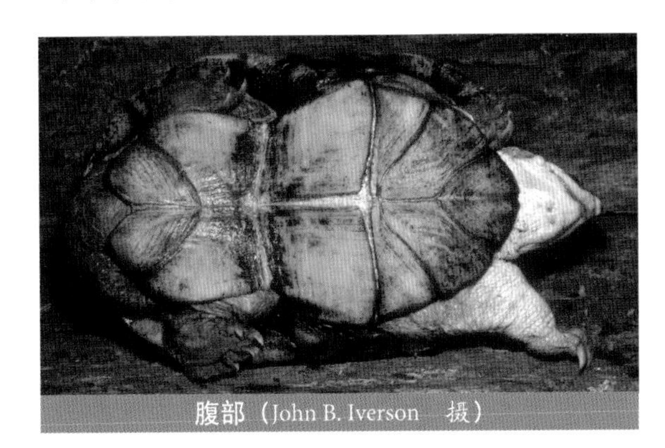
腹部（John B. Iverson 摄）

Kinosternon subrubrum（Bonnaterre, 1789）

成体（文文野爷 摄）

英文名：Common Mud Turtle

中文名：头盔动胸龟

分 布：美国

形态描述：一种小型水栖淡水龟。背甲直线长度雄龟最大可达11.6厘米，雌龟最大可达12.5厘米。背甲椭圆形，平滑，无纵棱，通常扁平，背甲两侧直，后缘非锯齿状，背甲后端突然下降。第1椎盾长，明显与第2缘盾分离，第2～5椎盾通常宽大于长，第5椎盾可能扩展。第10缘盾高于其他缘盾。背甲无图案，黄棕色至橄榄色或黑色。腹甲具单枚喉盾和2条横向韧带（老年个体可能硬化）。腹甲前叶长于后叶，具肛盾缺刻。喉盾短，远小于前叶长度一半。肛盾缝＞腹盾缝＞肱盾缝＞股盾缝＞＜喉盾＞胸盾缝。腋盾和胯盾相接触。腹甲全黄色至棕色。头部大小中等，吻部微突出，上喙中央钩状。鼻盾后端可能分叉也可能不分叉。头部通常棕色具一些黄色斑；有时头部和颈部两边具两条浅色线条。皮肤棕色至橄榄色或淡灰色，可能具一些斑块。尾部末端具尾爪。

地理亚种：

(1) *Kinosternon subrubrum subrubrum*（Bonnaterre, 1789）

英文名： Eastern Mud Turtle

中文名： 头盔动胸龟

分　布： 美国（亚拉巴马州、特拉华州、佛罗里达州、佐治亚州、伊利诺伊州、印第安纳州、肯塔基州、马里兰州、密西西比州、新泽西州、纽约州、北卡罗来纳州、宾夕法尼亚州、南卡罗来纳州、田纳西州、弗吉尼亚州）

成体（Herptile Lovers　供图）

成体腹部（Herptile Lovers　供图）

成体背部（Herptile Lovers　供图）

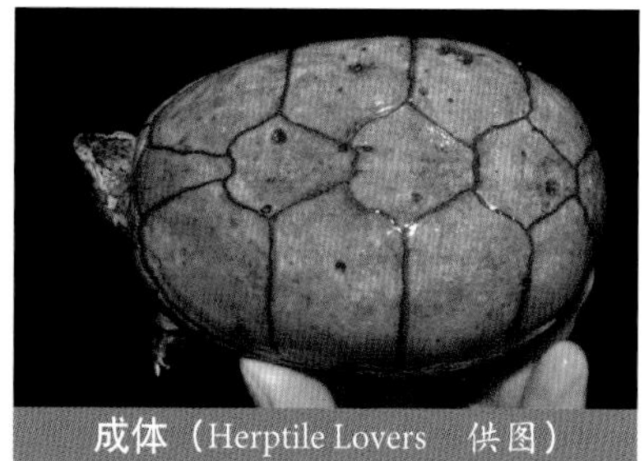
成体（Herptile Lovers　供图）

成体（Herptile Lovers　供图）

成体（Herptile Lovers　供图）

(2) *Kinosternon subrubrum hippocrepis* Gray, 1856

英文名： Mississippi Mud Turtle

中文名： 密西西比动胸龟

分　布： 美国（亚拉巴马州、阿肯色州、佛罗里达州、佐治亚州、路易斯安那州、密西西比州、密苏里州、俄克拉何马州、田纳西州、得克萨斯州）

幼体（乔轶伦　摄）

幼体腹部（乔轶伦　摄）

亚种特征：

Kinosternon subrubrum subrubrum 甲桥宽，腹甲前叶短于后叶。头部具斑点或杂斑。*Kinosternon subrubrum hippocrepis* 甲桥宽，腹甲前叶短于后叶。头部两边有2条明显的浅色线。

Kinosternon vogti López-Luna, Cupul-Magaña, Escobedo-Galván, González-Henández, Centenero-Alcala, Rangel-Mendoza, Ramírez- Ramírez & Cazares-Hernández, 2018

英文名： Vallarta Mud Turtle

中文名： 巴利亚塔动胸龟

分 布： 墨西哥

成体（Carolina Sánchez Arias 摄，引自 Chelonian Research Monographs No.8，2021 年）

形态描述： 一种小型水栖淡水龟。背甲直线长度雄龟最大可达10.2厘米，雌龟最大可达8.9厘米。背甲椭圆形，具扁平中纵棱，后缘非锯齿状。第1椎盾窄，不与第2缘盾相接触；第1、2椎盾长大于宽，第3、4、5椎盾宽大于长。第10、11缘盾高于其他缘盾。背甲橄榄棕色，甲缝黑色。腹甲小，具2条韧带；前部韧带直，可自由活动；后部韧带微能活动；具肛盾缺刻；腋盾和胯盾相接触；腹盾缝＞肛盾缝＞股盾缝＞喉盾＞胸盾缝＞肱盾缝。腹甲黄橙色，甲缝深棕色。头部相对大，上喙中央钩状，鼻盾大，圆形（既不分叉，也不是钟形）。颏部具2对小触须，其中前面1对触须伸长且明显，后面1对退化。颈部背表面和侧表面具一些独立小疣粒，并不明显成排排列。头部背面棕色，具小而浅的网状图案；头

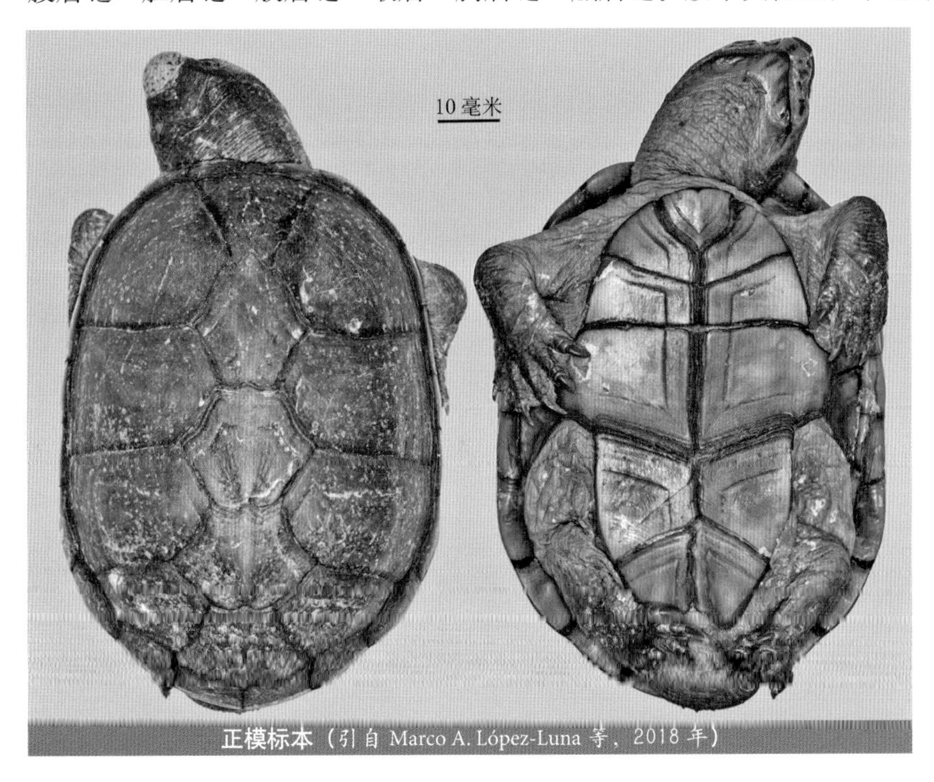

正模标本（引自 Marco A. López-Luna 等，2018 年）

部侧面和腹面浅棕色，具深色网状图案；喙黄色，具棕色条纹。尾部末端具尾爪。四肢和尾部背面深棕色，腹面红棕色。

腹部（Craig B.Stanford 摄，引自 Chelonian Research Monographs No.8，2021 年）

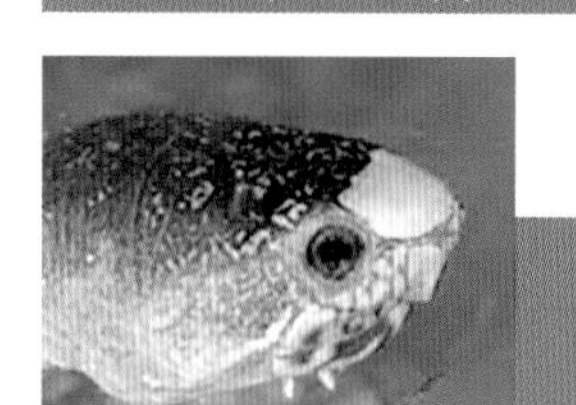
头部（Carolina Sánchez Arias 摄，引自 Chelonian Research Monographs No.8，2021 年）

小麝香龟属 *Sternotherus* Bell, 1825

本属 6 种。主要特征：椎盾和肋盾通常呈覆瓦状排列。腹甲小，具 10 ～ 11 枚盾片，沿甲缝常暴露出皮肤。

小麝香龟属物种名录

序号	学名	中文名	亚种
1	*Sternotherus carinatus*	剃刀麝香龟	/
2	*Sternotherus depressus*	平背麝香龟	/
3	*Sternotherus intermedius*	阿拉巴马麝香龟	/
4	*Sternotherus minor*	巨头麝香龟	/
5	*Sternotherus odoratus*	密西西比麝香龟	/
6	*Sternotherus peltifer*	虎纹麝香龟	/

小麝香龟属的种检索表

1a 头部侧面具 2 条浅色带；颏部和喉部具触须；背甲盾片不重叠 ……… 密西西比麝香龟 *Sternotherus odoratus*

1b 头部两侧无浅色带；仅颏部具触须；背甲盾片重叠 …………………… 2

2a 喉盾缺失；椎盾纵棱明显 …………………… 剃刀麝香龟 *Sternotherus carinatus*

2b 具喉盾；椎盾纵棱不发达（幼体可能具 2 条侧纵棱） …………………… 3

3a 背甲宽而扁平，两侧夹角大于 100°；平均角度 / 高度为 8 ：1 或更大 …………………… 平背麝香龟 *Sternotherus depressus*

3b 背甲不是非常扁平，两侧夹角小于 100°；平均角度 / 高度为 5 ：1 …………………… 4

4a 头部或颈无条纹；幼体具 3 条背部纵棱 …………………… 巨头麝香龟 *Sternotherus minor*

4b 至少颈部具条纹图案；幼体具 1 条中纵棱 …………………… 5

5a 头部和颈部图案为深色线状条纹，无斑点 …………………… 虎纹麝香龟 *Sternotherus peltifer*

5b 头部图案为深色斑点，颈部具几条不明显的深色条纹图案 ………… 阿拉巴马麝香龟 *Sternotherus intermedius*

Sternotherus carinatus（Gray, 1856）

英文名：Razor–backed Musk Turtle

中文名：剃刀麝香龟

分　布：美国

成体（Robert C. Thomson 摄，引自 Chelonian Research Monographs No.8，2021 年）

形态描述：一种小型水栖淡水龟。背甲直线长度雄龟最大可达 20.9 厘米，雌龟最大可达 15.5 厘米。背甲椭圆形，两侧坡度陡峭，具明显中纵棱，后缘微锯齿状；每枚椎盾通常与后面一枚相重叠，从正面看，背甲顶部高，呈三角形；两侧倾斜度小于 100°。成体无侧棱纵。第 1 椎盾窄长，向前扩展；不与第 2 缘盾接触。第 2 椎盾从长大于宽至长宽相当或宽大于长之间变化；后 3 枚椎盾通常宽大于长，第 5 椎盾向后裙状展开。背甲浅棕色至橙色，每枚盾片具深色斑点或辐射条纹和深色边框；这些图案随年龄消失。喉盾缺失，仅具 10 枚腹甲盾片，而 *Kinosternon* 属和 *Sternotherus* 属其他物种正常腹甲盾片数为 11 枚。胸盾和腹盾间具不明显的韧带，肛盾缺刻浅。肛盾缝＞腹盾缝＞胸盾缝＞肱盾缝＞＜股盾缝。腹甲纯黄色。头部大小中等，吻部突出，上喙中央微钩状。颏部通常具 1 对触须。皮肤灰色至浅棕色或粉色，具深色小斑；喙褐色具深色条纹。

成体腹部（乔轶伦　摄）

亚成体（Herptile Lovers　供图）

幼体（乔轶伦　摄）

Sternotherus depressus Tinkle & Webb, 1955

英文名：Flattened Musk Turtle

中文名：平背麝香龟

分　布：美国（亚拉巴马州）

成体（Herptile Lovers　供图）

形态描述：一种小型水栖淡水龟。背甲直线长度雄龟最大可达9.9厘米，雌龟最大可达12.5厘米。背甲椭圆形，宽而扁平，两侧倾斜度大于100°，幼龟平均的角度与高度比约为9.5∶1。中纵棱平钝，后缘锯齿状；每枚椎盾通常与后面一枚重叠，第1椎盾非常长，但不与第2缘盾接触；其他4枚椎盾宽大于长，第5椎盾向后裙状展开。背甲黄棕色至深棕色，具深棕色或黑色小斑或条纹和深色甲缝。具1枚喉盾，在胸盾和腹盾间具不清晰的韧带，肛盾缺刻浅。肛盾缝＞腹盾缝＞胸盾缝＞股盾缝＞＜肱盾缝＞喉盾。腹甲粉色至黄棕色。头部大小中等，吻部突出，上喙中央微钩状（有时为凹口）。颏部通常具2对触须。头部橄榄色，具细小的黑色斑纹，喙部具深色条纹。一些个体可能具1条从鼻孔到眼眶的黄色条纹。其他处皮肤橄榄色具细小的黑色斑纹。

成体背部（Herptile Lovers　供图）

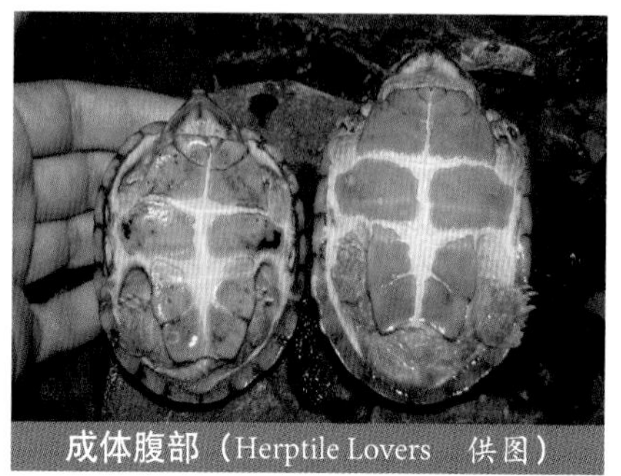
成体腹部（Herptile Lovers　供图）

Sternotherus intermedius Scott, Glenn & Rissler, 2018

成体（Peter A. Scott 摄，引自 Chelonian Research Monographs No.8，2021 年）

头部（Kurt A. Buhlmann 摄，引自 Chelonian Research Monographs No.8，2021 年）

腹部（Kurt A. Buhlmann 摄，引自 Chelonian Research Monographs No.8，2021 年）

英文名：Intermediate Musk Turtle

中文名：亚拉巴马麝香龟

分　布：美国（亚拉巴马州、佛罗里达州）

形态描述：一种小型水栖淡水龟。背甲直线长度雄龟最大可达 11.6 厘米，雌龟最大可达 10.8 厘米。形态上，*Sternotherus intermedius* 具中纵棱，侧纵棱退化或在一些种群中缺失。具 1 枚喉盾。头部底色浅，具深色斑点，颈部侧表面具一定程度的深色条纹。

Sternotherus minor（Agassiz, 1857）

成体（Herptile Lovers 供图）

英文名：Loggerhead Musk Turtle

中文名：巨头麝香龟

分　布：美国

形态描述：一种小型水栖淡水龟。背甲直线长度雄龟最大可达 14.4 厘米，雌龟最大可达 14.5 厘米。背甲椭圆形，后缘锯齿状，具中纵棱和两个侧纵棱（随年龄消失）。两侧倾斜度总小于 100°，平均的角度与高度比约为 5 ：1。每枚椎盾通常与后面一枚重叠，第 1 椎盾非常长，但不与第 2 缘盾接触；其他 4 枚椎盾宽略大于长，第 5 椎盾向后裙状展开。背甲黄棕色至橙色，具深色甲缝，常分散着深色小斑或辐射条纹，这些图案随年龄会消失。具 1 枚喉盾，在胸盾和腹盾间具不清晰的韧带，肛盾缺刻浅。肛盾缝＞腹盾缝＞胸盾缝＞股盾缝＞肱盾缝＞喉盾。腹甲粉色至淡黄色。头中等至大（特别是老年个体），吻部突出，上喙中央微钩状至具凹口（特别是老年个体），鼻盾后部分叉。颏部通常具 2 对触须。头部淡灰色，具深色点，喙褐色具深色条纹。其他处皮肤淡粉色、灰色或橙色，具深色条纹。

成体头部（Herptile Lovers 供图）

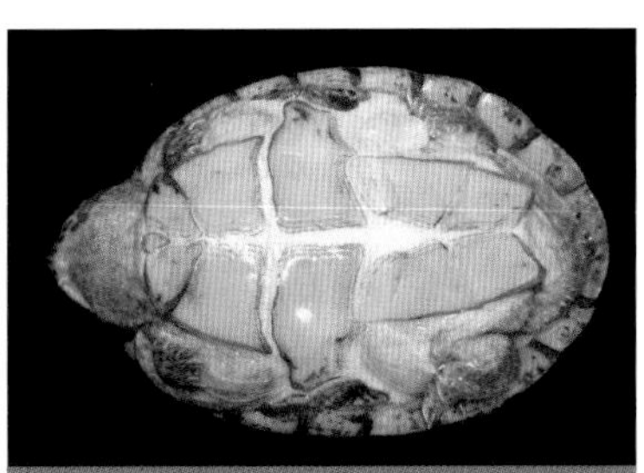
成体腹部（Herptile Lovers 供图）

幼体（Herptile Lovers 供图）

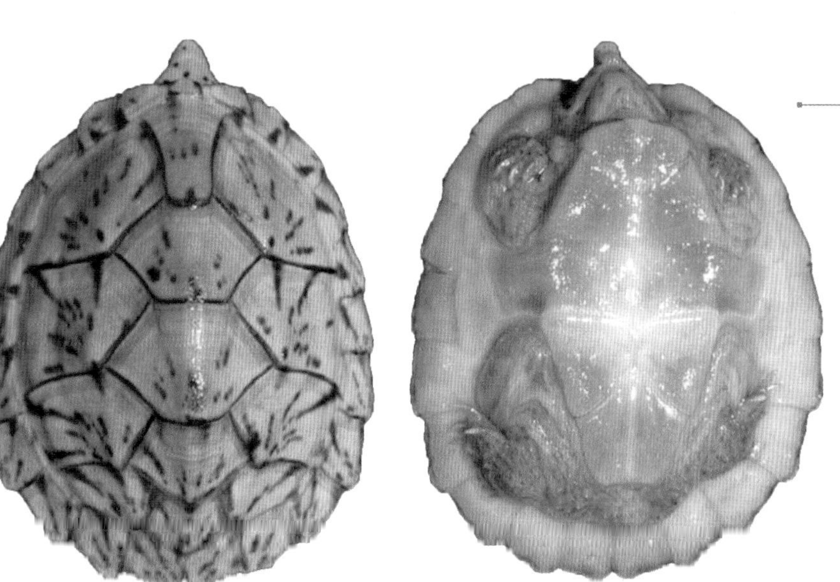
幼体背部和腹部（Herptile Lovers 供图）

Sternotherus odoratus（Latreille, 1801）

英文名：Musk Turtle, Stinkpot, Common Musk Turtle

中文名：密西西比麝香龟

成体（Peter May 摄，引自 Chelonian Research Monographs No.8，2021 年）

分　布：加拿大，墨西哥（?），美国

形态描述：一种小型水栖淡水龟。背甲直线长度雄龟最大可达 13.7 厘米，雌龟最大可达 15 厘米。背甲椭圆形，高拱，伸长且窄，幼体可能具明显的中纵棱，在成体上消失；刚孵化出来的和幼体具 2 个低平的侧纵棱。背甲后缘非锯齿状，椎盾不重叠。第 1 椎盾长，但不与第 2 缘盾接触；其他 4 枚椎盾宽大于长，第 5 椎盾向后裙状展开。成体背甲灰棕色至黑色，幼体分散有点状或深色辐射条纹图案。喉盾 1 枚，在胸盾和腹盾间具不清晰的韧带，肛盾缺刻浅。腹盾缝＞肛盾缝＞胸盾缝＞＜股盾缝＞＜肱盾缝＞喉盾。腹甲无图案，黄色至棕色。头部适度伸长，吻部突出，上喙中央非钩状，颏部具 1 ～ 2 对触须（1 对在喉部）。皮肤灰色至黑色，在头部两侧和颈部，从吻部向后延伸，经过眼上部和下部常各有 1 对明显的黄色或白色条纹；这些条纹可能会褪色或中断。

成体头部（Herptile Lovers　供图）

成体腹部（雄性）（Herptile Lovers　供图）

幼体（乔轶伦　摄）

成体（文文野爷　摄）

Sternotherus peltifer Smith & Glass, 1947

成体（雌性）（Herptile Lovers 供图）

英文名：Stripe-necked Musk Turtle

中文名：虎纹麝香龟

分　布：美国

形态描述：一种小型水栖淡水龟。背甲直线长度雄龟最大可达12.6厘米，雌龟最大可达12.4厘米。形态特征方面，*Sternotherus peltifer* 背甲低，边缘外展，在幼体上具1条低平的中纵棱（无侧纵棱）。喉盾小，1枚；颏部具1对触须。头部两侧和颈部有明显的深色条纹，头背部具网状纹（不是点状）。地理分布方面，*Sternotherus peltifer* 分布在莫比尔河（Mobile River）流域的阿拉巴马州、密西西比州、田纳西州和佐治亚州，田纳西河（Tennessee River）流域上游的田纳西州、密西西比州、亚拉巴马州、弗吉尼亚州和北卡罗来纳州，珍珠河（Pearl River）流域的路易斯安那州和密西西比州，以及帕斯卡古拉河（Pascagoula River）流域的密西西比州。

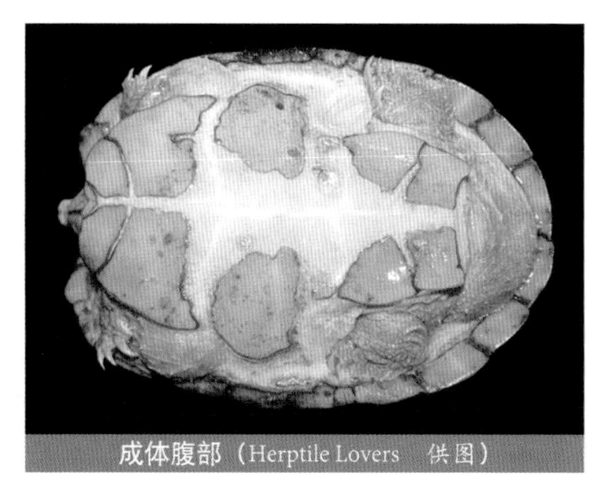
成体腹部（Herptile Lovers 供图）

成体背部（雌性）（Herptile Lovers 供图）

成体头部（雌性）（Herptile Lovers 供图）

幼体（Herptile Lovers 供图）

匣龟属 *Claudius* Cope, 1865

本属现生仅 1 种。主要特征：通常无腋盾和胯盾，若有，很小。甲桥与背甲靠韧带相连。腹甲具 8 枚盾片，无韧带。

匣龟属物种名单

序号	学名	中文名	亚种
1	*Claudius angustatus*	窄桥匣龟	/

Claudius angustatus Cope, 1865

英文名：Narrow–bridged Musk Turtle

中文名：窄桥匣龟

分　布：伯利兹，危地马拉，墨西哥

成体（雄性）（Herptile Lovers　供图）

形态描述：一种小型水栖淡水龟。背甲直线长度雄龟最大可达 16.5 厘米，雌龟最大可达 15 厘米。背甲椭圆形，具 3 条纵棱，随着年龄增长变得不明显，后侧缘盾不外展非锯齿状，第 10 缘盾，有时第 11 缘盾高于其他缘盾。第 1 ~ 4 椎盾的宽大于长，但第 5 椎盾长大于宽或长宽相当。第 1 椎盾向前裙状展开与前面 2 对缘盾接触。背甲盾片因生长轮和辐射纹可能会变得粗糙。腹甲很小，无韧带，“十”字形。甲桥非常窄（仅为腹甲长的 5%），腹甲与背甲通过韧带相连，无腋盾和胯盾。无喉盾和肱盾。胸盾缝>股盾缝>肛盾缝>腹盾缝。腹甲前叶和后叶都是三角形。腹甲和甲桥黄色。头部大，吻部微突出，上喙中央明显钩状，上喙

满辐射纹的雄性成体
（Herptile Lovers　供图）

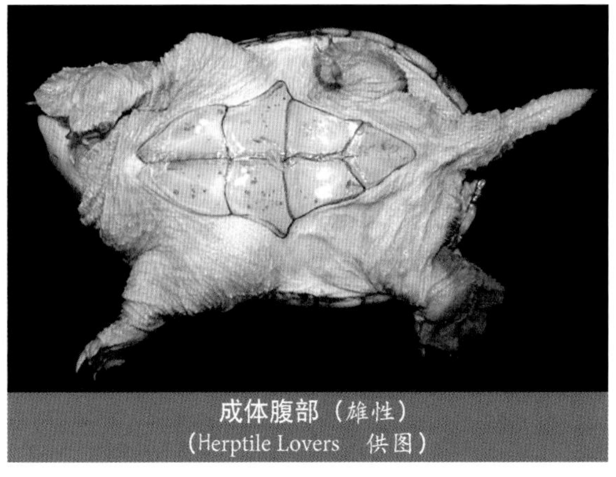
成体腹部（雄性）
（Herptile Lovers　供图）

中央两侧各形成 1 个尖状突。下喙中间钩状。颏部仅具 1 对触须。头部淡黄棕色至灰色具斑点状纹，喙淡黄色具深色条纹。颈部灰色具斑点状纹和几排疣粒。前肢前表面具 3 枚横向大鳞，指（趾）间具蹼。四肢灰棕色。

亚成体（乔轶伦　摄）

上喙中部三尖形（Herptile Lovers　供图）

幼体背部（Herptile Lovers　供图）

幼体腹部（Herptile Lovers　供图）

麝香龟属 *Staurotypus* Wagler, 1830

本属 2 种。主要特征：背甲椭圆形，具三纵棱，边缘非锯齿状；腹甲小，略具韧带，十字形，后叶窄三角形。腹甲具 7 枚盾片，腋盾和胯盾较大。头大，吻突出，上喙中央微钩状。

麝香龟属物种名录

序号	学名	中文名	亚种
1	*Staurotypus salvinii*	萨尔文麝香龟	/
2	*Staurotypus triporcatus*	墨西哥麝香龟	/

麝香龟属的种检索表

1a 背甲上两条侧纵棱延伸相对较长，头和喙具粗网状纹 …………………… 墨西哥麝香龟 *Staurotypus triporcatus*

1b 背甲上两条侧纵棱延伸相对较短，头部颜色单一或仅有一些深色网纹，喙黄色 …………………… 萨尔文麝香龟 *Staurotypus salvinii*

Staurotypus salvinii Gray, 1864

成体（雄性）（Herptile Lovers　供图）

英文名：Pacific Coast Musk Turtle

中文名：萨尔文麝香龟

分　布：萨尔瓦多，危地马拉，墨西哥

形态描述：一种小型水栖淡水龟。背甲直线长度雄龟最大可达18.6厘米，雌龟最大可达20.6厘米。背甲长椭圆形，成体背甲具3条纵棱，可能会随年龄增长变得不明显。中纵棱可从第1椎盾后部延伸到第11对缘盾间缝处。侧纵棱从第1肋盾延伸到第4肋盾。第1～4椎盾长大于宽，第5椎盾宽长大于长。后缘有些外展，第10和11缘盾相对第9缘盾上翘，第11缘盾最高；缘盾边缘平滑。*S.salvinii*的背甲与同属的*S.triporcatus*相比，更宽更扁平。背甲深棕色至橄榄灰色，有或无褪色的斑。腹甲小，具韧带，“十”字形，前叶可活动。前叶短于后叶，后叶向后变尖，无肛盾缺刻。无喉盾和肱盾；胸盾缝>肛盾缝><股盾缝>腹盾缝。腹盾和股盾宽大于长。甲桥窄，仅为腹甲长度的10%～20%，腋盾和胯盾大，甲桥和腹甲黄色至灰色。头大，吻突出，上喙中央微钩状。颏部具2条触须。头部灰色和橙色或具黄色斑，喙纯黄色。头部颜色随着年龄变深。指（趾）间具蹼，尾部具2排圆锥形的结节，四肢和尾部灰棕色。

成体背部（雄性）
（Herptile Lovers　供图）

成体腹部（雄性）
（Herptile Lovers　供图）

成体头部（雄性）
（Herptile Lovers　供图）

幼体（Herptile Lovers　供图）

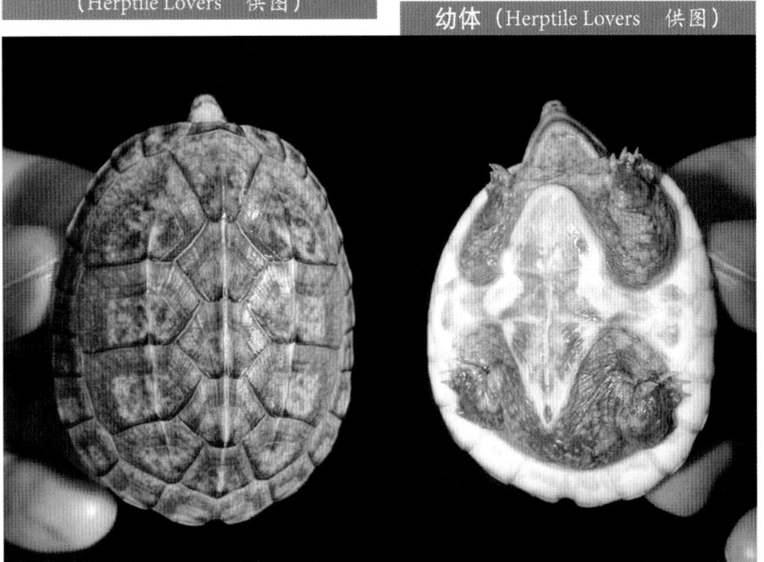

Staurotypus triporcatus（Wiegmann, 1828）

成体（John B. Iverson 摄，引自 Chelonian Research Monographs No.8，2021 年）

英文名：Northern Giant Musk Turtle

中文名：墨西哥麝香龟

分　布：伯利兹，危地马拉，洪都拉斯，墨西哥

形态描述：一种中大型水栖淡水龟。背甲直线长度雄龟最大可达 37.8 厘米，雌龟最大可达 40.2 厘米。背甲长椭圆形。成体背甲具 3 条明显的纵棱。中纵棱从第 1 椎盾后部延伸到第 5 椎盾。侧纵棱延伸长于 *S.salvinii*，贯穿整个肋盾。成体椎盾长大于宽，后缘非锯齿状略外展，第 9 和 11 缘盾相对第 8 缘盾上翘，第 11 缘盾最高。外观上，*S.triporcatus* 的背甲比同属 *S.salvinii* 更长更高。背甲棕色甲缝黄色，具深色辐射纹和斑点。腹甲小、“十”字形，胸盾和腹盾间具韧带。前叶短于后叶，前叶向前变圆钝，后叶向后变尖，无肛盾缺刻。无喉盾和肱盾；股盾缝＞胸盾缝＞肛盾缝＞＜腹盾缝。腹盾长宽相当和股盾窄。甲桥宽，为腹甲长度的 25%，腋盾和胯盾大，甲桥和腹甲黄色，有时甲缝深色。头大，吻突出，上喙中央钩状或微钩状。头淡黄色至橄榄色，具非常显眼的网状纹，一直延伸到喙。颏部具 2 条触须。指（趾）间具蹼，尾部具 2 排圆锥形的结节，四肢和尾部灰棕色。

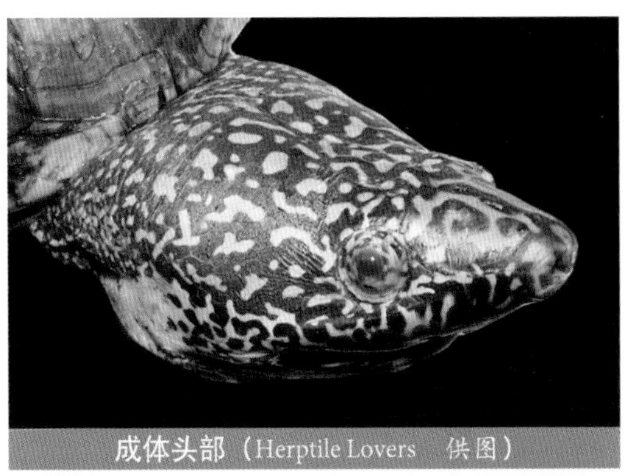
成体头部（Herptile Lovers　供图）

成体背部（雄性）（Herptile Lovers　供图）

幼体（Herptile Lovers　供图）

成体腹部（雄性）（Herptile Lovers　供图）

（九）龟科 Emydidae Rafinesque 1815

本科现生11属53种，除泽龟属分布于欧洲和西亚外，其他10属全部分布于美洲。栖息于河流、溪流、湖泊、池塘、河口、盐沼和森林等环境。食性复杂，因属而不同，如伪龟属明显为草食性；马来龟属为肉食性，以蜗牛、螃蟹和甲壳类为食；彩龟属幼体为肉食性，成体为草食性和杂食性。主要特征：头部竖直收回，吻部非管状、不伸长；龟壳骨化、完整，腹甲12枚，如具前部韧带，在舌板与下板之间，下缘盾不存在，第12缘盾与第5椎盾之间的甲缝覆盖在臀板上；前肢非桨状，后肢非柱状，指（趾）间具不同程度的蹼。

龟科的属检索表

1a 腹甲具发达的韧带 …… 2
1b 腹甲无发达的韧带 …… 3
2a 上喙中央具凹口，呈倒V形 …… 泽龟属 *Emys*
2b 上喙无凹口，呈钩状 …… 箱龟属 *Terrapene*
3a 颈长（吻到颈基部距离约为腹甲长） …… 鸡龟属 *Deirochelys*
3b 颈短（吻到颈基部距离约为腹甲长的1/2） …… 4
4a 上喙具明显的凹槽或齿状突 …… 5
4b 上喙无明显的凹槽或齿状突 …… 7
5a 背甲后缘锯齿状；具中纵棱 …… 6
5b 背甲后缘非锯齿状；无中纵棱 …… 锦龟属 *Chrysemys*
6a 上颚咀嚼面无平行于边缘伸出的瘤状嵴 …… 彩龟属 *Trachemys*
6b 上颚咀嚼面具平行于边缘伸出的瘤状嵴 …… 伪龟属 *Pseudemys*（部分）
7a 上颚咀嚼面具平行于边缘伸出的嵴或一排瘤状嵴 …… 伪龟属 *Pseudemys*（部分）
7b 上颚咀嚼面平滑或波状但无平行于边缘伸出的瘤状嵴 …… 8
8a 上颚咀嚼面窄 …… 9
8b 上颚咀嚼面宽 …… 11
9a 背甲具中纵棱 …… 木雕龟属 *Glyptemys*
9b 背甲无中纵棱 …… 10
10a 后肢趾间蹼发达，背甲无黄色斑点 …… 石斑龟属 *Actinemys*
10b 后肢趾间蹼不发达，背甲具黄色斑点 …… 水龟属 *Clemmys*
11a 背甲粗糙不平，盾片由生长轮形成的具同心纹和嵴，头和颈部没有纵条纹 …… 菱斑龟属 *Malaclemys*
11b 背甲平滑，无同心硬嵴或条纹形状，头和颈部具条纹 …… 图龟属 *Graptemys*

锦龟属 *Chrysemys* Gray, 1844

本属2种。主要特征：上颚具明显的凹槽或齿状突，背甲后缘非锯齿状；无中纵棱。

锦龟属物种名录

序号	学名	中文名	亚种
1	*Chrysemys dorsalis*	南部锦龟	/
2	*Chrysemys picta*	锦龟	*C. p. picta* *C. p. bellii* *C. p. marginata*

锦龟属的种及亚种检索表

1a 背甲具明显的红色或黄色中纵条带 ······ 南部锦龟 *Chrysemys dorsalis*
1b 背甲无红色或黄色中纵条带或背甲中纵条带不明显 ······ 2 锦龟 *Chrysemys picta*
2a 腹甲全黄色，无图案 ······ 东部锦龟 *Chrysemys p. picta*
2b 腹甲具深色图案 ······ 3
3a 腹甲深色图案不超过腹甲宽度的1/2 ······ 中部锦龟 *Chrysemys p. marginata*
3b 腹甲深色图案占据腹甲大部分 ······ 西部锦龟 *Chrysemys p. bellii*

Chrysemys dorsalis Agassiz, 1857

英文名：Southern Painted Turtle

中文名：南部锦龟

分　布：美国（亚拉巴马州、阿肯色州、伊利诺伊州、肯塔基州、路易斯安那州、密西西比州、密苏里州、俄克拉荷马州、田纳西州、得克萨斯州）

成体（站酷海洛）

形态描述：一种小型水栖淡水龟。背甲直线长度雄龟最大可达 11.5 厘米，雌龟最大可达 15.6 厘米。背甲扁平，平滑无纵棱，椭圆形；最高和最宽处都在中心处；后缘非锯齿状。椎盾通常宽大于长（虽然第 1 椎盾长宽相当或长略大于宽）。背甲橄榄色至黑色，沿甲缝具黄色或红色边，缘盾具红色带状纹或新月形纹。红色或黄色的背甲中纵条带明显。肛盾缺刻浅。腹盾缝＞＜肛盾缝＞喉盾缝＞胸盾缝＞股盾缝＞肱盾缝。腹甲和甲桥黄色。头部大小中等，吻部微突出，上喙中央具凹口，两边各具 1 个尖点。皮肤黑色至橄榄色。颈部、四肢和尾部具红色和黄色条纹；头部具黄色条纹。1 条黄色线从眼下向后延伸，可能与下喙处 1 条相似黄色线汇合。眼后具 1 个背外侧大黄斑和 1 个黄色条。颏部具 2 条宽黄线，在喙尖相遇，围住 1 个窄黄色条。指（趾）间具蹼。

幼体（站酷海洛）

幼体腹部（乔轶伦　摄）

Chrysemys picta（Schneider, 1783）

英文名：Painted Turtle

中文名：锦龟

分　布：加拿大，美国，墨西哥

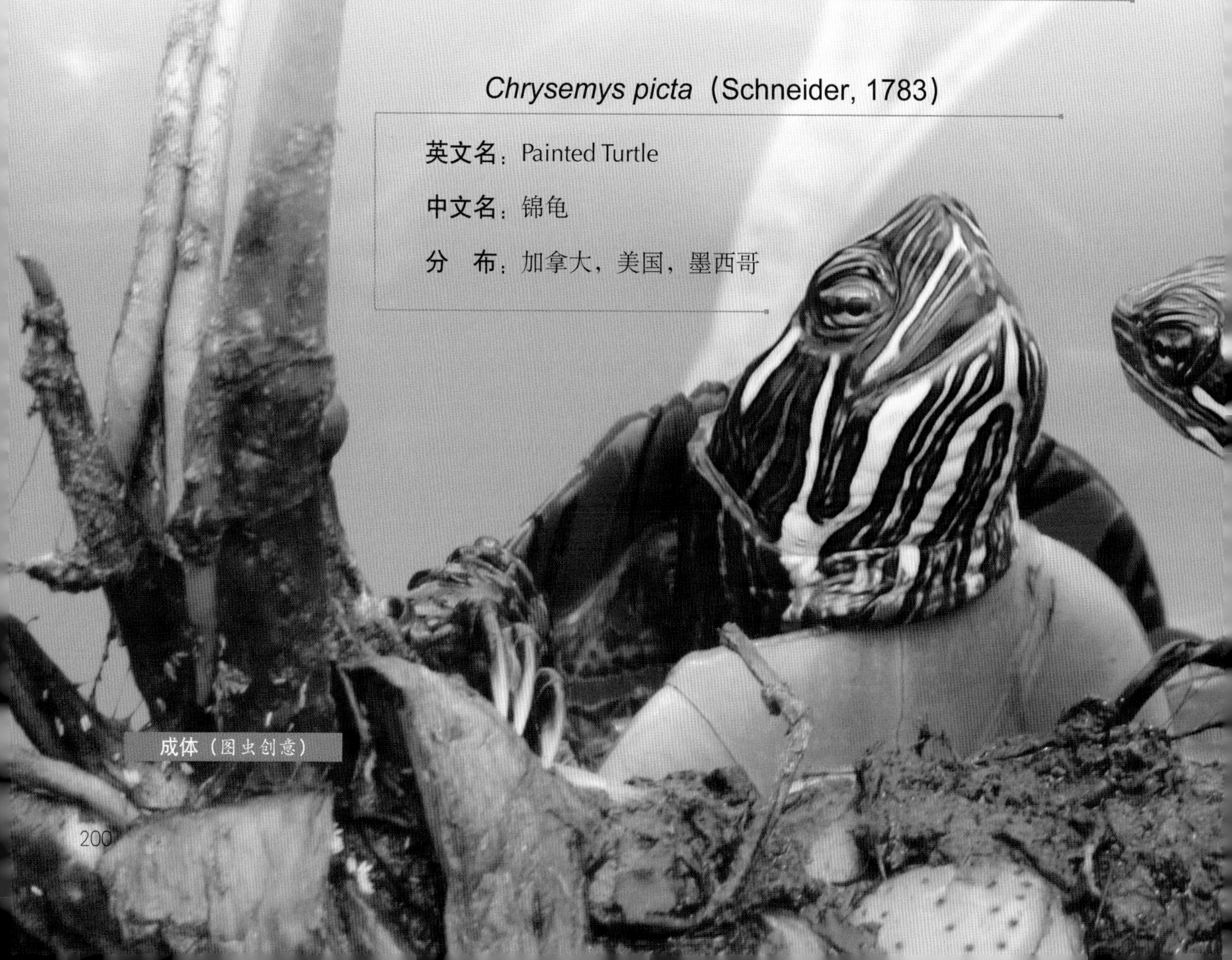
成体（图虫创意）

上喙中间 W 状（玷酷海洛）

形态描述：一种中型水栖淡水龟。背甲直线长度雄龟最大可达22.5厘米，雌龟最大可达26.6厘米。背甲扁平，平滑无纵棱，椭圆形；最高和最宽处都在中心处；后缘非锯齿状。椎盾通常宽大于长（虽然第1椎盾长宽相当或长略大于宽）。背甲橄榄色至黑色，沿甲缝具黄色或红色边，缘盾具红色带状纹或新月形纹。红色或黄色的背甲中纵条带常消失或不明显。肛盾缺刻浅。腹盾缝><肛盾缝>喉盾缝>胸盾缝>股盾缝>肱盾缝。腹甲和甲桥黄色；具或无黑色或红棕色斑块。头部大小中等，吻部微突出，上喙中央具凹口，两边各有1个尖点。皮肤黑色至橄榄色。颈部、四肢和尾部具红色和黄色条纹；头部有黄色条纹。1条黄色线从眼下向后延伸，可能与下喙处1条相似黄色线相汇合。眼后具1个背外侧大黄斑和1个黄条。颏部具2条宽黄色线，在喙尖相遇，围住1个窄黄色条。指（趾）间具蹼。

成体（Anders G.J. Rhodin 摄，引自 Chelonian Research Monographs No.8，2021 年）

地理亚种：

(1) *Chrysemys picta picta*（Schneider, 1783）

英文名：Eastern Painted Turtle

中文名：东部锦龟

分　布：加拿大，美国，墨西哥

成体腹部
（高品图像 Gaopinimages）

成体 （John B. Iverson 摄，引自 Chelonian Research Monographs No.8，2021 年）

(2) *Chrysemys picta bellii*（Gray, 1830）

英文名：Western Painted Turtle

中文名：西部锦龟

分　布：加拿大，美国

成体背部和腹部（高品图像 Gaopinimages）

幼体（乔轶伦　摄）

幼体腹部（乔轶伦　摄）

(3) *Chrysemys picta marginata* Agassiz, 1857

英文名：Midland Painted Turtle

中文名：中部锦龟

分　布：加拿大，美国

成体（James Harding　摄）

成体（James Harding 摄）

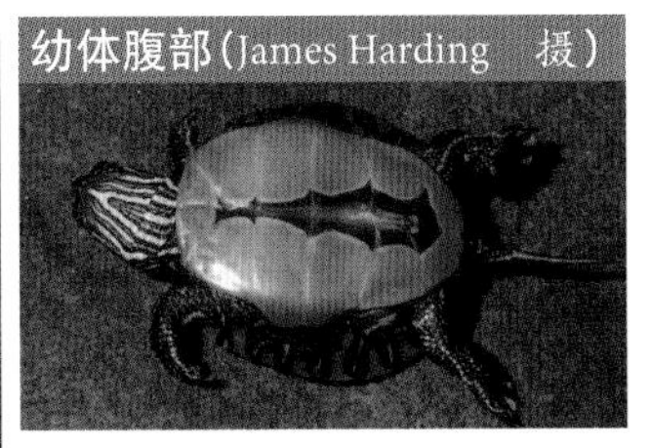
幼体腹部（James Harding 摄）

成体腹部（James Harding 摄）

亚种区别

东部锦龟 *Chrysemys picta picta*：沿背甲缝具交叉的椎盾和肋盾浅色缝边框，腹甲黄色。背甲中条纹窄，通常不存在或不明显。

西部锦龟 *Chrysemys picta bellii*：沿背甲缝具交叉的椎盾和肋盾缝边框，形成背甲网状图案；腹甲具深色大图形，沿甲缝形成分支，占据腹甲大部分面积。背甲中条纹通常不存在或不明显。

中部锦龟 *Chrysemys picta marginata*：沿背甲缝具交叉的椎盾和肋盾深色缝边框，以及腹甲具可变的黑色图形。这个图形通常不超过腹甲宽度的一半，也不沿甲缝延伸。背甲中条纹通常不存在或不明显。

鸡龟属 *Deirochelys* Agassiz, 1857

本属仅 1 种。主要特征：背甲花纹呈网状，腹甲淡黄色。颈部很长，吻部至颈基部的长度约等于腹甲长度，似鸡颈。

鸡龟属物种名录

序号	学名	中文名	亚种
1	*Deirochelys reticularia*	鸡龟	*D. r. reticularia* *D. r. chrysea* *D. r. miaria*

Deirochelys reticularia（Latreille, 1801）

成体（高品图像 Gaopinimages）

英文名：Chicken Turtle

中文名：鸡龟

分　布：美国

形态描述：一种中型水栖淡水龟。背甲直线长度雄龟最大可达 16.5 厘米，雌龟最大可达 26 厘米。背甲椭圆形，窄长扁平，最宽处在中心处之后，成体无中纵棱，后缘非锯齿状。背甲表面略粗糙，具纵向小雕刻纹。椎盾宽大于长。第 1 椎盾与颈盾和前 4 枚缘盾相连接。背甲棕褐色至橄榄色，具黄色网状纹。缘盾腹面黄色，甲缝处可能存在黑斑。腹盾缝＞肛盾缝＞喉盾缝＞股盾缝＞肱盾缝＞＜胸盾缝。甲桥具 1 ～ 2 块黑斑。腹甲黄色，西部亚种可能在甲缝边缘具黑色图案。头部窄长，吻部尖；上喙中央非钩状无凹口。头部和颈部的长度，几乎与腹甲长度相当，约为背甲长度的 75% ～ 80%。皮肤橄榄色至棕色，具黄色或白色条带。臀部具浅色纵条，前肢具非常宽的条带。指（趾）间具蹼。

腹部（Kurt A. Buhlmann 摄，引自 Chelonian Research Monographs No.5，2008 年）

幼体（乔轶伦　摄）

幼体腹部（乔轶伦　摄）

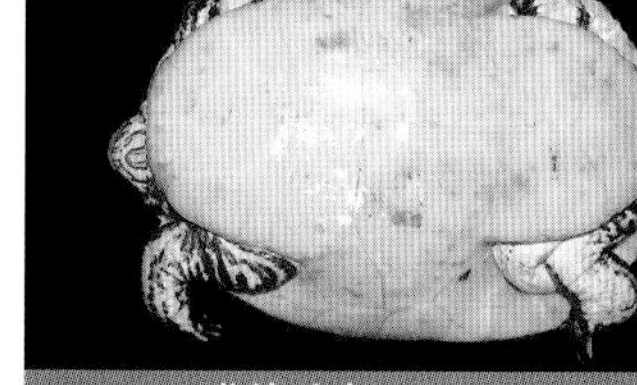
成体腹部（雌性）（Herptile Lovers　供图）

地理亚种：

(1) *Deirochelys reticularia reticularia*（Latreille, 1801）

英文名：Eastern Chicken Turtle

中文名：东部鸡龟

分　布：美国（亚拉巴马州、佛罗里达州、佐治亚州、路易斯安那州、密西西比州、北卡罗来纳州、南卡罗来纳州、弗吉尼亚州）

成体（Kurt A. Buhlmann 摄，引自 Chelonian Research Monographs No.8，2021 年）

(2) *Deirochelys reticularia chrysea* Schwartz, 1956

英文名：Florida Chicken Turtle

中文名：佛罗里达鸡龟

分　布：美国（佛罗里达州）

成体（雄性）（Herptile Lovers　供图）

成体背部（雄性）
（Herptile Lovers　供图）

成体腹部（雄性）
（Herptile Lovers　供图）

(3) *Deirochelys reticularia miaria* Schwart, 1956

英文名：Western Chicken Turtle

中文名：西部鸡龟

分　布：美国（阿肯色州、路易斯安那州、密西西比州、密苏里州、俄克拉何马州、得克萨斯州）

腹部（John L. Carr 摄，引自 Chelonian Research Monographs No.8，2021 年）

成体（John L. Carr 摄，引自 Chelonian Research Monographs No.8，2021 年）

亚种特征：

东部鸡龟 *D. r. reticularia* 相对佛罗里达鸡龟 *D. r. chrysea*，背甲具绿色或棕色的网状纹，背甲边缘色带窄。腹甲全黄色，无斑块。

佛罗里达鸡龟 *D. r. chrysea* 背甲上黄色或橙色的网状纹，背甲边缘色带宽。腹甲全黄色，无斑块。

西部鸡龟 *D. r. miaria* 甲壳较扁平，背甲网状纹不清晰。腹甲甲缝处具黑斑。

图龟属 *Graptemys* Agassiz, 1857

本属14种。分布于北美。主要特征：椭圆形背甲上具从微隆起到发达的棘或瘤节不同发育程度的中纵棱，后缘明显锯齿状。背甲的肋盾、椎盾、有些种类的缘盾常具浅色窄曲线或眼状纹，类似地图上等高线，因此得名“地图”龟。腹甲无韧带，腋盾和胯盾不发达。指（趾）间具蹼。

图龟属物种名录

序号	学名	中文名	亚种
1	*Graptemys barbouri*	蒙面地图龟	/
2	*Graptemys caglei*	卡氏地图龟	/
3	*Graptemys ernsti*	恩氏地图龟	/
4	*Graptemys flavimaculata*	黄斑地图龟	/
5	*Graptemys geographica*	地理地图龟	/
6	*Graptemys gibbonsi*	吉氏地图龟	/
7	*Graptemys nigrinoda*	黑瘤地图龟	/
8	*Graptemys oculifera*	环纹地图龟	/
9	*Graptemys ouachitensis*	沃西托地图龟	/
10	*Graptemys pearlensis*	珍珠河地图龟	/
11	*Graptemys pseudogeographica*	拟地图龟	*G. p. pseudogeographica* *G. p. kohnii*
12	*Graptemys pulchra*	亚拉巴马地图龟	/
13	*Graptemys sabinensis*	色宾河图龟	/
14	*Graptemys versa*	得州地图龟	/

图龟属的种和亚种检索表

1a 中纵棱低平，无明显的棘或突起 …… 2
1b 中纵棱发达，具明显的棘或突起 …… 3
2a 眼后有水平线状或J形微红色至橙色图案，背甲盾片明显凸起，体型较小 …… 得州地图龟 *Graptemys versa*
2b 眼后有黄色斑点，背甲盾片不凸起，体型中等至大 …… 地理地图龟 *Graptemys geographica*
3a 中纵棱具钝的、黑色圆结节 …… 黑瘤地图龟 *Graptemys nigrinoda*
3b 中纵嵴具窄的、锋利的突起 …… 4
4a 每枚肋盾有橙色或黄色的实心大斑 …… 黄斑地图龟 *Graptemys flavimaculata*
4b 每枚肋盾无橙色或黄色的实心大斑 …… 5
5a 每枚肋盾上有环状或卵状的浅色斑 …… 环纹地图龟 *Graptemys oculifera*
5b 每枚肋盾上无环状或卵状的浅色斑 …… 6
6a 眼后具浅色的实心大斑 …… 7

6b 眼后具浅色的窄线 …………………………………………………………………………………… 11
7a 颏部具曲线带或横带，缘盾具浅色窄带 ……………………………… 蒙面地图龟 *Graptemys barbouri*
7b 颏部具浅色纵带，缘盾具浅色宽带 ……………………………………………………………………… 8
8a 眶间斑不与或与眶后斑相连窄，吻部背面明显的三叉形浅色斑；有 1 对上枕骨斑或第 1 对颈中旁带向前延伸成球状 ………………………………………………………………… 恩氏地图龟 *Graptemys ernsti*
8b 眶间斑与眶后斑相连窄，吻部背面有或无三叉形浅色斑；几乎没有 1 对上枕骨斑或第 1 对颈中旁带向前延伸成球状 ……………………………………………………………………………………………… 9
9a 吻部三尖状眶间斑通常存在，每枚缘盾背表面有 1 条宽黄条 …………………………………… 10
9b 吻部无三尖状眶间斑，每枚缘盾背表面有一系列窄同心圆黄斑 ………… 亚拉巴马地图龟 *Graptemys pulchra*
10a 第 12 缘盾上的黄色带通常小于缘盾同轴长度的 50%；若大于 50%，黄色带位于 12 缘盾接缝处远端 ……… ……………………………………………………………… 珍珠河地图龟 *Graptemys pearlensis*
10b 第 12 缘盾上的黄色带通常大于缘盾同轴长度的 50% ………………………… 吉氏地图龟 *Graptemys gibbonsi*
11a 眼眶下方 1 条浅色带延伸到头部背表面，常常阻断颈带向眼眶延伸 ……………………………… 12
11b 眼眶后方 1 条浅色带延伸到头部背表面，没有阻断颈带向眼眶延伸 ……………………………… 13
12a 颏部具 1 条奶油色横带；下喙愈合处没有纵向黄斑，背甲盾片粗糙 ………… 卡氏地图龟 *Graptemys caglei*
12b 颏部无奶油色横带；下喙愈合处有纵向黄斑，背甲盾片光滑 …………………………………………… ……………………………………… 密西西比拟地图龟 *Graptemys pseudogeographica kohnii*
13a 眼后斑窄；如有，下喙斑小 ……… 拟地图龟指名亚种 *Graptemys pseudogeographica pseudogeographica*
13b 眼后斑方形，矩形或椭圆形，眶下有浅色大斑，下喙斑大 ……………………………………………… 14
14a 眶后斑方形或矩形，1 ~ 3 条颈带到达眼眶，面部每边各有 2 个浅色大斑，一个在眼下方，另一个在下喙 …… …………………………………………………………………… 沃西托地图龟 *Graptemys ouachitensis*
14b 眶后斑细长或椭圆形，5 ~ 9 条颈带到达眼眶，面部每边各有 2 个浅色小斑 …………………………… ………………………………………………………………………… 色宾河图龟 *Graptemys sabinensis*

Graptemys barbouri Carr & Marchand, 1942

成体（雌性）（Herptile Lovers 供图）

成体头部（雌性）（Herptile Lovers 供图）

英文名：Barbour's Map Turtle

中文名：蒙面地图龟

分　布：美国（亚拉巴马州、佛罗里达州、佐治亚州）

形态描述：一种中小型水栖淡水龟。背甲直线长度雄龟最大可达 13 厘米，雌龟最大可达 32.7 厘米。背甲具 1 条黑尖结节的中纵棱。第 2 和第 3 椎盾上的结节稍凹陷；第 1 和第 4 椎盾具低平的刺或嵴。椎盾宽大于长，第 1 椎盾最小，第 5 椎盾扩展。肋盾和缘盾具淡黄色至白色的椭圆形斑，图案后方开口（常在大型雌性个体上消失）。缘盾腹面后缝处具深色半圆形斑块。胸盾和腹盾存在发达的刺状突起，后叶

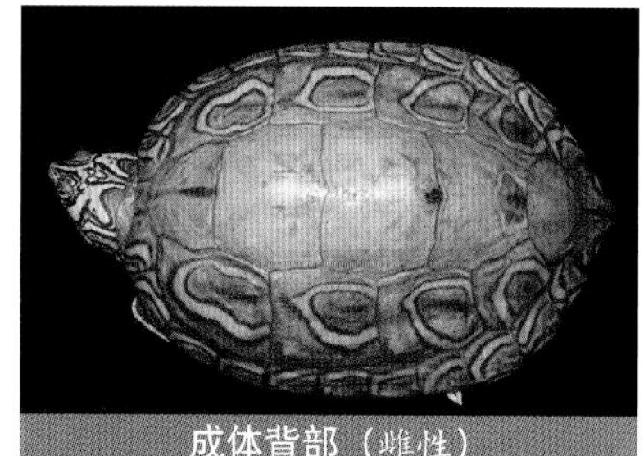
成体背部（雌性）
（Herptile Lovers　供图）

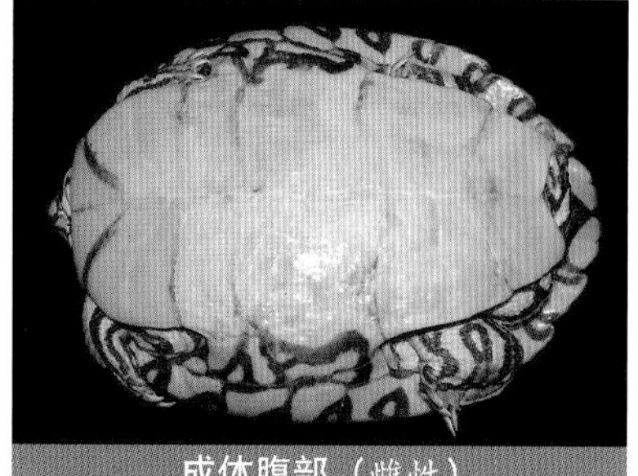
成体腹部（雌性）
（Herptile Lovers　供图）

具肛盾缺刻。腹盾缝＞肛盾缝＞股盾缝＞喉盾缝＞胸盾缝＞肱盾缝。腹甲青黄色至奶油色，除臀盾外每枚盾片后边缘具黑边；随年龄增长黑边褪去。雌性头部宽，雄性头部窄。吻部不突出，上喙中央非钩状无凹口。头部深棕色至橄榄色，具 3 个相互连接的浅色宽区域。1 个在吻部，另 2 个在眼后。颈背部具 12 ～ 14 个条带与眼后眶斑相连。颏部具 1 条弯曲浅色带，常与喙部曲线平行。其他部位皮肤棕色至橄榄色，具浅色条。

幼龟（高品图像 Gaopinimages）

Graptemys caglei Haynes & Mckown, 1974

成体（James H. Harding 摄，引自 Chelonian Research Monographs No.8，2021 年）

英文名：Cagle's Map Turtle

中文名：卡氏地图龟

分　布：美国（得克萨斯州）

形态描述：一种中小型水栖淡水龟。背甲直线长度雄龟最大可达12.6厘米，雌龟最大可达21.3厘米。背甲椭圆形（后侧较宽），微扁平，后缘锯齿状，中纵棱上具刺状突起。椎盾中部突起。背甲橄榄色至棕色，每枚盾片具黄色轮廓状图案，每枚椎盾中线后部棕色或黑色。腹甲发达，后叶具肛盾缺刻。腹盾缝＞肛盾缝＞股盾缝＞胸盾缝＞喉盾缝＞肱盾缝。腹甲奶油色，近甲缝具深色图案，每枚盾片可能会具黑色斑点。甲桥奶油色，具 4 条黑色纵带，第 5 ～ 8 缘盾腹面也有这样的黑色纵带。头部窄，吻部微尖，上颚咀嚼面不扩大。头部棕色至橄榄色，背面具 7 条奶油色条纹，中间的条纹最宽。在头部每边眼眶下面和前面向后和向上具宽色带，围绕眼眶形成一个完整的新月形图案，眼眶后中线处相遇形成 V 形图案（背视）。在这个位置还有几条窄条带，但不相交。1 条奶油色条纹横向延伸穿过下喙。颈部、四肢和尾部棕色至橄榄色，具许多奶油色至黄色条纹。

头颈部条纹图案（John B. Iverson 摄，引自 Chelonian Research Monographs No.7，2017 年）

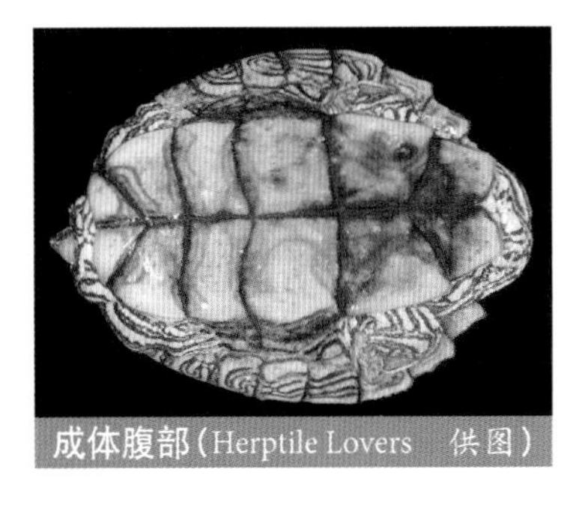
成体腹部（Herptile Lovers 供图）

幼体（Herptile Lovers 供图）

幼体腹部（Herptile Lovers 供图）

Graptemys ernsti Lovich & Mccoy, 1992

英文名：Escambia Map Turtle

中文名：恩氏地图龟

分　布：美国（亚拉巴马州，佛罗里达州）

成体（Jeffrey E. Lovich 摄）

形态描述：一种中小型水栖淡水龟。背甲直线长度雄龟最大可达 13.1 厘米，雌龟最大可达 28.5 厘米。背甲高拱，具中纵棱，椎盾后侧具扁瘤，在第 2 和第 3 椎盾上最明显。背甲橄榄色具 1 条中断黑条带。肋盾未端具相对宽的黄色环或蠕虫纹。每枚缘盾侧表面具 1 个黄色条。缘盾边缘具黑色斑。腹甲浅黄色，近缝处具深色图案，特别是垂直于腹甲长轴的甲缝。缘盾腹面具深色散开的宽边框，形成 1 ~ 2 个半圆。头部具 1 枚眶间大斑，未与头部两侧的眶后大斑相连。眶间斑前端

头背部图案（James C. Godwin 摄，引自 Chelonian Research Monographs No.5，2011 年）

明显三尖状。1 对上枕骨斑通常在眶后斑后延长处之间，与第 1 对颈中条带融合。背视颈部条带相对粗，通常尺寸大致相同，但有些条带可能变细。一些个体眼下部具浅色斑。皮肤棕色至橄榄色，有亮黄色或黄绿色条带或斑块。

亚成体（James C. Godwin. 摄，引自 Chelonian Research Monographs No.5，2011 年）

成体腹部（雌性）（James C. Godwin. 摄，引自 Chelonian Research Monographs No.5，2011 年）

成体（雌性）（James C. Godwin. 摄，引自 Chelonian Research Monographs No.5，2011 年）

Graptemys flavimaculata Cagle, 1954

英文名：Yellow–blotched Map Turtle, Yellow–blotched Sawback

中文名：黄斑地图龟

分　布：美国（密西西比州）

形态描述：一种中小型水栖淡水龟。背甲直线长度雄龟最大可达12.3厘米，雌龟最大可达22.3厘米。椎盾后侧具扁的黑色刺状突起，背甲后缘微锯齿状。椎盾宽大于长，第1椎盾最小。背甲橄榄色至棕色；每枚肋盾表面具1个宽环状纹或黄色斑块，每枚缘盾具宽黄色条或半圆形斑。腹甲后叶具肛盾缺刻。肛盾缝＞腹盾缝＞股盾缝＞＜胸盾缝＞喉盾缝＞肱盾缝。腹甲浅奶油色，沿甲缝延伸有黑色

成体（Peter V. Lindeman 摄，引自 Chelonian Research Monographs No.8，2021 年）

成体（左雌右雄）（Will Selman 摄，引自 Chelonian Research Monographs No.5，2011 年）

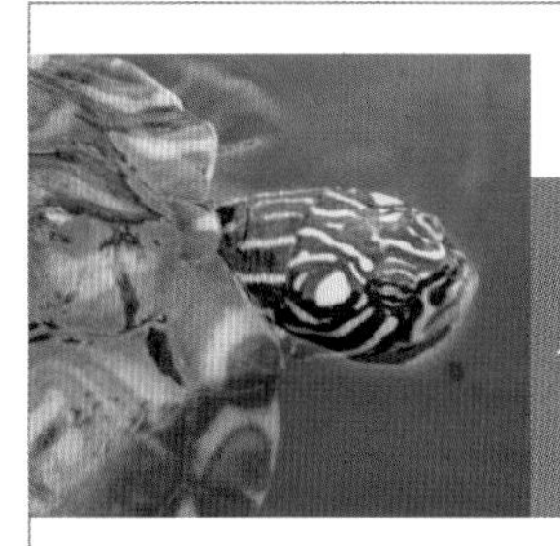
头部图案（Will Selman 摄，引自 Chelonian Research Monographs No.5，2011 年）

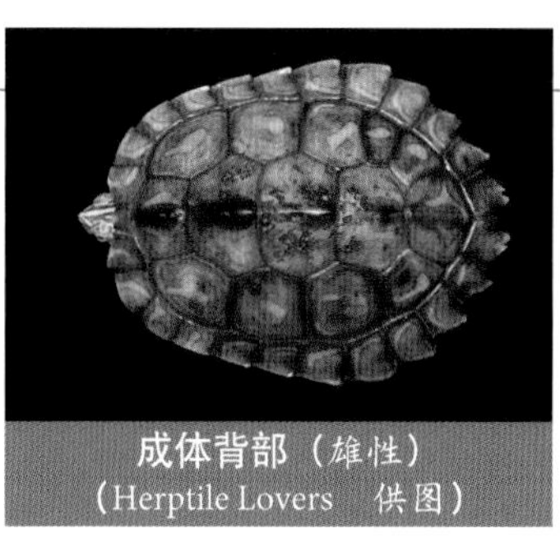
成体背部（雄性）（Herptile Lovers 供图）

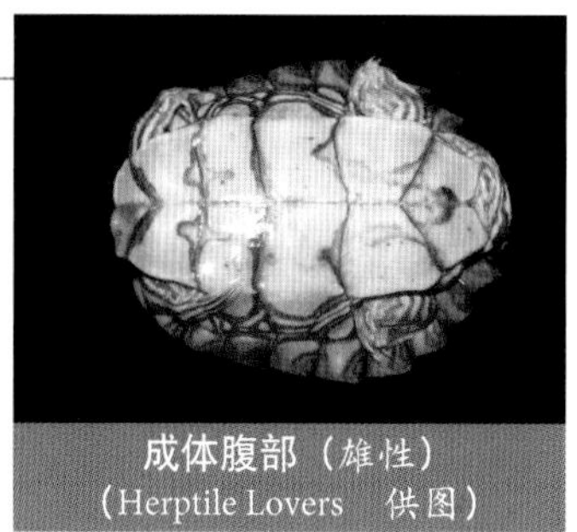
成体腹部（雄性）（Herptile Lovers 供图）

图案，图案随年龄褪去。头大小小至中等，吻部不突出，上喙中央非钩状无凹口。头部橄榄色具黄色条。后眶斑矩形，与1条颈纵条相连，这个纵条宽度至少是相邻黄条的2倍。2～4个颈条达到眼眶；眶间条窄于颈条纹。下喙具纵黄条，宽于橄榄绿色间缝；以黄色为主。颈部橄榄色，约有19个黄色条；颈腹面黄条纹宽度是背面的2倍。其他处皮肤橄榄色具黄色条。

Graptemys geographica（LeSueur, 1817）

英文名：Common Map Turtle, Northern Map Turtle

中文名：地理地图龟

分　布：加拿大，美国

成体（高品图像 Gaopinimages）

形态描述：一种中小型水栖淡水龟。背甲直线长度雄龟最大可达 16 厘米，雌龟最大可达 29.2 厘米。背甲具 1 条明显但低平的中纵棱，后缘明显锯齿状。椎盾宽大于长；第 1 椎盾最窄，第 5 椎盾外展。背甲橄榄色至棕色，有细黄线构成的网状图案。缘盾腹面具黄色圆形斑。甲桥宽，具肛盾缺刻。腹盾缝＞肛盾缝＞股盾缝＞胸盾缝＞＜喉盾缝＞肱盾缝。成体腹甲纯黄色至奶油色，幼体在甲缝边缘具深色图案甲桥上具浅色带。头部宽至中等宽，吻部不突出，上喙非钩状，无凹口。眶后图案略三角状，大小可变。通常颈部条带前端向上通过鼓膜，很少达到眼眶。下喙具黄色纵带，中间黄色带最宽。皮肤橄榄色至棕色，具黄色带。

成体（雌性）
（M. Ouellette 摄，引自 Chelonian [illegible]

腹部（雌性）（G. Bulté 摄，引自 Chelonian Research Monographs No.5，2018 年）

头颈部图案（J.B. Iverson. 摄，引自 Chelonian Research Monographs No.5，2018 年）

成体背部（左雄右雌）（G. Bulté 摄，引自 Chelonian Research Monographs No.5，2018 年）

成体（Jeffrey E. Lovich 摄，引自 Chelonian Research Monographs No.8，2021 年）

Graptemys gibbonsi Lovich & Mccoy, 1992

英文名：Pascagoula Map Turtle

中文名：吉氏地图龟

分　布：美国（密西西比州）

形态描述：一种中小型水栖淡水龟。背甲直线长度雄龟最大可达14.1厘米，雌龟最大可达29.5厘米。背甲高，具中纵棱，中纵棱上每枚椎盾后侧具扁结节；第2和第3椎盾上的结节最明显。背甲橄榄棕色，具1条黑色中条带（有些个体上中断），肋盾具相对宽的黄色环和蠕虫纹。每枚缘盾背面具单一的纵黄色条带，腹面具1条相对窄的深色带。腹甲浅黄色，近甲缝处具深色斑块。头部图案由1个眶间大斑与1对眶

成体头部（Herptile Lovers　供图）

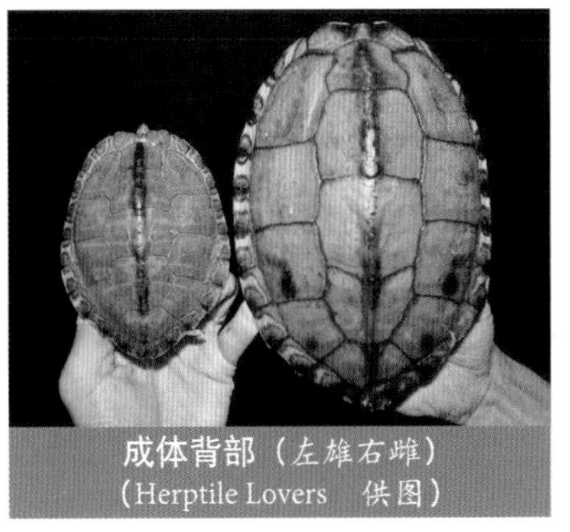
成体背部（左雄右雌）（Herptile Lovers　供图）

成体腹部（左雄右雌）（Herptile Lovers　供图）

后宽斑相连构成。多数个体眶间斑前部在眼眶和吻部之间呈三尖状。皮肤棕色至橄榄色，具浅黄色或黄绿色条带或斑块。

幼体（Herptile Lovers　供图）

成体（雄性）（Herptile Lovers　供图）

成体（雌性）（Herptile Lovers　供图）

Graptemys nigrinoda Cagle, 1954

英文名：Black-knobbed Map Turtle, Black-knobbed Sawback

中文名：黑瘤地图龟

分　布：美国（亚拉巴马州、密西西比州）

形态描述：一种中小型水栖淡水龟。背甲直线长度雄龟最大可达12厘米，雌龟最大可达22.1厘米。背甲具有宽的黑色圆形节状椎盾突起，后缘明显锯齿状。椎盾宽大于长，第1椎盾最小。背甲深橄榄色；每枚肋盾和缘盾具1个窄的，黄色或橙色，半圆形或圆形图案。腹甲后叶具肛盾缺刻。肛盾缝>腹盾缝>股盾缝>胸盾缝><喉盾缝>肱盾缝。腹甲黄色，常混有红色，具黑色分叉图案。头部窄，吻部不突出，上喙中央非钩状无凹口。头部黑色具黄条带；眶后图案是2个头顶新月形图案后部相连形成Y形图案。通常具2～4个进入眼眶的颈带；眶间带窄于颈带。下喙具黄条纵条带，与黑色间隙同宽。其他部分皮肤橄榄色，四肢具黄色条带。

成体背部（雄性）
（Herptile Lovers 供图）

成体腹部（雄性）
（Herptile Lovers 供图）

Graptemys oculifera（Baur, 1890）

英文名：Ringed Map Turtle, Ringed Sawback

中文名：环纹地图龟

分　布：美国（路易斯安那州、密西西比州）

成体（高品图像 Gaopinimages）

形态描述：一种中小型水栖淡水龟。背甲直线长度雄龟最大可达10.9厘米，雌龟最大可达21.5厘米。背甲具黑色刺状盾椎突起，侧面扁平，背甲后缘略锯齿状。椎盾宽大于长，第1椎盾最小。背甲深橄榄绿色；每枚肋盾具宽黄色或橙色环状斑，每枚缘盾具宽黄条或半环形图案。腹甲后叶具肛盾缺刻。腹盾缝>股盾缝><肛盾缝><胸盾缝>喉盾缝>肱盾缝。腹甲黄色或橙色，沿甲缝具橄榄棕色黑图案；该图案随年龄褪去。头部小至中等，吻部不突出，上喙中央非钩状无凹口。头部与其他皮肤一样，深橄榄色具黄条带。眶后斑图案多变：卵形，矩形或圆形，常常不与头背侧窄纵线相连。2条黄色宽条带与眼眶接触。眶间条纹宽，等于或大于最宽的颈条纹。下喙黄色纵条纹与黑色间隙同宽。颈部腹面具3条宽纵带。

成体背部
（高品图像 Gaopinimages）

亚成体（Herptile Lovers 供图）

亚成体腹部
（Herptile Lovers 供图）

亚成体
（Herptile Lovers 供图）

Graptemys ouachitensis Cagle, 1953

英文名：Ouachita Map Turtle

中文名：沃西托地图龟

分　布：美国（亚拉巴马州、阿肯色州、佐治亚州(?)、伊利诺伊州、印第安纳州、爱荷华州、堪萨斯州、肯塔基州、路易斯安那州、明尼苏达州、密西西比州、密苏里州、俄亥俄州、俄克拉荷马州、田纳西州、得克萨斯州、西弗吉尼亚州、威斯康星州）

成体（P.V. Lindeman 摄，引自 Chelonian Research Monographs No.5，2009 年）

形态描述：一种中型水栖淡水龟。背甲直线长度雄龟最大可达 16 厘米，雌龟最大可达 26 厘米。背甲椭圆形，中纵棱明显，具明显的低棘，后缘锯齿状。椎盾通常宽大于长，第 1 椎盾最小，宽等于长或长大于宽。背甲橄榄色或棕色，每枚肋盾具黄色蠕虫纹和深色斑块。缘盾上下面甲缝处具眼状纹。腹甲后叶具肛盾缺刻。腹盾缝＞肛盾缝＞股盾缝＞胸盾缝＞肱盾缝＞＜喉盾缝。腹甲奶油色至橄榄黄色有深色纵线。甲桥具深色条。头部窄至中等宽，吻部不突出，上喙中央非钩状无凹口。皮肤橄榄色至棕色或黑色，四肢、尾部、颏部和颈部具大量黄色条。眶后斑方形至矩形，通常向下延伸构成 1 条眶后颈条带；1 ~ 3 条颈条带达到眼眶。面部两侧各具 2 个浅色大斑，眼下 1 个，下喙 1 个，颏部常具横条带。

成体头部的眼后斑（Herptile Lovers　供图）

头部眼后斑向后延伸形成细条纹（Herptile Lovers　供图）

成体背部（雄性）（Herptile Lovers　供图）

成体腹部（雄性）（Herptile Lovers　供图）

Graptemys pearlensis Ennen, Lovich, Kreiser, Selman & Qualls, 2010

英文名：Pearl River Map Turtle

中文名：珍珠河地图龟

分　布：美国（路易斯安那州、密西西比州）

形态描述：一种中小型水栖淡水龟。背甲直线长度雄龟最大可达12.1厘米，雌龟最大可达29.5厘米。背甲高拱，具中纵棱，具1条黑色中条带，后缘锯齿状。深橄榄色至棕色，每枚肋盾具相对宽的黄色或橙色环和蠕虫纹。每枚缘盾腹面具1条相对宽的黄色或橙色带。第12缘盾上的黄色带通常小于缘盾同轴长度的50%，若大于50%，黄色带位于第12缘盾接缝处远端。腹甲黄色，甲缝处具深色斑，特别是第1～5缘盾，缘盾腹面具深色斑。皮肤棕色至橄榄色，具浅黄色或黄绿色的条带或斑块。头部图案由1个眶间大斑与1对眶后斑相连。多数个体眶间斑前部在眼眶和吻部之间呈三尖状。

成体（雄性）（Joshua Ennen. 摄，引自 Chelonian Research Monographs No.5，2016 年）

成体（左雄右雌）（Robert Jones 摄，引自 Chelonian Research Monographs No.5，2016 年）

头部图案（雄性）（Robert Jones 摄，引自 Chelonian Research Monographs No.5，2016 年）

成体（站酷海洛）

幼体（Robert Jones 摄，引自 Chelonian Research Monographs No.5，2016 年）

成体腹部（雄性）（Robert Jones 摄，引自 Chelonian Research Monographs No.5，2016 年）

Graptemys pseudogeographica（Gray, 1831）

英文名：False Map Turtle

中文名：拟地图龟

分　布：美国（亚肯色州、伊利诺伊州、印第安纳州、爱荷华州、堪萨斯州、肯塔基州、路易斯安那州、明尼苏达州、密西西比州、密苏里州、内布拉斯加州、北达科他州、俄克拉荷马州、南达科他州、田纳西州、得克萨斯州、威斯康星州）

形态描述：一种中小型水栖淡水龟。背甲直线长度雄性可达 15 厘米，雌性可达 27.7 厘米。背甲中纵棱明显，具明显的低棘，后缘锯齿状。背甲橄榄色至棕色，每枚肋盾具黄色虫形斑和深色斑块。缘盾背腹两面甲缝处具眼状纹。甲桥具浅色条。成体腹甲完全奶油色至黄色，但小个体甲缝具深色线。头部窄至中等宽，吻部不突出，上喙中央非钩状无凹口。皮肤橄榄色至棕色，四肢、尾部、颏部和颈部具大量窄黄色条。眶后斑小，形状多变，通常向下延伸构成 1 条眶后颈带，4 ~ 7 条颈条带达到眼眶（或一些颈条带被眶后颈条带阻断不到达眼眶）。

地理亚种：

(1) *Graptemys pseudogeographica pseudogeographica*（Gray, 1831）

英文名：Northern False Map Turtle

中文名：拟地图龟

分　布：伊利诺伊州、印第安纳州、爱荷华州、堪萨斯州、肯塔基州、明尼苏达州、密苏里州、内布拉斯加州、北达科他州、南达科他州、田纳西州、威斯康星州

成体（James H. Harding 摄，引自 Chelonian Research Monographs No.8，2021 年）

成体（雄性）（Herptile Lovers　供图）

成体背部（雄性）（Herptile Lovers　供图）

成体腹部（雄性）（Herptile Lovers　供图）

(2) *Graptemys pseudogeographica kohnii*（Baur, 1890）

英文名： Mississippi Map Turtle

中文名： 密密西比图龟

分　布： 阿肯色州、堪萨斯州、肯塔基州、路易斯安那州、密西西比州、密苏里州、俄克拉何马州、田纳西州、得克萨斯州

成体（Stanley E. Trauth 摄，引自 Chelonian Research Monographs No.8，2021 年）

成体（高品图像 Gaopinimages）

成体（雌性）（Herptile Lovers　供图）

成体背部（雌性）（Herptile Lovers　供图）

成体腹部（雌性）（Herptile Lovers　供图）

亚种特征：

Graptemys pseudogeographica kohnii 与指名亚种 *Graptemys pseudogeographica pseudogeographica* 不同之处：眼后的弧形条纹很长，通常阻断颈部条纹到达眼眶，虹膜白色（指名亚种为棕色或青铜色），和面积更为广泛的腹甲图案。

Graptemys pulchra Baur, 1893

英文名：Alabama Map Turtle

中文名：亚拉巴马地图龟

分　布：美国（亚拉巴马州、佐治亚州、密西西比州）

形态描述：一种中小型水栖淡水龟。背甲直线长度雄龟最大可达12.2厘米，雌龟最大可达27.9厘米。背甲相对低拱，具中纵棱，中纵棱上具侧面扁平的结节，第2和第3椎盾后侧最明显。背甲深橄榄色，具1条常中断的黑色中条带，每枚肋盾具黄色窄虫纹图案。每枚缘盾具一系列黄色同心纹。腹甲淡黄色，近接缝处偶尔具独立的深色斑块。缘盾腹面具一系列宽的同心纹。头部图案类似一个面罩，眶间斑宽大与1对相对窄的眶后斑融合。颈部条带相对宽，宽度略有不同。皮肤棕色至橄榄色，具淡黄色或黄绿色条带和斑块。

成体（雌性）（James C. Godwin 摄，引自 Chelonian Research Monographs No.5，2014年）

亚成体（雌性）（James C. Godwin 摄，引自 Chelonian Research Monographs No.5，2014年）

亚成体腹部（雌性）（James C. Godwin 摄，引自 Chelonian Research Monographs No.5，2014年）

成体（雄性）（Herptile Lovers 供图）

成体背部（雄性）（Herptile Lovers 供图）

成体腹部（雄性）（Herptile Lovers 供图）

成体（P.V. Lindeman 摄，引自 Chelonian Research Monographs No.5，2018年）

Graptemys sabinensis Cagle, 1953

英文名：Sabine Map Turtle

中文名：色宾河图龟

分　布：美国（路易斯安那州，得克萨斯州）

形态描述：一种小型水栖淡水龟。背甲直线长度雄龟最大可达 10.6 厘米，雌龟最大可达 15.5 厘米。背甲椭圆形，中纵棱明显，具明显低棘，后缘锯齿状。椎盾通常宽大于长，第 1 椎盾最小，宽等于长或长大于宽。背甲橄榄色或棕色，每枚肋盾具黄色虫饰纹和深色斑块。缘盾背腹面具眼状纹。甲桥具深色条。腹甲后叶具肛盾缺刻。腹盾缝＞肛盾缝＞股盾缝＞胸盾缝＞肱盾缝＞＜喉盾缝。腹甲奶油色至橄榄黄色，具深色纵线。头部窄至中等宽，吻部不突出，上喙中央非钩状无凹口。皮肤橄榄色至棕色或黑色，四肢、尾部、颏部和颈部具大量黄色条。眶后斑长条形至卵形，通常向下延伸构成 1 条眶后颈带；5 ~ 9 条颈带达到眼眶。面部两侧各具 2 个浅色大斑（相对 *Graptemys ouachitensis* 小），眼下 1 个，下喙 1 个，颏部常具横带。

成体腹部（P.V. Lindeman 摄，引自 Chelonian Research Monographs No.5，2018 年）

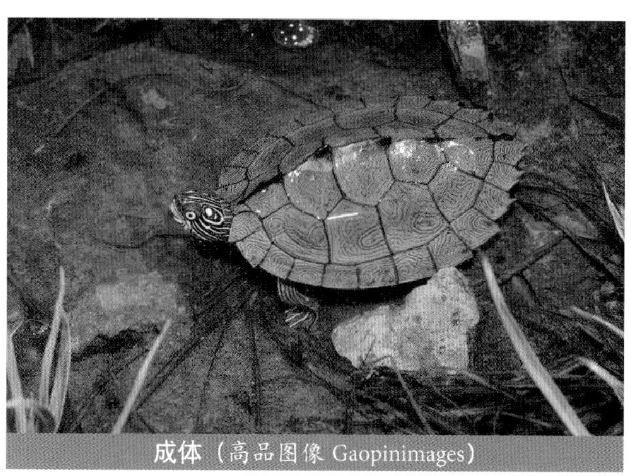
成体（高品图像 Gaopinimages）

成体（Herptile Lovers　供图）

幼体（Herptile Lovers　供图）

Graptemys versa Stejneger, 1925

英文名：Texas Map Turtle

中文名：得州地图龟

分　布：美国（得克萨斯州）

成体（雄性）（Peter V. Lindeman 摄，引自 Chelonian Research Monographs No.5，2016 年）

形态描述：一种中小型水栖淡水龟。背甲直线长度雄龟最大可达11.6厘米，雌龟最大可达21.4厘米。背甲椭圆形，背甲扁平，后侧宽，后缘明显锯齿状。中纵棱具较低结节，通常结节尖端黑色，在每个结节前面是黄色区域。背甲盾片明显凸起。背甲橄榄色，每枚盾片具黄色网线纹。缘盾背面具黄色网线纹，腹面具不规则深边黄色斑块。腹盾缝＞肛盾缝＞股盾缝＞胸盾缝＞＜肱盾缝＞＜喉盾缝。腹盾黄色，甲缝处具深色边线；甲桥具明显

成体（雌性）（Peter V. Lindeman 摄，引自 Chelonian Research Monographs No.5，2016 年）

亚成体（张轶伦 摄）

成体头颈部图示（Terry Hibbitts 摄，引自 Chelonian Research Monographs No.5，2016 年）

深色纵条。头部窄，吻部微尖状。头部橄榄色，每边各具1条平行线或J形的橙色或黄色眶后斑。这些斑末端向后延伸，形成颈部条带，3～6条黄色条带从鼓膜延伸到颈部，并进入眼眶。颏部具3个黄色或橙黄色圆斑。其他部位皮肤橄榄色，许多深色线包围黄色区域。

成体腹部（大雌小雄）（Peter V. Lindeman 摄，引自 Chelonian Research Monographs No.5，2016 年）

菱斑龟属 *Malaclemys* Gray, 1844

本属仅 1 种。主要特征：背甲表面粗糙不平，每枚盾片由生长轮形成同心纹或嵴，头部和颈部无纵条纹；上颚咀嚼面宽。

菱斑龟属物种名录

序号	学名	中文名	亚种
1	*Malaclemys terrapin*	钻纹龟	*M. t. terrapin* *M. t. centrata* *M. t. littoralis* *M. t. macrospilota* *M. t. pileata* *M. t. rhizophorarum* *M. t. tequesta*

菱斑龟属的亚种检索表

1a 中纵棱具向后的，有时为球状的瘤节 ………………………… 2

1b 中纵棱无向后的瘤节 ………………………… 6

2a 背甲盾片具黄色或橙色的中心 ………………………… 华丽钻纹龟 *Malaclemys terrapin macrospilota*

2b 背甲盾片无黄色或橙色的中心 ………………………… 3

3a 中纵棱后侧为球状瘤节 ………………………… 红树林钻纹龟 *Malaclemys terrapin rhizophorarum*

3b 中纵棱后侧无球状瘤节 ………………………… 4

4a 背甲最高处在中心之后，头部背表面白色 ………………………… 得克萨斯钻纹龟 *Malaclemys terrapin littoralis*

4b 背甲最高处在中心之前，头部背表面深棕色或黑色 ………………………… 5

5a 背甲边缘黄色或橙色，背甲盾片无同心环，头颈部具大量黑线 ………………………… 佛罗里达东海岸钻纹龟 *Malaclemys terrapin tequesta*

5b 背甲边缘非黄色或橙色，背甲盾片具同心环，头颈部具深色斑点 ………………………… 密西西比钻纹龟 *Malaclemys terrapin pileata*

6a 背甲最宽处明显在中间之后，第 8 缘盾处 ………………………… 北部钻纹龟 *Malaclemys terrapin terrapin*

6b 背甲两侧几乎平行，最宽处在中间或中间稍后处 ………………………… 卡罗莱那钻纹龟 *Malaclemys terrapin centrata*

Malaclemys terrapin（Schoepff, 1793）

英文名：Diamondback Terrapin, Diamond–backed Terrapin

中文名：钻纹龟

分　布：百慕大群岛，美国

形态描述：一种中型水栖淡水龟。背甲直线长度雄龟最大可达 18 厘米，雌龟最大可达 32 厘米。背甲椭圆形，最宽处在甲桥后面，后缘微锯齿状，中纵棱在低平不明显到突出多节之间变化。椎盾宽大于长；背甲灰色、浅棕色或黑色；若为浅棕色，盾片上被深色色块同心围绕。缘盾腹面和甲桥常有黑色斑点。腹甲椭圆形，后叶具肛盾缺刻。腹盾缝＞＜肛盾缝＞股盾缝＞喉盾缝＞胸盾缝＞肱盾缝。甲桥宽。腹甲通常是灰绿色至黄色，具深色斑点。头短，雄性较窄，而雌性较宽；头部扁平，背面颜色一致。吻部不突出，上喙无凹口或略凹口。头部和颈部灰色至黑色具斑点或曲线标记，无条纹。眼大，黑色，突出。下喙浅色，颏部可能黑色，四肢灰色至黑色，具斑点。

成体（雄性）(Herptile Lovers　供图)

成体（雄性）(Herptile Lovers　供图)

地理亚种：

(1) *Malaclemys terrapin terrapin*（Schoepff, 1793）

英文名：Northern Diamondback Terrapin

中文名：北部钻纹龟

分　布：百慕大，美国（亚拉巴马州、康涅狄格州、特拉华州、佛罗里达州、佐治亚州、路易斯安那州、马里兰州、马萨诸塞州、密西西比州、新泽西州、纽约州、北卡罗来纳州、罗得岛州、南卡罗来纳州、得克萨斯州、弗吉尼亚州）

成体（雄性）
背部（Herptile Lovers　供图）

成体腹部（雄性）
（Herptile Lovers　供图）

幼体（Herptile Lovers　供图）

(2) *Malaclemys terrapin centrata*（Latreille, 1801）

英文名：Carolina Diamondback Terrapin

中文名：卡罗莱那钻纹龟

分　布：百慕大，美国（佐治亚州、佛罗里达州、北卡罗来纳州、南卡罗来纳州）

成体（雄性）
（Herptile Lovers　供图）

幼体（Herptile Lovers　供图）

成体（雄性）
腹部（Herptile Lovers　供图）

成体背部（雄性）
（Herptile Lovers　供图）

(3) *Malaclemys terrapin littoralis* Hay, 1905

英文名：Texas Diamondback Terrapin

中文名：得克萨斯钻纹龟

分　布：美国（路易斯安那州、得克萨斯州）

成体（雄性）（Herptile Lovers　供图）

成体背部（雄性）
（Herptile Lovers　供图）

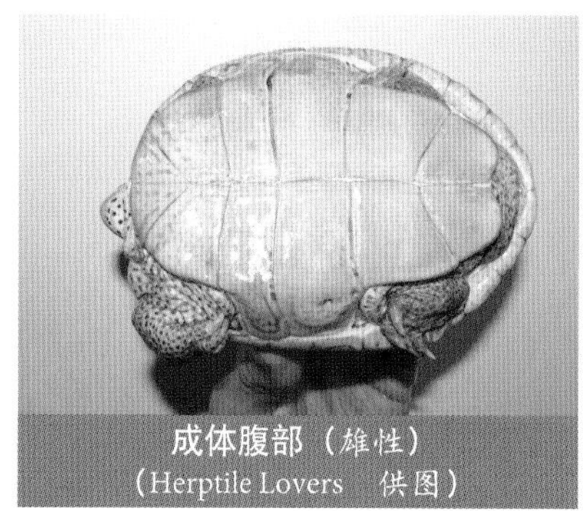

成体腹部（雄性）
（Herptile Lovers　供图）

幼体（Herptile Lovers　供图）

(4) *Malaclemys terrapin macrospilota* Hay, 1905

英文名：Ornate Diamondback Terrapin

中文名：华丽钻纹龟

分　布：美国（佛罗里达州）

成体（雄性）（Herptile Lovers　供图）

成体背部（雄性）
（Herptile Lovers 供图）

成体腹部（雄性）
（Herptile Lovers 供图）

幼体（Herptile Lovers 供图）

（5）*Malaclemys terrapin pileata* （Wied–Neuwied, 1865）

英文名：Mississippi Diamondback Terrapin

中文名：密西西比钻纹龟

分　布：美国（亚拉巴马州、佛罗里达州、路易斯安那州、密西西比州）

成体（Andrew T. Coleman 摄，引自 Chelonian Research Monographs No.8，2021 年）

腹部（Jennifer Frey 摄，引自 Chelonian Research Monographs No.8，2021 年）

幼体（Herptile Lovers 供图）

成体背部（左雄右雌）
（Herptile Lovers 供图）

成体腹部（左雄右雌）
（Herptile Lovers 供图）

幼体（Herptile Lovers 供图）

（6）*Malaclemys terrapin rhizophorarum* Fowler, 1906

英文名：Mangrove Diamondback Terrapin

中文名：红树林钻纹龟

分　布：美国（佛罗里达州）

成体（Brian Mealey 摄，引自 Chelonian Research Monographs No.8，2021 年）

(7) *Malaclemys terrapin tequesta* Schwartz, 1955

英文名：Eastern Florida Diamondback Terrapin

中文名：佛罗里达东海岸钻纹龟

分　布：美国（佛罗里达州）

成体（Richard D. Bartlett 摄，引自 Chelonian Research Monographs No.8，2021 年）

亚种特征：

Malaclemys terrapin terrapin 中纵棱无末端突起；背甲两侧后部外分。背甲颜色在全黑色至浅棕色具明显同心深色环之间变化；腹甲颜色在橙色至灰绿色之间变化。

Malaclemys terrapin centrata 中纵棱每枚盾片无末端突起，背甲两侧几乎平行；缘盾边缘上翻；在其他方面类似于 *M. t. terrapin*。

Malaclemys terrapin littoralis 深色中纵棱每枚盾片具末端节，背甲盾片没有明显的浅色中心，腹甲灰白色或白色，上喙和头顶部白色，颈部和四肢绿灰色具黑色斑点。

Malaclemys terrapin macrospilota 中纵棱具末端突起，背甲盾片具橙色或黄色中心。

Malaclemys terrapin pileata 中纵棱具末端瘤状突起，背甲椭圆形，盾片上无浅色中心。头顶部，上喙，颈部和四肢黑色或深棕色，缘盾边缘上翻，橙色或黄色，腹甲黄色具暗色斑。

Malaclemys terrapin rhizophorarum 中纵棱具末端球状突起，背甲明显长方形，盾片上无浅色中心。缘盾腹面和腹甲盾片缝处常为黑色轮廓。颈部斑点常融合形成条状图案，后肢具条纹。

Malaclemys terrapin tequesta 中纵棱具末端突起。背甲深色或棕褐色无同心浅色环状图案。大盾片中心颜色比周围区域略浅。

伪龟属 *Pseudemys* Gray, 1856

本属7种。主要特征：背甲以绿色为主，背甲椭圆形，后缘呈锯齿状；腹甲无韧带，腋盾和胯盾极短。伪龟属仅限北美洲，与鸡龟属、彩龟属、图龟属、菱斑龟属亲缘关系近。

伪龟属物种名录

序号	学名	中文名	亚种
1	*Pseudemys alabamensis*	亚拉巴马伪龟	/
2	*Pseudemys concinna*	河伪龟	*P. c. concinna* *P. c. floridana* *P. c. suwanniensis*
3	*Pseudemys gorzugi*	格兰德伪龟	/
4	*Pseudemys nelsoni*	纳氏伪龟	/
5	*Pseudemys peninsularis*	半岛伪龟	/
6	*Pseudemys rubriventris*	红腹伪龟	/
7	*Pseudemys texana*	得州伪龟	/

伪龟属的种和亚种检索表

1a 吻部背表面具前额箭图案，由1条矢状条纹向前经眼间与左右颞上条带吻尖相遇形成的图案 ………………… 2
1b 不存在前额箭图案 ………………………………………………………………………… 4
2a 头部正中旁条带止于眼后 ……………………………………… 纳氏伪龟 *Pseudemys nelsoni*
2b 头部正中旁条带经眼间向前止于眼部与吻部之间 ………………………………………… 3
3a 背甲中间隆起，仅分布于亚拉巴马和密西西比海湾海岸平原 ……… 亚拉巴马伪龟 *Pseudemys alabamensis*
3b 背甲中间扁平，仅分布于大西洋海岸平原 ……………………… 红腹伪龟 *Pseudemys rubriventris*
4a 第2肋盾具浅色C形或一系列螺纹图案，腹甲具深色斑 ……………………………… 5
4b 第2肋盾无浅色C形或一系列螺纹图案，腹甲全黄色 ……………………………… 8
5a 第2肋盾具浅色C形图案 ……………………………………………………………… 6
5b 第2肋盾无浅色C形图案 ……………………………………………………………… 7
6a 具多于11条头部条带和颈部条带，后肢前表面可能具浅色带；背甲和皮肤棕色，具黄色带；颈盾腹面长度大于背面长度的35% ……………………… 河伪龟指名亚种 *Pseudemys concinna concinna*
6b 具少于11条的头带和颈带，后肢前表面无浅色带；背甲和皮肤黑色，具绿色或黄色带；颈盾腹面长度小于背面长度的35% ……………………… 萨旺尼河伪龟 *Pseudemys concinna suwanniensis*
7a 第2肋盾具4～5个浅色中心的螺纹图案，分布限于格兰德河 ……………… 格兰德伪龟 *Pseudemys gorzugi*
7b 第2肋盾具5～6个深色中心的螺纹图案，分布限于得克萨斯的中部 …………… 得州伪龟 *Pseudemys texana*
8a 多个头部条带，无“发卡”图案；胯盾上有 深色斑；佛罗里达半岛分布…………………………… ……………………… 佛罗里达河伪龟 *Pseudemys concinna floridana*
8b 头背部有“发卡”图案；胯盾上无深色斑；仅分布于佛罗里达半岛 ……… 半岛伪龟 *Pseudemys peninsularis*

Pseudemys alabamensis Baur, 1893

英文名：Alabama Red–bellied Cooter

中文名：亚拉巴马伪龟

分　布：美国

成体（Robert H. Mount 摄，引自 Chelonian Research Monographs No.8，2021 年）

形态描述：一种中型水栖淡水龟。背甲直线长度雄龟最大可达 29.5 厘米，雌龟最大可达 37.5 厘米。背甲偏长，高拱，沿椎盾提升，表面粗糙，最高点常在中心处之前，最宽处在中心处。椎盾宽大于长，第 1 椎盾最窄，第 5 椎盾向后裙状展开。后侧缘盾锯齿状。背甲橄榄色至黑色，肋盾和缘盾上具红色至黄色条带。第 2 肋盾具 1 个浅色宽横条，可能形成 Y 形图案。腹甲后叶具肛盾缺刻。腹盾缝 > 肛盾缝 > 股盾缝 > 胸盾缝 > 喉盾缝 > 肱盾缝。腹甲红黄色，可能具深色图案，也可能在背甲和甲桥具深色图案。头部中等大小，吻部不突出，上喙中央明显具凹口，边缘具齿状突。皮肤橄榄色至黑色，具黄色条带。上颞条带和中旁头部条带明显且平行排列，不在眼眶后面相交。颞上条带向前通过眼眶，在鼻孔后上方相交。1 条箭状条带向前经过眼眶间，与颞上条带交点处相连接，形成 1 个前额箭状图案。

成体（高品图像 Gaopinimages）

亚成体（高品图像 Gaopinimages）

幼体（Herptile Lovers　供图）

幼体腹部（Herptile Lovers　供图）

Pseudemys concinna（Le conte, 1830）

英文名：River Cooter

中文名：河伪龟

分　布：美国

形态描述：一种中大型水栖淡水龟。背甲直线长度雄龟最大可达 33 厘米，雌龟最大可达 43.7 厘米。背甲椭圆形，偏长。幼体中纵棱明显，成体中纵棱退化限于后侧椎盾或消失。第 1 椎盾长宽相当或长大于宽，第 2 ～ 5 椎盾宽大于长。背甲绿色至橄榄色或深棕色至黑色。浅色图案从窄横条带至波网纹变化。后缘微锯齿状。腹甲后叶具肛盾缺刻。腹盾缝＞肛盾缝＞股盾缝＞＜胸盾缝＞＜喉盾缝＞＜肱盾缝。腹甲黄色至浅橙色，常沿着甲缝向外扩散具对称波纹状深色图案。在缘盾腹面和甲桥处具深色斑迹。一些种群中这些斑迹可能消失，大大减少或高度变化。头部大小中等，吻部微突出，上喙平滑或具微凹口，一些种群边缘具短的齿状突。皮肤橄榄色，棕色或黑色具变化的奶油色或黄色条带。在鼓膜上方和后方，上颞条带通常宽。颈部、四肢和尾部具黄色条带。老年个体可能部分黑化，仅头部具图案，四肢和甲壳被深棕色或黑色蠕虫纹遮盖。

成体（雌性）（Herptile Lovers　供图）

地理亚种：

(1) *Pseudemys concinna concinna*（Le conte, 1830）

英文名：Eastern River Cooter

中文名：河伪龟

分　布：美国（亚拉巴马州、阿肯色州、佛罗里达州、佐治亚州、伊利诺伊州、印第安纳州、堪萨斯州、肯塔基州、路易斯安那州、密西西比州、密苏里州、北卡罗来纳州、俄亥俄州、俄克拉荷马州、南卡罗来纳州、田纳西州、得克萨斯州、弗吉尼亚州、西弗吉尼亚州）

幼体（乔轶伦　摄）

成体背部（雌性）
（Herptile Lovers　供图）

成体腹部（雌性）
（Herptile Lovers　供图）

成体头部正面观（雌性）
（Herptile Lovers　供图）

(2) *Pseudemys concinna floridana*（Le conte, 1830）

英文名：Coastal Plain Cooter, Pond Cooter, Florida Cooter

中文名：佛罗里达伪龟

分　布：美国（亚拉巴马州、佐治亚州、佛罗里达州、密西西比州、北卡罗来纳州、南卡罗来纳州、弗吉尼亚州）

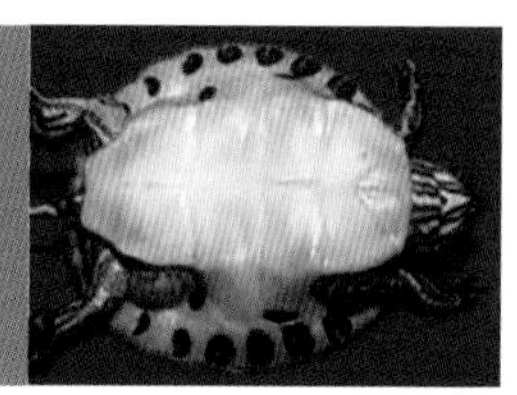

腹部（John B. Iverson 摄，引自 Chelonian Research Monographs No.8，2021 年）

成体（John Jensen 摄，引自 Chelonian Research Monographs No.8，2021 年）

（3）*Pseudemys concinna suwanniensis* Carr, 1937

英文名：Suwannee Cooter

中文名：萨旺尼河伪龟

分　布：美国（佛罗里达、佐治亚州）

腹部（George L. Heinrich 摄，引自 Chelonian Research Monographs No.8，2021 年）

成体（Dale R. Jackson 摄，引自 Chelonian Research Monographs No.8，2021 年）

亚种特征：

Pseudemys concinna concinna 多于 11 条头部黄条带和颈部黄条带，第 2 肋盾上具 C 形图案，腹甲具深色图案；上喙切面不规则或具中央凹口。

Pseudemys concinna floridana 少于 11 条头部条带和颈部条带，第 2 肋盾上具 1 条或多条波纹带，腹甲无深色图案；上喙中央无凹口。

Pseudemys concinna suwanniensis 头部黑色具黄色线（无黄色斑），第 2 肋盾上具 C 形图案，腹甲具深色图案；雄性背甲随年龄会黑化。

Pseudemys gorzugi Ward, 1984

成体（Charles W. Painter 摄，引自 Chelonian Research Monographs No.8，2021 年）

英文名：Rio Grande Cooter

中文名：格兰德伪龟

分　布：墨西哥，美国

形态描述：一种中大型水栖淡水龟。背甲直线长度雄龟最大可达 28.4 厘米，雌龟最大可达 40 厘米。背甲椭圆形，偏长，背面扁平，具 1 条不明显中纵棱，后缘锯齿状。肋盾具纵向浅沟。椎盾宽大于长。背甲橄榄色至褐绿色，每枚盾片上具黑黄交替的环状图案。第 2 肋盾具 4 个明显的黑黄同心环图案。缘盾腹面缝处具相同黑黄交替的环状图案。幼体甲桥具 2 个深色横带，但成体上仅限在腋盾和胯盾区域。腹甲后缘具肛盾缺刻。幼体腹甲黄色，甲缝黑色，成熟后，深色缝褪去，仅喉盾－肱盾和肱盾－胸盾保留黑色边。上喙平滑，中央无凹口或齿状突起。咀嚼面具一簇发达的小齿状突起。头部、颈部、四肢和尾部绿色具黄色条带。眶后斑为具深色边框黄色中心的椭圆形眼状斑。颞部条带超过眶后斑，向前变宽，止于嘴角后方。从颈部到吻尖具 1 个宽的箭形带，因为无颞上条带，缺少额前箭状斑。颏部具 1 个 Y 形宽条带。

亚成体背部（Herptile Lovers　供图）

幼体（Herptile Lovers　供图）

亚成体腹部（Herptile Lovers　供图）

亚成体（文文野爷　摄）

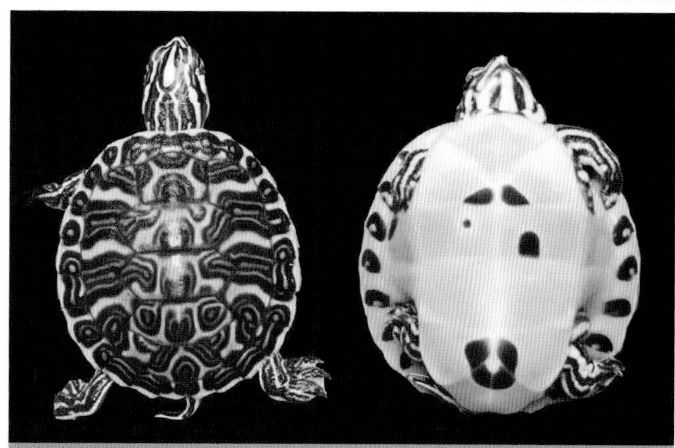

成体（高品图像 Gaopinimages）

幼体（纳灵优作　供图）

Pseudemys nelsoni Carr, 1938

英文名：Florida Red–bellied Cooter

中文名：纳氏伪龟

分　布：美国（佛罗里达州、佐治亚州）

形态描述：一种中型水栖淡水龟。背甲直线长度雄龟最大可达 30 厘米，

雌龟最大可达 37.5 厘米。背甲高拱、偏长，最高点在中心处之前，最宽在中心处，后缘微锯齿状。成体无中纵棱。第 1 椎盾长大于宽或长宽相当，第 2 ~ 5 椎盾宽大于长。背甲颜色多变，但常为黑橄榄色，肋盾和缘盾具红色或黄色的图案。第 2 肋盾具 1 条浅色中条带，向肋盾后部明显变曲，到达后上边缘，这条带常有分支，形成 Y 形图案。每枚缘盾背面中间具 1 条红色带，腹面甲缝处具污点状深色斑。年长个体会出现黑化现象。腹甲后叶具肛盾缺刻。腹盾缝>肛盾缝>胸盾缝><股盾缝>喉盾缝>肱盾缝。甲桥通常无斑，但有时也会具深色斑。腹甲橙红色，中间具清楚图案，或图案随年龄而褪色。头部大小中等，吻部不突出，上喙中央具明显凹口，边缘具齿状突起。皮肤黑色具黄色条带，具黄色前额箭状图案。眼后上颞间具 1 ~ 2 条黄色条带，头部正中旁条带通常退化，常止于眼后。

成体头部（雄性）（Pierson Hill 摄，引自 Chelonian Research Monographs No.5，2010 年）

成体（雄性）（Pierson Hill 摄，引自 Chelonian Research Monographs No.5，2010 年）

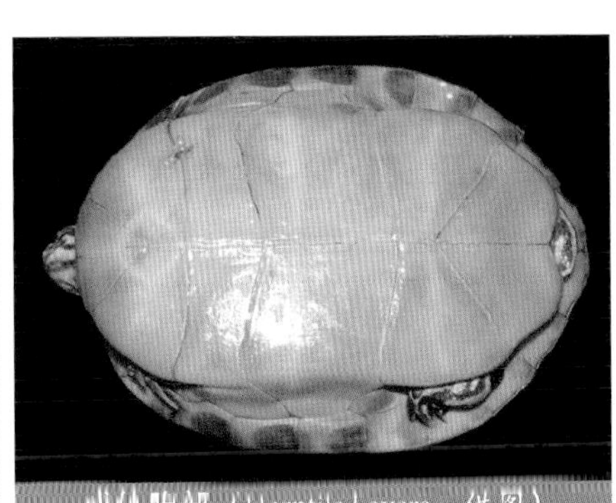

成体腹部（Herptile Lovers 供图）

Pseudemys peninsularis Carr, 1938

英文名：Peninsula Cooter

中文名：半岛伪龟

分　布：美国（佛罗里达半岛）

成体（Richard D. Bartlett 摄，引自 Chelonian Research Monographs No.8，2021 年）

形态描述：一种中型水栖淡水龟。背甲直线长度雄龟最大可达 32 厘米，雌龟最大可达 38 厘米。背甲高拱、偏长，最高点在中心处，最宽处在中心处之后，后缘微锯齿状。第 1 椎盾可能长大于宽或长宽相当，第 2 ~ 5 椎盾宽大于长。背甲棕色至黑橄榄色，具黄色图案。第 2 肋盾具宽黄带，可能向上或向下或向上向下分叉。其他肋盾和椎盾具网状浅色斑。每枚缘盾背面中间具 1 条黄条带。腹甲后叶具肛盾缺刻。腹盾缝＞肛盾缝＞股盾缝＞＜胸盾缝＞喉盾缝＞肱盾缝。腹甲和甲桥黄色，通常具分离的深色斑。前部缘盾腹面到甲桥甲缝处具实心但有时为黄色中心的深色斑。头部大小中等，吻部微突出，上喙中央无凹口或尖状突起。喙边缘平滑至微锯齿状。皮肤常黑橄榄色，具黄色或奶油色带，眼后颞上带和头部正中旁条带合并，形成“发夹”图案。在眼眶和鼓膜间通常无眶后带。颈部腹面具黄色宽带，颏部中带向后分叉形成 Y 形图案。

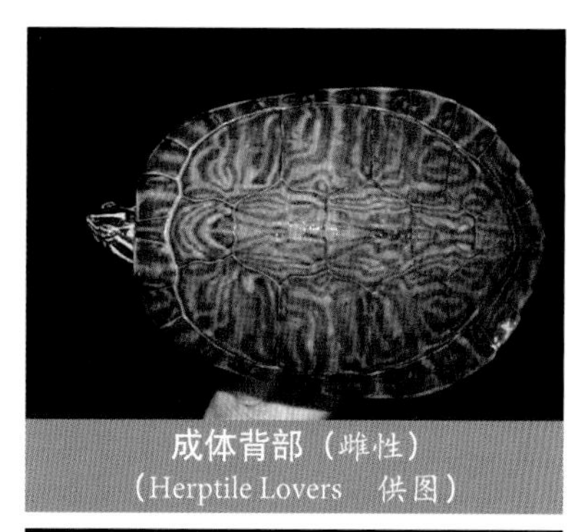
成体背部（雌性）
（Herptile Lovers　供图）

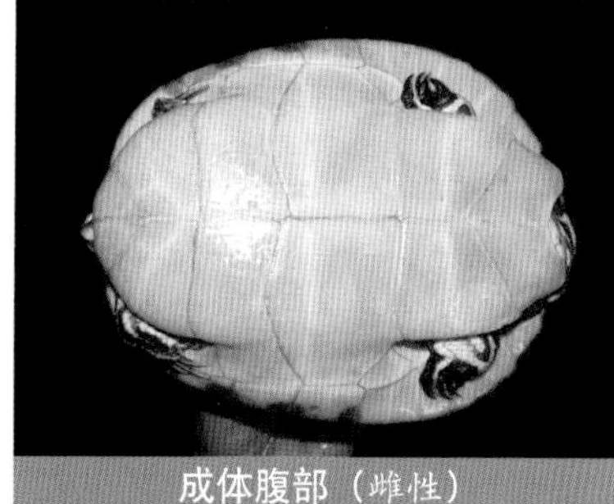
成体腹部（雌性）
（Herptile Lovers　供图）

Pseudemys rubriventris（Le conte, 1830）

成体（James H. Harding 摄，引自 Chelonian Research Monographs No.8，2021 年）

英文名：Northern Red–bellied Cooter

中文名：红腹伪龟

分　布：美国

形态描述：一种中型水栖淡水龟。背甲直线长度雄龟最大可达 31.2 厘米，雌龟最大可达 33.7 厘米。背甲扁平、偏长，最高点在中心处，最宽处在中心处之后，后缘微锯齿状。第 1 椎盾长大于宽或长宽相当，第 2 ~ 5 椎盾宽大于长。背甲棕色至黑橄榄色，椎盾和肋盾具红色或黄色图案。第 2 肋盾具浅色宽横带，向上或向下或向上向下分叉。每枚缘盾背面中间具 1 条红色带。缘盾腹面具黄色中心的深色斑。年老个体存在黑化现象。腹甲后叶具肛盾缺刻。腹盾缝＞肛盾缝＞胸盾缝＞喉盾缝＞股盾缝＞＜肱盾缝。腹甲橙红色，幼体上沿甲缝具深色扩散斑，但随年龄增长而消失。甲桥具深色宽带。头部大小中等，吻部微突出，上喙中央具凹口。皮肤深橄榄色，具黄色条。1 条箭形条带从两眼之间向前与颞上条带在吻部相连，形成前额箭图案。眼后上颞间具 5 ~ 8 个条带。头部正中旁带从颈部向前经枕骨区，止于两眼眶间。颞上条带从颈部向上弯曲进入眼眶。

成体背部（Herptile Lovers　供图）

成体腹部（Herptile Lovers　供图）

幼体背部（Herptile Lovers　供图）

幼体腹部（Herptile Lovers　供图）

Pseudemys texana Baur, 1893

英文名：Texas Cooter

中文名：得州伪龟

分　布：美国（得克萨斯州）

形态描述：一种中型水栖淡水龟。背甲直线长度雄龟最大可达 25.3 厘米，雌龟最大可达 33 厘米。背甲椭圆形，略扁平（高度为长度的 40%），后缘锯齿状。椎盾宽大于长，第 1 椎盾最窄，第 5 椎盾向后裙状展开。成体肋盾具纵向的皱纹状浅色纹。背甲橄榄棕色，具明显黄色网状、螺环状和眼状图案；第 2 肋盾具 5 ~ 6 个深色中心的同轴螺纹，每枚缘盾上表面具 1 条黄色窄横带，腹面具眼状图案。随着年龄增长，雄性成体会黑化。腹甲黄色，甲缝处具深色窄线图案，图案随着年龄增长而消失。甲桥具深色横向波状线图案。皮肤橄榄色，具白

成体（雌性）
（Herptile Lovers　供图）

色或黄色条纹。头部图案多变，由黄色窄条纹和宽条纹构成，这些条纹可能会被斑点和短条纹中断。眶后条带明显，喙关节处后方具1个宽条带。上喙具中央凹口，两侧具齿状突起，下喙表面平。

成体背部（雌性）
（Herptile Lovers　供图）

成体腹部（雌性）
（Herptile Lovers　供图）

彩龟属 *Trachemys* Agassiz, 1857

本属16种。主要特征：背甲椭圆形，扁平，具相互镶嵌的粗细不一的黄绿色条纹；腹甲无韧带；头部较短，上喙中央具凹口。

彩龟属物种名录

序号	学名	中文名	亚种
1	*Trachemys adiutrix*	马拉尼昂彩龟	/
2	*Trachemys decorata*	海地彩龟	/
3	*Trachemys decussata*	古巴彩龟	*T. d. decussata* *T. d. angusta*
4	*Trachemys dorbigni*	南美彩龟	/
5	*Trachemys gaigeae*	大本德彩龟	/
6	*Trachemys grayi*	危地马拉彩龟	*T. g. grayi* *T. g. emolli* *T. g. panamensis*
7	*Trachemys hartwegi*	纳萨斯彩龟	/
8	*Trachemys medemi*	阿特拉托彩龟	/
9	*Trachemys nebulosa*	云斑彩龟	*T. n. nebulosa* *T. n. hiltoni*
10	*Trachemys ornata*	锦彩龟	/
11	*Trachemys scripta*	彩龟	*T. s. scripta* *T. s. elegans* *T. s. troostii*
12	*Trachemys stejnegeri*	安第列斯彩龟	*T. s. stejnegeri* *T. s. malonei* *T. s. vicina*

（续）

序号	学名	中文名	亚种
13	*Trachemys taylori*	泰勒彩龟	/
14	*Trachemys terrapen*	牙买加彩龟	/
15	*Trachemys venusta*	中美彩龟	*T. v. venusta* *T. v. callirostris* *T. v. cataspila* *T. v. chichiriviche* *T. v. iversoni* *T. v. uhrigi*
16	*Trachemys yaquia*	亚基彩龟	/

Trachemys adiutrix Vanzolini, 1995

英文名：Maranhao Slider, Carvalho's Slider

中文名：马拉尼昂彩龟

分　布：巴西

成体（Richard C.Vogt 摄，引自 Chelonian Research Monographs No.8，2021 年）

形态描述：一种中型水栖淡水龟。背甲直线长度雄龟最大可达 18.6 厘米，雌龟最大可达 25.1 厘米。背甲椭圆形，后缘非锯齿状，在背甲第 3 和第 4 椎盾上具低平中纵棱。第 1 椎盾宽，前部收缩；第 2 ~ 5 椎盾宽大于长，第 5 椎盾后端外展。背甲底色为绿色至橄榄棕色，每枚肋盾具黑边红橙色中心的大眼斑。每枚椎盾具 2 条橙红色窄纵条纹，缘盾背面具橙红色条带。腹甲无韧带，肛盾缺刻浅。腹盾缝＞肛盾缝＞喉盾缝＞胸盾缝＞股盾缝＞肱盾缝。腹甲具有橄榄灰色深色边框的宽线状复杂图案，无中间深色纵图案。甲桥具深色纵条带，每枚缘盾腹面后边缘具深边眼斑。头窄略上翘，吻突出，上喙中央具凹口。头顶部黑色，可能具黄色前额箭状图案。眶后宽黄色条带通过一窄条与眼眶相连。颏部和喉部具倒置的 Y 形黄色图案。

头部（Jérôme Maran 摄，引自 Chelonian Research Monographs No.8，2021 年）

腹部（Richard C.Vogt 摄，引自 Chelonian Research Monographs No.8，2021 年）

Trachemys decorata（Barbour & Carr, 1940）

英文名：Hispaniolan Slider

中文名：海地彩龟

分　布：多米尼加共和国，海地

成体（Pablo Feliz 摄，引自 Chelonian Research Monographs No.8，2021 年）

形态描述：一种中型水栖淡水龟。背甲直线长度雄龟最大可达 21.9 厘米，雌龟最大可达 34.1 厘米。背甲伸长，椭圆形，略拱起，仅具不明显的中纵棱。椎盾宽大于长。盾片相对平滑，一些可能具纵向褶皱。后侧缘盾微锯齿状。背甲灰色至棕色，在肋盾和缘盾间缝处具暗色眼斑。腹甲发达，肛盾缺刻浅。腹盾缝＞胸盾缝＞肛盾缝＞股盾缝＞喉盾缝＞肱盾缝。腹甲基色黄色至奶油色，具分散色晕；甲桥具 2 个或更多个色晕。头部大小中等，吻部圆锥形，微突出。上喙中央无凹口，咀嚼面具浅嵴。头部侧面具几条黑边的黄色条带，1 条黄绿色颞上宽条带。头顶部条带没有侧面明显。四肢和尾部灰绿色至棕色，具明显黑边黄条纹。

头部（Pablo Feliz 摄，引自 Chelonian Research Monographs No.8，2021 年）

腹部（Harald Artner 摄，引自 Chelonian Research Monographs No.8，2021 年）

Trachemys decussata（Bell, 1830）

英文名：Cuban Slider

中文名：古巴彩龟

分　布：开曼岛，古巴，牙买加

形态描述：一种中型水栖淡水龟。背甲直线长度雄龟最大可达 27.3 厘米，雌龟最大可达 38.8 厘米。背甲伸长，椭圆形，适度拱起，具中纵棱，后缘锯齿状。盾片具纵纹或辐射纹。第 1 椎盾仅微提升，长宽相当，第 2 ~ 4 椎盾微长大于宽或长宽相当，第 5 椎盾后侧宽大于长。背甲底色在棕色至绿色或橄榄棕色间变化，通常除幼体外无图案。具肛盾缺刻，喉盾前端不扩展。腹盾缝＞肛盾缝＞胸盾缝＞喉盾缝＞股盾缝＞肱盾缝。腹甲黄色，具大范围模糊的甲缝图案。甲桥黄色，具一系列纵向黑带或眼状斑。头部大小适中，吻部圆钝，略突出，上喙中央具凹口。头部绿色至橄榄棕色，具黄色条带。这些条带中至少有2条从眼眶向颈部沿着头部两侧向后延伸，背侧大部分在鼓膜上扩展成颞上条纹。另一条条纹通常从嘴角延伸到颈部。喙黄色至褐色；颈部、四肢和尾部绿色具黄色条纹。

地理亚种：

(1) *Trachemys decussata decussata*（Bell, 1830）

英文名：Eastern Cuban Slider

成体（Vincenzo Ferri 摄，引自 Chelonian Research Monographs No.8，2021 年）

中文名：古巴彩龟

分　布：古巴，牙买加

成体腹部
（Herptile Lovers　供图）

(2) *Trachemys decussata angusta*（Barbour & Carr, 1940）

英文名：Western Cuban Slider

中文名：塔克河彩龟

分　布：开曼岛，古巴

亚种特征：

Trachemys decussata decussata 背甲宽椭圆形或伸长椭圆形，适度拱起或扁平。皮肤绿色至橄榄色。吻部圆钝，腹甲图案由深色甲缝图案构成。

Trachemys decussata angusta 背甲拉长，适度拱起，皮肤灰棕色。像 *Trachemys decussata decussata* 一样，吻部圆钝，腹甲甲缝图案消退。

成体腹部（雄性）
（Herptile Lovers　供图）

成体（雄性）
（Herptile Lovers　供图）

Trachemys dorbigni（Duméril & Bibron, 1835）

英文名：D'Orbigny's slider

中文名：南美彩龟

分　布：阿根廷，巴西，乌拉圭

成体（Herptile Lovers　供图）

成体背部（Herptile Lovers　供图）

成体腹部（Herptile Lovers　供图）

形态描述：一种中小型水栖淡水龟。背甲直线长度雄龟最大可达23厘米，雌龟最大可达25厘米。背甲椭圆至长椭圆形，适度拱起，中纵棱低平（幼体明显），后缘锯齿状。椎盾通常宽大于长。背甲棕色至橄榄色，每枚盾片具多种形状的红色、橙色或黄色图案。这些斑点通常是深色边缘，伸长，直或弯曲的条纹至圆形，具浅色中心眼斑。缘盾具1条浅色竖线。腹甲大，具肛盾缺刻。腹盾缝＞喉盾缝＞胸盾缝＞肛盾缝＞股盾缝＞肱盾缝或腹盾缝＞肛盾缝＞喉盾缝＞胸盾缝＞股盾缝＞肱盾缝。腹甲黄色或橙色，近甲缝处具复杂的深色宽图案。幼体上，这些图案包括大量的中空浅色区域，随年龄增长变深，直到整个腹甲表面几乎全部覆有深色图案。雄体会黑化，背甲和腹甲变成全黑色。头部大小适中，吻部尖，微突出，上喙中央具微凹口。头部绿色至棕色，具大量黑边黄色至橙色条纹。颞上条纹相对宽，不与眼眶相接触，或仅接触一点。头部两边在颞上条纹下方通常具3条相对窄的条纹，从眼眶向颈部延伸，另外一条宽条纹从眼眶下表面向下向后朝颈部延伸。吻部两侧具几条窄条纹。颏部具几条纵条纹，中间纵条纹宽，分叉向后延伸到颈部。嘴角具伸长的黑边斑点。四肢和颈部绿色至棕色，具黄色条纹。

成体（James N. Stuart 摄，
引自 Chelonian Research Monographs No.8，2021 年）

Trachemys gaigeae（Hartweg, 1939）

英文名：Big Bend Slider

中文名：大本德彩龟

分　布：墨西哥，美国

形态描述：一种中型水栖淡水龟。背甲直线长度雄龟最大可达 22.2 厘米，雌龟最大可达

27 厘米。成体背甲椭圆形，平滑（幼龟具微纵棱），后缘微锯齿状。椎盾宽大于长。背甲浅橄榄棕色，椎盾和肋盾上通常围绕着小眼斑具橙色曲线组成的网状图案。第 1 ～ 3 椎盾具 1 个深色斑点，通常第 4 椎盾也有。缘盾具 1 个单一弯曲的橙色条，缘盾腹面和背面后角具 1 个深色边框的眼斑。至少雄性个体，随着年龄增长会出现黑化现象。缘盾腹面缝处具深边大眼斑，腹盾缝＞肛盾缝＞股盾缝＞胸盾缝＞喉盾缝＞肱盾缝。甲桥具深色窄横线。腹甲奶油色至橙色或浅橄榄色，通常具深色中心大图案，形成一系列伸长的窄线沿着横缝向侧面分散。中心图案通常从喉盾连续到肛盾。皮肤浅橄榄色至橙棕色；上喙中央具微凹口，眶后斑椭圆形，红色至橙色，具黑边，距眶部较远。颏部具中条带，侧条带缩短至椭圆形，有点像眼状斑。前肢具黄色或橙色条纹；后肢具黄色或橙色纵条纹。指（趾）间具蹼。

成体（雄性）（Herptile Lovers　供图）

成体（雄性）（Herptile Lovers　供图）

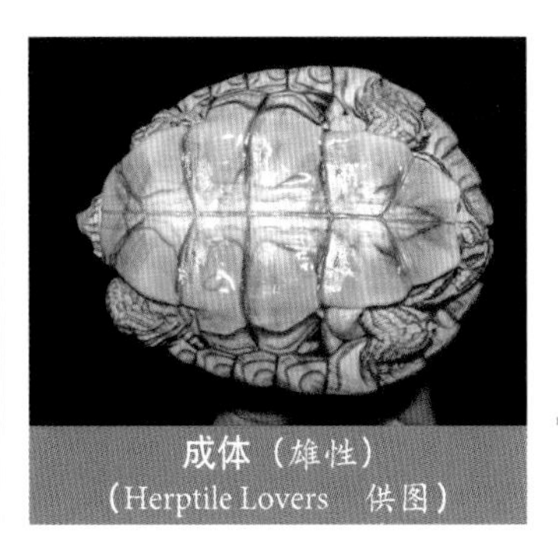
成体（雄性）（Herptile Lovers　供图）

Trachemys grayi（Bocourt, 1868）

英文名：Western Meso-American Slider

中文名：危地马拉彩龟

分　布：哥斯达黎加，萨尔瓦多，危地马拉，洪都拉斯，墨西哥，尼加拉瓜，巴拿马

形态描述：一种大中型水栖淡水龟。背甲直线长度雄龟最大可达 29.4 厘米，雌龟最大可达 54.8 厘米。先前认为是 *Trachemys scripta* 的一个亚种。背甲肋盾和缘盾上具深色中心的眼状斑；腹甲图案分散，成块，成体褪去。所有头部条纹窄；黄色颞上条纹到达眼部。

亚成体（Herptile Lovers　供图）

地理亚种：

(1) *Trachemys grayi grayi*（Bocourt, 1868）

英文名：Gray's Slider, Tehuantepec Slider

分　布：萨尔瓦多，危地马拉，墨西哥

亚成体背部（Herptile Lovers　供图）

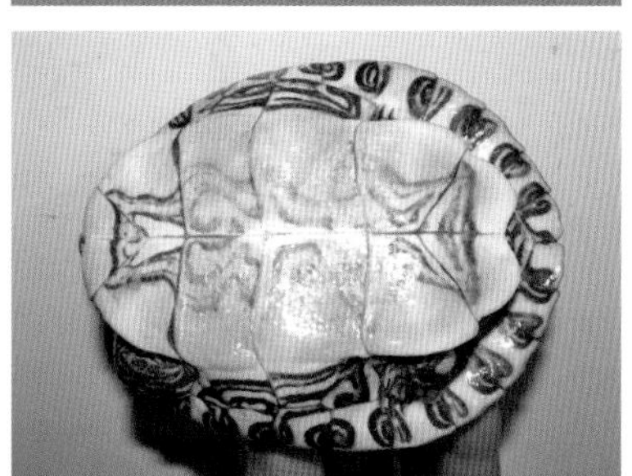

亚成体腹部（Herptile Lovers　供图）

形态描述：背甲具不规则的黑色斑点与黄色或橙色图案，随着年龄增长，体色有黑化趋势，幼体腹甲中央具暗色纹，随年龄增长而消失。头部两侧具黄色细条纹，与眼眶相连。吻部隆起，虹膜淡黄色，下颚边缘细锯齿状或中等锯齿状。

成体（雄性）
（Herptile Lovers　供图）

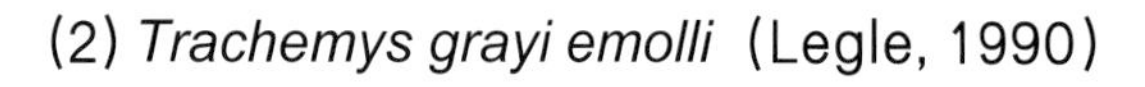

(2) *Trachemys grayi emolli*（Legle, 1990）

英文名：Nicaraguan Slider

分　布：哥斯达黎加，萨尔瓦多，洪都拉斯，尼加拉瓜

成体背部（雄性）
（Herptile Lovers　供图）

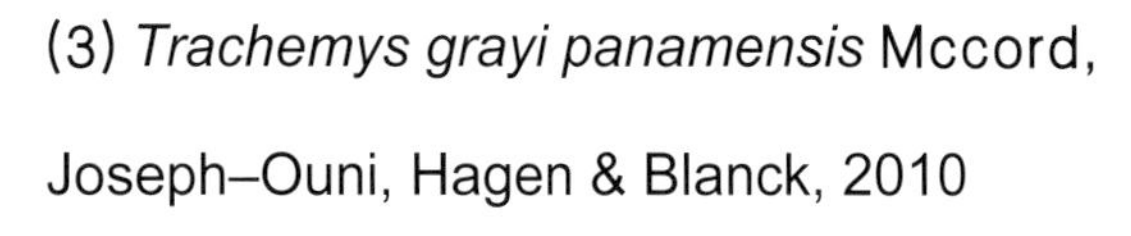

(3) *Trachemys grayi panamensis* Mccord, Joseph–Ouni, Hagen & Blanck, 2010

英文名：Panamanian Slider

分　布：哥斯达黎加，巴拿马

成体腹部（雄性）
（Herptile Lovers　供图）

成体（Kai Squires 摄，引自 Chelonian Research Monographs No.8，2021 年）

形态描述：背甲具数个橙色的细环形纹，围绕着黑色的大斑块。眼后大斑点橙色，与眼眶连接处较细，向后延伸逐渐变宽，至鼓膜处达到最宽，再向后延伸又逐渐变细。颏部无 Y 形条纹，下颚边缘细锯齿状。

Trachemys hartwegi（Legle,r 1990）

英文名：Nazas Slider

中文名：纳萨斯彩龟

分　布：墨西哥

亚成体背部（Herptile Lovers　供图）

成体（John B. Iverson　摄）

亚成体腹部（Herptile Lovers　供图）

形态描述：一种中小型水栖淡水龟。背甲直线长度雄龟最大可达 14.9 厘米，雌龟最大可达 30.8 厘米。先前认为是 *Trachemys scripta* 的一个亚种。腹甲肛盾缝 > 腹盾缝。每枚缘盾表面具一个深色中心的粗眼状斑，其他背甲图案不清晰。橙色眶后条大，近卵形。腹甲图案由在喉盾、肱盾和胸盾的深色小斑组成。

眶后条（Herptile Lovers　供图）

Trachemys medemi Vargas–Ramírez, del Valle, Ceballos & Fritz, 2017

英文名：Atrato Slider

中文名：阿特拉托彩龟

分　布：哥伦比亚，巴拿马（?）

成体（Carlos del Valle　摄，引自 Chelonian Research Monographs No.8，2021 年）

形态描述：一种中型水栖淡水龟。背甲直线长度雄龟最大可达 19.8 厘米，雌龟最大可达 28.1 厘米。背甲椭圆形，后缘非锯齿状；背甲深色，椎盾上具网状图案，肋盾上具明显的大眼状斑。腹甲前端钝，肛盾缺刻浅；腹甲淡黄色，沿甲缝具扩展的中间深色图案，肱盾、胸盾、腹盾和股盾形成螺纹状斑。颏部具 3 条明显的浅色宽纵条纹，具一对明显的砖红色颞上条纹。

Trachemys nebulosa（Van Denburgh, 1895）

英文名：Black-bellied Slider

中文名：云斑彩龟

分　布：墨西哥

形态描述：一种中型水栖淡水龟。背甲直线长度雄龟最大可达 33 厘米，雌龟最大可达 37 厘米。先前认为是 *Trachemys scripta* 的一个亚种。背甲通常无眼状斑，但可能会有一些黑斑点或不规则的浅色斑块。腹甲具一系列污迹状中间斑块。颞上条纹橙色或黄色，没有达到眼部，末端在眼后形成一个巨大的椭圆形眶后斑。

地理亚种：

(1) *Trachemys nebulosa nebulosa*（Van Denburgh, 1895）

英文名：Baja California Slider

分　布：墨西哥（南下加利福尼亚）

成体（James R. Buskirk 摄，引自 Chelonian Research Monographs No.8，2021 年）

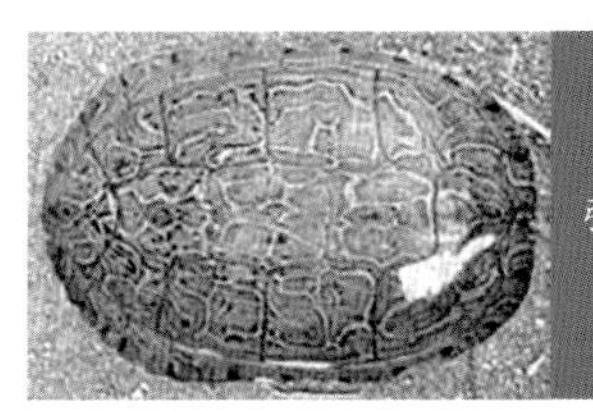

成体（背部）（Georg Gassner 摄，引自 Chelonian Research Monographs No.8，2021 年）

成体（腹部）（Georg Gassner 摄，引自 Chelonian Researc Monographs No.8，2021 年）

背甲（Philip C. Rosen 摄，引自 Chelonian Research Monographs No.8，2021 年）

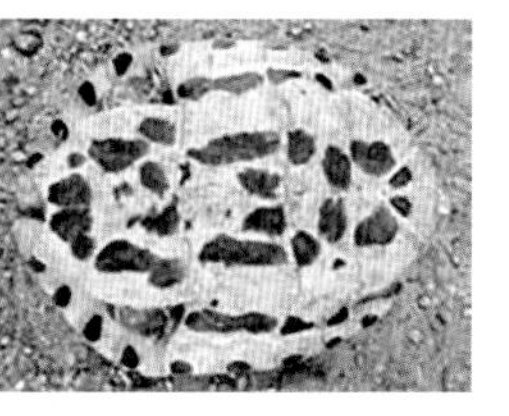

腹甲（Philip C. Rosen 摄，引自 Chelonian Research Monographs No.8，2021 年）

成龟（Philip C. Rosen 摄，引自 Chelonian Research Monographs No.8，2021 年）

(2) *Trachemys nebulosa hiltoni*（Carr, 1942）

英文名：Fuerte Slider

分　布：墨西哥（锡那罗亚、索诺拉）

Trachemys ornata（Gray, 1830）

成体（James R. Buskirk 摄，引自 Chelonian Research Monographs No.7，2017 年）

英文名：Ornate Slider

中文名：锦彩龟

分　布：墨西哥

形态描述：一种中型水栖淡水龟。背甲直线长度雄龟最大可达 35.9 厘米，雌龟最大可达 35.3 厘米。先前认为是 *Trachemys scripta* 的一个亚种。背甲肋盾具深色中心的眼状斑。腹甲图案由 4 个没有扩展到肛盾缺刻的褪色同心中间线条组成。颞上条纹橙色通常起始于眼眶，在颞区上方扩大，继续向颈部。

成体背部（Herptile Lovers　供图）

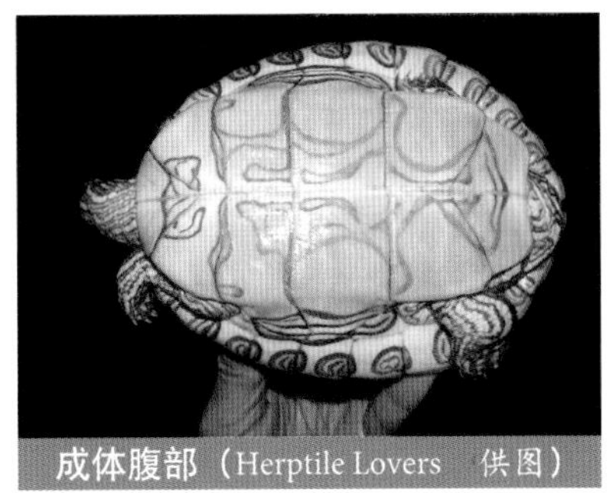
成体腹部（Herptile Lovers　供图）

Trachemys scripta（Thunberg, 1792）

英文名：Pond Slider, Common Slider

中文名：彩龟

分　布：墨西哥，美国

形态描述：一种中型水栖淡水龟。背甲直线长度雄龟最大可达 26.1 厘米，雌龟最大可达 32.8 厘米。背甲椭圆形，适度拱起，后缘锯齿状，棕色至橄榄色。肋盾上有纵向橙黄色条。缘盾腹面具圆形黑斑。甲桥具深色条纹和斑块。腹甲黄色，有时盾片具黑色圆斑点。头部深橄榄色，具黄色、橙色或红色宽条纹，从眼眶后部延伸，向下到达面颊，与颏部的黄色或橙色宽条纹相连。其他细条纹从吻部开始，向下延伸到嘴部。其他几条颈部条纹宽但不明显。其余皮肤棕色至深橄榄色或几乎黑色，四肢从基部到端部具细黄线条。成体雄性比雌性颜色深，老年个体几乎黑色。雄性前肢第 2 ～ 4 爪非常长。

成体（图虫创意）

地理亚种：

(1) *Trachemys scripta scripta*（Thunberg, 1792）

英文名：Yellow-bellied Slider

中文名：黄腹彩龟

分　布：美国（亚拉巴马州、佛罗里达州、佐治亚州、密西西比州、北卡罗来纳州、南卡罗来纳州、弗吉尼亚州）

成体腹部（Herptile Lovers　供图）

成体头部（Kurt A. Buhlmann 摄，引自 Chelonian Research Monographs No.8，2021 年）

(2) *Trachemys scripta elegans*（Wied-Neuwied, 1839）

英文名：Red-eared Slider

中文名：红耳彩龟（巴西龟）

头部（文文野爷　摄）

成体（文文野爷 摄）

分 布：墨西哥（科阿韦拉州、新莱昂州、塔毛利帕斯州），美国（亚拉巴马州、阿肯色州、佛罗里达州、佐治亚州、伊利诺伊州、印第安纳州、爱荷华州、堪萨斯州、肯塔基州、路易斯安那州、密西西比州、密苏里州、内布拉斯加州、新墨西哥州、俄亥俄州、俄克拉荷马州、田纳西州、得克萨斯州、西弗吉尼亚州、威斯康星州）

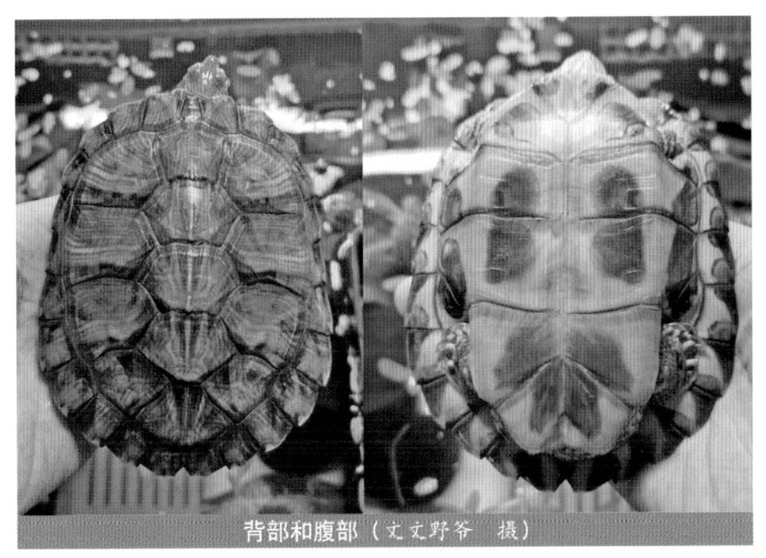
背部和腹部（文文野爷 摄）

成体（James H. Harding 摄，引自 Chelonian Research Monographs No.8，2021 年）

(3) *Trachemys scripta troostii*（Holbrook, 1836）

英文名：Cumberland Slider

中文名：坎伯兰彩龟

分　布：美国（田纳西州、维吉尼亚州）

幼体（Herptile Lovers　供图）

亚种特征：

Trachemys scripta scripta 背甲直线长度可达 30.9 厘米，肋盾具宽黄色横条纹，黄色眶后斑显著，进入到颈部条纹中；腹甲黄色，通常盾片前面具眼状斑或污迹。

Trachemys scripta elegans 背甲直线长度可达 32.8 厘米，具宽的红色颞上条纹，窄的颏部条纹，肋盾具黄色横条纹，腹甲具 1 个深色大斑块或每枚盾片上具眼状斑。

Trachemys scripta troostii 背甲长度直线可达 21 厘米，具窄的黄色颞上条纹，宽的颏部条纹，肋盾具黄色横条纹，腹甲图案为眼状斑或黑色污迹。

Trachemys stejnegeri（Schmidt, 1928）

英文名：Central Antillean Slider

中文名：安第列斯彩龟

分　布：巴哈马（因瓜岛），多米尼加共和国，海地，波多黎各

形态描述：一种中小型水栖淡水龟。背甲直线长度雄龟最大可达21厘米，雌龟最大可达27.3厘米。成体背甲椭圆形，略拱起，最宽处在中心处或中心处后方，后缘锯齿状，具低平中纵棱。每枚盾片表面褶皱。椎盾宽大于长。背甲灰色、棕色、橄榄色或黑色。幼体肋盾、椎盾和缘盾具黄色条纹。老年雄性个体存在黑化现象。腹甲发达，肛盾缺刻浅。腹盾缝＞肛盾缝＞＜胸盾缝＞＜喉盾缝＞＜股盾缝＞肱盾缝。腹甲纯黄色或沿缝具黑色图案。缘盾腹面可能具褪色的橄榄色眼状斑。头部短，吻部尖或钝。上喙中央具凹口。头部灰色至橄榄色，具奶油色至黄色条纹。颞上条纹红棕色。颈部、四肢和尾部灰色至橄榄色，具奶油色条纹。

地理亚种：

(1) *Trachemys stejnegeri stejnegeri*（Schmidt, 1928）

英文名： Puerto Rican slider

中文名： 波多黎各彩龟

分　布： 波多黎各

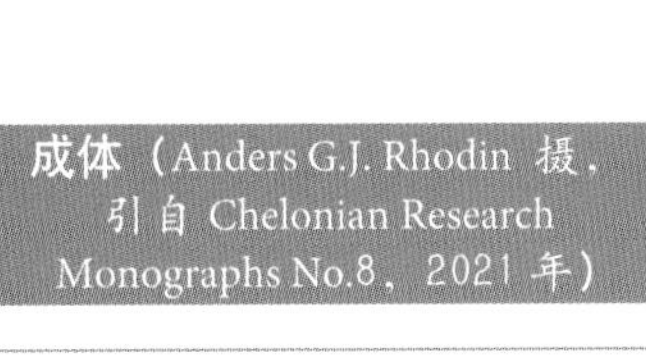

成体（Anders G.J. Rhodin 摄，引自 Chelonian Research Monographs No.8，2021 年）

成体腹部（Michael E. Seidel 摄，引自 Chelonian Research Monographs No.8，2021 年）

(2) *Trachemys stejnegeri malonei*（Barbour & Carr, 1938）

英文名： Inagua slider

中文名： 伊纳瓜彩龟

分　布： 巴哈马（伊纳瓜岛）

(3) *Trachemys stejnegeri vicina*（Barbour & Carr, 1940）

英文名： Dominican slider

中文名： 多米尼加彩龟

分　布： 多米尼加共和国，海地

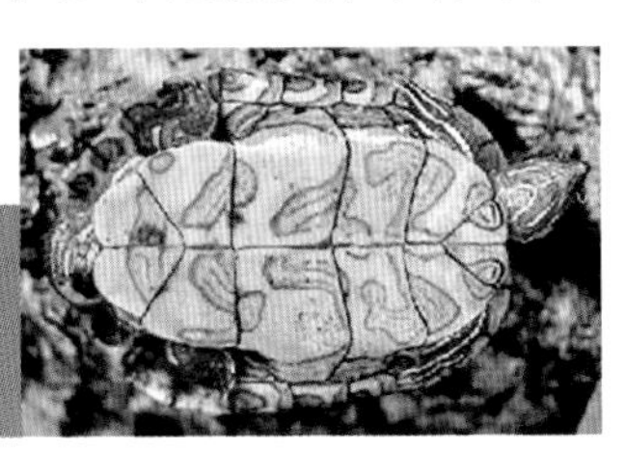

成体腹部（Harald Artner 摄，引自 Chelonian Research Monographs No.8，2021 年）

成体（Peter Paul van Dijk 摄，引自 Chelonian Research Monographs No.8，2021 年）

亚种特征：

Trachemys stejnegeri stejnegeri 背甲伸长，适度拱起，皮肤棕色至棕橄榄色，吻部尖，有些伸长。腹甲图案向远离甲缝方向展开，占盾片较大面积，尤其是喉盾。腹甲后叶图案明显减少。

Trachemys stejnegeri malonei 背甲椭圆形至卵形，高拱，皮肤灰色至橄榄色，吻部圆钝，腹甲要么全是黄色，要么有 1 个沿缝的深色图案或喉盾上下表面有一些深色斑。

Trachemys stejnegeri vicina 背甲伸长，适度拱起，皮肤灰橄榄色，吻部尖，有些伸长。具沿缝的腹甲图案，有时每枚腹甲盾片具眼状斑。

注：从描述中可以看出，这些亚种很难分辨。

Trachemys taylori（Legler, 1960）

英文名：Cuatro Cienegas Slider

中文名：泰勒彩龟

分　布：墨西哥（科阿韦拉）

形态描述：一种中小型水栖淡水龟。背甲直线长度雄龟最大可达 17.9 厘米，雌龟最大可达 21.8 厘米。先前认为是 *Trachemys scripta* 的一个亚种。背甲绿色，颜色通常很浅，具小且分散的伸长或卵形深色斑；腹甲奶油色，具大面积连通的黑色图案；头部具 1 个从眼眶向后延伸到颈基部的红色条带；胸盾缝＞喉盾缝。

成体（James R. Buskirk 摄，引自 Chelonian Research Monographs No.8，2021 年）

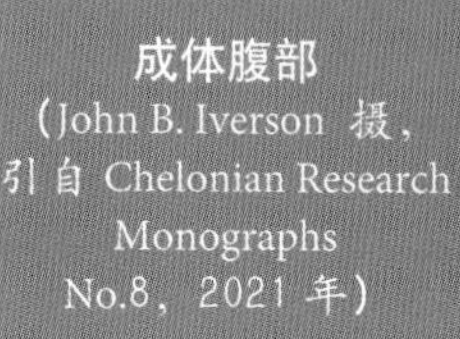

成体腹部（John B. Iverson 摄，引自 Chelonian Research Monographs No.8，2021 年）

Trachemys terrapen（Bonnaterre, 1789）

英文名：Jamaican Slider, Bahamian Slider

中文名：牙买加彩龟

分　布：巴哈马，牙买加

形态描述：一种中型水栖淡水龟。背甲直线长度雄龟最大可达 24.3 厘米，雌龟最大可达 30 厘米。背甲卵形至椭圆形，略拱起，后部比前部宽。中纵棱明显，后缘外展，锯齿状。椎盾和肋盾表面褶皱。第 1 椎盾和第 5 椎盾宽大于长，第 2 ~ 4 椎盾长宽几乎相当。背甲灰棕色至黄橄榄色或深灰色。幼体每枚椎盾和肋盾具黄色条带，随年龄而褪去。腹甲最宽处在后叶，肛盾缺刻浅。腹盾缝＞肛盾缝＞胸盾缝＞＜喉盾缝＞股盾缝＞肱盾缝。腹甲奶油色，尽管可能在喉盾和肱盾或沿甲缝处出现不明显的斑块，通常无图案。头部大小适中，吻短且圆钝。上喙中央具微凹口，咀嚼面具低平的嵴。头部灰色至橄榄色，具一些褪色浅色带，很难辨别。颏部具几条褪色的奶油色至白色条纹，在鼻孔下方，上喙上方可能具 1 条白色“胡子”。颈部、四肢和尾部灰色至橄榄色，前肢和颈部可能具褪色浅条纹。

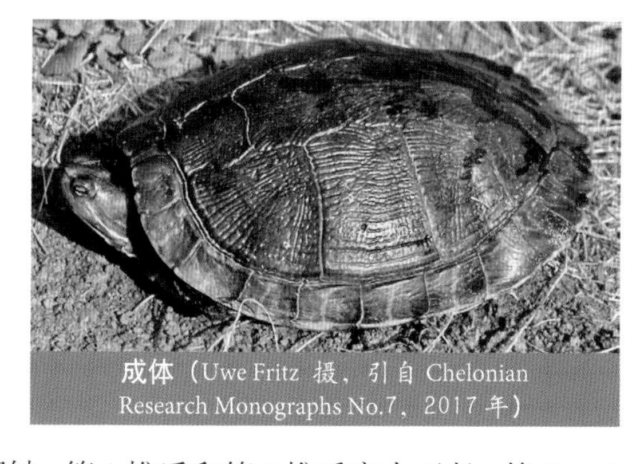

成体（Uwe Fritz 摄，引自 Chelonian Research Monographs No.7，2017 年）

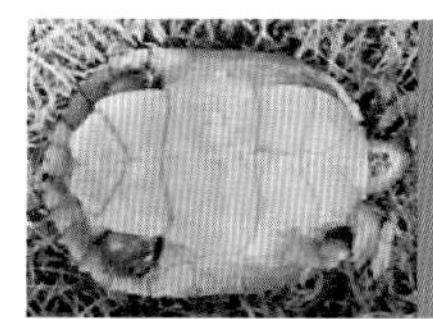

成体腹部（Douglas B. Booher 摄，引自 Chelonian Research Monographs No.8，2021 年）

成体（Kurt A. Buhlmann 摄，引自 Chelonian Research Monographs No.8，2021 年）

Trachemys venusta（Gray, 1856）

英文名：Eastern Meso–American Slider

中文名：中美彩龟

分　布：伯利兹，哥斯达黎加，危地马拉，洪都拉斯，墨西哥，尼加拉瓜，巴拿马

形态描述：一种中大型水栖淡水龟。背甲直线长度雄龟最大可达 35 厘米，雌龟最大可达 44 厘米。先前认为是 *Trachemys scripta* 的一个亚种。肋盾具巨大的中间深色眼状斑。腹甲沿甲缝图案范围广泛，但是随年龄增长而褪去。头部颞上条纹橙黄色，通常与眼眶相接触。皮肤绿色至橄榄棕色，颈部、四肢与尾部具黄色条纹。

地理亚种：

(1) *Trachemys venusta venusta*（Gray, 1856）

英文名：Meso–American Slider

中文名：中美彩龟

分　布：伯利兹，危地马拉，墨西哥（坎佩切、恰帕斯、瓦哈卡、金塔纳罗奥、塔巴斯科、塔毛利帕斯、韦拉克鲁斯）

形态描述：背甲中央盾片的弧形图案几乎对称，缘盾具橄榄绿色橙色与黑色相间的环状纹，中央具橙色椭圆形斑点。眼后斑点与眼眶相连，黄橙色，纹路细，颏部无 Y 形纹，虹膜黄色，下颚骨边缘细锯齿状。

成体（Vincenzo Ferri　摄，引自 Chelonian Research Monographs No.8，2021 年）

成体（雄性）（Herptile Lovers　供图）

幼体（纳灵优作　供图）

(2) *Trachemys venusta callirostris*（Gray, 1856）

英文名：Colombian Slider

中文名：哥伦比亚彩龟

分　布：哥伦比亚，委内瑞拉

成体（Vivian P. Páez 摄，引自 Chelonian Research Monographs No.5，2010 年）

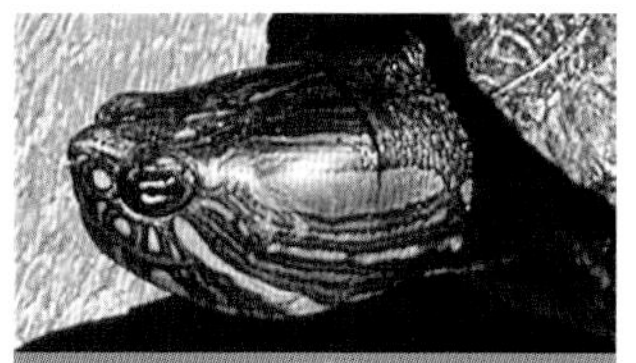

头部（Peter C.H. Pritchard 摄，引自 Chelonian Research Monographs No.5，2010 年）

成体（Peter C.H. Pritchard 摄，引自 Chelonian Research Monographs No.5，2010 年）

成体腹部（Vivian P. Páez 摄，引自 Chelonian Research Monographs No.5，2010 年）

(3) *Trachemys venusta cataspila*（Günther, 1885）

英文名：Huastecan Slider

分　布：墨西哥（圣路易斯波托西、塔毛利帕斯、韦拉克鲁斯）

形态描述：背甲具黑边橙色环状纹，中央具黑色椭圆形斑点。眼后斑点黄色至橙色，较细，中间常出现中断，颏部具 Y 形纹，虹膜黄色，下颚骨边缘细锯齿状或光滑。

成体（Herptile Lovers　供图）

成体背部（Herptile Lovers　供图）

成体腹部（Herptile Lovers　供图）

(4) *Trachemys venusta chichiriviche*（Pritchard & Trebbau, 1984）

英文名：Venezuelan Slider

中文名：委内瑞拉彩龟

分　布：委内瑞拉

成体腹部（Carl H. Ernst 摄，引自 Chelonian Research Monographs No.8，2021 年）

成体（Peter C.H. Pritchard 摄，引自 Chelonian Research Monographs No.7，2017 年）

(5) *Trachemys venusta iversoni* Mccord, Joseph–Ouni, Hagen & Blanck, 2010

英文名：Yucatan Slide

中文名：尤卡坦彩龟

分　布：墨西哥（金塔纳罗奥、尤卡坦）

形态描述：背甲缘盾中央具黑色大斑块，周围围绕着淡黄或橙黄色的环形纹。头部显著的大斑点为黄色，前端较细，且与眼眶后方相接；下方位于头部两侧左右对称的黄色条纹略粗。颏部无 Y 形纹路，鼻吻部较钝，虹膜金黄色，下颚骨边缘细锯齿状。

成体（John B. Iverson 摄，引自 Chelonian Research Monographs No.8，2021 年）

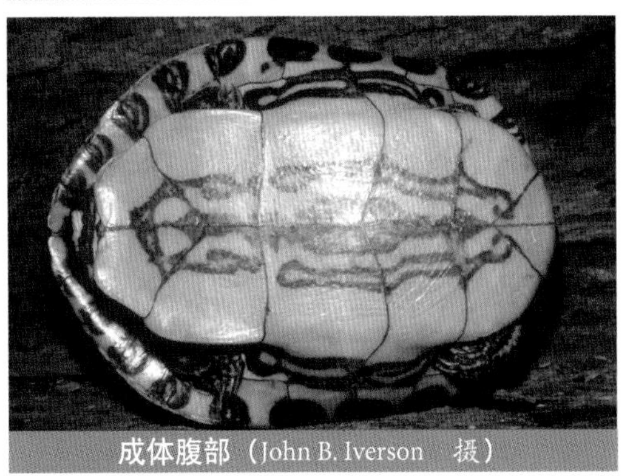
成体腹部（John B. Iverson　摄）

(6) *Trachemys venusta uhrigi* Mccord, Joseph–Ouni, Hagen & Blanck, 2010

英文名：Uhrig's Slider

分　布：哥斯达黎加，危地马拉，洪都拉斯，尼加拉瓜，巴拿马

形态描述：背甲具数个浅黄色至橙色的环状纹，且以黑色斑点为中心。腹甲黄色，具类似蛛网的同心环形纹占整个腹甲面积的 90% 左右。眼后斑黄色呈细条纹状，与眼眶相连。颏部无 Y 形纹，颈部腹面具 H 形纹路，虹膜呈蓝绿色，下颚骨边缘细锯齿状或光滑。

成体（Dennis W. Uhrig 摄，引自 Chelonian Research Monographs No.8，2021 年）

成体腹部（Dennis W. Uhrig 摄，引自 Chelonian Research Monographs No.8，2021 年）

头部（Volker Naths & Annett Werner 摄，引自 Chelonian Research Monographs No.8，2021 年）

Trachemys yaquia（Legler & Webb, 1970）

英文名：Yaqui Slider

中文名：亚基彩龟

分　布：墨西哥（索诺拉）

成体（James R. Buskirk 摄，引自 Chelonian Research Monographs No.8，2021 年）

形态描述：一种中型水栖淡水龟。背甲直线长度雄龟最大可达26.8厘米，雌龟最大可达30.9厘米。先前认为是*Trachemys scripta*的一个亚种。肋盾仅具不清晰的锯齿状黑色中心的眼状斑。腹盾中间图案广泛，但是随年龄褪去。头部眶后条纹橙黄色，从眼后开始但没有沿颈部延伸。头部两侧具大量细小的白色或奶油色线条。

成体腹部（Philip C. Rosen 摄，引自 Chelonian Research Monographs No.8，2021 年）

成体头部（Philip C. Rosen 摄，引自 Chelonian Research Monographs No.8，2021 年）

石斑龟属 *Actinemys* Agassiz, 1875

本属2种。主要特征：腹甲无发达韧带，颈短，上颚咀嚼面窄，上颚无明显的凹槽或齿状突，上颚平滑或波状但无平行于边缘伸出的瘤状嵴，背甲无中纵棱，后肢趾间蹼发达。

石斑龟属物种名录

序号	学名	中文名	亚种
1	*Actinemys marmorata*	石斑龟	/
2	*Actinemys pallida*	西南石斑龟	/

石斑龟属的种检索表

1a 腋盾发达，喉部苍白，与颈部颜色形成对比 ………………………… 石斑龟 *Actinemys marmorata*

1b 腋盾不发达，喉部与颈部颜色一致 ………………………… 西南石斑龟 *Actinemys pallida*

Actinemys marmorata（Baird & Girard, 1852）

英文名：Northern Pacific Pond Turtle, Northern Western Pond Turtle

中文名：石斑龟

分　布：加拿大，美国

成体（雄性）（David J. Germano 摄，引自 Chelonian Research Monographs No.5，2008 年）

形态描述：一种中小型水栖淡水龟。背甲直线长度雄龟最大可达 24.1 厘米，雌龟最大可达 20 厘米。背甲短宽，平滑无纵棱，最宽处在甲桥之后，后缘非锯齿状。椎盾宽大于长，第 1 椎盾与颈盾和前 4 枚缘盾相连接。背甲橄榄色，深棕色或黑色，背甲通常具点状或从盾片中心发出的辐射状图案。一些个体无图案。腹甲后叶具肛盾缺刻。胯盾发达，三角形。肛盾缝＞腹盾缝＞＜胸盾缝＞喉盾缝＞股盾缝＞肱盾缝。腹甲浅黄色，有时沿腹甲盾片的后边缘具黑色斑块。缘盾腹面或甲桥上沿甲缝具不规则深色斑或线。头部大小中等，吻部不突出，上喙中央具凹口。头部纯灰色至橄榄色，具大量黑色斑点或网状纹，喙和颏部淡黄色，喉部苍白色，与颈部形成鲜明对比。颈部、四肢和尾部等其他处皮肤灰色带有淡黄色。

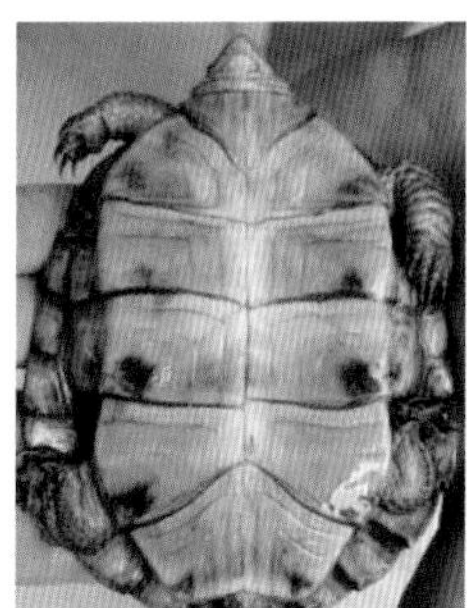

成体腹部（R.Bruce Bury 摄，引自 Chelonian Research Monographs No.5，2008 年）

成体（图虫创意）

成体（Robert H. Goodman, Jr. 摄，引自 Chelonian Research Monographs No.8，2021 年）

腹部（Kelly Herbinson 摄，引自 Chelonian Research Monographs No.8，2021 年）

Actinemys pallida（Seeliger, 1945）

英文名：Southern Pacific Pond Turtle, Southwestern Pond Turtle

中文名：西南石斑龟

分　布：墨西哥，美国

形态描述：一种小型水栖淡水龟。背甲直线长度雄龟最大可达 17.9 厘米，雌龟最大可达 16.4 厘米。背甲短宽，平滑无纵棱，最宽处在甲桥之后，后缘非锯齿状。椎盾宽大于长，第 1 椎盾与颈盾和前 4 枚缘盾相连接。背甲橄榄色，深棕色或黑色，背甲通常具点状或从盾片中心发出的辐射状图案。一些个体无图案。腹甲后叶具肛盾缺刻。胯盾不发达。肛盾缝＞腹盾缝＞＜胸盾缝＞喉盾缝＞股盾缝＞肱盾缝。缘盾腹面或甲桥上沿甲缝具不规则深色斑或线。腹甲浅黄色，有时沿腹甲盾片后边缘具黑色斑块。头部大小中等，吻部不突出，上喙中央具凹口。头部纯灰色至橄榄色，具大量的黑色斑点或网状纹，喙和颏部淡黄色，喉部与颈部颜色一致。颈部、四肢和尾部等其他处皮肤灰色带有淡黄色。

头部（站酷海洛）

成体（高品图像 Gaopinimages）

水龟属 *Clemmys* Ritgen, 1828

本属仅1种。主要特征：腹甲无发达韧带，颈短，上颚咀嚼面窄，上颚无明显的凹槽或齿状突，上颚平滑或波状但无平行于边缘伸出的瘤状嵴，背甲无中纵棱，具黄色斑点，后肢趾间蹼不发达。

水龟属物种名录

序号	学名	中文名	亚种
1	*Clemmys guttata*	星点水龟	/

Clemmys guttata（Schneider, 1792）

英文名：Spotted Turtle

中文名：星点水龟

分　布：加拿大，美国

成体（高品图像 Gaopinimages）

形态描述：一种小型水栖淡水龟。背甲直线长度雄龟最大可达12.7厘米，雌龟最大可达12.6厘米。背甲宽而平滑，无纵棱，后缘非锯齿状。第1椎盾通常长大于宽或长宽相当；第2～5椎盾的宽大于长。背甲黑色具黄色圆斑点。这些斑点随着年龄增长而褪去，一些老年个体无斑点。缘盾腹面淡黄色，幼体缘盾边缘具一些黑斑块；腹甲后叶具肛盾缺刻。肛盾缝＞腹盾缝＞＜胸盾缝＞喉盾缝＞股盾缝＞肱盾缝。腹甲黄色或微橙色，外部具黑斑，一些老龄个体黑斑会覆盖整个腹甲。甲桥具延长的黑斑。头部黑色，中等大小，吻部不突出，上喙中央具凹口。近鼓膜处具中断黄色带，另具1条从眼眶向后延伸的黄色带；头顶部可能具黄色斑点。其他处皮肤灰色至黑色，颈部和四肢具黄色斑点。

亚成体（乔轶伦　摄）

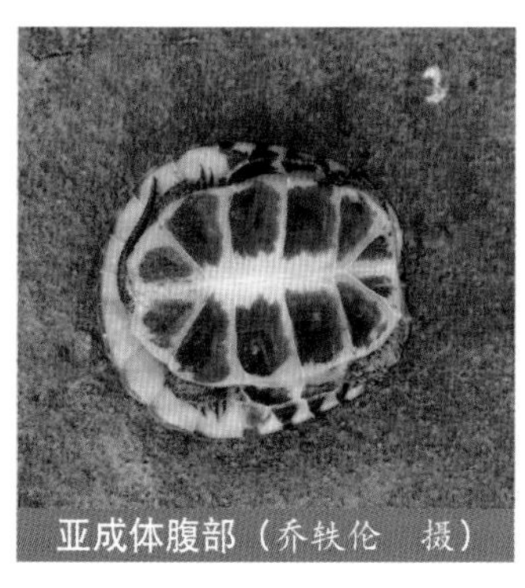
亚成体腹部（乔轶伦　摄）

幼体（乔轶伦　摄）
幼体腹部（乔轶伦　摄）

泽龟属 *Emys* Duméril, 1805

本属 3 种。主要特征：上喙中央具凹口，腹甲具韧带。是龟科中唯一不在美洲分布的属。

泽龟属物种名录

序号	学名	中文名	亚种
1	*Emys blandingii*	布氏拟龟	/
2	*Emys orbicularis*	欧洲泽龟	*E. o. orbicularis* *E. o. eiselti* *E. o. galloitalica* *E. o. hellenica* *E. o. ingauna* *E. o. occidentalis* *E. o. persica*
3	*Emys trinacris*	西西里泽龟	/

Emys blandingii（Holbrook, 1838）

成体（高品图像 Gaopinimages）

英文名：Blanding's Turtle

中文名：布氏拟龟

分　布：加拿大，美国

形态描述：一种中型水栖淡水龟。背甲直线长度雄龟最大可达 28.4 厘米，雌龟最大可达 23.2 厘米。背甲伸长，表面平滑，无纵棱，边缘非锯齿状。椎盾宽大于长，第 1 椎盾与前 4 枚缘盾和颈盾接触。背甲蓝黑色；每枚椎盾和肋盾具褐色或黄色不规则形状的点或略呈放射状的线，缘盾具大量斑点。在胸盾和腹盾之间具可活动韧带，但不同个体间韧带的灵活性存在很大差异。肛盾缺刻浅。肛盾缝＞喉盾缝＞＜腹盾缝＞股盾缝＞肱盾缝＞胸盾缝。腹甲与背甲以韧带相连。腹甲黄色具对称排列的大黑斑。头扁平，大小适中，吻部不突出，上喙具中央凹口。眼突出。上颚咀嚼面窄、无嵴。头顶和两侧蓝灰色，具褐色网纹，尤其是幼体有时具黄点；颏部和喉部亮黄色；上喙可能具深色条纹。其他处皮肤蓝灰色。指（趾）具蹼。尾部和腿部具黄色鳞。

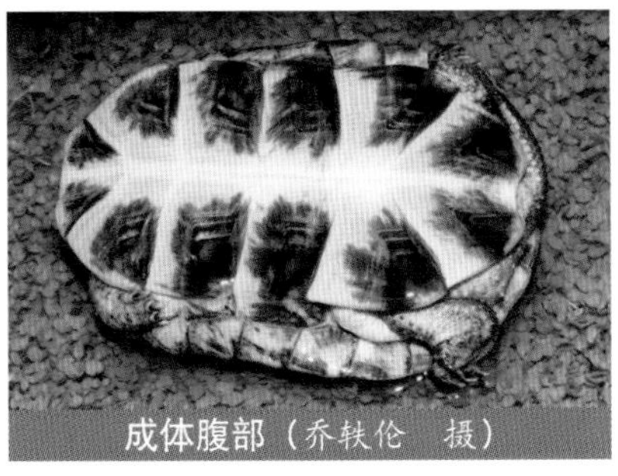
成体腹部（乔轶伦　摄）

亚成体（乔轶伦　摄）

幼体（乔轶伦　摄）

幼体腹部（乔轶伦　摄）

Emys orbicularis（Linnaeus, 1758）

英文名：European Pond Turtle

中文名：欧洲泽龟

分　布：阿尔巴尼亚，阿尔及利亚，奥地利，阿塞拜疆，白俄罗斯，波黑，保加利亚，克罗地亚，捷克共和国，法国，格鲁吉亚，德国，希腊，匈牙利，伊朗，意大利，哈萨克斯坦，科索沃，拉脱维亚，立陶宛，摩尔多瓦，黑山，摩洛哥，荷兰，北马其顿，波兰，葡萄牙，罗马尼亚，俄罗斯，塞尔维亚，斯洛伐克，斯洛文尼亚，西班牙（大陆），瑞士，叙利亚，突尼斯，土耳其，土库曼斯坦，乌克兰

形态描述：一种中型水栖淡水龟。背甲直线长度雄龟最大可达 21 厘米，雌龟最大可达 23.2 厘米。背甲扁平，椭圆形，最宽处在中心处之后，边缘非锯齿状。仅幼龟具中纵棱。椎盾宽大于长，第 5 椎盾最宽。背甲橄榄棕色至棕色，或最常见为黑色具大量黄色辐射线或点。腹甲大，胸盾和腹盾间具可活动韧带，仅靠韧带与背甲连接。成体韧带不能完全闭合甲壳，幼体韧带可以活动。腋盾和胯盾常缺失。如有，则小且退化。肛盾缝>腹盾缝>胸盾缝>喉盾缝>股盾缝>肱盾缝。腹甲颜色在全黑色或深棕色，至黄色每枚盾片具黑色边之间变化。上喙中央具凹口。头部背表面皮肤光滑，具细鳞。四肢覆有小至中型鳞，无大鳞。指（趾）间具蹼，尾相对长。头部、颈部、四肢和尾部皮肤黄棕色至黑色，可能具黄色辐射线或斑点。雄性虹膜颜色各区域不同：从红色、棕黄色和黄色至纯白色间变化；雌性眼黄色，偶尔白色。

地理亚种：

(1) *Emys orbicularis orbicularis*（Linnaeus, 1758）

英文名：European Pond Turtle

中文名：欧洲泽龟

成体（Uwe Fritz 摄，引自 Chelonian Research Monographs No.8，2021 年）

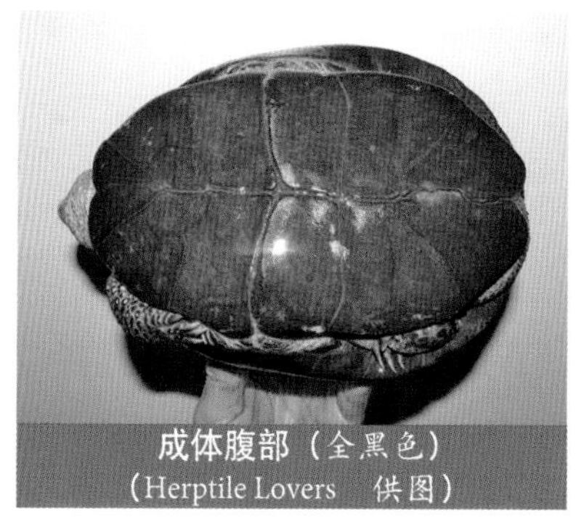
成体腹部（全黑色）
（Herptile Lovers　供图）

成体腹部（黄色具深色斑）
（Herptile Lovers　供图）

分　布：奥地利，阿塞拜疆，白俄罗斯，波黑，保加利亚，克罗地亚，捷克共和国，法国，格鲁吉亚，德国，希腊，匈牙利，伊朗，意大利，哈萨克斯坦，科索沃，拉脱维亚，立陶宛，摩尔多瓦，荷兰，北马其顿，波兰，罗马尼亚，俄罗斯，塞尔维亚，斯洛伐克，斯洛文尼亚，瑞士，土耳其，乌克兰

(2) *Emys orbicularis eiselti* Fritz, Baran, Budak & Amthauer, 1998

英文名： Eiselt's Pond Turtle, Turkish Pond Turtle

中文名： 艾氏泽龟

分　布： 叙利亚，土耳其

成体（Dinçer Ayaz 摄，引自 Chelonian Research Monographs No.8，2021 年）

成体（Uwe Fritz 摄，引自 Chelonian Research Monographs No.8，2021 年）

(3) *Emys orbicularis galloitalica* Fritz, 1995

英文名： Franco-talian Pond Turtle

中文名： 意大利泽龟

分　布： 法国，意大利，西班牙

(4) *Emys orbicularis hellenica* Valenciennes, 1833

英文名： Hellenic Pond Turtle

中文名： 土耳其西部泽龟

分　布： 阿尔巴尼亚，波黑，克罗地亚，希腊，意大利，科索沃，黑山，斯洛文尼亚

成体（Uwe Fritz 摄，引自 Chelonian Research Monographs No.8，2021 年）

成体（Pino Piccardo 摄，引自 Chelonian Research Monographs No.8，2021 年）

(5) *Emys orbicularis ingauna* Jesu, Piombo, Salvidio, Lamagni, Ortale & Genta, 2004

英文名： Ligurian Pond Turtle

中文名： 利古里亚泽龟

分　布： 意大利

(6) *Emys orbicularis occidentalis* Fritz, 1993

英文名：Western Pond Turtle, Spanish Pond Turtle, Magreb Pond Turtle

中文名：西班牙泽龟

分　布：摩洛哥，葡萄牙，西班牙

成体（Uwe Fritz 摄，引自 Chelonian Research Monographs No.8，2021 年）

成体（James F. Parham 摄，引自 Chelonian Research Monographs No.8，2021 年）

(7) *Emys orbicularis persica* Eichwald, 1831

英文名：Eastern Pond Turtle, Persian Pond Turtle

中文名：东部泽龟

分　布：亚美尼亚，阿塞拜疆，格鲁吉亚，伊朗，俄罗斯，土库曼斯坦，土耳其（?）

Emys trinacris Fritz, Fattizzo, Guicking, Tripepi, Pennisi, Lenk, Joger & Wink, 2005

英文名：Sicilian Pond Turtle

中文名：西西里泽龟

分　布：意大利（西西里岛）

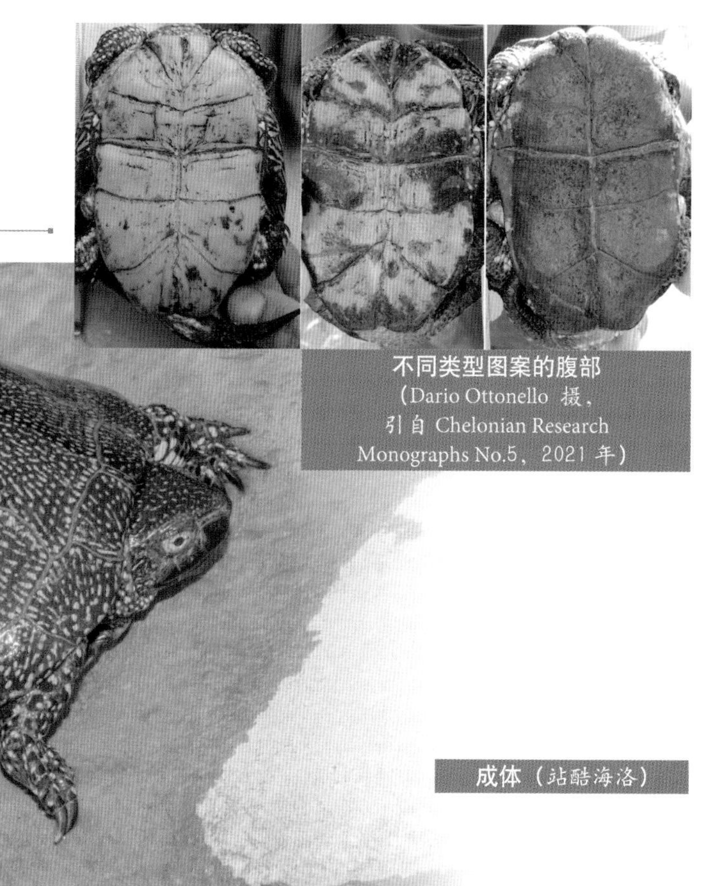

不同类型图案的腹部（Dario Ottonello 摄，引自 Chelonian Research Monographs No.5，2021 年）

成体（站酷海洛）

成体（站酷海洛）

形态描述：一种小型水栖淡水龟。背甲直线长度雄龟最大可达15.6厘米，雌龟最大可达17.2厘米。背甲深色。腹甲盾片远端接缝处罕见小暗斑，但可能出现；最常出现在胸盾与腹盾、腹盾与股盾接缝处。腹甲全黄色或以黄色为主。*Emys trinacris* 不同于形态多变的 *E. orbicularis* 的显著区别是其不同的线粒体和核基因，表明他们的生殖隔离。在形态上，与 *E. orbicularis* 北方亚种不同之处在于个体明显较小，背甲和皮肤的颜色较浅；与 *E. orbicularis* 亚种 *E. o. orbicularis* 和 *E. o. persica* 的不同之处在于雄性的虹膜为白色而不是红色。与小个体的 *E. orbicularis* 南方亚种相比较，*E. trinacris* 形态大体上与 *E. o. galloitalica* 最为相似；但从背视角度观察中，*E. trinacris* 背甲轮廓更接近卵形，不伸长。*E. trinacris* 背甲基色不会具有 *E. o. galloitalica* 中常见的浅棕色或黄褐色。

成体（站酷海洛）

木雕龟属 *Glyptemys* Agassiz, 1857

本属2种。主要特征：背甲具中纵棱，腹甲无韧带，颈短，上喙无明显凹口，上颚咀嚼面窄。

木雕龟属物种名录

序号	学名	中文名	亚种
1	*Glyptemys insculpta*	木雕水龟	/
2	*Glyptemys muhlenbergii*	牟氏水龟	/

木雕龟属的种检索表

1a 背甲后缘明显锯齿状，中纵棱明显 ……………………………………………… 木雕水龟 *Glyptemys insculpta*

1b 背甲后缘接近或完全平滑，中纵棱不明显 ……………………………………………… 牟氏水龟 *Glyptemys muhlenbergii*

Glyptemys insculpta（Le conte, 1830）

成体背部（雄性）
（Herptile Lovers　供图）

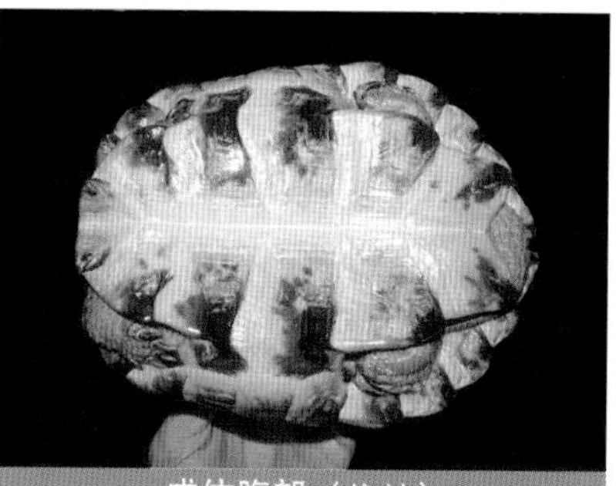
成体腹部（雄性）
（Herptile Lovers　供图）

英文名：Wood Turtle

中文名：木雕水龟

分　布：加拿大，美国

形态描述：一种小型水栖淡水龟。背甲直线长度雄龟最大可达24.4厘米，雌龟最大可达22.5厘米。背甲低宽，表面粗糙具雕刻纹和中纵棱。每枚盾片上由生长轮和沟形成不规则的锥形。椎盾宽大于长，后缘明显外展，呈锯齿状。背甲后侧略宽，甲桥处可能略呈锯齿状交错。背甲灰色至棕色，从肋盾后上角常发出黑色或黄色线的辐射纹。腹甲后叶具肛盾缺刻。肛盾缝＞喉盾缝＞腹盾缝＞胸盾缝＞股盾缝＞肱盾缝。缘盾腹面和甲桥在甲缝处常具黑斑。腹甲

成体（图虫创意）

黄色，每枚盾片具深色长方形斑。头部黑色，大小中等。吻部不突出，上喙中央具凹口。其他部分皮肤深棕色，颈部和前肢常具橙色或红色斑块。尾较长。

幼体（Herptile Lovers 供图）

幼体腹部（Herptile Lovers 供图）

Glyptemys muhlenbergii（Schoepff, 1801）

英文名：Bog Turtle

中文名：牟氏水龟

分　布：美国

成体（高品图像 Gaopinimages）

形态描述：一种小型水栖淡水龟。背甲直线长度雄龟最大可达11.5厘米，雌龟最大可达11厘米。背甲偏长，表面粗糙，适度拱起，中纵棱不明显。背甲两边平行或略向外扩展，后缘平滑或略锯齿状。椎盾宽大于长；第5椎盾最长。背甲颜色浅棕色、红褐色至黑色间变化；每枚盾片中央浅色。腹盾缝＞肛盾缝＞喉盾缝＞＜股盾缝＞肱盾缝＞＜胸盾缝。腹甲后叶具肛盾缺刻。腹甲深棕色至黑色，散布一些不规则的浅色斑。缘盾边缘和甲桥与背甲其他部分颜色相同。头小，吻部不突出，上喙中央具凹口。头部棕色，头部两侧各具一枚鲜明的大斑。在鼓膜上方和后面通常具黄色或橙色，有时会是红色大斑。其他处皮肤棕色可能背面具红色，腹面具橙色或红色的斑驳。

成体（Brian Zarate 摄，引自 Chelonian Research Monographs No.8，2021 年）

腹部（Peter Paul van Dijk 摄，引自 Chelonian Research Monographs No.8，2021 年）

箱龟属 *Terrapene* Merrem, 1820

本属4种*。主要特征：背甲高隆，长度一般不超过20厘米；腹甲胸盾和腹盾间具韧带，可完全闭合；产地仅限美洲。

*说明：Martin等将*Terrapene carolina triunguis*、*T. c. mexicana* 和*T. c. yucatana* 3个亚种从*Terrapene carolina*中移出，重新将这3个亚种指定为*T. mexicana* ssp.（2013年）。但这个提法未被Fritz和Havaš接受（2014年）。2017年，TTWG（Turtle Taxonomy Working Group）认为*Terrapene carolina mexicana* 和 *Terrapene mexicana* 都是有效命名。（*Terrapene carolina yucatana* 和*Terrapene carolina triunguis* 情况相同。）

箱龟属物种名录

序号	学名	中文名	亚种
1	*Terrapene carolina*	东部箱龟	*T. c. carolina* *T. c. bauri* *T. c. major* *T. c. mexicana** *T. c. triunguis** *T. c. yucatana**
2	*Terrapene coahuila*	沼泽箱龟	/
3	*Terrapene nelsoni*	星点箱龟	*T. n. klauberi* *T. n. nelsoni*
4	*Terrapene ornata*	锦箱龟	/

箱龟属的种与亚种检索表

1a 第 1 椎盾抬升角度大于 50°，韧带位置正对第 5 缘盾 …… 2
1b 第 1 椎盾抬升角度小于 45°，韧带位于第 5 ～ 6 缘盾间或第 6 缘盾 …… 8
2a 背甲高度大于背甲长度的 42% …… 3 东部箱龟 *Terrapene carolina*
2b 背甲高度小于背甲长度的 40% …… 沼泽箱龟 *Terrapene coahuila*
3a 后肢具 3 趾 …… 4
3b 后肢具 4 趾 …… 6
4a 背甲和腹甲具黄色辐射线 …… 佛罗里达箱龟 *Terrapene carolina bauri*
4b 背甲和腹甲无黄色辐射线 …… 5
5a 成体头部有时全红，便通常有黄色或橙色斑点；背甲浅棕色至深棕色 …… 三趾箱龟 *Terrapene carolina triunguis*
5b 成体头部白色或白色带杂色，不是红色或有黄色或橙色斑点（亚成体上有黄色或橙色斑点）；背甲黄色或褐色有深色甲缝 …… 墨西哥箱龟 *Terrapene carolina mexicana*
6a 后侧缘盾明显外展；背甲全黑色或深棕色或有浅色暗斑 …… 湾岸箱龟 *Terrapene carolina major*
6b 后侧缘盾不强烈外展；背甲深色有黄色或橙色斑或者黄色至褐色有深色辐射纹或黑色缝边 …… 7
7a 背甲深棕色有黄色或橙色可变化的图案 …… 东部箱龟 *Terrapene carolina carolina*
7b 背甲黄色至褐色有深辐射纹或黑色缝边 …… 犹卡坦箱龟 *Terrapene carolina yucatana*
8a 腹盾缝长度大于腹甲后叶长度的 38%，股盾缝长度小于腹甲后叶长度的 16%，肛盾缝长度小于腹甲后叶长度的 46% …… 9 星点箱龟 *Terrapene nelsoni*
8b 腹盾缝长度小于腹甲后叶长度的 32%，股盾缝长度大于腹甲后叶长度的 186%，肛盾缝长度大于腹甲后叶长度的 47% …… 锦箱龟 *Terrapene ornata*
9a 背甲稻草色至褐色或深棕色，有大斑点；肱盾缝和胸盾缝的平均长度分别为腹甲后叶长度的 16% 和 35% …… 南部星点箱龟 *Terrapene nelsoni nelsoni*
9b 背甲褐色至深棕色或灰棕色，有大量小斑点；肱盾缝和胸盾缝的平均长度分别为腹甲后叶长度的 18% 和 33% …… 北部星点箱龟 *Terrapene nelsoni klauberi*

东部箱龟成体（Peter Paul van Dijk. 摄，引自 Chelonian Research Monographs No.5，2015 年）

Terrapene carolina（Linnaeus, 1758）

英文名：American Box Turtle

中文名：东部箱龟

分　布：加拿大，美国，墨西哥

形态描述：一种小型半水栖龟。背甲直线长度雄龟最大可达 17.4 厘米，雌龟最大可达 19.8 厘米。背甲伸长，高拱，具纵棱，最高点在腹甲韧带之后。背甲半球形，后缘非锯齿状，中纵棱明显，常位于第 2 ~ 4 椎盾。第 1 椎盾提升，角度大于 50°，第 1 缘盾通常矩形。椎盾宽大于长。背甲棕色，每枚盾片上常具极为多变的图案：黄或橙色的辐射线，斑点，条带或不规则的斑块。腹甲常与背甲同长或长于背甲。肛盾缝＞腹盾缝＞喉盾缝＞胸盾缝＞肱盾缝＞＜股盾缝。腹甲后叶无肛盾缺刻。腹甲褐色至深棕色，可能无图案，具深色斑块或斑点，或者具 1 个沿甲缝分支的深色区。头部大小小至中等，吻部不突出，上喙中央钩状，无凹口。

地理亚种：

(1) *Terrapene carolina carolina*（Linnaeus, 1758）

英文名：Eastern Box Turtle, Woodland Box Turtle

中文名：东部箱龟

分　布：加拿大（安大略省），美国（拉巴马州、康涅狄格州、特拉华州、佐治亚州、伊利诺伊州、印第安纳州、肯塔基州、缅因州、马里兰州、马萨诸塞州、密歇根州、密西西比州、新罕布什尔州、新泽西州、纽约州、北卡罗来纳州、俄亥俄州、宾夕法尼亚州、罗德岛州、南卡罗来纳州、田纳西州、弗吉尼亚州、西弗吉尼亚州）

腹部（Michael T. Jones 摄，引自 Chelonian Research Monographs No.5，2015 年）

幼体（乔轶伦　摄）

成体（Michael T. Jones 摄，引自 Chelonian Research Monographs No.5，2015 年）

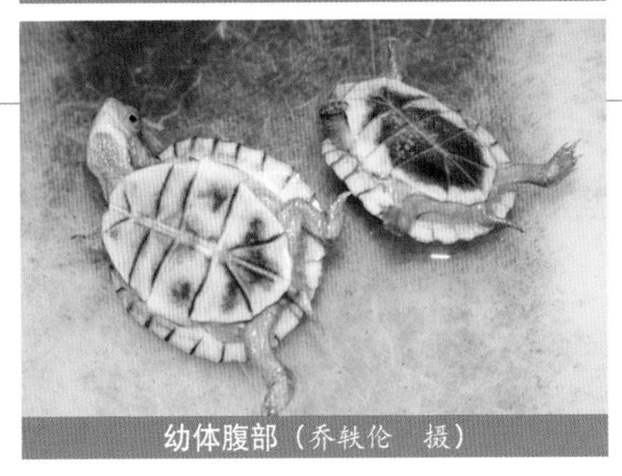

幼体腹部（乔轶伦　摄）

(2) *Terrapene carolina bauri* Taylor, 1895

英文名：Florida Box Turtle

中文名：佛罗里达箱龟

分　布：美国（佛罗里达州）

成体（Michael T. Jones 摄，引自 Chelonian Research Monographs No.5，2015 年）

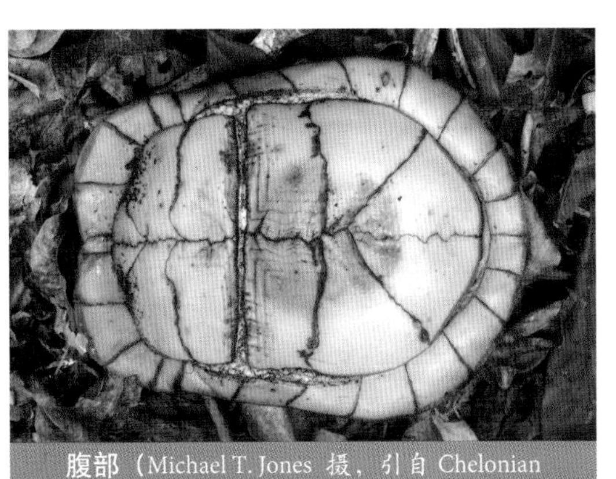

腹部（Michael T. Jones 摄，引自 Chelonian Research Monographs No.5，2015 年）

(3) *Terrapene carolina major*（Agassiz, 1857）

英文名：Gulf Coast Box Turtle

中文名：湾岸箱龟

分　布：美国（亚拉巴马州、佛罗里达州、佐治亚州、路易斯安那州、密西西比州、得克萨斯州）

成体（Michael T. Jones 摄，引自 Chelonian Research Monographs No.5，2015 年）

成体（站酷海洛）

腹部
（Michael T. Jones 摄，
引自 Chelonian
Research Monographs
No.5，2015 年）

成体（站酷海洛）

成体（Collette Adams 摄，引自
Chelonian Research Monographs No.5，2015 年）

（4）*Terrapene carolina mexicana* （Gray, 1849）

英文名：Mexican Box Turtle

中文名：墨西哥箱龟

分　布：墨西哥（新莱昂、圣路易斯波托西、塔毛利帕斯、韦拉克鲁斯）

腹部
（Patty Scanlan 摄，
引自 Chelonian
Research
Monographs
No.5，2015 年）

成体（雄性）（乔轶伦 摄）

成体（雌性）（乔轶伦 摄）

腹部（Michael T. Jones 摄，引自 Chelonian Research Monographs No.5，2015 年）

(5) *Terrapene carolina triunguis*（Agassiz, 1857）

英文名：Three-toed Box Turtle

中文名：三趾箱龟

分　布：美国（亚拉巴马州、阿肯色州、伊利诺伊州、堪萨斯州、路易斯安那州、密西西比州、密苏里州、俄克拉何马州、得克萨斯州）

幼体（乔轶伦 摄）

幼体腹部（乔轶伦 摄）

成体（Michael T. Jones 摄，引自 Chelonian Research Monographs No.5，2015 年）

腹部（Michael T. Jones 摄，引自 Chelonian Research Monographs No.5，2015 年）

(6) *Terrapene carolina yucatana*（Boulenger, 1895）

英文名：Yucatan Box Turtle

中文名：尤卡坦箱龟

分　布：墨西哥（坎佩切，金塔纳罗奥，尤卡坦）

亚种特征：

佛罗里达箱龟 *Terrapene carolina bauri*，通常后肢 3 爪，背甲具鲜明的浅色辐射线图案，头部每侧各具 2 条特征条带。

东部箱龟 *Terrapene carolina carolina*，背甲短宽，具鲜明的图案，背甲边缘几乎垂直或微外展，后肢 4 爪。

湾岸箱龟 *Terrapene carolina major*，最大的一种四爪箱龟，背甲长度有些可以超过 20 厘米。背甲伸长，背甲图案消失或被黑色或褐色遮盖，后侧缘盾明显外展。

墨西哥箱龟 *Terrapene carolina mexicana*，后肢 3 爪，背甲伸长，高拱，第 3 椎盾升高形成 1 个突起，后缘中等外展。图案常像三趾箱龟 *Terrapene carolina triunguis*，但背甲淡黄色，具深色甲缝。

三趾箱龟 *Terrapene carolina triunguis*，通常后肢 3 爪。背甲典型为褐色或橄榄色，具模糊的图案。橙色或黄色斑点明显地出现在头部和前肢，但雄性头部全红。

尤卡坦箱龟 *Terrapene carolina yucatana*，四肢 4 爪，背甲长，高拱，第 3 椎盾升高形成 1 个突起，后缘微外展。背甲褐色或淡黄色，具深色辐射线或黑色盾征轮廓。

Terrapene coahuila Schmidt & Owens, 1944

成体（Gamaliel Castañeda Gaytán 摄，引自 Chelonian Research Monographs No.8，2021 年）

英文名：Coahuilan Box Turtle

中文名：沼泽箱龟

分　布：墨西哥（科阿韦拉）

形态描述：一种小型半水栖龟。背甲直线长度雄龟最大可达23厘米，雌龟最大可达19.9厘米，背甲窄，伸长，高拱，但中间平坦（高度通常小于长度的40%），具1个至多个留有痕迹的中纵棱。第1椎盾两侧不平行，向前扩展；第2～4椎盾平坦，第5椎盾宽大于长。第5椎盾上可能具1个隆起。后缘非锯齿状。背甲棕色至橄榄色，无斑纹。腹甲发达，后叶无肛盾缺刻。肛盾缝＞腹盾缝＞喉盾缝＞胸盾缝＞肱盾缝＞股盾缝。胸盾缝长是腹甲前叶长的30%，肱盾缝长是腹甲前叶长的20%。股盾缝短，是腹甲后叶长的11%。甲桥常具1枚大腋盾。腹甲黄色至橄榄色，具深色甲缝和每枚盾片上具不规则的深色斑点。头部大，灰褐色至橄榄色，上喙中央明显钩状。头部可能具一些深色斑点。四肢、颈部和尾灰棕色至橄榄色。前肢5爪，后肢4爪，具小蹼。

腹部
（Gamaliel Castañeda Gaytán 摄，引自 Chelonian Research Monographs No.8，2021 年）

Terrapene nelsoni Stejneger, 1925

英文名：Spotted Box Turtle, Sierra Box Turtle

中文名：星点箱龟

分　布：墨西哥（奇瓦瓦州、哈利斯科州、纳亚里特州、锡那罗亚州、索诺拉州）

形态描述：一种小型半水栖龟。背甲直线长度雄龟最大可达 15.9 厘米，雌龟最大可达 14.9 厘米。背甲椭圆形，高拱，但顶部略平坦，具不明显的中纵棱。椎盾宽大于长；后缘非锯齿状，后肢上方缘盾外展。背甲从浅黄色至褐色或更深，或绿棕色，常分散有黄色至棕色的小斑点。腹甲大而发达，后缘无肛盾缺刻。肛盾缝＞腹盾缝＞喉盾缝＞胸盾缝＞股盾缝＞肱盾缝。腋盾常缺失，若存在，则在第 5 缘盾处。腹甲深棕色具黄色边，可能具黄色斑点和条带。头部大，上喙中央明显钩状。头部、颈部、四肢和尾部黄色至棕色，具黄色至棕色斑点。后肢 4 爪，具小蹼。

地理亚种：

(1) *Terrapene nelsoni nelsoni* Stejneger, 1925

英文名：Southern Spotted Box Turtle, Southern Sierra Box Turtle

中文名：南部星点箱龟

分　布：墨西哥（哈利斯科，纳亚里特，锡那罗亚）

成体（John B. Iverson　摄）

成体腹部
（John B. Iverson　摄）

成体
（Matt Cage 摄，
引自 Chelonian
Research Monographs
No.5，2011 年）

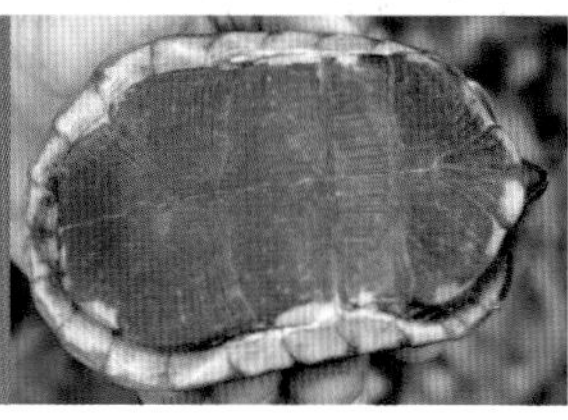

腹部
（Young Cagee 摄，
引自 Chelonian
Research Monographs
No.5，2011 年）

(2) *Terrapene nelsoni klauberi* Bogert, 1943

英文名：Northern Spotted Box Turtle, Northern Sierra Box Turtle

中文名：北部星点箱龟

分　布：墨西哥（锡那罗亚，索诺拉，奇瓦瓦）

亚种特征：

南部星点箱龟 *Terrapene nelsoni nelsoni* 背甲淡黄色至褐色或深棕色，浅色斑点大数量少。肱盾缝和胸盾缝分别为腹甲前叶长度的 16% 和 35%。第 1 椎盾凹形。

北部星点箱龟 *Terrapene nelsoni klauberi* 背甲褐色至深棕色或灰棕色，比南部星点箱龟 *Terrapene nelsoni nelsoni* 的浅色斑点小而多。肱盾缝和胸盾缝分别为腹甲前叶长度的 18% 和 33%。第 1 椎盾平坦。斑点在两个亚种中可能会消失。

Terrapene ornata（Agassiz, 1857）

英文名：Ornate Box Turtle, Western Box Turtle

中文名：锦箱龟

分　布：美国，墨西哥

形态描述：一种小型半水栖龟。背甲直线长度雄龟最大可达 15.7 厘米，雌龟最大可达 17 厘米。背甲圆形至椭圆形，高拱；最高点在腹甲韧带正上方或前面。后缘非锯齿状，背部平坦。背甲通常是无纵棱，有时仅在第 3 椎盾后半部和第 4 椎盾前半部具不发达的中纵棱。第 1 椎盾升高，角度小于 45°。椎盾通常宽大于长。背甲红棕色至深棕色，常具黄色中条带；每枚盾片具黄色辐射线。腹甲常与背甲同长或长于背甲。肛盾缝＞腹盾缝＞喉盾缝＞股盾缝＞胸盾缝＞肱盾缝。后缘无肛盾缺刻。无甲桥，常无腋盾（如有，则在第 5 缘盾）。腹甲每枚盾片具辐射线图案。头部小至中等，吻部不突出，上喙中央无缺刻。头部背面棕色至绿色，具黄色斑点，喙黄色。其他处皮肤深棕色具一些黄色斑点。尾部可能具 1 条黄色背条带。后肢 4 爪，少见 3 爪。

成体（雄性）
（Herptile Lovers　供图）

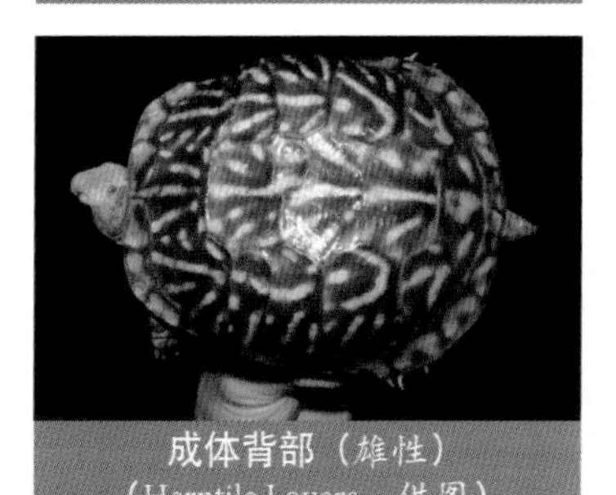

成体背部（雄性）
（Herptile Lovers　供图）

成体腹部（雄性）
（Herptile Lovers　供图）

成体腹部（雌性）（乔轶伦　摄）

成体（雌性）（乔轶伦　摄）

（十）平胸龟科 Platysternidae Gray, 1869

本科现生仅1属1种，分布于亚洲的缅甸、柬埔寨、泰国、老挝、越南和中国。栖息于具有岩石和底砂的湍急的小溪和河流。肉食性，以水生无脊椎动物、鱼和腐肉为食。主要特征：头部竖直收回，但头部大、不能完全缩回壳中，吻部非管状、不伸长，上喙中央钩状，下喙边缘非锯齿状；龟壳骨化、完整，腹甲大，腹甲12枚，具下缘盾，背甲缝存在；前肢非桨状；尾长。

平胸龟属物种名录

序号	学名	中文名	亚种
1	*Platysternon megacephalum*	平胸龟	*P. m. megacephalum* *P. m. peguense* *P. m. shiui*

亚成体（乔轶伦　摄）

亚成体腹部（乔轶伦　摄）

亚成体（乔轶伦　摄）

成体头部（刘　晔　摄）

平胸龟属的亚种检索表

1a 腹甲具中心深色大斑块 ……………………………… 缅甸平胸龟 *Platysternon megacephalum peguense*
1b 腹甲无中心深色大斑块 ………………………………………………………………………………………… 2
2a 头部、甲壳、四肢、肢窝和尾腹面分散有大量黄色、橙色或粉色斑点 ……………………………………
…………………………………………………………………………… 越南平胸龟 *Platysternon megacephalum shiui*
2b 头部、甲壳、四肢、肢窝和尾腹面无浅色斑点 ………中国平胸龟 *Platysternon megacephalum megacephalum*

平胸龟属 *Platysternon* Gray, 1831

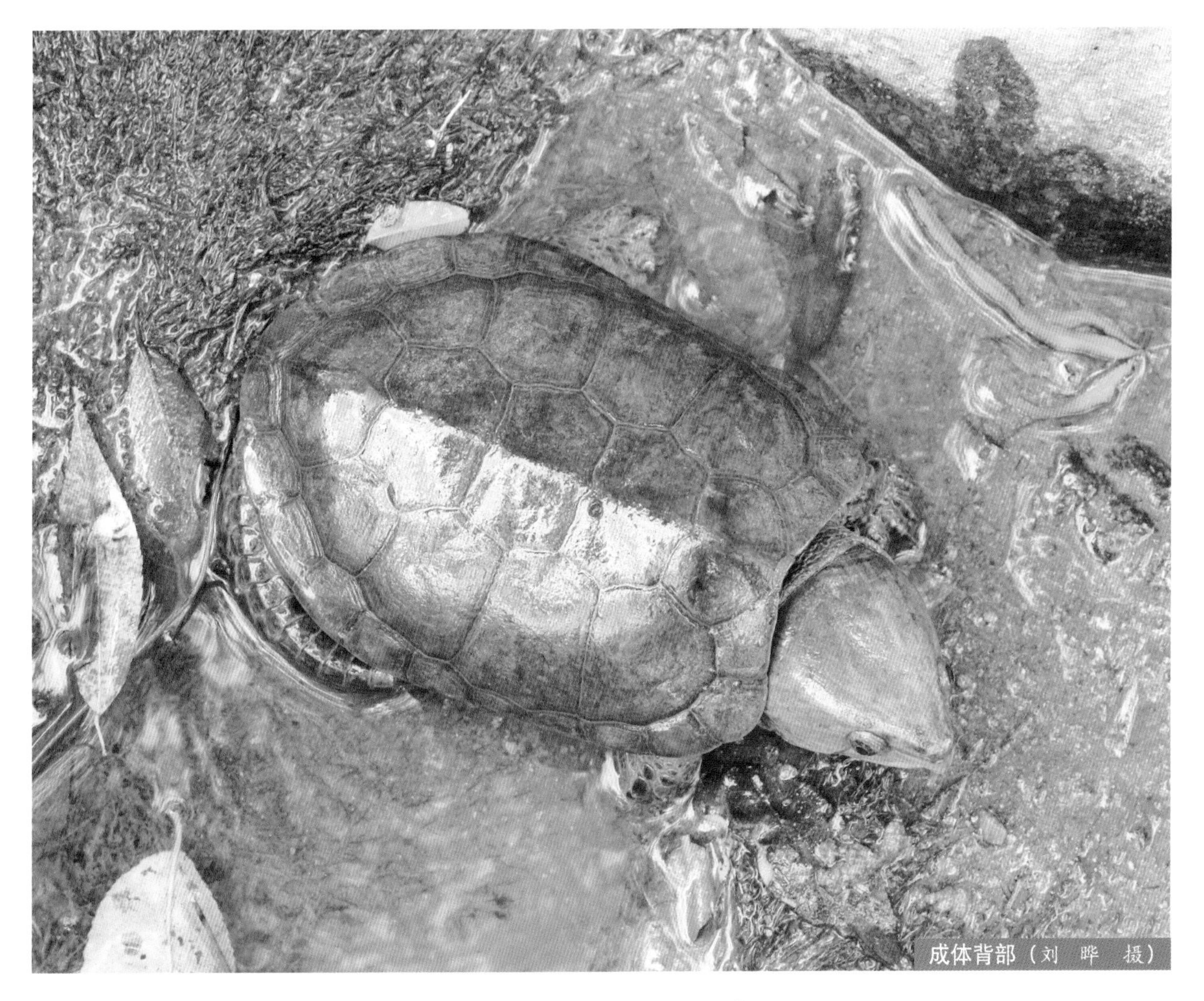

成体背部（刘 晔 摄）

Platysternon megacephalum Gray, 1831

英文名：Big-headed Turtle

中文名：平胸龟

分　布：中国，柬埔寨，老挝，缅甸，泰国，越南

形态描述：一种中小型水栖淡水龟。背甲直线长度雄龟最大可达 25.5 厘米，雌龟最大可达 21 厘米。背甲扁平，具 1 条不明显的中纵棱（幼体中纵棱明显），前端具 1 枚小颈盾，后

成体（刘 晔 摄）

端具小缺刻，后端缘盾微锯齿状。背甲颜色黄棕色至橄榄色，每枚盾片上可能有一些从盾片后方向前方呈扇形散开的深色辐射纹，每枚盾片上可能会出现生长轮。腹甲发达，无韧带，甲桥窄，仅通过韧带组织与背甲连接。腹甲前部方形，肛盾缺刻宽。肛盾缝>肱盾缝>股盾缝>胸盾缝>腹盾缝><喉盾缝。腹甲和甲桥黄色，中间可能具褪色棕条纹，或是沿中缝扩散的深棕色斑块。头部巨大，宽度约为背甲宽度的一半，不能完全缩进甲壳中；头部背面被一枚角质盾片完全覆盖。颈部背面和侧面覆有小鳞，腹面正中覆有大鳞。头部黄棕色至橄榄色，背面可能具一些深棕色或红色至橙色纵条纹或斑点。头部侧面可能颜色深些并杂有黄色或红色斑点。颏部黄色至棕色，可能杂有深色或浅色。颈部背面灰棕色，侧面和腹面淡黄色。前肢覆有大鳞，后肢跟部内外边缘有一横向大鳞。指（趾）间具蹼。尾部几乎与背甲同长，覆有大鳞。前肢浅色至深棕色，后肢棕色。

老年个体头部（乔轶伦 摄）

地理亚种：

(1) *Platysternon megacephalum megacephalum* Gray, 1831

英文名：Chinese Big-headed Turtle

中文名：中国平胸龟

分　布：中国（安徽、福建、广东、广西、香港、湖南、江西、浙江），越南

成体（Herptile Lovers　供图）

成体背部（Herptile Lovers　供图）

成体腹部（Herptile Lovers　供图）

(2) *Platysternon megacephalum peguense* Gray, 1870

英文名：Burmese Big-headed Turtle

中文名：缅甸平胸龟

分　布：柬埔寨，中国（海南，云南），老挝，缅甸，泰国，越南

成体（Herptile Lovers　供图）

成体背部（Herptile Lovers　供图）

成体腹部（Herptile Lovers　供图）

(3) *Platysternon megacephalum shiui* Ernst & Mccord, 1987

英文名：Vietnamese Big-headed Turtle

中文名：越南平胸龟

分　布：中国（广西、海南），老挝（?），越南

成体（Torsten Blanck 摄，引自 Chelonian Research Monographs No.8，2021 年）

成体头部（Herptile Lovers 供图）

成体背部（Herptile Lovers 供图）

成体腹部（Herptile Lovers 供图）

亚种特征：

Platysternon m. megacephalum 腹甲黄色无图案，背甲具不明显的中纵棱和不明显的生长轮，后缘微锯齿状；甲桥上面的缘盾外展，头盾发达，常覆盖到眼眶后，喙黄色，头部前端有窄辐射线图案。

Platysternon m. peguense 幼体腹部沿缝具深色图案，背甲有明显的中纵棱，有时还有侧纵棱，生长轮明显，背甲后缘锯齿状，喙部无图案，上喙中央明显钩状，具黑边的眶后条纹；成体与指名亚种相似。

Platysternon m. shiui 头、壳、四肢、腋窝和尾巴的腹面具大量的黄色、橙色或粉红色斑点；背甲表面光滑，后缘非锯齿状；头盾一般发达，没有到达眼眶；上喙中央明显钩状。

（十一）淡水龟科 Geoemydidae Theobald, 1868

本科现生 19 属 71 种，除木纹龟属分布于美洲外，其他 18 属全部分布于亚洲、欧洲和北非。栖息地视物种而定，大多数栖息于河流、小溪、池塘、沼泽和河口等水生环境；有些种类是陆生或半陆生的。食性视物种而定，包括杂食性、草食性和肉食性。主要特征：头部竖直收回，吻部非管状、不伸长；龟壳骨化、完整，腹甲 12 块，如具前部韧带，在胸盾与腹盾之间，下缘盾不存在，第 12 缘盾与第 5 椎盾之间的甲缝覆盖在上臀板上；前肢非桨状，后肢非柱状，指（趾）间具不同程度的蹼。

淡水龟科的属检索表

1a 腹甲胸盾和腹盾间具可活动的韧带 ………… 2
1b 腹甲坚硬，无韧带或仅雌性成体上具部分韧带 ………… 5
2a 背甲后边缘非锯齿状，腹甲宽，可完全闭合 ………… 闭壳龟属 *Cuora*（部分）
2b 背甲后边缘锯齿状，腹甲窄，不能完全闭合 ………… 3
3a 椎盾 5 枚 ………… 4
3b 椎盾 6 或 7 枚 ………… 果龟属 *Notochelys*

4a 背甲脊部平坦，喉盾缝＜肱盾缝 ………………………… 闭壳龟属 *Cuora*（部分），*Cuora mouhotii*

4b 背甲脊部稍平，喉盾缝＞肱盾缝 ………………………… 齿缘龟属 *Cyclemys*

5a 上颚咀嚼面至少后部宽 ………………………… 6

5b 上颚咀嚼面窄 ………………………… 18

6a 整个上颚咀嚼面宽，如果有中嵴，前部齿状 ………………………… 7

6b 上颚咀嚼面至少后侧中等至非常宽，中嵴前部非齿状 ………………………… 9

7a 无上颚咀嚼面中嵴，如有，非常不明显 ………………………… 斑点池龟属 *Geoclemys*

7b 上颚咀嚼面具明显中嵴 ………………………… 8

8a 腹甲纯黄色；每块背甲盾片常有浅色眼状斑；内鼻孔位于眼眶后部 ………………………… 沼龟属 *Morenia*

8b 每块腹甲上具大黑斑，每块背甲盾片无浅色眼状斑；内鼻孔位于眼眶侧面 ………………………… 草龟属 *Hardella*

9a 上颚咀嚼面后部宽，中部窄 ………………………… 10

9b 整个上颚咀嚼面宽 ………………………… 11

10a 上颚咀嚼面有中嵴，第 2 椎盾蘑菇状，第 4 肋盾小 ………………………… 巨龟属 *Orlitia*

10b 上颚咀嚼面无中嵴，第 2 椎盾非蘑菇状，与其他肋盾相比，第 4 肋盾小但不明显 ………………………… 粗颈龟属 *Siebenrockiella*（部分）

11a 上颚咀嚼面有 1 个中嵴，前肢 5 爪 ………………………… 12

11b 上颚咀嚼面有 2 个中嵴，前肢 4 爪 ………………………… 潮龟属 *Batagur*（部分），*Batagur baska*

12a 上颚咀嚼面具锋利而清晰的嵴 ………………………… 13

12b 上颚咀嚼面的嵴退化或没有 ………………………… 16

13a 第 4 椎盾长大于宽 ………………………… 14

13b 第 4 椎盾宽大于长 ………………………… 15

14a 第 4 椎盾前端窄尖，仅微连接第 3 椎盾；第 4 椎盾覆盖部分第 5 椎板 ………………………… 棱龟背属 *Kachuga*

14b 第 4 椎盾前端不尖，连接第 3 椎盾多；第 4 椎盾覆盖部分第 4 椎板 ………………………… 潮龟属 *Batagur*（部分）, *B. trivittata*, *B. dhongoka*, *B.kachuga*

15a 颈部具许多深边黄条纹 ………………………… 石龟属 *Mauremys*（部分），*Mauremys sinensis*

15b 颈部无条纹 ………………………… 潮龟属 *Batagur*（部分），*Batagur borneoensis*

16a 上颚咀嚼面有退化或不清晰的嵴 ………………………… 17

16b 上颚咀嚼面没有嵴 ………………………… 石龟属 *Mauremys*（部分），*Mauremys reevesii*, *Mauremys nigricans*

17a 背甲后边缘锯齿状，背上仅具中纵棱 ………………………… 东方龟属 *Heosemys*（部分），*Heosemys annandalii*

17b 背甲后边缘非锯齿状（但具中缺刻），背上具 3 条纵嵴 ………………………… 马来龟属 *Malayemys*

18a 背甲上有 1 条纵棱 ………………………… 19

18b 背甲上有 3 条纵棱 ………………………… 20

19a 头背部有 1 ～ 2 对眼状斑；东南亚地区 ………………………… 眼斑龟属 *Sacalia*

19b 头背部没有眼状斑；美洲地区 ………………………… 木纹龟属 *Rhinoclemmys*

20a 背甲后侧明显锯齿状或微锯齿状 ………………………… 21

20b 背甲后侧非锯齿状 ………………………… 22

21a 成体背纵棱低但明显 ………………………… 黑龟属 *Melanochelys*

21b 成体背纵棱几乎没有 ………………………… 石龟属 *Mauremys*（部分）*Mauremys annamensis*, *Mauromys japonica*, *Mauremys iversoni*, *Mauremys mutica*, *Mauremys leprosa*, *Mauremys capica*

22a 上喙中央钩状 ………………………… 23

22b 上喙中央非钩状 ………………………… 28

23a 喉盾缝不是最短 ………………………… 24

23b 喉盾缝最短 ………………………… 27

24a 中纵棱存在在 5 个椎盾上 ………………………………………………………………………… 25
24b 中纵棱消失；如有，仅在前侧椎盾 …………… 粗颈龟属 *Siebenrockiella*（部分）*Siebenrockiella leytensis*
25a 背甲前缘非锯齿状 ………………………………………………………………………………… 26
25b 背甲前缘明显锯齿状 ……………………………………… 东方龟属 *Heosemys*（部分）*Heosemys spinosa*
26a 背甲具 3 条纵棱，中纵棱明显，侧纵棱低平 ……………………………………… 蔗林龟属 *Vijayachelys*
26b 背甲具 1 条中纵棱 ………………… 东方龟属 *Heosemys*（部分）*Heosemys grandis*，*Heosemys depressa*
27a 背甲长度 >18 厘米；腹甲淡黄色至橙棕色，无浅色边缘线；头背部后侧有细鳞 ………………………………
………………………………………………………………………………… 白头龟属 *Leucocephalon*
27b 背甲长度 <17.5 厘米；腹甲深棕色至黑色，有浅色边缘线；头背部后侧光滑无细鳞 …………………………
………………………………………………………………………………………… 地龟属 *Geoemyda*
28a 上喙中央具凹口 ………………………………………………………………………………… 24
28b 上喙中央无凹口 ………………………………………………………………… 石龟属 *Mauremys*（部分）
Mauremys japonica, *Mauremys iversoni*, *Mauremys mutica*, *Mauremys leprosa*, *Mauremys capica*

潮龟属 *Batagur* Gray, 1856

本属 6 种。主要特征：体型大，吻部长，雄性个体具性别和季节的两色性。

潮龟属物种名录

序号	学名	中文名	亚种
1	*Batagur affinis*	马来潮龟	*B. a. affinis* *B. a. edwardmolli*
2	*Batagur baska*	潮龟	/
3	*Batagur borneoensis*	咸水潮龟	/
4	*Batagur dhongoka*	三线棱背潮龟	/
5	*Batagur kachuga*	红冠棱背潮龟	/
6	*Batagur trivittata*	缅甸棱背潮龟	/

潮龟属的种检索表

1a 前肢具 4 爪 ………………………………………………………………………………………… 2
1b 前肢具 5 爪 ………………………………………………………………………………………… 3
2a 繁殖期，雄龟黑色，虹膜白色 ……………………………………………… 马来潮龟 *Batagur affinis*
2b 繁殖期，雄龟头部黑色，颈部和四肢粉红色 ……………………………………… 潮龟 *Batagur baska*
3a 第 4 椎盾长大于宽 ………………………………………………………………………………… 4
3b 第 4 椎盾宽大于长 ………………………………………………… 咸水潮龟 *Batagur borneoensis*
4a 中纵棱低平，雄龟背甲具 3 条明显纵条带，雌龟没有 ………………… 缅甸棱背潮龟 *Batagur trivittata*
4b 椎盾中纵棱变成第 2 和第 3 椎盾后部突起 ……………………………………………………………… 5
5a 第 2 椎盾后缘向后变尖；雌雄性背甲具中纵条纹和两处不明显的侧条纹 …… 三线棱背潮龟 *Batagur dhongoka*
5b 第 2 椎盾后缘直，不变尖；背甲无纵条纹 ……………………………… 红冠棱背潮龟 *Batagur kachuga*

Batagur affinis（Canto, 1847）

英文名：Southern River Terrapin

中文名：马来潮龟

分　布：柬埔寨，印度尼西亚，马来西亚，新加坡，泰国

形态描述：一种大型水栖淡水龟。背甲直线长度雄龟最大可达 50.2 厘米，雌龟最大可达 62.5 厘米。背甲厚重、盾片化，老年个体甲壳变得光滑无缝。椎盾宽大于长。背甲深色。腹甲前端缩短，具肛盾缺刻，腹甲略短于背甲。腹盾缝＞股盾缝＞＜胸盾缝＞肱盾缝＞肛盾缝＞喉盾缝。头部相对较小，吻部突出，尖且上翘，上喙中央具凹口，两尖状，头部后面覆有小鳞。下喙中央明显尖状。上颚咀嚼面具 2 个而不是 1 个齿状嵴。前肢具带状横向鳞。前肢外观似桨状，后肢鳞片退化。指（趾）具全蹼，仅爪尖露出。与其他潮龟属的主要区别在于前肢 4 爪，而不是 5 爪（这一点与 *Batagur baska* 相同）；雄性个体具性别和季节的两色性。非交配期的雄性深橄榄棕色（深于雌性个体颜色），虹膜淡黄色至奶油色。

不同地理种群颜色不同。*Batagur affinis affinis* 繁殖期的雄性虹膜明显白色，头部、颈部、四肢和背甲乌黑色。*Batagur affinis edwardmolli* 除雌龟和幼龟外，在头部两侧眼睛后方具 1 个银色斑。幼龟颜色更丰富，头部具亮银色斑，背甲橄榄色至橄榄棕色，边缘显著黄色。雄龟深棕色至黑色，眼睛颜色明显不同。交配期雄龟虹膜环淡黄色至奶油色，角膜亮橙色。非交配期雄龟虹膜黄色，角膜暗淡、淡黄色。雌龟眼睛暗淡，棕色，不引人注意。

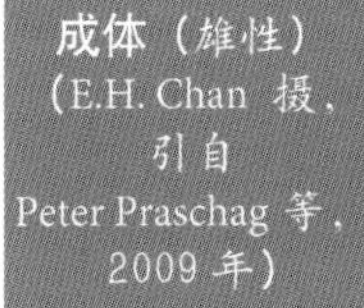
成体（雄性）（E.H. Chan 摄，引自 Peter Praschag 等，2009 年）

成体（雌性）（E.O. Moll 摄，引自 Peter Praschag 等，2009 年）

幼体（E.O. Moll 摄，引自 Peter Praschag 等，2009 年）

地理亚种：

(1) *Batagur affinis affinis*（Cantor, 1847）

英文名：Western Malay River Terrapin

中文名：暂无

交配期的成体（雄性）（B. Horne 摄，引自 Peter Praschag 等，2009 年）

幼体（E.O. Moll 摄，引自 Peter Praschag 等，2009 年）

分　布：印度尼西亚，马来西亚，新加坡，泰国

成体（雌性）(E.O. Moll 摄，引自 Chelonian Research Monographs No.5，2015 年)

交配期的成体（雄性）(E.H. Chan 摄，引自 Chelonian Research Monographs No.5，2015 年)

(2) *Batagur affinis edwardmolli* Praschag, Holloway, Georges, Päckert, Hundsdörfer & Fritz, 2009

英文名：Eastern Malay River Terrapin

成体（雌性）(E.O. Moll 摄，引自 Chelonian Research Monographs No.5，2015 年)

中文名：暂无

分　布：柬埔寨，马来西亚

亚成体腹部（Heng Kimchhay 摄，引自 Chelonian Research Monographs No.5，2015 年）

Batagur baska（Gray, 1830）

成体（雄性）（Peter Praschag 摄，引自 Chelonian Research Monographs No.8，2021 年）

英文名：Northern River Terrapin

中文名：潮龟

分　布：缅甸，泰国，印度，孟加拉国

形态描述：一种大型水栖淡水龟。背甲直线长度雄龟最大可达 49 厘米，雌龟最大可达 60.9 厘米，是最大的水龟科物种之一。成体背甲微拱起，盾片光滑，后缘不呈锯齿状。幼体具低平间断的中纵棱，成年后会消失。椎盾宽大于长，背甲橄榄灰或橄榄棕色。腹甲发达，但小于背甲开口，肛盾缺刻浅。甲桥宽大，使腹甲与背甲大部分相连，胯盾大于腋盾。腹甲前后叶都比甲桥短。腹盾缝＞胸盾缝＞＜股盾缝＞肱盾缝＞肛盾缝＞喉盾缝。腹甲与甲桥黄色或奶油色。相对于体型，头部小至适中，吻部突出，尖且上翘，上喙中央具凹口，头部后面覆有小鳞片。咀嚼面宽，具 2 个强壮的齿状嵴，喙边缘锯齿状。头背部橄榄灰色，腹面和两侧浅灰色，喙浅色。前肢微桨状具 4 个爪。指（趾）间具蹼，四肢具大的横向鳞片，橄榄灰色。在交配期，雄性的头部变黑色，颈部和腿变红色，虹膜奶油黄色（不变白色）。

成体（雌性）（乔轶伦　摄）

亚成体腹部（乔轶伦　摄）

亚成体（乔轶伦　摄）

Batagur borneoensis（Schlegel & Müller, 1845）

英文名：Painted Terrapin

中文名：咸水潮龟

分　布：文莱，马来西亚，印度尼西亚，泰国

成体（雌性）（Herptile Lovers　供图）

形态描述：一种大型水栖淡水龟。背甲直线长度雄龟最大可达45厘米，雌龟最大可达76厘米。背甲略扁平，盾片光滑，刚孵化的个体和幼龟后缘微锯齿状。幼体具发达的中纵棱和中断的侧纵棱，成年后会变得低平或消失。第1、2、3、5椎盾宽大于长，第4椎盾长宽相当，且小于第3椎盾。第4椎盾前面突出进入第3椎盾后凹面。成体背甲浅棕色至橄榄色，具3条黑色宽纵带。腹甲发达，但小于背甲开口，肛盾缺刻浅。甲桥宽大，使腹甲与背甲大部分相连，胯盾大于腋盾。腹甲前后叶都比甲桥短。腹盾缝>股盾缝>胸盾缝>

成体腹部（雌性）
（Herptile Lovers　供图）

成体（雄性）（Herptile Lovers　供图）

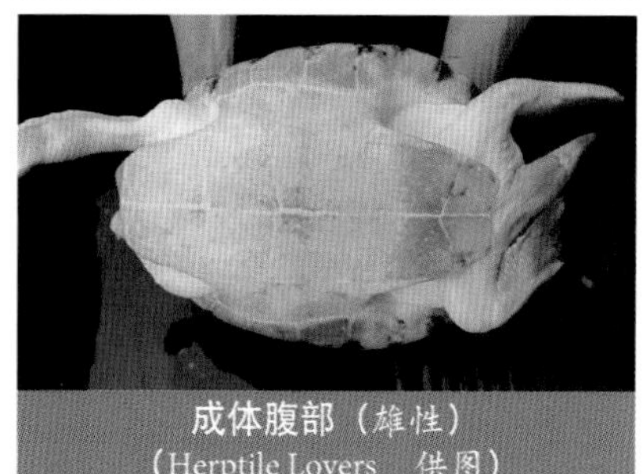
成体腹部（雄性）
（Herptile Lovers　供图）

肛盾缝><肱盾缝>喉盾缝。腹甲与甲桥黄色或奶油色。头部小至大小适中，吻部突出，尖且上翘，上喙中央具浅凹口，头部后面覆有小鳞。咀嚼面宽，具1个强壮的齿状中嵴，喙边缘锯齿状。雌性头部橄榄色，非繁殖季节，雄性头部炭灰色；交配季节，雄性头部变白，在顶部两眼间出现红色带。四肢具横向大鳞，前肢具5爪。指（趾）间具全蹼。四肢和其他处皮肤常为橄榄色至灰色。

亚成体（乔轶伦 摄）

亚成体腹部（乔轶伦 摄）

成体（图虫创意）

Batagur dhongoka（Gray, 1832）

亚成体（上雌下雄）（乔轶伦　摄）

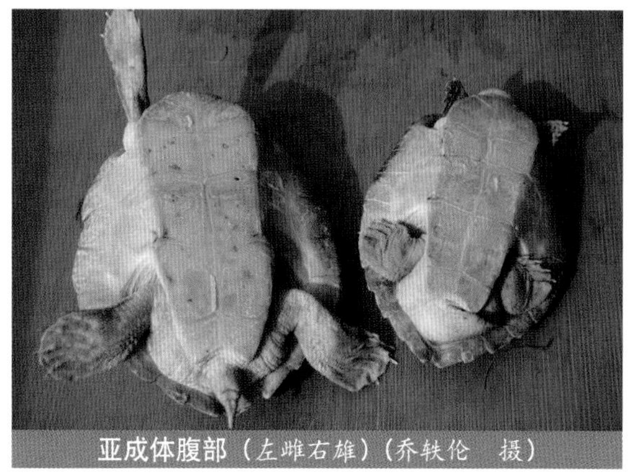
亚成体腹部（左雌右雄）（乔轶伦　摄）

英文名：Three-striped Roofed Turtle

中文名：三线棱背潮龟

分　布：孟加拉国，印度，尼泊尔

形态描述：一种大型水栖淡水龟。背甲直线长度雄龟最大可达 29 厘米，雌龟最大可达 56 厘米。背甲椭圆形，最宽处在中心处之后，扁平，后缘光滑。具中纵棱，但成体仅在第 2 和第 3 椎盾后侧有突起。第 1 椎盾宽大于长，第 2 椎盾幼体宽大于长，但成体长大于宽。它后边缘变窄，插入与第 3 椎盾前凹缘。第 3 椎盾宽大于长，要不比第 2 椎盾短，要不比第 4 椎盾短。第 4 椎盾长大于宽，第 5 椎盾宽大于长。背甲橄榄棕色，沿中纵棱有深棕色或黑色中带和 2 条明显的深色侧条带。腹甲窄长；腹甲前后叶长度都短于宽甲桥。具肛盾缺刻。肱盾与胸盾间缝与腹甲中缝成锐角。腹盾缝＞股盾缝＞胸盾缝＞肱盾缝＞肛盾缝＞＜喉盾缝。胯盾远大于腋盾。腹甲与甲桥黄色；幼龟每枚盾片上具棕红色斑块。头部大小中等，吻部微突出。上喙中央具凹口，凹口两边各具 1 个齿突，喙侧面微锯齿状。头部后面覆有小鳞。头部橄榄色至棕色，头部每边从鼻孔经眶上和鼓膜向后延伸有黄色条带。喙颜色浅。颈部和四肢橄榄色或黄棕色。四肢具横向大鳞。

Batagur kachuga（Gray, 1831）

交配期的雄性成体
（Saurav Gawan 摄，引自 Chelonian Research Monographs No.8，2021 年）

英文名：Red-crowned Roofed Turtle

中文名：红冠棱背潮龟

分　布：孟加拉国，印度，尼泊尔

形态描述：一种大型水栖淡水龟。背甲直线长度可达 56 厘米。背甲椭圆形，最宽处在中心处之后，略扁平，后缘平滑或略锯齿状。具中纵棱，在第 2、3 椎盾后侧具突起；幼体中第 3 椎盾突起明显，但随年龄会变低平。第 1、3、5 椎盾

繁殖期成体背部（雄性）（乔轶伦　摄）

宽大于长，第 2 椎盾长宽相当，第 4 椎长大于宽。背甲棕色至橄榄色。腹甲窄长；腹甲前后叶长度都短于宽甲桥。常无肛盾缺刻。肱盾与胸盾间缝与腹甲中缝成钝角。腹盾缝＞股盾缝＞肱盾缝＞胸盾缝＞肛盾缝＞喉盾缝。胯盾远大于腋盾。腹甲与甲桥黄色。头部大小适中，吻部上翘突出。上喙中央具宽凹口，凹口两边具牙状突起。咀嚼面具 2 个齿状中嵴。头部后面覆有小鳞。雄性头部背面红色，两侧蓝灰色；雌性头部橄榄蓝色。雄性头部两边具 2 条黄色带：1 条从眼后延伸到鼓膜，另 1 条从吻部和上喙向后延伸到颈部。喉部具 1 对红色或黄色的斑点，喙可能是棕色。雌龟颈部橄榄棕色，而雄龟颈部具 7 道红色或红棕色的纵条带。交配期雄龟的红色块变得明亮，之后会褪去和消失。四肢棕色至橄榄色，前肢前表面具横向鳞片。

亚成体头部（Herptile Lovers　供图）

亚成体背部（Herptile Lovers　供图）

亚成体腹部（Herptile Lovers　供图）

Batagur trivittata（Duémril & Bibron, 1835）

英文名：Myanmar Roofed Turtle, Burmese Roofed Turtle

中文名：缅甸棱背潮龟

分　布：缅甸

成体（图虫创意）

成体（雄性）（图虫创意）

形态描述：一种大型水栖淡水龟。背甲直线长度雄龟最大可达46厘米，雌龟最大可达62厘米。背甲椭圆形，最宽处在中心处之后，微拱起。具中纵棱，前3枚椎盾后侧具突起。纵棱随年龄变得平钝。第1～3椎盾长宽相当或宽略大于长，第4椎长大于宽，第5椎盾明显宽大于长。成体后缘平滑，幼龟略锯齿状。背甲图案存在二性态：雄龟背甲棕色至橄榄色，具3条明显的黑条带；雌龟背甲棕色。腹甲窄长；腹甲前后叶长度都短于甲桥。具肛盾缺刻。肱盾与胸盾间缝与腹甲中缝成钝角。腹盾缝＞股盾缝＞<胸盾缝＞肛盾缝＞喉盾缝。胯盾远大于腋盾。腹甲与甲桥黄色至橙色。头部大小适中，吻部微突出。上喙中央具凹口。喙侧缘微锯齿状。头部后面覆有小鳞。头部和颈部棕色至橄榄色；头顶部具1条黑色宽中带，喙颜色浅。其他处皮肤黄棕色。前肢前表面和后肢跟部具横向片状鳞。

成体
（Rick Hudson 摄，引自 Chelonian Research Monographs No.8，2021年）

斑点池龟属 *Geoclemys* Gray, 1856

本属仅1种。主要特征：通体黑色，布满白色大小不一的斑点。腹甲坚硬，无韧带；上颚咀嚼面宽无中嵴，如有，非常不明显。

斑点池龟属物种名录

序号	学名	中文名	亚种
1	*Geoclemys hamiltonii*	斑点池龟	/

Geoclemys hamiltonii（Gray, 1830）

英文名：Black Pond Turtle, Spotted Pond Turtle

中文名：斑点池龟

分　布：孟加拉国，印度，尼泊尔，巴基斯坦

形态描述：一种中型水栖淡水龟。背甲直线长度雄龟最大可达39.2厘米，雌龟最大可达

成体（图虫创意）

40.5厘米。一种相对大型的淡水龟，背甲长卵形，拱起，具3条纵棱。背甲后缘锯齿状，幼体表现更为明显。纵棱被一系列突起的结节（每

成体背部（雄性）
（Herptile Lovers 供图）

成体腹部（雄性）
（Herptile Lovers 供图）

枚椎盾和肋盾上各有1个）所中断。成体第1椎盾长宽几乎相同，第2～4椎盾长宽几乎相同，第5椎盾宽大于长。背甲底色为黑色，在肋盾基部具一系列橙色、黄色、奶油色或白色楔形斑，椎盾具相同颜色的点状或辐射状斑，外观非常明显。这些浅色斑随年龄褪去，老年个体可能几乎全为黑色。腹甲黄色，无韧带，具大量深色辐射斑。甲桥宽。腹盾缝＞股盾缝＞胸盾缝＞喉盾缝＞肛盾缝＞肱盾缝。肛盾缺刻深。上喙中央具宽凹口，咀嚼面宽几乎平坦，无

幼体（Peter Paul van Dijk 摄，引自 Chelonian Research Monographs No.5，2010 年）

幼体腹部
（Peter Paul van Dijk 摄，引自 Chelonian Research Monographs No.5，2010 年）

中嵴。头部大，黑色，覆有小鳞，头顶部、侧面、吻部和喙具白色或黄色大斑点，吻部几乎不突出。颈部和四肢深棕色或黑色具黄色斑。指（趾）间具全蹼，尾短。

草龟属 *Hardella* Gray, 1870

本属仅 1 种。主要特征：头部具黄色条带，背甲盾片无浅色眼状斑，腹甲具大黑斑。

草龟属物种名录

序号	学名	中文名	亚种
1	*Hardella thurjii*	冠背草龟	/

Hardella thurjii（Gray, 1831）

英文名：Crowned River Turtle, Brahminy River Turtle

中文名：冠背草龟

分　布：孟加拉国，印度，尼泊尔，巴基斯坦

幼体（乔轶伦 摄）

形态描述：一种大中型水栖淡水龟。背甲直线长度雄龟最大可达20.5厘米，雌龟最大可达65.3厘米。成体背甲椭圆形，适度拱起，背甲后缘非锯齿状，具缺刻；具1条低平中纵棱，有些群体还具2条侧纵棱。背甲最宽处在中心处之后，最高处在第2和第3椎盾间缝处。椎盾宽大于长，中纵棱在椎盾后侧缩减成结节。成体缘盾微外展。背甲深灰色、棕色或黑色具黄色外边缘（至少出现在年幼个体），椎盾和肋盾连接处具黄色斑块。腹甲无韧带，后叶相对窄（窄于甲桥），具肛盾缺刻。腹盾缝＞胸盾缝＞＜股盾缝＞肱盾缝＞肛盾缝＞喉盾缝。腹甲和甲桥黄色，每枚盾片具1个深色大斑。上喙中央具凹口，两侧边缘锯齿状。吻部平钝，微突出。头部棕色至黑色具一些黄色条带：第1条始于鼻孔上方向后延伸到眼眶上方，然后向下延伸到颈部；第2条在鼻孔和上喙之间形成横带；第3条从嘴角沿颈部向后延伸。头部背面偶尔会出现其他黄色斑，或这些长条带中断。吻部和头部背面覆有单枚大鳞；头部后表面覆有许多小鳞。指（趾）具全蹼，四肢棕色具黄色外缘。

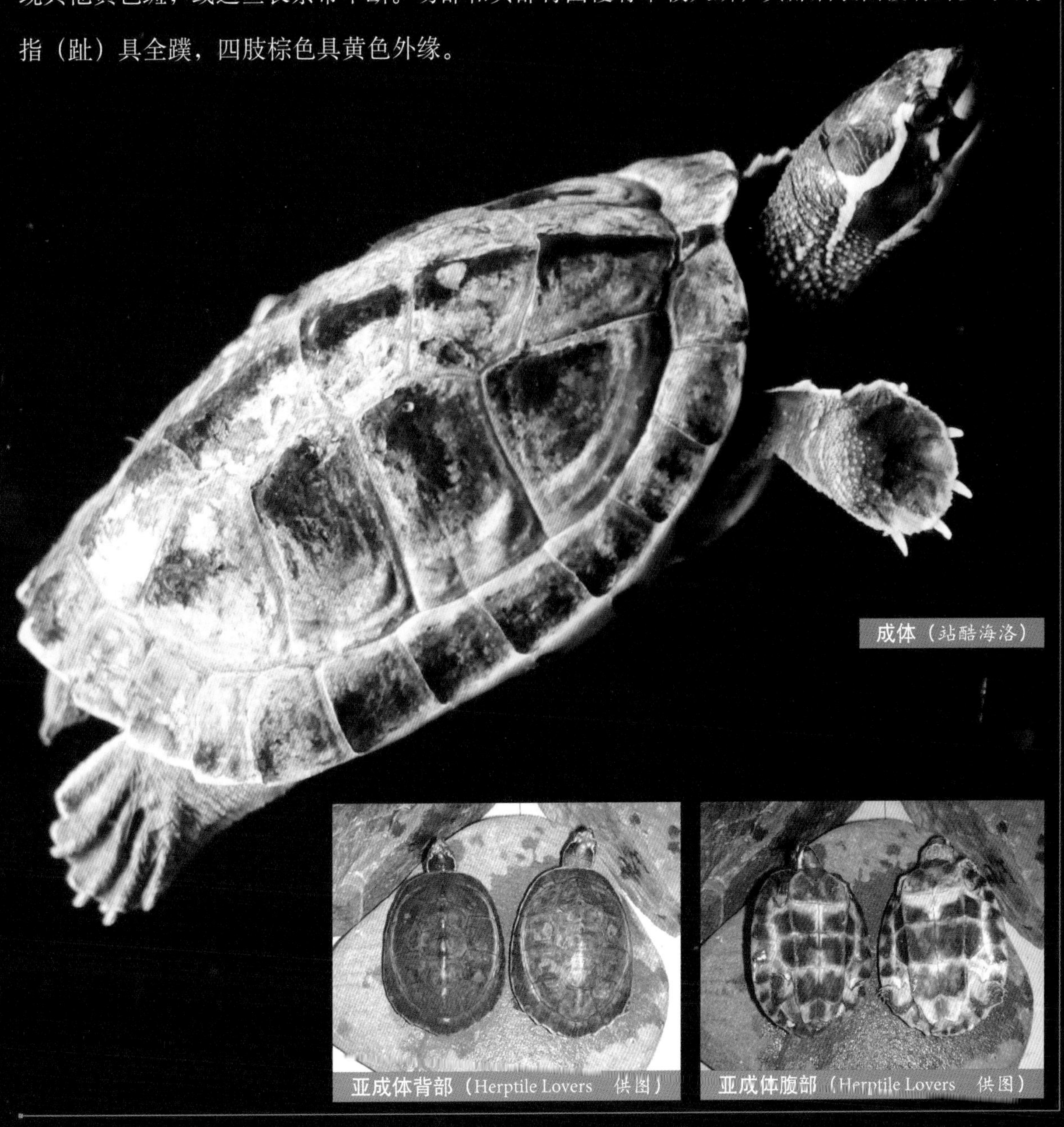

成体（站酷海洛）

亚成体背部（Herptile Lovers 供图）

亚成体腹部（Herptile Lovers 供图）

马来龟属 *Malayemys* Lindholm, 1931

本属 3 种。主要特征：背甲长度 20 厘米以下，背甲黑棕色，具 3 条纵棱；头部黑棕色，具明显淡黄色条带。

马来龟属物种名录

序号	学名	中文名	亚种
1	*Malayemys khoratensis*	泰国食螺龟	/
2	*Malayemys macrocephala*	马来食螺龟	/
3	*Malayemys subtrijuga*	湄公河食螺龟	/

马来龟属的种检索表

1a 具眶后浅色带；第 8 ～ 12 缘盾腹面具深色窄条带 …… 2
1b 无眶后浅色带，仅具眶上和眶下 2 条浅色带，第 8 ～ 12 缘盾腹面具深色大斑块 …… 泰国食螺龟 *Malayemys khoratensis*
2a 眶上浅色带与眶下浅色带在吻部侧面相连，眶下浅色带上弯部分窄 …… 湄公河食螺龟 *Malayemys subtrijuga*
2b 眶上浅色带与眶下浅色带在吻部侧面不相连，眶下浅色带上弯部分宽 …… 马来食螺龟 *Malayemys macrocephala*

Malayemys khoratensis Ihlow, Vamberger, Flecks, Hartmann, Cota, Makchai, Meewattana, Dawson, Kheng, Rödder & Fritz, 2016

英文名：Khorat Snail-eating Turtle

中文名：泰国食螺龟

分　布：老挝，泰国

成体（Flora Ihlow 摄，引自 Chelonian Research Monographs No.8，2021 年）

形态描述：一种小型水栖淡水龟。背甲直线长度雄龟最大可达 15.5 厘米，雌龟最大可达 20.6 厘米。与其同属的马来食螺龟 *M. macrocephala* 在形态上的区别在于：①第一椎盾大致为方形，后侧不逐渐变窄；②第 8 ～ 12 缘盾下方后侧外角具大斑块，而 *M. macrocephala* 缘盾下方后侧具棕黑色窄条带；③眶下黄条没有达到或几乎达到眼端缝，且在缝处不加宽，而 *M. macrocephala* 眶下黄条延伸达到眼端缝，通常在缝处明显加宽；④眶下条带在眼下仅微上弯，而 *M. macrocephala* 眶下条带明显在眼前边缘上弯或成角度；⑤眼后黄色短条带缺失或退化，而 *M. macrocephala* 眼后黄色短条带存在和明显。

与同属的湄公河食螺龟 *M. subtrijuga* 在形态上的区别在于：①第一椎盾大致为方形，后侧不逐渐变窄；②第 8 ～ 12 缘盾下方后侧外角具大斑块，而 *M. subtrijuga* 在缘盾下方后侧具棕黑色窄条带；③眶下黄条没有达到或几乎达到眼端缝，而 *M. subtrijuga* 眶下黄条延伸通过眼端缝且常与眶上条带连接；④在鼻孔下方具 2 个黄色条带，而 *M. subtrijuga* 具 4 条或更多的黄色条带；⑤眶下条带在眼下仅微弯曲，而 *M. subtrijuga* 明显在眼前边缘明显成角度；⑥单一的淡黄色眼眶环，而 *M. subtrijuga* 具两个明显可辨的淡黄色眼眶环。

头部（Flora Ihlow 摄，引自 Chelonian Research Monographs No.8，2021 年）

腹部（Flora Ihlow 摄，引自 Chelonian Research Monographs No.8，2021 年）

成体（玷酷海洛）

成体（站酷海洛）

Malayemys macrocephala（Gray, 1859）

英文名：Malayan Snail–eating Turtle, Rice–field Terrapin

中文名：马来食螺龟

分　布：马来西亚，泰国

成体背部和腹部
（F. Ihlow 摄，引自 Chelonian Research Monographs No.5，2018 年）

形态描述：一种小型水栖淡水龟。背甲直线长度雄龟最大可达 15.6 厘米，雌龟最大可达 22 厘米。背甲具 3 条纵棱，幼体上比较明显，但老年个体可能会退化成一连串中断的圆形突起。侧纵棱少有能延伸超过第 3 肋盾。第 1 椎盾通常长大于宽，后侧逐渐变窄。第 2 ~ 5 椎盾宽大于长。背甲栗色至红棕色，边缘奶油色或黄色。背甲盾片具沿纵棱和缘盾缝后侧变深的趋向。不与甲桥邻近的缘盾腹面沿甲缝具深色窄条带图案。腹甲短于和窄于背甲；腹甲黄色，每枚盾片具深色大斑块；偶尔这些大斑可能会扩展变成一条宽带或几乎让整个腹甲变成深色。甲桥具 2 枚深色斑。头部相对大，吻部向前突出，

幼体（F. Ihlow 摄，引自 Chelonian Research Monographs No.5，2018 年）

幼体腹部（F. Ihlow 摄，引自 Chelonian Research Monographs No.5，2018 年）

上喙中央具凹口；头部深棕灰色至黑色，头部两侧具几条明显的白色至黄色条带和斑点，一些标记延伸到颈部。1 条眶上条带始于吻部顶端，经眼上部，扩展到颞区。1 条眶下条带从吻部侧面向下，弯曲经眼下，延伸过嘴角。这条眶下条带在眼端缝（眼与鼻孔之间）相对较宽，但没有很远距离地扩展到缝上方，很少能与眶上条带相连。1 条眶后条带（中断或由一列点组成）从眼眶向后面延伸，在眶上条带和眶下条带之间并与它们平行。鼻孔下方具 4 条或较少浅条带，下喙具 1 对浅条带。四肢和其他皮肤灰色，具浅色斑。

不同个体的头部条纹
（F. Ihlow 摄，引自 Chelonian Research Monographs No.5，2018 年）

Malayemys subtrijuga（Schlegel & Müller, 1845）

成体（F. Ihlow 摄，引自 Chelonian Research Monographs No.5，2020 年）

英文名：Mekong Snail-eating Turtle

中文名：湄公河食螺龟

分　布：柬埔寨，印度尼西亚，老挝，越南

形态描述：一种小型水栖淡水龟。背甲直线长度雄龟最大可达 19.9 厘米，雌龟最大可达 23.7 厘米，但大部分个体非常小。背甲椭圆形，适度拱起，后缘非锯齿状，具凹口，具 3 条不连续的纵棱，每枚盾片后边缘具圆形突起。中纵棱延伸到所有椎盾，但侧纵棱没有达到第 4 肋盾。椎盾通常宽大于长。背甲浅棕色至深棕色，有时红褐色，具黄色或奶油色边框。纵棱突起和缘盾缝比背甲其他部分颜色要深一些。腹甲窄于背甲，具肛盾缺刻。腹甲后叶略短于甲桥。腹盾缝＞股盾缝＞胸盾缝＞＜肛盾缝＞肱盾缝＞＜喉盾缝。腹甲黄色或奶油色，每枚盾片具 1 个深棕色或黑色斑块。甲桥具 2 枚深色斑块。头部相对大，吻部向前突出。上喙中央具凹口；咀嚼面宽而平，仅具 1 个非常小的中嵴。头部褐绿色，具几条黄色或奶油色条带。第 1 条始于吻部鼻孔上方，后经眼眶上方，向后延伸到颈部；第 2 条始于吻部侧面鼻孔之后，弯曲向下然后向后经眼眶下方到达颈部。2 条窄条带从鼻孔到上喙中央凹口经过；当嘴闭上时，几乎与下喙处 2 条相似条带接触。另外的窄条带始于眼眶后，穿过鼓膜。下喙具其他一些中断的条带。头部背面覆有单一鳞片，头部后部具许多小鳞。四肢灰绿色至褐绿色，具黄色窄边框。

头部（J.E. Dawson 摄，引自 Chelonian Research Monographs No.5，2020 年）

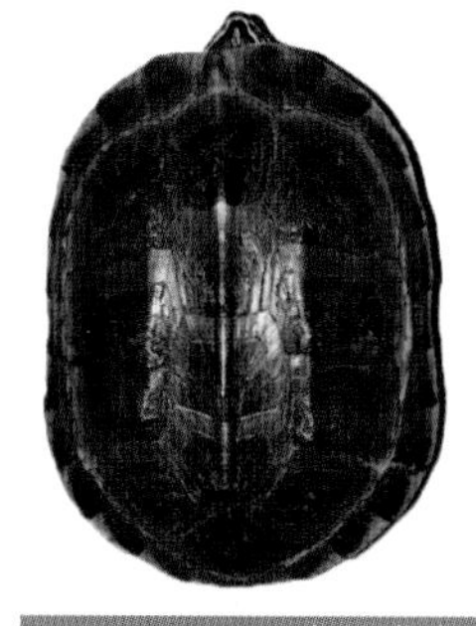
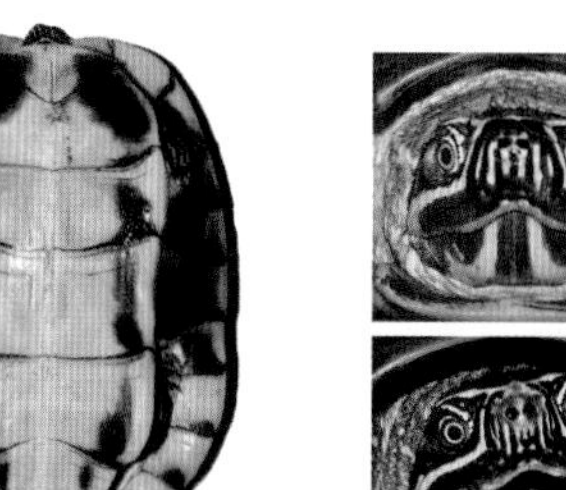
成体背部和腹部（J.E. Dawson 摄，引自 Chelonian Research Monographs No.5，2020 年）

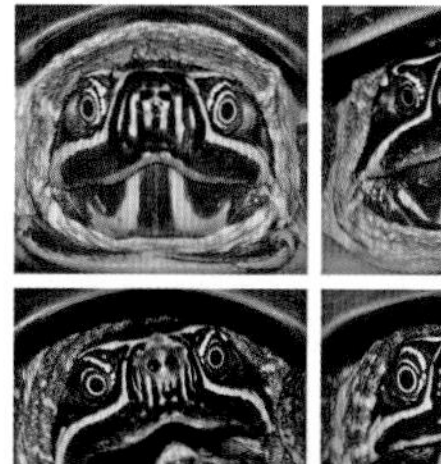
不同的吻部浅条纹类型（J.E. Dawson 摄，引自 Chelonian Research Monographs No.5，2020 年）

沼龟属 *Morenia* Gray, 1870

本属 2 种。主要特征：背甲具明显的中纵棱，腹甲纯黄色；每枚背甲盾片常具浅色眼状斑。

沼龟属物种名录

序号	学名	中文名	亚种
1	*Morenia ocellata*	缅甸沼龟	/
2	*Morenia petersi*	印度沼龟	/

沼龟属的种检索表

1a 吻部明显突出，与眼眶宽度相同或长于眼眶宽度；颈盾宽度是第 1 缘盾的 1/2；分布在印度和孟加拉国 ……………… 印度沼龟 *Morenia petersi*

1b 吻部突出不明显，短于眼眶宽度；颈盾宽度是第 1 缘盾的 1/4；分布在缅甸南部和丹那沙林 ……………… 缅甸沼龟 *Morenia ocellata*

Morenia ocellata（Duméril & Bibron, 1835）

英文名： Burmese Eyed Turtle

中文名： 缅甸沼龟

分　布： 缅甸，中国（?）

成体（Indraneil Das 摄，引自 Chelonian Research Monographs No.5，2010 年）

形态描述：一种中小型水栖淡水龟。背甲直线长度雄龟最大可达15厘米，雌龟最大可达23.9厘米。背甲略拱起，具低平球状突起的中纵棱，后缘非锯齿状。颈盾宽大于长（约为第1缘盾宽度的25%）。第2～4椎盾宽大于长；第1和第5椎盾长宽相当或长大于宽。背甲橄榄色，深棕色或黑色，具深色边，每枚肋盾和椎盾具深色中心的黄色眼斑（会随年龄褪去）。腹甲后叶窄，具肛盾缺刻。甲桥宽于腹甲后叶长度，腋盾和胯盾大。腹盾缝＞胸盾缝＞肱盾缝＞＜股盾缝＞＜肛盾缝＞喉盾缝。腹甲和甲桥黄色。头部不变大，吻短、不突出。头部背面和侧面覆有1枚大鳞，后表面具许多小鳞。头部橄榄色至棕色，具1条从吻部顶部经眼眶上方向后到颈部的黄色条，另具1条从眼眶向后到颈部的黄色条。四肢橄榄色至棕色；尾短。

头部（George R. Zug 摄，引自 Chelonian Research Monographs No.5，2010 年）

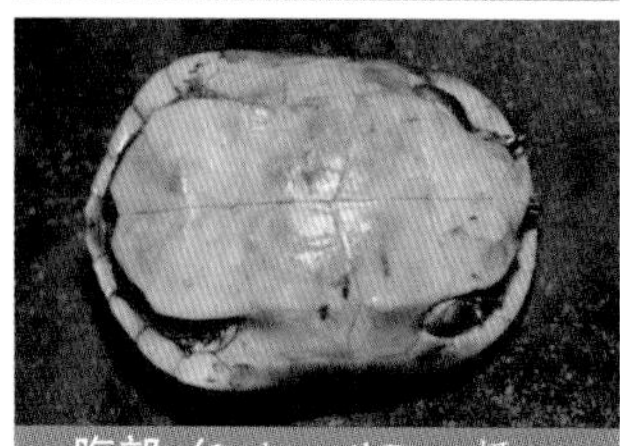
腹部（Indraneil Das 摄，引自 Chelonian Research Monographs No.5，2010 年）

幼体（Paul Reef 摄，引自 Chelonian Research Monographs No.5，2010 年）

Morenia petersi Anderson, 1879

成体（Shailendra Singh 摄，引自 Chelonian Research Monographs No.5，2010 年）

英文名：Indian Eyed Turtle

中文名：印度沼龟

分　布：孟加拉国，印度，尼泊尔

形态描述：一种中型水栖淡水龟。背甲直线长度雄龟最大可达19.4厘米，雌龟最大可达26厘米。背甲微拱起，具低平球状突起的中纵棱，后缘非锯齿状。颈盾宽大于长（约为第1缘盾宽度的50%）。第2～5椎盾宽大于长；第1椎盾长大于宽。背甲橄榄色，深棕色或黑色，椎盾和肋盾具淡绿色，奶油色或黄色边框，浅色中间色条。幼体每枚椎盾具1个浅色马蹄形图案（前端开口），每枚

成体背部（雄性）（Herptile Lovers　供图）

成体腹部（雄性）（Herptile Lovers　供图）

头部（Shailendra Singh 摄，引自 Chelonian Research Monographs No.5，2010 年）

肋盾靠近缘盾处具1个浅色眼斑，但这个斑记随年龄褪去。每枚缘盾具1条浅色纵条纹。腹甲后叶窄，具肛盾缺刻。甲桥宽于腹甲后叶长度，腋盾和胯盾大。腹盾缝>胸盾缝>肱盾缝>股盾缝><肛盾缝>喉盾缝。腹甲黄色。甲桥和缘盾腹面可能具深色斑块。头部不变大，但吻部尖而突出。头部背面和侧面覆有1枚大鳞，后表面具许多小鳞。头部橄榄色，每侧具几个黄色条：第1条沿着头部上边界从眼眶上方伸向侧面，第2条从吻部顶部经眼眶下方向后，第3条从眼眶向后到颈部。吻部还具一些短色条。四肢边缘黄色，尾短。

巨龟属 *Orlitia* Gray, 1873

本属仅 1 种。主要特征：背甲黑褐色，腹甲淡黄色，无任何斑点。头部黑色，眼大，吻钝，上颚咀嚼面较宽，无中嵴。

巨龟属物种名录

序号	学名	中文名	亚种
1	*Orlitia borneensis*	巨龟	/

Orlitia borneensis Gray, 1873

英文名：Malaysian Giant Turtle

中文名：马来西亚巨龟

分　布：印度尼西亚，马来西亚

成体（Jérôme Maran 摄，引自 Chelonian Research Monographs No.8，2021 年）

形态描述：一种大型水栖淡水龟。背甲直线长度最大可达80厘米。成体背甲窄椭圆形，较为扁平。幼体背甲第2和第3椎盾分隔缝区域具1个相对高峰。至少幼体椎盾具1个低平中纵棱，椎盾与相邻肋盾相比较窄。第2椎盾常呈蘑菇形，窄端指向后方。幼龟后侧缘盾明显锯齿状，成体变弱，小于侧面和前面缘盾。第4肋盾相比前3枚肋盾小。背甲盾片略粗糙。背甲深灰色、棕色或黑色。腹甲窄长，具肛盾缺刻。腹甲侧边缘可能具棱。腹甲前后叶远窄于胸盾和腹

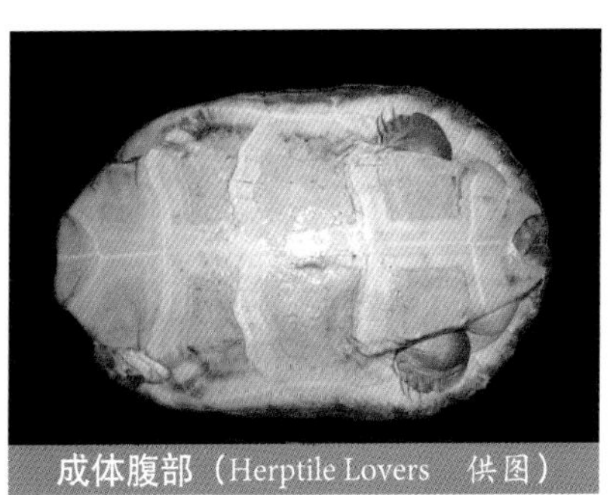

成体腹部（Herptile Lovers 供图）

成体（站酷海洛）

盾。腹盾缝＞胸盾缝＞股盾缝＞喉盾缝＞肱盾缝＞＜肛盾缝。甲桥具腋盾和胯盾，远长于腹甲后叶。甲桥和腹甲黄色至浅棕色，通常无斑。头部相对大且宽，吻部略突出。上喙中央钩状，咀嚼面后侧宽，具发达中嵴但中间窄。具1条粒状鳞带位于眼眶和鼓膜之间，头背面皮肤覆有小鳞。成体头部棕色至黑色；幼龟可能具从嘴角向后扩展的深色斑和浅色线。颈部、四肢和尾部灰色，棕色或黑色。前肢前表面具横向大鳞。指（趾）间具蹼。

亚成体（Herptile Lovers　供图）

亚成体（Herptile Lovers　供图）

亚成体（乔轶伦 摄）

亚成体腹部（乔轶伦 摄）

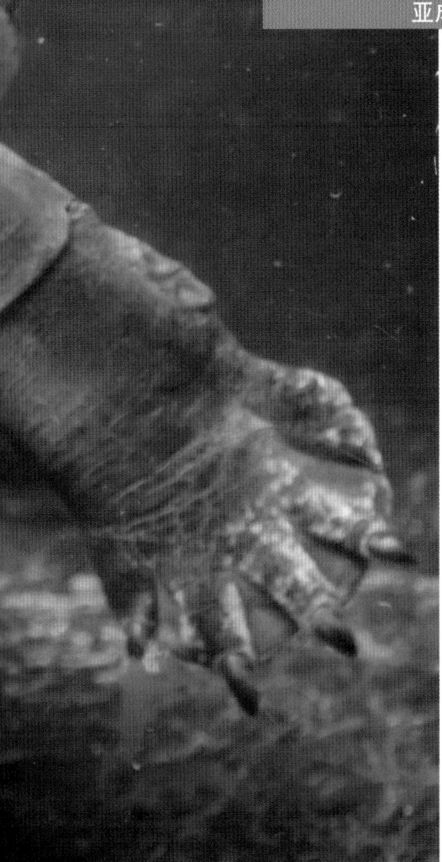

棱背龟属 *Pangshura* Gray, 1856

本属4种。主要特征：背甲中央纵棱明显，长度小于30厘米，最高处在第3椎盾，第4椎盾前侧窄。

棱背龟属物种名录

序号	学名	中文名	亚种
1	*Pangshura smithii*	史密斯棱背龟	*P. s. smithii* *P. s. pallidipes*
2	*Pangshura sylhetensis*	阿萨姆棱背龟	/
3	*Pangshura tecta*	印度棱背龟	/
4	*Pangshura tentoria*	帐篷棱背龟	*P. t. tentoria* *P. t. circumdata* *P. t. flaviventer*

棱背龟属的种和亚种检索表

1a 26枚缘盾；背甲后缘明显锯齿状 ………… 阿萨姆棱背龟 *Pangshura sylhetensis*
1b 24枚缘盾；背甲后缘平滑或仅微锯齿状 ………… 2
2a 第3椎盾后边缘呈直线，不呈刺尖状 ………… 3 史密斯棱背龟 *Pangshura smithii*
2b 第3椎盾后边缘明显呈突出的刺尖状 ………… 4
3a 腹甲图案由大黑斑组成；头部两边、四肢、足和阴茎具深色斑块 ………… 史密斯棱背龟 *P. s. smithii*
3b 腹甲无深色图案；头部两边、四肢、足和阴茎的深色斑块退化 ………… 浅足棱背龟 *P. s. pallidipes*
4a 每枚腹甲盾片至少有2个黑斑 ………… 印度棱背龟 *Pangshura tecta*
4b 每枚腹甲盾片至多有1个黑斑 ………… 5 帐篷棱背龟 *Pangshura tentoria*
5a 腹甲黄色 ………… 黄腹帐篷棱背龟 *P. t. flaviventer*
5b 腹甲具黑斑 ………… 6
6a 背甲沿分隔肋盾和缘盾的甲缝为淡红色，颈部条带清晰明显 ………… 粉环帐篷棱背龟 *P. t. circumdata*
6b 无背甲沿分隔肋盾和缘盾的淡红色甲缝，颈部条带不清晰 ………… 帐篷棱背龟 *P. t. tentoria*

Pangshura smithii（Gray, 1863）

英文名：Brown Roofed Turtle

中文名：史密斯棱背龟

分　布：孟加拉国，印度，尼泊尔，巴基斯坦

成体（Jayaditya Purkayastha　摄）

形态描述：一种中小型水栖淡水龟。背甲直线长度雄龟最大可达 12.8 厘米，雌龟最大可达 24 厘米。背甲椭圆形，最宽处在中心处之后，拱起，后缘平滑或仅微锯齿状。具中纵棱，相对低平，仅在椎盾后侧部隆起。第 2 和第 5 椎盾宽大于长；第 1、3、4 椎盾长大于宽。第 4 椎盾锥形指向前方。背甲棕色至褐色，具深色中条带。腹甲窄长；腹甲前叶远短于甲桥宽度，腹甲后叶仅略短于甲桥宽度。具肛盾缺刻。

成体（图虫创意）

成体（图虫创意）

腹盾缝＞股盾缝＞肱盾缝＞胸盾缝＞肛盾缝＞喉盾缝。腋盾大于胯盾。腹甲和甲桥黄色，盾片具1枚大黑斑。头部大小中等，吻短尖且突出。上喙中央无凹口。头部背面皮肤被大鳞隔开。头部黄灰色或粉灰色，颞区具红棕色斑点，吻深色。颈部灰色具黄色带。前肢灰色具横向大鳞。

成体（雄性）（Herptile Lovers 供图）

成体背部（雄性）（Herptile Lovers 供图）

地理亚种：

(1) *Pangshura smithii smithii*（Gray, 1863）

英文名：Brown Roofed Turtle

中文名：史密斯棱背龟

分　布：孟加拉国，印度，尼泊尔，巴基斯坦

成体腹部（雄性）（Herptile Lovers 供图）

(2) *Pangshura smithii pallidipes* (Moll, 1987)

英文名：Pale-footed Roofed Turtle

中文名：浅足棱背龟

分　布：印度，尼泊尔

成体（雌性）（Herptile Lovers　供图）

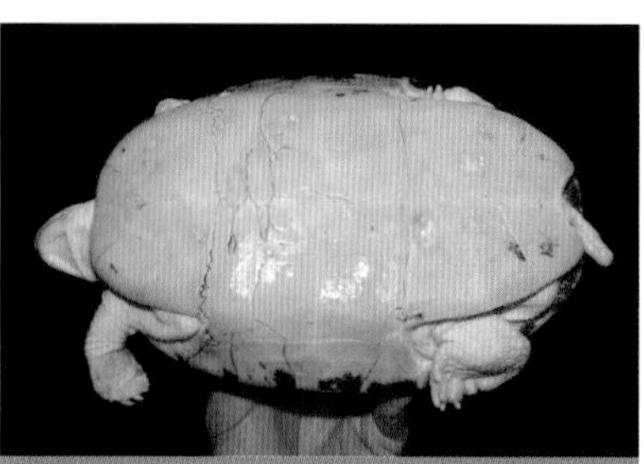

成体腹部（雌性）
（Herptile Lovers　供图）

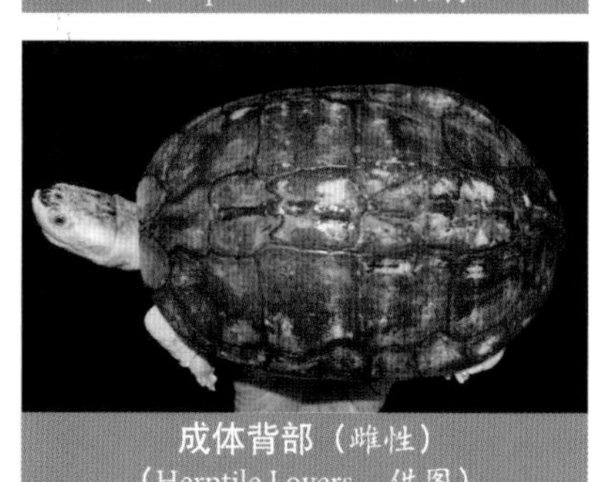

成体背部（雌性）
（Herptile Lovers　供图）

亚种特征：

Pangshura smithii smithii 腹甲图案由深色大斑组成，头部、四肢和足的外表面以及阴茎具深色斑块。*Pangshura smithii pallidipes* 腹甲无深色大斑图案，头部、四肢和足的外表面以及阴茎的深色斑块褪去。

Pangshura sylhetensis Jerdon, 1870

英文名：Assam Roofed Turtle, Sylhet Roofed Turtle

中文名：阿萨姆棱背龟

头部（站酷海洛）

成体（Jayaditya Purkayasth 摄）

成体（上雄下雌）
（Herptile Lovers 供图）

成体背部（左雄右雌）
（Herptile Lovers 供图）

成体腹部（左雄右雌）
（Herptile Lovers 供图）

形态描述：一种中小型水栖淡水龟。背甲直线长度雄龟最大可达 9.8 厘米，雌龟最大可达 21 厘米。背甲椭圆形，拱起，后缘明显锯齿状。在第 3 ～ 5 椎盾上具中纵棱，第 3 椎盾具指向后方的突起。第 1、2、5 椎盾宽大于长；第 3、4 椎盾长远大于宽，第 4 椎盾前边缘伸长成为尖状。第 5 椎盾不同于其他同属种，前侧最宽（而不是后侧）。具 26 枚缘盾而不是通常的 24 枚；多出的 1 对缘盾形成 2 枚分开的臀盾。背甲橄榄棕色，沿中纵棱颜色浅。腹甲伸长，椭圆形，具肛盾缺刻。腹甲前后叶短于甲桥。腹盾缝＞＜股盾缝＞胸盾缝＞肱盾缝＞肛盾缝＞喉盾缝。腋盾和胯盾大，胯盾更大一些。腹甲和甲桥黄色，每枚盾片具深棕色或黑色大斑，或全棕色。头部大小中等，吻部突出。上喙中央微钩状。头部背面皮肤被大鳞隔开不明显。头部棕色，背部具黄条横带，沿下喙具黄条带。颈部棕色具淡黄色至奶油色条带。四肢棕色，具横向大鳞。

Pangshura tecta（Gray, 1830）

英文名：Indian Roofed Turtle

中文名：印度棱背龟

分　布：孟加拉国，印度，尼泊尔，巴基斯坦

成体（Jayaditya Purkayastha　摄）

形态描述：一种中型水栖淡水龟。背甲直线长度雄龟最大可达27.6厘米，雌龟最大可达33.9厘米。背甲拱起，椭圆形，最宽处在中心处之后，后缘非锯齿状，中纵棱明显，在第3椎盾具明显的刺状后侧突起。第2和第5椎盾宽大于长，第1、3、4椎盾长大于宽。第3椎盾后侧变尖，第4椎盾前侧变尖，使这2枚盾片间的甲缝非常短。背甲棕色，有时会具黄色或橙色边缘；具红色至橙色的中条带。腹甲窄长；腹甲前叶明显短于甲桥宽，腹甲后叶略短于甲桥宽，具肛盾缺刻。腹盾缝＞＜股盾缝＞肛盾缝＞＜肱盾缝＞胸盾缝＞＜喉盾缝。腋盾和胯盾长度几乎相同，胯盾更大一些。腹甲和甲桥黄色，除喉盾和肛盾具1枚黑斑外，每枚盾片至少具2个伸长的黑斑。头部大小中等，吻部短尖、突出。上喙中央无凹口。头部背面皮肤被大鳞隔开。头部背面黑色，颞区具1个橙色至黄红色新月形大斑块（可能后侧结合形成V形图案）。喙黄色，颈部黑色具大量黄色条纹。四肢橄榄色至灰色，具黄色斑点和边缘。具横向大鳞。

成体腹部（Gaurav Barhadiya 摄）

幼体（纳灵优作 供图）

成体（Gaurav Barhadiya 摄）

Pangshura tentoria（Gray, 1834）

英文名：Indian Tent Turtle

中文名：帐篷棱背龟

分　布：孟加拉国，印度，尼泊尔

成体（Jayaditya Purkayastha　摄）

形态描述：一种中小型水栖淡水龟。背甲直线长度雄龟最大可达 17.9 厘米，雌龟最大可达 27.1 厘米。背甲拱起，椭圆形，最宽处在中心处之后，后缘非锯齿状。中纵棱明显，在第 3 椎盾上具明显的刺状后侧突起。第 2 椎盾可能比第 1 或第 3 椎盾小。第 1、2、5 椎盾宽大于长，第 3、4 椎盾长大于宽。第 3 椎盾后侧变尖，第 4 椎盾前侧变尖，使这 2 枚盾片间的甲缝非常短。背甲棕色至橄榄色，具红色至橙色的窄中条带。腹甲窄长；腹甲前叶明显短于甲桥宽，腹甲后叶略短于甲桥宽，具肛盾缺刻。腹盾缝＞股盾缝＞胸盾缝＞＜肱盾缝＞肛盾缝＞喉盾缝。胯盾略长于腋盾。腹甲和甲桥黄色，每枚盾片具 1 个黑斑。具黄色宽中缝。头部大小中等，吻短尖、突出。上喙中央无凹口。头部背面皮肤被大鳞隔开。头部橄榄色至灰色，鼓膜后具明显红斑，无 *Pangshura tecta* 颞区新月形红或橙色斑。喙黄色或粉色。颈部橄榄色至灰色，有或无少量黄色条纹。四肢全灰色无黄色斑点，具横向大鳞。

地理亚种：

(1) *Pangshura tentoria tentoria*（Gray, 1834）

英文名：Indian Tent Turtle

中文名：帐篷棱背龟

分　布：印度（安得拉邦、恰蒂斯加尔、马哈拉施特拉邦、奥里萨邦）

成体（Peter Paul van Dijk 摄，引自 Chelonian Research Monographs No.8，2021 年）

头部（Peter Praschag 摄，引自 Chelonian Research Monographs No.8，2021 年）

腹部（Peter Praschag 摄，引自 Chelonian Research Monographs No.8，2021 年）

成体（雌性）
（Herptile Lovers 供图）

成体背部（雌性）
（Herptile Lovers 供图）

成体腹部（雌性）
（Herptile Lovers 供图）

(2) *Pangshura tentoria circumdata*（Mertens, 1969）

英文名：Pink-ringed Tent Turtle

中文名：粉环帐篷棱背龟

分　布：印度（比哈尔、北方邦、北阿坎德邦），尼泊尔

幼体（乔轶伦 摄）

幼体腹部（乔轶伦 摄）

(3) *Pangshura tentoria flaviventer* Günther, 1864

英文名：Yellow-bellied Tent Turtle

中文名：黄腹帐篷棱背龟

分　布：孟加拉国，印度（阿萨姆邦、比哈尔、北方邦、西孟加拉邦），尼泊尔

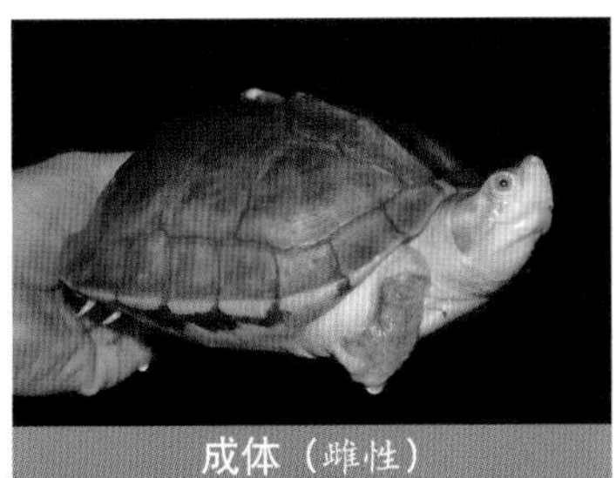
成体（雌性）
（Herptile Lovers 供图）

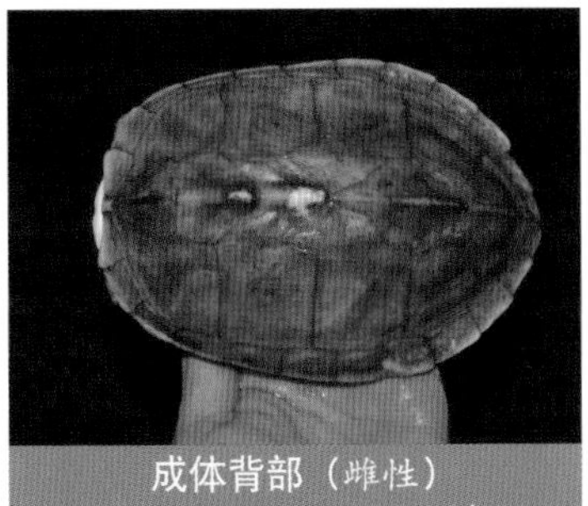
成体背部（雌性）
（Herptile Lovers 供图）

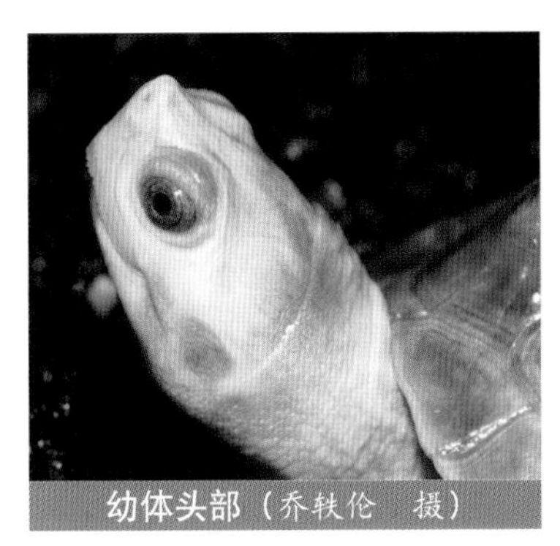
幼体头部（乔轶伦 摄）

幼体（乔轶伦 摄）

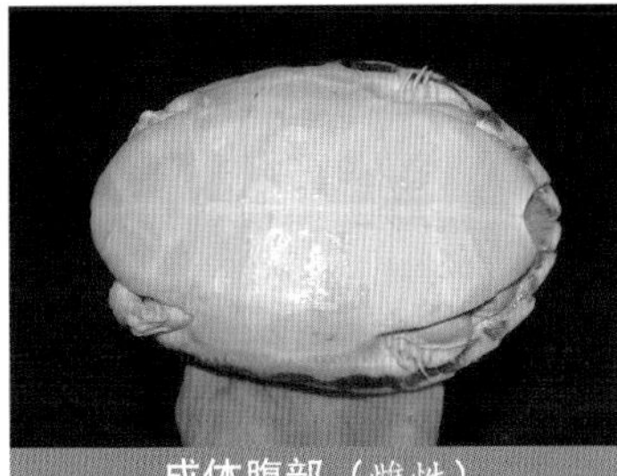
成体腹部（雌性）
（Herptile Lovers 供图）

亚种特征：

帐篷棱背龟 *Pangshura tentoria tentoria*，肋盾和缘盾之间无环状红色带，颈部条纹至多明显，腹甲图案为深色大斑点。

粉环帐篷棱背龟 *Pangshura tentoria circumdata*，肋盾和缘盾之间有环状红色带，颈部条纹明显，腹甲图案为深色大斑点。

黄腹帐篷棱背龟 *Pangshura tentoria flaviventer*，肋盾和缘盾之间无环状红色带，很少或没有颈部条纹，腹甲黄色。

粗颈龟属 *Siebenrockiella* Lindholm, 1929

本属2种。主要特征：背甲与腹甲以骨缝相连，无韧带组织；第2～4椎盾蘑菇状或银杏叶状。

粗颈龟属物种名录

序号	学名	中文名	亚种
1	*Siebenrockiella crassicollis*	粗颈龟	/
2	*Siebenrockiella leytensis*	巴拉望龟	/

粗颈龟属的种检索表

1a 头部黑色至深灰色，眼眶后具褪色的白色、奶油色或黄色斑点 ………………… 粗颈龟 *Siebenrockiella crassicollis*

1b 头部棕色，颞区有橙色斑纹。鼓膜后具1条横向贯穿的窄黄带（可能中断）……………………………………………………………………………………………………… 巴拉望龟 *Siebenrockiella leytensis*

成体（站酷海洛）

成体（乔轶伦 摄）

幼体（Herptile Lovers 供图）

Siebenrockiella crassicollis（Gray, 1830）

英文名：Black Marsh Turtle

中文名：粗颈龟

分　布：柬埔寨，印度尼西亚，老挝，马来西亚，缅甸，新加坡，泰国，越南

形态描述：一种小型水栖淡水龟。背甲直线长度雄龟最大可达20.3厘米，雌龟最大可达20厘米。背甲扁平，具3条纵棱，后缘明显锯齿状。最宽处在中心处之后。中纵棱明显，侧纵棱在大个体上不明显。成体椎盾背部平坦，前4枚常前侧宽，后侧相对窄，但第5椎盾后侧要宽于前侧。背甲深棕色或黑色。腹甲发达，无韧带，与背甲接缝宽。具肛盾缺刻，腹甲侧边可能具微棱，至少股盾后具微棱。腹盾缝＞胸盾缝＞股盾缝＞肛盾缝＞喉盾缝＞肱盾缝。甲桥宽度约等于腹甲后叶长度，腋盾和胯盾中等至大。甲桥和腹甲全黑色或深棕色至黄棕色，具深色斑块或扩大的深色甲缝图案。头部大，相对宽，吻短略突出。上喙中央具凹口，咀嚼面窄、无嵴。头部黑色至深灰色，眼眶后具褪色的白色、奶油色或黄色斑点，喙部奶油色至褐色。头部后侧覆有小鳞，在眼眶和鼓膜间具另外一个由粒状鳞形成的窄条。颈部粗，黑色或深灰色，显得头部更短。前肢前表面覆有横向大鳞，指（趾）间具全蹼。四肢和尾部深灰色至黑色。

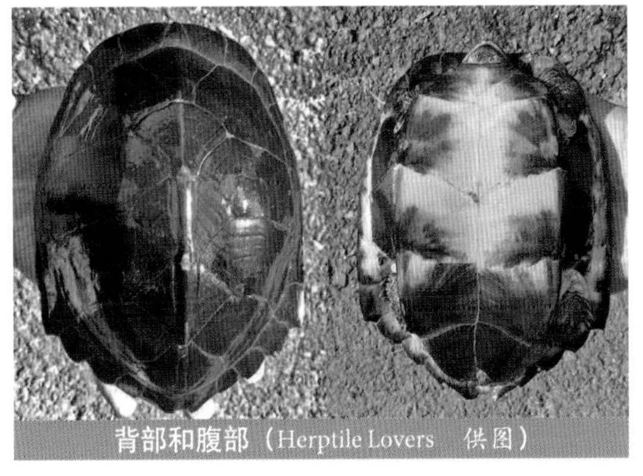

背部和腹部（Herptile Lovers 供图）

Siebenrockiella leytensis（Taylor, 1920）

英文名：Palawan Forest Turtle, Philippine Forest Turtle

中文名：巴拉望龟

分　布：菲律宾

头部（Emerson Sy 摄，引自 Chelonian Research Monographs No.5 2012 年）

形态描述：一种中型水栖淡水龟。背甲直线长度雄龟最大可达29.9厘米，雌龟最大可达21.2厘米，是菲律宾已知最大和最重的淡水龟。背甲略扁平，无纵棱（如有，仅在后侧椎盾）。椎盾宽大于长。前侧缘盾最大，向前突出，超出颈盾，使前缘明显锯齿状；后侧缘盾微锯齿状。背甲棕色至红棕色，无图案。腹甲前后叶都窄，远小于背甲。肛盾缺刻明显。喉盾明显突出，喉盾间具明显缺刻。腹盾缝＞胸盾缝＞股盾缝＞喉盾缝＞肱盾缝＞肛盾缝。甲桥长于腹甲后叶，具腋盾和胯盾。腹甲和甲桥黄色至棕色或红棕色。头部大，吻部尖且突出。眼小。上喙中央明显钩状，微两尖状。头背部皮肤分

成体（Rafe M. Brown 摄，引自 Chelonian Research Monographs No.5，2012 年）

亚成体（Herptile Lovers　供图）

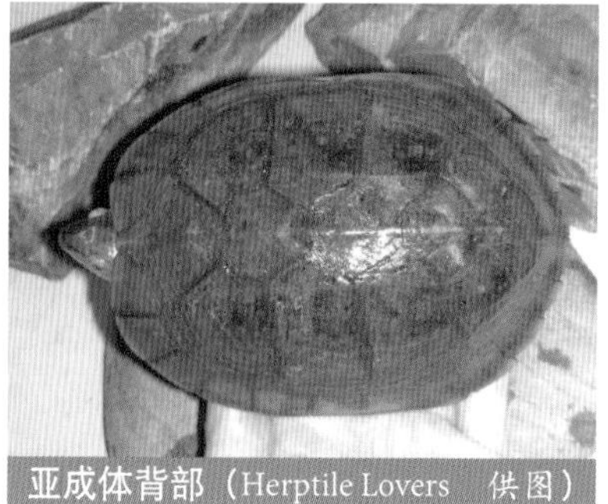
亚成体背部（Herptile Lovers　供图）

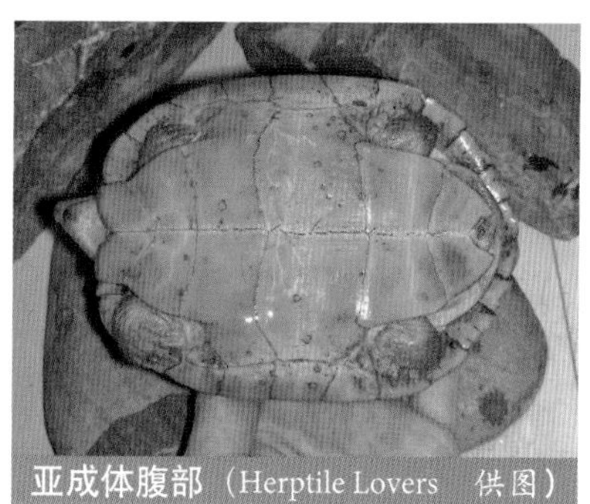
亚成体腹部（Herptile Lovers　供图）

成鳞片。头部棕色，颞区具深色斑纹。鼓膜后具1条贯穿头部的窄黄带向下穿过颈部（中间可能中断），下喙两边常各具1个小黄斑。颈部背面深棕色，腹面颜色较浅。前肢前表面具4枚形状不规则的横向大鳞，跟部具1枚横向大鳞。后肢前表面具横向大鳞，但跟部没有。指（趾）具利爪和蹼。四肢、身体和颈部皮肤表面具小疣粒，显得表皮很粗糙。四肢前侧深棕色，腹面颜色较浅。

成体腹部
（Sabine Schoppe 摄，
引自 Chelonian Research Monographs No.5，2012 年）

幼体（Emerson Sy 摄，引自 Chelonian Research Monographs No.5，2012 年）

幼体腹部（Sabine Schoppe 摄，引自 Chelonian Research Monographs No.5，2012 年）

闭壳龟属 *Cuora* Gray, 1856

本属13种。主要特征：腹甲胸盾和腹盾间具可活动韧带，多数背甲后缘非锯齿状，腹甲宽，可完全闭合；少数背甲后缘锯齿状，背甲脊部平坦，腹甲窄，不能完全闭合；椎盾5枚，间喉盾<肋盾缝。

闭壳龟属物种名录

序号	学名	中文名	亚种
1	*Cuora amboinensis*	安布闭壳龟	*C. a. amboinensis* *C. a. couro* *C. a. kamaroma* *C. a. lineata*

2	*Cuora aurocapitata*	金头闭壳龟	*C. a. aurocapitata* *C. a. dabieshani*
3	*Cuora bourreti*	布氏闭壳龟	/
4	*Cuora cyclornata*	越南三线闭壳龟	*C. c. cyclornata* *C. c. annamitica* *C. c. meieri*
5	*Cuora flavomarginata*	黄缘闭壳龟	*C. f. evelynae* *C. f. flavomarginata*
6	*Cuora galbinifrons*	黄额闭壳龟	/
7	*Cuora mccordi*	百色闭壳龟	/
8	*Cuora mouhotii*	锯缘闭壳龟	*C. m. mouhotii* *C. m. obsti*
9	*Cuora pani*	潘氏闭壳龟	/
10	*Cuora picturata*	图画闭壳龟	/
11	*Cuora trifasciata*	三线闭壳龟	*C. t. trifasciata* *C. t. luteocephala*
12	*Cuora yunnanensis*	云南闭壳龟	/
13	*Cuora zhoui*	周氏闭壳龟	/

闭壳龟属的种检索表

1a 背甲后边缘非锯齿状，腹甲宽，可完全闭合 ………… 2

1b 背甲后边缘锯齿状，腹甲窄，不能完全闭合 ………… 锯缘闭壳龟 *Cuora mouhotii*

2a 无肛盾缺刻 ………… 3

2b 具肛盾缺刻 ………… 7

3a 背甲肋盾中下部通常浅色（白色、奶油色或黄色）………… 4

3b 背甲肋盾通常深色（棕色或黑色）………… 6

4a 腹甲大部分黑色 ………… 黄额闭壳龟 *Cuora galbinifrons*

4b 腹甲浅色，每枚盾片外边缘具黑色斑块 ………… 5

5a 背甲中纵棱具深色边框的浅色窄条带，瞳孔齿轮形 ………… 图画闭壳龟 *Cuora picturata*

5b 背甲中纵棱具混有浅色的深色宽条带，瞳孔圆形 ………… 布氏闭壳龟 *Cuora bourreti*

6a 头背部具从眶后向颈部延伸的黑边黄条带，鼓膜橙色或橙黄色 ………… 黄缘闭壳龟 *Cuora flavomarginata*

6b 头侧部具 3 个黄色条带，1 条从吻尖经眼眶上部向颈部延伸，2 条从鼻孔穿过眼眶向颈部延伸，鼓膜黄色或奶油色 ………… 安布闭壳龟 *Cuora amboinensis*

7a 背甲具 3 条黑色纵条纹，具 1 个被黑色边框围住的棕色或橄榄色的近三角形的眶后斑 ………… 8

7b 背甲无黑色纵条纹，头部每侧具黄色、橙色或棕色条带 ………… 9

8a 背甲较圆较扁平，个体较大，背甲长度可达 35cm，主要分布于越南 ………… 越南三线闭壳龟 *Cuora cyclornata*

8b 背甲卵圆形低拱，个体较小，背甲长度不超过 26cm，仅分布于中国 ………… 三线闭壳龟 *Cuora trifasciata*

9a 下巴处具深色斑，头部棕色至橄榄色，从眼眶向后延伸有2条浅色窄条带 …………………………………………… 云南闭壳龟 *Cuora yunnanensis*
9b 下巴处无深色斑，头部黄色或橄榄色 …………………………………………………………………………… 10
10a 腹甲大部分黑色，中间具黄色大斑，股盾缝长度大于胸盾缝的1/2 ………………… 周氏闭壳龟 *Cuora zhoui*
10b 腹甲部分或大部分黑色，通常甲缝处具深色斑块，股盾缝长度小于胸盾缝的1/2 ……………………………… 11
11a 腹甲大部分黑色，背甲拱起，头部颞条带橙色 ……………………………………… 百色闭壳龟 *Cuora mccordi*
11b 腹部部分黑色，深色斑近甲缝处集中，背甲不拱起，头部颞条带黄色、棕色或橄榄色 …………………… 12
12a 腹甲深色斑在甲缝处呈宽条状排列，背甲橄榄棕色，头部橄榄色 …………………… 潘氏闭壳龟 *Cuora pani*
12b 腹甲深色斑与甲缝相连，多呈窄条状排列，背甲棕色，头部柠檬黄色 ……… 金头闭壳龟 *Cuora aurocapitata*

Cuora amboinensis（Riche, 1801）

英文名：Southeast Asian Box Turtle

中文名：安布闭壳龟

分　布：孟加拉国，不丹，文莱，柬埔寨，印度，印度尼西亚，老挝，马来西亚，缅甸，菲律宾，新加坡，泰国，东帝汶，越南

成体（Jayaditya Purkayastha　摄）

成体（乔轶伦　摄）

头部（乔轶伦　摄）

形态描述：一种中型半水栖淡水龟。背甲直线长度雄龟最大可达23.3厘米，雌龟最大可达25厘米。成体背甲高拱或扁平，中纵棱有或无，幼体背甲扁平，具3条突出的纵棱。第1椎盾前缘宽于后缘，第2和第5椎盾长大于宽，第3和第4椎盾宽大于长。后侧缘盾略外展，非锯齿状。背甲后缘无凹口。背甲深橄榄色或黑色。腹甲巨大，可完全覆盖背甲开口，腹甲后叶圆钝，常无肛盾缺刻或很小。腹盾缝＞＜肛盾缝＞胸盾缝＞喉盾缝＞股盾缝＞肱盾缝。腋盾和间喉盾非常小或缺失。腹甲黄色至浅棕色，腹甲盾片外侧具1块深棕色或黑色大斑，缘盾腹面黄色，边缘具黑色斑。头部大小小或中等，吻部突出，上喙中央微钩状；头背部橄榄色至深棕色，头侧部黑色，后侧黄色至橄榄色。头部每侧各具1条从吻端部鼻孔上方经眼眶上方到达颈部的黄色条纹。头部两侧另具2条黄色条纹。1条从鼻孔后侧贯穿眼眶和鼓膜到颈部侧边，另1条从鼻孔下方沿着上喙向后到达颈部。下喙和颏部黄色。前肢前表面具横向大鳞。四肢橄榄色至黑色。

成体（Sabine Schoppe 摄，引自 Chelonian Research Monographs No.5，2011 年）

幼体（Sabine Schoppe 摄，引自 Chelonian Research Monographs No.5，2011 年）

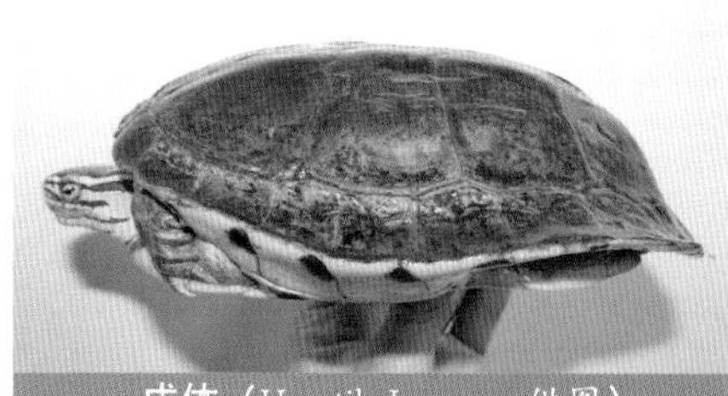
成体（Herptile Lovers 供图）

地理亚种：

(1) *Cuora amboinensis amboinensis*（Riche, 1801）

英文名：East Indian Box Turtle

中文名：安布闭壳龟

分　布：印度尼西亚，菲律宾

成体背部（Herptile Lovers 供图）

成体腹部（Herptile Lovers 供图）

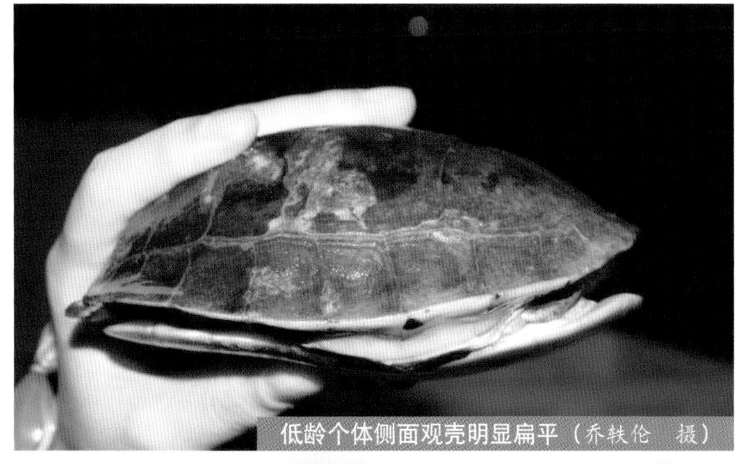
低龄个体侧面观壳明显扁平（乔轶伦 摄）

腹部（乔轶伦 摄）

幼体腹部（乔轶伦 摄）

成体（乔轶伦 摄）

(2) *Cuora amboinensis couro* (Lechenault, 1812)

英文名：Indonesian Box Turtle

中文名：印尼闭壳龟

分　布：印度尼西亚，东帝汶

成体（乔轶伦　摄）

成体腹部（乔轶伦　摄）

(3) *Cuora amboinensis kamaroma* Rummler & Fritz, 1991

英文名：Malayan Box Turtle

中文名：马来闭壳龟

分　布：孟加拉国，不丹，文莱，柬埔寨，印度，印度尼西亚，马来西亚，老挝，缅甸，菲律宾，新加坡，泰国，越南

老年个体侧面（乔轶伦　摄）

老年个体腹部（乔轶伦　摄）

老年个体（乔轶伦　摄）

(4) *Cuora amboinensis lineata* Mccord & Philippen, 1998

英文名：Burmese Box Turtle

中文名：缅甸闭壳龟

分　布：缅甸

成体（乔轶伦　摄）

成体腹部（乔轶伦　摄）

亚种特征：

Cuora amboinensis amboinensis 背甲偏平，缘盾外展，腹甲具深色斑，中间深色斑褪去。*Cuora amboinensis couro* 背甲适度拱起，缘盾外展或不外展，具深色腹甲斑点，但小于 *C. a. amboinensis*。*Cuora amboinensis kamaroma* 背甲高拱，缘盾不外展，腹甲黄色，深色斑点一般小，数量较少，出现腹甲边缘。*Cuora amboinensis lineata* 相对 *C. a. amboinensis* 和 *C. a. couro* 高度陆生，背甲高拱，沿肋盾和椎盾盾片具淡黄色条纹。

Cuora aurocapitata Luo & Zong, 1988

英文名：Yellow-headed Box Turtle

中文名：金头闭壳龟

分　布：中国

成体（乔轶伦　摄）

形态描述：一种小型半水栖淡水龟。背甲直线长度雄龟最大可达13.5厘米，雌龟最大可达19.5厘米。成体背甲卵圆形，低拱，最宽处在背甲中心处后的第8缘盾处，最高处在第2椎盾处。缘盾外展，后端略具凹口。中纵棱低平。第1椎盾最大且前侧外展，其他椎盾宽大于长，第5椎盾外展。颈盾长窄。雄性成体第8～11枚（特别是第9～10枚缘盾）缘盾外展。背甲深棕色，沿椎盾浅栗色至红棕色。腹甲发达、黄色，沿缝具三角形黑色斑。甲桥具黑色带，除甲桥对应的边缘黑色外，缘盾腹面黄色。当后肢收回时，腹甲后叶足够宽可以覆盖住大部分后肢，具肛盾缺刻。胸盾缝><肛盾缝>腹盾缝>喉盾缝>股盾缝>肱盾缝。肛盾被缝分开。头部窄而尖，吻部不突出或略突出，上喙中央微钩状。头背面平滑，虹膜青黄色。头部柠檬黄色，具从眼向后延伸到颈部的棕色窄带。喙黄色。头部前端和颈两侧为棕色，覆有粗糙鳞片；颏部和头部腹面黄色。前肢前表面具横向大鳞。后肢覆有小鳞，跟部具大鳞。四肢无图案，外侧橄榄灰至棕色；肢窝黄色至橙色。尾部黄色，背侧具棕色条。

幼体（乔轶伦 摄）

腹部（乔轶伦 摄）

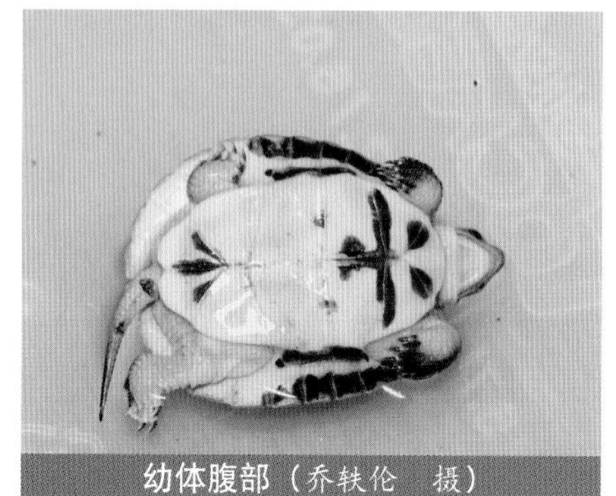
幼体腹部（乔轶伦 摄）

地理亚种：

(1) *Cuora aurocapitata aurocapitata* Luo & Zong, 1988

英文名： Eastern Yellow-headed Box Turtle

中文名： 东部金头闭壳龟

分　布： 中国（安徽、浙江）

成体（Torsten Blanck 摄，引自 Chelonian Research Monographs No.8，2021 年）

成体（Torsten Blanck 摄，引自 Chelonian Research Monographs No.8，2021 年）

成体腹部（Torsten Blanck 摄，引自 Chelonian Research Monographs No.8，2021 年）

(2) *Cuora aurocapitata dabieshani* Blanck, Protiva, Zhou, Li, Crow & Tiedemann, 2017

英文名： Western Yellow-headed Box Turtle

中文名： 西部金头闭壳龟

分　布： 中国（安徽、河南、湖北）

Cuora bourreti Obst & Rrimann, 1994

成体（雄性）（Herptile Lovers 供图）

英文名：Bourret's Box Turtle

中文名：布氏闭壳龟

分　布：老挝，越南

形态描述：一种中小型半水栖淡水龟。背甲直线长度雄龟最大可达 19.4 厘米，雌龟最大可达 20.8 厘米。背甲拱起，红棕色，有或无黑色条纹和辐射纹，侧面具浅色条纹。背甲变化多端的颜色和图案，很好地适应了被叶子覆盖的栖息地。腹甲呈乳白色，每枚盾片有或无不同程度的黑色斑点。头部黑色、红色、橙色、黄色、天蓝色、粉色和／或白色等多种颜色混合。多样的色彩可变性使 *Cuora bourreti* 成为色彩最丰富的亚洲龟种之一。雄性的腹甲略凹，爪子更大，尾巴比雌性更粗更长。

成体头部（雄性）
（Herptile Lovers 供图）

成体背部（雄性）
（Herptile Lovers 供图）

成体腹部（雄性）
（Herptile Lovers 供图）

Cuora cyclornata Blanck, McCord & Le, 2006

英文名：Vietnamese Three-striped Box Turtle

中文名：越南三线闭壳龟

分　布：中国（广西），老挝，越南

形态描述：一种中型半水栖淡水龟。背甲直线长度雄龟最大可达26厘米，雌龟最大可达35厘米。*Cuora cyclornata*长期以来被认为是*C. trifasciata*的一个变种，但于2006年被确定是一个单独的物种。雄龟具更粗更长的尾巴。背甲栗棕色具3条纵向黑条纹；腹甲主要为黑色；头部橄榄棕色。与*C. trifasciata*的主要区别特征：背甲更扁平，更圆；个体更大更重，最大可达35厘米，6千克。

地理亚种：

（1）*Cuora cyclornata cyclornata* Blanck, McCord & Le, 2006

英文名： Southern Vietnamese Three-striped Box Turtle

中文名： 南部越南三线闭壳龟

分　布： 老挝，越南

腹部（乔轶伦　摄）

成体（Torsten Blanck 摄，引自 Chelonian Research Monographs No.8，2021 年）

成体（Torsten Blanck 摄，引自 Chelonian Research Monographs No.8，2021 年）

（2）*Cuora cyclornata annamitica* Blanck, Protiva, Zhou, Li, Crow & Tiedemann, 2017

英文名： Central Vietnamese Three-striped Box Turtle

中文名： 中部越南三线闭壳龟

分　布： 越南

（3）*Cuora cyclornata meieri* Blanck, McCord & Le, 2006

英文名： Northern Vietnamese Three-striped Box Turtle

中文名： 北部越南三线闭壳龟

分　布： 中国（广西），越南

成体（Torsten Blanck 摄，引自 Chelonian Research Monographs No.8，2021 年）

腹部（乔轶伦 摄）

亚种特征：

通过腹甲图案和颏部颜色对亚种进行区分。①颏部颜色：*Cuora c. cyclornata* 亮橙色，*Cuora c. annamitica* 黄橙色，*Cuora c. meieri* 白色。②腹甲图案：*Cuora c. annamitica* 和 *Cuora c. meieri* 腹甲图案主要是黑色，而 *Cuora c. cyclornata* 的肱盾和喉盾呈黑色范围有限。

Cuora c. annamitica 可以通过不太鲜艳的颏部颜色和主要为黑色的腹甲前叶与 *Cuora c. cyclornata* 进行区分。根据颏部的颜色、甲壳的形状和腹甲的结构，与 *Cuora c. meieri* 进行区分。

Cuora flavomarginata（Gray, 1863）

腹部（乔轶伦 摄）

英文名：Yellow-margined Box Turtle

中文名：黄缘闭壳龟

分　布：中国（安徽、福建、河南、湖北、湖南、江苏、江西、浙江、台湾），日本（琉球群岛）

形态描述：一种中小型半水栖淡水龟。背甲直线长度雄龟最大可达18.9厘米，雌龟最大可达19厘米。背甲圆拱，最宽处在中心处之后，边缘平滑。每枚椎盾比相连的肋盾窄。存在明显的中纵棱，具两条中断低平的侧纵棱。每枚背甲盾片具明显的生长轮。背甲深棕色，常具明显黄色椎盾条带，椎盾和肋盾具红棕色斑块，缘盾外边缘具黄色或红棕色斑块。腹甲后叶宽，无肛盾缺刻，能够完全闭合。腹盾缝><肛盾缝>胸盾缝>喉盾缝>肱盾缝>股盾缝。成年个体肛盾缝会变得不明显或消失。腹甲深棕色到黑色，沿着肱盾、胸盾、腹盾和股盾的外边缘具窄黄色带，缘盾腹面黄色。上喙中央钩状。头部背面灰色到淡绿色，具1条从眼眶向后到颈部的宽黄条。上喙和头部两侧黄色，颏部粉色或黄色。前肢覆有大鳞。四肢外侧灰棕色，腋窝黄色。后肢跟部黄色。尾短，尾基部具许多钝状疣粒。尾灰色，背面具渐渐变浅的黄色条。

成体（乔轶伦　摄）

地理亚种：

(1) *Cuora flavomarginata flavomarginata* (Gray, 1863)

英文名：Yellow–margined Box Turtle

中文名：黄缘闭壳龟

分　布：中国（安徽、福建、河南、湖北、湖南、江苏、江西、浙江、台湾）

成体（雌性）（Herptile Lovers　供图）

成体背部（雌性）（Herptile Lovers　供图）

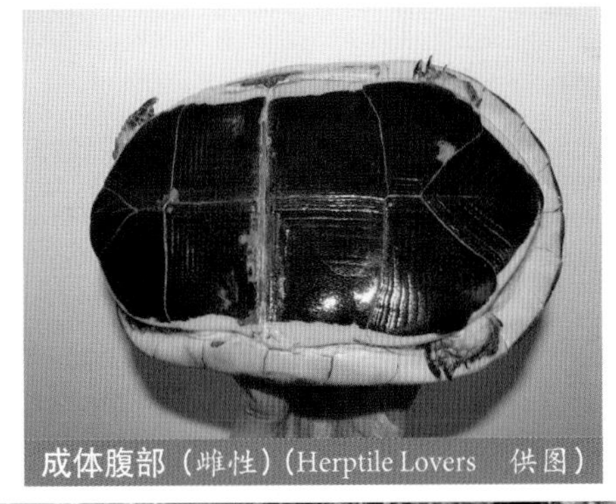
成体腹部（雌性）（Herptile Lovers　供图）

幼体（乔轶伦　摄）

幼体腹部（乔轶伦　摄）

(2) *Cuora flavomarginata evelynae* Ernst & Lovich, 1990

英文名：Ryukyu Yellow-margined Box Turtle

中文名：琉球黄缘闭壳龟

分　布：日本（琉球群岛）

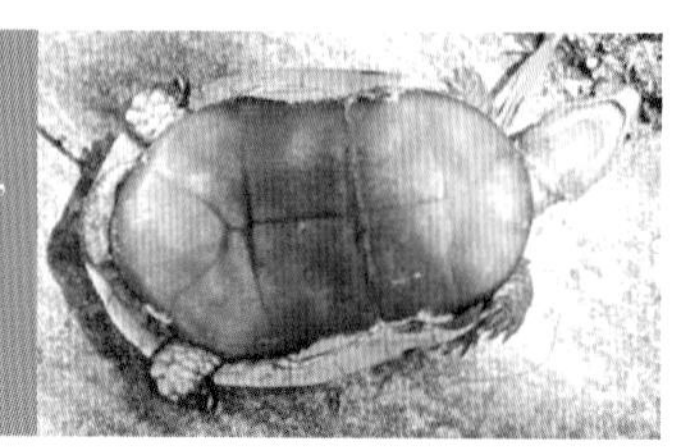

成体腹部
（Yuichirou Yasukawa 摄，引自 Chelonian Research Monographs No.5，2009 年）

成体
（Iriomote Wildlife Conservation Center 供图，引自 Chelonian Research Monographs No.5，2009 年）

Cuora galbinifrons Bourret, 1940

英文名：Indochinese Box Turtle

中文名：黄额闭壳龟

分　布：中国（广西、海南），老挝，越南

形态描述：一种中型半水栖淡水龟。背甲直线长度雄龟最大可达18.6厘米，雌龟最大可达20.4厘米。背甲高拱，背甲最宽处出现在中心处之后，边缘平滑。幼体具中纵棱，成年后消失。第1椎盾前侧宽，整体长宽相当或长略大于宽。第2～4椎盾长宽相当或宽大于长，第5

成体（乔轶伦　摄）

椎盾后侧明显宽于前侧。肋盾比相对应的椎盾宽；侧缘盾下弯。1条黄色到奶油色窄条带贯穿椎盾。椎盾其他部分和肋盾上部具深棕色到橄榄色宽条带，常杂有深色小斑。尽管一些个体浅色斑的范围可能会减少或具有深色杂斑，但肋盾下面2/3～3/4处常为白色、奶油色、黄色或橙红色。缘盾背面为棕色至橄榄色，具浅色杂斑。背甲出现一系列深浅色交替的纵条带。腹甲大，能够完全闭合，肛盾后缘圆钝无缺刻。腋盾和胯盾短。腹盾缝><肛盾缝>胸盾缝>喉盾缝>股盾缝>肱盾缝。腹甲深棕或黑色，在连接背甲和腹甲的甲缝处具一些黄色斑块，每枚缘盾腹面具1枚黄色斑点或边缘。头部突出，吻部短。上喙中央钩状不明显。头部黄色至浅绿色、灰色或棕色，尤其是幼体可能具深色斑；有时头背部全黑。吻两边可能具深色窄条纹。颏部和喉部黄色至奶油色，De Bruin和Artner报道一些海南个体颈部红色。四肢和尾巴橄榄色至灰色，前肢前表面覆有黄色、红色和黑色大鳞。

成体头部（雄性）
（Herptile Lovers　供图）

腹部（乔轶伦　摄）

Cuora mccordi Ernst, 1988

成体（Torsten Blanck 摄，引自 Chelonian Research Monographs No.8，2021 年）

英文名：McCord's Box Turtle

中文名：百色闭壳龟

分　布：中国（广西）

形态描述：一种中小型半水栖淡水龟。背甲直线长度雄龟最大可达18.4厘米，雌龟最大可达22.5厘米。成体背甲椭圆形、拱起，最宽处在第8缘盾水平，最高处在第2和第3椎盾的接缝处。前后缘盾向外展开，背甲侧面内收至边缘处恢复外展，后缘微锯齿状。具低平的中纵棱。在第2～4椎盾上的纵棱最为明显。第1椎盾向前裙状展开，第2椎盾长大于宽，第3～5椎盾宽大于长，第5椎盾向后裙状展开。颈盾长大于宽。背甲红棕色，甲缝深色，每枚缘盾具深色楔形图案，边缘黄色。腹甲发达，具肛盾缺刻，腹甲后叶能够覆盖大部分可伸缩的后肢。腹盾缝>胸盾缝>肛盾缝>喉盾缝>股盾缝>肱盾缝。肛盾间缝完整。腹甲黄色，中间具大量黑色斑，甲桥黄色，具2枚黑色斑块。缘盾腹面黄色。头部尖窄，吻部不突出，上喙中央无凹口非钩状。头部背侧平滑，虹膜黄色至黄绿色，具1个明亮的黑色窄带，黄色条向后延伸，从吻部通过眼眶到达颈部。喙、颏部和颈部黄色。前肢前侧具棕色至红棕色大鳞，后肢棕色。尾部黄色，背面具棕色至橄榄色侧条。

成体（高品图像 Gaopinimages）

老年个体（乔轶伦　摄）

腹部（老年）（乔轶伦　摄）

腹部（乔轶伦　摄）

Cuora mouhotii（Gray, 1862）

成体（乔轶伦 摄）

英文名：Keeled Box Turtle

中文名：锯缘闭壳龟

分　布：中国（广西、海南、云南），孟加拉国，不丹，印度，老挝，缅甸，泰国（?），越南

形态描述：一种中型半水栖淡水龟。背甲直线长度雄龟最大可达25.7厘米，雌龟最大可达23.7厘米。成体背甲伸长，椭圆形，背面扁平，后侧锯齿状。前侧有时也为锯齿状。具3条非常发达纵棱：中纵棱沿着扁平的椎盾中间延伸，2条侧纵棱沿着第1～4肋盾延伸。椎盾常宽大于长，第1椎盾较窄，常长宽相当或长大于宽。第12缘盾最小。背甲颜色一致，从淡黄色或浅棕色到红棕色或深棕色。腹甲小于背甲，不能完全闭合，在胸盾和腹盾之间具韧带，具肛盾缺刻。沿着短而清晰甲桥（约为腹甲长度的1/3），腹甲通过韧带与背甲相连，胯盾较发达，腋盾可能消失，腹盾缝>肛盾缝>胸盾缝>肱盾缝>股盾缝>喉盾缝。腹甲黄色至浅棕色，每枚盾片具深棕色斑点。头部大小适中，上喙中央明显钩状无凹口，吻短不突出。咀嚼面窄且无嵴，头后部皮肤被大鳞分开，头部棕色，具深色蠕虫纹。在眼眶和鼓膜之间可能具1～2个浅斑点，但还有一些不同的描述：这些斑点可以延伸成一条宽黑带。前肢前表面覆有大鳞，后肢略棒状。指（趾）部分具小蹼。四肢灰色至深棕色或黑色。尾部长度适中，股部具粗糙硬棘。

地理亚种：

(1) *Cuora mouhotii mouhotii*（Gray, 1862）

幼体（Herptile Lovers 供图）

英文名：Northern Keeled Box Turtle

中文名：北部锯缘闭壳龟

分　布：中国（广西、海南、云南），孟加拉国，不丹，印度，老挝，缅甸，泰国（?），越南

成体（雌性）（Herptile Lovers 供图）

成体背部（雌性）（Herptile Lovers 供图）

成体腹部（雌性）（Herptile Lovers 供图）

(2) *Cuora mouhotii obsti* (Fritz, Andreas & Lehr, 1998)

英文名：Southern Keeled Box Turtle

中文名：南部锯缘闭壳龟

分　布：老挝，越南

成体（雄性）
（Herptile Lovers　供图）

成体背部（雄性）
（Herptile Lovers　供图）

成体腹部（雄性）
（Herptile Lovers　供图）

腹部（左：*C. mouhotii mouhotii*，右：*C. mouhotii obsti*）（乔轶伦　摄）

Cuora pani Song, 1984

成体（Torsten Blanck 摄，引自Chelonian Research Monographs No.8，2021 年）

英文名：Pan's Box Turtle

中文名：潘氏闭壳龟

分　布：中国（河南、湖北、陕西、四川）

形态描述：一种小型半水栖淡水龟，背甲直线长度雄龟最大可达14.5厘米，雌龟最大可达19.5厘米。背甲平，卵圆形，背甲最宽处在中心处之后，中纵棱不明显，后边缘略锯齿状（中间凹口小），缘盾外展。椎盾宽大于长。第1椎盾最大且向前裙状展开（可到达第1和第2缘盾分离缝处或第2缘盾）；第5椎盾向后裙状展开。颈盾窄长。盾片具生长轮。背甲橄榄棕色，边缘黄色，纵棱黑色，盾缝外轮廓深棕色或黑色。缘盾腹面黄色，甲缝处具1个黑色楔形图案，一些具黑色辐射窄线。腹甲发达，腹甲前叶短平，后叶向中心线逐渐变窄，肛盾缺刻浅。大部分情况下：肛盾缝>腹盾缝>胸盾缝>喉盾缝>股盾缝>肱盾缝，但也有例外。肛盾间缝完整。腹甲黄色，甲缝处具黑色宽纹（随年龄和个体大小而扩大）。1条黑色带贯穿甲桥。头部窄，吻部略突出，上喙中央微钩状。头部橄榄色（背面浅，侧面深），具黄绿色眶后条纹和1条从上喙向下倾斜扩展到鼓膜下方的黄绿色条纹。条纹具黑色边缘，围绕鼓膜具不清晰的黑色细线。虹膜绿色，喙和颊部黄色。颈部背面和侧面橄榄色，腹侧黄绿色；颈部侧面具几条模糊的黄色窄条纹。前肢具大鳞，外侧表面橄榄色，内侧表面和腋窝处奶油色至白绿色。后肢具小鳞，颜色同前肢。尾部背面橄榄色具2条深色宽条纹，尾部腹面黄色，尾尖端橄榄色。

腹部（乔轶伦　摄）

幼体（Herptile Lovers　供图）

幼体腹部（Herptile Lovers　供图）

Cuora picturata Lehr, Fritz & Obst, 1998

英文名：Southern Vietnam Box Turtle

中文名：图画闭壳龟

分　布：越南

形态描述：一种中小型半水栖淡水龟。背甲直线长度雄龟最大可达18.9厘米，雌龟最大可达19.2厘米。背甲高拱，橙棕色至深棕色，两边各具1条奶油色条带，沿着侧面延伸，穿过每枚肋盾盾片。头部奶油色或黄色，具细灰色网纹，腹甲奶油色，每枚盾甲具1个大黑斑。与雌性相比，雄性通常具略凹的腹甲、更大的爪子和更粗更长的尾巴。

成体（乔轶伦　摄）

成体（雌性）（Herptile Lovers　供图）

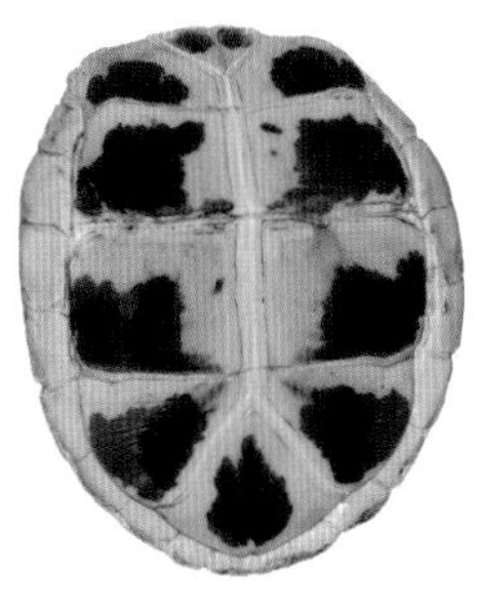

腹部（左：*C. bourreti*，中：*C. picturata*，右：*C. galbinifrons*）（乔轶伦　摄）

成体（雄性）（Herptile Lovers　供图）

Cuora trifasciata（Bell, 1825）

英文名：Chinese Three-striped Box Turtle, Golden Coin Turtle

中文名：三线闭壳龟

分　布：中国（福建、广东、广西、海南、香港、澳门）

形态描述：一种中型半水栖淡水龟。背甲直线长度雄龟最大可达23厘米，雌龟最大可达26厘米。背甲低拱，卵圆形，背甲最宽处在中心处之后，中纵棱不明显，后边缘平滑（中间凹口小）。在第1和第2肋盾间甲缝处可能有些微凹。成体具低钝的中纵棱和侧纵棱存在的迹象。第1椎盾前部宽于后部。背甲棕色，沿纵棱具明显的黑色条纹，一些个体的背甲接缝处深色。中纵棱黑条纹长于两个侧纵棱黑条纹（仅在前3个肋盾上延伸），1927年Schmidt报道侧后黑条带在幼体上缺失，在背甲直线长度大约10厘米的个体上才会出现。腹甲非常发达，但腹甲后叶不足以完全隐藏后肢。肛盾缺刻宽。在个体9～10厘米时腹甲韧带出现。胸盾缝>腹盾缝>肛盾缝>喉盾缝>股盾缝>肱盾缝。腹甲深棕至黑色，侧边黄色从胸盾扩展至肛盾。沿着接缝处常常出现一些浅辐射纹，1927年Schmidt报道腹甲的中心部分可能在成体时变成黄色带有黑色射线纹。缘盾腹面是亮橙色至粉黄色至亮黄色，至少在缘盾腹面最前端具大黑斑。头部窄而尖，吻部略突出，上喙中央微钩状。头背部橄榄色，侧面较背部颜色深。一个外轮廓为黑色的橄榄色条纹从鼻孔向后通过眼眶；在眼眶后变宽成为外轮廓呈黑色的条带。上喙黄色，具1条从嘴角通过鼓膜延伸至颈部侧面的黄色条纹。下喙和颏部黄色。颈背部和侧面橄榄色，覆有小鳞；腹面具1个橙色或粉黄色中间宽条带。前肢前面覆有横向大鳞，后肢覆有小鳞。跟部具大鳞。腋窝和四肢腹面是亮橙色或粉黄色。四肢外侧表面橄榄色或棕色。尾尖橄榄色并且具2个黑条纹；尾根部侧面具橙色斑。

地理亚种：

（1）*Cuora trifasciata trifasciata*（Bell, 1825）

英文名： Chinese Three-striped Box Turtle

中文名： 三线闭壳龟

分　布： 中国（福建、广东、广西、香港、澳门）

成体（Torsten Blanck 摄，引自 Chelonian Research Monographs No.8，2021年）

腹部（乔轶伦　摄）

成体（乔轶伦　摄）

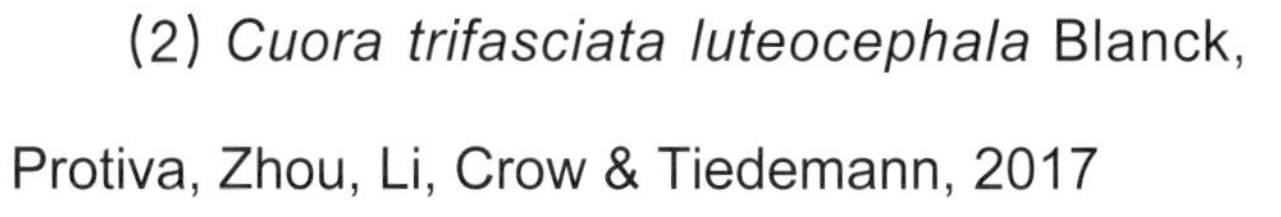

（2）*Cuora trifasciata luteocephala* Blanck, Protiva, Zhou, Li, Crow & Tiedemann, 2017

英文名： Hainan Three-striped Box Turtle

中文名： 海南三线闭壳龟

分　布： 中国（海南）

腹部（乔轶伦　摄）

Cuora yunnanensis（Boulenger, 1906）

英文名：Yunnan Box Turtle

中文名：云南闭壳龟

分　布：中国（四川、云南）

成体（Zhou Ting, William P. McCord, Torsten Blanck 摄，引自 Chelonian Research Monographs No.8，2021 年）

形态描述：一种小型半水栖淡水龟。背甲直线长度可达19厘米。背甲低拱，最宽处在中心处之后，具1个明显的中纵棱和2个低平的侧纵棱。成体椎盾长宽相当，窄于相邻的肋盾；第1椎盾和第5椎盾分别向前和向后裙状展开。成体后部背甲缘盾平滑，但幼体微锯齿状。背甲颜色栗棕色至橄榄色，有些个体的边缘和纵棱黄色。腹甲发达，但韧带退化，腹甲后叶稍窄，具肛盾缺刻，不能向后完全闭合。胸盾缝>腹盾缝>肛盾缝>喉盾缝>股盾缝>肱盾缝；肛盾间缝完整。腹甲橄榄色至棕色，甲缝黑色，边缘黄色；甲桥处具深色条带。每枚腹甲盾片具红棕色大斑。上喙中央非钩状，吻部略尖突出。头部橄榄色至棕色，眼眶至颈部具黄色窄条纹，另一黄条纹从嘴角处到达颈部。颏部和喉部黄色至橙色，并具橄榄色斑点。颈部橄榄色至棕色，每侧具2条橙色条纹。四肢皮肤和尾部橄榄色至棕色具橙色条纹。

腹部（袁　飞　摄）

Cuora zhoui Zhao, 1990

英文名：Zhou's Box Turtle

中文名：周氏闭壳龟

分　布：中国（广西?、云南?），越南

成体（Torsten Blanck 摄，引自 Chelonian Research Monographs No.8，2021 年）

形态描述：一种中小型半水栖淡水龟。背甲直线长度雄龟最大可达17厘米，雌龟最大可达22.3厘米。背甲椭圆形，中度拱起，背甲具3条低平纵棱，后缘平滑至略锯齿状。背甲最宽

处在中心处之后，盾片表面光滑。椎盾宽大于长，第1椎盾向前裙状展开，可能达到或超过前两枚缘盾的甲缝处，第5椎盾向后裙状展开。背甲黑色或深棕色，可能会有一些侵蚀的黄色区域。腹甲长，关闭时几乎完全覆盖背甲开口处。腹甲后叶具肛盾缺刻，前叶前部略上翘。胸盾缝>腹盾缝>肛盾缝>喉盾缝>股盾缝>肱盾缝；肛盾间缝存在。腹甲黑色，中间具黄色图形；甲桥黑色，韧带连接处具黄色小斑点；缘盾腹面近甲桥处黑色，第1～4缘盾和第8～12缘盾处前外侧具黄色斑。头窄，上喙中央适度钩状。头部背表面黄褐色，与深色甲壳对比明显。在鼻孔和眼眶之间具1条深色外框的黄条纹；喙奶油色至黄色，鼓膜奶油色至白色。四肢橄榄绿色至绿灰色。前肢中间具橙红色斑块，后肢腹侧黄色，近足底处橙红色。

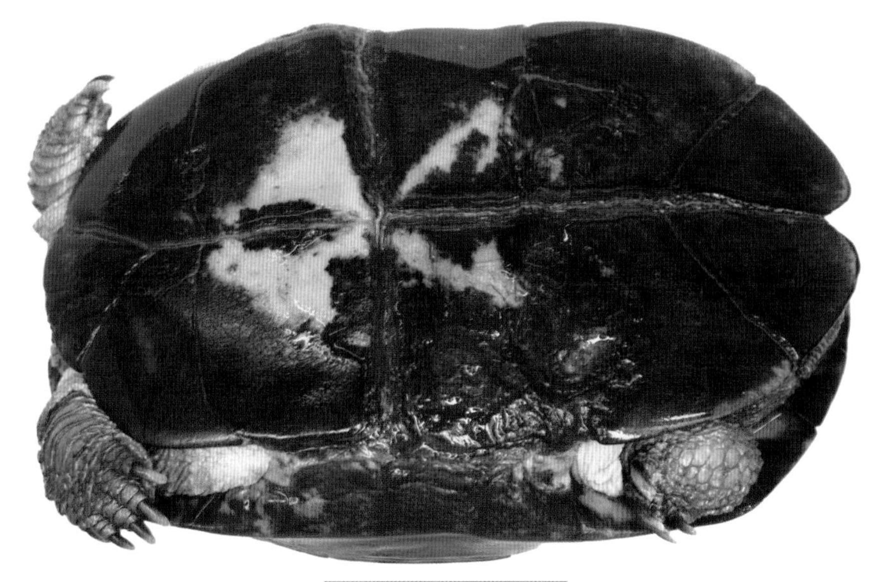
腹部（乔轶伦　摄）

成体（乔轶伦　摄）

齿缘龟属 *Cyclemys* Bell, 1834

本属7种。主要特征：背甲后缘锯齿状，背甲脊部略坦平，椎盾5枚；腹甲窄，喉盾缝>肱盾缝，腹甲胸盾和腹盾间具可活动的韧带，不能完全闭合。

齿缘龟属物种名录

序号	学名	中文名	亚种
1	*Cyclemys atripons*	白腹摄龟	/
2	*Cyclemys dentata*	齿缘摄龟	/
3	*Cyclemys enigmatica*	白舌摄龟	/
4	*Cyclemys fusca*	灰舌摄龟	/
5	*Cyclemys gemeli*	印度摄龟	/
6	*Cyclemys oldhamii*	欧氏摄龟	/
7	*Cyclemys pulchristriata*	美丽摄龟	/

齿缘龟属的种检索表

1a 腹甲全黄或大部分黄色；股盾缝≤肛盾缝，肛盾缺刻小至宽，锐角至钝角 ………… 2

1b 腹甲全深色（棕或黑）或大部分深色（棕或黑）；股盾缝≥肛盾缝，肛盾缺刻宽呈钝角 ………… 4

2a 股盾缝<肛盾缝；肛盾缺刻小呈锐角；喉部具条纹，或具浅色或深色蠕虫纹，头部和颈部窄的浅条纹（活体红棕色）；年老的个体甲桥不再具大量的黑色条 ………… 齿缘摄龟 *Cyclemys dentata*

2b 股盾缝≤肛盾缝，肛缺小至宽，锐角至钝角；喉部浅色，头部和颈部宽的浅条纹（活体黄色或橙红色）；年老的个体甲桥可能具大量的黑色条 ………… 3

3a 若腹甲存在黑色辐射纹，辐射线长而细 ………… 白腹摄龟 *Cyclemys atripons*

3b 若腹甲存在黑色辐射纹，辐射线短而粗 ………… 美丽摄龟 *Cyclemys pulchristriata*

4a 头冠部具斑点，背视甲壳矩形，来自东部的幼体和成体头部及颈部具明显的条纹，来自西部的成体无条纹 ………… 欧氏摄龟 *Cyclemys oldhamii*

4b 头冠部颜色一致 ………… 5

5a 头冠部棕色，颜色不比颞区浅；甲壳细长至矩形 ………… 印度摄龟 *Cyclemys gemeli*

5b 头冠部颜色比颞区浅；背视甲壳为卵形 ………… 6

6a 头冠部黄绿色至浅棕色；上颚和舌（酒精浸泡标本）灰色，有时具深灰斑；缅甸北部和中部 ………… 灰舌摄龟 *Cyclemys fusca*

6b 头冠部铜色至浅棕色；上颚和舌（酒精浸泡标本）白色，马来半岛南部和大巽他群岛 ………… 白舌摄龟 *Cyclemys enigmatica*

Cyclemys atripons Iverson & McCord, 1997

英文名：Western Black–Bridged Leaf Turtle

中文名：白腹摄龟

分　布：柬埔寨，泰国，越南

成体（Flora Ihlow 摄，引自 Chelonian Research Monographs No.8，2021 年）

形态描述：一种中小型半水栖淡水龟。背甲直线长度雄龟最大可达19.5厘米，雌龟最大可达23.6厘米。成体背甲偏长，具明显的中纵棱和不明显的侧纵棱，不拱起，接近扁平。最宽处在第7缘盾处，后缘略呈锯齿状，具较明显的生长轮（老年个体变得不明显）。全部缘盾长度相当；第5、6、7或12缘盾最高，第9～11缘盾通常外展。颈盾大小中等，常长大于宽，沿后边缘适度凹进，偶见后侧宽于前侧。第2～5椎盾宽大于长；第1椎盾通常宽大于长。第4和第5椎盾上中纵棱最为明显，侧纵棱不明显，但在第3肋盾上明显。背甲橄榄色至棕色、近黑色，缝处具深色斑，盾片中心发射出黑色辐射线，延伸到第1～3肋盾边缘，随年龄在第1～3肋盾前侧半部形成三角形黑条纹；亚成体和大部分成体的中纵棱有失去黑色斑块的趋势，变成不明显的浅色中纵棱条纹。腹甲前端微上翘，胸盾和腹盾间缝处具韧带，肛盾缺刻相对浅。甲桥长度适中，腋盾和胯盾退化或消失。喉盾相对小。胸盾缝＞腹盾缝＞＜肛盾缝＞喉盾缝＞＜股盾缝≥肱盾缝。腹甲奶油色、黄棕色或浅棕色，甲缝处具更深的棕色标记；无或仅有少量短粗黑点或线；甲桥区域具明显的从盾片中心向前、向后发射粗黑线或斑点。第4～7缘盾腹面具粗黑线或斑点。头部宽度适中；上喙中央微钩状，但具中央浅凹口；咀嚼面窄。在喙角和鼓膜处具一些小瘤。头背部粗糙，绿棕色具黑色斑点，头部两侧具淡奶油色至棕色的颞区条带和后眶条带，向后延伸到颈部；第三条较窄的浅色带从喙角延伸至少到鼓膜下缘（有时通过一条沿鼓膜前缘的短纵条与眶后条连接）；这些条带随年龄变深，在老年个体中依旧明显。颏部奶油色或黄色，有或无黑斑；最

成体（Herptile Lovers　供图）

成体背部（Herptile Lovers　供图）

成体腹部（Herptile Lovers　供图）

常见的黑斑是近等于眶直径的短细中线。颈部腹面具6条模糊浅色条，喙缘奶油色至黄棕色、深灰色，具几条黑色粗条纹。虹膜浅绿色、棕色。前肢前表面覆有重叠大鳞，最大的为新月形至铲形；前肢外表面深棕色具黑色斑点；腹表面奶油色至黄色，无斑记；后肢外表面深灰棕色至黑色；腹面奶油色。后肢后缘具奶油色窄条纹，至少延伸到跟部；尾部相对短，深灰色至棕色，背面具黑色中条，腹面外侧具深棕色条。

Cyclemys dentata（Gray, 1831）

英文名：Asian Leaf Turtle

中文名：齿缘摄龟

分　布：文莱，印度尼西亚，马来西亚，菲律宾，新加坡，泰国

成体（站酷海洛）

成体（刘 晔 摄）

头部（Maren Gaulke 摄，引自 Chelonian Research Monographs No.8，2021 年）

成体（高品图像 Gaopinimages）

成体腹部（高品图像 Gaopinimages）

形态描述：一种中小型半水栖淡水龟。背甲直线长度雄龟最大可达19.6厘米，雌龟最大可达21厘米。背甲椭圆形，微拱起，具中纵棱。椎盾通常宽大于长，但第2～4椎盾可能长宽相同。背甲后缘锯齿状，盾片具纹理，但随年龄增长可能会变得平滑。背甲浅棕色至深棕色、黑色、橄榄色，或者有时红褐色；可能存在窄的黑色辐射纹。腹甲具肛盾缺刻。胸盾缝＞腹盾缝＞肛盾缝＞股盾缝＞喉盾缝＞肱盾缝。腹甲黄色或浅棕色，具深色辐射纹，至全深棕色或黑色。吻部微突出，上喙无齿状突。头后部皮肤被分成大鳞；背面观，头部红棕色，头两侧和喙深棕色。头部和颈部具微红或橙色条纹，但在老年个体中褪去。颏部具条纹，或全为深色。前表面具横向大鳞。四肢浅棕色至奶油色。

Cyclemys enigmatica Fritz, Guicking, Auer, Sommer, Wink & Hundsdörfer, 2008

英文名：Enigmatic Leaf Turtle

中文名：白舌摄龟

分　布：马来西亚，印度尼西亚，新加坡，泰国

成体（Maren Gaulke 摄，引自 Chelonian Research Monographs No.8，2021 年）

形态描述：一种中型半水栖淡水龟。背甲直线长度可达23.5厘米。背甲卵形、深色，主要或全部深棕色至黑色。股盾缝≥肛盾缝；肛盾缺刻宽呈钝角。年轻成体背甲和腹甲具浓密的辐射线图案；年老成体背甲常全深棕色，腹甲黑色。头部和颈部无条纹。活体头顶部全棕色，明显浅于颞区颜色。酒精浸泡标本的上喙和舌纯白色。

成体（Herptile Lovers　供图）

成体背部（Herptile Lovers　供图）

成体腹部（Herptile Lovers　供图）

Cyclemys fusca Fritz, Guicking, Auer, Sommer, Wink & Hundsdörfer, 2008

英文名：Myanmar Brown Leaf Turtle

中文名：灰舌摄龟

分　布：印度，缅甸

成体（Peter Paul van Dijk 摄，courtesy of Raymond Kan）

形态描述：一种中型水栖淡水龟。背甲直线长度雄龟最大可达22.5厘米，雌龟最大可达26.9厘米。与*Cyclemys enigmatica*相似，背甲深色，活体的浅色头顶部明显淡绿黄色。酒精浸泡标本的上喙和舌灰色。

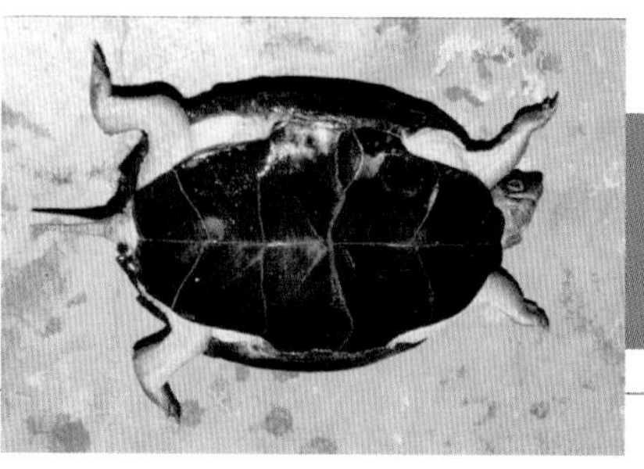

成体腹部（Peter Paul van Dijk 摄，courtesy of Raymond Kan）

Cyclemys gemeli Fritz, Guicking, Auer, Sommer, Wink & Hundsdörfer, 2008

英文名： Assam Leaf Turtle

中文名： 印度摄龟

分　布： 孟加拉国，不丹，印度，缅甸，尼泊尔

形态描述： 一种中小型半水栖淡水龟。背甲直线长度雄龟最大可达19厘米，雌龟最大可达23.2厘米。背甲扁平，偏长或矩形，后缘锯齿状。股盾缝≥肛盾缝，肛盾缺刻宽，开口呈钝角。趾（指）间具蹼。背甲棕色，每枚盾片具深色条纹。腹甲深棕色，无图案。头部棕色或略带黑色，头顶部全棕色，颜色不比颞区浅。颈部深色具明显条纹。颞区与喉部深色。

成体（Peter Praschag 摄，引自 Chelonian Research Monographs No.8，2021 年）

成体（Jayaditya Purkayastha　摄）

成体（Thomas Ziegler 摄，引自 Chelonian Research Monographs No.8，2021 年）

Cyclemys oldhamii Gray, 1863

英文名： Southeast Asian Leaf Turtle

中文名： 欧氏摄龟

分　布： 柬埔寨，老挝，缅甸，泰国，越南

形态描述： 一种中型半水栖淡水龟。背甲直线长度雄龟最大可达24.1厘米，雌龟最大可达26厘米。成体背甲偏长，但幼体较圆。成体具低平的中纵棱，后缘锯齿状。幼体背甲盾片具有一些褶皱。幼体背甲红褐色至橄榄色，或成体灰棕色至橄榄棕色。腹甲具肛盾缺刻，腹盾缝＞＜胸盾缝＞喉盾缝＞＜肛盾缝＞股盾缝＞＜肱盾缝。幼体腹甲淡粉色或红色，成体黄色或淡棕色；大型个体深色辐射纹逐渐消失，使腹甲变成全深色。刚孵化个体腹甲中间为深色标记。头部形态上与*Cyclemys dentata*相似；头背部深橄榄色，具4个从颈部向前延伸到头部两侧的黄色、橙色或粉色条纹。第1条背面条纹经过眼眶上方和在吻部之上；第2条宽条纹在眼眶处；下面是第3条较窄条纹，经过眼眶下方和沿着上喙；第4条沿着下喙。喉部具小深斑形成的杂斑。四肢皮肤灰棕色至橄榄色。

头部（Peter Praschag 摄，引自 Chelonian Research Monographs No.8，2021 年）

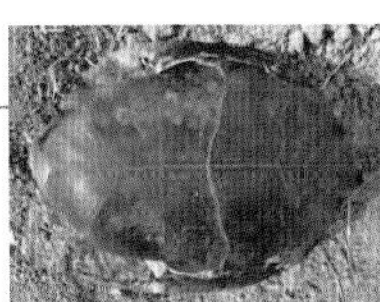

腹部（Peter Praschag 摄，引自 Chelonian Research Monographs No.8，2021 年）

Cyclemys pulchristriata Fritz, Gaulke & Lehr, 1997

英文名：Eastern Black–bridged Leaf Turtle

中文名：美丽摄龟

分　布：柬埔寨，越南

形态描述：一种中小型半水栖淡水龟。背甲直线长度雄龟最大可达17.5厘米，雌龟最大可达22.7厘米。此物种与*Cyclemys atripons*非常相似，很难区分。若存在深色腹甲图案，*Cyclemys pulchristriata*由相对短粗的黑线或黑斑点组成，无黑色甲桥出现。

成体（Edgar Lehr 摄，引自 Chelonian Research Monographs No.8，2021 年）

腹部（Thong Van Pham 摄，引自 Chelonian Research Monographs No.8，2021 年）

地龟属 *Geoemyda* Gray, 1834

本属 2 种。主要特征：背甲前后缘锯齿状，后侧略宽于中心处。通常具 3 条纵棱，中纵棱较 2 条侧纵棱发达。腹甲大，发达，无韧带，具肛盾缺刻。上喙中央适度钩状，咀嚼面窄、无嵴。前肢前表面具重叠大鳞，指（趾）间具半蹼。

地龟属物种名录

序号	学名	中文名	亚种
1	*Geoemyda japonica*	日本地龟	/
2	*Geoemyda spengleri*	地龟	/

地龟属的种检索表

1a 背甲锯齿钝；有 1 对腋盾和胯盾；颈盾小或中等，无后缘深凹口 ……………… **日本地龟** *Geoemyda japonica*
1b 背甲锯齿尖；腋盾和胯盾常缺失；颈盾大，后缘凹口深 ……………………………… **地龟** *Geoemyda spengleri*

Geoemyda japonica Fan, 1931

英文名：Ryukyu Black–breasted Leaf Turtle

中文名：日本地龟

分　布：日本

头部（Yuichirou Yasukawa 摄，引自 Chelonian Research Monographs No.5，2008 年）

形态描述：一种小型半水栖淡水龟。背甲直线长度雄龟最大可达15.1厘米，雌龟最大可达17厘米。以前被认为是*Geoemyda spengleri*的一个亚种，后来由Yasukawa等在1992年提升为种级分类阶元。背甲偏长，较大。背甲具3条纵棱（中纵棱最发达），前后缘相比*Geoemyda spengleri*为较钝锯齿状。颈盾楔形，背甲后侧无凹口或仅具很浅的凹口。椎盾宽大于长。肋盾和椎盾具粗糙生长轮。背甲深橙色或黄色至红橙色或深棕色。沿纵棱可能会有一些深色辐射纹或斑点，深色线或楔形斑。腹甲大、伸长、无韧带、肛盾缺刻浅，但前缘缺刻较*Geoemyda spengleri*更深。胸盾缝＞＜腹盾缝＞＜肛盾缝＞股盾缝＞＜肱盾缝＞＜喉盾缝。甲桥短，具1对明显的腋盾，但1对胯盾小且发育不良。腹甲和甲桥黑色或深棕色；腹甲侧边缘浅色。头背部表面平滑。头部和颈部黄色至橙黄色或红棕色，头背部前面和侧面、吻部具不规则的淡红色或淡黄色线或斑点。股间近尾部处具小结节。

成体（雄性）（Yuichirou Yasukawa 摄，引自 Chelonian Research Monographs No.5，2008 年）

成体腹部（雄性）（Yuichirou Yasukawa 摄，引自 Chelonian Research Monographs No.5，2008 年）

成体（站酷海洛）

Geoemyda spengleri（Gmelin, 1789）

英文名：Black–breasted Leaf Turtle

中文名：地龟

分　布：中国，越南，老挝

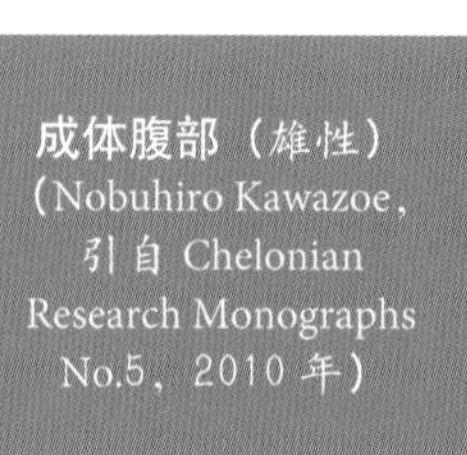

成体腹部（雄性）
（Nobuhiro Kawazoe，
引自 Chelonian
Research Monographs
No.5，2010 年）

形态描述：一种小型半水栖淡水龟。背甲直线长度雄龟最大可达10.9厘米，雌龟最大可达12.8厘米。背甲偏长，相对扁平，前后缘强烈锯齿状，中心处之后略宽。每枚缘盾具一个尖锐的尖角，第1～3缘盾和第8～12缘盾的尖角外展。具3条发达的纵棱；中纵棱最发达，且2条侧纵棱也明显。椎盾宽大于长，颈盾楔形，背甲后侧凹口明显，盾片具粗糙生长轮。背甲棕色或灰棕色至深棕色；沿纵棱，特别是中纵棱处常具深色扩大斑块。腹盾缝＞＜胸盾缝＞＜股盾缝＞肱盾缝＞肛盾缝＞喉盾缝。甲桥与腹甲后叶长度相当；腋盾和胯盾常缺失。腹甲深棕色至黑色，外边缘黄色；甲桥完全深色。头背部后表面皮肤光滑无鳞。头部橄榄色至棕色，具1条从眼眶向后经鼓膜到颈部的黄色条纹。头部两边和喙部可能具其他浅色斑。股间近尾部处具小结节。四肢和尾部灰棕色至橄榄棕色。

成体（Flora Ihlow 摄，
引自 Chelonian Research Monographs No.8，2021 年）

成体（Herptile Lovers　供图）

成体背部（Herptile Lovers　供图）

成体腹部（Herptile Lovers　供图）

东方龟属 *Heosemys* Stejneger, 1902

本属4种。主要特征：背甲扁平，后缘常锯齿状。腹甲坚硬，无韧带或仅雌性成体上具部分韧带。咀嚼面窄且无嵴。

东方龟属物种名录

序号	学名	中文名	亚种
1	*Heosemys annandalii*	黄头庙龟	/
2	*Heosemys depressa*	扁东方龟	/
3	*Heosemys grandis*	大东方龟	/
4	*Heosemys spinosa*	刺东方龟	/

东方龟属的种检索表

1a 头部具多个黄色条带 …………………………………… 黄头庙龟 *Heosemys annandalii*
1b 头部黄色条带缺失 …………………………………… 2
2a 背甲前缘非锯齿状 …………………………………… 3
2b 背甲前缘锯齿状 …………………………………… 刺东方龟 *Heosemys spinosa*
3a 背甲高拱，甲桥黄色，体大，大于 40 厘米 …………………… 大东方龟 *Heosemys grandis*
3b 背甲扁平，甲桥黑色，体中等大，小于 30 厘米 ………………… 扁东方龟 *Heosemys depressa*

Heosemys annandalii（Boulenger, 1903）

英文名：Yellow-headed Temple Turtle

中文名：黄头庙龟

分　布：柬埔寨，老挝，马来西亚，泰国，越南

成体头部（Herptile Lovers　供图）

形态描述：一种大型半水栖淡水龟。背甲直线长度雄龟最大可达50厘米，雌龟最大可达42厘米。背甲扁平偏长，后缘常锯齿状，臀盾间具凹口。幼龟具1条低平中纵棱。第1椎盾前侧宽于后侧，其他4枚椎盾宽大于长。第5椎盾后侧宽于前侧。偶尔会出现第6枚椎盾。侧面缘盾不下弯。背甲黑棕色或黑色。腹甲发达，无韧带，短于背甲。前叶平钝，后叶比甲桥短，肛盾缺刻宽。甲桥发达，腋盾和胯盾大。腹盾缝＞股盾缝＞胸盾缝＞喉盾缝＞肛盾缝＞肱盾缝。腹甲和甲桥黄色，每枚盾片具黑色斑块，但幼体全奶油色。随着年龄增长这些斑块会增长，可能最后整个腹甲变

成体（图虫创意）

为黑色。上喙中央具凹口，两侧具牙状突。下喙边缘齿状，吻部不明显突出。头部淡黑色至橄榄色，具灰色斑，年轻个体具一系列黄色或奶油色条纹。第1条从颈部两侧穿过鼓膜和眼眶到达鼻孔；第2条从上喙尖部沿着喙边缘向后到达颈部侧面；第3条从下喙后延伸到颈部侧面。有时这几个条带会在眼后形成1个浅色大斑。老年个体这些条带会完全消失。颏部和喉部奶油色至白色，可能具一些黑斑点。指（趾）间蹼化程度高。前肢覆有大鳞，四肢通常背面深灰色，腹面浅灰色。尾短，灰色。

成体腹部（李泳太 摄）

幼体（乔轶伦 摄）

幼体腹部（乔轶伦 摄）

Heosemys depressa（Anderson, 1875）

英文名：Arakan Forest Turtle

中文名：扁东方龟

分　布：孟加拉国，缅甸

成体（Brian D. Horne 摄，引自 Chelonian Research Monographs No.8，2021 年）

形态描述：一种中型半水栖淡水龟。背甲直线长度雄龟最大可达29.6厘米，雌龟最大可达25.9厘米。背甲扁平，具1条明显的中纵棱，中心处之后最宽。椎盾宽大于长，后缘锯齿状。背甲完全浅棕色，或具黑条纹、黑边；腹甲后叶宽度小于甲桥长度，具腋盾和胯盾，具肛盾缺刻。腹盾缝>胸盾缝>股盾缝>肛盾缝＝肱盾缝>喉盾缝。腹甲黄色至褐色，每枚盾片具深棕色、黑色斑块或辐射纹。甲桥长度适中，全深棕色或黑色。头部大小适中，吻部突出。上喙中央具凹口，两侧具牙状尖突。头背部后侧皮肤被大鳞分开。头部灰色至棕色，虹膜棕色。颈部、四肢和尾部黄棕色。前肢前表面具矩形至尖状大鳞，指（趾）间具小蹼，爪有力。后肢扁平，除跟部外覆有小鳞。

成体（Herptile Lovers　供图）

成体背部（Herptile Lovers　供图）

成体腹部（Herptile Lovers　供图）

Heosemys grandis（Gray, 1860）

成体头部（Herptile Lovers　供图）

英文名：Giant Asian Pond Turtle

中文名：大东方龟（亚洲巨龟）

分　布：柬埔寨，老挝，马来西亚，缅甸，泰国，越南

形态描述：一种大中型半水栖淡水龟。背甲直线长度雄龟最大可达48厘米，雌龟最大可达34.6厘米。背甲宽，椭圆形，高拱但顶部平。具1条明显的中纵棱，椎盾宽大于长，后缘锯齿状。背甲棕色至灰棕色或黑色，沿纵棱具浅色条；有些盾片间缝浅。腹甲大，后缘具肛盾缺刻。腹

成体（站酷海洛）

甲前后叶窄于中间部分。腹盾缝＞股盾缝＞胸盾缝＞肛盾缝＞＜肱盾缝＞＜喉盾缝。甲桥发达，长于腹甲后叶。具腋盾和胯盾。腹甲、甲桥和缘盾腹面黄色。幼龟盾片具从1个中央黑色大斑块向外辐射的暗纹，但随着年龄增长，这些暗纹消失，年老个体盾片黄色。头部和颈部宽，吻部略突出，上喙中央具浅凹口，两侧具牙状尖突。头背部后侧皮肤覆有不规则鳞片。头部灰绿色至棕色，具许多黄色、橙色或粉色斑点，随年龄消失，仅少量保留下来。喙奶油色至浅棕色；前肢大，前表面覆有大鳞。指（趾）间具蹼。

成体腹部（Herptile Lovers　供图）

幼体（Herptile Lovers　供图）

幼体腹部（乔轶伦　摄）

亚成体（Herptile Lovers　供图）

亚成体背部（Herptile Lovers　供图）

亚成体腹部（Herptile Lovers　供图）

亚成体（图虫创意）

Heosemys spinosa（Bell, 1830）

英文名：Spiny Turtle

中文名：刺东方龟（太阳龟）

分　布：文莱，印度尼西亚，马来西亚，缅甸，菲律宾，新加坡，泰国

成体（Herptile Lovers　供图）

形态描述：一种中型半水栖淡水龟。背甲直线长度雄龟最大可达27厘米。背甲宽、扁平，椭圆形，具1条明显的中纵棱。纵棱上每枚椎盾后侧具刺状突起，每枚肋盾后侧具小的刺状突起，这些刺状突起随

年龄增长会磨损和消失。前侧和后侧缘盾略上翘。椎盾宽大于长。背甲棕色，沿中纵棱具浅色条带。腹甲大，甲桥宽。腹甲前叶和后叶窄于中间部分，肛盾缺刻深。腹盾缝＞胸盾缝＞股盾缝＞肱盾缝＞喉盾缝＞肛盾缝。具腋盾和胯盾。腹甲和缘盾腹面黄色，每枚盾片具辐射深纹。头部相对小，吻部略突出，上喙中央具凹口，两侧具牙状尖突。头背部后侧皮肤细分为鳞片。头部灰色至棕色，鼓膜附近具黄点。前肢前表面具重叠大鳞，后肢棒状，具刺状鳞。股部和尾基部具硬棘；指（趾）间半蹼。四肢灰色具黄点。

成体（站酷海洛）

幼体（乔轶伦　摄）

幼体腹部（Herptile Lovers 供图）

成体背部（Herptile Lovers 供图）

成体腹部（Herptile Lovers 供图）

白头龟属 *Leucocephalon* McCord, Iverson, Spinks & Shaffer, 2000

本属仅 1 种。主要特征：背甲上具 3 条纵棱，后缘明显锯齿状；腹甲坚硬，无韧带，淡黄色至橙棕色，边缘非浅色，喉盾缝最短；头背部后侧具细鳞，上颚咀嚼面窄，上喙钩状。

白头龟属物种名录

序号	学名	中文名	亚种
1	*Leucocephalon yuwonoi*	苏拉威西白头龟	/

Leucocephalon yuwonoi（McCord, Iverson & Boeadi, 1995）

英文名：Sulawesi Forest Turtle

中文名：苏拉威西白头龟

分　布：印度尼西亚（苏拉威西）

成体（雄性）（Cris Hagen 摄，引自 Chelonian Research Monographs No.8，2021 年）

形态描述：一种中型半水栖淡水龟。背甲直线长度雄龟最大可达27.8厘米，雌龟最大可达24厘米。背甲伸长，相对扁平，具三条明显纵棱，雌性最宽处在第7或第8缘盾处，雄性在第8或第9缘盾处，后缘锯齿状，生长轮明显。第9～11缘盾外展，第12缘盾外展较小。第3缘盾后侧到第8缘盾上翘。颈盾小，近方形。第2～5椎盾宽大于长，第1椎盾长宽相当。背甲橙色至褐色，纵棱淡黄色，甲缝深色。腹甲前侧上翘，无韧带，由长度适当的骨质甲桥与背甲相连。肛盾缝＞胸盾缝=腹盾缝＞肱盾缝＞股盾缝＞喉盾缝。腹甲浅橙棕色，甲缝深棕色具明显斑记。头部宽度适中，雌性上喙中央微钩状，雄性上喙中央明显钩状。头部颜色明显二色性。

成体腹部（左雄右雌）（Cris Hagen 摄，引自 Chelonian Research Monographs No.5，2009 年）

头部（雄性）（Cris Hagen 摄，引自 Chelonian Research Monographs No.5，2009 年）

头部（雌性）（Cris Hagen 摄，引自 Chelonian Research Monographs No.5，2009 年）

成体（雄性）
（Herptile Lovers　供图）

成体背部（雄性）
（Herptile Lovers　供图）

成体腹部（雄性）
（Herptile Lovers　供图）

雌龟头背部和两侧深棕色，鼓膜奶油色有杂色，颏部奶油色没有明显的深色斑，下喙侧面深棕色至黑色，喙处具奶油色宽带。雄龟头背面后部深棕色，背面前部和上喙奶油黄色。鼓膜、头部两侧大部分和颏部淡白色至奶油色。头背部后侧皮肤覆有鳞片。前肢相对大，前表面具5～6排覆瓦状排列的大鳞。尾部长度适中。

幼体
（Cris Hagen 摄，引自 Chelonian Research Monographs No.5，2009 年）

幼体腹部
（Cris Hagen 摄，引自 Chelonian Research Monographs No.5，2009 年）

石龟属 *Mauremys* Gray, 1869

本属 9 种。主要特征：背甲与腹甲以骨缝相连，无韧带组织；大部分颈部具浅色条带；腹部盾片黄色，具黑色大斑或大部分黑色。

石龟属物种名录

序号	学名	中文名	亚种
1	*Mauremys annamensis*	安南龟	/
2	*Mauremys caspica*	里海石龟	/
3	*Mauremys japonica*	日本石龟	/
4	*Mauremys leprosa*	地中海石龟	*M. l. leprosa* *M. l. saharica*
5	*Mauremys mutica*	黄喉拟水龟	*M. m. mutica* *M. m. kami*
6	*Mauremys nigricans*	黑颈乌龟	/
7	*Mauremys reevesii*	乌龟	/
8	*Mauremys rivulata*	希腊石龟	/
9	*Mauremys sinensis*	花龟	/

石龟属的种检索表

1a 上颚咀嚼面较宽 …… 2
1b 上颚咀嚼面较窄 …… 4
2a 上颚咀嚼面具嵴 …… 花龟 *Mauremys sinensis*
2b 上颚咀嚼面无嵴 …… 3
3a 背甲具 3 道纵棱 …… 乌龟 *Mauremys reevesii*
3b 背甲仅有 1 道明显中纵棱 …… 黑颈乌龟 *Mauremys nigricans*
4a 腹甲铰板非常发达 …… 安南龟 *Mauremys annamensis*
4b 腹甲铰板中度发达 …… 5
5a 头两侧具深色斑点，但无浅色纵条纹 …… 日本石龟 *Mauremys japonica*
5b 头两侧至少具 1 条纵条纹 …… 6
6a 头侧具 1 条宽的深色边框的黄色或橙色条纹从眼眶向后延伸经过鼓膜到颈部 …… 黄喉拟水龟 *Mauremys mutica*
6b 头侧边有多于 2 条的纵条纹 …… 7
7a 在眼眶和鼓膜之间具 1 个黄色或橙色圆点 …… 地中海石龟 *Mauremys leprosa*
7b 在眼眶和鼓膜之间可能有窄条纹，但无黄色或橙色圆点 …… 8
8a 腹甲全黑色 …… 希腊石龟 *Mauremys rivulata*
8b 腹甲黄色，具黑色斑块 …… 里海石龟 *Mauremys caspica*

Mauremys annamensis（Siebenrock, 1903）

英文名：Vietnamese Pond Turtle, Annam Pond Turtle

中文名：安南龟

分　布：越南

形态描述：一种中型水栖淡水龟。背甲直线长度雄龟最大可达23.2厘米，雌龟最大可达

成体（Jeffrey E. Dawson 摄，引自 Chelonian Research Monographs No.5，2014 年）

28.5厘米。背甲低拱或扁平，具3条纵棱。成体的中纵棱明显；老年成体的2条侧棱低平且可能不存在，但幼龟明显。第1椎盾前部宽于后部，第5椎盾正相反。第2～4椎盾长宽相当。后侧缘盾非锯齿状；前后侧缘盾略上翘。背甲深灰色至黑色。腹甲发达，但没有完全覆盖甲壳开口。腹甲前叶平短，后叶肛盾缺刻深。腹盾缝＞胸盾缝＞股盾缝＞肛盾缝＞肱盾缝＞＜喉盾缝。但胸盾缝、腹盾缝和股盾缝长度常几乎相等。甲桥发达（长度为腹甲长度的40%～50%）。具腋盾和胯盾。腹甲黄色至橙色，每枚盾片和缘盾腹面具黑色斑块。1个纵条带穿过甲桥。头部微尖，吻部向前突出。上喙中央具凹口，咀嚼面窄且无嵴。头部深棕色至黑色，具几对黄色条带。第1对在头背部，始于鼻孔，经眼眶上部向后到颈部；第2对较宽，始于鼻孔，经眼眶和鼓膜向后到颈部（常在鼓膜处变宽）；第3对始于上喙从鼻孔下方沿喙缘向后到颈部。下喙黄色，但颏部颜色从淡黄色到深棕色变化。颈部背面深色，腹面浅色。指（趾）间具全蹼。四肢深灰色或黑色。尾部不是很长。

腹部（Jeffrey E. Dawson 摄，引自 Chelonian Research Monographs No.5，2014 年）

头部（Jeffrey E. Dawson 摄，引自 Chelonian Research Monographs No.5，2014 年）

幼体（Herptile Lovers 供图）

亚成体（Herptile Lovers 供图）

亚成体头部（Herptile Lovers 供图）

亚成体背部（Herptile Lovers 供图）

亚成体腹部（Herptile Lovers 供图）

Mauremys caspica（Gmelin, 1774）

英文名：Caspian Turtle, Caspian Terrapin

中文名：里海石龟

成体（高品图像 Gaopinimages）

分　布：亚美尼亚，阿塞拜疆，巴林，格鲁吉亚，伊朗，伊拉克，俄罗斯，沙特阿拉伯，叙利亚，土耳其，土库曼斯坦

形态描述：一种中型水栖淡水龟。背甲直线长度雄龟最大可达23厘米，雌龟最大可达25厘米。背甲低拱，椭圆形，中纵棱不明显（幼龟较发达），后缘光滑非锯齿状。尾部上方缘盾变尖微上翘。刚孵化的龟肋盾具1对低平的侧纵棱，随着年龄增长慢慢消失。背甲褐色至橄榄色或黑色，具奶油色网状图案。这些浅色线条随年龄增长而褪去，但是肋盾缝变深。腹甲发达，具肛盾缺刻。雄性：股盾缝>腹盾缝>胸盾缝>喉盾缝>肱盾缝>肛盾缝，雌性：腹盾缝>股盾缝>胸盾缝>喉盾缝>肱盾缝>肛盾缝。腹甲黄色具深色斑块，甲桥黄色，与缘盾连接处具深色线或深色斑点。具一些从颈部朝前向头部延伸的条纹。其中一条经过眼上方到达吻部，另一边与其他条纹相遇。其他几条通过鼓膜接触到眶部后边缘，另外2条通过吻部和经过眼眶下方。颈部、四肢和尾部褐灰色至橄榄色，或黑色有黄色、奶油色、灰色条纹或网纹。

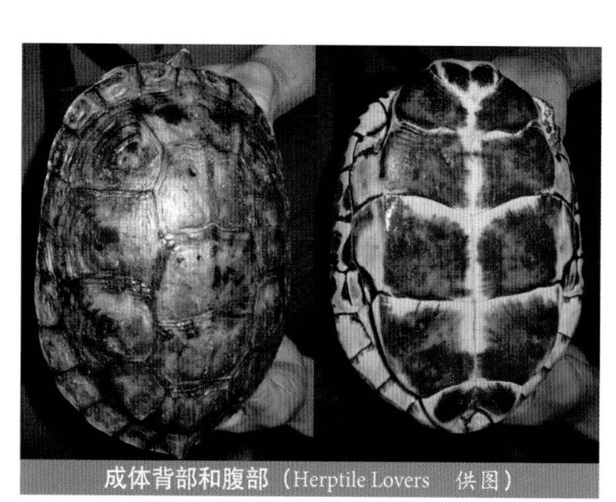
成体背部和腹部（Herptile Lovers　供图）

亚成体（Herptile Lovers　供图）

幼体（Herptile Lovers　供图）

Mauremys japonica（Temminck & Schlegel, 1838）

英文名：Japanese Pond Turtle

中文名：日本石龟

分　布：日本

形态描述：一种中小型水栖淡水龟。背甲直线长度雄龟最大可达17.4厘米，雌龟最大可达20.9厘米。背甲具一条低平的中纵棱，后缘明显锯齿状，凹口小。椎盾通常宽大于长，第1椎盾最宽，每枚盾片具生长环和明显的辐射线，这些辐射线从最初孵化的盾片前部发散出来，后侧缘盾略上翘。老年个体背甲几乎全深棕色，但一些年轻个体橄榄色至棕色，沿中纵棱有些黄色，沿肋盾和缘盾间缝具深色斑。腹甲棕色至黑色，扁平，前部略上翘，肛盾缺刻宽。腹盾缝>股盾缝><胸盾缝>肛盾缝>喉盾缝>肱盾缝。甲桥棕色，宽度与腹甲后叶长度相当。头部相对小，上喙中央无凹口非钩状。上喙咀嚼面窄且无嵴。吻部微突出。头部浅棕色，喙部、颏部和头侧部具深色斑点。颈部棕色，在凸起的鳞片上具一系列条带。四肢和尾部深棕色，四肢外侧和尾部背表面具一些浅黄色。

成体背部（Yuichirou Yasukawa 摄，引自 Chelonian Research Monographs No.5，2008 年）

成体腹部（Yuichirou Yasukawa 摄，引自 Chelonian Research Monographs No.5，2008 年）

成体背部（Herptile Lovers 供图）

幼体（Herptile Lovers 供图）

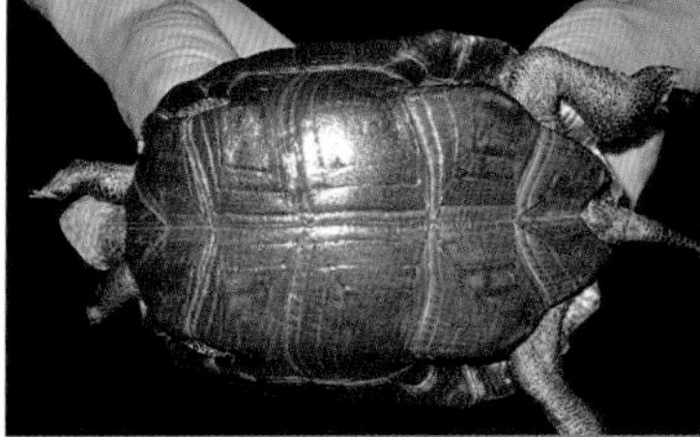

成体腹部（Herptile Lovers 供图）

成体（站酷海洛）

Mauremys leprosa（Schoepff, 1812）

英文名：Mediterranean Pond Turtle, Spanish Terrapin, Mediterranean Stripe-necked Terrapin

中文名：地中海石龟

分　布：阿尔及利亚，法国，利比亚，毛里塔尼亚(早期传入?)，马里(早期传入?)，摩洛哥，尼日尔(早期传入?)，葡萄牙，西班牙，突尼斯

形态描述：一种中小型水栖淡水龟。背甲直线长度雄龟最大可达21厘米，雌龟最大可达24厘米。背甲扁平、椭圆形，中纵棱不明显，后缘光滑，非锯齿状。颈盾和椎盾通常宽大于长。侧纵棱很少在成体中看到。背甲褐色至橄榄色，每枚盾片具黑色边的黄色至橙色大斑。通常具中断的中条带，但会随年龄褪去，老年成体可能全褐色或橄榄色。腹甲发达，后侧略尖，具肛盾缺刻。雄性：腹盾缝＞股盾缝＞胸盾缝＞喉盾缝＞肛盾缝＞肱盾缝。雌性：胸盾缝＞股盾缝。腹甲黄色，具1个深色中间大斑。图案会随年龄增长而消失。甲桥发达，黄色，具2个可能在中间结合的深色斑块。头部不变大；橄榄色至灰褐色，具一系列黄条纹：起始于颈部，经背面到鼓膜，再延伸到眶部。具1个不完整的黄色环包围鼓膜，具1条黄条纹从颈部向嘴角延伸，继续沿上喙边缘到喙尖。1个黄色或橙色圆斑在鼓膜和眼眶之间；可能接触到鼓膜环。颈部、四肢和尾部橄榄色，具黄色条纹或网状纹。

地理亚种：

亚种的主要区别在于幼体和亚成体背甲和皮肤颜色，但这些特征在成体上消失。Schleich描述了6个亚种（1996年），现接受存在 *Mauremys leprosa leprosa*（Schweigger，1812）和 *Mauremys leprosa saharica* Schleich，1996两个亚种。

成体（Albert Bertolero 摄，引自 Chelonian Research Monographs No.5，2017年）

老年个体（乔轶伦　摄）

(1) *Mauremys leprosa leprosa* (Schweigger, 1812)

英文名：Mediterranean Pond Turtle

中文名：地中海石龟

分　布：法国，摩洛哥，葡萄牙，西班牙

腹部（Albert Bertolero 摄，引自 Chelonian Research Monographs No.5，2017 年）

幼体（Joaquim Soler Massana 摄，引自 Chelonian Research Monographs No.5，2017 年）

幼体（Herptile Lovers　供图）

(2) *Mauremys leprosa saharica* Schleich, 1996

英文名：Saharan Pond Turtle

中文名：撒哈拉石龟

分　布：阿尔及利亚，利比亚，毛里塔尼亚（早期传入？），马里（早期传入？），摩洛哥、尼日尔（早期传入？），突尼斯

成体（Khaled Merabet 摄，引自 Chelonian Research Monographs No.5，2017 年）

腹部（Andreas Nöllert 摄，引自 Chelonian Research Monographs No.8，2021 年）

亚成体（Andreas Nöllert 摄，引自 Chelonian Research Monographs No.5，2017 年）

Mauremys mutica（Cantor, 1842）

成体（浙江产）（乔轶伦　摄）

英文名：Yellow Pond Turtle

中文名：黄喉拟水龟

分　布：中国，日本，越南

形态描述：一种小型水栖淡水龟。背甲直线长度雄龟最大可达19.6厘米，雌龟最大可达19.5厘米。背甲椭圆形，最宽处在中心处之后，具1个低平的中纵棱和2个相对更平的侧纵棱，侧边缘盾略上翘，后侧缘盾外展且锯齿状。第1椎盾前部宽于后部。背甲灰棕色至棕色，通常甲缝深色。腹甲巨大，前部略上翘，后部具肛盾缺刻。甲桥宽度与腹甲后叶长度相当。股盾缝＞腹盾缝＞胸盾缝＞肱盾缝＞肛盾缝＞喉盾缝。腹甲黄色至橙色，每枚盾片具一枚指向盾片外边的大黑斑；甲桥具2个相似的大黑斑。头部和颈部背面灰色至橄榄色，具1个从眼眶经鼓膜上方向后到达颈部的宽黄条。

地理亚种：

(1) *Mauremys mutica mutica* (Cantor, 1842)

英文名：Yellow Pond Turtle

中文名：黄喉拟水龟

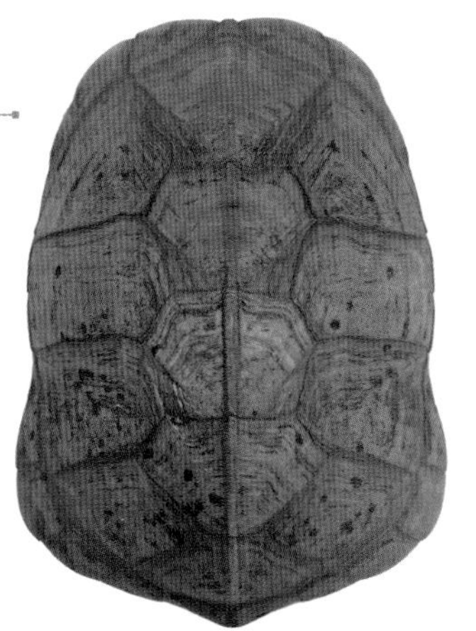
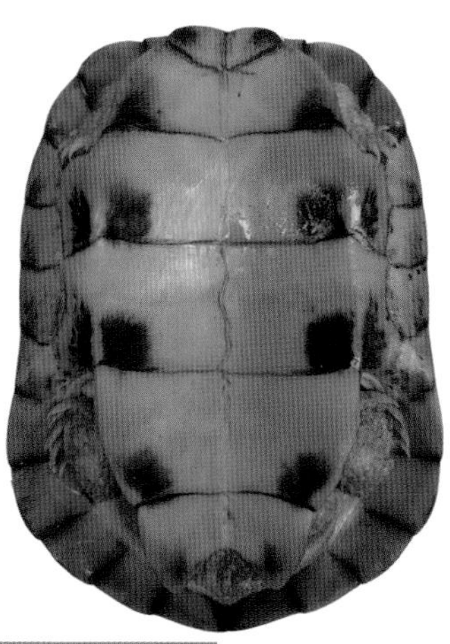
成体背部和腹部（梁　亮　摄）

成体（广西产）（乔轶伦　摄）

分　布：中国（安徽、福建、广东、广西、海南、湖北、湖南、江苏、江西、云南、浙江、台湾），越南

亚成体（文文野爷 摄）

成体腹部（乔轶伦 摄）

幼体腹部（乔轶伦 摄）

(2) *Mauremys mutica kami* Yasukawa, Ota & Iverson, 1996

英文名：Ryukyu Yellow Pond Turtle

中文名：琉球黄喉拟水龟

分　布：日本（琉球群岛）

腹部（Peter Paul van Dijk 摄，引自 Chelonian Research Monographs No.8，2021 年）

成体（John B. Iverson 摄，引自 Chelonian Research Monographs No.8，2021 年）

亚种特征：

Mauremys mutica mutica 背甲长度至少为 19.5 厘米，背甲深棕色或黑灰色，略拱起。腹甲具合并的深色斑块，头部深棕色或灰黑色，在眼眶和颈部之间具明显浅色条。*Mauremys mutica kami* 背甲最大长度为 18.9 厘米，背甲淡黄色或灰褐色至浅棕色，背甲相对扁平，腹甲具分散的深色大斑，头部浅灰色或浅棕色，在眼眶和颈部之间无明显的浅色带。

Mauremys nigricans（Gray, 1834）

英文名：Chinese Red-necked Turtle, Red-necked Pond Turtle

中文名：黑颈乌龟

分　布：中国（福建?、广东、广西、海南?），越南（?）

形态描述：一种中型水栖淡水龟。背甲直线长度雄龟最大可达19.7厘米，雌龟最大可达29.8厘米。背甲长椭圆形，微拱，后缘非锯齿状。仅具1条明显的中纵棱。第1、4、5椎盾宽大于长；第2和第3椎盾宽大于长或长宽相当。第1和第4椎盾通常最宽。侧面缘盾上翻。雄龟背甲棕色至栗棕色，雌龟背甲深绿色至深灰色或黑色。雄龟和一些雌龟中纵棱上可能具1个微弱的橙红色条带；沿缘盾缝可能具一些浅黄色斑块。腹甲伸长，具肛盾缺刻；腹盾缝>胸盾缝><股盾缝>喉盾缝>肛盾缝>肱盾缝。腋盾小于胯盾，甲桥窄于腹甲后叶长度。雄性腹甲浅黄色，每枚盾片具棕色或黑色不规则斑或条纹；雌龟腹甲深棕色至黑色，具大量淡橙色。甲桥全棕色。头部宽，吻部尖突出。上喙中央具凹口，不是直线形，咀嚼面宽且无嵴。头背部前侧平滑无鳞，后侧覆有粒状小鳞。雌龟和幼龟，头部绿黑色，具窄的柔黄色蠕虫纹。具1条从眶部上边缘经鼓膜向颈部延伸的黄纵条纹，在其下面具1条从眶中部经鼓膜向颈部延伸的黄纵条纹。喙淡黄色至褐色，具深色斑点。四肢和尾部深棕色至黑色，前肢具一些黄色鳞。雌龟随年龄增长姿色日益变深。性成熟的雄龟，鼻部变红，大部分个体头部变红，具黑色蠕虫纹。四肢黄色斑点逐渐变红，扩大到腋盾、胯盾和尾部。

成体（雄性）（乔轶伦　摄）

成体腹部（雄性）
（Herptile Lovers　供图）

成体（雌性）（乔轶伦　摄）

成体腹部（雌性）（乔轶伦　摄）

幼体（Herptile Lovers　供图）

幼体腹部
（Herptile Lovers　供图）

亚成体（雄性）
（Herptile Lovers　供图）

Mauremys reevesii（Gray, 1831）

英文名：Reeves'Turtle, Chinese Three-keeled Pond Turtle

中文名：乌龟（草龟）

分　布：中国（安徽、福建、甘肃、广东、贵州、河南、香港、湖北、湖南、江苏、江西、澳门、山东、山西、陕西、四川、浙江、台湾），日本，朝鲜，韩国

成体（雄性）（乔轶伦　摄）

形态描述：一种中型水栖淡水龟。背甲直线长度雄龟最大可达23.6厘米，雌龟最大可达30厘米。背甲长椭圆形至方椭圆形，微拱起，后缘非锯齿状，具中凹口，具有3条纵棱，中纵棱明显，侧纵棱低平。第1椎盾前部宽于后部；第2～5椎盾宽大于长。侧面缘盾可能上翘；后侧缘盾光滑至略锯齿状。背甲浅棕色至深棕色或黑色，沿纵棱有深色斑块，有些具浅色甲缝。腹甲后叶宽于前叶，具肛盾缺

成体背部（Herptile Lovers　供图）

成体腹部（Herptile Lovers　供图）

成体（图虫创意）

刻。腹盾缝＞＜胸盾缝＞＜股盾缝＞喉盾缝＞＜肛盾缝＞肱盾缝。腹甲和甲桥黄色，每枚盾片具1个棕色大斑；这些大斑边缘平滑，或延伸出深色辐射线，或腹甲深棕色或黑色。头部宽度适中，吻突出，上喙中间具微凹口。头部深棕色至黑色，两侧具一系列伸长、中断或弯曲的黄色条纹。鼓膜常为黄色，颏部和下喙可能具黄色杂斑。颈部灰棕色至黑色，具几条实心或中断的窄黄色条纹。四肢和尾部橄榄色至棕色。黑化常出现在老年雄龟，雌龟罕见黑化。

头部（站酷海洛）

亚成体（文文野爷 摄）

幼体（乔轶伦 摄）

幼体腹部（乔轶伦 摄）

Mauremys rivulata（Valenciennes, 1833）

英文名：Western Caspian Turtle, Balkan Terrapin

中文名：希腊石龟

分　布：阿尔巴尼亚，波黑，保加利亚，克罗地亚，塞浦路斯，希腊，以色列，约旦，黎巴嫩，黑山，北马其顿，巴勒斯坦，叙利亚，土耳其

成体（Apostolis Trichas 摄，引自 Chelonian Research Monographs No.5，2014 年）

头部（Apostolis Trichas 摄，引自 Chelonian Research Monographs No.5，2014 年）

幼体（Herptile Lovers　供图）

成体背部和腹部（Georgia Mantziou 摄，引自 Chelonian Research Monographs No.5，2014 年）

形态描述：一种中型水栖淡水龟。背甲直线长度雄龟最大可达21.5厘米，雌龟最大可达24.4厘米。原来作为*Mauremys caspica*的一个亚种。背甲具窄或细小的网纹（随年龄增长而消失），腹甲和甲桥黑色。可能出现黄化现象，腹甲变为黄色，甲缝黑色。与*Mauremys caspica*的主要区别在头部、颈部和前肢图案。腹盾缝＞股盾缝＞胸盾缝＞喉盾缝＞肛盾缝＞肱盾缝。

幼体背部和腹部（Herptile Lovers　供图）

成体（图虫创意）

Mauremys sinensis（Gray, 1834）

英文名：Chinese Stripe-necked Turtle

中文名：花龟

分　布：中国（福建、广东、广西、海南、浙江、台湾），越南

形态描述：一种中小型水栖淡水龟。背甲直线长度雄龟最大可达20厘米，雌龟最大可达27.1厘米。背甲椭圆形，略扁平，后缘微锯齿状。一般情况下，3条背甲纵棱随年龄增长而消失。第1椎盾前部宽于后部，第2～4椎盾宽大于长，或长宽

成体（高品图像 Gaopinimages）

相当。第5椎盾常宽大于长。背甲红棕色至黑色，具黄色甲缝（特别是幼体），偶尔在纵棱突起出现一些黄色或橙色。腹盾缝＞胸盾缝＞股盾缝＞喉盾缝＞肛盾缝＞肱盾缝。腹甲、甲桥和缘盾腹面奶油色至黄色，每枚盾片具深棕色至黑色大斑。上喙中央无凹口，咀嚼面发达，具齿状中嵴。头、颈背部橄榄色，腹面黄色，具至少8条深边淡绿色至黄色窄条纹。喙和颏部奶油色。四肢橄榄色，具大量黄色条纹。

幼体（乔轶伦　摄）

成体头部（雌性）
（Herptile Lovers　供图）

成体背部（雌性）
（Herptile Lovers　供图）

成体腹部（雌性）
（Herptile Lovers　供图）

黑龟属 *Melanochelys* Gray, 1869

本属2种。主要特征：陆生和半水栖的龟类，局限分布于阿萨姆邦、尼泊尔、孟加拉国、印度、斯里兰卡和缅甸。背甲深色，伸长，适度至高度拱起，后缘微锯齿状（幼体）或非锯齿状（成体），具3条低平纵棱。腹甲无韧带。上喙中央具凹口，咀嚼面窄且无嵴。指（趾）间或多或少具蹼。

黑龟属物种名录

序号	学名	中文名	亚种
1	*Melanochelys tricarinata*	三棱黑龟	/
2	*Melanochelys trijuga*	黑山龟	*M. t. trijuga* *M. t. coronata* *M. t. edeniana* *M. t. indopeninsularis* *M. t. parkeri* *M. t. thermalis*

黑龟属的种及亚种检索表

1a 指（趾）全蹼至爪，或基本这样；背甲和腹甲深棕色或黑色 ······················ 2 黑山龟 *Melanochelys trijuga*

1b 前肢指间半蹼，后肢趾间几乎无蹼；背甲红棕色；腹甲黄色 ·················· 三棱黑龟 *Melanochelys tricarinata*

2a 成体背甲适度凹至适度扁平（高度与长度比< 0.4）································· 3

2b 成体背甲适度拱起至拱起（高度与长度比> 0.4）································· 6

3a 背甲相对宽（宽度与长度比> 0.7）；最大背甲尺寸适中至大（> 25 厘米）·· 4

3b 背甲相对窄（宽度与长度比< 0.7）；最大背甲尺寸小至适中（< 25 厘米）·· 5

4a 腹甲棕色至黑色，边框黄色；背甲有时具黄色纵棱 ······················ 半岛黑山龟 *Melanochelys trijuga trijuga*

4b 腹甲全黑，背甲无黄色纵棱 ·· 科钦黑山龟 *Melanochelys trijuga coronata*

5a 头部黑色，具黄色、橙色或红色斑点；虹膜棕色 ················ 斯里兰卡黑山龟 *Melanochelys trijuga thermalis*

5b 头部橄榄棕色有细小的橙色图案；虹膜黄色 ····································· 帕克黑山龟 *Melanochelys trijuga parkeri*

6a 背甲具黄色纵棱 ··· 缅甸黑山龟 *Melanochelys trijuga edeniana*

6b 背甲无黄色纵棱 ··· 孟加拉黑山龟 *Melanochelys trijuga indopeninsularis*

Melanochelys tricarinata（Blyth, 1856）

英文名：Tricarinate Hill Turtle, Three–keeled Land Turtle

中文名：三棱黑龟

分　布：孟加拉国，不丹，印度，尼泊尔

成体（雌性）（Indraneil Das 摄，引自 Chelonian Research Monographs No.5，2009 年）

形态描述：一种小型半水栖淡水龟。背甲直线长度雄龟最大可达19.6厘米，雌龟最大可达18.5厘米。背甲伸长，相对高拱，具3条低平纵棱。椎盾宽大于长。背甲通常红棕色至黑色，纵棱黄色至棕色。腹甲长，后侧具肛盾缺刻。腹甲后叶长于甲桥。腹盾缝>

与小鳄鱼一起日光浴（图虫创意）

成体腹部（雌性）
（Indraneil Das 摄，引自 Chelonian Research Monographs No.5，2009 年）

成体头部（雌性）
（Indraneil Das 摄，引自 Chelonian Research Monographs No.5，2009 年）

胸盾缝＞肛盾缝＞喉盾缝＞股盾缝＞＜肱盾缝。甲桥和腹甲淡黄色至橙色。头部、四肢和尾部红棕色至黑色。头部两侧各具1条从鼻孔经过眼眶和鼓膜延伸到颈部的红色，有时黄色或橙色的窄条带。另具1条从嘴角向后延伸颜色相似的条带。四肢可能有些黄点，前肢前表面具方形或尖状大鳞。棒状后肢跟部可能具大鳞。除最外面的爪小外，其余爪长。前肢指间仅半蹼，后肢趾间几乎或根本无蹼。

Melanochelys trijuga（Schweigger, 1812）

英文名：Indian Black Turtle

中文名：黑山龟

分　布：孟加拉国，印度，缅甸，尼泊尔，斯里兰卡，泰国

形态描述：一种中型半水栖淡水龟。背甲直线长度雄龟最大可达38.3厘米，雌龟最大可达26.2厘米。背甲伸长，略扁平，具3条纵棱，后缘非锯齿状（或幼体微锯齿状），侧缘微上翘。成体，椎盾长度与宽度多变。通常前4枚椎盾长宽相当或长大于宽，而第5椎盾大多宽大于长。背甲底色在红棕至深棕色或黑色间变化；纵棱常为黄色。腹甲伸长且发达。具肛盾缺刻。腹盾缝＞＜胸盾缝＞股盾缝＞＜肛盾缝＞喉盾缝＞＜肱盾缝。甲桥与腹甲后叶同长，胯

盾短。腹甲深棕色或黑色，可能边缘黄色。头部大小中等，吻相对短，上喙中央具凹口。头部颜色从棕色至黑色间变化，具橙色或黄色斑点或网状纹，或颞区具1个黄色或奶油色大斑块。四肢和尾部灰色至深棕色或黑色。前肢前表面覆有大鳞。指（趾）间为爪至全蹼。

地理亚种：

已命名6个亚种，大多数没有详细描述，这一物种需要进一步分类修订。亚种间形态区别主要在头部颜色和图案，背甲长度，腹甲图案。最好的方法是结合形态学特征和地理分布范围来进行亚种区分。

(1) *Melanochelys trijuga trijuga*（Schweigger, 1812）

英文名：Indian Black Turtle

中文名：印度黑山龟

分　布：印度（安得拉邦、古吉拉特邦、卡纳塔克邦、马哈拉施特拉邦、泰米尔纳德邦）

成体（S. Jayakumar 摄，引自 Chelonian Research Monographs No.8，2021 年）

成体背部（雌性）
（Herptile Lovers　供图）

成体腹部（雌性）
（Herptile Lovers　供图）

(2) *Melanochelys trijuga coronata*（Anderson, 1879）

英文名：Cochin Black Turtle

中文名：科钦黑山龟

分　布：印度（喀拉拉邦、泰米尔纳德邦）

成体（S. Bhupathy 摄，引自 Chelonian Research Monographs No.8，2021 年）

(3) *Melanochelys trijuga edeniana* Theobald, 1876

英文名： Burmese Black Turtle

中文名： 缅甸黑山龟

分　布： 缅甸，泰国

成体背部（雌性）
（Herptile Lovers　供图）

成体（Indraneil Das 摄，引自 Chelonian Research Monographs No.8，2021 年）

成体腹部（雌性）
（Herptile Lovers　供图）

(4) *Melanochelys trijuga indopeninsularis*（Annandale, 1913）

成体（Bhaba Amatya 摄，引自 Chelonian Research Monographs No.8，2021 年）

英文名： Bengal Black Turtle

中文名： 孟加拉黑山龟

分　布： 孟加拉国，印度（阿萨姆邦、比哈尔、贾坎德邦、梅加拉亚邦、米佐拉姆邦、北方邦、孟加拉邦），尼泊尔

(5) *Melanochelys trijuga parkeri* Deraniyagala, 1939

英文名： Parker's Black Turtle

中文名： 帕克黑山龟

分　布： 斯里兰卡

成体腹部
（Peter Paul van Dijk 摄，
引自 Chelonian Research Monographs No.5，2009 年）

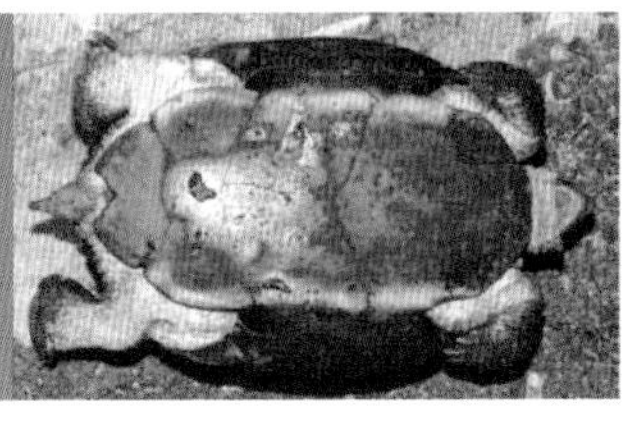

成体（Indraneil Das 摄，引自 Chelonian Research Monographs No.8，2021 年）

(6) *Melanochelys trijuga thermalis*（Lesson, 1830）

英文名：Sri Lanka Black Turtle

中文名：斯里兰卡黑山龟

分　布：印度（泰米尔纳德邦），斯里兰卡

幼体（刘　晔　摄）

成体（Peter Paul van Dijk 摄，引自 Chelonian Research Monographs No.8，2021 年）

成体背部（Herptile Lovers 供图）

成体腹部（Herptile Lovers 供图）

幼体背部和腹部（梁 亮 摄）

亚成体头部（乔轶伦 摄）

亚成体（乔轶伦 摄）

果龟属 *Notochelys* Gray 1863

本属仅 1 种。主要特征：是唯一正常情况下椎盾多于 5 枚的属，椎盾通常为 6 或 7 枚，在第 4 和第 5 椎盾之间有 1 ~ 2 枚小盾片，额外的椎盾对称存在，并与肋盾固定位置相连接。

果龟属物种名录

序号	学名	中文名	亚种
1	*Notochelys platynota*	果龟	/

Notochelys platynota（Gray, 1834）

英文名：Malayan Flat–shelled Turtle

中文名：果龟

分　布：文莱，印度尼西亚，马来西亚，缅甸，新加坡，泰国

头部（Sabine Schoppe 摄，引自 Chelonian Research Monographs No.8，2021 年）

形态描述：一种中型半水栖淡水龟。背甲直线长度雄龟最大可达28.2厘米，雌龟最大可达33厘米。背甲椭圆形或长椭圆形，背部扁平，后缘锯齿状。具1条低平且中断的中纵棱。椎盾通常6～7枚；前4枚和最后1枚椎盾大，宽大于长，在第4和最后1枚椎盾之间的椎盾小，可能长宽相当或长略大于宽。背甲绿棕色至黄棕色或红棕色。

成体背部（雄性）
（Herptile Lovers　供图）

成体腹部（雄性）
（Herptile Lovers　供图）

每枚盾片具1个深色斑点或辐射纹。幼龟每枚椎盾具2个斑点，肋盾具1个斑点。腹甲通过韧带与背甲连接，虽然具甲桥，但甲板常缺失。腹盾缝＞＜胸盾缝＞肛盾缝＞喉盾缝＞肱盾缝＞股盾缝。无肛盾缺刻，或仅微缺刻。腹甲和甲桥黄色至橙色，每枚盾片具1个深色大斑块，或几乎全部黑色。上颚咀嚼面窄而无嵴。上喙中央具凹口，夹在2个齿状尖突之间。吻部微突出，头部后表面覆有小鳞。头部和颈部棕色；老年个体的颏部和喉颜色变浅。年轻个体可能具眼部上方和从嘴角向后到颈部的黄色纵条。四肢具横向大鳞，指（趾）间具蹼，四肢棕色。尾部不特别长。

成体（站酷海洛）

幼体（Herptile Lovers 供图）

幼体背部（Herptile Lovers 供图）

幼体腹部（Herptile Lovers 供图）

眼斑龟属 *Sacalia* Gray 1870

本属 2 种。主要特征：头背部具 1 ～ 2 对眼状斑。

眼斑龟属物种名录

序号	学名	中文名	亚种
1	*Sacalia bealei*	眼斑水龟	/
2	*Sacalia quadriocellata*	四眼斑水龟	

眼斑龟属的种检索表

1a 头部前部背面具明显小黑斑，前面 1 对眼状斑较后面 1 对不明显，胸盾缝大于背甲最大宽度的 25% ………………………………………… 眼斑水龟 *Sacalia bealei*

1b 头部背面黑色或深棕色，前面 1 对眼状斑和后面 1 对一样明显，胸盾缝小于背甲最大宽度的 25% ………………………………………… 四眼斑水龟 *Sacalia quadriocellata*

Sacalia bealei（Gray, 1831）

头部（雄性）（乔轶伦　摄）

头部（雌性）（乔轶伦　摄）

英文名：Beale's Eyed Turtle

中文名：眼斑水龟

分　布：中国（福建、广东、香港、江西）

形态描述：一种小型水栖淡水龟。背甲直线长度雄龟最大可达14.1厘米，雌龟最大可达15.6厘米。背甲具1条低平中纵棱，椎盾宽大于长。背甲黄棕色至巧克力棕色，可能具蠕虫纹。腹甲和甲桥淡黄色至浅橄榄色，可能具一些深色蠕虫纹。腹盾缝＞胸盾缝＞肛盾缝＞股盾缝＞肱盾缝＞喉盾缝。头部黄棕色或橄榄色，具黑色

成体背部（雄性）（Herptile Lovers　供图）

成体背部（雄性）（Herptile Lovers　供图）

成体腹部（雄性）（Herptile Lovers　供图）

亚成体（乔轶伦　摄）

小斑点，头背部具2对眼状斑，前对较后对眼状斑不明显。喙深色，颏部黄色至粉色。颈端部颜色深基部颜色浅。从头部沿着颈背部具3条黄色纵条纹。

幼体（乔轶伦　摄）

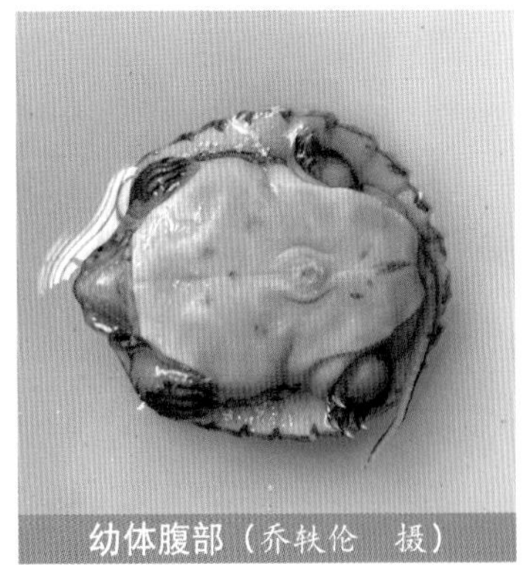
幼体腹部（乔轶伦　摄）

Sacalia quadriocellata (Siebenrock, 1903)

头部（雄性）（乔轶伦　摄）

头部（雌性）（乔轶伦　摄）

英文名：Four-Eyed Turtle

中文名：四眼斑水龟

分　布：中国（广东、广西、海南），老挝，越南

形态描述：一种小型水栖淡水龟。背甲直线长度雄龟最大可达14.3厘米，雌龟最大可达15.2厘米。背甲具1条低平中纵棱。椎盾宽大于长。背甲棕色有深色斑。腹盾缝＞肛盾缝＞胸盾缝＞股盾缝＞肱盾缝＞＜喉盾缝。腹甲和甲桥橙红色，可能具一些深色蠕虫纹。头部深棕色或黑色无深色斑点，头背部具2对眼状斑，前对与后对眼状

斑一样明显。喙深棕色，颏部粉色或微红色。颈端部颜色深基部颜色浅。从头部沿着颈背部具3条浅色纵条纹。后肢前侧鳞片具粉色或红色块。

成体（雄性）(Herptile Lovers 供图）

腹部（左雌右雄）（乔轶伦 摄）

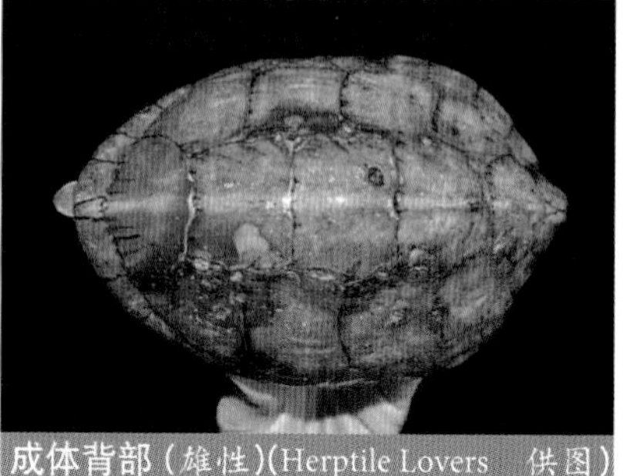
成体背部（雄性）(Herptile Lovers 供图）

幼体（乔轶伦 摄）

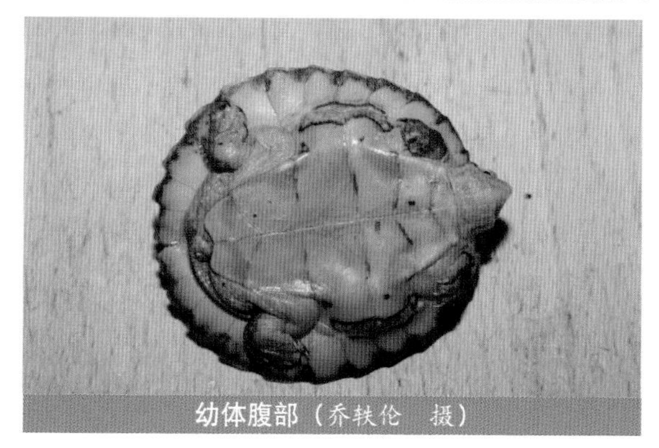
幼体腹部（乔轶伦 摄）

蔗林龟属 *Vijayachelys* Praschag, Schmidt, Fritzsch, Müller, Gemel & Fritz, 2006

本属仅 1 种。主要特征：体型较小；背甲具 3 条纵棱；上喙中央钩状；眼睛虹膜微红色，上眼睑具红色或粉色块。

蔗林龟属物种名录

序号	学名	中文名	亚种
1	*Vijayachelys silvatica*	蔗林龟	/

成体雌龟头部颜色变化（V. Deepak 摄，引自 Chelonian Research Monographs No.5，2014 年）

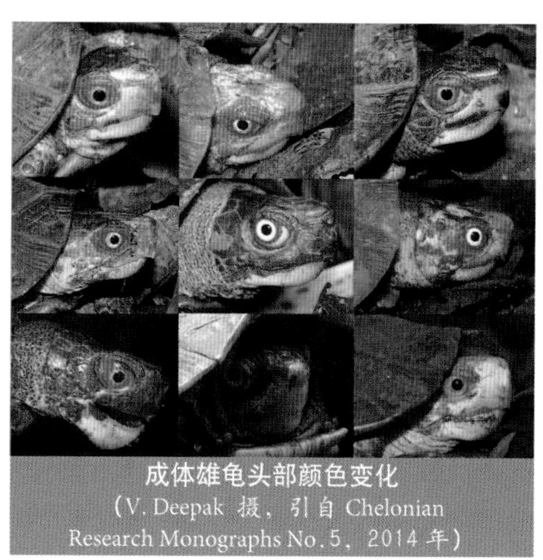
成体雄龟头部颜色变化（V. Deepak 摄，引自 Chelonian Research Monographs No.5，2014 年）

Vijayachelys silvatica（Henderson, 1912）

英文名：Cochin Forest Cane Turtle

中文名：蔗林龟

分　布：印度

成体（雄性）(V. Deepak 摄，引自 Chelonian Research Monographs No.5，2014 年)

形态描述：一种稀有的小型半水栖淡水龟。背甲直线长度雄龟最大可达13.4厘米，雌龟最大可达17厘米。背甲椭圆形，适度拱起，具3条低平纵棱。中纵棱在5枚椎盾上延伸，比2条仅延伸到前3枚肋盾的侧纵棱发达。椎盾宽大于长，后缘微锯齿状。背甲均一青铜色或橙棕色至黑色。腹甲相对宽，后缘具肛盾缺刻。甲桥相对长，腋盾和胯盾非常小；胯盾可能缺失。腹盾缝＞胸盾缝＞肱盾缝＞＜股盾缝＞肛盾缝＞喉盾缝。腹甲黄色至橙色，甲桥处的胸盾和腹盾具黑色斑块。头部大小中等，上喙中央强烈钩状。头前部和喙黄色，吻部尖端具红点。眼睛虹膜微红色，上眼睑具红色或粉色块。这个色块可能会延伸到头部背表面。头部后表面和颈部棕色至黑色。前肢前表面具大鳞，后肢有些棒状。指（趾）间无蹼，爪发达。四肢和尾部灰棕色。

成体腹部（左雄右雌）(Peter Praschag 摄，引自 Chelonian Research Monographs No.5，2014 年)

幼体（Peter Praschag 摄，引自 Chelonian Research Monographs No.5，2014 年）

幼体腹部（Peter Praschag 摄，引自 Chelonian Research Monographs No.5，2014 年）

木纹龟属 *Rhinoclemmys* Fitzinger, 1835

本属9种。主要特征：背甲略隆起，背甲中央具1条纵棱。腹甲无韧带。上颚咀嚼面较窄。分布于墨西哥北部、厄瓜多尔北部和巴西北部及特立尼达和多巴哥岛，是淡水龟科唯一分布在美洲的属。

木纹龟属物种名录

序号	学名	中文名	亚种
1	*Rhinoclemmys annulata*	棕木纹龟	/
2	*Rhinoclemmys areolata*	犁沟木纹龟	/
3	*Rhinoclemmys diademata*	皇冠木纹龟	/
4	*Rhinoclemmys funerea*	黑木纹龟	/
5	*Rhinoclemmys melanosterna*	黑腹木纹龟	/
6	*Rhinoclemmys nasuta*	巨鼻木纹龟	/
7	*Rhinoclemmys pulcherrima*	中美木纹龟	*R. p. pulcherrima* *R. p. incisa* *R. p. manni* *R. p. rogerbarbouri*
8	*Rhinoclemmys punctularia*	斑腿木纹龟	*R. p. punctularia* *R. p. flammigera*
9	*Rhinoclemmys rubida*	斑点木纹龟	*R. r. rubida* *R .r. perixantha*

木纹龟属的种及亚种检索表

1a 后肢趾间蹼化程度高 ………… 2
1b 后肢趾间蹼化程度低或无蹼 ………… 7
2a 头背部条带从颈背达到或不到眶部；枕骨区无浅色斑点 ………… 3
2b 头背部条带从颈背超过眶部或在眶部被前端斑中断；枕骨区具浅色斑点 ………… 4
3a 吻部明显突出；颏部和下喙具深色带；甲壳明显扁平 ………… 巨鼻木纹龟 *Rhinoclemmys nasuta*
3b 吻部适度突出；颏部和下喙具许多黑色大斑点；甲壳拱起 ………… 黑木纹龟 *Rhinoclemmys funerea*
4a 头背部条纹中断，有时为大量斑点，在眶前具一个大斑点，或条纹在眶后形成马蹄形斑块 ………… 5
4b 头背部条纹不中断，向前延伸至眶部，不交合 ………… 黑腹木纹龟 *Rhinoclemmys melanosterna*
5a 头背部图案由条带或点组成，颈背具2个浅色斑 ………… 6 斑腿木纹龟 *Rhinoclemmys punctularia*
5b 头背部图案由大的马蹄形斑组成，颈背无浅色斑 ………… 皇冠木纹龟 *Rhinoclemmys diademata*
6a 头部两边为斜三角形条带 ………… 东部斑腿木纹龟 *R. p. punctularia*
6b 由颊鳞斑、中外侧斑、后外侧斑和顶鳞斑形成半圆形头部图案 ………… 焰斑腿木纹龟 *R. p. flammigera*
7a 喙中央钩状无凹口 ………… 8
7b 喙中央平直具凹口，有些具尖头 ………… 10
8a 头背部图案由大的不规则的马蹄形斑组成，背甲扁平 ………… 9 斑点木纹龟 *Rhinoclemmys rubida*

8b 头背部图案由至颞上条带组成，或无条带；背甲相对高，但顶部扁平 …… 棕木纹龟 *Rhinoclemmys annulata*

9a 背甲具深色斑块；喉盾约为肱盾长度的 2 倍；侧面缘盾略外展 ……………………………… 瓦哈卡木纹龟 *Rhinoclemmys rubida rubida*

9b 背甲无深色斑块；喉盾仅略长于肱盾；侧面缘盾明显外展 ……………………………… 科利马木纹龟 *Rhinoclemmys rubida perixantha*

10a 头部图案通常共 2 ～ 3 条横穿吻尖部红色条带，以及前额箭头形图案（2 个颞上条带与中间矢状条带在吻尖部形成的图案）；甲桥具大量黑色斑块 ……………………… 11 中美木纹龟 *Rhinoclemmys pulcherrima*

10b 头部图案仅有一对宽的颞上条带向后到眶部；甲桥通常黄色没有大量深色斑块 ……………………………… 犁沟木纹龟 *Rhinoclemmys areolata*

11a 背甲扁平 ……………………………… 12

11b 背甲适度至高度拱起 ……………………………… 13

12a 背甲具深色边框，每块肋盾具红色或黄色的中心斑点；腹甲中间斑块窄；甲桥具黄色和黑色横条带 ……………………………… 格雷罗木纹龟 *Rhinoclemmys pulcherrima pulcherrima*

12b 背甲无肋盾图案（偶尔仅具一些微弱的红色带）；腹甲中间斑块宽，常褪去；甲桥棕色 ……………………………… 索诺拉木纹龟 *Rhinoclemmys pulcherrima rogerbarbouri*

13a 背甲具深色斑点，肋盾具深色边框的红或黄色条带或大眼斑，缘盾腹面具 1 个浅色带；甲桥棕色 ……………………………… 洪都拉斯木纹龟 *Rhinoclemmys pulcherrima incisa*

13b 背甲肋盾具几个大的红色或黄色眼斑，缘盾腹面具 2 个浅色带；甲桥具黄色和黑色横带 ……………………………… 油彩木纹龟 *Rhinoclemmys pulcherrima manni*

Rhinoclemmys annulata（Gray, 1860）

成体（John L. Carr 摄，引自 Chelonian Research Monographs No.8，2021 年）

英文名：Brown Wood Turtle

中文名：棕木纹龟

分　布：哥伦比亚，哥斯达黎加，厄瓜多尔，洪都拉斯，尼加拉瓜，巴拿马

形态描述：一种中型半水栖淡水龟。背甲直线长度雄龟最大可达20.2厘米，雌龟最大可达22.6厘米。背甲高，椎盾处扁平，具1个低平的中纵棱。背甲表面粗糙，具生长轮，后缘锯齿状，最宽处常在中心处之后。背甲颜色和图案类似变化多端，从全黑至深棕色具橙色肋盾和椎盾斑块至褐色具黄色肋盾和椎盾斑块。肋盾斑块盾片后角辐射发出；椎盾纵棱常为黄色。腹甲发达，前端上翘，后端具肛盾缺刻。腹盾缝＞胸盾缝＞股盾缝＞肛盾缝＞肱盾缝＞喉盾缝。腹甲黑色至深棕色，具黄色边框，有时中缝黄色。甲桥黑色或深棕色。头小，吻部微突出，上喙中央微钩状，侧边缘锯齿状。可能具1个从眼眶延伸达颈背部的黄色或红色的宽条带，但在一些个体上无此条带。另1个条带

成体（高品图像 Gaopinimages）

从眼眶后侧下方向鼓膜延伸，与1条上喙类似的条带相遇。还有1个从眼眶前上方到吻尖处。四肢具淡黄色大鳞，带有深色条带的黑宽点。指（趾）间无蹼。

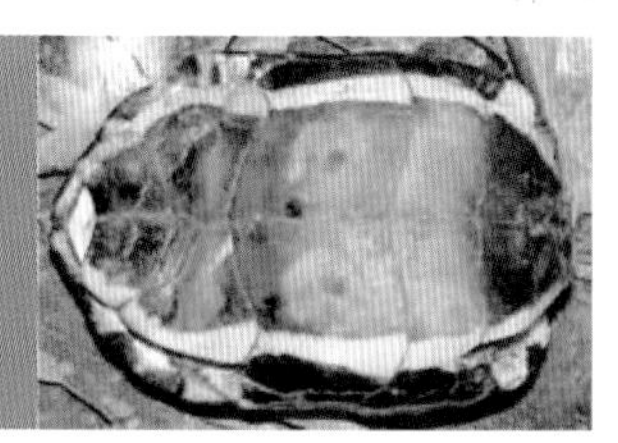
成体腹部（John L. Carr 摄，引自 Chelonian Research Monographs No.8，2021 年）

Rhinoclemmys areolata（Duméril & Bibron, 1851）

英文名：Furrowed Wood Turtle

中文名：犁沟木纹龟

分　布：伯利兹，危地马拉，洪都拉斯（?），墨西哥

形态描述：一种中型半水栖淡水龟。背甲直线长度雄龟最大可达20.6厘米，雌龟最大可达20.7厘米。背甲高，卵圆形，后部宽于前部，具中纵棱，后缘微锯齿状，缘盾外展或侧面上翘。老年个体背甲表面平滑，但年轻个体粗糙。背甲通常橄榄色具深色缝，大部分黄色斑形成地衣型图案，可能是褐色至黑色。每枚肋盾具1个黄色或红色的，具深色边框的中心小斑点，常随年龄消失。腹甲发达，前端上翘，具肛盾缺刻。腹盾缝>胸盾缝>股盾缝>肛盾缝>喉盾缝>肱盾缝。腹甲黄色，具深色中心斑块和深色甲缝。甲桥黄色。头小，吻部微突出，上喙中央具凹口。1条黄色或红色条带由眼眶向后到颈部两侧，颈背部具2个伸长的红色或黄色斑点，另1个条带在眼眶和鼓膜之间。眼睑具浅色竖条带，1条浅色条带从吻部向后沿上喙到鼓膜。下喙和颏部具黑色斑点或眼斑。足具微蹼，前肢覆有黄色带黑斑点的大鳞。

成体（John B. Iverson 摄，引自 Chelonian Research Monographs No.5，2009 年）

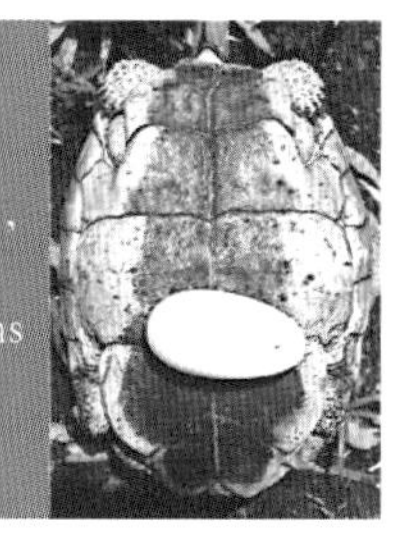
成体腹部（Richard C. Vogt 摄，引自 Chelonian Research Monographs No.5，2009 年）

幼体（Herptile Lovers　供图）

幼体腹部（Herptile Lovers　供图）

成体（站酷海洛）

亚成体（Herptile Lovers 供图）　亚成体背部（Herptile Lovers 供图）　亚成体腹部（Herptile Lovers 供图）

Rhinoclemmys diademata（Mertens, 1954）

英文名：Maracaibo Wood Turtle

中文名：皇冠木纹龟

分　布：哥伦比亚，委内瑞拉

形态描述：一种中小型半水栖淡水龟。背甲直线长度雄龟最大可达18.7厘米，雌龟最大可达28.5厘米。以前被认为是*Rhinoclemmys punctularia*的一个亚种。主要区别：头背部图案是一个巨大的、黄色的马蹄形形状，位于眼眶后的中间位置，尖端指向前面，长臂向后延伸并向外侧展开，中央包围着一块黑色区域；在吻部每个眼眶前面具1个浅色斑，但颈背部无浅色斑。

成体（Carlos A. Galvis-Rizo 摄，引自 Chelonian Research Monographs No.8，2021 年）

成体腹部（Herptile Lovers 供图）

成体（Herptile Lovers 供图）

Rhinoclemmys funerea（Cope, 1875）

英文名：Black Wood Turtle

中文名：黑木纹龟

分 布：哥斯达黎加，洪都拉斯，尼加拉瓜、巴拿马

成体（高品图像 Gaopinimages）

形态描述：一种中型半水栖淡水龟。背甲直线长度雄龟最大可达32.5厘米，雌龟最大可达35.5厘米。成体背甲高，有些圆拱，具中纵棱，后缘锯齿状，通常最宽和最高处在中心处之后。背甲表面光滑至粗糙（具生长轮），深棕色至黑色（幼体肋盾会出现一些黄色）。腹甲发达，前部上翘，具肛盾缺刻。腹盾缝>胸盾缝>喉盾缝>肛盾缝>肱盾缝。腹甲深棕色至黑色具黄色甲缝和黄色宽中缝，甲桥黑色至深棕色具黄缝。头部大小中等，吻部微突出，上喙中央具凹口。头部黑色，在鼓膜上方具侧黄条带。从眼眶和嘴角到鼓膜具2条窄黄条带，下喙黄色，颏部具大黑斑点。颈部和四肢皮肤黑色具黄色蠕虫纹。指（趾）间高度蹼化。

成体（雄性）
（Herptile Lovers 供图）

成体背部（雌性）
（Herptile Lovers 供图）

成体腹部（雌性）
（Herptile Lovers 供图）

黑木纹龟成体（图虫创意）

Rhinoclemmys melanosterna（Gray, 1861）

成体（高品图像 Gaopinimages）

英文名：Colombian Wood Turtle

中文名：黑腹木纹龟

分　布：哥伦比亚，厄瓜多尔，巴拿马

形态描述：一种中型半水栖淡水龟。背甲直线长度雄龟最大可达27.3厘米，雌龟最大可达30.4厘米。背甲椭圆形，有些拱起，最宽处在第6和第7缘盾间，最高处在第3椎盾前部，后缘具缺口。通常具中纵棱，背甲表面可能略粗糙。背甲黑色至深棕色。腹甲发达，前部上翘，具肛盾缺刻。腹盾缝＞胸盾缝＞股盾缝＞肛盾缝＞喉盾缝＞肱盾缝。腹甲红棕色到黑色具黄色边和中缝。头部小，吻部略突出，上喙中央具凹口。头部深棕色至黑色，背部图案为从眼眶前向后到鼓膜上方，向下弯曲到鼓膜后边的斜三角形浅绿色至橙色或红色条带。在这些色带前或颈背部无浅色斑，斜三角形条带没有在前额联合。虹膜黄色或亮白色。前肢具黑斑点，指（趾）间蹼化。

成体（雄性）
（Herptile Lovers　供图）

成体背部（雄性）
（Herptile Lovers　供图）

成体腹部（雄性）
（Herptile Lovers　供图）

Rhinoclemmys nasuta（Boulenger, 1902）

成体（José Vicente Rueda-Almonacid 摄，引自 Chelonian Research Monographs No.5，2009 年）

英文名：Large-nosed Wood Turtle

中文名：巨鼻木纹龟

分　布：哥伦比亚，厄瓜多尔

形态描述：一种中小型水栖淡水龟。背甲直线长度雄龟最大可达19.6厘米，雌龟最大可达22.8厘米。成体背甲具中纵棱，后缘略锯齿状，

最宽处和最高处在中心处之后，黑色或红棕色具黑色甲缝。背甲表面通常光滑，但幼体粗糙具小褶皱。腹甲发达，前部略上翘，具肛盾缺刻，腹甲黄色，每枚盾片具红棕色至黑色大斑块。腹盾缝＞胸盾缝＞股盾缝＞肛盾缝＞喉盾缝＞肱盾缝。甲桥黄色具2个深色斑。头部大小中等，吻部突出，上喙中央具凹口。具1条从吻尖部延伸到眼眶的奶油色至黄色条带，另有1条从眼眶背外侧向后到颈背部的浅色带，第3条浅色带经眼眶下边到鼓膜，其他的从嘴角延伸到鼓膜。下喙具深色竖条纹。颈部和四肢皮肤红棕色至黄色。指（趾）间蹼化程度高。

成体头部（Alan Giraldo 摄，引自 Chelonian Research Monographs No.5，2009 年）

成体腹部（José Vicente Rueda-Almonacid 摄，引自 Chelonian Research Monographs No.5，2009 年）

幼体（John L. Carr 摄，引自 Chelonian Research Monographs No.5，2009 年）

Rhinoclemmys pulcherrima（Gray, 1856）

英文名：Painted Wood Turtle

中文名：中美木纹龟

分　布：哥斯达黎加，萨尔瓦多，危地马拉，洪都拉斯，墨西哥，尼加拉瓜

形态描述：一种小型半水栖淡水龟。背甲直线长度雄龟最大可达18.1厘米，雌龟最大可达20.7厘米。背甲粗糙，具生长轮和中纵棱，后缘锯齿状，具缺口，通常最宽处和最高处在中心处之后。北部分布得更为宽扁，南部分布得更为窄拱。背甲棕色，肋盾纯棕色到具单个深边黄色或红色斑点，再到亮黄色或红色条纹或单眼图案。椎盾可能纯色，具深色斑点，或具黄色或红色辐射线。腹甲发达，具肛盾缺刻。腹盾缝＞胸盾缝＞股盾缝＞肛盾缝＞喉盾缝＞肱盾缝。腹甲黄色，具窄至宽的深色中缝斑块。甲缝可能具深色边框。甲桥全黑色，或由1条水平黄色带将棕色块与背甲分开。头部小，吻部突出，上喙中央具凹口且有时具尖状

突。头部棕色至淡绿色，具一系列亮橙色至红色条带：①眼眶间的中条纹向前延伸到吻部背尖端，与另外两条眼眶条带相遇，形成一个前额箭头图案；侧条带穿过眼眶到达颈背部；这些条带中可能有些被中断。②1个条带从鼻孔下方向后沿上喙到鼓膜处。③1个条带从鼻孔到相应的眼眶。④2～3个条带从眼眶到鼓膜。喙和颏部黄色，下喙和颏部可能具红色条带，大黑斑点或眼状斑。其他处皮肤橄榄色至黄色或红褐色。前肢覆有具排状黑色斑点的红色或黄色大鳞；指（趾）间蹼化程度低或无蹼。

地理亚种：

(1) *Rhinoclemmys pulcherrima pulcherrima*（Gray, 1856）

英文名：Guerrero Wood Turtle

中文名：格雷罗木纹龟

分　布：墨西哥（格雷罗州、瓦哈卡州）

成体（雄性）
（Herptile Lovers　供图）

成体背部（雄性）
（Herptile Lovers　供图）

成体腹部（雄性）
（Herptile Lovers　供图）

(2) *Rhinoclemmys pulcherrima incisa*（Bocourt, 1868）

英文名：Incised Wood Turtle

中文名：洪都拉斯木纹龟

分　布：萨尔瓦多，危地马拉，洪都拉斯，尼加拉瓜，墨西哥（恰帕斯州、瓦哈卡州）

成体（雌性）
（Herptile Lovers　供图）

成体背部（雄性）
（Herptile Lovers　供图）

成体腹部（雄性）
（Herptile Lovers　供图）

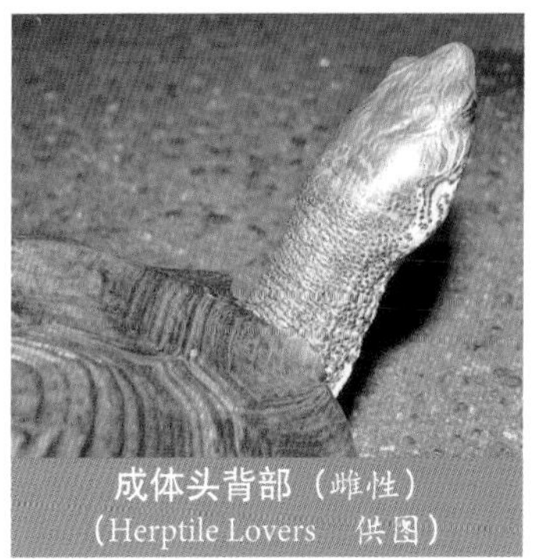
成体头背部（雌性）
（Herptile Lovers　供图）

成体（雄性）
（Herptile Lovers 供图）

成体背部（雄性）
（Herptile Lovers 供图）

成体腹部（雄性）
（Herptile Lovers 供图）

(3) *Rhinoclemmys pulcherrima manni*（Dunn, 1930）

英文名： Central American Wood Turtle

中文名： 油彩木纹龟

分　布： 哥斯达黎加，尼加拉瓜

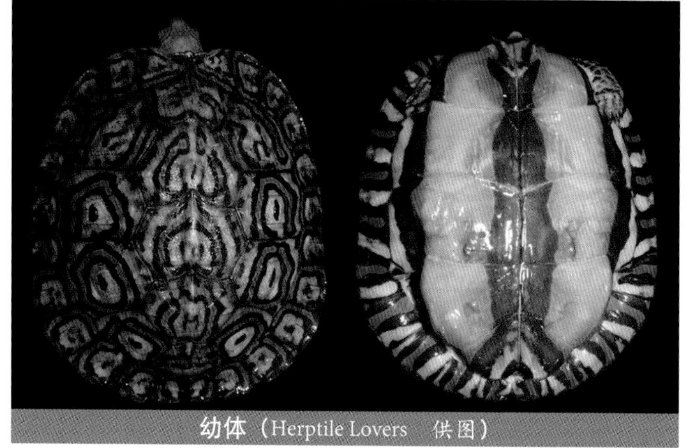
幼体（Herptile Lovers 供图）

成体（John B. Iverson 摄，引自 Chelonian Research Monographs No.8，2021 年）

成体腹部（John B. Iverson 摄）

(4) *Rhinoclemmys pulcherrima rogerbarbouri*（Ernst, 1978）

英文名： Western Mexican Wood Turtle

中文名： 索诺拉木纹龟

分　布： 墨西哥（科利马州、哈利斯科州、纳亚里特州、锡那罗亚州、索诺拉州）

亚种特征：

R. p. pulcherrima 背甲低平且宽，棕色带具深色斑点，每枚肋盾具1个深色边红色或黄色中心斑点。每枚缘盾腹面具2～3条浅色带。腹甲中心深色斑块窄，可能在喉盾和肛盾处分叉，甲桥具1个黄色和1个黑色横带。

R. p. incisa 背甲棕色，中度（北部）至高度（南部）拱起，具深色斑点，每枚肋盾具深边红色或黄色条带，或大眼斑，缘盾腹面具1个浅色带。腹甲深色中斑块窄且不分叉，甲桥棕色。

R. p. manni 背甲高拱，棕色，每枚肋盾具几个红色或黄色大眼斑，每枚缘盾腹面具2个浅色带。腹甲中心深色斑块窄，可能在喉盾和肛盾处分叉，甲桥具1个黄色和1个黑色横带。

R. p. rogerbarbouri 背甲低平且宽，背甲棕色无肋盾图案或仅有一个微弱的淡红色条带。每枚缘盾腹面具1个浅色带。腹甲中心深色块宽且常褪去，甲桥棕色。

Rhinoclemmys punctularia（Daudin, 1801）

英文名： Spot–legged Turtle

中文名： 斑腿木纹龟

分　布： 巴西，法属圭亚那，圭亚那，苏里南，特立尼达和多巴哥，委内瑞拉

成体（Jérôme Maran 摄，引自 Chelonian Research Monographs No.8，2021 年）

亚成体（Herptile Lovers　供图）

形态描述： 一种中小型水栖淡水龟。背甲直线长度雄龟最大可达20.1厘米，雌龟最大可达24.8厘米。背甲高拱，具中纵棱，后缘锯齿状且具缺口，通常最宽和最高处在中心处之后。背甲表面平滑至略粗糙。成体背甲通常全深棕色或黑色，但幼龟肋盾具黄色或青铜色的辐射纹。腹甲发达，前端上翘，具肛盾缺刻。腹盾缝＞胸盾缝＞股盾缝＞肛盾缝＞喉盾缝＞肱盾缝。腹甲红棕色至黑色有黄色边框和甲缝。甲桥黄色，具2块大深斑。头部小，吻部微突出，上喙中央具凹口。头部黑色，背面图案为从颈背部向前接触或通过眼眶的2条纵向红色或黄色条带。颈背部具2个浅色斑。眼睑具浅色条带，通常在眼眶与鼓膜间和从吻部沿上喙到鼓膜具一些条带。虹膜绿色至青铜色。前肢具黄色或绿色，带黑点的大鳞，后肢侧面灰色，中间黄色具黑点。指（趾）间蹼发达。

地理亚种：

(1) *Rhinoclemmys punctularia punctularia*（Daudin, 1801）

英文名：Eastern Spot-legged Turtle

中文名：东部斑腿木纹龟

分　布：巴西，法属圭亚那，圭亚那，苏里南，特立尼达和多巴哥，委内瑞拉

成体头背部的斑纹
（Herptile Lovers　供图）

亚成体（Herptile Lovers　供图）

亚成体背部（Herptile Lovers　供图）

亚成体腹部（Herptile Lovers　供图）

(2) *Rhinoclemmys punctularia flammigera* Paolillo, 1985

英文名：Upper Orinoco Spot-legged Turtle

中文名：焰斑腿木纹龟

分　布：委内瑞拉

成体
（Fernando J.M. Rojas-Runjaic 摄，Chelonian Research Monographs No.8，2021 年）

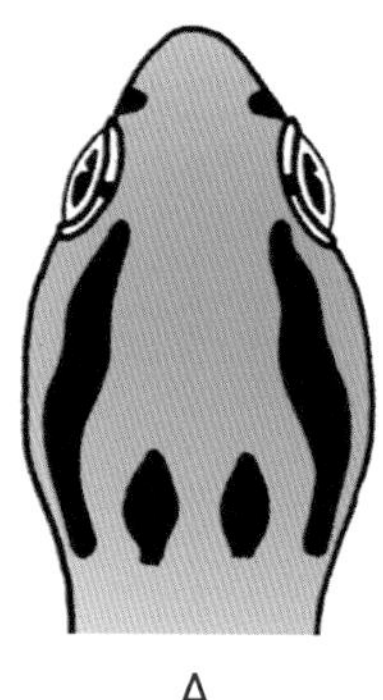
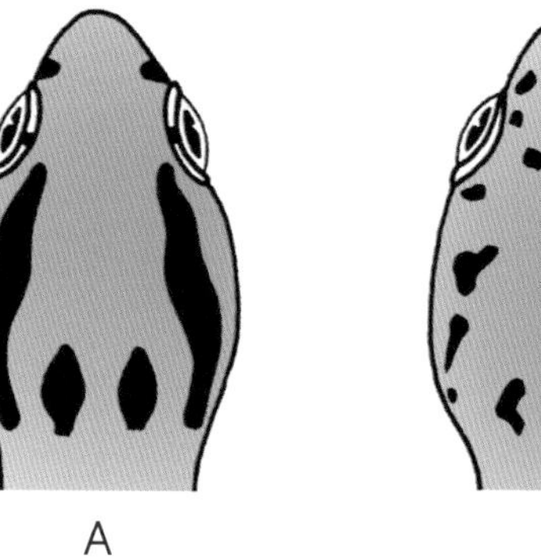

Rhinoclemmys punctularia
亚种头背部斑纹比较
（梁　亮　绘）
A. *Rhinoclemmys p. punctularia*
B. *Rhinoclemmys p. flammigera*

亚种特征：

*R. p. punctularia*头背部图案为黄色或红色斜线，从眼眶上方向后到鼓膜上方；颈背部具两个浅色斑，每个眼眶前面的吻部有一个浅色斑。*R. p. flammigera*头背部图案为大量的红色斑点排列成的辐射图案；头部两侧常出现颊鳞斑、中外侧斑、后外侧斑和顶鳞斑形成一个半圆形。

Rhinoclemmys rubida（Cope, 1870）

英文名： Mexican Spotted Wood Turtle

中文名： 斑点木纹龟

分　布： 墨西哥

形态描述： 一种中小型半水栖淡水龟。背甲直线长度雄龟最大可达17.9厘米，雌龟最大可达23厘米。背甲扁平，具中纵棱，后缘锯齿状，最宽处和最高处在中心处之后，表面粗糙，具生长轮。背甲黄棕色具深色甲缝和深色斑块至全巧克力棕色。椎盾和肋盾中心常具1个黄色斑点。腹甲发达，前端上翘，具肛盾缺刻。腹盾缝＞胸盾缝＞肛盾缝＞喉盾缝＞股盾缝＞肱盾缝。腹甲黄色，具中间棕色斑块，甲桥棕色。头部大小适中，吻突出，上喙中央钩状。头冠部具1个高度变化的红色或黄色马蹄形斑，通常吻部具几条浅色横条带。1条浅条带通过眼眶与鼓膜之间，另1条从嘴角到鼓膜。喙黄色，颏部具深色虫纹或斑点。前肢覆有具黄色或红黑色斑点的大鳞。指（趾）间最多具微蹼。

成体（Michael Redmer 摄，引自 Chelonian Research Monographs No.8，2021 年）

(1) *Rhinoclemmys rubida rubida*（Cope, 1870）

英文名： Oaxaca Wood Turtle

中文名： 瓦哈卡木纹龟

分　布： 墨西哥（恰帕斯州、瓦哈卡州）

亚成体（Herptile Lovers　供图）

亚成体背部（Herptile Lovers　供图）

亚成体腹部（Herptile Lovers　供图）

(2) *Rhinoclemmys rubida perixantha*（Mosimann & Rabb, 1953）

英文名：Colima Wood Turtle

中文名：科利马木纹龟

分　布：墨西哥（科利马、格雷罗、哈利斯科、墨西哥城、米却肯）

成体（John B. Iverson 摄，引自 Chelonian Research Monographs No.8，2021 年）

成体腹部（John B. Iverson　摄）

亚种特征：

R. r. rubida 背甲浅棕色具深色斑块，喉盾接近肱盾长度的 2 倍，侧面缘盾略外展，具伸长的浅色颞斑。*R. r. perixantha* 浅棕色缘盾无深色斑块，肋盾棕色深于椎盾和缘盾。喉盾仅略长于肱盾，侧面缘盾明显外展。存在椭圆形的颞斑。

（十二）陆龟科 Testudinidae Batsch, 1788

本科现生17属47种，分布于除澳大利亚以外世界各地的热带及气候温和的陆地。大部分物种栖息于热带、亚热带和温暖的温带区域，少数栖息于沙漠环境，还有一些生活在非洲、亚洲和南美洲的雨林。大部分是草食性，有一些为杂食性，还有一些为真菌食性。主要特征：头部竖直收回，吻部非管状、不伸长；龟壳骨化、完整，腹甲12枚，如具前侧韧带，在舌板与下板之间，下缘盾不存在；前肢非桨状，后肢柱状，指（趾）间无蹼。

陆龟科的属检索表

1a 背甲后部具韧带，具上缘盾 …… 折背陆龟属 *Kinixys*
1b 背甲后部无韧带，无上缘盾 …… 2
2a 腹甲具韧带 …… 3
2b 腹甲无韧带 …… 4
3a 腹甲韧带位于肱盾与胸盾间 …… 蛛网陆龟属 *Pyxis*(部分)
3b 腹甲韧带位于腹盾与股盾间 …… 陆龟属 *Testudo*(部分)
4a 背甲扁平，骨骼退化 …… 扁陆龟属 *Malacocersus*
4b 背甲拱起且坚硬 …… 5
5a 喉盾 1 枚，明显向前突出 …… 6
5b 喉盾 2 枚，不明显向前突出 …… 7
6a 各背甲盾片中心黑色 …… 挺胸陆龟属 *Chersina*
6b 各背甲盾片中心亮黄色 …… 马岛陆龟属 *Astrochelys*(部分)
7a 上颚骨咀嚼面具中央嵴 …… 8
7b 上颚骨咀嚼面无中央嵴 …… 18
8a 尾扁平，背面覆有一些大鳞 …… 蛛网陆龟属 *Pyxis* (部分)
8b 尾不扁平，背面有时覆有 1 枚大鳞 …… 9
9a 前颚骨具中央嵴，前肢扁平，铲状 …… 穴陆龟属 *Gopherus*
9b 前颚骨无嵴，前肢棒状 …… 10
10a 前肢具 4 爪 …… 陆龟属 *Testudo* (部分)
10b 前肢具 5 爪 …… 11
11a 第 5 和第 6 缘盾与第 2 肋盾相接触，肱－胸盾缝不与内板相交叉 …… 12
11b 第 5、第 6 和第 7 缘盾与第 2 肋盾相接触，肱－胸盾缝与内板相交叉 …… 印支陆龟属 *Indotestudo*
12a 臀盾 2 枚 …… 凹甲陆龟属 *Manouria*
12b 臀盾 1 枚 …… 13
13a 鼻孔米粒形，间距相对较大 …… 亚达伯拉陆龟属 *Aldabrachelys*
13b 鼻孔近圆形，间距相对较小 …… 14
14a 颈盾存在 …… 马岛陆龟属 *Astrochelys*(部分)
14b 颈盾不存在 …… 15
15a 背甲上具辐射状图案 …… 土陆龟属 *Geochelone*
15b 背甲上具斑块状图案或无图案 …… 16
16a 胸盾非常窄 …… 17
16b 胸盾通常不窄 …… 南美陆龟属 *Chelonoidis*
17a 背甲棕色或棕褐色；额鳞大 …… 中非陆龟属 *Centrochelys*
17b 背甲黄色至橄榄色，具黑色或深棕色斑块，前额鳞小且分离或消失 …… 豹纹陆龟属 *Stigmochelys*
18a 背甲拱形或半球形，背甲具辐射纹，椎盾中心凸起呈锥形 …… 沙陆龟属 *Psammobates*
18b 背甲平，非拱形或半球形，背甲上无辐射纹，椎盾中心不凸起，不呈锥形 …… 19
19a 前肢 5 爪，每侧通常具 12 枚缘盾 …… 海角陆龟属 *Chersobius*
19b 前肢 4 爪，每侧通常具 11 枚缘盾 …… 珍陆龟属 *Homopus*

凹甲陆龟属 *Manouria* Gray, 1854

本属 2 种。主要特征：椎盾和肋盾中央凹陷，股部具 1 枚或多枚硬棘。

凹甲陆龟属物种名录

序号	学名	中文名	亚种
1	*Manouria emys*	靴脚陆龟	*M. e. emys* *M. e. phayrei*
2	*Manouria impressa*	凹甲陆龟	/

凹甲陆龟属的种及亚种检索表

1a 背甲深棕色，橄榄色或黑色，后缘略呈锯齿状，股部具几枚大的尖刺突 …………… 2 靴脚陆龟 *Manouria emys*

1b 背甲黄棕色至棕色，甲缝深色，后缘明显呈锯齿状，股部具 1 枚圆锥形刺突 …… 凹甲陆龟 *Manouria impressa*

2a 背甲棕色，胸盾分离较宽 ………………………………………………………… 棕靴脚陆龟 *Manouria emys emys*

2b 背甲几乎全黑色，胸盾在中缝处相遇 ……………………………………… 黑靴脚陆龟 *Manouria emys phayrei*

Manouria emys
(Schlegel & Müller, 1840)

英文名：Asian Giant Tortoise

中文名：靴脚陆龟

分　布：孟加拉国，文莱，印度，印度尼西亚，马来西亚，缅甸，新加坡，泰国

形态描述：一种大型陆龟，是亚洲最大的陆龟物种。背甲直线长度雄龟最大可达60厘米，雌龟最大可达58厘米。成体背甲椭圆形，圆拱，两侧递降；有时第2和第3椎盾扁平。颈盾相对宽，颈盾区域具凹口。前侧和后侧缘盾上翘，略锯齿状。椎盾宽大于长；第5椎盾向后裙状展开。围绕椎盾和肋盾中心的生长轮明显。每侧各具11枚缘盾，臀盾2枚。背甲橄榄色或棕色至黑色；年幼个体椎盾和肋盾中心可能褐色。腹甲发达，前后缘具缺刻。腹甲长宽几乎相等。腹盾缝>肱盾缝>喉盾缝><股盾缝>肛盾缝>胸盾缝；胸盾延伸到中缝或不到中缝（亚种区分特征）。喉盾增厚，延伸超出背甲边缘。甲桥宽；具2枚或更多枚腋盾，胯盾单枚，小于腋盾。腹甲深灰色，浅棕色或黑色，因不同亚种而异。头部中等至大，吻部不突出，上喙中央微钩状。前额鳞纵向分开，额鳞单枚。其他头部鳞片小。头部具一些粉色、青铜色或棕色斑。前肢前表面覆有尖的重叠大鳞。股部具一些非常大的尖状硬棘，因此，靴脚陆龟在民间有“六足龟”之称。尾巴末端具尾爪。四肢和尾部黑色。

成体（图虫创意）

成体（站酷海洛）

成体背部（Herptile Lovers 供图）

成体腹部（Herptile Lovers 供图）

地理亚种：

(1) *Manouria emys emys*（Schlegel & Müller, 1840）

英文名：Asian Brown Giant Tortoise

中文名：棕靴脚陆龟

分　布：文莱，印度尼西亚，马来西亚，新加坡，泰国

成体（雌性）（Herptile Lovers 供图）

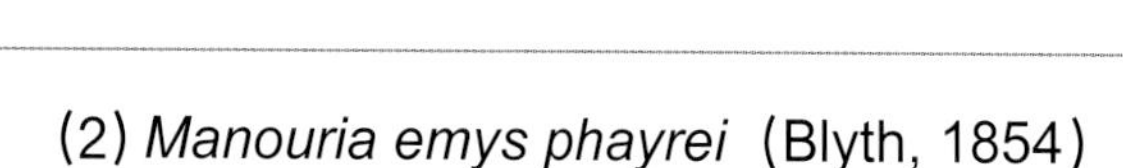

(2) *Manouria emys phayrei*（Blyth, 1854）

英文名：Burmese Black Giant Tortoise

中文名：黑靴脚陆龟

分　布：孟加拉国，印度，缅甸，泰国

成体背部（雌性）（Herptile Lovers 供图）

成体腹部（雌性）（Herptile Lovers 供图）

亚种特征：

棕靴脚陆龟*Manouria emys emys*背甲拱形，棕色，直线长度可达48厘米，椎盾和肋盾中心较浅；胸盾分离较宽。黑靴脚陆龟*Manouria emys phayrei*背甲拱形，几乎全黑色，直线长度可达60厘米，胸盾在中缝处相遇。

Manouria impressa（Günther, 1882）

英文名：Impressed Tortoise

中文名：凹甲陆龟

分　布：柬埔寨，中国，印度，老挝，马来西亚，缅甸，泰国，越南

形态描述：一种中型陆龟。背甲直线长度雄龟最大可达29.3厘米，雌龟最大可达35.9厘米。成体背甲椭圆形，背

腹部（高品图像 Gaopinimages）

亚成体（Herptile Lovers　供图）

亚成体背部（Herptile Lovers　供图）

亚成体腹部（Herptile Lovers　供图）

成体进食（乔轶伦　摄）

成体（刘 晔 摄）

部扁平，颈盾宽，在颈盾区域具凹口，整个边缘明显锯齿状，后侧缘盾有些上翘，肋盾有些凹陷。椎盾宽大于长，第5椎盾向后裙状展开。围绕扁平的椎盾和缘盾中心的生长轮明显。每侧各有11枚缘盾，臀盾2枚。背甲淡黄棕色至棕色，甲缝深色。但一些个体沿盾片外边缘具深色辐射纹。缘盾具大黑斑。腹甲发达，肛盾缺刻深，喉盾略分开，形成腹甲前端缺刻。腹甲前叶长于和窄于后叶。腹盾缝＞肱盾缝＞股盾缝＞喉盾缝＞＜肛盾缝＞胸

幼体（Herptile Lovers 供图）

幼体腹部（Herptile Lovers 供图）

盾缝；喉盾增厚，延伸超出背甲边缘。甲桥宽；腋盾大，胯盾小至适中。腹甲淡黄棕，甲缝深色，可能会具一些深色纹理。头部大，吻部不突出，上喙中央非钩状或仅微钩状。前额鳞大，纵向分开，额鳞大，不分开；其他头部鳞片小。头部黄色至褐色，鼻部具粉色斑。前肢略扁平，前表面覆有重叠的尖状大鳞。股部具1个圆锥形硬棘，尾巴末端具尾爪。前肢黑色，后肢和尾部深棕色。

穴陆龟属 *Gopherus* Rafinesque, 1832

本属6种。主要特征：无颈盾，喉盾向前突出，前肢扁平，似铲。

穴陆龟属物种名录

序号	学名	中文名	亚种
1	*Gopherus agassizii*	沙漠地鼠龟	/
2	*Gopherus berlandieri*	得州地鼠龟	/
3	*Gopherus evgoodei*	灌丛地鼠龟	/
4	*Gopherus flavomarginatus*	黄缘地鼠龟	/
5	*Gopherus morafkai*	索诺兰沙漠地鼠龟	/
6	*Gopherus polyphemus*	佛州地鼠龟	/

穴陆龟属的种检索表

1a 前肢第 1 爪根至第 4 爪根距离与后肢第 1 爪根至第 4 爪根距离几乎相等 ………… 2
1b 前肢第 1 爪根至第 3 爪根距离与后肢第 1 爪根至第 4 爪根距离几乎相等 ………… 5
2a 背面观，吻部楔状，喉盾前缘分叉，甲桥腋盾每侧 2 枚 ………… 得州地鼠龟 *Gopherus berlandieri*
2b 背面观，吻部圆形，喉盾前缘不分叉，甲桥腋盾每侧 1 枚 ………… 3
3a 背甲顶部扁平 ………… 灌丛地鼠龟 *Gopherus evgoodei*
3b 背甲顶部圆拱 ………… 4
4a 甲壳较窄，背甲梨形，喉盾较短 ………… 索诺兰沙漠地鼠龟 *Gopherus morafkai*
4b 甲壳略宽，喉盾向前延伸，超过背甲前缘 ………… 沙漠地鼠龟 *Gopherus agassizii*
5a 后侧缘盾不外展，喉盾缝＜肱盾缝 ………… 佛州地鼠龟 *Gopherus polyphemus*
5b 后侧缘盾略外展，喉盾缝≥肱盾缝 ………… 黄缘地鼠龟 *Gopherus flavomarginatus*

成体（站酷海洛）

Gopherus agassizii（Cooper, 1861）

英文名：Mojave Desert Tortoise, Agassiz's Desert Tortoise

中文名：沙漠地鼠龟

分　布：美国

形态描述：一种中型陆龟。背甲直线长度雄龟最大可达33厘米，雌龟最大可达37.4厘米。背甲方椭圆形，顶部相对扁平，最高点在中心处之后，后肢上方缘盾向外展开，后缘锯齿状。颈盾长宽相当。椎盾宽大于长；第1椎盾最窄，第5椎盾最宽，裙状展开。椎盾和肋盾中心略隆起，围绕着凸起的生长轮。每侧各具11枚缘盾，上臀盾单枚，内收，不分开。背甲黑色至褐色，盾片中心常为黄色或橙色。腹甲大而发达；喉盾伸长，上翘，分叉，超过背甲边缘。腹甲前叶长而略窄于腹甲后叶，肛盾缺刻深。腹盾

成体（高品图像 Gaopinimages）

成体（雄性）（Steve Ishii 摄，引自 Chelonian Research Monographs No.5，2019 年）

缝＞肱盾缝＞股盾缝＞＜喉盾缝＞肛盾缝＞＜胸盾缝。甲桥宽，仅具1枚腋盾。腹甲黑色至褐色；有些中部可能为黄色。头部略圆钝，吻部不突出，上喙中央钩状。头背部鳞片小，形状不规则。头部常为褐色，也有红棕色；虹膜绿黄色。颈部黄色。前肢前表面覆有8排或更多排略重叠大鳞。股部具许多圆锥形硬棘。四肢棕色，腋窝黄色。

成体背部和腹部（雄性）（Kristin H.Berry 摄，引自 Chelonian Research Monographs No.5，2019 年）

幼体（San Diego Zoo Global 摄，引自 Chelonian Research Monographs No.5，2019 年）

Gopherus berlandieri（Agassiz,1857）

英文名：Texas Tortoise, Berlandier's Tortoise

中文名：得州地鼠龟

分　布：墨西哥，美国

成体（背视）（高品图像 Gaopinimages）

成体（高品图像 Gaopinimages）

形态描述：一种中小型陆龟。背甲直线长度雄龟最大可达23.8厘米，雌龟最大可达21厘米。背甲方椭圆形，顶部相对扁平，最高点在中心处之后，两侧陡降，后缘锯齿状。颈盾长宽相当，也可能缺失。椎盾宽大于长；第1椎盾最窄，第3椎盾最宽。

成体（站酷海洛）

背甲表面略粗糙，具棱线，椎盾和肋盾中心略隆起，围绕着凸起的生长轮。每侧各具11枚缘盾，上臀盾单枚，内收，不分开。背甲棕色，盾片中心可能为黄色。腹甲大而发达；喉盾伸长，稍分叉，有时上翘，超过背甲边缘。腹甲前叶长与腹甲后叶同宽或略窄于腹甲后叶，肛盾缺刻深。腹盾缝＞肱盾缝＞喉盾缝＞股盾缝＞肛盾缝＞＜胸盾缝。甲桥宽，常具2枚腋盾。腹甲黄色。头部楔形，略尖，吻部不突出，上喙中央微钩状。头背部鳞片大，形状不规则。头部常为黄棕色，也有红棕色；虹膜绿黄色。颈部黄色。前肢前表面覆有7～8排略重叠大鳞。股部具许多圆锥形小硬棘。四肢和尾部常为黄棕色，也有红棕色，腋窝黄色。

Gopherus evgoodei
Edwards, Karl, Vaughn, Rosen, Meléndez, Torres & Murphy, 2016

英文名：Thornscrub Tortoise, Goode's Thornscrub Tortoise

中文名：灌丛地鼠龟

分　布：墨西哥

形态描述：一种中型陆龟。背甲直线长度雄龟最大可达25.5厘米，雌龟最大可达26.1厘米。*Gopherus evgoodei*与*G. flavomarginatus*和*G. polyphemus*形态上的主要区分特征是相对较小的前肢。*Gopherus evgoodei*的前后肢第1爪根至第4爪根距离相同，而*G. flavomarginatus*和

*G. polyphemus*前肢第1爪根至第3爪根距离与后肢第1爪根至第4爪根距离几乎相等。

成体（Eric V. Goode 摄，引自 Chelonian Research Monographs No.8，2021 年）

*Gopherus evgoodei*与*G. berlandieri*的形态区别特征：背视角度，*G. berlandieri*的吻部楔形，而*Gopherus evgoodei*吻部圆。此外，*G. berlandieri*的喉盾伸长部分常分叉，甲桥具2枚腋盾；而*Gopherus evgoodei*喉盾伸长部分不分叉，甲桥具1枚腋盾。形态上，*Gopherus evgoodei*表现出特征的重叠性，像在沙漠地鼠龟的颜色是高度变化的。

腹部（Eric V. Goode 摄，引自 Chelonian Research Monographs No.8，2021 年）

*Gopherus evgoodei*与*G. morafkai*和*G. agassizii*的不同：*Gopherus evgoodei*甲壳轮廓较扁平，甲壳和皮肤显橙色，雄性腹甲内凹明显较浅，前肢前表面具许多大的刺状鳞，脚垫圆形，尾短。

Gopherus flavomarginatus Legler, 1959

英文名：Bolson Tortoise, Mexican Giant Tortoise

中文名：黄缘地鼠龟

分　布：墨西哥，美国（引进）

形态描述：一种中型陆龟。背甲直线长度雄龟最大可达35.6厘米，雌龟最大可达39.1厘米。背甲方椭圆形，低拱，顶部相对扁平，最宽处在中心之后，无颈凹。后缘外展，微锯齿状。颈盾长宽相当。椎盾宽大于长；第1椎盾通常最窄，第3椎盾最宽，第5椎盾向后裙状展开。椎盾和肋盾中心略隆起，围绕有凸起的生长轮。但背甲随年龄变得平滑。每侧各有11枚缘盾，上臀盾单枚，内收，不分开。背甲在灰绿黄色或柠檬黄

成体（Eric V. Goode 摄，引自 Chelonian Research Monographs No.8，2021 年）

色至稻草色或棕色间变化。背甲盾片中心深棕色或黑色；侧面缘盾具黄色斑块，颜色浅于背甲其他部分。一些个体背甲会具深色辐射条纹。腹甲发达，能够覆盖大部分背甲开口处。腹甲前叶长，与腹甲后叶同宽或略窄于腹甲后叶，肛盾缺刻深。腹盾缝＞喉盾缝＞股盾缝＞＜肱盾缝＞胸盾缝＞＜肛盾缝。喉盾加厚伸长，超过背甲边缘，特别是雄性。甲桥宽，常具1枚大腋盾和1～2枚胯盾。腹甲黄色，每枚盾片上具深棕色或黑色斑块；斑块会随年龄增长而褪去。头部宽至宽度适中，吻部不突出，上喙中央微钩状。头顶部鳞片大且不规则；前额鳞纵向分开，额鳞也被再分。虹膜黄色至棕色。头部常为黄色至棕色，喙褐色至棕色。前肢前表面覆有7～8排略重叠的中心棕色大鳞。股部具2枚深色尖端的大硬棘。四肢和尾部常为黄色至棕色。

Gopherus morafkai Murphy, Berry, Edwards, Leviton, Lathrop & Riedle, 2011

英文名：Sonoran Desert Tortoise, Morafka's Desert Tortoise

中文名：索诺兰沙漠地鼠龟

分　布：美国，墨西哥

成体（Roy C. Averill-Murray 摄，引自Chelonian Research Monographs No.7，2017 年）

形态描述：一种中型陆龟。背甲直线长度雄龟最大可达31.4厘米，雌龟最大可达32厘米。*Gopherus morafkai*与*G. flavomarginatus*和*G. polyphemus*形态上的主要区分特征是相对较小的前肢。*Gopherus morafkai*前后肢第1爪根至第4爪根距离相同，而*G. flavomarginatus*和*G. polyphemus*前肢第1爪根至第3爪根距离与后肢第1爪根至第4爪根距离几乎相等。

成体（站酷海洛）

成体（站酷海洛）

*G. morafkai*与*G. berlandieri*的形态区别特征：背视角度，*G. morafkai*的吻部圆，而*G. berlandieri*的吻部楔形。此外，*G. morafkai*的喉盾伸长部分不分叉，甲桥具1枚腋盾；而*G. berlandieri*的喉盾伸长部分常分叉，甲桥具2枚腋盾。*G. morafkai*和*G. agassizii*的形态区别特征：*G. morafkai*甲壳相对窄，喉盾更短，肛盾突出更短和更为扁平的梨形背甲。在生态位上，*G. agassizii*主要分布在山谷和冲积扇地形区域，而*G. morafkai*（包括在亚利桑那州西北部的独立种群在内），更喜欢在斜坡和岩石山坡上。

Gopherus polyphemus（Daudin, 1801）

英文名：Gopher Tortoise

中文名：佛州地鼠龟

分 布：美国

形态描述：一种中大型陆龟。背甲直线长度雄龟最大可达44厘米，雌龟最大可达54.5厘米。背甲方椭圆形，顶部相对扁平，两侧急剧下降，无颈凹。最宽处在甲桥处，最高处在骶区，甲桥后有些收缩。背甲后部陡降，后缘微锯齿状。颈盾长宽相当。椎盾宽大于

成体（站酷海洛）

上喙中央M状和锯齿状边缘（站酷海洛）

长；第1椎盾通常最窄，第3椎盾最宽，第5椎盾向后裙状展开。幼体生长轮明显，但随年龄变得平滑。每侧各具11枚缘盾，上臀盾单枚，内收，不分开。背甲深棕色至灰棕色。一些个体背甲盾片中心颜色浅；侧面缘盾具黄色斑块，颜色浅于背甲其他部分。腹甲发达，能够覆盖大部分背甲开口处。腹甲前叶长，与腹甲后叶同宽或略窄于腹甲后叶，肛盾缺刻深。腹盾缝＞肱盾

成体（站酷海洛）

缝＞喉盾缝＞＜股盾缝＞胸盾缝＞＜肛盾缝。喉盾加厚伸长，可能上翘，超过背甲边缘，特别是雄性。腹甲黄色至灰色。头部宽至宽度适中，吻部不突出，上喙中央无凹口非钩状。头顶部鳞片小且不规则；前额鳞纵向分开，额鳞小，单枚。头部常为灰黑色。虹膜深棕色。前肢前表面覆有7～8排不重叠或略重叠大鳞。后肢明显小。四肢和尾部常为灰黑色。腋窝黄色。

成体腹部（Kevin Main 摄，引自 Chelonian Research Monographs No.8，2021 年）

亚成体（Herptile Lovers 供图）

亚成体背部（Herptile Lovers 供图）

亚成体腹部（Herptile Lovers 供图）

亚达伯拉陆龟属 *Aldabrachelys* Loveridge & Williams, 1957

本属仅1种。主要特征：体型巨大，外鼻孔米粒状，间距相对较大，颈盾和喉盾各1枚，通体黑褐色。

亚达伯拉陆龟属物种名录

序号	学名	中文名	亚种
1	*Aldabrachelys gigantea*	亚达伯拉陆龟	*A. g. gigantea* *A. g. arnoldi* *A. g. hololissa*

Aldabrachelys gigantea（Schweigger, 1812）

英文名：Aldabra Giant Tortoise

中文名：亚达伯拉陆龟

分　布：非洲塞舌尔群岛

形态描述：一种大型陆龟。背甲直线长度雄龟最大可达138厘米，雌龟最大可达114厘米。背甲厚，伸长，圆拱，两侧递降。至多具微颈凹，后缘外展，略上翻，非锯齿状。颈盾通常存在。椎盾宽大于长，第5椎盾最小，向后裙状展开；第1椎盾窄于第2椎盾。椎盾和肋盾中心隆起，有生长轮环绕，但通常很浅，老年个体变得平滑。每侧常具11枚缘盾，上臀盾单枚，内收，不分开。背甲全黑棕色

亚成体（Herptile Lovers　供图）

亚成体背部（Herptile Lovers　供图）

亚达伯拉陆龟（北京动物园）（姜　帆　摄）

亚成体腹部（Herptile Lovers　供图）

至黑色。腹甲相对短，具肛盾缺刻。腹甲前叶向前逐渐变窄，长于且窄于腹甲后叶。腹盾缝>肱盾缝>股盾缝>胸盾缝><喉盾缝><肛盾缝。喉盾1对，短而厚，向前伸长几乎未超过背甲边缘。甲桥宽度适中（约为背甲长度的1/3），具1枚小腋盾和1枚大胯盾。腹甲和甲桥棕灰色。头部窄尖，有些楔状，前额突出。吻部不突出，上喙中央微钩状或两尖状、三尖状。前额鳞大，纵向分开，两边平行，后侧不分叉；额鳞相对小，其他头部鳞片小。头部和颈部灰色。股部无锥形硬棘；仅特别个体尾部末端具尾爪。尾部灰色。

成体（站酷海洛）

地理亚种：

(1) *Aldabrachelys gigantea gigantea*（Schweigger, 1812）

英文名：Aldabra Giant Tortoise

分　布：非洲塞舌尔群岛（阿尔达不拉岛）

(2) *Aldabrachelys gigantea arnoldi*（Bour, 1982）

英文名：Arnold's Giant Tortoise

分　布：非洲塞舌尔群岛（马埃岛）

成体（John Pemberton 摄，引自 Chelonian Research Monographs No.8，2021 年）

(3) *Aldabrachelys gigantea hololissa*（Günther, 1877）

英文名：Seychelles Giant Tortoise

分　布：非洲塞舌尔群岛（马埃岛、锡路埃特岛、表姐妹岛、普拉兰岛、Frégate 岛、塞尔夫岛、Round 岛）

成体（站酷海洛）

马岛陆龟属 *Astrochelys* Gray, 1873

本属 2 种。主要特征：背甲隆起较高，胸盾缝＜股盾缝。

马岛陆龟属物种名录

序号	学名	中文名	亚种
1	*Astrochelys radiata*	辐射陆龟	/
2	*Astrochely syniphora*	安哥洛卡陆龟	/

马岛陆龟属的种检索表

1a 喉盾 1 枚，明显向前突出，背甲黄色无辐射状纹 ································ 安哥洛卡陆龟 *Astrochelys yniphora*

1b 喉盾 2 枚，向前突出不明显，背甲深色有黄色辐射状纹 ································ 辐射陆龟 *Astrochelys radiata*

上：蛛网陆龟　下：辐射陆龟
（刘　晔　摄）

亚成体（乔轶伦 摄）

Astrochelys radiata（Shaw, 1802）

英文名：Radiated Tortoise

中文名：辐射陆龟

分　布：马达加斯加岛

形态描述：一种中型陆龟。背甲直线长度雄龟最大可达39.5厘米，雌龟最大可达35.6厘米。背甲高度拱起，两侧陡降，后侧缘盾上翘，呈锯齿状，颈盾较宽。椎盾宽大于长，第5椎盾向后裙状展开。围绕椎盾和肋盾中心的生长轮清晰。通常每侧各具11枚缘盾，上臀盾1枚，内收。背甲深棕色或黑色，椎盾和肋盾中心黄色或橙色发出4～12条黄色或橙色的辐射条带。每枚缘盾由底端中心处向上朝肋盾发出1～5条黄色或橙色的辐射条带。这些条带可能会随年龄增长而褪去，但大部分个体明显。腹甲发达，前叶向前变窄，长于且窄于后叶，后叶肛盾

成体背部（雌性）（梁 亮 摄）

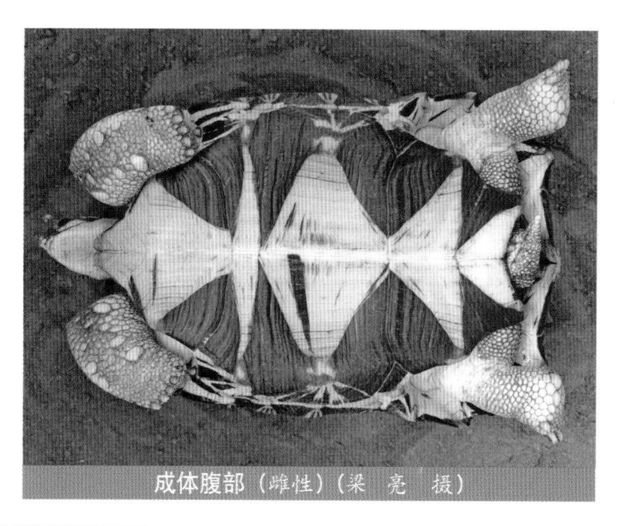
成体腹部（雌性）（梁 亮 摄）

缺刻深。腹盾缝＞肱盾缝＞股盾缝＞喉盾缝＞肛盾缝＞胸盾缝。喉盾厚，1对，特别是雄性个体可能会向前突出超过背甲边缘。甲桥宽，具1枚小腋盾和1枚大胯盾。腹甲黄色，肱盾、胸盾、腹盾和股盾的外侧边缘具黑色三角形大斑块，喉盾通常无图案，肛盾具黑色三角形大斑块或黑色辐射纹。黑色辐射纹还可能出现在腹盾。头部大小中等，吻部不突出，上喙中央微钩状。前额鳞大，纵向分开，额鳞1枚，其他头部鳞片小。头部黄色，背面具黑色区域。前肢前表面覆有覆瓦状鳞片，仅有几片大鳞。股部无硬棘，尾部末端无尾爪。四肢和尾部黄色。

幼体（刘　哗　摄）

背甲图案各异的成体（乔轶伦　摄）

幼体（乔轶伦 摄）

Astrochelys yniphora（Vaillant, 1885）

英文名：Ploughshare Tortoise, Plowshare Tortoise

中文名：安哥洛卡陆龟（马达加斯加陆龟）

分　布：马达加斯加岛

幼体腹部（陈建峰 摄）

形态描述：一种大型陆龟。背甲直线长度雄龟最大可达51.5厘米，雌龟最大可达42.6厘米。背甲椭圆形，极度高拱，后侧缘盾微向外展开呈锯齿状。颈盾1枚，背面小腹面大。椎盾宽大于长，或长宽相当，第5椎盾向后裙状展开。环绕椎盾和肋盾中心的生长轮明显。通常每侧各具11枚缘盾，上臀盾1枚。背甲黄棕色，每枚椎盾和肋盾外边缘深棕色。每枚缘盾后缝具深棕色三角形图案。腹甲发达，腹甲前叶远大于后叶，喉盾加厚，上翘并前突，远超出背甲前缘。后叶肛盾缺刻宽。腹盾缝＞喉盾缝＞＜肱盾缝＞股盾缝＞肛盾缝＞＜胸盾缝。雄

成体（左雌右雄）（乔轶伦　摄）

性的喉盾长于雌性，因此雌性的肱盾缝可能长于喉盾缝。甲桥宽，具1枚小腋盾和1枚大胯盾。腹甲通常全黄色，也可能有些棕色杂斑。肱盾、胸盾、腹盾和股盾外侧边缘具黑色三角形大斑块，喉盾通常无图案，肛盾具黑色辐射纹。黑色辐射纹还可能出现在腹盾上。头部大小中等，吻部不突出，上喙中央微钩状。前额鳞大，纵向分开，额鳞1枚，其他头部鳞片小。头部黑色或深棕色至淡褐色，在鼓膜处具一些黄色大侧斑。颈部黄色至褐色。前肢前表面具覆瓦状大鳞。股部无硬棘，尾部末端无尾爪。四肢和尾部黄色至褐色。

成体腹部（左雌右雄）（乔轶伦　摄）

雄性喉盾明显凸出（乔轶伦　摄）

中非陆龟属 *Centrochelys* Gray, 1872

本属仅 1 种。主要特征：背甲和腹甲均无斑纹，无颈盾。股部具硬棘。

中非陆龟属物种名录

序号	学名	中文名	亚种
1	*Centrochelys sulcata*	苏卡达陆龟	/

Centrochelys sulcata（Miller, 1779）

英文名：African Spurred Tortoise, Grooved Tortoise, Sahel Tortoise

中文名：苏卡达陆龟

分　布：阿尔及利亚（?），贝宁，布基纳法索，喀麦隆，中非共和国，乍得，厄立特里亚，埃塞俄比亚，马里，毛里塔尼亚，尼日尔，尼日利亚，沙特阿拉伯，塞内加尔，苏丹，多哥（?），也门

成体（站酷海洛）

形态描述：一种大型的非洲陆龟。背甲直线长度雄龟最大可达101厘米，雌龟最大可达67厘米。背甲椭圆形，背面扁平，两侧陡降，椎盾稍突出。颈凹明显，无颈盾。前后缘盾锯齿状，后缘上翘。椎盾宽大于长；第5椎盾最小，略向后裙状展开。椎盾和肋盾中心扁平，围绕着清晰的生长轮。两侧常各具11枚缘盾，臀盾1枚，内收。背甲全棕色。腹甲发达，肛盾缺刻深。腹甲前叶向前逐渐变窄，2个分叉的喉盾向前突出超过背甲边缘。腹甲前后叶长度相同，但前叶宽于后叶。腹盾缝＞肱盾缝＞股盾缝＞喉盾缝＞胸盾缝＞＜肛盾缝。甲桥宽具2枚腋盾（内侧的相对小）和2枚胯盾（内侧的相对小）。腹甲和甲桥全奶油色或黄色。头部大小中等，吻部不突出，上喙中央微钩状。前额鳞大，纵向分开，额鳞1枚，其他头部鳞片小。头部棕色，喙颜色更深。前肢前表面覆有3～6排重叠的大而不规则的片状或瘤状鳞片。股部具2～3个锥形大硬棘，尾部末端无尾爪。四肢和尾部棕色。

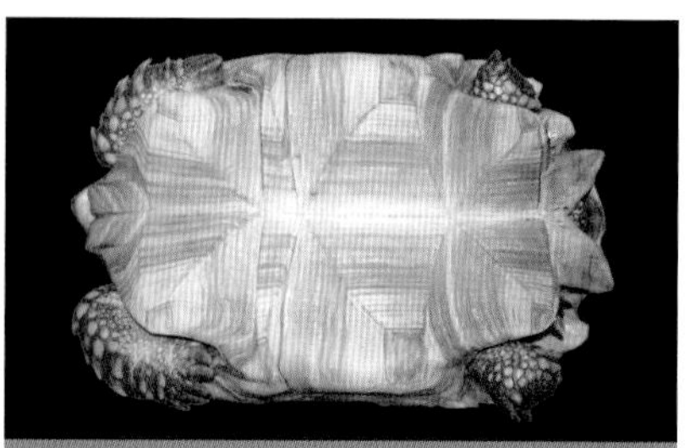
成体腹部（雄性）(Herptile Lovers　供图)

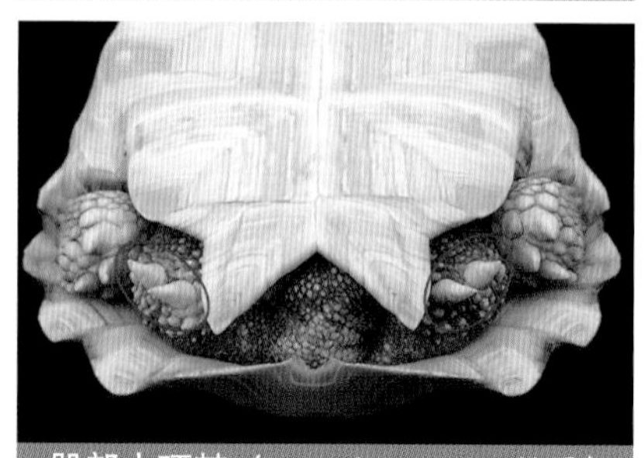
股部大硬棘（Herptile Lovers　供图）

幼体背部（Herptile Lovers　供图）

成体（乔轶伦　摄）

幼体腹部（Herptile Lovers　供图）

南美陆龟属 *Chelonoidis* Fitzinger, 1835

本属现生 4 种。主要特征：无颈盾；鼻孔近圆形，高不大于宽；胸盾通常不很窄。

南美陆龟属物种名录

序号	学名	中文名	亚种
1	*Chelonoidis carbonarius*	红腿陆龟	/
2	*Chelonoidis chilensis*	阿根廷陆龟	/
3	*Chelonoidis denticulatus*	黄腿陆龟	/
4	*Chelonoidis niger*	加拉帕戈斯陆龟	*C. n. becki* *C. n. chathamensis* *C. n. darwini* *C. n. donfaustoi* *C. n. duncanensis* *C. n. guntheri* *C. n. hoodensis* *C. n. microphyes* *C. n. phantasticus* *C. n. porter* *C. n. vandenburghi* *C. n. vicina*

南美陆龟属的种检索表

1a 尾部末端具大尾鳞 ······ 智利陆龟 *Chelonoidis chilensis*

1b 尾部末端无大尾鳞 ······ 2

2a 背甲黑色或深棕灰色；前肢黑色或灰色；背甲非常大，长度可达 130 厘米 ······ 加拉帕戈斯陆龟 *Chelonoidis niger*

2b 背甲各椎盾和肋盾盾片中心为黄色，橙色或红色；前肢有黄色或红色大鳞；背甲长度不超过 90 厘米 ······ 3

3a 背甲两侧垂直向下；背甲椎盾和肋盾中心黄色或橙色，前肢大鳞黄色或橙色；股盾缝＜肱盾缝；喉盾没达到内板 ······ 黄腿陆龟 *Chelonoidis denticulatus*

3b 背甲两侧内凹向下；背甲椎盾和肋盾中心黄色或红色，前肢大鳞橙色或红色；股盾缝≥肱盾缝；喉盾与内板重叠 ······ 红腿陆龟 *Chelonoidis carbonarius*

Chelonoidis carbonarius（Spix, 1824）

成体头部（雄性）(Herptile Lovers 供图)

英文名：Red–footed Tortoise

中文名：红腿陆龟

分　布：阿根廷，玻利维亚，巴西，哥伦比亚，法属圭亚那，圭亚那，巴拿马，巴拉圭，苏里南，委内瑞拉

形态描述：一种大型陆龟。背甲直线长度雄龟最大可达60厘米，雌龟最大可达44.2厘米。背甲椭圆形，背甲偏长，颈凹浅，从正上方看，背甲侧边明显内收，边缘平滑。无颈盾。椎盾宽大于长，第1和第5椎盾分别向前和向后裙状展开。椎盾

成体（站酷海洛）

和肋盾中心凸起，围绕有明显的生长轮，两侧通常各具11枚缘盾，上臀盾1枚，内收。背甲黑色，椎盾和肋盾中心黄色或橙红色；每枚缘盾基部具同样颜色的亮色斑。腹甲发达。腹甲前叶向前呈锥形逐渐变窄，与腹甲后叶长宽相同，腹甲后叶具肛盾缺刻。腹盾缝＞股盾缝＞肱盾缝＞喉盾缝＞肛盾缝＞＜胸盾缝。喉盾1对，变厚，未超过背甲边缘。甲桥宽，腋盾大小中等，胯盾大小中等至大，与股盾连接面宽。腹甲浅黄棕色沿中缝和横缝具深色斑块。头部大小中等，吻部不突出，上喙中央

成体背部（雄性）(Herptile Lovers 供图)

成体腹部（雄性）(Herptile Lovers 供图)

幼体（Herptile Lovers 供图）

幼体腹部（Herptile Lovers 供图）

微钩状。前额鳞短，纵向分开，额鳞大，不分开。其他头部鳞片小。头鳞黄色、红色或橙色；喙深色。前肢前表面覆有红色微重叠或不重叠大鳞。股部无硬棘，尾部末端无尾爪。

Chelonoidis chilensis（Gray, 1870）

成体（Maurice Rodrigues 摄，引自 Chelonian Research Monographs No.8，2021 年）

英文名：Chaco Tortoise, Pampas Tortoise

中文名：阿根廷陆龟

分　布：阿根廷，玻利维亚，巴拉圭

形态描述：一种中型陆龟。背甲直线长度雄龟最大可达23.9厘米，雌龟最大可达43.3厘米。背甲椭圆形，具颈凹，无颈盾，背甲扁平，两侧递降，缘盾边缘锯齿状，后侧缘盾略上翘。椎盾宽大于长，第1椎盾通常宽大于长，也可能长宽相当。其他椎盾宽大于长，第5椎盾向后裙状展开。两侧通常各具11枚缘盾，上臀盾1枚，内收。背甲浅黄棕色，或围绕褐色中心具深棕色或黑色生长轮，每枚缘盾后缝处具楔形深色斑。与其他群体相比，多数马塔哥尼亚（阿根廷境内）个体的背甲盾片具深色或黑色环中心；老年个体可能完全深灰色。腹甲非常发达，肛盾缺刻深。腹甲前叶向前呈锥形逐渐变窄，喉盾1对，加厚，没有超过背甲边缘，可能前端微分叉。腹甲前叶长于但略窄于后叶。腹盾缝＞肱盾缝＞＜股盾缝＞喉盾缝＞胸盾缝＞＜肛盾缝。甲桥宽，腋盾是胯盾长度的1/2。腹甲从全黄棕色至沿每条甲缝具三角楔形深斑变化。头部大小适中，吻部不突出，上喙中央钩状，两尖或三尖形。前额鳞大，纵向分开，额鳞大，分开或不分开；其他头部鳞片小。头部浅黄棕色。前肢前表面覆有略重叠或不重叠的角质大鳞，股部具大硬棘。尾部末端具尾爪。四肢和尾部浅黄棕色。

成体（Herptile Lovers　供图）

成体背部（Herptile Lovers　供图）

成体腹部（Herptile Lovers　供图）

亚成体（高品图像 Gaopinimages）

幼体（Herptile Lovers　供图）

幼体腹部（Herptile Lovers　供图）

成体（乔轶伦 摄）

Chelonoidis denticulatus（Linnaeus, 1766）

英文名：Yellow–footed Tortoise

中文名：黄腿陆龟

分　布：玻利维亚，巴西，哥伦比亚，厄瓜多尔，法属圭亚那，圭亚那，秘鲁，苏里南，特立尼达和多巴哥，委内瑞拉

形态描述：一种大型陆龟。背甲直线长度雄龟最大可达82厘米，雌龟最大可达73.1厘米。背甲偏长，颈凹浅，背甲两侧平行，后缘微锯齿状。无颈盾。椎盾宽大于长，第1和第5椎盾分别向前和向后裙状展开。围绕凸起的椎盾和肋盾中心的生长轮明显，每侧通常各具11枚缘盾，上臀盾1枚，内收。背甲棕色，椎盾和肋盾中心黄色或橙红色；每枚缘盾下边缘具黄色或橙色斑块。腹甲发达。腹甲前叶上翘，向前呈锥形逐渐变窄，与腹甲后叶长度相同，但略窄于后叶，具肛盾缺刻。腹盾缝＞肱盾缝＞股盾缝＞喉盾缝＞＜胸盾缝＞＜肛盾缝。喉盾1对，变厚，没有超过背甲

成体背部（Herptile Lovers　供图）

成体腹部（Herptile Lovers　供图）

成体（站酷海洛）

边缘。甲桥宽，腋盾大小中等和胯盾小，与股盾将将连接。腹甲浅黄棕色沿中缝和横缝具深色斑块。头部大小中等，吻部不突出，上喙中央微钩状。前额鳞大，纵向分开，额鳞大，被细分。其他头部鳞片小。头鳞黄色至橙色，有深色边；喙深棕色。前肢前表面覆有黄色或橙色重微重叠或不重叠大鳞。股部无硬棘，尾部末端无尾爪。

幼体背部（Herptile Lovers 供图）

幼体腹部（Herptile Lovers 供图）

Chelonoidis niger

英文名：Galápagos Giant Tortoises

孤独的乔治（Lonesome George）（高品图像 Gaopinimages）

中文名：加拉帕戈斯陆龟

分　布：加拉帕戈斯群岛

形态描述：马斯卡林群岛（印度洋）陆龟被人类灭绝之后，现仅存2种海岛型陆龟。他们是亚达伯拉陆龟*Aldabrachelys gigantea*和加拉帕戈斯陆龟*Chelonoidis niger*。加拉帕戈斯陆龟无颈盾，不同岛屿种群背甲形状差异较大，背甲直线长度雄龟最大可达135.8厘米，雌龟最大可达122厘米。颈部非常长，相对细，甲壳黑色，有时沿甲缝具白色线。由查尔斯·达尔文描述其经典形象："背甲前面高高抬起，头和颈部向前伸展，肢体完全伸展，一副骄傲的姿态"。特别是年老雄性个体，头部比亚达伯拉陆龟*Aldabrachelys gigantea*更消瘦和接近三角形。某些个体具强壮的钩状喙，眼眶凹陷，头后肌肉萎缩。人工饲养下，加拉帕戈斯陆龟体重可达400千克，在圣克鲁兹和伊莎贝拉岛上，一些自然存在的个体体重达到300千克。雌雄二性态现象明显，雄性是雌性的3倍大小，腹甲凹陷明显，有12厘米深。刚孵化出来的幼体体重达到50克，全黑色或每枚肋盾上具黑色环，这一物种的寿命可能会达到120岁。

加拉帕戈斯国家公园的"孤独的乔治"纪念牌（高品图像 Gaopinimages）

2012年6月，加拉帕戈斯陆龟的最后一只平塔岛陆龟亚种*Chelonoidis niger abingdonii*"孤独的乔治"在加拉帕戈斯国家公园去世，标志着这一珍稀物种的绝迹。

(1) *Chelonoidis niger becki*（Rothschild, 1901）

英文名：Volcán Wolf Giant Tortoise, Wolf Volcano Giant Tortoise

中文名：沃尔夫火山陆龟

分　布：加拉帕戈斯群岛（伊沙贝拉岛）

成体（Paul M. Gibbons 摄，引自 Chelonian Research Monographs No.8，2021 年）

(2) *Chelonoidis niger chathamensis*（Van Denburgh, 1907）

成体（Washington Tapia 摄，引自 Chelonian Research Monographs No.8，2021 年）

英文名：San Cristóbal Giant Tortoise, Chatham Island Giant Tortoise

中文名：圣克里斯托瓦尔岛陆龟

分　布：加拉帕戈斯群岛（圣克里斯托瓦尔岛）

成体（Tui De Roy 摄，引自 Chelonian Research Monographs No.8，2021 年）

(3) *Chelonoidis niger darwini*（Van Denburgh, 1907）

英文名：Santiago Giant Tortoise, James Island Giant Tortoise

中文名：圣蒂亚戈岛陆龟

分　布：加拉帕戈斯群岛（圣蒂亚戈岛）

成体（高品图像 Gaopinimages）

成体（高品图像 Gaopinimages）

成体（站酷海洛）

(4) *Chelonoidis niger donfaustoi* Poulakakis, Edward & Caccone, 2015

英文名：Eastern Santa Cruz Giant Tortoise, Cerro Fatal Giant Tortoise, Don Fausto's Giant Tortoise

中文名：东圣克鲁斯岛陆龟

分　布：加拉帕戈斯群岛（圣克鲁斯岛）

成体（Peter Paul van Dijk 摄，引自 Chelonian Research Monographs No.8，2021 年）

成体（Peter C.H. Pritchard 摄，引自 Chelonian Research Monographs No.8，2021 年）

(5) *chelonoidis niger duncanensis* (Pritchard, 1996)

英文名：Pinzón Giant Tortoise, Duncan Island Giant Tortoise

中文名：平松岛陆龟

分　布：加拉帕戈斯群岛（平松岛）

成体（高品图像 Gaopinimages）

(6) *chelonoidis niger guntheri*（Baur, 1889）

英文名：Sierra Negra Giant Tortoise

中文名：谢拉内格拉火山陆龟

分　布：加拉帕戈斯群岛（伊莎贝拉岛）

成体（Tui De Roy 摄，引自 Chelonian Research Monographs No.8，2021 年）

成体（高品图像 Gaopinimages）

(7) *chelonoidis niger hoodensis*（Van Denburgh, 1907）

英文名：Española Giant Tortoise, Hood Island Giant Tortoise

中文名：西班牙岛陆龟

分　布：加拉帕戈斯群岛（西班牙岛）

成体（高品图像 Gaopinimages）

成体（Peter C.H. Pritchard 摄，引自 Chelonian Research Monographs No.8，2021 年）

(8) *Chelonoidis niger microphyes*（Günther, 1875）

英文名：Volcán Darwin Giant Tortoise, Darwin Volcano Giant Tortoise, Tagus Cove Giant Tortoise

中文名：达尔文火山陆龟

分　布：加拉帕戈斯群岛（伊莎贝拉岛）

成体（Anders G.J. Rhodin 摄，引自 Chelonian Research Monographs No.8，2021 年）

(9) *Chelonoidis niger phantasticus*（Van Denburgh, 1907）

英文名：Fernandina Giant Tortoise, Narborough Island Giant Tortoise

中文名：费尔南迪纳岛象龟

分　布：加拉帕戈斯群岛（费尔南迪纳岛）

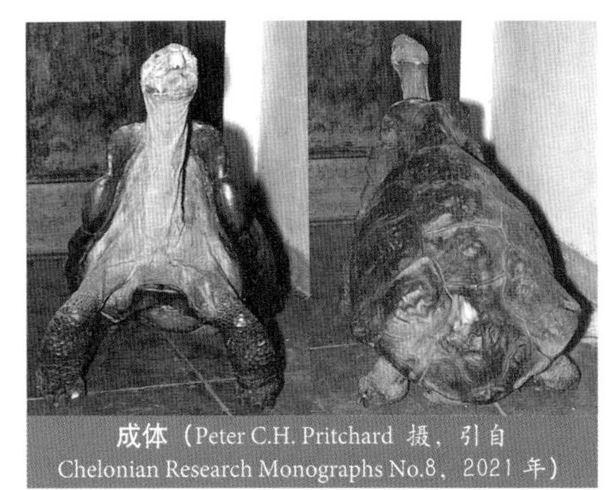

成体（Peter C.H. Pritchard 摄，引自 Chelonian Research Monographs No.8，2021 年）

成体（Anders G.J. Rhodin 摄，引自 Chelonian Research Monographs No.7，2017 年）

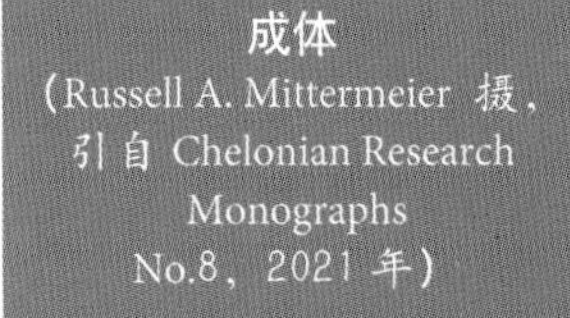

成体（Russell A. Mittermeier 摄，引自 Chelonian Research Monographs No.8，2021 年）

(10) *Chelonoidis niger porteri*（Rothschild, 1903）

英文名：Western Santa Cruz Giant Tortoise, Indefatigable Island Giant Tortoise

中文名：西圣克鲁斯岛陆龟

分　布：加拉帕戈斯群岛（圣克鲁斯岛）

成体（高品图像 Gaopinimages）

成体（高品图像 Gaopinimages）

一群阿尔塞多火山陆龟
（Peter C.H. Pritchard 摄，引自 Chelonian Research Monographs No.8，2021 年）

(11) *Chelonoidis niger vandenburghi*（DeSola, 1930）

英文名：Volcán Alcedo Giant Tortoise, Alcedo Volcano Giant Tortoise

中文名：阿尔塞多火山陆龟

分　布：加拉帕戈斯群岛（伊莎贝拉岛）

成体（高品图像 Gaopinimages）

成体（Vicina–Vincenzo Ferri 摄，引自 Chelonian Research Monographs No.8，2021 年）

(12) *Chelonoidis niger vicina*（Günther, 1875）

英文名：Cerro Azul Giant Tortoise, Iguana Cove Giant Tortoise

中文名：塞罗阿苏尔火山陆龟

分　布：加拉帕戈斯群岛（伊莎贝拉岛）

挺胸陆龟属 *Chersina* Gray, 1830

本属仅1种。主要特征：背甲长，顶部圆拱，向两侧骤然内收；喉盾单枚，明显向前突出，肛盾大。

挺胸陆龟属物种名录

序号	学名	中文名	亚种
1	*Chersina angulata*	挺胸陆龟	/

Chersina angulata（Duméril, 1812）

英文名：Angulate Tortoise, South African Bowsprit Tortoise

成体喉盾向前伸出
（Herptile Lovers　供图）

中文名：挺胸陆龟

分　布：纳米比亚，南非

形态描述：一种中型陆龟。背甲直线长度雄龟最大可达35.1厘米，雌龟最大可达21.6厘米。背甲圆拱形，细长，无韧带，两侧陡降。若存在，颈盾窄，或者颈部具深凹。前缘扩大但边缘平滑，侧缘不上翘也不扩展，后缘有时扩展和内收。臀盾单枚；上缘盾缺失。椎盾宽大于长，第1椎盾最大且向前部变窄，第2椎盾最短，第5椎盾向后裙状展开。背甲黄棕色至橄榄色，每枚椎盾和肋盾具宽的深色边和深色中心，每枚缘盾前缝处具深色窄三角形斑。腹甲无韧带，前叶变厚，向前伸出，仅具1枚喉盾。腹甲后叶具肛盾缺刻。腹盾缝>喉盾缝>肱盾缝><肛盾缝>股盾缝><胸盾缝。腹甲黄色至微红色，中心具黑色大斑。前缘下侧黄色，后侧到腹股沟具黑斑。头大小适中，吻部不突出，上喙中央钩状。前额鳞片纵向分离，有时大鳞片被小鳞片分开。喙微锯齿状。面部黑色或深棕色，头顶常黄色。前肢前侧橄榄色至棕色沿外缘具黄色大鳞片，后侧黄色。后肢外表面深色，内侧黄色。

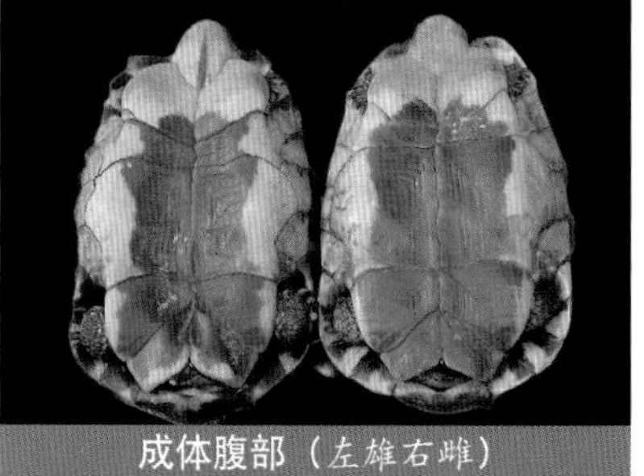

成体腹部（左雄右雌）
（Herptile Lovers　供图）

成体（Victor J.T. Loehr 摄，Dwarf Tortoise Conservation）

成体（雌性）
（Herptile Lovers 供图）

成体背部（雌性）
（Herptile Lovers 供图）

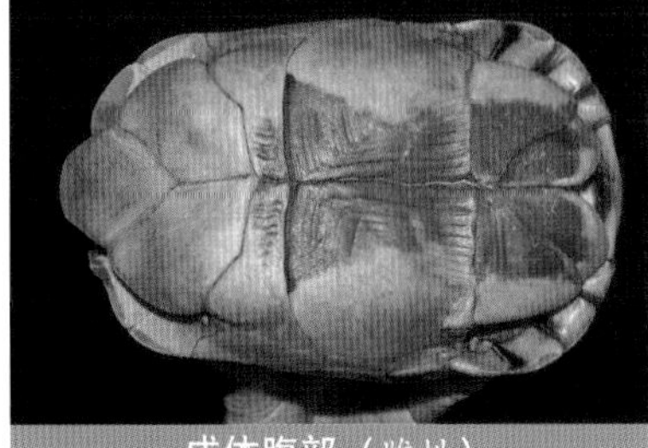

成体腹部（雌性）
（Herptile Lovers 供图）

海角陆龟属 *Chersobius* Fitzinger, 1835

本属 3 种。主要特征：体型小，前肢 5 爪，后肢 4 爪。

海角陆龟属物种名录

序号	学名	中文名	亚种
1	*Chersobius boulengeri*	布氏海角陆龟	/
2	*Chersobius signatus*	斑点海角陆龟	/
3	*Chersobius solus*	纳米比亚海角陆龟	/

海角陆龟属的种检索表

1a 股部无棘状结节 ………………………………………… 纳米比亚海角陆龟 *Chersobius solus*

1b 臂部具棘状结节 …………………………………………………………………………… 2

2a 背甲后缘非锯齿状，无图案；股部棘状结节不明显 ……………… 布氏海角陆龟 *Chersobius boulengeri*

2b 背甲后缘锯齿或微锯齿状，具黑色块状或条状图案；股部棘状结节明显 ……………………………
…………………………………………………………………… 斑点海角陆龟 *Chersobius signatus*

Chersobius boulengeri（Duerden, 1906）

英文名： Karoo Dwarf Tortoise, Karoo Padloper

中文名： 布氏海角陆龟

分　布： 南非

成体（Victor J.T. Loehr 摄，Dwarf Tortoise Conservation）

成体（Victor J.T. Loehr 摄，Dwarf Tortoise Conservation）

形态描述：一种小型陆龟。背甲直线长度雄龟最大可达10厘米，雌龟最大可达11厘米。背甲扁平、微拱，颈凹小，前侧和后侧缘盾微上翘和锯齿状。颈盾小。椎盾宽大于长，第5椎盾向后裙状展开。椎盾和肋盾的中心隆起，有生长轮围绕，但一般表面平滑。每侧各具11～13枚缘盾，通常为12枚；上臀盾1枚，不分开。背甲褐色至红棕色甚至橄榄棕色（特别是在幼体）。椎盾通常具深色边缘。腹甲大，前叶前端缩短，后叶具肛盾缺刻。腹盾缝>肱盾缝>胸盾缝><股盾缝><肛盾缝>喉盾缝。仅具1枚胯盾，与股盾连接。腹甲从黄色、褐色或橄榄色至具大的、适度深色斑块或深色盾片边框。头部大小适中，吻部不突出，上喙中央非三尖状。前额鳞小，纵向分开，后面还有一些小鳞。头部浅红色至黄色或褐色，喙棕色。前肢前表面覆具3～5纵排重叠大鳞，股部通常具1个圆锥形大硬棘。前肢通常具5爪。四肢和尾部黄色至浅绿色。

腹部（Victor J.T. Loehr 摄，Dwarf Tortoise Conservation）

成体（Victor J.T. Loehr 摄，Dwarf Tortoise Conservation）

Chersobius signatus（Gmelin, 1789）

英文名：Speckled Dwarf Tortoise, Speckled Tortoise, Speckled Padloper

中文名：斑点海角陆龟

分　布：南非

成体（Victor J.T. Loehr 摄，Dwarf Tortoise Conservation）

形态描述：一种小型陆龟。背甲直线长度雄龟最大可达9.6厘米，雌龟最大可达11厘米，平均长度为8.5～9.0厘米。背甲微拱，背面扁平，几乎无颈凹，前侧和后侧缘盾扩展，锯齿状。颈盾小。大部分椎盾宽大于长，第1椎盾可能长宽相同。有时会出现额外的椎盾，数量从5枚增加到6～7枚；幼体具中纵棱。每侧各具11～12枚缘盾，通常为11枚，上臀盾1枚，不分开。背甲奶油色至浅黄绿色具大量黑色斑点或辐射纹。腹甲前叶前端缩短；后叶具肛盾缺刻。腹

腹部（Victor J.T. Loehr 摄，Dwarf Tortoise Conservation）

盾缝>肱盾缝>肛盾缝>喉盾缝><胸盾缝><股盾缝。仅具1枚胯盾，与股盾连接。腹甲奶油色至黄色，具渐弱的棕色斑块和辐射线。头部大小适中，吻部不突出，上喙中央微钩状，常为2尖形。前额鳞小，纵向分开，后面还有一些小鳞。头部和颈部黄色，背面具黑色斑点。前肢前表面覆有5～6纵排重叠大鳞，股部通常具1个圆锥形大硬棘。前肢具5爪。四肢和尾部黄色至褐色。

斑点海角陆龟集中取食
（Victor J.T. Loehr 摄，Dwarf Tortoise Conservation）

头部（Victor J.T. Loehr 摄，Dwarf Tortoise Conservation）

成体（Paul Freed 摄）

Chersobius solus（Branch, 2007）

英文名：Nama padloper, Nama Tortoise

中文名：纳米比亚海角陆龟

分　布：纳米比亚

成体（Maurice Rodrigues 摄，引自 Chelonian Research Monographs No.8，2021 年）

形态描述：一种小型陆龟。背甲直线长度雄龟最大可达 9.6 厘米，雌龟最大可达 11.4 厘米。背甲相对薄，颈盾窄小（*Chersobius signatus* 宽），缘盾 11 ~ 12 枚。雄性腹甲明显内凹，甲桥具明显棱（*Chersobius boulengeri* 圆拱），具 2 枚腋盾（*Chersobius signatus* 和 *Chersobius boulengeri* 仅 1 枚），胯盾 1 枚，肛盾缝 > 股盾缝（*Chersobius boulengerir* 股盾缝 > 肛盾缝）。上喙中央三尖形（通常在 *Chersobius signatus* 两尖状，*Chersobius boulengeri* 圆形）；前额鳞分开（通常在 *Chersobius signatus* 和 *Chersobius boulengeri* 伸长且纵向分开）。股部通常无明显的硬棘（*Chersobius signatus* 雌雄性都有，*Chersobius boulengeri* 仅雄性有），前肢 5 爪。

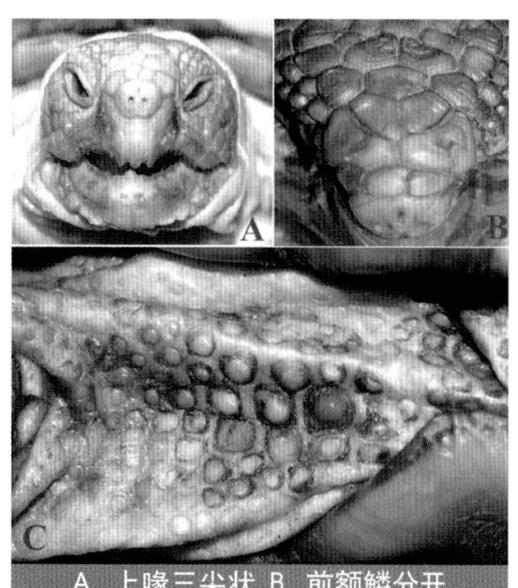

A. 上喙三尖状 B. 前额鳞分开
C. 股部无棘状结节
（引自 Branch，2007 年）

腹部
（Alfred Schleicher 摄，引自 Chelonian Research Monographs No.8，2021 年）

土陆龟属 *Geochelone* Fitzinger, 1835

本属 2 种。主要特征：背甲隆起，无颈盾，前后缘略呈无锯齿状，背甲具淡黄色辐射条纹。

土陆龟属物种名录

序号	学名	中文名	亚种
1	*Geochelone elegans*	印度星龟	/
2	*Geochelone platynota*	缅甸星龟	/

土陆龟属的种检索表

1a 腹甲具深色斑块，背甲椎盾和肋盾从黄色中心发出的辐射条纹≤ 6 条 ………… **缅甸星龟** *Geochelone platynota*

1b 腹甲具深色辐射条纹，背甲椎盾和肋盾从黄色中心发出的辐射条纹为 6 ~ 12 条 ………………………………………… **印度星龟** *Geochelone elegans*

Geochelone elegans（Schoepff, 1795）

英文名：Indian Star Tortoise

中文名：印度星龟

分　布：印度，巴基斯坦，斯里兰卡

形态描述：一种中大型陆龟。背甲直线长度雄龟最大可达 25.7 厘米，雌龟最大可达 46.7 厘米。背甲圆拱，背部表面凸起，两侧陡降，颈凹深，无颈盾。后侧缘盾锯齿状，有些会略上翘。椎盾通常宽大于长，第 1 椎盾可能长大于宽或长宽相当；第 5 椎盾后部裙状展开。椎盾和肋盾中心突起，围绕有清晰生长轮。两侧常各具 11 枚缘盾，臀盾 1 枚，内收。背甲深棕色或黑色，有一系列 6 ~ 12 条从椎盾和肋盾黄色或褐色中心向外辐射的黄色带。每枚缘盾由底端后侧黄点向上朝椎盾和肋盾发出 1 ~ 3 条黄色带。腹甲发达，前侧微上翘。腹甲前叶长于且窄于后叶，肛盾缺刻深。腹盾缝＞肱盾缝＞喉盾缝＞股盾缝＞胸盾缝＞＜肛盾缝。喉盾 1 对，

成体（雌性）（Herptile Lovers　供图）

成体背部（雌性）(Herptile Lovers　供图）

成体腹部（雌性）(Herptile Lovers　供图）

加厚不向前突出。甲桥宽，具 1 枚腋盾和 1 枚胯盾。腹甲和甲桥黄色，具黑色辐射纹。头部大小中等，吻部不突出，上喙中央微钩状，有时呈两尖或三尖状。前额鳞大，纵向分开，额鳞 1 枚窄，可能向前延伸将 2 块前额鳞部分分开，其他头部鳞片小。头部黄色或褐色，喙棕色。前肢前表面覆有 5 ~ 7 排大大小小不规则的尖状鳞片。股部具几个小至中型的锥形硬棘，尾部末端无尾爪。四肢和尾黄色或褐色。

亚成体腹部（雄性）（梁 亮 摄）

幼体（Herptile Lovers 供图）

幼体腹部（Herptile Lovers 供图）

亚成体（雄性）（梁 亮 摄）

成体（站酷海洛）

成体背部（雌性）
（Herptile Lovers　供图）

Geochelone platynota（Blyth, 1863）

英文名：Burmese Star Tortoise

中文名：缅甸星龟

分　布：缅甸

形态描述：一种中大型陆龟。背甲直线长度雄龟最大可达25厘米，雌龟最大可达45.5厘米。背甲圆拱，两侧陡降，颈凹浅，无颈盾。后侧缘盾微扩展，锯齿状。第1椎盾长宽相当（偶尔长大于宽），第2～5椎盾宽大于长，第5椎盾向后裙状展开，第4椎盾相对小。椎盾和肋盾中心突起，围绕有清晰生长轮。两侧常各具11枚缘盾，臀盾1枚，内收。背甲深棕色或黑色，具一系列不多于6条从椎盾和肋盾黄色或褐色中心向外辐射的黄色带。每枚缘盾由2个黄色带形成V形图案（侧面缘盾几乎全部黄色）。腹甲发达，前后叶都具缺刻。腹甲前叶长于且窄于后叶。腹盾缝＞肱盾缝＞喉盾缝＞股盾缝＞肛盾缝＞胸盾缝，胸盾缝相当窄。喉盾加厚，宽大于长，不向前突出。甲桥宽，腋盾小于胯盾。腹甲和甲桥黄

成体腹部（雌性）
（Herptile Lovers　供图）

幼体（Herptile Lovers　供图）

幼体腹部（Herptile Lovers　供图）

色，每枚盾片具深棕色或黑色斑块。头部大小中等，吻部不突出，上喙中央微钩状，呈三尖形。前额鳞大，纵向分开，额鳞1枚、大，其他头部鳞片小。头部、四肢和尾部黄色或褐色。前肢前表面覆有5～7排大大小小不规则的尖状或圆形的鳞片。尾部末端具尾爪。尾部黄色或褐色。

珍陆龟属 *Homopus* Duméril & Bibron, 1834

本属 2 种。主要特征：体型较小，上喙钩状，四肢均具 4 爪。

珍陆龟属物种名录

序号	学名	中文名	亚种
1	*Homopus areolatus*	鹰嘴珍陆龟	/
2	*Homopus femoralis*	卡鲁珍陆龟	/

珍陆龟属的种检索表

1a 股部结节不发达或缺失，上喙明显钩状；鼻孔在两眼间水平 ························ 鹰嘴珍陆龟 *Homopus areolatus*

1b 股部具结节大或明显，上喙微或非钩状；鼻孔低于两眼间水平 ····················· 卡鲁珍陆龟 *Homopus femoralis*

Homopus areolatus（Thunberg, 1787）

成体（Gerald Kuchling 摄，引自 Chelonian Research Monographs No.8，2021 年）

英文名：Parrot–beaked Dwarf Tortoise, Parrot–beaked Tortoise, Common Padloper

中文名：鹰嘴珍陆龟

分　布：南非

形态描述：一种小型陆龟。背甲直线长度雄龟最大可达10厘米，雌龟最大可达12厘米。背甲微拱，背部扁平，颈凹浅，前侧缘盾微扩展，后侧缘盾不扩展，非锯齿状或微锯齿状。颈盾小且宽；第1和第4椎盾长大于宽，其他椎盾宽大于长。幼体具不明显中纵棱。椎盾突出，肋盾中心宽，围绕有生长轮。每侧各具缘盾11枚，偶尔为10～13枚，上臀盾不分开。背甲盾片中心红棕色具黄色、橄榄色、深棕色或黑色边缘。沿缘盾前缝具深色条。腹甲前叶前端缩短，具肛盾缺刻。腹盾缝>股盾缝>肱盾缝>喉盾缝>肛盾缝><胸盾缝。甲桥具1～2枚腋盾（有时达到5枚）和3～4枚胯盾，大部分与股盾接触。腹甲黄色，通常靠近中心处具深色斑块。头部大小适中，吻部不突出，上喙中央明显钩状，三尖形。通常，鼻孔上方无小鳞，前额鳞大，可能纵向分开或部分分开。额鳞可能被细分。其他头背部鳞片小。头部黄色至褐色或红棕色，喙褐色。颈部浅黄棕色至红棕色。前肢前侧覆有3～4纵排重叠大鳞。前肢4爪。四肢和尾部浅黄棕色至红棕色。

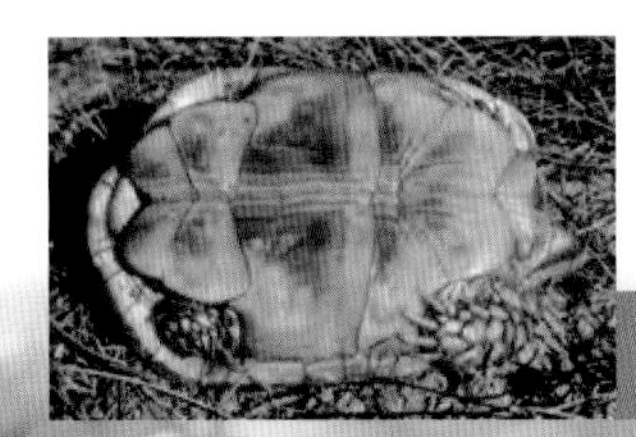

成体腹部（Craig B. Stanford 摄，引自 Chelonian Research Monographs No.8，2021 年）

成体（站酷海洛）

成体（Victor J.T. Loehr 摄，Dwarf Tortoise Conservation）

Homopus femoralis Boulenger, 1888

英文名：Greater padloper, Greater Dwarf Tortoise

中文名：卡鲁珍陆龟

分　布：南非

形态描述：一种小型陆龟。背甲直线长度雄龟最大可达13.7厘米，雌龟最大可达16.8厘米。背部扁平，颈凹浅，前侧和后侧缘盾扩展，上翘，锯齿状。颈盾小且宽；第1椎盾长大于宽，或至少长宽相当，其他椎盾宽大于长。幼体具不明显中纵棱。椎盾突出，肋盾中心宽，围绕有生长轮。每侧各具11枚缘盾，上臀盾不分开。年轻个体背甲浅黄棕色至深棕色或橄榄色具深色边缘。一些盾片具橙色或红色。腹甲前叶前端缩短，具肛盾缺刻。腹盾缝＞肱盾缝＞肛盾缝＞＜股盾缝＞喉盾缝＞胸盾缝。甲桥具2～3枚腋盾和2～3枚胯盾，大部分与股盾接触。腹甲黄色至橄榄色，年轻个体盾片前侧具深色斑块，年老个体变为纯色。头部大小适中，吻部不突出，上喙中央最多微钩状，三尖形。鼻孔上方具小鳞；前额鳞大，纵向分开；额鳞大，或被细分；其他头背部鳞片小。头部和颈部黄色至褐色有粉色或橙色斑，喙棕色。前肢前侧覆有3～4纵排重叠大鳞。股部具圆锥形硬棘。足跟部具刺状突。前肢4爪。四肢和尾部黄色至褐色带有粉色或橙色。

腹部（Victor J.T. Loehr 摄，Dwarf Tortoise Conservation）

刚孵化出来的幼体（Victor J.T. Loehr 摄，Dwarf Tortoise Conservation）

头部（Victor J.T. Loehr 摄，Dwarf Tortoise Conservation）

印支陆龟属 *Indotestudo* Lindholm, 1929

本属3种。主要特征：头顶前额鳞1对，背甲隆起，臀盾单枚，背甲后缘略锯齿状，腹甲后缘肛盾缺刻深。

印支陆龟属物种名录

序号	学名	中文名	亚种
1	*Indotestudo elongata*	缅甸陆龟	/
2	*Indotestudo forstenii*	印度陆龟	/
3	*Indotestudo travancorica*	特拉凡科陆龟	/

印支陆龟属的种检索表

1a 胸盾中缝长度通常与肱盾中缝长度相当 …… 缅甸陆龟 *Indotestudo elongata*

1b 胸盾中缝长度明显短于肱盾中缝长度 …… 2

2a 无颈盾，头顶部呈淡黄色或近白色，无黑斑纹 …… 特拉凡科陆龟 *Indotestudo travancorica*

2b 颈盾有或无，头顶部常有黑色斑纹 …… 印度陆龟 *Indotestudo forstenii*

Indotestudo elongata（Blyth, 1854）

英文名：Elongated Tortoise, Yellow–headed Tortoise

中文名：缅甸陆龟

成体（Flora Ihlow 摄，引自 Chelonian Research Monographs No.8，2021 年）

分　布：孟加拉国，不丹，柬埔寨，中国（?），印度，老挝，马来西亚，缅甸，尼泊尔，泰国，越南

形态描述：一种中型陆龟。背甲直线长度雄龟最大可达38厘米，雌龟最大可达31厘米。背甲伸长，拱起，两侧下降（老年雄龟可能背视更为扁平），颈凹浅，颈盾窄长（一些个体缺失），后缘锯齿状（幼体明显锯齿状），有些外展。第1椎盾长宽相当，第2～5椎盾宽大于长；第5椎盾向后裙状展开。椎盾和肋盾中心扁平，生长轮明显。通常每侧各具11枚缘盾。臀盾内收，不分开。背甲黄棕色或橄榄色，椎盾和肋盾具黑色斑块。腹甲发达，肛盾缺刻深。腹甲前叶前端逐渐变窄，短于和窄于腹甲后叶。腹盾缝＞股盾缝＞胸盾

缝＞肱盾缝＞喉盾缝＞肛盾缝。喉盾略变厚，甲桥宽，具1枚小腋盾和1枚大胯盾。腹甲和甲桥黄色，通常无图案或具深色斑块。头部大小中等，吻部不突出，上喙中央微钩状，三尖形。前额鳞大，纵向分开。额鳞大常被再分；其他头部鳞片小。头部灰奶油色至黄绿色，无深色斑点或斑块；繁殖期，眼睛和鼻孔周围皮肤变成浅粉红色。前肢前表面覆有小至中等的重叠鳞片（外侧较大）。四肢棕色至橄榄色。

成体背部（Herptile Lovers　供图）

成体腹部（Herptile Lovers　供图）

幼体（Herptile Lovers　供图）

幼体腹部（Herptile Lovers　供图）

成体（站酷海洛）

Indotestudo forstenii（Schlegel & Müller, 1845）

英文名：Forsten's Tortoise, Sulawesi Tortoise

中文名：印度陆龟（西里贝斯陆龟）

分　布：印度尼西亚

成体背部（雌性）(Herptile Lovers　供图)

成体腹部（雌性）(Herptile Lovers　供图)

形态描述：一种中型陆龟。背甲直线长度最大可达30.9厘米。背甲伸长，拱起，两侧下降（老年雄性可能背视更为扁平），有颈凹，无颈盾，后缘锯齿状（幼体明显锯齿状），椎盾宽大于长，第5椎盾向后裙状展开。围绕椎盾和肋盾生长轮明显。通常每侧各有11枚缘盾。臀盾单枚，内收。背甲为无图案的灰色至棕色，或黄棕色至棕色或橄榄色，盾片具黑色斑块。腹甲发达，腹甲前叶前端逐渐变窄，短于和窄于腹甲后叶。腹盾缝＞股盾缝＞肱盾缝＞喉盾缝＞＜胸盾缝＞肛盾缝。喉盾略变厚。甲桥宽，腋盾和胯盾大小适中。腹甲和甲桥黄色至棕色具小黑斑。头部大小中等，吻部不突出，上喙中央微钩状，三尖形。前额鳞大，纵向分开。额鳞大，单枚；其他头部鳞片小。头部黄色，有一些棕色或橙色斑块。颈部棕灰色至橄榄色。前肢前表面覆有黄色不规则的重叠大鳞（外侧较大）。四肢和尾部棕灰色至橄榄色。

成体（Jérôme Maran 摄，引自 Chelonian Research Monographs No.8，2021 年）

Indotestudo travancorica（Boulenger, 1907）

英文名：Travancore Tortoise

中文名：特拉凡科陆龟

分　布：印度

形态描述：一种中型陆龟，背甲直线长度雄龟最

成体（V. Deepak 摄，引自 Chelonian Research Monographs No.5，2011 年）

大可达33.1厘米，雌龟最大可达29.5厘米，背甲椭圆形，伸长，椎盾区域扁平，前后缘明显上翘，略锯齿状；无颈盾；臀盾不分开，内收或不内收；第1椎盾宽略大于长，其他椎盾长宽相当或宽大于长，或者宽于肋盾；背甲盾片具生长轮，橄榄色或红棕色，盾片中心黄色，周围具黑色斑块，黑色斑块可能会扩散到背甲表面大部分区域。腹甲大，前端平，后端具深缺刻；胸盾缝短于肱盾缝，但至少是肱盾缝长度的3/4；喉盾缝与胸盾缝长度相当或短于胸盾缝；肛盾缝短；腋盾与胯盾大小适中。腹甲黄色，具小黑斑。头部大小适中；前额鳞大、1对，额鳞大、1枚、宽大于长；上喙中央微钩状，三尖形。头部黄色，略带橙色，虹膜深棕色。前肢前表面覆有不规则的重叠大鳞；股间无大硬棘；尾部末端具尾爪。四肢橄榄色，前肢大鳞黄色。

成体（V. Deepak 摄，引自 Chelonian Research Monographs No.5，2011 年）

幼体（V. Deepak 摄，引自 Chelonian Research Monographs No.5，2011 年）

腹部（V. Deepak 摄，引自 Chelonian Research Monographs No.5，2011 年）

据说本物种可能是缅甸陆龟*Indotestudo elongata*和印度陆龟*Indotestudo forstenii*的中间体，且与印度陆龟更为接近，与印度陆龟的主要区别在于腹甲胸盾中缝长度较印度陆龟要长一些；与缅甸陆龟的区别在于腹甲胸盾中缝长度较缅甸陆龟要短一些，以及颈盾的缺失和较大的额鳞。

折背陆龟属 *Kinixys* Bell, 1827

本属现生 8 种。主要特征：背甲第 7 和第 8 缘盾之间具韧带。

折背陆龟属物种名录

序号	学名	中文名	亚种
1	*Kinixys belliana*	东部钟纹折背陆龟	/
2	*Kinixys erosa*	锯齿折背陆龟	/
3	*Kinixys homeana*	荷叶折背陆龟	/
4	*Kinixys lobatsiana*	洛帕蒂折背陆龟	/
5	*Kinixys natalensis*	纳塔尔折背陆龟	/
6	*Kinixys nogueyi*	西部钟纹折背陆龟	/

7	*Kinixys spekii*	斑纹折背陆龟	/
8	*Kinixys zombensis*	南部钟纹折背陆龟	*K. z.zombensis* *K. z. domerguei*

折背陆龟属的种检索表

1a 背甲黄色底色，每枚盾片围绕中心由黑色大斑构成蛛网图案 …………… 南部钟纹折背陆龟 *Kinixys zombensis*

1b 背甲上非上述辐射图案 …………………………………………………………………………………… 2

2a 喉盾通常宽是长的 2 倍；背甲韧带不发达，成体没有延伸到过缘盾；臀盾分离；上喙中央三尖形 …………… ………………………………………………………………………… 纳塔尔折背陆龟 *Kinixys natalensis*

2b 喉盾通常宽不到长的 2 倍；背甲韧带发达，成体延伸超过缘盾；臀盾不分离；上喙中央单尖或两尖形 ……… 3

3a 背甲后部倾斜或从第 5 椎盾中部急剧回折 ………………………………………………………………… 4

3b 背甲后部从第 5 椎盾后部前端急剧回折 …………………………………… 荷叶折背陆龟 *Kinixys homeana*

4a 背甲后缘中度或明显锯齿状；前肢各 5 爪 ………………………………………………………………… 5

4b 背甲后缘无锯齿状或微锯齿状；前肢各 4 ~ 5 爪 ………………………………………………………… 6

5a 具颈盾，背甲扁平或适度拱形；非洲东南部 …………………………… 洛帕蒂折背陆龟 *Kinixys lobatsiana*

5b 无颈盾，背甲拱形；非洲西部 ……………………………………………………… 锯齿折背陆龟 *Kinixys erosa*

6a 背甲拱起，通常长小于高的 2.3 倍；股盾间缝通常长于肛盾间缝 …………………………………………… 7

6b 背甲扁平，通常长大于高的 2.3 倍；股盾间缝通常短于肛盾间缝 ………………… 斑纹折背陆龟 *Kinixys spekii*

7a 前足 5 爪 ……………………………………………………………………… 东部钟纹折背陆龟 *Kinixys belliana*

7b 前足 4 爪 ……………………………………………………………………… 西部钟纹折背陆龟 *Kinixys nogueyi*

成体（Vincenzo Ferri 摄，引自 Chelonian Research Monographs No.8，2021 年）

成体腹部（雌性）（Herptile Lovers 供图）

成体（站酷海洛）

Kinixys belliana Gray, 1830

英文名：Bell's Hinge-back Tortoise

中文名：东部钟纹折背陆龟

分　布：安哥拉，刚果（金），刚果（布），厄立特里亚，埃塞俄比亚，肯尼亚，卢旺达，索马里，南苏丹，苏丹，坦桑尼亚，乌干达

形态描述：一种中小型陆龟。背甲直线长度最大可达23厘米。这是分布最广泛且最知名的一种折背陆龟。背甲伸长，圆拱，背表面扁平，有些具不明显的中纵棱，两侧有一定坡度，前侧缘盾不外展或略外展，后侧缘盾不外展，略上翘和锯齿状。在颈部区域至多具浅凹口，背甲后部向缘盾陡降。具1枚伸长的颈盾，有时变宽和变小。第2～5椎盾宽大于长，第5椎盾向后裙状展开；第1椎盾随年龄变长，因此可能长大于宽。幼体每枚椎盾中心，可能具一条中断的纵棱，通常随年龄而消失。每侧常各具11枚（9～12枚）缘盾，臀盾1枚，不分开。背甲每枚盾片中心黄色至红棕色，周围的生长轮深棕色或黑色；背甲上的图案变化多样。腹甲处喉盾1对，加厚，至多仅略超过背甲边缘，可能无浅凹口。背甲后叶短，无肛盾缺刻。甲桥具2～4枚小腋盾和1枚大胯盾（与股盾接触）。腹盾缝＞肱盾缝＞股盾缝＞＜喉盾缝＞胸盾缝＞肛盾缝。腹甲黄色具黑色辐射纹。头部大小小至中等，吻部不突出，上喙中央可能是或不是钩状。前额鳞大，不被再分或纵向分开，额鳞大，偶尔纵向分开，其他头部鳞片小，形状不规则。头部棕色或黑色至黄色或褐色。前肢前表面覆有5～9纵排重叠大鳞。无股间硬棘，但足跟部具刺状鳞。前肢5爪。尾部末端具尾爪。四肢和尾部灰棕色。

Kinixys erosa（Schweigger, 1812）

英文名：Forest Hinge–back Tortoise, Serrated Hinge–back Tortoise

中文名：锯齿折背陆龟

成体（Tomas Diagne 摄，引自 Chelonian Research Monographs No.8，2021 年）

分　布：安哥拉，贝宁，喀麦隆，中非共和国，刚果（金），刚果（布），赤道几内亚，加蓬，加纳，几内亚，象牙海岸，利比里亚，尼日利亚，塞拉利昂，南苏丹，多哥，乌干达

形态描述：一种中型陆龟。背甲直线长度雄龟最大可达 40 厘米，雌龟最大可达 29.9 厘米。背甲圆拱，伸长，背表面扁平，无中纵棱，两侧具坡度，前侧缘盾外展和外翻，后侧缘盾仅略外展，上翘，明显锯齿状。在颈部区域具一浅凹口，背甲后部向下弯，倾斜始于第 5 椎盾中间，不像 *K. homeana* 那样从第 5 椎盾前缘开始向下明显倾斜。颈盾很少存在。椎盾宽大于长；第 5 椎盾最宽，向后裙状展开。每侧常各具 11 枚缘盾，有时 12 枚，上臀盾 1 枚，不分开。背甲颜色从全深棕色至深棕色变化，每枚盾片具黄色至橙色中心。偶尔沿肋盾基部出现黄色带。腹甲处喉盾 1 对，加厚，向前突出，超过背甲边缘，尤其是雄性个体，前面没有凹口。腹甲后叶短，可能无肛盾缺刻或缺刻很浅。甲桥具 3 ~ 4 枚小腋盾和 1 枚大胯盾（与股盾接触）。腹盾缝＞肱盾缝＞＜喉盾缝＞＜胸盾缝＞股盾缝＞＜肛盾缝。腹甲深棕色至黑色，沿缝黄色。头部大小小至中等，吻部不突出，上喙中央钩状。前额鳞纵向分开，额鳞大可能被细分，其他头部鳞片小，形状不规则。头部从棕色至黄色，通常具一些黄色斑。前肢前表面覆有大鳞，有时 4 ~ 5 纵排重叠排列。无股间硬棘，但四肢跟部具刺状鳞。前肢 4 爪。尾部末端具尾爪。四肢和尾部棕色。

成体（高品图像 Gaopinimages）

亚成体（Herptile Lovers　供图）

亚成体背部（Herptile Lovers　供图）

亚成体腹部（Herptile Lovers　供图）

Kinixys homeana Bell, 1827

英文名：Home's Hinge–back Tortoise

中文名：荷叶折背陆龟

成体（Tomas Diagne 摄，引自 Chelonian Research Monographs No.5，2013 年）

分　布：贝宁，喀麦隆，中非共和国，赤道几内亚（?），加蓬，几内亚（?），象牙海岸，利比里亚，尼日利亚，多哥

形态描述：一种中型陆龟。背甲直线长度雄龟最大可达25.1厘米，雌龟最大可达25.8厘米。背甲伸长，背甲圆拱，背表面扁平，有些具微中纵棱，两侧具坡度，前侧缘盾外展略外翻，后侧缘盾外展，上翘，明显锯齿状。在颈部区域至多具浅凹口，背甲后部在第5椎盾前向后面陡降。颈盾存在（很少缺失）。第2～5椎盾宽大于长；第5椎盾最宽，向后裙状展开。第1椎盾幼龟宽大于长，随着年龄增长变长，直至长大于宽。中纵棱中断，在年轻个体上可能在每枚椎盾前部具1个球状突起，中纵棱随着年龄而消失。每侧常各具11枚缘盾，有时12枚，臀盾1枚，不分开，外翻。背甲颜色从全深棕色至褐色变化，或可能在椎盾和肋盾上具一些黄斑块，或者盾片具深色边。腹甲处喉盾1对、加厚、向前突出，略超过背甲边缘，前面具宽凹口。腹甲后叶短，肛盾缺刻很浅。甲桥具2～4枚小腋盾和1枚大胯盾（与股盾接触）。腹盾缝＞肱盾缝＞喉盾缝＞胸盾缝＞＜股盾缝＞肛盾缝。腹甲深棕色至褐色，沿缝有黄色。头部大小小至中等，吻部不突出，上喙中央钩状。前额鳞纵向分开，额鳞大，可能被细分，其他头部鳞片小，形状不规则。头部棕色至黄色。前肢前表面覆有分散的5～8纵排重叠大鳞。无股间硬棘，但跟部具刺状鳞。前肢5爪。尾部末端具尾爪。四肢和尾部棕色至黄色。

亚成体（乔轶伦　摄）

成体背部（Tomas Diagne 摄，引自 Chelonian Research Monographs No.5，2013 年）

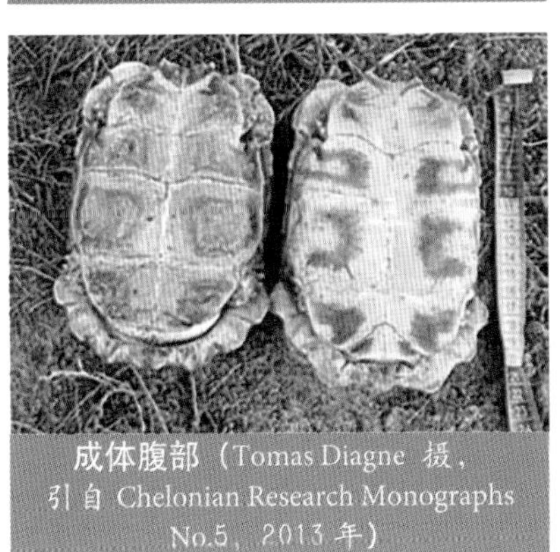
成体腹部（Tomas Diagne 摄，引自 Chelonian Research Monographs No.5，2013 年）

Kinixys lobatsiana Power, 1927

英文名：Lobatse Hinge-back Tortoise

中文名：洛帕蒂折背陆龟

分　布：博茨瓦纳，南非

成体（Flora Ihlow 摄，引自 Chelonian Research Monographs No.8, 2021 年）

形态描述：一种小型陆龟。背甲直线长度雄龟最大可达17厘米，雌龟最大可达20厘米。背甲伸长，相对较窄，背甲微圆拱至扁平，具1条中断的不明显的中纵棱，后侧缘盾上翘，明显锯齿状，韧带发达。在颈部区域具浅凹口，颈盾伸长。椎盾宽大于长（第1椎盾可能长大于宽）。第5椎盾向后裙状展开，上臀盾不分开。每枚盾片具1个红棕色中断的中心辐射图案；幼体和雌性成体背甲底色为红棕色至黄棕色；雄性成体为棕色至红棕色。腹甲大、无韧带，喉盾略突出，前端无凹口。腹甲后叶短，肛盾缺刻浅。甲桥具2～3枚小腋盾和1枚中等至大的胯盾（与股盾接触）。腹盾缝＞肱盾缝＞肛盾缝＞股盾缝＞＜胸盾缝＞喉盾缝。腹甲黄色，具几个深色辐射图案。头部大小小至中等，吻部不突出，上喙中央微钩状。前额鳞分开，额鳞大，通常单一，但偶尔被细分。头部棕色至黄棕色。前肢前表面覆有重叠大鳞。前肢具5爪。

亚成体背部（Victor J.T. Loehr 摄，Dwarf Tortoise Conservation）

亚成体腹部（Victor J.T. Loehr 摄，Dwarf Tortoise Conservation）

亚成体（Victor J.T. Loehr 摄，Dwarf Tortoise Conservation）

亚成体（Victor J.T. Loehr 摄，Dwarf Tortoise Conservation）

Kinixys natalensis Hewitt, 1935

英文名：Natal Hinge-back Tortoise, KwaZulu-Natal Hinge-back Tortoise

中文名：纳塔尔折背陆龟

分　布：斯威士兰，莫桑比克，南非

形态描述：一种小型陆龟。背甲直线长度雄龟最大可达13厘米，雌龟最大可达17.2厘米。背甲伸长，微圆拱，背表面扁平，两侧具坡度，前侧缘盾不外展不上翘，后侧缘盾不外展，上翘，锯齿状，背甲韧带不发达。在颈部区域仅具浅凹口，背甲后部急剧向下倾斜。颈盾伸长。椎盾宽大于长，但第1椎盾长宽相当，第5椎盾向后裙状展开。第4和第5椎盾中部具瘤状隆起。每侧常各具12枚或更多枚缘盾，臀盾不分开。背甲盾片中心黄色至橙色，周围具深棕色或黑色生长轮。腹甲处喉盾短，1对，仅略超过背甲边缘，前面至多具微凹口；宽是长的2倍。腹甲后叶短，肛盾缺刻很浅。甲桥具3枚小腋盾和1枚大胯盾（与股盾接触）。腹盾缝＞肱盾缝＞股盾缝＞肛盾缝＞胸盾缝＞喉盾缝。腹甲具黄色中心和边框，中间被深色区域分开。头部小至大，吻部不突出，上喙中央钩状，三尖形。前额鳞纵向分开，额鳞大可能被细分，其他头部鳞片小，形状不规则。头部棕色至黄色。前肢棒状，前表面覆有7～8纵排重叠大鳞。前肢5爪。尾部末端具尾爪。四肢和尾部棕色至黄色。

亚成体（Victor J.T. Loehr 摄，Dwarf Tortoise Conservation）

亚成体腹部（Victor J.T. Loehr 摄，Dwarf Tortoise Conservation）

Kinixys nogueyi（Lataste, 1886）

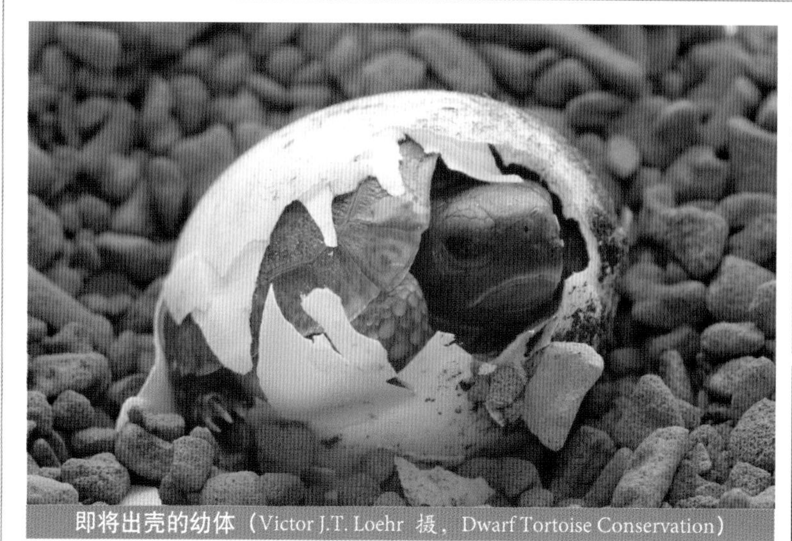
即将出壳的幼体（Victor J.T. Loehr 摄，Dwarf Tortoise Conservation）

成体（Tomas Diagne 摄，引自 Chelonian Research Monographs No.8，2021 年）

成体（雄性）（Herptile Lovers 供图）

成体（雌性）（Herptile Lovers 供图）

成体背部（左雄右雌）（Herptile Lovers 供图）

成体腹部（左雄右雌）（Herptile Lovers 供图）

英文名：Westen Hinge-back Tortoise

中文名：西部钟纹折背陆龟

分　布：贝宁，布基纳法索，喀麦隆，中非共和国，乍得，刚果（金），冈比亚，加纳，几内亚，几内亚比绍，象牙海岸，马里，毛里塔尼亚（?），尼日尔，尼日利亚，塞内加尔，塞拉利昂，南苏丹，多哥

形态描述：一种中型陆龟。背甲直线长度雄龟最大可达28.3厘米，雌龟最大可达28.7厘米。以前作为东部钟纹折背陆龟*Kinixys belliana*的一个地理亚种。形态上与*Kinixys belliana*的主要区别在于前肢具4爪，胸盾中缝长度为喉盾和肱盾中缝联合长度的28%～39%，为腹盾中缝长度的22%～36%。

幼体（Victor J.T. Loehr 摄，Dwarf Tortoise Conservation）

Kinixys spekii Gray, 1863

成体（Victor J.T. Loehr 摄，Dwarf Tortoise Conservation）

英文名：Speke's Hinged–back tortoise

中文名：斑纹折背陆龟

分　布：安哥拉，博茨瓦纳，布隆迪，刚果（金），斯威士兰，肯尼亚，马拉维，莫桑比克，纳米比亚，卢旺达，南非，坦桑尼亚，赞比亚，津巴布韦

成体腹部（Victor J.T. Loehr 摄，Dwarf Tortoise Conservation）

形态描述：一种小型陆龟。背甲直线长度雄龟最大可达18.1厘米，雌龟最大可达21厘米。背甲伸长，明显扁平（长/高>2.3），具不明显中断的中纵棱，后侧缘盾既不是锯齿状，上翘也不明显，背甲韧带发达。颈部区域仅具浅凹口，具伸长的窄颈盾，椎盾宽大于长。第5椎盾向后裙状展开，臀盾不分开。背甲深棕至黑色，椎盾和肋盾具一些浅橄榄棕色至褐色斑状变化图案。年老个体可能为橄榄棕色或棕色。腹甲大，无韧带，喉盾略突出，腹甲后叶短，肛盾缺刻很浅。甲桥具2枚大小中等的腋盾和1枚大胯盾（与股盾接触）。腹盾缝>肱盾缝>肛盾缝>胸盾缝><股盾缝>喉盾缝。腹甲黄棕色，具深色辐射图案（成年雄性褪去）。头部大小小至中等，吻部不突出，上喙中央微钩状。前额鳞被细分，额鳞完整。头部棕色至褐色。前肢前表面覆有重叠大鳞。前肢5爪。

幼体背部（Herptile Lovers　供图）

幼体腹部（Herptile Lovers　供图）

成体（Victor J.T. Loehr 摄，Dwarf Tortoise Conservation）

Kinixys zombensis Hewitt, 1931

英文名：Southeastern Hinge-back Tortoise

中文名：南部钟纹折背陆龟

分　布：斯威士兰，肯尼亚，马拉维，莫桑比克，南非，坦桑尼亚，马达加斯加（早年引入？）

形态描述：一种中型陆龟。背甲直线长度雄龟最大可达20.6厘米，雌龟最大可达21.7厘米。该物种先前被认为是*Kinixys belliana*的一个亚种。形态上，*Kinixys zombensis*体型整体上短圆，不像*Kinixys belliana*那么长。该物种明显鉴定特征为背甲具深棕色，或几乎黑色的蜘蛛网状图案。

地理亚种：

(1) *Kinixys zombensis zombensis* Hewitt, 1931

英文名：Southeastern Hinge-back Tortoise

分　布：马拉维，莫桑比克，南非，坦桑尼亚

腹部（Flora Ihlow 摄，引自 Chelonian Research Monographs No.8，2021 年）

成体（Victor J.T. Loehr 摄，Dwarf Tortoise Conservation）

成体（Thomas E.J. Leuteritz 摄，引自 Chelonian Research Monographs No.8，2021 年）

腹部（Flora Ihlow 摄，引自 Chelonian Research Monographs No.8，2021 年）

老年个体（乔轶伦　摄）

(2) *Kinixys zombensis domerguei* (Vuillenmin, 1972)

英文名：Madagascan Hinge-back Tortoise

分　布：马达加斯加岛

亚种特征：

*Kinixys zombensis zombensis*头顶额鳞完整；*Kinixys zombensis domerguei*头顶额鳞不完整，额鳞的宽度小于前额鳞宽度。

扁陆龟属 *Malacochersus* Lindholm, 1929

本属仅1种。主要特征：甲壳软，背甲扁平。

扁陆龟属物种名录

序号	学名	中文名	亚种
1	*Malacochersus tornieri*	饼干陆龟	/

Malacochersus tornieri（Siebenrock, 1903）

英文名：Pancake Tortoise

中文名：饼干陆龟

分　布：肯尼亚，坦桑尼亚，赞比亚

成体（图虫创意）

形态描述：一种小型陆龟。背甲直线长度雄龟最大可达17厘米，雌龟最大可达17.8厘米。背甲椭圆形，背甲非常扁平，无纵棱、无韧带，两侧几乎平行，侧面缘盾有时略上翘；成年个体后侧缘盾通常平滑，幼体略呈锯齿状。每侧各具11～12枚缘盾，臀盾2枚。无上缘盾。成体颈盾窄长，椎盾宽大于长，中间3枚最小。第1椎盾可能前端略尖，第5椎盾向后裙状展开。颈盾区域通常内凹。背甲黄色至褐色，椎盾和肋盾具浅色中心，盾片边缘深色。盾片边缘宽度可变，辐射黄条穿过深色边缘。这些变化的图案便于在自然界中伪装。腹甲前叶向前略突出，喉盾1对，宽大于长，喉盾前部具微凹口，一些个体偶尔会具间喉盾。具肛盾缺刻。甲桥具2枚（少见3枚）腋盾和2～4枚胯盾。腹盾缝＞肱盾缝＞胸盾缝＞＜股盾缝＞肛盾缝＞喉盾缝。腹甲黄色，具实心棕色斑块或交叉棕色辐射纹。头部大小适中，吻部不突出，上喙钩状，可能二尖或三尖形。有1～2枚前额鳞和1枚大的有时分开的额鳞。其他头鳞小。头部黄棕色。前肢前表面覆有重叠大鳞。四肢和尾部黄棕色。

成体（F. Schmidt 摄，引自 Chelonian Research Monographs No.5，2018年）

成体背部和腹部（F. Schmidt 摄，引自 Chelonian Research Monographs No.5，2018年）

幼体背部和腹部（Herptile Lovers 供图）

幼体（Herptile Lovers 供图）

沙陆龟属 *Psammobates* Fitzinger, 1835

本属3种。主要特征：背甲隆起，近半圆形；喉盾长宽相当或长大于宽，椎盾具淡黄色放射纹，前后缘均呈锯齿状。

沙陆龟属物种名录

序号	学名	中文名	亚种
1	*Psammobates geometricus*	几何沙陆龟	/
2	*Psammobates oculifer*	锯缘沙陆龟	/
3	*Psammobates tentorius*	帐篷沙陆龟	*P. t. tentorius* *P. t. trimeni* *P. t. verroxii*

沙陆龟属的种及亚种检索表

1a 腋盾 1 枚，与肱盾相连；颈盾大，背甲边缘明显锯齿状 …………………… 锯缘沙陆龟 *Psammobates oculifer*

1b 腋盾 1 ~ 3 枚，不与肱盾相连；颈盾小，背甲边缘略呈锯齿状 …………………… 2

2a 腋盾 1 枚，前肢大鳞不重叠排列 …………………… 几何沙陆龟 *Psammobates geometricus*

2b 腋盾 2 或 3 枚，前肢大鳞重叠排列 …………………… 3 帐篷沙陆龟 *Psammobates tentorius*

3a 椎盾中心圆锥状隆起，腹甲图案边界清晰 …………………… 4

3b 椎盾中心扁平，无圆锥状隆起，腹甲图案缺失，或当有深色图案时，没有明显的轮廓 …………………… 帐篷沙陆龟北部亚种 *Psammobates tentorius verroxii*

4a 背甲每侧具 13 枚缘盾，椎盾具 8 ~ 12 条黑线，肋盾具 12 ~ 14 条黑线 …………………… 帐篷沙陆龟南部亚种 *Psammobates tentorius tentorius*

4b 背甲每侧具少于 12 枚缘盾，椎盾和肋盾上有 4 ~ 8 条黑线 …………………… 帐篷沙陆龟西部亚种 *Psammobates tentorius trimeni*

Psammobates geometricus（Linnaeus, 1758）

成体（Eric V. Goode 摄，引自 Chelonian Research Monographs No.8，2021 年）

英文名：Geometric Tortoise

中文名：几何沙陆龟

分　布：南非

形态描述：一种小型陆龟。背甲直线长度雄龟最大可达 12.3 厘米，雌龟最大可达 16.5 厘米。背甲椭圆形，拱起，两侧陡降，颈盾小，颈凹深，后缘微锯齿状。椎盾宽大于长。每枚背甲盾片中

成体（Victor J.T. Loehr 摄，Dwarf Tortoise Conservation）

心隆起，环线生长轮，形成圆锥形或三角锥形。每侧各具 11 ~ 12 枚缘盾，臀盾不分开。背甲深棕色或黑色，每枚椎盾和肋盾具黄色中心和向外辐射的黄色条纹（椎盾具 8 ~ 15 条，肋盾具 9 ~ 12 条）。腹甲大而发达。腹甲前叶向前逐渐变窄，窄于后叶，喉盾微分开，前端缺刻浅。腹甲后叶向后逐渐变窄，肛盾缺刻深。甲桥上腋盾和胯盾单枚。腹盾缝＞喉盾缝＞＜肱盾缝＞＜股盾缝＞＜肛盾缝＜胸盾缝。腹甲黄色沿甲缝具一些棕色或黑色斑块。头部大小适中，前额突出，吻部不突出，上喙中央钩状。前额鳞纵向分开，额鳞被细分。其他头鳞小。头部和颈部深棕色或黑色具黄色不规则网状图案。前肢前面覆有 6 ~ 7 纵行被小鳞分开的形状不规则的黄色不重叠大鳞。股部无圆锥形大硬棘。前肢黑色或深棕色，后肢深色。

背甲椎盾明显呈圆锥状隆起（图虫创意）

Psammobates oculifer（Kuhl, 1820）

英文名：Serrated Tent Tortoise, Kalahari Tent Tortoise

中文名：锯缘沙陆龟

分　布：博茨瓦纳，纳米比亚，南非，津巴布韦

成体（William R. Branch 摄，引自 Chelonian Research Monographs No.8，2021 年）

形态描述：一种小型陆龟。背甲直线长度雄龟最大可达11.8厘米，雌龟最大可达14.7厘米。背甲椭圆形，拱起，两侧陡降，颈盾大，颈凹浅，前后缘明显锯齿状，椎盾宽大于长。每枚背甲盾片中心不隆起，覆有生长轮，形成圆锥形或三角锥形。每侧各具10～12枚缘盾，但通常为11枚，臀盾不分开。背甲深棕色或黑色，每枚椎盾和肋盾具黄色或深橙色辐射条纹（椎盾和肋盾上具6～10条）。腹甲大而发达。腹甲前叶向前逐渐变窄，与后叶同宽，喉盾微分开，前端缺刻浅。腹甲后叶向后逐渐变窄，肛盾缺刻深。甲桥上腋盾和胯盾单枚，

成体（Victor J.T. Loehr 摄，Dwarf Tortoise Conservation）

腋盾通常与肱盾融合。腹盾缝＞肱盾缝＞喉盾缝＞＜股盾缝＞＜肛盾缝＞胸盾缝。每枚腹甲盾片具一个黄色中心，发出黄色和深棕色或黑色辐射线。头部大小小至适中，前额突出，吻部不突出，上喙中央钩状，常三尖形。前额鳞被细分或纵向分开，随后的额鳞被细分，其他头部鳞片小。头部和颈部褐色或棕色具黄色标记；喙黄色。前肢前面覆有2或4纵行形状不规则的不重叠大鳞。股部具1个大硬棘，通常还有一些小硬棘。四肢棕色。

腹部（Victor J.T. Loehr 摄，Dwarf Tortoise Conservation）

Psammobates tentorius（Bell, 1828）

英文名：Tent Tortoise

中文名：帐篷沙陆龟

分　布：纳米比亚，南非

形态描述：一种小型陆龟。背甲直线长度雄龟最大可达12厘米，雌龟最大可达14.5厘米。背甲椭圆形或稍长椭圆形，拱起，两侧陡降，颈盾小，颈凹浅，前后缘微锯齿状，第3～5椎盾宽大于长，第2椎盾长宽相当，第1椎盾长大于宽，第5椎盾向后裙状展开。背甲每枚盾片具隆起中心和生长轮，形成圆锥形或三角锥形。每侧各具11～13枚缘盾，臀盾不分开。背甲在黄色、橙色或微红色至浅棕色间变化。每枚椎盾和肋盾具黄色和黑色或深棕色辐射条纹（椎盾和肋盾上4～14条，缘盾上1～4条）。但有些*P. t. verroxii*亚种腹甲红棕色、褐色或腹甲盾片中心黄色。腹甲大而发达。腹甲前叶向前逐渐变窄，与后叶同宽，喉盾微分开，前端缺刻浅。腹甲后叶向后逐渐变窄，肛盾缺刻深。甲桥具2～3枚腋盾（少见1枚）和胯盾1枚。腹盾缝＞肱盾缝＞＜喉盾缝＞＜肛盾缝＞＜胸盾缝＞＜股盾缝。腹甲黄色至橙色，有时颜色单一，但通常具一些深色斑块。头部大小小至适中，前额微突出，吻部不突出至微突出，上喙中央钩状，二尖或三尖形。前额鳞纵向分开或被细分，随后是被细分的额鳞。其他头部鳞片小。头部、颈部和四肢灰棕色至淡黄色，或红棕色至褐色。头部可能具深色斑块，吻部可能黄色。前肢前表面覆有2～4纵行形状不规则的不重叠大鳞。通常具1枚或更多的大硬棘，后肢跟部具刺状鳞。四肢深色。

腹部（Victor J.T. Loehr 摄，Dwarf Tortoise Conservation）

地理亚种：

(1) *Psammobates tentorius tentorius*（Bell, 1828）

英文名：Southern Tent Tortoise, Common Tent Tortoise

中文名：南部帐篷陆龟

分　布：南非

成体（Victor J.T. Loehr 摄，Dwarf Tortoise Conservation）

(2) *Psammobates tentorius trimeni* (Boulenger, 1886)

英文名：Western Tent Tortoise

中文名：西部帐篷陆龟

分　布：纳米比亚（?），南非

成体（William R. Branch 摄，引自 Chelonian Research Monographs No.8，2021 年）

腹部（Victor J.T. Loehr 摄，Dwarf Tortoise Conservation）

(3) *Psammobates tentorius verroxii* (Smith, 1839)

英文名：Northern Tent Tortoise

中文名：北部帐篷陆龟

分　布：纳米比亚，南非

成体（Victor J.T. Loehr 摄，Dwarf Tortoise Conservation）

成体（Victor J.T. Loehr 摄，Dwarf Tortoise Conservation）

腹部（Victor J.T. Loehr 摄，Dwarf Tortoise Conservation）

腹部（Victor J.T. Loehr 摄，Dwarf Tortoise Conservation）

亚种特征：

南部帐篷陆龟 *Psammobates tentorius tentorius* 腹甲图案非常清楚，深色中心斑沿甲缝向外扩展，无黄色辐射线。背甲通常每侧各具 13 枚缘盾，椎盾中心成圆锥形隆起；每枚椎盾上具 8 ～ 12 条黑色线，肋盾具 10 ～ 14 条黑色线，缘盾上具 3 ～ 4 条黑色线。

西部帐篷陆龟 *Psammobates tentorius trimeni* 腹甲图案非常清楚，深色中心斑交叉黄色辐射线，或交错浅色侵入腹甲底色。背甲通常每侧不多于 12 枚缘盾，椎盾中心成圆锥形隆起；每枚椎盾具 4 ～ 8 条黑色线，肋盾具 4 ～ 8 条黑色线，缘盾具 3 ～ 4 条黑色线。

北部帐篷陆龟 *Psammobates tentorius verroxii* 腹甲全黄色，无深色斑块。当有深色斑时，斑是随机出现的，没有统一的轮廓。背甲通常每侧不多于 12 枚缘盾，椎盾中心扁平不呈圆锥形隆起；每枚椎盾和肋盾具 5 ～ 6 条黑色线，前面盾片的 1 对黑色线与其前面盾片的后 1 对黑色线相遇，形成单眼图案；缘盾具 1 ～ 3 条黑色线。

蛛陆龟属 *Pyxis* Bell, 1827

本属 2 种。主要特征：背甲具黄色蛛网状纹，胸盾缝与股盾缝长度相等或近似。

蛛陆龟属物种名录

序号	学名	中文名	亚种
1	*Pyxis arachnoides*	蛛网陆龟	*P. a. arachnoides* *P. a. brygooi* *P. a. oblonga*
2	*Pyxis planicauda*	扁尾陆龟	/

蛛网陆龟属的种及亚种检索表

1a 背扁平，喉盾缝<股盾缝，腹甲无韧带 ………… 扁尾陆龟 *Pyxis planicauda*
1b 背微拱，喉盾缝>股盾缝，腹甲有或无韧带 ………… 2 蛛网陆龟 *Pyxis arachnoides*
2a 腹甲具韧带 ………… 3
2b 腹甲无韧带 ………… 南部蛛网陆龟 *Pyxis arachnoides brygooi*
3a 腹甲黄色 ………… 普通蛛网陆龟 *Pyxis arachnoides arachnoides*
3b 腹甲具黑色斑块 ………… 北部蛛网陆龟 *Pyxis arachnoides oblonga*

Pyxis arachnoides Bell, 1827

腹部（刘 晔 摄）

英文名：Spider Tortoise

中文名：蛛网陆龟

分　布：马达加斯加岛

形态描述：一种小型陆龟。背甲直线长度雄龟最大可达 14.4 厘米，雌龟最大可达 15.7 厘米。背甲半球形，颈盾常缺失，若存在，窄长。椎盾和肋盾深棕色至黑色，由黄色中心和从其扩散出的几条宽条纹组成星状图案（通常椎盾 6 ~ 8 条，肋盾 4 ~ 6 条）。腹甲有或无韧带，如具韧带可以使腹甲前叶几乎完全关闭。具肛盾缺刻。腹盾缝 > 喉盾缝 > 胸盾缝 > 肱盾缝 >< 肛盾缝 > 股盾缝。腹甲图案从全黄色至甲桥处具黑色斑块之间变化。头部黑色具黄色斑点。尾部扁平，但不明显。四肢和尾部黄棕色。

成体（刘 晔 摄）

成体（刘 晔 摄）

成体（刘 晔 摄）

幼体（刘 晔 摄）

成体背部（雄性）（梁 亮 摄）

成体腹部（雄性）（梁 亮 摄）

成体（雄性）（梁 亮 摄）

地理亚种：

(1) *Pyxis arachnoides arachnoides* Bell, 1827

英文名：Spider Tortoise, Common Spider Tortoise

中文名：普通蛛网陆龟

分　布：马达加斯加岛

成体（雄性）
（Herptile Lovers 供图）

成体背部（雄性）
（Herptile Lovers 供图）

成体腹部（雄性）
（Herptile Lovers 供图）

(2) *Pyxis arachnoides brygooi*（Vuillemin & Domergue, 1972）

英文名：Northern Spider Tortoise

中文名：北部蛛网陆龟

分　布：马达加斯加岛

成体背部（雄性）
（Herptile Lovers 供图）

成体腹部（雄性）
（Herptile Lovers 供图）

成体（雄性）（Herptile Lovers 供图）

(3) *Pyxis arachnoides oblonga* Gray, 1869

英文名：Southern Spider Tortoise

中文名：南部蛛网陆龟

分　布：马达加斯加岛

亚种特征：

现认为有3个亚种：普通蛛网陆龟*Pyxis arachnoides arachnoides* Bell，1827，腹甲黄色，韧带可活动，喉盾向前突出，腋盾长略大于宽；南部蛛网陆龟*Pyxis arachnoides oblonga* Gray，1869a，腹甲具一些黑色斑点或斑块，韧带可活动，喉盾略突出，腋盾宽略大于长；北部蛛网陆龟*Pyxis arachnoides brygooi*（Vuillemin and Domergue，1972），腹甲无黑色斑块，韧带不可活动，喉盾微突出，腋盾长略大于宽。

成体（站酷海洛）

Pyxis planicauda（Grandidier, 1867）

英文名：Flat–tailed Tortoise, Flat–shelled Spider Tortoise

中文名：扁尾陆龟

分　布：马达加斯加岛

成体（高品图像 Gaopinimages）

形态描述：一种小型陆龟。背甲直线长度雄龟最大可达11.8厘米，雌龟最大可达15.4厘米。背甲背侧扁平，椎盾和肋盾深棕色至黑色，具由浅棕或黄色的中心周围有深棕色或黑色宽边构成的星状图案，老年个体在黑色边外面还有黄色边缘。黄色条纹从这些盾片中心向外扩散（通常椎盾4～9条，肋盾2～4条）。缘盾深色，具黄色条纹。腹甲无韧带，后叶无肛盾缺刻。肛盾后侧微圆。腹盾缝>肱盾缝>股盾缝>胸盾缝><肛盾缝>喉盾缝。腹甲黄色，具一些分散的深色斑或边缘辐射线。头部深棕或黑色，具黄色斑点。尾巴明显扁平。四肢和尾巴黄棕色。

亚成体腹部（乔轶伦　摄）

豹纹陆龟属 *Stigmochelys* Gray, 1873

本属仅1种。主要特征：背甲黄色，具黑色或黑褐色斑纹，似豹的斑纹。无颈盾，胸盾非常窄。

豹纹陆龟属物种名录

序号	学名	中文名	亚种
1	*Stigmochelys pardalis*	豹纹陆龟	/

Stigmochelys pardalis（Bell, 1828）

成体背部（雌性）
（Herptile Lovers 供图）

成体腹部（雌性）
（Herptile Lovers 供图）

英文名：Leopard Tortoise

中文名：豹纹陆龟

分　布：安哥拉，博茨瓦纳，布隆迪（？），斯威士兰，埃塞俄比亚，肯尼亚，马拉维，莫桑比克，纳米比亚，卢旺达，索马里，南非，南苏丹，坦桑尼亚，乌干达，赞比亚，津巴布韦

形态描述：一种大型陆龟。背甲直线长度雄龟最大可达65.5厘米，雌龟最大可达75厘米。背甲高拱，两侧陡降（几乎垂直），椎盾略突出。颈凹明显，无颈盾。前后缘盾略扩

成体（Victor J.T. Loehr 摄，Dwarf Tortoise Conservation）

展且上翘。第1椎盾长宽相当或长大于宽，其他椎盾宽大于长，第5椎盾向后裙状展开。椎盾和肋盾中心突起或扁平，围绕有清晰生长轮。两侧常各具11枚缘盾，臀盾1枚，内收。椎盾和肋盾中心黄色、褐色、棕色、红棕色或橄榄色，周围具深棕色或黑色斑块，甲缝常为浅色，缘盾具黑色斑。

幼体（Victor J.T. Loehr 摄，Dwarf Tortoise Conservation）

腹甲发达，肛盾缺刻深。腹盾缝＞肱盾缝＞＜股盾缝＞＜喉盾缝＞＜肛盾缝＞胸盾缝。喉盾1对，加厚但不突出。甲桥宽，具2枚腋盾（1大1小）和1枚胯盾（与股盾接触）。头部大小中等，吻部不突出，上喙中央钩状，常为三尖形。前额鳞大，单枚或纵向分开，通常无额鳞，或变小和被细分，其他头部鳞片小。头部黄色或褐色。前肢前表面覆有3～4排大而不规则的不重叠（或极少重叠）鳞片。股部具2个或多个锥形大硬棘（大小远小于苏卡达陆龟*Centrochelys sulcata*），尾部末端无尾爪。四肢和尾黄色至棕色。

先前认为存在的两个亚种：*Stigmochelys pardalis pardalis*（Bell，1828）和*Stigmochelys pardalis babcocki*（Loveridge，1935），由于表现出广泛的地理变异，目前尚未得到所有研究人员的认可（Bonin等，2006），此外，Fritz等（2010）否定了亚种的存在。

“豹纹”基本褪去的老年个体（乔轶伦 摄）

生长中“爆白”的个体（乔轶伦 摄）

陆龟属 *Testudo* Linnaeus, 1758

本属 5 种。主要特征：背甲无韧带，无上缘盾，腹甲有或无韧带，上喙中央钩状。

陆龟属物种名录

序号	亚属名	学名	中文名	亚种
1	*Testudo*	*Testudo graeca*	希腊陆龟	*T. g. graeca* *T. g. armeniaca* *T. g. buxtoni* *T. g. cyrenaica* *T. g. ibera* *T. g. marokkensis* *T. g. nabeulensis* *T. g. terrestris* *T. g.whitei* *T. g. zarudnyi*
2		*Testudo kleinmanni*	埃及陆龟	/
3		*Testudo marginata*	缘翘陆龟	/
4	*Agrionemys*	*Testudo horsfieldii*	四爪陆龟	*T. h. horsfieldii* *T. h. bogdanovi* *T. h. kazachstanica* *T. h. kuznetzovi* *T. h. rustamovi*
5	*Chersine*	*Testudo hermanni*	赫曼陆龟	*T. h. hermanni* *T. h. boettgeri*

陆龟属的种检索表

1a 前肢 4 爪 …………………………………… 四爪陆龟 *Testudo horsfieldii*

1b 前肢 5 爪 …………………………………… 2

2a 臀盾常分为 2 枚；股部无硬棘；前肢前表面具 5 ~ 10 排纵向小鳞；尾末端有尾爪或尾鳞 …………………………………… 赫曼陆龟 *Testudo hermanni*

2b 臀盾通常 1 枚；股部有或无硬棘；前肢前表面具 3 ~ 6 排纵向大鳞；尾有或无尾爪或尾鳞 …………………… 3

3a 股部具锥形大硬棘，无尾爪或尾鳞 …………………………………… 希腊陆龟 *Testudo graeca*

3b 股部无硬棘，常具尾鳞 …………………………………… 4

4a 仅臀盾向后方裙状展开；背甲短（< 14 厘米）；前肢前表面仅有 3 排纵向大鳞 …………………………………… 埃及陆龟 *Testudo kleinmanni*

4b 臀盾和后侧缘盾裙状展开很大，背甲长（> 20 厘米）；前肢前表面通常有 4 ~ 5 排纵向大鳞 …………………………………… 缘翘陆龟 *Testudo marginata*

Testudo (Testudo) graeca Linnaeus, 1758

英文名：Spur–thighed Tortoise, Greek Tortoise, Moorish Tortoise

中文名：希腊陆龟

分　布：阿富汗（?），阿尔及利亚，亚美尼亚，阿塞拜疆，保加利亚，格鲁吉亚，希腊，伊朗，约旦，伊拉克，以色列，约旦，科索沃，黎巴嫩，利比亚，马其顿，摩尔多瓦，摩洛哥，北马其顿，巴基斯坦（?），马勒斯坦，罗马尼亚，俄罗斯，塞尔维亚，西班牙，叙利亚，突尼斯，土耳其，土库曼斯坦（?）

形态描述：一种中型陆龟。背甲直线长度雄龟最大可达38.9厘米，雌龟最大可达31.6厘米。背甲圆形，拱起，最高处在中心处之后，两边陡降，颈凹宽，后缘微至展开大和略锯齿状。颈盾窄长。椎盾宽大于长；第5椎盾扩展，但窄于第4椎盾。椎盾和肋盾中心少见隆起，盾片表面平滑。每侧各具11枚缘盾，臀盾1枚，不分开；但也有一些个体臀盾分开。背甲颜色从黄色或褐色具黑色或深棕色斑块至全部灰色或黑色之间变化。腹甲发达。前叶不上翘或仅略上翘，向前逐渐变窄；短于和窄于可活动的后叶，具肛盾缺刻。腹盾缝＞肱盾缝＞＜喉盾缝＞＜肛盾缝＞＜胸盾缝＞股盾缝。喉盾1对，明显变厚，未或略超过背甲边缘（*Testudo graeca armeniaca*的喉盾超过背甲边缘）。甲桥宽，具1枚小腋盾和1～2枚小或中等大小、不与

成体（Daniel Escoriza 摄，引自 Chelonian Research Monographs No.5，2022 年）

股盾接触的胯盾。腹甲和甲桥黄色至黄绿色，棕色或灰色，有一些深棕色或黑色斑。头部大小适中，吻部不突出，上喙中央微钩状，三尖形。前额鳞很少，纵向分开，但额鳞大，可能被再分；其他头部鳞片小。头部从黄色至棕色、灰色或黑色变化，有或无深色斑点。颈部黄棕色至灰色。前肢前表面具3～7纵排重叠大鳞。跟部可能无刺状鳞，股部具圆锥形硬棘。尾部末端无尾爪。四肢和尾部黄棕色至灰色。

地理亚种：

(1) *Testudo (Testudo) graeca graeca* Linnaeus, 1758

英文名：Souss Valley Tortoise

分　布：摩洛哥

成体背部和腹部
（Daniel Escoriza 摄，
引自 Chelonian Research Monographs
No.5，2022 年）

成体（Marine Arakelyan 摄，
引自 Chelonian Research Monographs
No.8，2021 年）

(2) *Testudo (Testudo) graeca armeniaca* Chkhikvadze & Bakradze, 1991

英文名：Araxes Tortoise

分　布：亚美尼亚，阿塞拜疆，格鲁吉亚，伊朗，俄罗斯，土耳其

(3) *Testudo (Testudo) graeca buxtoni* Boulenger, 1921

英文名：Buxton's Tortoise

分　布：伊朗，土耳其

成体（Pavel Široký 摄，引自 Chelonian Research Monographs No.8，2021 年）

成体（Christoph Schneider&Willi Schneider 摄，引自 Chelonian Research Monographs No.5，2022 年）

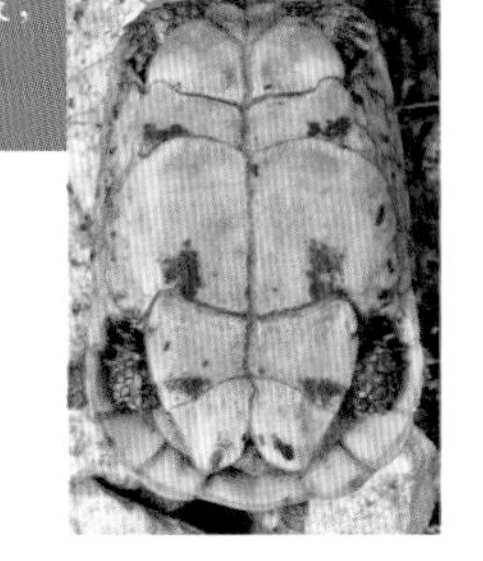

腹部（Christoph Schneider&Willi Schneider 摄，引自 Chelonian Research Monographs No.5，2022 年）

(4) *Testudo (Testudo) graeca cyrenaica* Pieh & Perälä, 2002

英文名：Cyrenaican Spur–thighed Tortoise

分　布：利比亚

成体（Alexander A. Inozemtsev 摄，引自 Chelonian Research Monographs No.8，2021 年）

(5) *Testudo (Testudo) graeca ibera* Pallas, 1814

英文名：Asia Minor Tortoise

成体背部和腹部（雄性）（Herptile Lovers　供图）

分　布：亚美尼亚，阿塞拜疆，保加利亚，格鲁吉亚，希腊，科索沃，摩尔多瓦，北马其顿，罗马尼亚，俄罗斯，塞尔维亚，土耳其

成体（Uwe Fritz 摄，引自 Chelonian Research Monographs No.8，2021 年）

(6) *Testudo (Testudo) graeca marokkensis* Pieh & Perälä, 2004

英文名：Morocco Tortoise

分　布：摩洛哥

成体背部和腹部（Daniel Escoriza 摄，引自 Chelonian Research Monographs No.5 2022 年）

(7) *Testudo (Testudo) graeca nabeulensis* (Highfield, 1990)

英文名：Nabeul Tortoise

分　布：阿尔及利亚，利比亚，突尼斯

成体（Norbert Halasz 摄，引自 Chelonian Research Monographs No.8，2021 年）

成体背部和腹部（Daniel Escoriza 摄，引自 Chelonian Research Monographs No.5，2022 年）

(8) *Testudo (Testudo) graeca terrestris* Forskål, 1775

英文名：Mesopotamian Tortoise

分　布：伊朗，以色列，约旦，黎巴嫩，巴勒斯坦，叙利亚，土耳其

成体（Norbert Halasz 摄，引自 Chelonian Research Monographs No.8，2021 年）

成体背部和腹部（雄性）（Herptile Lovers　供图）

成体（Daniel Escoriza 摄，引自 Chelonian Research Monographs No.5，2022 年）

(9) *Testudo (Testudo) graeca whitei* Bennitt, 1836

英文名：Mediterranean Spur–thighed Tortoise

分　布：阿尔及利亚，摩洛哥，西班牙

成体背部和腹部（Daniel Escoriza 摄，引自 Chelonian Research Monographs No.5 2022 年）

成体（Asghar Mobaraki 摄，引自 Chelonian Research Monographs No.8，2021 年）

(10) *Testudo (Testudo) graeca zarudnyi* Nikolsky, 1896

英文名：Iranian Tortoise

分　布：阿富汗（？），伊朗，巴基斯坦（？），土库曼斯坦（？）

Testudo (Testudo) kleinmanni Lortet, 1883

英文名：Egyptian Tortoise

中文名：埃及陆龟

分　布：埃及，以色列，利比亚，巴勒斯坦（?）

亚成体（乔轶伦　摄）

形态描述：一种小型陆龟。背甲直线长度雄龟最大可达10.6厘米，雌龟最大可达14.4厘米。这个物种与*Testudo graeca*相似，过去曾被认为是*Testudo graeca*的矮小品种。背甲圆拱，最高处接近中心处，两边陡降，具颈凹，臀盾向外展开。颈盾通常宽，呈三角形，但也可能窄长。椎盾宽大于长；第5椎盾扩展。椎盾和肋盾中心可能微隆起，周围环绕着生长轮。每侧常各具10～12枚缘盾，臀盾通常不分开。背甲青黄色至黄棕色，甲缝通常深色，偶尔非常宽。腹甲发达。腹甲前叶不上翘，向前逐渐变窄；略短于和窄于后叶，具肛盾缺刻。腹盾缝＞肛盾缝＞胸盾缝＞＜肱盾缝＞喉盾缝＞股盾缝。喉盾1对，明显变厚，少有超过背甲边缘。甲桥宽，具1枚小腋盾和1～2枚可能与股盾接触的小胯盾。腹甲和甲桥黄色，腹盾具三角形斑，常常胸盾也具三角形斑，沿缝少有三角形斑。有些个体腹甲黑色，但具黄色缝，有些个体腹甲深色斑块完全消失。头部大小适中，吻部不突出，上喙中央微钩状，三尖形。前额鳞大，被纵向分开或再细分；额鳞完整或被细分；其他头部鳞片小。头部黄棕色；喙褐色。前肢前表面具3纵排（偶尔4纵排）不重叠大鳞。前肢5爪。足跟部具刺状鳞，股部无硬棘。四肢黄棕色。尾部末端无尾爪。

成体（引自 Mark de Boer 等，2019 年）

成体腹部（引自 Mark de Boer 等，2019 年）

亚成体（乔轶伦　摄）

Testudo (Testudo) marginata Schoepff, 1793

英文名：Marginated Tortoise

中文名：缘翘陆龟

分　布：希腊，阿尔巴尼亚

成体（Andreas Nöllert 摄，引自 Chelonian Research Monographs No.8，2021 年）

形态描述：一种中大型陆龟。背甲直线长度雄龟最大可达 42 厘米，雌龟最大可达 40.3 厘米。背甲偏长、圆拱，最高处在中心处之后，两边陡降，颈凹小，后缘锯齿状，明显向外展开（特别是雄性个体）。颈盾窄长。椎盾宽大于长；第 5 椎盾向后裙状展开。椎盾和肋盾中心可能微隆起，周围环绕着生长轮。每侧各具 11 枚缘盾，臀盾通常不分开，与后侧缘盾一样外展明显。背甲黑色至深棕色，椎盾和肋盾中心黄色，缘盾具黄色条带。腹甲发达，腹甲前叶上翘，向前逐渐变窄，短于和窄于后叶，具肛盾缺刻。腹盾缝＞肛盾缝＞肱盾缝＞＜胸盾缝＞＜股盾缝＞喉盾缝。喉盾 1 对，明显变厚，略超过背甲边缘。甲桥宽，有 1 枚腋盾和 1 ~ 2 枚可能与股盾接触的大小适中的胯盾。腹甲和甲桥黄色，甲桥具一些暗色斑，沿腹甲具 2 排三角形大黑色斑。头部大小适中，吻部不突出，上喙中央微钩状。前额鳞大，额鳞大，可能被纵向分开或再细分；其他头部鳞片小。头部黑色，颏部黄色或灰色，喙黑色或棕色。前肢前表面具 4 ~ 5 纵排重叠大鳞。前肢 5 爪。脚跟部具刺状鳞，股部可能具小硬棘。四肢棕色至黄棕色。尾部末端无尾爪。

成体背部（雌性）（Herptile Lovers　供图）

成体腹部（雌性）（Herptile Lovers　供图）

成体背部（雄性）（Herptile Lovers　供图）

亚成体（乔轶伦　摄）

幼体（Herptile Lovers　供图）

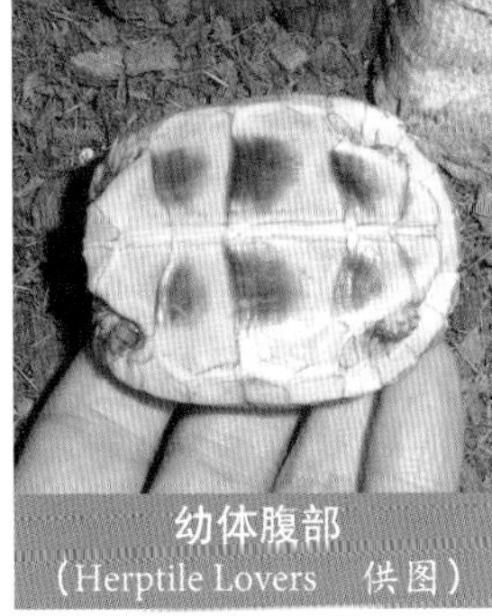
幼体腹部（Herptile Lovers　供图）

亚成体腹部（乔轶伦　摄）

Testudo (Agrionemys) horsfieldii Gray, 1844

英文名：Central Asian Tortoise, Steppe Tortoise, Horsfield's Tortoise

中文名：四爪陆龟

分　布：阿富汗，中国（新疆），伊朗，哈萨克斯坦，吉尔吉斯斯坦，巴基斯坦，塔吉克斯坦，土库曼斯坦，乌兹别克斯坦

形态描述：一种中小型陆龟。背甲直线长度雄龟最大可达 19 厘米，雌龟最大可达 28.6 厘米。背甲圆形，长宽几乎相同，扁平（长是高的 2 倍）。最高处接近中心处，两边不陡降。颈凹小，后缘扩展不大，可能微锯齿状。颈盾窄长。椎盾宽大于长；第 5 椎盾向后裙状展开。椎盾和肋盾中心略隆起，周围环绕着生长轮。每侧常具 11 枚缘盾，臀盾不分开。背甲浅棕色至黄棕色，每枚盾片具大范围的深棕色斑块。腹甲发达，在腹盾和股盾间无韧带。腹甲前叶不上翘，向前逐渐变窄；略短于和窄于后叶，具肛盾缺刻。腹盾缝＞喉盾缝＞＜肱盾缝＞＜肛盾缝＞股盾缝＞胸盾缝。喉盾 1 对，明显变厚，略超过背甲边缘。甲桥宽，有 1 枚小腋盾和 1 枚小的、不与股盾接触的胯盾。甲桥黄色，但腹甲黑色，甲缝黄色。头部大小适中，吻部不突出，上喙中央钩状，三尖形。前额

成体（雌性）（Herptile Lovers　供图）

成体背部（雌性）（Herptile Lovers　供图）

成体腹部（雌性）（Herptile Lovers　供图）

成体（站酷海洛）

幼体（Herptile Lovers　供图）

幼体腹部（Herptile Lovers　供图）

鳞大，纵向分开；额鳞大，通常不细分；其他头部鳞片小。头部黄褐色，喙深色。四肢黄棕色。前肢前表面5～6纵排重叠大鳞。跟部有刺状鳞，股部具钝的硬棘。尾部末端具尾爪。

地理亚种：

(1) *Testudo (Agrionemys) horsfieldii horsfieldii* Gray, 1844

英文名：Central Asian Tortoise, Steppe Tortoise, Horsfield's Tortoise

分　布：阿富汗，巴基斯坦

(2) *Testudo (Agrionemys) horsfieldii bogdanovi* Chkhikvadze, 2008

英文名：Fergana Valley Steppe Tortoise

分　布：吉尔吉斯斯坦，塔吉克斯坦，乌兹别克斯坦

成体（Shi Haitao 摄，引自 Chelonian Research Monographs No.8，2021年）

(3) *Testudo (Agrionemys) horsfieldii kazachstanica* Chkhikvadze, 1988

英文名：Kazakhstan Steppe Tortoise

分　布：阿富汗，中国（新疆），哈萨克斯坦，吉尔吉斯斯坦，塔吉克斯坦，土库曼斯坦，乌兹别克斯坦

(4) *Testudo (Agrionemys) horsfieldii kuznetzovi* Chkhikvadze, Ataev, Shammakov & Zatoka, 2009

英文名：Turkmenistan Steppe Tortoise

分　布：土库曼斯坦，乌兹别克斯坦

(5) *Testudo (Agrionemys) horsfieldii rustamovi* Chkhikvadze, Amiranashvili & Ataev, 1990

英文名：Kopet-Dag Steppe Tortoise

分　布：阿富汗，伊朗，土库曼斯坦

成体（Andreas Nöllert 摄，引自 Chelonian Research Monographs No.8，2021年）

Testudo (Chersine) hermanni Gmelin, 1789

英文名：Hermann's Tortoise

中文名：赫曼陆龟

分　布：阿尔巴尼亚，波黑，保加利亚，克罗地亚，法国，希腊，意大利，马其顿，黑山，罗马尼亚，塞尔维亚，斯洛文尼亚，西班牙，土耳其

形态描述：一种中型陆龟。背甲直线长度雄龟最大可达 31.4 厘米，雌龟最大可达 35.7 厘米。背甲圆形，拱起，最高处在中心处之后，两边陡降，颈凹小，后缘上翘，略锯齿状。颈盾窄长。椎盾宽大于长；第 5 椎盾扩展，宽于第 4 椎盾。椎盾和肋盾中心略隆起，周围环绕着生长轮，使盾片表面显得波浪起伏。背甲颜色从黄色、橄榄色或橙色至深棕色之间变化。浅色个体常具大量深斑。腹甲发达。前叶略上翘，向前逐渐变窄；短于和窄于可活动的后叶，具肛盾缺刻。腹盾缝>肱盾缝>肛盾缝><喉盾缝>股盾缝>胸盾缝。喉盾 1 对，明显变厚，略超过背甲边缘。甲桥宽，具 1 枚小腋盾和 1 枚不与股盾接触的小胯盾（可能没有）。腹甲深棕色或黑色，具黄色边缘和中缝。甲桥黄色。头部大小适中，吻部不突出，上喙中央钩状。前额鳞大，额鳞可能被纵向分开或再细分；其他头部鳞片小。头部棕色或黑色；颏部颜色可能变浅。前肢前表面具 5 ~ 10 纵排不重叠小鳞。足跟部大鳞不伸长，股部无硬棘。尾部末端具尾爪。

成体（Francesco Luigi 摄，引自 Chelonian Research Monographs No.8，2021 年）

成体（雄性）（Herptile Lovers　供图）

成体背部（雄性）(Herptile Lovers　供图)

成体腹部（雄性）(Herptile Lovers　供图)

地理亚种：

（1）*Testudo (Chersine) hermanni hermanni* Gmelin, 1789

英文名：Western Hermann's Tortoise

中文名：西部赫曼陆龟

分　布：意大利，法国，西班牙

(2) *Testudo (Chersine) hermanni boettgeri* Mojsisovics, 1889

英文名：Eastern Hermann’s Tortoise

中文名：东部赫曼陆龟

分　布：阿尔巴尼亚，波黑，保加利亚，克罗地亚，希腊，意大利（?），科索沃，马其顿，黑山，罗马尼亚，塞尔维亚，斯洛文尼亚，土耳其

成体（Adrian Hailey 摄，引自 Chelonian Research Monographs No.8，2021 年）

成体（雄性）(Herptile Lovers　供图)

成体背部（雄性）(Herptile Lovers　供图)

成体腹部（雄性）(Herptile Lovers　供图)

亚种特征：

西部赫曼陆龟 *Testudo hermanni hermanni* 背甲高拱、颜色明亮，形成鲜明对比的黄黑色区域，个体小（雄性 14 厘米，雌性 16.5 厘米），眼下和眼后具浅色点。

东部赫曼陆龟 *Testudo hermanni boettgeri* 背甲扁平、颜色暗，个体大（雄性 19 厘米，雌性 20 厘米），眼下和眼后无浅色点。

（十三）两爪鳖科 Carettochelyidae Boulenger, 1887

本科现生仅 1 属 1 种，分布于澳大利亚、印度尼西亚、巴布亚新几内亚。高度水栖，主要栖息于河流、沼泽、水潭、湖泊和河口等水生环境。杂食性趋向草食性，以水果、树叶、茎、软体动物和甲壳动物为食。主要特征：头竖直收回，吻部猪鼻状；背甲表面为光滑皮肤，无纵棱和角质盾片；前肢桨状，四肢具爪。

两爪鳖属 *Carettochelys* Ramsa, 1886

两爪鳖属物种名录

序号	学名	中文名	亚种
1	*Carettochelys insculpta*	两爪鳖（猪鼻龟）	/

成体（站酷海洛）

Carettochelys insculpta Ramsay, 1886

英文名：Pig-nosed Turtle, Fly River Turtle

中文名：两爪鳖（猪鼻龟）

分　布：澳大利亚，印度尼西亚，巴布亚新几内亚

成体（Herptile Lovers　供图）

成体背部（Herptile Lovers　供图）

成体腹部（Herptile Lovers　供图）

形态描述：一种大型水栖淡水龟。背甲直线长度雄龟最大可达41.3厘米，雌龟最大可达52.5厘米。成体背甲灰色至橄榄色，无角质盾片，具一层粗糙褶皱的革质皮肤，这一外部特征与鳖类相似。成体背甲边缘平滑，无中纵棱；幼体背甲边缘锯齿状，具节状中纵棱。背甲灰色至橄榄色，沿甲壳下部具一系列白斑。甲桥和腹甲十分发达，无盾片。甲桥和腹甲白色。头部背面粗糙，吻部像鳖类向前突出，但较短，具褶皱。头部背面灰色至橄榄色，腹面白色。眼眶后具1枚白斑，前肢桨状，具2爪，后肢蹼状。前肢无斑纹图案，外侧颜色深内侧颜色浅。后肢颜色同前肢。尾部具一系列横向大鳞。尾部背面深色，腹面白色。

幼体（Herptile Lovers　供图）

（十四）鳖科 Trionychidae Gray, 1825

本科分为盘鳖亚科 Cyclanorbinae 和鳖亚科 Trionychinae 两个亚科，现生 13 属 34 种，分布于非洲、北美洲和亚洲。主要栖息于河流、沼泽、湖泊和河口等水生环境。大部分为肉食性，以鱼类、两栖动物、甲壳动物、软体动物和昆虫为食。鳖科的主要特征：头部竖直收回，吻部管状、伸长；龟壳骨质退化、不完整；前肢非桨状。

鳖科的属检索表

1a 腹部后叶股部有可以覆盖后肢的半月牙形肉质叶状物 ………… 2 盘鳖亚科 Cyclanorbinae
1b 腹部后叶股部无可以覆盖后肢的半月牙形肉质叶状物 ………… 4 鳖亚科 Trionychinae
2a 具缘板，产于印度和缅甸 ………… 缘板鳖属 *Lissemys*

2b 无缘板，产于南非 ………… 3
3a 椎板呈一列且连续排列，眶后骨呈拱形，比眼窝直径宽，上板短且直 ………… 圆鳖属 *Cycloderma*
3b 椎板不连续排列，眶后骨比眼窝直径宽，上板长且呈一定的角度 ………… 盘鳖属 *Cyclanorbis*
4a 吻突长与最大眶径相等 ………… 5
4b 吻突长短于最大眶径 ………… 鼋属 *Pelochelys*
5a 眶后骨较宽，大于最大眶径；咀嚼面窄而尖 ………… 小头鳖属 *Chitra*
5b 眶后骨较窄，小于最大眶径；咀嚼面宽而平 ………… 6
6a 上板向前延伸较长 ………… 7
6b 上板向前延伸较少或中等长度 ………… 10
7a 8对肋板均与椎板相连接 ………… 马来鳖属 *Dogania*
7b 第7对或第8对肋板在中线相接不被椎板阻隔 ………… 8
8a 腹甲具7个胼胝体 ………… 华鳖属 *Pelodiscus*
8b 腹甲少于7个胼胝体 ………… 9
9a 具4个胼胝体，颈板宽与长之比小于3 ………… 山瑞鳖属 *Palea*
9b 具5个胼胝体，颈板宽与长之比大于3 ………… 亚洲鳖属 *Amyda*
10a 颈板宽与长之比小于3 ………… 丽鳖属 *Nilssonia*
10b 颈板宽与长之比大于3 ………… 11
11a 8对肋板完整，没有退化 ………… 三爪鳖属 *Trionyx*
11b 8对肋板不完整，有退化或缺失 ………… 12
12a 腹甲上具2个胼胝体 ………… 斑鳖属 *Rafetus*
12b 腹甲上具4个或更多的胼胝体 ………… 滑鳖属 *Apalone*

盘鳖属 *Cyclanorbis* Gray, 1854

本属2种。主要特征：头部眶后骨比眼窝的直径宽；背部无缘板，椎板不连续排列，腹部上板长且呈一定的角度，舌板与下板形成联体，腹部后叶股部有可以覆盖后肢的半月牙形肉质叶状物。

盘鳖属物种名录

序号	学名	中文名	亚种
1	*Cyclanorbis elegans*	努比亚盘鳖	/
2	*Cyclanorbis senegalensis*	塞内加尔盘鳖	/

盘鳖属的种检索表

1a 喉部胼胝体存在；剑板后部宽且有凹口；前额骨不接触犁骨 ………… 塞内加尔盘鳖 *Cyclanorbis senegalensis*
1b 喉部胼胝体不存在；剑板后部尖；前额骨与犁骨接触 ………… 努比亚盘鳖 *Cyclanorbis elegans*

Cyclanorbis elegans（Gray, 1869）

英文名：Nubian Flapshell Turtle

中文名：努比亚盘鳖

分　布：贝宁（?），喀麦隆，中非共和国，乍得，埃塞俄比亚（?），加纳，尼日利亚，南苏丹，苏丹，多哥

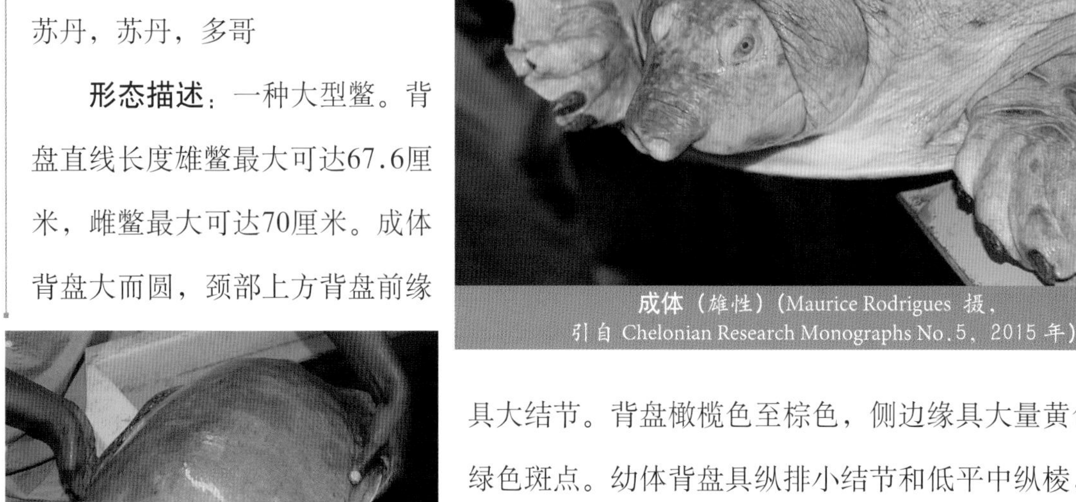

成体（雄性）（Maurice Rodrigues 摄，引自 Chelonian Research Monographs No.5，2015 年）

成体（雄性）（Maurice Rodrigues 摄，引自 Chelonian Research Monographs No.5，2015 年）

形态描述：一种大型鳖。背盘直线长度雄鳖最大可达67.6厘米，雌鳖最大可达70厘米。成体背盘大而圆，颈部上方背盘前缘具大结节。背盘橄榄色至棕色，侧边缘具大量黄色或浅绿色斑点。幼体背盘具纵排小结节和低平中纵棱，但随年龄增长，背盘变得平滑。腹部通常仅在舌板与下板联体上具1对胼胝体，但可能剑板有1小对。喉区没有胼胝体。剑板相接，后部尖。腹部黄色具深色斑。头部小，棕色具浅绿色或黄色蠕虫纹。颈部淡棕色，具大量黄色小斑点。前肢皮肤具4个横向新月形褶皱，四肢棕色。刚出生个体背盘绿色具不规则形状的大黄斑，头部绿色至棕色具大量黄色斑点。

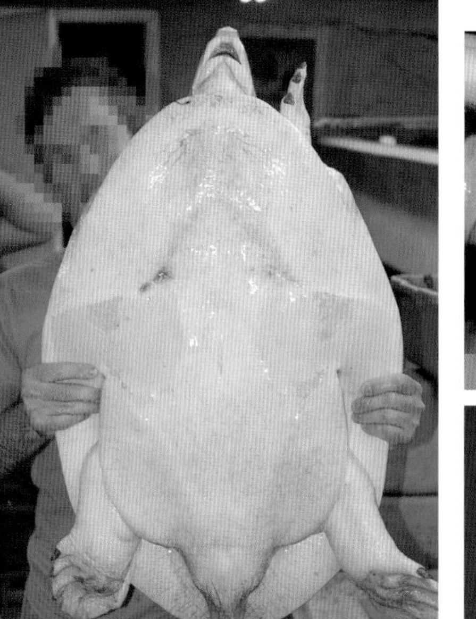

成体腹部（雄性）（Maurice Rodrigues 摄，引自 Chelonian Research Monographs No.5，2015 年）

幼体（Herptile Lovers　供图）

幼体腹部（Herptile Lovers　供图）

具 11 块胼胝体的特殊个体
（红色标记处为多出的 2 块胼胝体）
（Pearson McGovern 摄，引自 Chelonian Research Monographs No.5，2021 年）

成体（Pearson McGovern 摄，
引自 Chelonian Research Monographs No.5，2021 年）

成体（William R. Branch 摄，引自 Chelonian Research Monographs No.5，2021 年）

幼体（Pearson McGovern 摄，
引自 Chelonian Research Monographs No.5，2021 年）

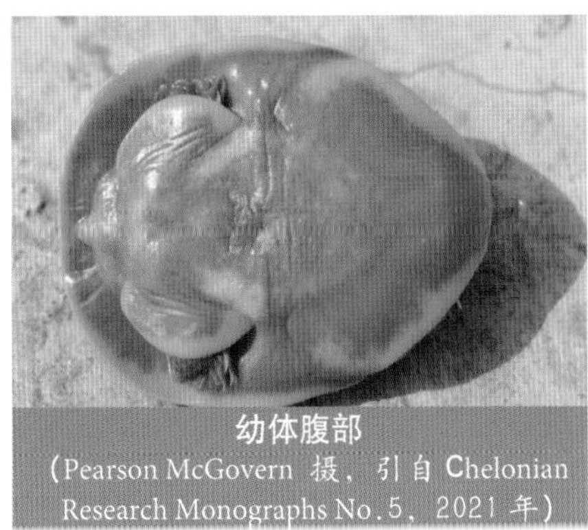

幼体腹部
（Pearson McGovern 摄，引自 Chelonian Research Monographs No.5，2021 年）

Cyclanorbis senegalensis (Duméril & Bibron, 1835)

英文名：Sahelian Flapshell Turtle, Senegal Flapshell Turtle

中文名：塞内加尔盘鳖

分　布：贝宁，布基纳法索，喀麦隆，中非共和国，乍得，埃塞俄比亚，冈比亚，加纳，几内亚，几内亚比绍，象牙海岸，利比里亚，马里，毛里塔尼亚，尼日尔，尼日利亚，塞内加尔，塞拉利昂，南苏丹，苏丹，多哥，乌干达（?）

形态描述：一种中型鳖，背盘直线长度雄鳖最大可达18.7厘米，雌鳖最大可达35.5厘米。成体背盘椭圆形，有些圆拱，前缘在颈部上方，具大结节。背盘棕色至深橄榄灰色，有或无深色小杂斑和浅色边。幼体背盘具几纵行结节和中纵棱，但成体背盘变得平滑。腹部可能具7～11块发达的胼胝体，通常为9块（喉区具小的胼胝体，若剑板上胼胝体消失，则为7块）；剑板不相接，后部宽且具凹口。腹部白色至奶油色，具几个灰色或棕色斑点或斑块。头部大小适中，背面橄榄色至棕色，侧面颜色略浅，颏部和喉部具杂斑。颈部橄榄色至灰棕色。前肢皮肤具5～6个横向新月形褶皱。四肢橄榄色至灰棕色。

圆鳖属 *Cycloderma* Peters, 1854

本属2种。主要特征：头部眶后骨呈拱形，比眼窝的直径宽；背部无缘板，椎板呈一列且连续排列，上板短且直，舌板与下板形成联体，腹部后叶股部具可以覆盖后肢的半月牙形肉质叶状物。

圆鳖属物种名录

序号	学名	中文名	亚种
1	*Cycloderma aubryi*	欧氏圆鳖	/
2	*Cycloderma frenatum*	东非圆鳖	/

圆鳖属的种检索表

1a 舌板和下板联体胼胝体沿一条长缝接触剑板胼胝体；颧骨没进入眶部；通常为棕色…………………………………… **欧氏圆鳖** *Cycloderma aubryi*

1b 舌板与下板联体胼胝体与剑板胼胝体分离，或仅沿一条非常短的缝接触；颧骨进入眶部；通常为淡绿色或灰色…………………………………… **东非圆鳖** *Cycloderma frenatum*

Cycloderma aubryi（Duméril, 1856）

英文名： Aubry's Flapshell Turtle

中文名： 欧氏圆鳖

分　布： 安哥拉，喀麦隆，中非共和国，刚果（金），刚果（布），加蓬

头部特写（图虫创意）

形态描述： 一种大型鳖。背盘直线长度雄鳖最大可达40厘米，雌鳖最大可达50.7厘米。成体背盘椭圆形，平滑无纵棱，但幼体具中纵棱和大量分散结节。背盘看起来向前突出。背盘棕色具深色窄中条

纹。成体腹部具7块大且颗粒状胼胝体，覆盖腹部大部分区域。成体腹部黄色，具褪色棕斑块。头部淡棕色，具5条细纵线：1条中线从顶部向后延伸到颈部；中间两边各有1条，从眼眶间向头后部延伸；另外两边各有1条，从鼻孔开始，向后延伸，通过眼眶和头部两侧到达颈部。颏部和喉部黄色具棕色斑点。前肢前表面具6～7枚前肢鳞片。四肢棕色。刚孵化的个体背盘长度约55毫米，淡橙色至赤褐色，具分散黑点和棕色窄中条纹。腹部黄色，具从前端向后延伸的V形棕色标记。

成体（Olivier S.G. Pauwels 摄，引自 Chelonian Research Monographs No.8，2021 年）

Cycloderma frenatum Peters, 1854

成体（Martin Grimm 摄，引自 Chelonian Research Monographs No.8，2021 年）

英文名：Zambezi Flapshell Turtle

中文名：东非圆鳖

分　布：马拉维，莫桑比克，坦桑尼亚，赞比亚，津巴布韦

形态描述：一种大型鳖。背盘直线长度雄鳖最大可达46.5 厘米，雌鳖最大可达 49 厘米。成体背盘椭圆形，平滑无纵棱；幼体背盘粗糙，具中纵棱和大量纵排小结节。背盘前端不突出。背盘浅绿色可能具模糊斑块。腹部具 7 块胼胝体；内板胼胝体非常小。腹部奶油色，具褪色的灰色斑块。头部灰色至绿色，具 5 条纵黑条纹，它们始于顶部和眼眶后边，向后延伸达颈部。颏部和喉部纯白色，或有些深色斑点。前肢外表面具 4 ～ 5 枚前肢鳞片。四肢灰绿色。

幼体背部（Wulf Haacke 摄，引自 Chelonian Research Monographs No.5，2011 年）

幼体腹部（Wulf Haacke 摄，引自 Chelonian Research Monographs No.5，2011 年）

成体头部（Stephen Spawls 摄，引自 Chelonian Research Monographs No.5，2011 年）

缘板鳖属 *Lissemys* Smith, 1931

本属3种。主要特征：背部具缘板，舌板与下板形成联体，腹部后叶股部具可以覆盖后肢的半月牙形肉质叶状物。

缘板鳖属物种名录

序号	学名	中文名	亚种
1	*Lissemys ceylonensis*	斯里兰卡缘板鳖	/
2	*Lissemys punctata*	印度缘板鳖	*L. p. punctata* *L. p. andersoni* *L. p. vittata*
3	*Lissemys scutata*	缅甸缘板鳖	/

Lissemys ceylonensis（Gray, 1856）

英文名：Sri Lankan Flapshell Turtle

中文名：斯里兰卡缘板鳖

分　布：斯里兰卡

成体（Anslem de Silva 摄，引自 Chelonian Research Monographs No. 7，2017 年）

形态描述：一种中型鳖。背盘直线长度最大可达37厘米。斯里兰卡缘板鳖较其他缘板鳖整体感觉更为厚重，背甲光滑，无斑点花纹，头部也很干净；且仅分布于斯里兰卡，这一地理隔离的特点，使其可快速地与其他缘板鳖相区分。通过DNA分类方法，斯里兰卡缘板鳖被建议作为一个独立种（Peter Praschag等，2011）。

成体（引自 Peter Praschag 等，2011 年）

头部（引自 Peter Praschag 等，2011 年）

Lissemys punctata（Bonnaterre, 1789）

英文名：Indian Flapshell Turtle

中文名：印度缘板鳖

分　布：孟加拉国，印度，缅甸，尼泊尔，巴基斯坦

形态描述：一种中型鳖。背盘直线长度雄鳖最大可达 23 厘米，雌鳖最大可达 37 厘米。成体背盘椭圆形，拱起。背盘颜色变化很大：棕色至橄榄棕色或深绿色，具深棕色小斑或黄色大斑；腹部奶油色。腹部前叶具韧带，可以向上弯曲，关闭整个背盘前端开口处来保护头部和前肢。成体腹部具 7 块胼胝体，幼体没有。头部橄榄色至棕色，具几条伸长的宽黄条纹：1 条在眶间，1 条从侧边从眼眶向后到鼓膜，有时有 1 条从嘴角沿喉部向后。颈部具一系列黄条纹。四肢橄榄色或棕色。

背部（Peter Praschag 摄，引自 Peter Praschag 等，2011 年）

地理亚种：

（1）*Lissemys punctata punctata*（Bonnaterre, 1789）

英文名：Southern Indian Flapshell Turtle

中文名：南印度缘板鳖

分　布：印度（喀拉拉邦、泰米尔纳德邦）

头部（Peter Praschag 摄，引自 Peter Praschag 等，2011 年）

成体（Indraneil Das 摄，引自 Chelonian Research Monographs No.5，2014 年）

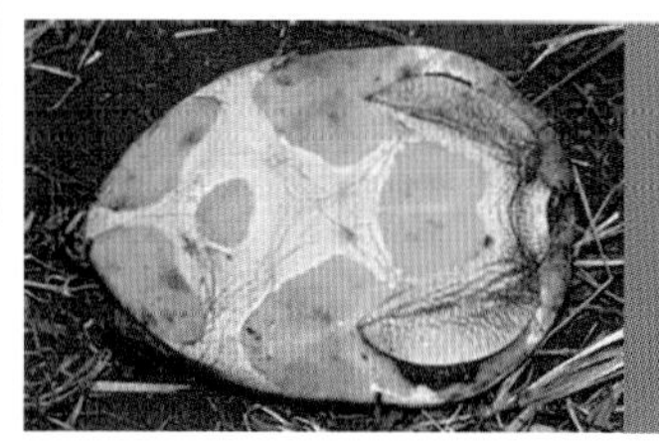
成体腹部（Indraneil Das 摄，引自 Chelonian Research Monographs No.5，2014 年）

(2) *Lissemys punctata andersoni* Webb, 1980

英文名：Spotted Northern Indian Flapshell Turtle

中文名：北印度缘板鳖

分　布：孟加拉国，印度（阿萨姆邦、比哈尔邦、哈里亚纳邦、查谟、中央邦、梅加拉亚邦、拉贾斯坦邦、锡金邦、北方邦、西孟加拉邦），缅甸，尼泊尔，巴基斯坦

亚成体
（Roland Zirbs 摄，引自 Peter Praschag 等，2011 年）

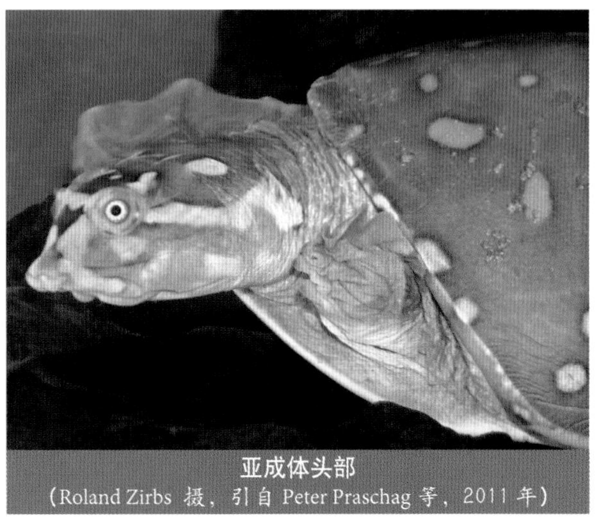

亚成体头部
（Roland Zirbs 摄，引自 Peter Praschag 等，2011 年）

(3) *Lissemys punctata vittata*（Peters, 1854）

英文名：Central Indian Flapshell Turtle

中文名：中印度缘板鳖

分　布：孟加拉国（?），印度［安得拉邦、恰蒂斯加尔邦（?）、果阿邦、古吉拉特邦、卡纳塔克邦、中央邦、马哈拉施特拉邦、奥里萨邦、拉贾斯坦邦］，巴基斯坦（?）

成体（雄性）（Shailendra Singh 摄，引自 Chelonian Research Monographs No.5，2014 年）

成体（Peter Praschag 摄，引自 Peter Praschag 等，2011 年）

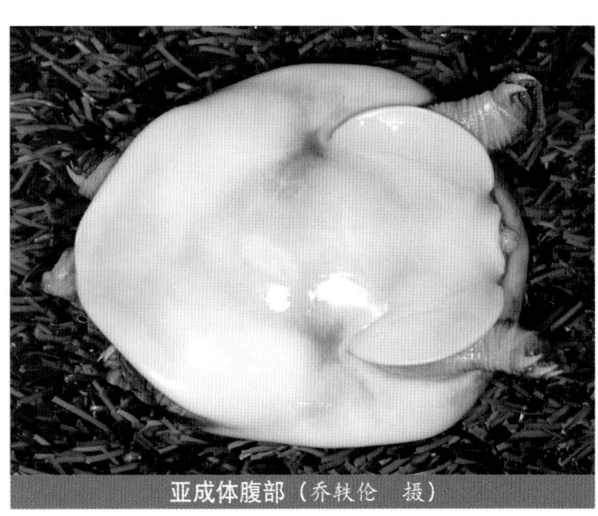

亚成体腹部（乔轶伦　摄）

Lissemys scutata（Peters, 1868）

成体（Gerald Kuchling 摄，引自 Chelonian Research Monographs No.8，2021 年）

英文名：Burmese Flapshell Turtle

中文名：缅甸缘板鳖

分　布：缅甸

形态描述：一种中型鳖。背盘直线长度可达 25 厘米。先前认为是 *Lissemys punctata* 的一个亚种。成体背盘第 1 缘板小于第 2 缘板。背盘橄榄棕色至棕色，具一些网状纹（幼体具深色斑点）。腹部内板胼胝体大，可能与舌板与下板联体胼胝体接触。头部橄榄色至棕色具不明显的深条纹，1 条从眼眶向后延伸，另 1 条从眼眶间向后延伸。

腹部（乔轶伦　摄）

幼体（Peter Praschag 摄，引自 Peter Praschag 等，2011 年）

亚洲鳖属 *Amyda* Schweigger, 1809

本属2种。主要特征：头部吻长与最大眶径相等，眶后骨较窄，小于最大眶径，咀嚼面宽而平；背部颈板宽与长之比大于3，第7对或第8对肋板在中线相接不被椎板阻隔；腹部上板向前延伸较长，舌板与下板明显分开，腹部后叶股部无可以覆盖后肢的半月牙形肉质叶状物，具5个胼胝体。

亚洲鳖属物种名录

序号	学名	中文名	亚种
1	*Amyda cartilaginea*	亚洲鳖	*A. c. cartilaginea* *A. c. maculosa*
2	*Amyda ornata*	东南亚鳖	*A. o. ornata* *A. o. phayrei*

Amyda cartilaginea（Boddaert, 1770）

英文名：Asiatic Softshell Turtle

中文名：亚洲鳖

分　布：文莱，印度尼西亚，马来西亚，新加坡，泰国

形态描述：一种大型鳖。背盘直线长度雄鳖最大可达75厘米。成体背盘圆形至椭圆形，颈部上方的背盘前部边缘具一系列大结节。幼体背盘具几列小疣粒，但在成体中消失，背盘变得平滑。背盘橄榄灰色至绿棕色，幼体具大量黄边黑斑点和浅黄色斑点，成体黄色斑点趋于消失，大多数成体背盘橄榄色，无图案。腹部具5块胼胝体，白色或浅灰色。咀嚼面无嵴。头部和颈部橄榄色，具大量黄色小斑点，头部两边眶后可能具略大的橙色至淡粉色斑块。这些淡色斑点随年龄增长逐渐消失，成体头部绿色，具网状暗纹。四肢橄榄色。

成体（Mark Auliya 摄，引自 Chelonian Research Monographs No.8，2021 年）

成体腹部（Karen A. Jensen 摄，引自 Chelonian Research Monographs No.5 2016 年）

地理亚种：

(1) *Amyda cartilaginea cartilaginea*（Boddaert, 1770）

英文名：South Sundas Softshell Turtle

中文名：南印尼鳖

分　布：印度尼西亚（巴厘岛、爪哇岛、加里曼丹岛），马来西亚（东部）

成体（Herptile Lovers　供图）

亚成体（Herptile Lovers　供图）

幼体（Mark Auliya 摄，引自 Uwe Fritz 等，2014 年）

成体（Indraneil Das 摄，引自 Uwe Fritz 等，2014 年）

(2) *Amyda cartilaginea maculosa* Fritz, Gemel, Kehlmaier, Vamberger & Praschag, 2014

英文名：North Sundas Softshell Turtle

中文名：北印尼鳖

分　布：文莱，印度尼西亚（加里曼丹岛、苏门达腊岛），马来西亚（东部、西部?），泰国（?）

亚种特征：

与 *Amyda cartilaginea cartilaginea* 相比，*Amyda cartilaginea maculosa* 头部更大，吻部相对短而钝，底色较浅（橄榄色至棕色，而不是深棕色至黑色），缺少黄色斑点和不明显的颈部结节。幼体和年轻个体背上具一种典型的马鞍形黑色标记。另外，遗传学上也明显不同于其他亚洲鳖属分类单元。

Amyda ornata（Gray, 1861）

英文名：Southeast Asian Softshell Turtle

中文名：东南亚鳖

分　布：孟加拉国，柬埔寨，印度，老挝，缅甸，泰国，越南

形态描述：一种大型鳖。背盘直线长度雄鳖最大可达 65 厘米，雌鳖最大可达 54 厘米。背盘具排列不规则、大小不同的黑色大圆点。背盘棕色，下缘黄色。腹部胼胝体不发达，腹部黄色。头部橄榄色，颏部、前额和吻部具对称的黑色小斑点。喉部和颈部两侧几乎对称分布有形状不规则、大小不等的黄色大斑点。四肢橄榄色，前侧具黄色斑点。

成体（Timothy McCormack 摄，引自 Uwe Fritz 等，2014 年）

地理亚种：

(1) *Amyda ornata ornata*（Gray, 1861）

英文名：Indochinese Softshell Turtle

中文名：中南半岛鳖

分　布：柬埔寨，老挝，泰国，越南

亚成体（David Emmett 摄，引自 Chelonian Research Monographs No.8，2021 年）

成体（Gerald Kuchling 摄，引自 Chelonian Research Monographs No.8，2021 年）

(2) *Amyda ornata phayrei*（Theobald, 1868）

英文名：Burmese Softshell Turtle

中文名：缅甸鳖

分　布：孟加拉国（?），印度（?），缅甸，泰国

头部（Peter Praschag 摄，引自 Uwe Fritz 等，2014 年）

成体（Peter Praschag 摄，引自 Uwe Fritz 等，2014 年）

滑鳖属 *Apalone* Rafinesque, 1832

本属3种。主要特征：头部吻长与最大眶径相等，眶后骨较窄，小于最大眶径，咀嚼面宽而平；背部颈板宽与长之比大于3，8对肋板不完整，退化或缺失；腹部上板向前延伸较少或中等长度，舌板与下板明显分开，腹部后叶股部无可以覆盖后肢的半月牙形肉质叶状物，具多于4个胼胝体。

滑鳖属物种名录

序号	学名	中文名	亚种
1	*Apalone ferox*	佛罗里达鳖	/
2	*Apalone mutica*	滑鳖	*A. m. calvata* *A. m. mutica*
3	*Apalone spinifera*	刺鳖	*A. s. spinifera* *A. s. aspera* *A. s. atra* *A. s. emoryi* *A. s. guadalupensis* *A. s. pallida*

滑鳖属的种及亚种检索表

1a 缘嵴存在，至少在背盘前端 …………………………………………………… 佛罗里达鳖 *Apalone ferox*

1b 缘嵴不存在 …………………………………………………………………………………………… 2

2a 鼻孔圆，鼻中隔无嵴状突起；背盘前缘无结节 ………………………………… 3 滑鳖 *Apalone mutica*

2b 鼻孔新月形，鼻中隔有嵴状突起；背盘前缘有结节 ………………………… 4 刺鳖 *Apalone spinifera*

3a 幼体背盘仅具暗灰色小点图案，或点和短线条混合图案（图案通常会保留下来；在雄性成体很少消失，雌性成体消失变成分散的棕色图案）；淡的眼前条纹存在；成体在眼后有无宽黑边的眼后浅条纹 ……………………………………………………………………………… 中部滑鳖 *Apalone mutica mutica*

3b 幼体背盘图案大，为深色、略圆的斑点（有时为深色边不明显的眼斑，有时雄性成体的图案消失）；眼前淡条纹消失；成体眼后有宽黑边的眼后浅条纹 ……………………………… 湾岸滑鳖 *Apalone mutica calvata*

4a 幼体背盘具黑点、斑点或眼斑。雄性成体保留背盘图案；雌性成体混有棕色分散图案 ……………… 5

4b 幼体背盘具白色点或斑点（背盘有时全淡棕色）。雄性成体保留背盘图案；雌性成体上变得模糊或消失，变为棕色分散图案 ……………………………………………………………………………………… 6

5a 幼体背盘图案有亚边缘线（点状线或实线），混合小黑斑点和眼斑 ……………………………………………………………………………… 墨西哥湾区刺鳖 *Apalone spinifera aspera*

5b 幼体背盘图案无亚边缘线 …………………………………………… 东部刺鳖 *Apalone spinifera spinifera*

6a 仅背盘后1/3具白色点；眼前条纹无中黑边（眼前深三角形）；眼后条纹常中断 ……………………… 7

6b 背盘全部具白色点，但后部白点更大；眼前条纹通常具中黑边；眼后条纹通常完整 ………………… 8

7a 深灰色或棕黑色；发白的边缘模糊或消失，背盘外围粗糙／波纹状（雌性成体）；腹部和背盘腹面通常具黑色标记 ……………………………………………………………………… 黑刺鳖 *Apalone spinifera atra*

7b 淡棕色至深灰色；发白的边缘后侧显著加宽；腹部和背盘腹面无黑色标记 ……………………………………………………………………………… 得克萨斯刺鳖 *Apalone spinifera emoryi*

8a 背盘后半部具黑色包围的大白点（特别在雄体大个体上） …… 瓜达卢普刺鳖 *Apalone spinifera guadalupensis*

8b 背盘后半部具小白点，没有被黑色包围（幼体可能全淡棕色，无白点）……… 白刺鳖 *Apalone spinifera pallida*

Apalone ferox（Schneider, 1783）

英文名：Florida Softshell Turtle

中文名：佛罗里达鳖

分　布：美国

成体（Matthew Aresco 摄，引自 Chelonian Research Monographs No.8，2021 年）

形态描述：一种大型鳖。背盘直线长度雄鳖最大可 32.4 厘米，雌鳖最大可达 67.3 厘米。背盘椭圆形，缘嵴明显，背盘前缘和缘嵴上具一系列圆钝大结节。背盘表面常具纵排刻痕和小疣粒。背盘灰色至棕色，尤其年幼个体，可能具深色斑块。腹部舌板与下板联体和剑板处具胼胝体，但上板和内板处的胼胝体通常缺失或退化。上板分离，内板与中线呈直角。腹部灰色至白色。头部鼻孔包括一个从鼻中隔伸出的侧嵴。头部灰色至棕色，有时具浅色斑或网纹，常具 1 条从眼后角延伸到下喙基部的红色或黄色条纹。四肢灰色至棕色。

亚成体
（Herptile Lovers　供图）

亚成体腹部
（Herptile Lovers　供图）

幼体（乔轶伦　摄）

幼体腹部（乔轶伦　摄）

Apalone mutica（LeSueur, 1827）

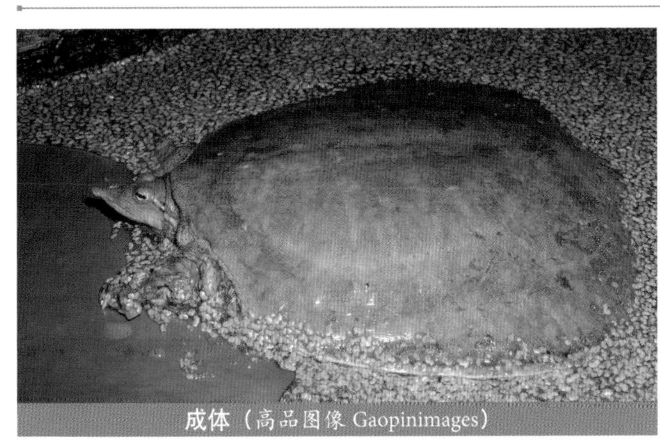
成体（高品图像 Gaopinimages）

英文名：Smooth Softshell Turtle

中文名：滑鳖

分　布：美国

形态描述：一种中型鳖。背盘直线长度雄鳖最大可达 26.6 厘米，雌鳖最大可达 35.6 厘米。成体背盘圆形，平滑，革质背盘无刺或结节，无缘嵴。背盘橄榄色至橙棕色，具深色斑点、线状或斑块状图案；边缘带常为浅色代替深色。腹部下板和剑板处具胼胝体，大于 *Apalone ferox* 和 *Apalone spinifera*。成体通常上板和内板具胼胝体；有时覆盖内板整个表面。内板不分离，夹角为钝角或稍大于 90°。舌板和下板可能融合在一起，或可能通过缝相连。腹部白色或灰色，无图案。管状吻部末部有些倾斜，鼻孔略靠下，无鼻中隔嵴。头部和颈部的背面橄榄色至淡橙色，腹面灰色至白色，具1条通过眼部延伸到颈部的黑边浅色带。四肢背面橄榄色至淡橙色，四肢可能具一些分散的黑色斑点，但通常没有明显图案。

成体（Peter V. Lindeman 摄，引自 Chelonian Research Monographs No.8，2021 年）

地理亚种：

(1) *Apalone mutica mutica*（LeSueur, 1827）

英文名：Midland Smooth Softshell Turtle

中文名：中部滑鳖

分　布：俄亥俄州、明尼苏达州南部和南达科他的美国中部，南至田纳西州、路易斯安那州和俄克拉何马州，西至得克萨斯州和新墨西哥州。

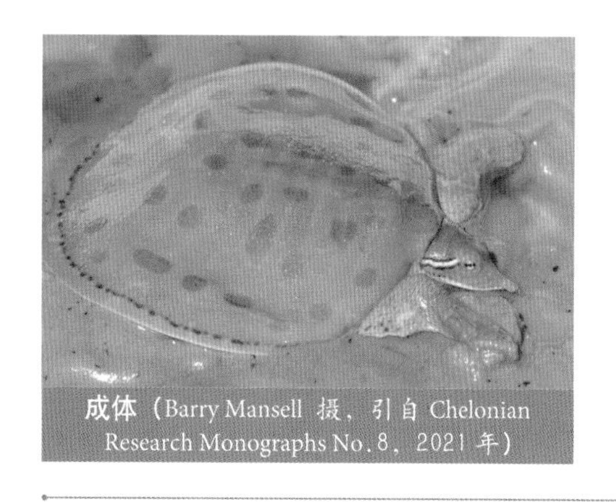

成体（Barry Mansell 摄，引自 Chelonian Research Monographs No.8，2021 年）

(2) *Apalone mutica calvata*（Webb, 1959）

英文名：Gulf Coast Smooth Softshell Turtle

中文名：湾岸滑鳖

分　布：沿墨西哥湾沿岸，从亚拉巴马州的埃斯坎比亚河系统和佛罗里达狭长地带向西到路易斯安那州和密西西比州东部，包括珍珠河水系。

亚种特征：

*Apalone mutica mutica*区分特征是幼体暗点和短线图案，吻部不清晰的浅色条，浅色眶后条具黑边，小于条带宽度的一半（除得克萨斯州科罗拉罗河流域的一些个体）。*Apalone mutica calvata*区分特征是幼体背盘的大圆环图案（常为眼状），吻部背表面无条纹，四肢背表面具细纹，雄性成体浅色眶后条具粗边，约为的条带宽度的一半。

Apalone spinifera（LeSueur, 1827）

成体（乔轶伦　摄）

英文名：Spiny Softshell Turtle

中文名：刺鳖

分　布：加拿大，墨西哥，美国

形态描述：一种大型鳖。背盘直线长度雄鳖最大可达 27.5 厘米，雌鳖最大可达 54 厘米。成体背盘革质，圆形表面粗糙，如砂纸一般。沿背盘前缘具圆锥形结节或刺。背盘橄榄色至褐色，具黑色眼斑或深色斑块及深色边缘线。腹部舌板、下板和剑板处具发达的胼胝体；上板和内板处具不发达的胼胝体，出现几率较低。内板夹角约 90°，在舌板与下板联体间常具缝。腹部纯白色或黄色。吻部管状，鼻孔大，每个鼻孔具隔嵴，喙锋利。头部橄榄色至灰色，具深色点和条纹。头部两侧具 2 条分离的深边浅色条带：1 条从眼部向后延伸，另 1 条从喙角向后延伸。喙缘淡黄色具深斑点。四肢橄榄色至灰色。

地理亚种：

(1) *Apalone spinifera spinifera*（LeSueur, 1827）

成体（John B. Iverson 摄，引自 Chelonian Research Monographs No.8，2021 年）

英文名：Northern Spiny Softshell Turtle

中文名：北部刺鳖

分　布：加拿大（安大略、魁北克），美国（亚拉巴马州、阿肯色州、科罗拉多州、伊利诺伊州、印第安纳州、爱荷华州、堪萨斯州、肯塔基州、路易斯安那州、马里兰州、密歇根州、明尼苏达州、密西西比州、密苏里州、蒙大拿州、内布拉斯加州、新墨西哥、纽约、北卡罗来纳州、北达科他州、俄亥俄州、俄克拉荷马州、宾夕法尼亚州、南达科他州、田纳西州、佛蒙特州、弗吉尼亚州、西弗吉尼亚州、威斯康星州、怀俄明州）

亚成体（Herptile Lovers　供图）

亚成体腹部（Herptile Lovers　供图）

(2) *Apalone spinifera aspera*（Agassiz, 1857）

英文名：Gulf Coast Spiny Softshell Turtle

中文名：墨西哥湾区刺鳖

分　布：美国（亚拉巴马州、佛罗里达州、佐治亚州、路易斯安那州、密西西比州、北卡罗来纳州、南卡罗来纳州）

成体（Barry Mansell 摄，引自 Chelonian Research Monographs No.8，2021 年）

成体（Suzanne E. McGaugh 摄，引自 Chelonian Research Monographs No.5，2008）

(3) *Apalone spinifera atra*（Webb & Legler, 1960）

英文名：Black Spiny Softshell Turtle, Cuatro Cienegas Softshell

中文名：黑刺鳖

分　布：墨西哥（科阿韦拉州）

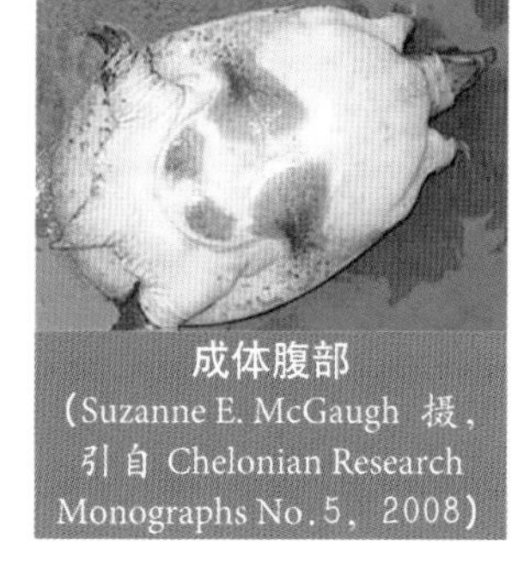

成体腹部（Suzanne E. McGaugh 摄，引自 Chelonian Research Monographs No.5，2008）

成体（Vincenzo Ferri 摄，引自 Chelonian Research Monographs No.8，2021 年）

(4) *Apalone spinifera emoryi*（Agassiz, 1857）

英文名：Texas Spiny Softshell Turtle

中文名：得克萨斯刺鳖

分　布：墨西哥（奇瓦瓦州、科阿韦拉州、新莱昂州、塔毛利帕斯州），美国（得克萨斯州）

(5) *Apalone spinifera guadalupensis*（Webb, 1962）

英文名：Guadalupe Spiny Softshell Turtle

中文名：瓜达卢普刺鳖

分　布：美国（得克萨斯州）

成体（Peter V. Lindeman 摄，引自 Chelonian Research Monographs No.8，2021 年）

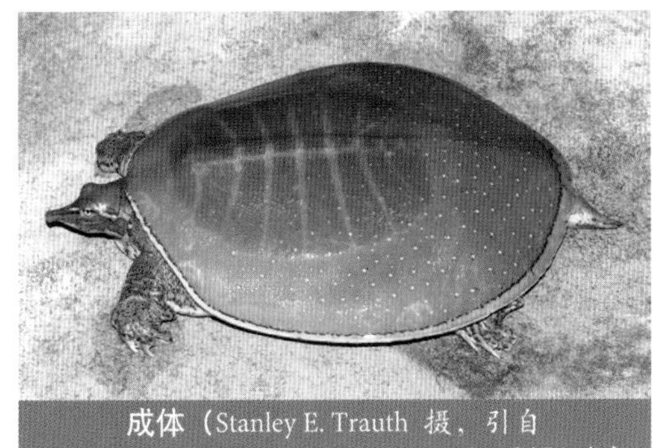

成体（Stanley E. Trauth 摄，引自 Chelonian Research Monographs No.8，2021 年）

(6) *Apalone spinifera pallida*（Webb, 1962）

英文名：Pallid Spiny Softshell Turtle

中文名：白刺鳖

分　布：美国（阿肯色州、路易斯安那州、俄克拉荷马州、得克萨斯州）

亚种特征：

Apalone spinifera spinifera 背盘图案为大黑眼斑且仅有 1 条深色边缘线。

Apalone spinifera aspera 背盘上平行后缘黑线多于 1 条，头部两侧的眶后条纹和喙后条纹常融合在一起。

Apalone spinifera atra 背盘深灰色或棕黑色，表面像砂纸一样粗糙或平滑，但背盘前缘无结节，后缘褶皱，边缘粗糙。腹甲具许多黑斑点。

Apalone spinifera emoryi 背盘边缘发白，背盘后部比侧面宽 4 ~ 5 倍。具一条深色，略弯曲的线连接眼眶前缘，眶后条通常中断，眼后留有淡白色斑块。

Apalone spinifera guadalupensis 背盘深色，前 1/3 的窄黑眼斑周围具白色结节；一些结节的直径达到 3 毫米。

Apalone spinifera pallida 变白，背盘后半部有白色结节；前部结节大小逐渐变小，在背盘前 1/3 变得模糊或消失，表面没有黑眼斑。

小头鳖属 *Chitra* Gray, 1844

本属3种。主要特征：头部吻长与最大眶径相等，眶后骨较宽，大于最大眶径；咀嚼面窄而尖；舌板与下板明显分开，腹部后叶股部无可以覆盖后肢的半月牙形肉质叶状物。

小头鳖属物种名录

序号	学名	中文名	亚种
1	*Chitra chitra*	泰国小头鳖	*C. c. chitra* *C. c. javanensis*
2	*Chitra indica*	印度小头鳖	/
3	*Chitra vandijki*	缅甸小头鳖	/

小头鳖属的种及亚种检索表

1a 颈部中间2条浅色条纹在近背盘前端处融合，形成V形图案 ………………………… 2 泰国小头鳖 *Chitra chitra*
1b 颈部中间2条浅色条纹在远背盘前端的头部后部或颈部前端处融合，形成V形图案 ……………………………… 3
2a 背盘浅棕色至黄棕色，眼眶间后部非X形浅色图案 ……………………………… 泰国小头鳖 *Chitra chitra chitra*
2b 背盘深橄榄棕色至黑色，眼眶间后部具明显X形浅色图案 ………………… 爪哇小头鳖 *Chitra chitra javanensis*
3a 背盘深灰色至橄榄色，眼眶间或其后部无明显的“8”形浅色图案 …………………… 印度小头鳖 *Chitra indica*
3b 背盘整体为巧克力棕色，眼眶间或其后部具明显的“8”形浅色图案 ………………… 缅甸小头鳖 *Chitra vandijki*

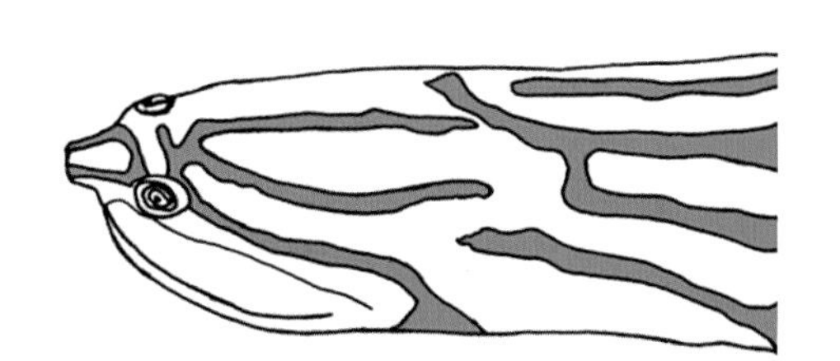

C.chitra chitra 眶间后部非X形浅色图案

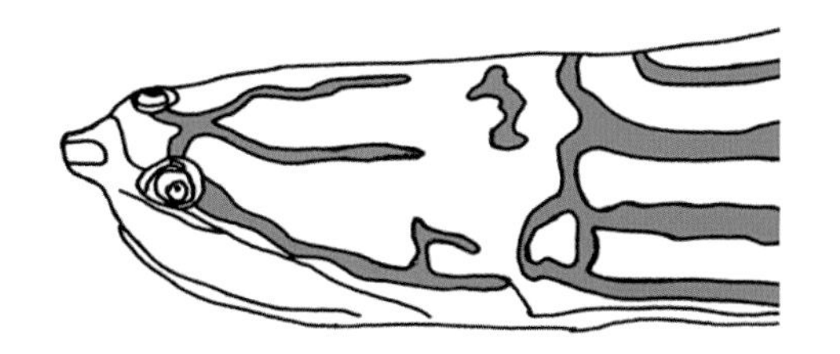

C.chitra javanensis 眶间后部X形浅色图案

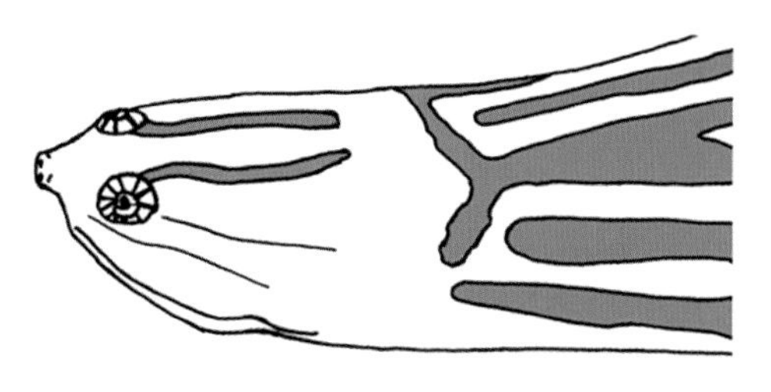

C.indica 眶间后部平行线浅色图案

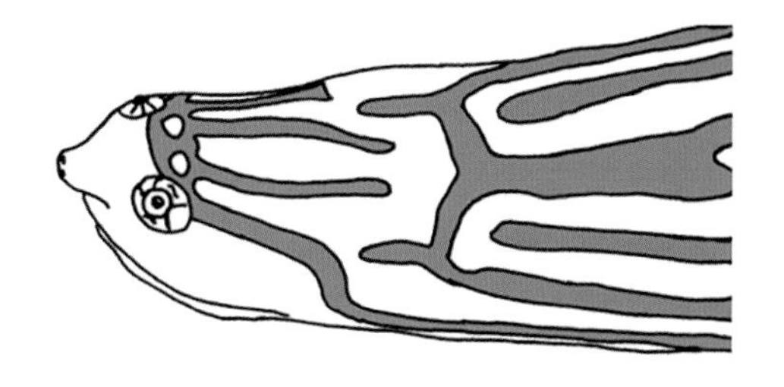

C.vandijki 眶间后部“8”形浅色图案

小头鳖属种及亚种眶间后部图案比较（梁 亮 绘）

Chitra chitra Nutaphand, 1986

英文名：Asian Narrow–headed Softshell Turtle

中文名：泰国小头鳖

分　布：印度尼西亚，马来西亚，泰国

形态描述：一种大型鳖。背盘直线长度最大可达 140 厘米，宽度可达 100 厘米。个体体重可达 100 ~ 120 千克。成体背盘浅棕色至黄棕色或深橄榄棕色至黑色，具不规则淡黄色，深色边缘的迷彩图案（数量和形态个体有差异），背盘边缘浅色。腹部奶油色至粉白色。颈部背面和侧面具 5 条黄色条纹；中间 2 条条纹在背盘前汇聚，形成 1 个延伸到头部背表面的中条纹（*Chitra indica* 的这个条纹在头后部汇聚）。皮肤褐色至棕色，前肢棕色具一些模糊的黄色条带，后肢无斑纹。

地理亚种：

(1) *Chitra chitra chitra* Nutaphand, 1986

英文名：Siamese Narrow–headed Softshell Turtle

中文名：泰国小头鳖

分　布：马来西亚（西部），泰国

成体（Chris Tabaka 摄，引自 Chelonian Research Monographs No.8，2021 年）

成体（Dian Sartika 摄，引自 Chelonian Research Monographs No.8，2021 年）

(2) *Chitra chitra javanensis* Mccord & Pritchard, 2003

英文名：Javanese Narrow–headed Softshell Turtle, Labi-labi Bintang

中文名：爪哇小头鳖

分　布：印度尼西亚（爪哇岛、苏门答腊岛）

亚种特征：

泰国小头鳖 *Chitra chitra chitra* 背盘浅棕色至黄棕色，眼眶间后部非 X 形浅色图案，爪哇小头鳖 *Chitra chitra javanensis* 背盘深橄榄棕色至黑色，眼眶间后部具明显的 X 形浅色图案。

Chitra indica（Gray, 1830）

英文名： Indian Narrow-headed Softshell Turtle

中文名： 印度小头鳖

分　布： 孟加拉国，印度，尼泊尔，巴基斯坦

成体（Jayaditya Purkayastha　摄）

形态描述： 一种大型鳖。背盘直线长度雄鳖最大可达61.5厘米，雌鳖最大可达99厘米。成体背盘上无纵棱或表面结节，但幼体上存在。背盘深灰色至橄榄色，具深灰色或淡黄色不规则至波纹状的深边斑块，幼体背盘可能具4个眼斑或大量黑色长斑点。腹甲奶油色。头部橄榄色。颈部出现与背盘相同的图案，颈部背面和侧面具5条或更多的黄条纹；中间2条条纹在头部后面汇聚，形成1个延伸到头部背表面的中条纹。前肢外表面出现与背盘相同的图案，其他处皮肤橄榄色。

幼体（Ashutosh Tripathi. 摄，引自 Chelonian Research Monographs No.5，2009 年）

头部（Ashutosh Tripathi 摄，引自 Chelonian Research Monographs No.5，2009 年）

腹部（Chittaranjan Baruah 摄，引自 Chelonian Research Monographs No.5，2009 年）

Chitra vandijki Mccord & Pritchard, 2003

英文名： Burmese Narrow-headed Softshell Turtle

中文名： 缅甸小头鳖

分　布： 缅甸

成体（Win Ko Ko 摄，引自 Chelonian Research Monographs No.5，2014 年）

形态描述： 一种大型鳖。背盘直线长度最大可达100厘米。背盘以巧克力棕色为主，图案相对简单，无明显的中线条纹。大部分个体肋板处具明显不对称的深色条纹。背盘皮革状外围区域被浅色斑点覆盖，点缀着不太明显的深色斑点。腹部白色至粉白色。头部和颈部具6条明显的黑边纵向条纹，中间2条条纹在颈部前半部汇聚，形成1个延伸到头部背

表面的中条纹。两眼之间或后方具1～2对明显眼斑。颏部具散布黑色斑点。尾短粗。

成体（雌性）（Gerald Kuchling 摄，引自 Chelonian Research Monographs No.5，2014 年）

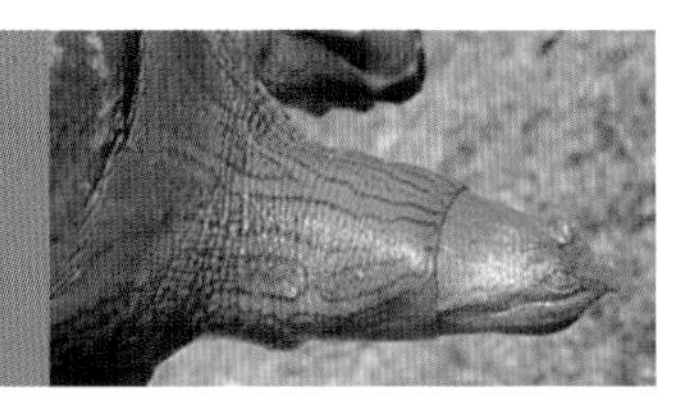
幼体头部
（Gerald Kuchling 摄，引自 Chelonian Research Monographs No.5，2014 年）

幼体背部
（Gerald Kuchling 摄，引自 Chelonian Research Monographs No.5，2014 年）

幼体腹部
（Gerald Kuchling 摄，引自 Chelonian Research Monographs No.5，2014 年）

马来鳖属 *Dogania* Gray, 1844

本属仅1种。主要特征：头部吻长与最大眶径相等，眶后骨较窄，小于最大眶径，咀嚼面宽而平；背部8对肋板均与椎板相连接；腹部上板向前延伸较长，舌板与下板明显分开，腹部后叶股部无可以覆盖后肢的半月牙形肉质叶状物。

马来鳖属物种名录

序号	学名	中文名	亚种
1	*Dogania subplana*	马来鳖	/

Dogania subplana（Geoffroy saint-hilaire, 1809）

英文名：Malayan Softshell Turtle

中文名：马来鳖

分　布：文莱，马来西亚，印度尼西亚，缅甸，菲律宾，新加坡，泰国

形态描述：一种中型鳖。背盘直线长度可达31厘米。背盘非常扁平，椭圆形，具几纵排小结节；前缘无结节。单一椎板在第1对肋板

成体（高品图像 Gaopinimages）

亚成体（站酷海洛）

幼体（高品图像 Gaopinimages）

之间。第8对肋板非常发达，但像前7对肋板一样，被椎板分开。肋板和椎板因颗粒状皱纹和小凹痕而粗糙。背盘黑色至橄榄色或深棕色，具1条黑色中条带，2～3对黑色中心、黄色边缘的眼斑，这些图案会随年龄增长而消失。腹部具4块不发达胼胝体（位于舌板与下板联体、剑板）。常仅剑板胼胝体可区别。上板臂细长，几乎与内板前端相遇。内板具与腹甲中线成钝角或锐角的长臂。腹部白色至奶油色或灰色。头部棕色至橄榄色，黑色或灰色具黑线。黑色中条带可能沿着吻顶部和两眶间通过，另一条可能从吻部两边通过眼眶，1条黑色小条纹从眼眶对角向后通过。幼体上，眼后具红色斑块，覆盖鼓膜；成体消失。颏部具黑色虫形纹，颈部和四肢外表面橄榄色至带黑色，具一些黄斑点。

丽鳖属 *Nilssonia* Gray, 1872

本属5种。主要特征：头部吻长与最大眶径相等，眶后骨较窄，小于最大眶径，咀嚼面宽而平；背部颈板宽与长之比小于3；腹部上板向前延伸较少或中等长度，舌板与下板明显分开，腹部后叶股部无可以覆盖后肢的半月牙形肉质叶状物。

丽鳖属物种名录

序号	学名	中文名	亚种
1	*Nilssonia formosa*	丽鳖	/
2	*Nilssonia gangetica*	恒河鳖	/
3	*Nilssonia hurum*	宏鳖	/
4	*Nilssonia leithii*	莱氏鳖	/
5	*Nilssonia nigricans*	黑鳖	/

丽鳖属的种检索表

1a 上板前部延伸长度适中 …………………… 2
1b 上板前部延伸短 …………………… 丽鳖 *Nilssonia formosa*
2a 头部全黑 …………………… 黑鳖 *Nilssonia nigricans*
2b 头部橄榄色有或无黑色斑 …………………… 3
3a 头部有或无黑色窄条纹，无黄色斑 …………………… 4
3b 头部有黄色斑，但无黑色条纹 …………………… 宏鳖 *Nilssonia hurum*
4a 上腭咀嚼面在联合处平坦，沿内缘不升高；下腭联合处等于或长于眼眶直径；背甲前缘中部具密集的结节 ……
…………………… 莱氏鳖 *Nilssonia leithii*
4b 上腭咀嚼面在联合处突起成嵴，沿内缘升高；下腭联合处短于眼眶直径；背甲前缘无大结节 ……………………
…………………… 恒河鳖 *Nilssonia gangetica*

Nilssonia formosa（Gray, 1869）

成体（Herptile Lovers 供图）

英文名： Burmese Peacock Soft-shelled Turtle

中文名： 丽鳖

分　布： 缅甸

形态描述： 一种大型鳖。背盘直线长度可达57厘米。背盘圆形，幼体背盘具几纵排小结节，随年龄增长而消失，但在成体背盘颈上方的边缘会保留一系列大而钝的结节。背盘

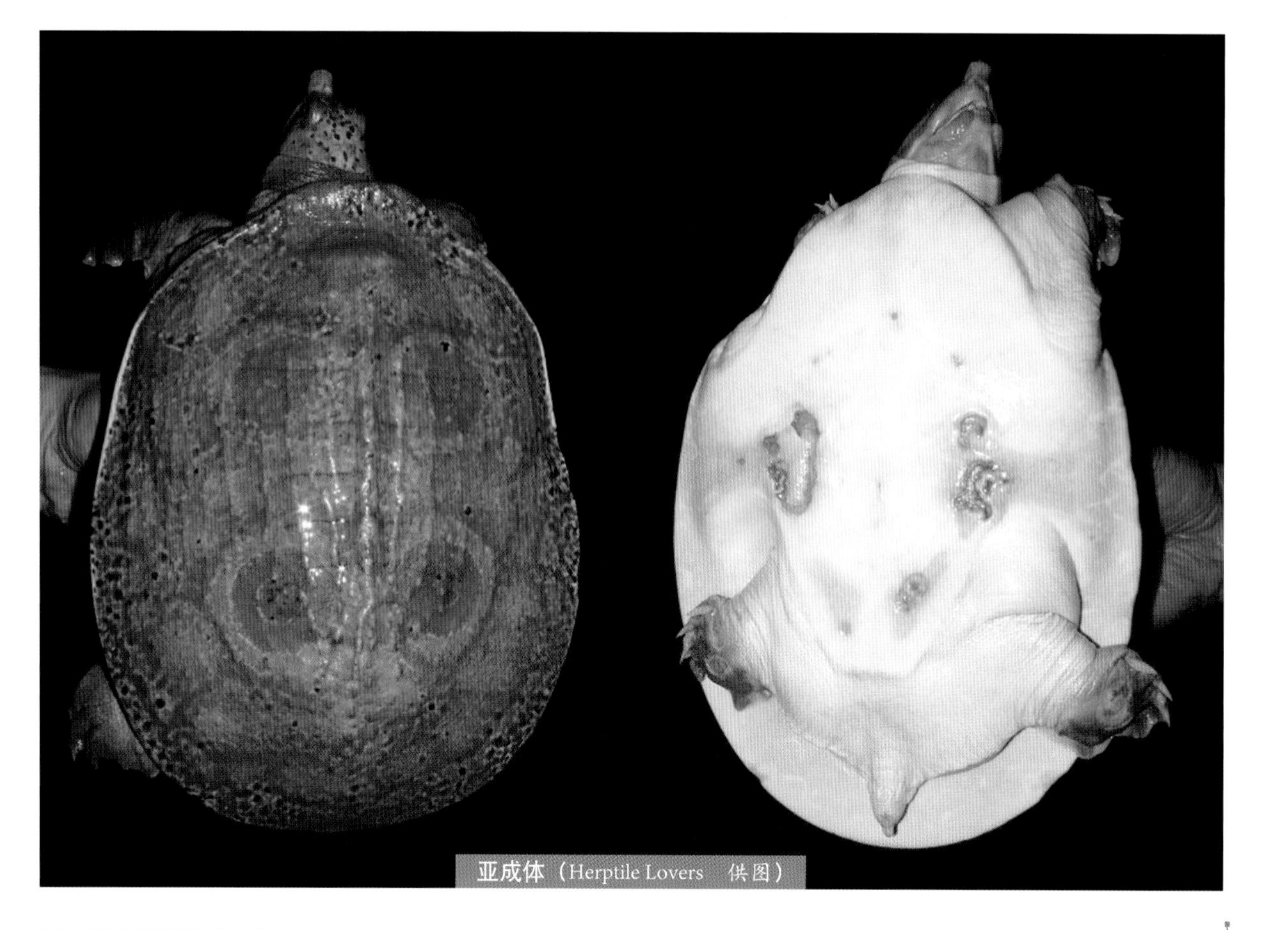
亚成体（Herptile Lovers　供图）

幼体（Herptile Lovers　供图）

橄榄灰色至橄榄棕色，幼体具黑色网状纹和4个深色中心浅色边框的眼斑，随年龄增长，大个成体背盘全部橄榄色。腹部具4块胼胝体（舌板与下板联体和剑板）。腹部白色。成体头部黄色具黑斑。幼体头部、颈部和四肢橄榄色，具大量深边的淡黄色斑点；近头背部每侧具1个大斑点，其他浅色斑在颞区、嘴角和颏部。颏部和颈部腹面奶油色。

Nilssonia gangetica（Cuvier, 1825）

英文名：Indian Softshell Turtle, Ganges Softshell Turtle

中文名：恒河鳖

分　布：阿富汗，孟加拉国，印度，尼泊尔，巴基斯坦

形态描述：一种大型鳖。背盘直线长度雄鳖最大可达77厘米，雌鳖最大可达94厘米。背盘圆形至椭圆形，橄榄色或绿色，有或无黑色网纹；成体无黑色中心黄色边框的眼

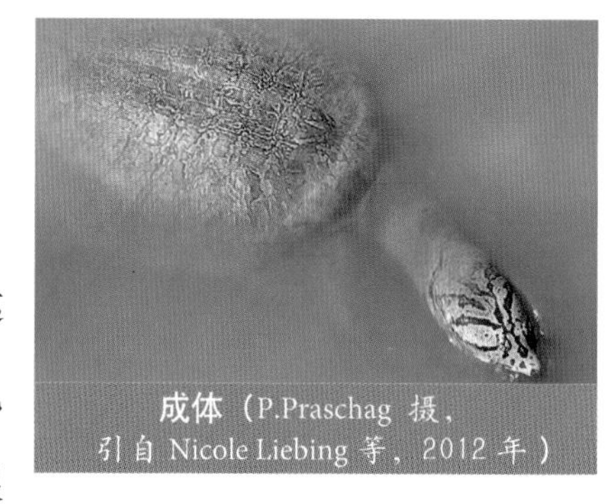
成体（P.Praschag 摄，
引自 Nicole Liebing 等，2012 年）

状斑，或眼斑不明显，但通常幼体非常明显。幼体背盘具几纵排结节，但大个成体背盘平滑。腹部舌板与下板联体、剑板、内板上胼胝体大。腹部灰色至白色或奶油色。头部绿色，具一些黑色斜三角条纹向

成体（高品图像 Gaopinimages）

亚成体（P.Praschag 摄，引自 Nicole Liebing 等，2012 年）

两侧延伸，其中1条从眼眶下缘向后延伸。1个黑色中纵条纹可能从两眶之间向后延伸至后颈区。喙淡黄色，颏部和喉部奶油色至淡白色。四肢绿色，通常无斑纹。

Nilssonia hurum（Gray, 1830）

成体（P.Praschag 摄，引自 Nicole Liebing 等，2012 年）

英文名：Indian Peacock Softshell Turtle

中文名：宏鳖

分　布：孟加拉国，印度，尼泊尔，巴基斯坦

形态描述：一种大型鳖。背盘直线长度雄鳖最大可达45.5厘米，雌鳖最大可达60厘米。幼体背盘圆形，具几纵排结节，一些会在成年后保留。幼体背盘橄榄色，通常具4个，但可多达6个黄色边框黑色中心的眼斑，背盘边缘具大量淡黄色点。成体背盘偏椭圆形，深绿色具网状纹；眼斑和黄色点随年龄增长，一些老个体黑化。颈部上方的背盘前部边缘具一系列大而钝的结节。腹部舌板与下板联体、剑板及老年个体的内板上胼胝体大。腹部褐色至灰色，头部、颈部和四肢橄榄色至绿色。幼体头部具黑色网纹和黄点；最大的斑点横穿吻部和在头部两侧鼓膜处；斑点随年龄增长而褪去。

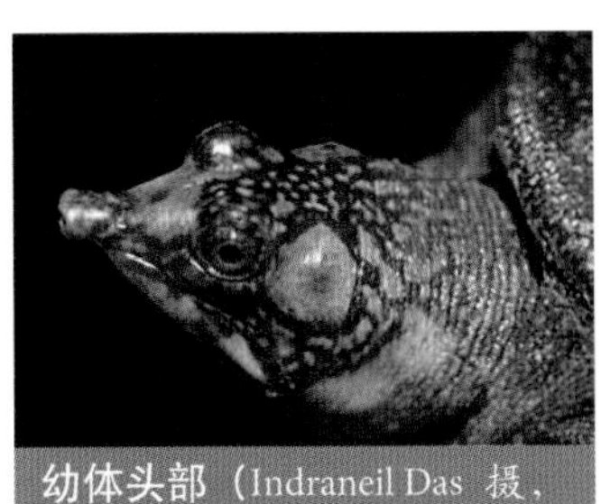
幼体头部（Indraneil Das 摄，引自 Chelonian Research Monographs No.5，2010 年）

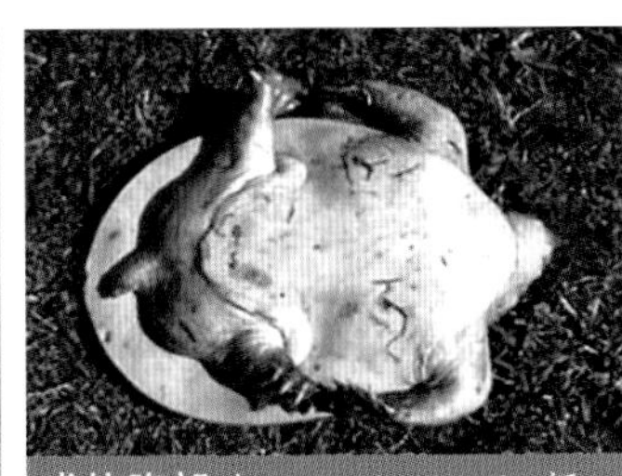
成体腹部（Shailendra Singh 摄，引自 Chelonian Research Monographs No.5，2010 年）

幼体（引自 Nicole Liebing 等，2012 年）

Nilssonia leithii（Gray, 1872）

成体（Rahul Naik 摄，引自 Chelonian Research Monographs No.5，2014 年）

英文名：Leith's Softshell Turtle

中文名：莱氏鳖

分　布：印度

形态描述：一种大型鳖类。背甲直线长度可达63.5厘米。成体背盘椭圆形至圆形，橄榄色具黄色蠕虫纹。幼体背盘具几纵排小结节，随年龄增长，背盘表面变得光滑，仅背盘中前边缘留有一些大结节，另一些结节出现在中线后部至背盘骨化部分。幼体背盘灰色具4～6个黑色中心浅色边框的眼状斑，随年龄增长背盘变深至橄榄色。腹部胼胝体大。头部淡绿色具从眼间向后延伸至颈部的黑色纵条纹；2～3对黑色线从这个纵条纹向外延伸至头部两侧，另外一些黑色线从眼部向后延伸。这些黑色线随年龄增长而褪去，可能在成体上消失。嘴角处可能具黄斑。四肢背面绿色，腹面奶油色。

亚成体（引自 Nicole Liebing 等，2012 年）

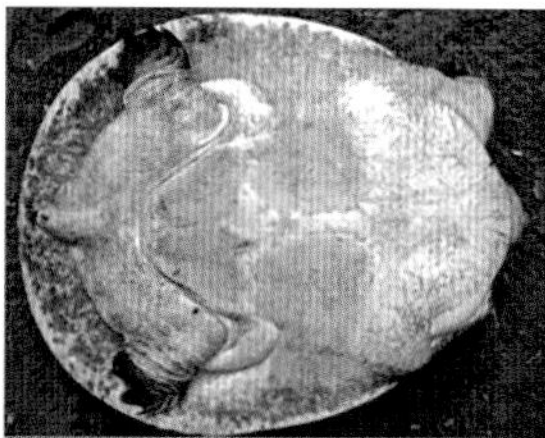

腹部（Shashwat Sirsi 摄，引自 Chelonian Research Monographs No.5，2014 年）

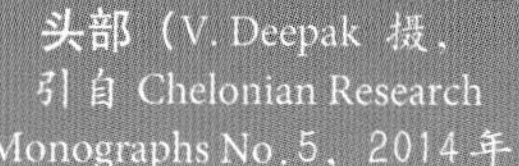

头部（V. Deepak 摄，引自 Chelonian Research Monographs No.5，2014 年）

幼体（Karthik Vasudevan 摄，引自 Chelonian Research Monographs No.5，2014 年）

Nilssonia nigricans（Anderson, 1875）

英文名：Black Softshell Turtle, Bostami Softshell Turtle

中文名：黑鳖

分　布：孟加拉国，印度

形态描述：一种大型鳖。背盘直线长度雄鳖最大可达81厘米，雌鳖最大可达74厘米。背盘椭圆形至圆形，具几纵排结节，颈部上方的背盘前缘具一系列大而钝的结节。背盘深棕色至橄榄色或黑色，如果是棕色或橄榄色，可能具大量黑色或锈

成体背部（Jayaditya Purkayastha　摄）

成体（Chittaranjan Baruah 摄，引自 Chelonian Research Monographs No.8，2021 年）

棕色斑点，变成全部深色的表面。腹部后侧骨板上胼胝体发达，一些胼胝体在内板上。腹部灰色具大量黑点。头部、颈部和四肢深橄榄色至黑色，具淡绿色斑点。上喙和头部两侧可能具一些白色，眼部可能具一些浅色带。

亚成体头部
（引自 Nicole Liebing 等，2012 年）

幼体
（引自 Nicole Liebing 等，2012 年）

即将出壳的黑鳖
（Jayaditya Purkayastha 摄）

山瑞鳖属 *Palea* Meylan, 1987

本属仅1种。主要特征：头部吻长与最大眶径相等，眶后骨较窄，小于最大眶径，咀嚼面宽而平；背部颈板宽与长之比小于3，第7对或第8对肋板在中线相接不被椎板阻隔；腹部上板向前延伸较长，舌板与下板明显分开，腹部后叶股部无可以覆盖后肢的半月牙形肉质叶状物，具4个胼胝体。

山瑞鳖属物种名录

序号	学名	中文名	亚种
1	*Palea steindachneri*	山瑞鳖	/

Palea steindachneri（Siebenrock, 1906）

英文名：Wattle-necked Softshell Turtle

中文名：山瑞鳖

分　布：中国，老挝，越南，毛里求斯（引进），留尼旺（引进），美国（引进）

形态描述：一种中大型鳖。背盘直线长度雌鳖可达44.5厘米。背盘椭圆形，年轻个体具大量纵排小结节，背盘表面随年龄变得平滑。在背盘前缘具1个界限清晰的缘嵴，具大而钝的结节。腹部在舌板与下板联体、剑板和上板处具胼胝体。腹部黄色至奶油色或淡灰色，常无深色斑。颈基部具一大丛粗糙结节。鼻中隔两边具侧嵴。头部橄榄色至棕色。具黑色眶前、眶下和眶后条纹，头顶部具黑色短条纹和黑点。1条淡黄色条纹始于眼后，向后延伸到颈部两侧，在靠近身体的过程中变得越来越窄。喙角具1个淡黄色斑点。头部和颈部的斑记随年龄消失。四肢橄榄色至棕色。

亚成体背部和腹部（李泳太　摄）

成体（李泳太　摄）

幼体（Herptile Lovers　供图）

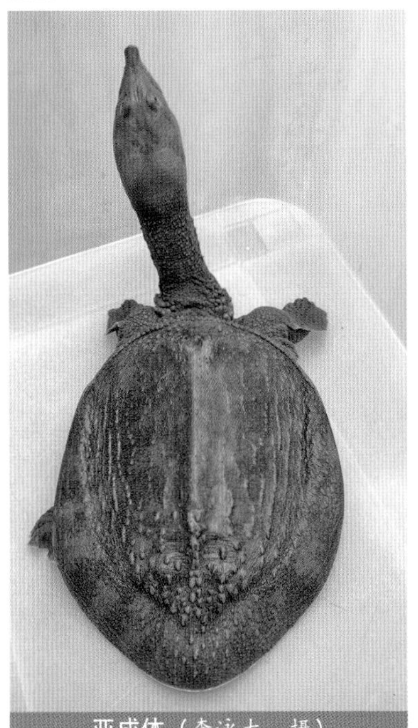

亚成体（李泳太　摄）

亚成体（李泳太　摄）

鼋属 *Pelochelys* Gray, 1864

本属3种。主要特征：头部吻长短于最大眶径；舌板与下板明显分开，腹部后叶股部无可以覆盖后肢的半月牙形肉质叶状物。

鼋属物种名录

序号	学名	中文名	亚种
1	*Pelochelys bibroni*	花背鼋	/
2	*Pelochelys cantorii*	鼋	/
3	*Pelochelys signifera*	褐鼋	/

鼋属的种检索表

1a 幼体背盘粗糙具结节；成体颈部有黄色条纹，背盘上有对比鲜明的黄色斑纹 ……… 花背鼋 *Pelochelys bibroni*
1b 除颈板区具低平结节和中央骨盘区域具纵嵴外，幼体背盘光滑；成体背盘褐色（无明显图案）……………… 2
2a 幼体背盘被明显的、密集的黑色图案、小点和斑纹所覆盖 …………………………… 褐鼋 *Pelochelys signifera*
2b 幼体背盘无明显的、密集的黑色图案、小点和斑纹，大部分为均匀褐色，可能具不清楚的、苍白的斑点 ……
………………………………………………………………………………………… 鼋 *Pelochelys cantorii*

Pelochelys bibroni（Owen, 1853）

英文名：Southern New Guinea Giant Softshell Turtle, Striped New Guinea Softshell Turtle

中文名：花背鼋

分　布：澳大利亚（?），印度尼西亚，巴布亚新几内亚

成体（Herptile Lovers　供图）

形态描述：一种大型鳖，背盘直线长度可达102厘米。成体背盘平滑，颈区具少量小结节。背盘结节独立或连成排，颈部背面和侧面具蠕虫状的结节。背盘橄榄色至棕色。背盘中央两侧具不规则的黄色至浅黄色斑记，常为宽条带。边缘柔韧具大量不规则浅斑和黄色窄边。幼体背盘粗糙，浅棕色，无图案。颈部具明显的黄色或浅黄色纵条纹。前肢下缘无垂直的尖状鳞片。四肢具相似颜色的不规则斑记。皮肤棕色至黑色。

成体腹部（Herptile Lovers　供图）

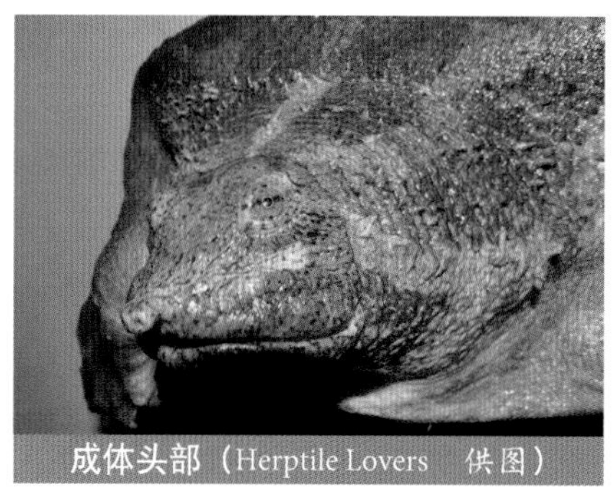
成体头部（Herptile Lovers　供图）

Pelochelys cantorii Gray, 1864

英文名：Asian Giant Softshell Turtle, Cantor's Giant Softshell Turtle

中文名：鼋

成体（Annette Olsson 摄，引自 Chelonian Research Monographs No.5，2008 年）

分　布：孟加拉国，文莱，柬埔寨，中国，印度，印度尼西亚，老挝，马来西亚，缅甸，菲律宾，新加坡，泰国，越南

形态描述：一种大型鳖。背盘直线长度可达100厘米。成体背盘平滑，颈区无结节，或非常小。幼体背盘平滑，或仅在骨骼区域具连续的嵴。大部分个体背盘橄榄色至棕色，无确定的图案。小幼体背盘可能具深色斑点和黄色边缘。头部具深色斑点。背盘和头部标记随年龄增长而消失。年轻个体颈部无结节。前肢下缘具垂直的尖状鳞片。颈部和四肢颜色与背盘相似。

刚出生的幼体（高品图像 Gaopinimages）

2 岁龄幼体（Indraneil Das 摄，引自 Chelonian Research Monographs No.5，2008 年）

幼体腹部（Herptile Lovers　供图）

Pelochelys signifera Webb, 2003

英文名：Northern New Guinea Softshell Turtle

中文名：褐鼋

分　布：印度尼西亚，巴布亚新几内亚

形态描述：一种大型鳖。背盘直线长度可达100 厘米，除了限制在中央骨盘区域不同长度的纵棱外，成体背盘光滑。背盘颈板区具一些向两侧分

幼体（Anders G.J. Rhodin 摄，引自 Chelonian Research Monographs No.8，2021 年）

散的浅色小结节。背盘褐色，无中纵棱和深色斑点图案但头部保留深色小斑。幼体头部、颈部和背盘具明显深色斑；身体背面皮肤和背盘通常呈橄榄色或绿棕色。背盘边缘可能为黄色（前部除外），但通常无淡色边。幼体背盘图案为密集的不规则网纹（中间有浅色区域），部分为密集的斑块（浅至深色）；幼体显著的背盘图案为在纹状的底色上覆有深棕色小斑点和斑纹。头部深色斑出现在吻部，头部两侧，上下喙边缘，头部腹面具一些深色斑点。颈部腹面外侧具深色小斑。前肢深色，图案少，后肢无图案。

与同属的 *Pelochelys bibroni* 和 *Pelochelys cantorii* 的主要区别：幼体背盘具密布的、模糊的网状图案，由明显的小黑点和斑纹所突出，而成体的背盘无图案，为均一橄榄褐色。

华鳖属 *Pelodiscus* Fitzinger, 1835

本属7种。主要特征：头部吻长与最大眶径相等，眶后骨较窄，小于最大眶径，咀嚼面宽而平；背部第7对或第8对肋板在中线相接不被椎板阻隔；腹部上板向前延伸较长，舌板与下板明显分开，腹部后叶股部无可以覆盖后肢的半月牙形肉质叶状物，具7个胼胝体。

华鳖属物种名录

序号	学名	中文名	亚种
1	*Pelodiscus axenaria*	砂鳖	/
2	*Pelodiscus huangshanensis*	黄山马蹄鳖	/
3	*Pelodiscus maackii*	东北鳖	/
4	*Pelodiscus parviformis*	小鳖	/
5	*Pelodiscus shipian*	石片鳖	/
6	*Pelodiscus sinensis*	中华鳖	/
7	*Pelodiscus variegatus*	越南鳖	/

Pelodiscus axenaria（Zhou, Zhang & Fang, 1991）

英文名：Hunan Softshell Turtle, Central Chinese Softshell Turtle

中文名：砂鳖

分　布：中国（广东、广西、湖南、江西）

形态描述：一种小型鳖。背盘直线长度最大为20厘米，体重很少超过500克，一般为100～300克。与中华鳖体型较相似，但不同的是全身皮肤光滑革质柔软，一般无突起疣粒或

成体（雄性）（引自 Shiping Gong 等，2022 年）

拱起的纵棱。背盘、腹部骨片均不发达。背盘长近于宽，裙边较宽扁，而使整个体型呈圆扁形。背盘为黑褐色。腹膜极薄，呈黄白色，中下部常具一黑色斑块。头型较小，吻发达。四肢及蹼发达，雄性尾巴粗长，常露出裙边；雌性尾短小，不达裙边。

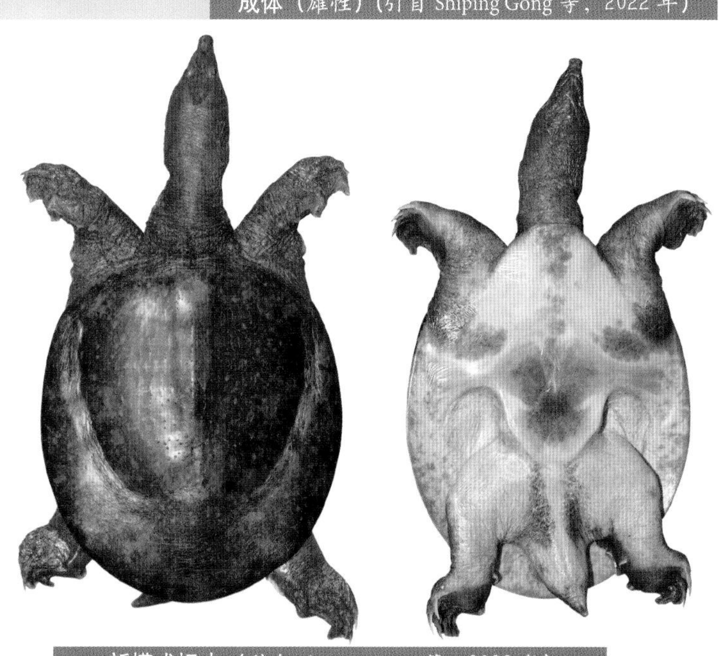
新模式标本（引自 Shiping Gong 等，2022 年）

成体背部（龚世平　摄）

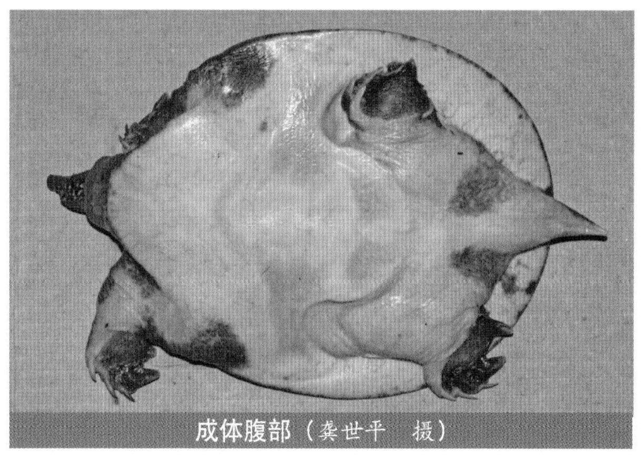
成体腹部（龚世平　摄）

Pelodiscus huangshanensis Gong, Peng, Huang & Nie, 2021

英文名：Huangshan Softshell Turtle

中文名：黄山马蹄鳖

分　布：中国（安徽）

形态描述：一种小型鳖。背盘直线长度最大可达11.6厘米。背盘纵棱高，表面具许多疣粒，但中央不明显，背盘橄榄色。两侧腋窝处各具1枚暗斑，内板"⌒"形，腹部黄白色。眼部周围无黑色细条纹；喉部具细小的黄白色斑点；幼体颈部两侧具白色纵带，成年后消失。

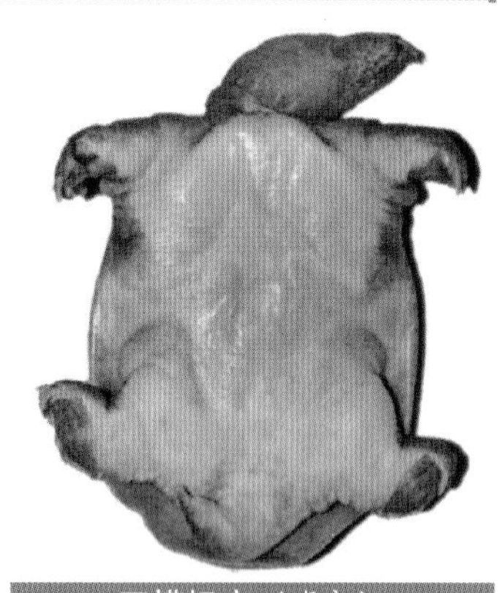
正模标本（腹部）（Yan-An Gong 摄，引自 Chelonian Research Monographs No.8，2021 年）

成体背部（林衍峰　摄）

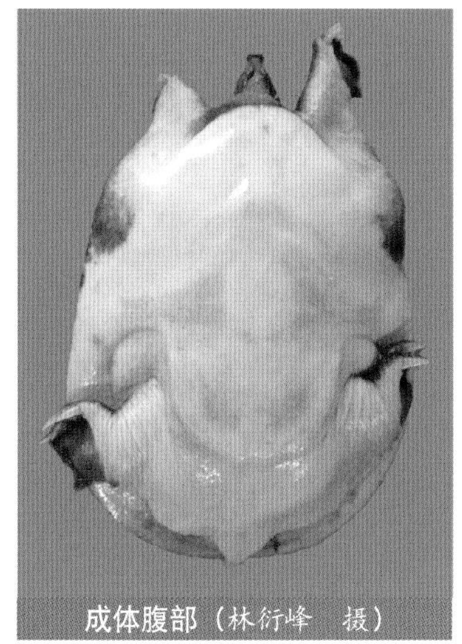
成体腹部（林衍峰　摄）

副模标本（背部）（Yan-An Gong 摄，引自 Chelonian Research Monographs No.8，2021 年）

Pelodiscus maackii（Brandt, 1857）

英文名：Northern Chinese Softshell Turtle, Amur Softshell Turtle

中文名：东北鳖

分　布：中国（黑龙江、吉林、辽宁、内蒙古），朝鲜，俄罗斯，日本，韩国，美国（引进）

形态描述：一种中大型鳖。背盘直线长度最大可达45厘米。背盘扁平或中间纵向凹。背中纵棱低平，疣粒仅分布于背盘边缘，背盘前缘疣粒明显。

成体（Shi Haitao 摄，引自 Chelonian Research Monographs No.7，2017 年）

成体
（Dayoung Lee 摄，引自 Chelonian Research Monographs No.8，2021 年）

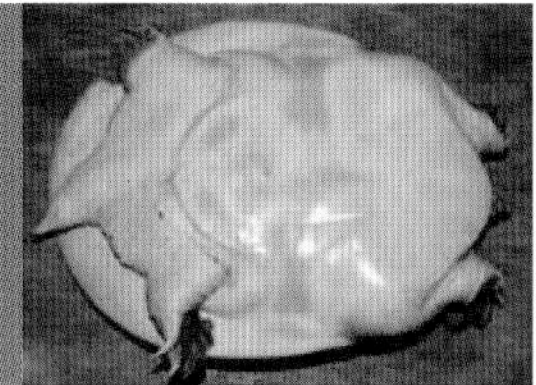
腹部
（Norbert Schneeweiss 摄，引自 Chelonian Research Monographs No.8，2021 年）

背盘橄榄棕色至深棕色，具细深色边的黄色或橙色斑点，背盘皮革质边缘下面无图案。腹部白色至稻草黄色，无图案，头颈部具细小的、深色边的黄色至橙色斑点，眶前和眶后条带粗，外框黄白色。喉部具大的浅色深边斑记。

Pelodiscus parviformis Tang, 1997

英文名：Lesser Chinese Softshell Turtle

中文名：小鳖

分　布：中国（广西、湖南）

形态描述：一种小型鳖。背盘直线长度最大可达 16 厘米；背盘近圆盘状，革质较薄，可印出背甲骨板。背盘具有许多疣状突起，裙边及肩部为颗粒疣状突起，中央部位为纵向条形突起。背盘具近蝴蝶形或不规则形的黑色斑纹。背盘暗绿或暗褐色。腹部上板的前肢稍长于后肢或等长；两上板分离；内板向后弯曲成 135° 夹角。腹部白色或淡黄色。头中等大，吻长，呈管状，鼻孔着生于吻的前端。四肢粗短，每肢具 5 趾，指（趾）间具蹼。

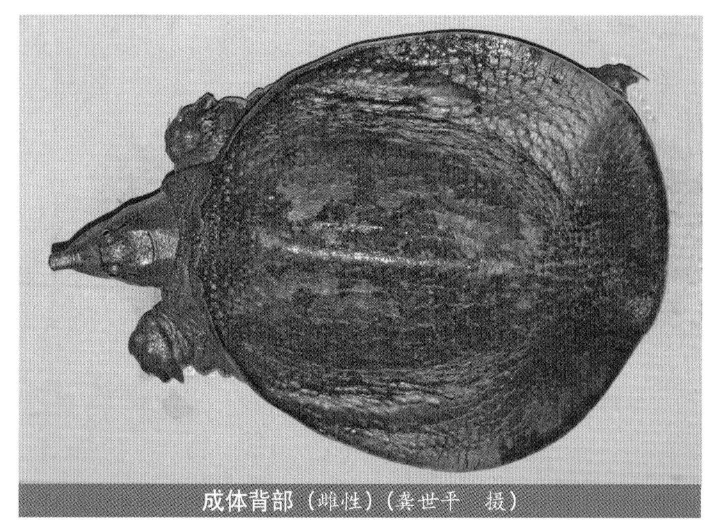
成体背部（雌性）（龚世平　摄）

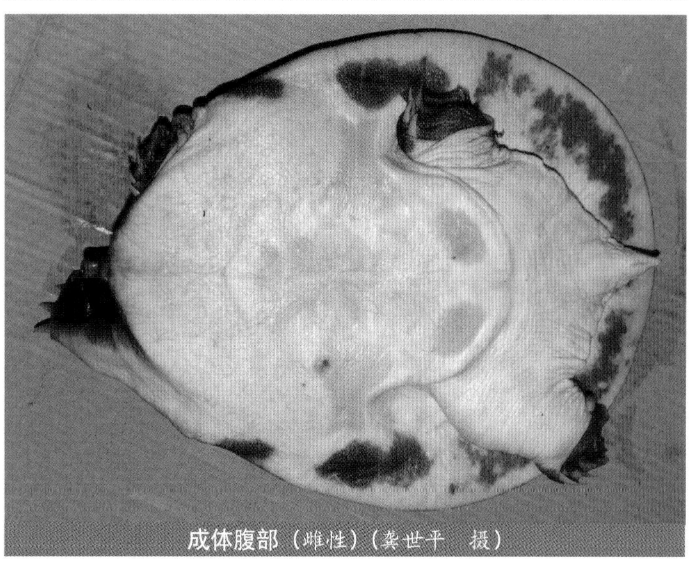
成体腹部（雌性）（龚世平　摄）

副模标本（引自 Shiping Gong 等，2022 年）

Pelodiscus shipian Shiping Gong, Fritz, Vamberger, Gao & Farkas, 2022

英文名：Chinese Stone Slab Soft-shelled Turtle

中文名：石片鳖

分　布：中国（江西、湖南）

形态描述：一种小型鳖。背盘直线长度不超过15厘米。成体个体小，背盘长度<15厘米；背盘具明显中棱，或多或少具明显结节，通常为橄榄灰色，装饰有黑绿色大理石花纹，有些为颜色更深的模糊图案；腹部黄白色，仅腋窝后部具边缘模糊的斑块并沿斑块前端有一些扩散，但未达内板；革质边缘下面具大量变化多端的深色斑；头部橄榄灰色具大量深色斑点；颏部灰棕色具浅色点，喉部深灰色，具黑色小斑点；颈部具黄色宽侧条，从鼓膜向后延伸；内板“⌒”形，夹角>90°。

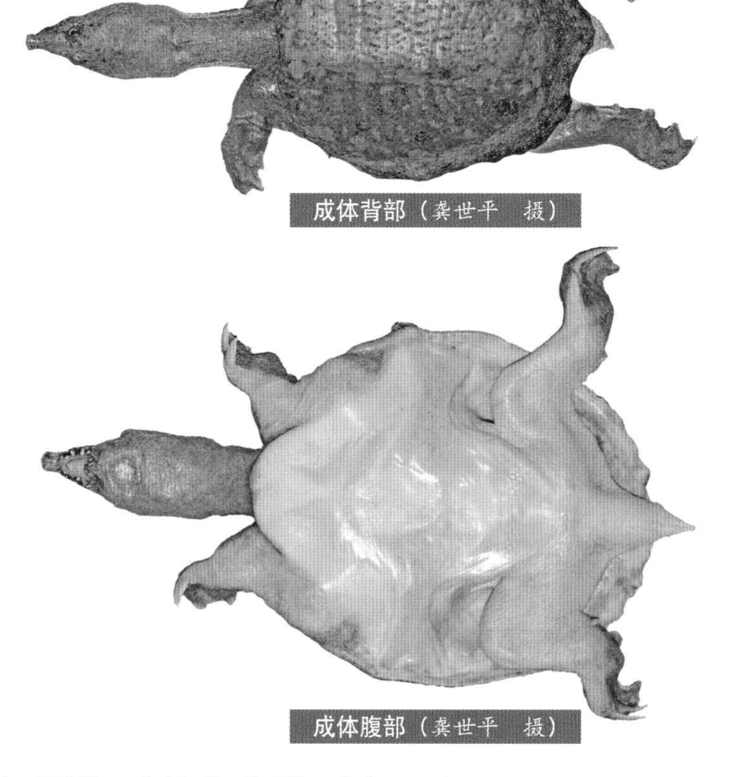

成体背部（龚世平　摄）

成体腹部（龚世平　摄）

Pelodiscus sinensis （Wiegmann, 1834）

英文名：Chinese Softshell Turtle

中文名：中华鳖

分　布：中国（安徽、北京、福建、广东、广西、河北、河南、香港、湖北、湖南、江苏、江西、澳门、内蒙古、宁夏、陕西、山东、山西、四川、天津、浙江、台湾）

形态描述：一种小型鳖。背盘直线长度可达16厘米。背盘卵圆形，后缘圆，其上无角质盾片，覆柔软的革质皮肤。背盘前缘向后翻褶，呈一列扁平疣状。背盘具中央纵棱和小疣粒组成的纵棱，每侧7～10余条。背盘青灰色、黄橄榄色或橄榄色。腹部平坦光滑，具7块胼胝体，分别在上板、内板、舌板与下板联体及剑板处。腹部乳白色或灰白色，具排列规则的灰黑色斑块。幼体裙边具浅色镶边的黑色圆斑，腹部具对称的淡灰色斑点。喙与头侧具青白间杂的虫样饰纹。四肢较扁。指（趾）均具3爪，指（趾）间具蹼。

成体背部（龚世平　摄）

成体腹部（龚世平　摄）

人工养殖的中华鳖（梁　亮　摄）

成体（雌性）（引自 Balázs Farkas 等，2019 年）

Pelodiscus variegatus Farkas, Ziegler, Pham Ong & Fritz, 2019

英文名：Vietnamese Softshell Turtle, Spotted Softshell Turtle

中文名：越南鳖

分　布：越南，中国

形态描述：一种中小型鳖。背盘直线长度雄鳖最大可达 11.6 厘米，雌鳖最大可达 23 厘米。背盘椭圆形，微拱起，具中纵棱，背表面粗糙，背盘黄灰色，具由网状和星状斑点组成的复杂的绿黑色图案，周围环绕着同样颜色的不完整的环状图案。中纵棱两侧具细小的黄雀绿色细点。纵棱因为黄雀绿色的中纵棱和成纵排的小结节而显得明显。腹部黄白色具明显的绿灰色斑块。沿着腹部前缘具 2 个深色斑块，上板间具 1 个椭圆形斑块，腋窝处各具 1 块斑，向舌板扩展但未达到舌板，同样的斑出现在舌板、下板和剑板，剑板上的斑在腹部中缝相遇，但未到达舌板、下板。另外还有这样的斑块出现在后肢上，一些不清晰的瘀伤状斑出现在甲桥和裙边下缘。头部眼后扩大，吻长，呈管状，头顶部具细小的绿黑色斑点和条纹。眼下和

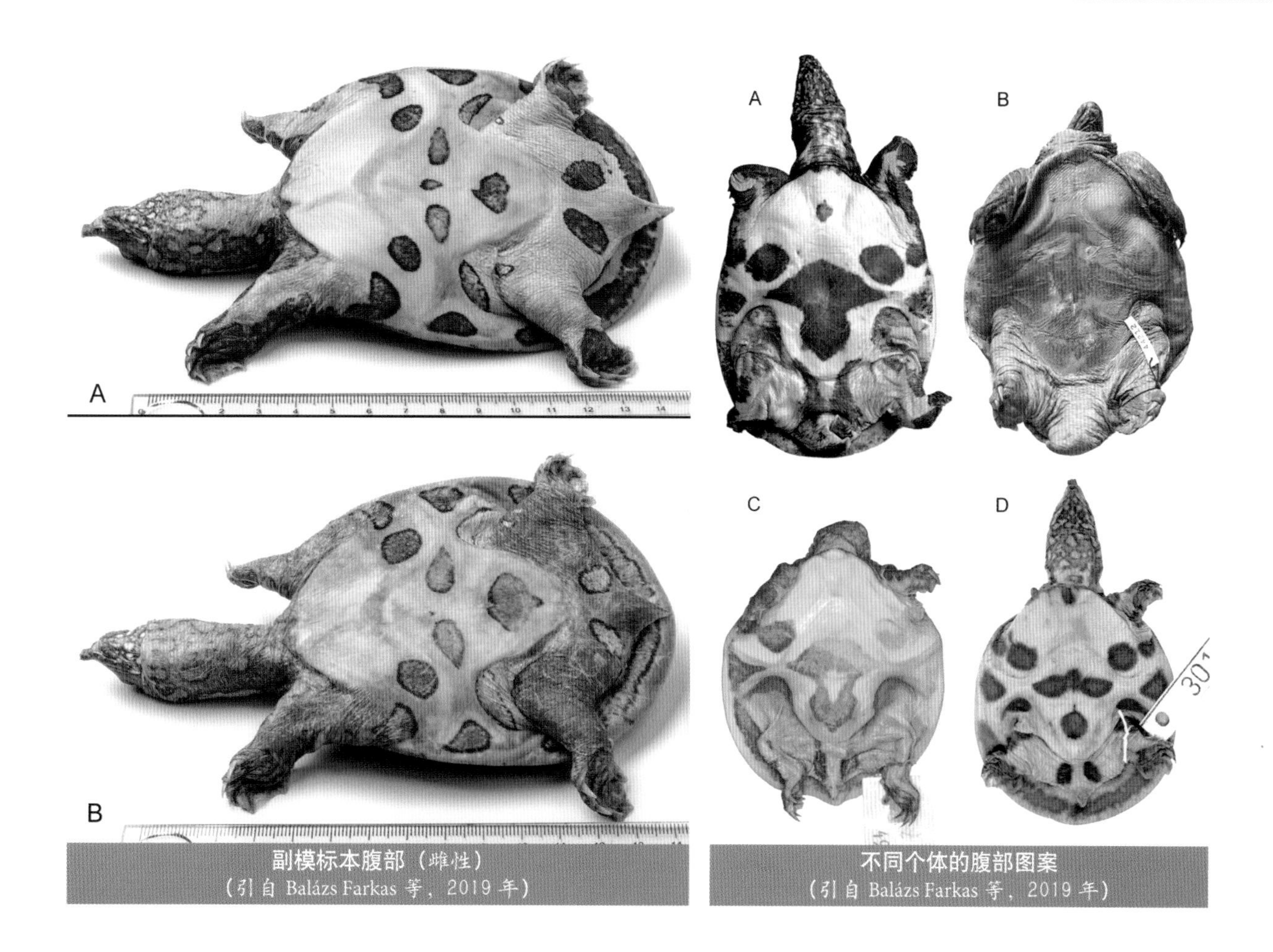

副模标本腹部（雌性）
（引自 Balázs Farkas 等，2019 年）

不同个体的腹部图案
（引自 Balázs Farkas 等，2019 年）

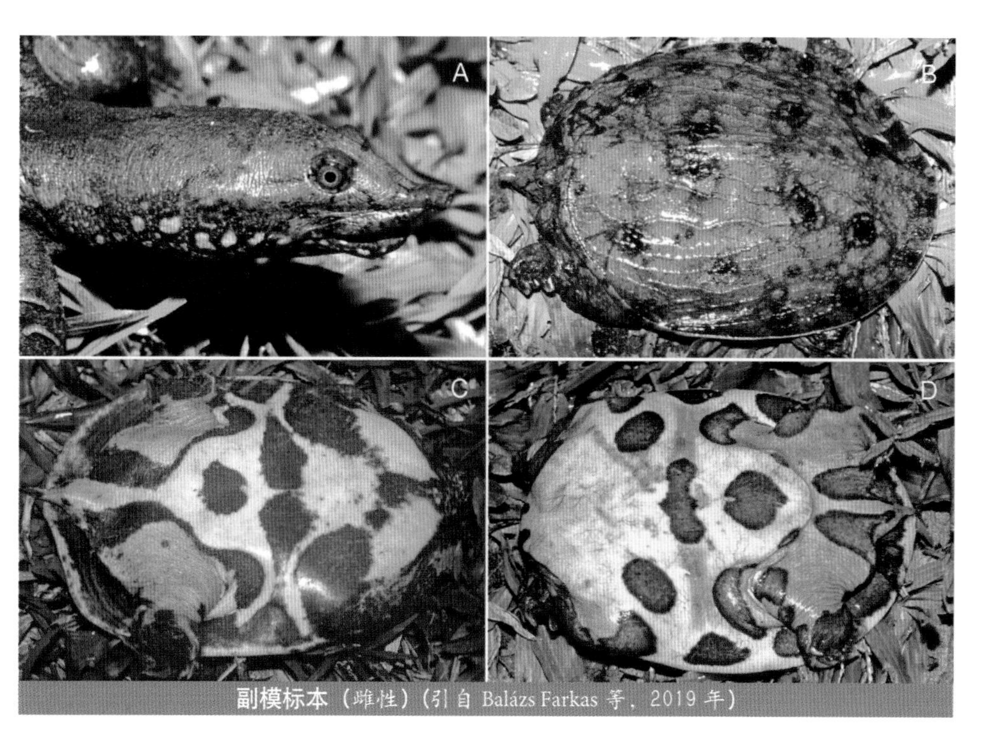

副模标本（雌性）（引自 Balázs Farkas 等，2019 年）

眼后条纹窄（2 毫米左右）部分中断，外框黄绿色，内部黄黑色。颏部具黄白色斑。四肢各具 5 指（趾），指（趾）间具蹼。

斑鳖属 *Rafetus* Gray, 1864

本属2种。主要特征：头部吻长与最大眶径相等，眶后骨较窄，小于最大眶径，咀嚼面宽而平；背部颈板宽长比大于3，8对肋板不完整、退化或缺失；腹部上板向前延伸较少或中等长度，舌板与下板明显分开，腹部后叶股部无可以覆盖后肢的半月牙形肉质叶状物，具2个胼胝体。

斑鳖属物种名录

序号	学名	中文名	亚种
1	*Rafetus euphraticus*	西亚斑鳖	/
2	*Rafetus swinhoei*	斑鳖	/

斑鳖属的种检索表

1a 内板与腹部中线形成直角 ………………………………………… 斑鳖 *Rafetus swinhoei*

1b 内板与腹部中线形成锐角 ………………………………………… 西亚斑鳖 *Rafetus euphraticus*

Rafetus euphraticus（Olivier, 1801）

英文名：Euphrates Softshell Turtle

中文名：西亚斑鳖

分　布：伊朗，伊拉克，叙利亚，土耳其

成体（Hanyeh Ghaffari　摄）

头部（Hanyeh Ghaffari　摄）

成体（站酷海洛）

形态描述：一种大型鳖。背盘直线长度雄鳖最大可达53.7厘米，雌鳖最大可达57厘米。背盘圆形至椭圆形，幼体背盘具大量纵排小疣粒，有些在成年期会保留下来。有一些大钝疣位于颈部上方背盘前部边缘。背盘橄榄绿色，幼体具黄色、奶油色或白色斑点，但成体无斑记或仅具少量深斑。腹部仅具2块不发达的胼胝体（舌板和下板）。上板间不接触，内板与腹部中线形成锐角。腹部灰色或白色至奶油色，头部和颈部背面绿色，颏部和颈部腹面白色。四肢暴露出来的部分绿色，腹面白色。

成体（Hanyeh Ghaffari 摄，引自 Chelonian Research Monographs No.5 2016 年）

幼体（Barbod Safaei-Mahroo 摄，引自 Chelonian Research Monographs No.5 2016 年）

成体（张 斌 摄）

Rafetus swinhoei（Gray, 1873）

英文名：Red River Giant Softshell Turtle, Yangtze Giant Softshell Turtle, Swinhoe's Softshell Turtle

中文名：斑鳖

分　布：中国，越南

成体头部（乔轶伦　摄）

形态描述：一种大型鳖。全世界现仅存3只，背盘直线长度雄鳖最大可达86厘米，雌鳖最大可达109.5厘米。背盘椭圆形，橄榄绿色，具大量黄色斑点和许多黄色小点（有时包围大斑点，或形成窄条纹）。沿两边前部的这些斑记特别明显。腹部仅在舌板和下板上具2块不发达的胼胝体。上板分离，内板与腹部中线形成直角。腹部灰色。头部和颈部背面黑色至橄榄色，腹面黄色。头部、颈部和颏部具大量的黄色大斑点。四肢背面黑色至橄榄色。

成体（Timothy E.M. McCormack 摄，引自 Chelonian Research Monographs No.8，2021 年）

三爪鳖属 *Trionyx* Geoffroy Saint–Hilaire, 1809

本属仅1种。主要特征：头部吻长与最大眶径相等，眶后骨较窄，小于最大眶径，咀嚼面宽而平；背部颈板宽长比大于3，8对肋板完整；腹部上板向前延伸较少或中等长度，舌板与下板明显分开，腹部后叶股部无可以覆盖后肢的半月牙形肉质叶状物。

三爪鳖属物种名录

序号	学名	中文名	亚种
1	*Trionyx triunguis*	非洲鳖	/

Trionyx triunguis（Forskäl 1775）

英文名：African Softshell Turtle; Nile Softshell Turtle

中文名：非洲鳖

成体（高品图像 Gaopinimages）

分　布：安哥拉，贝宁，喀麦隆，中非共和国，乍得，刚果（金），刚果（布），埃及，赤道几内亚，厄立特里亚，埃塞俄比亚，加蓬，冈比亚，加纳，希腊，几内亚，几内亚比绍，以色列，象牙海岸，肯尼亚，黎巴嫩，利比里亚，毛里塔尼亚，纳米比亚，尼日尔，尼日利亚，塞内加尔，塞拉利昂，索马里，南苏丹，苏丹，叙利亚，多哥，土耳其，乌干达

形态描述：一种大型鳖。背盘直线长度雄鳖最大可达80厘米，雌鳖最大可达120厘米。幼体背盘具几纵排疣粒，但成年大个体背盘表面光滑。背盘前缘在颈部上方增厚。背盘橄榄色至深红棕色，有时无斑纹，至少幼体背盘上通常具一些浅色中心深色边框的斑点；斑点边框常为黄色。随着年龄增长，浅色斑褪去，老年个体可能完全消失。成体的舌板与下板联体和剑板胼胝体发达并留有凹痕，另外的胼胝体存在于上板。腹部白色至奶油色，通常无图案，但一些个体具少量褪色的前端蠕虫纹。头部和四肢橄榄色，具大量的黄色或淡白色斑点和蠕虫纹。颏部和喉部具由大白斑形成的网纹。四肢下表面黄色。

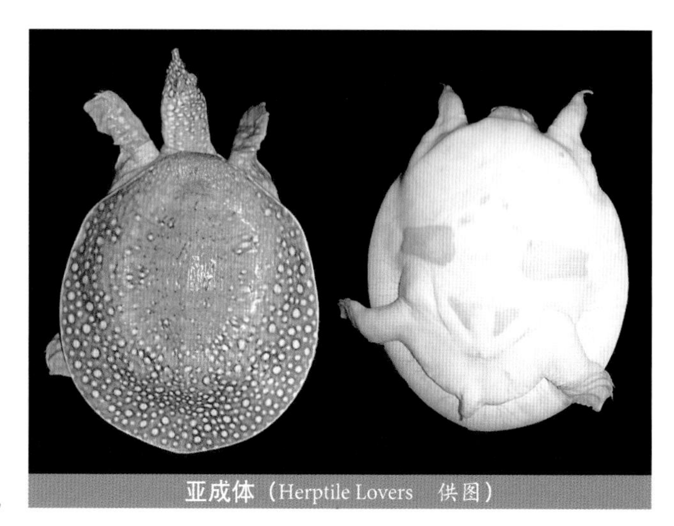
亚成体（Herptile Lovers　供图）

成体（图虫创意）

第四部分 龟鳖贸易管理

龟鳖类动物中的一些种类因其较强的观赏性和互动性，被一些爱好者当作宠物饲养，但龟鳖类动物不同于犬、猫等常规宠物，一半以上种类的交易和饲养要遵守《中华人民共和国野生动物保护法》《国家重点保护野生动物名录》《濒危野生动植物种国际贸易公约》（CITES）和《中华人民共和国缔约或参加国际公约禁止或者限制贸易的野生动物或者制品名录》（2019年11月26日生效）等，因此饲养一些龟类动物，可能会触犯法律，后果严重。这里主要介绍最新的国家重点保护动物名录和CITES附录中规定限制交易饲养的龟鳖类动物种类。

一、《国家重点保护野生动物名录》

2021 年 2 月 1 日，国家林业和草原局、农业农村部联合发布公告，公布新调整的《国家重点保护野生动物名录》（简称“名录”）。最新的名录中共涉及龟鳖目动物 21 种。

最新修订的《中华人民共和国野生动物保护法》（2023 年 5 月 1 日正式施行），明确规定了禁止出售、购买、利用国家重点保护野生动物及其制品；禁止为出售、购买、利用野生动物或者禁止使用的猎捕工具发布广告，禁止为违法出售、购买、利用野生动物制品发布广告。禁止网络交易平台、商品交易市场等交易场所，为违法出售、购买、利用野生动物及其制品或者禁止使用的猎捕工具提供展示、交易、消费服务。禁止食用国家重点保护野生动物和国家保护的有重要生态、科学、社会价值的陆生野生动物以及其他陆生野生动物。运输、携带、寄递国家重点保护野生动物及其制品，或者按照本法相关规定调出国家重点保护野生动物名录的野生动物及其制品出县境的，应当持有或者附有本法规定的许可证、批准文件的副本或者专用标识。禁止向境外机构或者人员提供我国特有的野生动物遗传资源。

《中华人民共和国水生野生动物保护实施条例》（2013 年修正版）第十七条和《中华人民共和国陆生野生动物保护实施条例》（2016 年修订版）第二十一条规定，驯养繁殖国家一级保护水生野生动物的，应当持有国务院渔业行政主管部门核发的驯养繁殖许可证；驯养繁殖国家二级保护水生野生动物的，应当持有省、自治区、直辖市人民政府渔业行政主管部门核发的驯养繁殖许可证。驯养繁殖国家重点保护野生动物的，应当持有驯养繁殖许可证。

国家重点保护野生动物名录（龟鳖目）

序号	中文名	学名	保护级别	备注
1	平胸龟	*Platysternon megacephalum*	二级	仅限野外种群
2	缅甸陆龟	*Indotestudo elongata*	一级	
3	凹甲陆龟	*Manouria impressa*	一级	
4	四爪陆龟	*Testudo horsfieldii*	一级	
5	欧氏摄龟	*Cyclemys oldhamii*	二级	
6	黑颈乌龟	*Mauremys nigricans*	二级	仅限野外种群
7	乌龟	*Mauremys reevesii*	二级	仅限野外种群
8	花龟	*Mauremys sinensis*	二级	仅限野外种群
9	黄喉拟水龟	*Mauremys mutica*	二级	仅限野外种群
10	闭壳龟属所有种	*Cuora* spp.	二级	仅限野外种群
11	地龟	*Geoemyda spengleri*	二级	

12	眼斑水龟	*Sacalia bealei*	二级	仅限野外种群
13	四眼斑水龟	*Sacalia quadriocellata*	二级	仅限野外种群
14	红海龟	*Caretta caretta*	一级	
15	绿海龟	*Chelonia mydas*	一级	
16	玳瑁	*Eretmochelys imbricata*	一级	
17	太平洋丽龟	*Lepidochelys olivacea*	一级	
18	棱皮龟	*Dermochelys coriacea*	一级	
19	鼋	*Pelochelys cantorii*	一级	
20	山瑞鳖	*Palea steindachneri*	二级	仅限野外种群
21	斑鳖	*Rafetus swinhoei*	一级	

二、《濒危野生动植物种国际贸易公约》

为了促使世界各国之间加强合作，控制国际贸易活动，有效地保护野生动植物资源，《濒危野生动植物种国际贸易公约》（CITES）于1973年3月3日在美国首都华盛顿签署。这是一项在控制国际贸易、保护野生动植物方面具有权威、影响广泛的国际公约，其宗旨是通过许可制度，对国际野生动植物及其产品、制成品的进出口实行全面控制和管理，以促进各国保护和合理开发野生动植物资源。CITES将其管辖的物种分为三类，分别列入三个附录中，并采取不同的管理办法，其中附录I包括所有受到和可能受到贸易影响而有灭绝危险的物种，这些物种的贸易必须加以特别严格的管理，以防止进一步危害其生存，并且只有在特殊的情况下才能允许进行贸易。附录II包括所有虽未濒临灭绝，但如对其贸易不严加管理，就可能变成有灭绝危险的物种。附录III包括成员认为属其管辖范围内，应该进行管理以防止或限制开发利用，而需要其他成员合作控制的物种。我国于1980年12月25日加入该公约，1981年4月8日正式生效。

我国加入《濒危野生动植物种国际贸易公约》40多年以来，已建立了以《野生动物保护法》《野生植物保护条例》《濒危野生动植物进出口管理条例》为主体的履约立法体系，认真负责地开展履约行动，按照CITES规定对濒危野生动植物种及其制品的国际贸易进行管理。为此，每个中国公民都必须严格遵守CITES，在未取得允许进出口证明书的情况下，决不能携带、邮寄和运输CITES附录I、附录II中龟鳖动物物种或其制品出入我国国境，否则将会触犯我国刑法，追究刑事责任，最高可处以无期徒刑，并处罚款或者没收个人财产。

列入 CITES 附录 I 的龟鳖类动物

序号	科	物种名称
1	蛇颈龟科 Chelidae	澳洲短颈龟 *Pseudemydura umbrina*
2	海龟科 Cheloniidae	海龟科所有种 *Cheloniidae* spp.
3	棱皮科 Dermochelyidae	棱皮龟 *Dermochelys coriacea*
4	龟科 Emydidae	牟氏水龟 *Glyptemys muhlenbergii* 沼泽箱龟 *Terrapene coahuila*
5	淡水龟科 Geoemydidae	马来潮龟 *Batagur affinis* 潮龟 *Batagur baska* 红冠棱背潮龟 *Batagur kachuga* 布氏闭壳龟 *Cuora bourreti* 黄额闭壳龟 *Cuora galbinifrons* 图画闭壳龟 *Cuora picturata* 斑点池龟 *Geoclemys hamiltonii* 安南龟 *Mauremys annamensis* 三棱黑龟 *Melanochelys tricarinata* 缅甸沼龟 *Morenia ocellata* 印度棱背龟 *Pangshura tecta*
6	动胸龟科 Kinosternidae	科拉动胸龟 *Kinosternon cora* 巴利亚塔动胸龟 *Kinosternon vogti*
7	平胸龟科 Platysternidae	平胸龟 *Platysternon megacephalum*
8	陆龟科 Testudinidae	辐射陆龟 *Astrochelys radiata* 安哥洛卡陆龟 *Astrochelys yniphora* 加拉帕戈斯陆龟 *Chelonoidis niger* 印度星龟 *Geochelone elegans* 缅甸星龟 *Geochelone platynota* 黄缘地鼠龟 *Gopherus flavomarginatus* 饼干陆龟 *Malacochersus tornieri* 几何沙陆龟 *Psammobates geometricus* 蛛网陆龟 *Pyxis arachnoids* 扁尾陆龟 *Pyxis planicauda* 埃及陆龟 *Testudo kleinmanni*
9	鳖科 Trionychidae	黑刺鳖 *Apalone spinifera atra* 泰国小头鳖 *Chitra chitra* 缅甸小头鳖 *Chitra vandijki* 恒河鳖 *Nilsonia gangeticus* 宏鳖 *Nilsonia hurum* 莱氏鳖 *Nilsonia leithii* 黑鳖 *Nilsonia nigricans*

列入 CITES 附录 II 的龟鳖类动物

序号	科	物种名称
1	南美侧颈龟科 Podocnemididae	马达加斯加大头侧颈龟 *Erymnochelys madagascariensis* 大头盾龟 *Peltocephalus dumerilianus* 南美侧颈龟属所有种 *Podocnemis* spp.
2	蛇颈龟科 Chelidae	罗地长颈龟 *Chelodina mccordi* 枯叶龟 *Chelus fimbriata*

（续）

序号	科	物种名称
3	两爪鳖科 Carettochelyidae	两爪鳖（猪鼻龟） *Carettochelys insculpta*
4	鳄龟科 Chelydridae	北美拟鳄龟 *Chelydra serpentina* 大鳄龟 *Macroclemys temminckii*
5	泥龟科 Dermatemydidae	泥龟 *Dermatemys mawii*
6	龟科 Emydidae	星点水龟 *Clemmys guttata* 布氏泽龟 *Emys blandingi* 木雕水龟 *Glyptemys insculpta* 蒙面地图龟 *Graptemys barbouri* 恩氏地图龟 *Graptemys ernsti* 吉氏地图龟 *Graptemys gibbonsi* 珍珠河地图龟 *Graptemys pearlensis* 亚拉巴马地图龟 *Graptemys pulchra* 钻纹龟 *Malaclemys terrapin* 箱龟属 *Terrapene* spp.（除列入附录Ⅰ中外）
7	淡水龟科 Geoemydidae	咸水潮龟 *Batagur borneoensis* 三线棱背潮龟 *Batagur dhongoka* 缅甸棱背潮龟 *Batagur trivittata* 闭壳龟属 *Cuora* spp．*amboinensis*（除列入附录Ⅰ中外） 齿缘龟属 *Cyclemys* spp. 日本地龟 *Geoemyda japonica* 地龟 *Geoemyda spengleri* 冠背草龟 *Hardella thurjii* 黄头庙龟 *Heosemys annandalii* 扁东方龟 *Heosemys depressa* 大东方龟（亚洲巨龟） *Heosemys grandis* 刺东方龟（太阳龟） *Heosemys spinosa* 苏拉威西白头龟 *Leucocephalon yuwonoi* 泰国食螺龟 *Malayemys khoratensis* 马来食螺龟 *Malayemys macrocephala* 湄公河食螺龟 *Malayemys subtrijuga* 日本石龟 *Mauremys japonica* 黄喉拟水龟 *Mauremys mutica* 黑颈乌龟 *Mauremys nigricans* 黑山龟 *Melanochelys trijuga* 印度沼龟 *Morenia petersi* 果龟 *Notochelys platynota* 马来西亚巨龟 *Orlitia borneensis* 棱背龟属 *Pangshura* spp.（除列入附录Ⅰ中外） 木纹龟属 *Rhinoclemmys* spp. 眼斑龟 *Sacalia bealei.* 四眼斑龟 *Sacalia quadriocellata* 粗颈龟 *Siebenrockiella crassicollis* 巴拉望龟 *Siebenrockiella leytensis* 蔗林龟 *Vijayachelys sylvatica*
8	动胸龟科 Kinosternidae	窄桥匣龟 *Claudius angustatus* 动胸龟属 *Kinosternon* spp.（除列入附录Ⅰ中外） 小麝香龟属 *Sternotherus* spp. 墨西哥麝香龟 *Staurotypus triporcatus* 萨尔文麝香龟 *Staurotypus salvinii*
9	陆龟科 Testudinidae	亚达伯拉陆龟属 *Aldabrachelys* spp. 苏卡达陆龟 *Centrochelys sulcata*（野外种群） 红腿陆龟 *Chelonoidis carbonarius* 阿根廷陆龟 *Chelonoidis chilensis* 黄腿陆龟 *Chelonoidis denticulatus*

（续）

序号	科	物种名称
		挺胸陆龟 *Chersina angulata* 海角陆龟属 *Chersobius* spp. 穴陆龟属 *Gopherus* spp.（除列入附录 I 中外） 珍陆龟属 *Homopus* spp. 印支陆龟属 *Indotestudo* spp. 折背陆龟属 *Kinixys* spp. 凹甲陆龟属 *Manouria* spp. 锯缘沙陆龟 *Psammobates oculifer* 帐篷沙陆龟 *Psammobates tentorius* 豹纹陆龟 *Stigmochelys pardalis* 陆龟属 *Testudo* spp.（除列入附录 I 中外）
10	鳖科 Trionychidae	亚洲鳖 *Amyda cartilaginea* 刺鳖属 *Apalone* spp.（除列入附录 I 中外） 小头鳖属 *Chitra* spp.（除列入附录 I 中外） 盘鳖属 *Cyclanorbis* spp. 圆鳖属 *Cycloderma* spp. 马来鳖 *Dogania subplana* 缘板鳖属 *Lissemys* spp. 丽鳖 *Nilsonia formosa* 山瑞鳖 *Palea steindachneri* 鼋属 *Pelochelys* spp. 砂鳖 *Pelodiscus axenaria* 东北鳖 *Pelodiscus maackii* 小鳖 *Pelodiscus parviformis* 西亚斑鳖 *Rafetus euphraticus* 斑鳖 *Rafetus swinhoei* 非洲鳖 *Trionyx triunguis*

主要参考文献

唐业忠，1997．中国鳖科*Pelodiscus*属一新种研究［J］．动物学研究(1)：14–18．

张孟闻，宗愉，马积藩，1998．中国动物志爬行纲第一卷总论龟鳖目鳄形目［M］．北京：科学技术出版社．

周婷，2004．龟鳖分类图鉴［M］．北京：中国农业出版社．

周婷，周峰婷，2020．世界陆龟图鉴［M］．北京：中国农业出版社．

周工健，张轩杰，方志刚，1991．鳖属一新种研究初报［J］．湖南师范大学自然科学学报(4)：379–382．

Anders G. J. Rhodin, John B. Iverson, et al, 2017. Turtles of the World- Annotated Checklist and Atlas of Taxonomy, Synonymy, Distribution, and Conservation Status [M].8th Ed. Chelonian Research Foundation and Turtle Conservancy, 292 pages. ISBN 978-1-5323-5026-9 (online).

Anders G. J. Rhodin, John B. Iverson, et al, 2021. Turtles of the World-Annotated Checklist and Atlas of Taxonomy, Synonymy, Distribution, and Conservation Status [M]. 9th Ed. Chelonian Research Foundation and Turtle Conservancy, 472 pages. ISBN 978-0-9910368-3-7(online).

A. Ross Kiester, Lisabeth L. Willey, 2015. *Terrapene carolina* (Linnaeus 1758) – Eastern Box Turtle, Common Box Turtle [J]. Chelonian Research Monographs, 5（Installment 8）: Account 085.

Adrián Cerdá-Ardura, Francisco Soberón-Mobarak, Suzanne E. McGaugh, et al, 2008. *Apalone spinifera atra* (Webb and Legler 1960) – Black Spiny Softshell Turtle, Cuatrociénegas Softshell, Tortuga Concha Blanda, Tortuga Negra de Cuatrociénegas [J]. Chelonian Research Monographs, 5（Installment 1）: Account 021.

Alastair Freeman, John Cann, 2014. *Myuchelys latisternum* (Gray 1867) – Sawshelled Turtle, Saw-Shell Turtle [J]. Chelonian Research Monographs, 5（Installment 7）: Account 073.

Alastair Freeman, Scott Thomson, John Cann, 2014. *Elseya lavarackorum* (White and Archer 1994) –Gulf Snapping Turtle, Gulf Snapper, Riversleigh Snapping Turtle, Lavarack's Turtle [J]. Chelonian Research Monographs, 5（Installment 7）: Account 082.

Albert Bertolero, Stephen D. Busack, 2017. *Mauremys leprosa* (Schoepff in Schweigger 1812) – Mediterranean Pond Turtle, Spanish Terrapin, Mediterranean Stripe-necked Terrapin [J]. Chelonian Research Monographs, 5（Installment 10）: Account 102.

Alice Petzold, Mario Vargas-Ramírez, Christian Kehlmaier, et al, 2014. A revision of African helmeted terrapins (Testudines: Pelomedusidae: *Pelomedusa*), with descriptions of six new species [J]. Zootaxa, 3795 (5): 523–548.

Anders G.J. Rhodin, Bonggi R. Ibarrondo, Gerald Kuchling, et al, 2008. *Chelodina mccordi* Rhodin 1994 – Roti Island Snake-Necked Turtle, McCord's Snake-Necked Turtle, Kura-Kura Rote [J]. Chelonian Research Monographs, 5（Installment 1）: Account 008.

Anders G. J. Rhodin, Sébastien Métrailler, Thomas Vinke, et al, 2009. *Acanthochelys macrocephala* (Rhodin, Mittermeier, and McMorris 1984) – Big-Headed Pantanal Swamp Turtle, Pantanal Swamp Turtle [J]. Chelonian Research Monographs, 5（Installment 2）: Account 040.

Anuja Mital, Karthikeyan Vasudevan, Shailendra Singh, et al, 2019. *Morenia petersi*: life history and distribution[J]. Herpetological Review, 50(1): 127-128.

Arthur Georges, Scott Thomson, 2010. Diversity of Australasian freshwater turtles, with an annotated synonymy and keys to species[J]. Zootaxa, (2496):1-37.

Arunima Singh, Monowar Alam Khalid, Shailendra Singh, 2021. Diversity, Distribution and Bathymetric Preferences of Freshwater Turtles in Lower Sarju River, North India With Special Reference to *Haredlla thurjii* [J]. Journal of Experimental

Zoology India, 24(2):1803-1809.

Arvin C. Diesmos, James F. Parham, Rafe M. Brown, et al, 2005. The Phylogenetic Position of the Recently Rediscovered Philippine Forest Turtle (Bataguridae: *Heosemys leytensis*) [J]. Proceedings of the California Academy of Sciences, 56(3):31–41.

Arvin C. Diesmos, James R. Buskirk, Sabine Schoppe, et al, 2012. *Siebenrockiella leytensis* (Taylor 1920) – Palawan Forest Turtle, Philippine Forest Turtle [J]. Chelonian Research Monographs, 5（Installment 5）: Account 066.

Balázs Farkas, Thomas Ziegler, Cuong The Pham, et al, 2019. A new species of *Pelodiscus* from northeastern Indochina (Testudines, Trionychidae) [J]. ZooKeys, 824: 71-86.

Brian C. Bock, Vivian P. Páez, Juan M. Daza, 2010. *Trachemys callirostris* (Gray 1856) – Colombian Slider, Jicotea, Hicotea, Galapago, Morrocoy de Agua [J]. Chelonian Research Monographs, 5（Installment 3）:Account 042.

Carl H. Ernst, Roger W. Barbour, 1992. Turtles of the World[M]. Washington, D. C., and London: Smithsonian Institution Press.

C. Kenneth Dodd, Jr., 2008. *Sternotherus depressus* Tinkle and Webb 1955 – Flattened Musk Turtle [J]. Chelonian Research Monographs, 5（Installment 1）: Account 013.

Cris Hagen, Steven G. Platt, and Charles J. Innis, 2009. *Leucocephalon yuwonoi* (McCord, Iverson, and Boeadi 1995) – Sulawesi Forest Turtle, Kura-Kura Sulawesi [J]. Chelonian Research Monographs, 5 (Installment 2): Account 039.

Dale R. Jackson, 2010. *Pseudemys nelsoni* Carr 1938 – Florida Red-Bellied Turtle [J]. Chelonian Research Monographs, 5 (Installment 3): Account 041.

Daniel Escoriza, Carmen Díaz-Paniagua, Ana Andreu, et al, 2022. *Testudo graeca* Linnaeus 1758 (Western Subspecies Clade:*Testudo g. graeca, T. g. cyrenaica, T. g. marokkensis, T. g. nabeulensis, T. g. whitei*) – Mediterranean Spur-thighed Tortoise, Moorish Tortoise, Libyan Tortoise, Moroccan Tortoise, Tunisian Tortoise, Souss Valley Tortoise [J]. Chelonian Research Monographs, 5 (Installment 16): Account 117.

Daniel O. Santana, Thiago S. Marques, Gustavo H. C. Vieira, et al, 2016. *Mesoclemmys tuberculata* (Luederwaldt 1926) – Tuberculate Toad-headed Turtle [J]. Chelonian Research Monographs, 5 (Installment 9): Account 097.

Dario Ottonello, Stefania d'Angelo, Federico Marrone, et al, 2021. *Emys trinacris* Fritz, Fattizzo, Guicking, Tripepi, Pennisi, Lenk, Joger, and Wink 2005 – Sicilian Pond Turtle, Testuggine Palustre Siciliana [J]. Chelonian Research Monographs, 5 (Installment 15): Account 112.

Darren Fielder, Bruce Chessman & Arthur Georges, et al, 2015. *Myuchelys bellii* (Gray 1844) – Western Saw-shelled Turtle, Bell's Turtle [J]. Chelonian Research Monographs, 5 (Installment 8): Account 088.

Deborah S. Bower, Kate M. Hodges, 2014. *Chelodina expansa* Gray 1857 – Broad-Shelled Turtle, Giant Snake-Necked Turtle [J]. Chelonian Research Monographs, 5 (Installment 7): Account 071.

Donald G. Broadley, Walter Sachsse, 2011. *Cycloderma frenatum* Peters 1854 –Zambezi Flapshell Turtle, Nkhasi [J]. Chelonian Research Monographs, 5 (Installment 4): Account 055.

Edward O. Moll, Kalyar Platt, Steven G. Platt, et al, 2009. *Batagur baska* (Gray 1830) – Northern River Terrapin[J]. Chelonian Research Monographs, 5 (Installment 8): Account 037.

Edward O. Moll, Steven G. Platt, Eng Heng Chan, et al, 2015. *Batagur affinis* (Cantor 1847) – Southern River Terrapin, Tuntong [J]. Chelonian Research Monographs, 5 (Installment 2): Account 090.

Emmett L. Blankenship, Brian P. Butterfield, James C. Godwin, 2008. *Graptemys nigrinoda* Cagle 1954 – Black-Knobbed Map Turtle, Black-Knobbed Sawback [J]. Chelonian Research Monographs, 5 (Installment 1): Account 005.

Ertan Taskavak, Mehment K. Atatür, Hanyeh Ghaffari, et al, 2016. *Rafetus euphraticus* (Daudin 1801) – Euphrates Softshell Turtle[J]. Chelonian Research Monographs, 5 (Installment 9): Account 098.

Fábio A. G. Cunha, Iracilda Sampaio, Jeferson Carneiro, et al, 2021. A New Species of Amazon Freshwater Toad-Headed Turtle in the Genus *Mesoclemmys* (Testudines: Pleurodira: Chelidae) from Brazil[J]. Chelonian Conservation and Biology, 20 (2): 151-166.

Fábio A. G. Cunha, Iracilda Sampaio, Jeferson Carneiro, et al, 2022. A New South American Freshwater Turtle of the Genus *Mesoclemmys* from the Brazilian Amazon (Testudines: Pleurodira: Chelidae) [J]. Chelonian Conservation and Biology, 21 (2):

000-000. doi: 10.2744/CCB-1524.1

Fabio Petrozzi, Emmanuel M. Hema, Gift Simon Demaya, et al, 2020. *Centrochelys sulcata* (Miller 1779) – African Spurred Tortoise, Grooved Tortoise, Sahel Tortoise, Tortue Sillonnée [J]. Chelonian Research Monographs, 5 (Installment 14): Account 110.

Flora Ihlow, Melita Vamberger, Morris Flecks, et al, 2016. Integrative taxonomy of southeast asian snail-eating turtles (Geoemydidae: *Malayemys*) reveals a new species and mitochondrial introgression[J]. PLoS ONE, 11 (4): e0153108. doi:10.1371/journal. pone. 0153108.

Franco L. Souza, Fernando I. Martins, 2009. *Hydromedusa maximiliani* (Mikan 1825) – Maximilian's Snake-Necked Turtle, Brazilian Snake-Necked Turtle [J]. Chelonian Research Monographs, 5 (Installment 2): Account 026.

Franck Bonin, Bernard Devaux, Alain Dupré, et al, 2006. Turtles of the World[M]. Baltimore: Johns Hopkins University Press.

Georgia Mantziou, Lina Rifai, 2014. *Mauremys rivulata* (Valenciennes in Bory de Saint-Vincent 1833) – Western Caspian Turtle, Balkan Terrapin [J]. Chelonian Research Monographs, 5 (Installment 7): Account 080.

German Forero-Medina, Olga V. Castaño-Mora, Gladys Cárdenas-Arevalo, et al, 2013. *Mesoclemmys dahli* (Zangerl and Medem 1958) – Dahl's Toad-Headed Turtle, Carranchina, Tortuga Montañera [J]. Chelonian Research Monographs, 5（Installment 6）: Account 011.

Glenn Shea, Scott Thomson, Arthur Georges, 2020. The identity of *Chelodina oblonga* Gray 1841 (Testudines: Chelidae) reassessed[J]. Zootaxa, 4779(3), 419–437.

Gong Yan-an, Peng Li-fang, Huang Song, et al, 2021. A new species of the Genus *Pelodiscus* Fitzinger, 1835 (Testudines: Trionychidae) from Huangshan, Anhui, China[J]. Zootaxa, 5060(1), 137–145.

Hidetoshi Ota, Yuichirou Yasukawa, Jinzhong Fu, et al, 2009. *Cuora flavomarginata* (Gray 1863) – Yellow-Margined Box Turtle [J]. Chelonian Research Monographs, 5（Installment 2）: Account 035.

Indraneil Das, 2008. *Pelochelys cantorii* Gray 1864 –Asian Giant Softshell Turtle [J]. Chelonian Research Monographs, 5（Installment 1）: Account 011.

Indraneil Das, 2009. *Melanochelys tricarinata* (Blyth 1856) – Tricarinate Hill Turtle, Three-Keeled Land Turtle [J]. Chelonian Research Monographs, 5（Installment 2）: Account 025.

Indraneil Das, 2010. *Morenia ocellata* (Duméril and Bibron 1835) – Burmese Eyed Turtle [J]. Chelonian Research Monographs, 5（Installment 3）: Account 044.

Indraneil Das, Dhruvajyoti Basu, Shailendra Singh, 2010. *Nilssonia hurum* (Gray 1830) – Indian Peacock Softshell Turtle [J]. Chelonian Research Monographs, 5（Installment 3）: Account 048.

Indraneil Das, S. Bhupathy, 2009. *Melanochelys trijuga* (Schweigger 1812) – Indian Black Turtle [J]. Chelonian Research Monographs, 5（Installment 2）: Account 038.

Indraneil Das, S. Bhupathy, 2010. *Geoclemys hamiltonii* (Gray 1830) – Spotted Pond Turtle, Black Pond Turtle [J]. Chelonian Research Monographs, 5（Installment 3）: Account 043.

Indraneil Das, Saibal Sengupta, 2010. *Morenia petersi* Anderson 1879 – Indian Eyed Turtle [J]. Chelonian Research Monographs, 5（Installment 3）: Account 045.

Indraneil Das, Shailendra Singh, 2009. *Chitra indica* (Gray 1830) – Narrow-Headed Softshell Turtle [J]. Chelonian Research Monographs, 5（Installment 2）: Account 027.

Indraneil Das, Shailendra Singh, Karthikeyan Vasudevan, et al, 2014. *Nilssonia leithii* (Gray 1872) – Leith's Softshell Turtle[J]. Chelonian Research Monographs, 5（Installment 7）: Account 075.

James R. Buskirk, Paulino Ponce-Campos, 2011. *Terrapene nelsoni* Stejneger 1925 – Spotted Box Turtle, Tortuga de Chispitas, Tortuga de Monte [J]. Chelonian Research Monographs, 5（Installment 4）:Account 060.

Jeffrey E. Dawson, Flora Ihlow, Stephan Ettmar, et al, 2018. *Malayemys macrocephala* (GRAY,1859) – Malayan Snail-Eating Turtle, Rice-Field Terrapin [J]. Chelonian Research Monographs, 5（Installment 12）: Account 108.

Jeffrey E. Dawson, Flora Ihlow, Steven G. Platt, 2020. *Malayemys subtrijuga* (SCHLEGEL & MÜLLER, 1845) – Mekong Snail-Eating Turtle [J]. Chelonian Research Monographs, 5（Installment 14）: Account 111.

Jeffrey E. Lovich, James C. Godwin, C. J. McCoy, 2011. *Graptemys ernsti* Lovich and McCoy 1992 – Escambia Map Turtle [J].

Chelonian Research Monographs, 5（Installment 4）: Account 051.

Jeffrey E. Lovich, James C. Godwin, C.J. McCoy, 2014. *Graptemys pulchra* Baur 1893 – Alabama Map Turtle [J]. Chelonian Research Monographs, 5（Installment 7）: Account 072.

Jeffrey E. Lovich, Will Selman, C.J. McCoy, 2009. *Graptemys gibbonsi* Lovich and McCoy 1992 – Pascagoula Map Turtle, Pearl River Map Turtle, Gibbons' Map Turtle [J]. Chelonian Research Monographs, 5（Installment 2）: Account 029.

Jeffrey E. Lovich, Whit Gibbons, 2021. Turtles of the World-A Guide to Every Family [M]. New Jersey: Princeton University Press.

Jesús A. Loc-Barragán, Jacobo Reyes-Velasco, Guillermo A. Woolrich-Piña, et al, 2020. A New Species of Mud Turtle of Genus *Kinosternon* (Testudines: Kinosternidae) from the Pacific Coastal Plain of Northwestern Mexico [J]. Zootaxa, 4885 (4): 509–529.

John B. Iverson, John L. Carr, Olga V. Castaño-Mora, et al, 2012. *Kinosternon dunni* Schmidt, 1947-Dunn's Mud Turtle, Cabeza de Trozo [J]. Chelonian Research Monographs, 5（Installment 5）: Account 067.

John Cann, 1997. Kuchling's turtle [J]. Monitor (Journal of the Victorian Herpetological Society), 9 (1): 41–44, 32.

John Cann, Ricky-J. Spencer, Michael Welsh, et al, 2015. *Myuchelys georgesi* (Cann 1997) – Bellinger River Turtle [J]. Chelonian Research Monographs, 5（Installment 8）: Account 091.

John Cann, Ross Sadlier, 2017. Freshwater turtles of Australia [M]. Clayton: CSIRO Publishing.

John L. Carr, Alan Giraldo, 2009. *Rhinoclemmys nasuta* (Boulenger 1902) – Large-Nosed Wood Turtle, Chocoan River Turtle [J]. Chelonian Research Monographs, 5（Installment 2）: Account 034.

Joshua R. Ennen, Jeffrey E. Lovich, Brian R. Kreiser, et al, 2010. Genetic and Morphological Variation Between Populations of the Pascagoula Map Turtle (*Graptemys gibbonsi*) in the Pearl and Pascagoula Rivers with Description of a New Species [J]. Chelonian Conservation and Biology, 9 (1): 98–113.

Joshua R. Ennen, Jeffrey E. Lovich, Robert L. Jones, 2016. *Graptemys pearlensis* Ennen, Lovich, Kreiser, Selman, and Qualls 2010 – Pearl River Map Turtle [J]. Chelonian Research Monographs, 5（Installment 9）:Account 094.

Justin Gerlach, 2008. *Pelusios castanoides intergularis* Bour 1983 – Seychelles Yellow-Bellied Mud Turtle, Seychelles Chestnut-Bellied Terrapin [J]. Chelonian Research Monographs, 5（Installment 1）:Account 010.

Kristin H. Berry, Robert W. Murphy, 2019. *Gopherus agassizii* (Cooper 1861) – Mojave Desert Tortoise, Agassiz's Desert Tortoise [J]. Chelonian Research Monographs, 5（Installment 13）: Account 109.

Kurt A. Buhlmann, J. Whitfield Gibbons, Dale R. Jackson, 2008. *Deirochelys reticularia* (Latreille 1801) – Chicken Turtle [J]. Chelonian Research Monographs, 5（Installment 1）: Account 014.

Leandro Alcalde, Rocio Maria Sánchez, Peter C.H. Pritchard, 2021. *Hydromedusa tectifera* Cope 1870 – South American Snake-necked Turtle, Argentine Snake-necked Turtle, Tortuga Cuello de Vibora, Cágado Pescoço de Cobra [J]. Chelonian Research Monographs, 5（Installment 15）: Account 113.

Luan Thanh Nguyen, Ngon Quang Lam, Jack Carney, et al, 2020. First record of Western Black-Bridged Leaf Turtle, *Cyclemys atripons* Iverson & McCord, 1997 (Testudines, Geoemydidae), in Vietnam [J]. Check List, 16(3): 571-577.

Luca Luiselli, Tomas Diagne, 2013. *Kinixys homeana* Bell 1827 – Home's Hinge-Back Tortoise [J]. Chelonian Research Monographs, 5（Installment 6）: Account 070.

Marco A. López-Luna, Fabio G. Cupul-Magaña, Armando H. Escobedo-Galván, et al, 2018. A Distinctive New Species of Mud Turtle from Western México [J]. Chelonian Conservation and Biology, 17(1): 2–13.

Mario Vargas-Ramírez, Carlos del Valle, Claudia P. Ceballos, et al, 2017. *Trachemys medemi* n. sp. from northwestern Colombia turns the biogeography of South American slider turtles upside down [J]. Journal of Zoological Systematics and Evolutionary Research, 55(4): 326-339.

Mario Vargas-Ramírez, Susana Caballero, Mónica A. Morales-Betancourt , et al, 2020. Genomic analyses reveal two species of the matamata (Testudines: Chelidae: *Chelus spp.*) and clarify their phylogeography [J]. Molecular Phylogenetics and Evolution, 148: 106823.

Mark Auliya, Peter Paul van Dijk, Edward O. Moll, et al, 2016. *Amyda cartilaginea* (Boddaert 1770) – Asiatic Softshell Turtle, Southeast Asian Softshell Turtle [J]. Chelonian Research Monographs, 5（Installment 9）: Account 092.

Mark de Boer, Lotte Jansen, Job Stumpel, 2019. Best Practice Guidelines for the Egyptian tortoise (*Testudo kleinmanni*) [M]. Amsterdam: European Association of Zoos and Aquaria (EAZA).

Melita Vamberger, Flora Ihlow, Marika Asztalos, et al, 2020. So different, yet so alike: North American slider turtles (*Trachemys scripta*) [J]. Vertebrate Zoology, 70 (1): 87-96.

Melita Vamberger, Margaretha D. Hofmeyr, Courtney A. Cook, et al, 2019. Phylogeography of the East African Serrated Hinged Terrapin *Pelusios sinuatus* (Smith, 1838) and resurrection of *Sternothaerus bottegi* Boulenger, 1895 as a subspecies of *P. sinuatus* [J]. Amphibian & Reptile Conservation, 13(2)(Special Section): 42–56 (e184).

Nicole Liebing, Peter Praschag, Rupali Gosh, et al, 2012. Molecular phylogeny of the softshell turtle genus *Nilssonia* revisited, with first records of *N. formosa* for China and wild-living *N. nigricans* for Bangladesh [J]. Vertebrate Zoology, 62(2): 261-272.

Patrick J. Baker, Tomas Diagne, Luca Luiselli, 2015. *Cyclanorbis elegans* (Gray 1869) – Nubian Flapshell Turtle [J]. Chelonian Research Monographs, 5（Installment 8）: Account 089.

Pearson McGovern, Tomas Diagne, Lamine Diagne, et al, 2021. *Cyclanorbis senegalensis* (Duméril and Bibron 1835) – Sahelian Flapshell Turtle, Senegal Flapshell Turtle [J]. Chelonian Research Monographs, 5（Installment 15）: Account 114.

Peter A. Scott, Travis C. Glenn, Leslie J. Rissler, 2018. Resolving taxonomic turbulence and uncovering cryptic diversity in the musk turtles (*Sternotherus*) using robust demographic modeling [J]. Molecular Phylogenetics and Evolution, 120: 1–15.

Peter Praschag, Rohan Holloway, Arthur Georges, et al, 2009. A new subspecies of *Batagur affinis* (Cantor, 1847), one of the world's most critically endangered chelonians (Testudines: Geoemydidae) [J]. Zootaxa, 2233:57-68.

Peter Praschag, Heiko Stuckas, Martin Päckert, et al, 2011. Mitochondrial DNA sequences suggest a revised taxonomy of Asian flapshell turtles (*Lissemys* SMITH, 1931) and the validity of previously unrecognized taxa (Testudines: Trionychidae) [J]. Vertebrate Zoology, 61(1): 147-160.

Peter V. Lindeman, James N. Stuart, Flavius C. Killebrew, 2016. *Graptemys versa* Stejneger 1925 – Texas Map Turtle [J]. Chelonian Research Monographs, 5（Installment 9）: Account 093.

Paul A. Stone, Justin D. Congdon, Marie E. B. Stone, et al, 2022. *Kinosternon sonoriense* (LeConte 1854) – Sonora Mud Turtle, Desert Mud Turtle, Sonoyta Mud Turtle, Casquito de Sonora [J]. Chelonian Research Monographs, 5（Installment 16）: Account 119.

R. Bruce Bury, David J. Germano, 2008. *Actinemys marmorata* (Baird and Girard 1852) – Western Pond Turtle, Pacific Pond Turtle [J]. Chelonian Research Monographs, 5（Installment 1）: Account 001.

Reginald T. Mwaya, Don Moll, Patrick Kinyatta Malonza, et al, 2018. *Malacochersus tornieri* (Siebenrock 1903) – Pancake Tortoise, Tornier's Tortoise, Soft-shelled Tortoise, Crevice Tortoise, Kobe Ya Mawe, Kobe Kama Chapati [J]. Chelonian Research Monographs, 5（Installment 12）: Account 107.

Richard C. Boycott, Ortwin Bourquin, 2008. *Pelomedusa subrufa* (Lacépède 1788) – Helmeted Turtle, Helmeted Terrapin [J]. Chelonian Research Monographs, 5（Installment 1）: Account 007.

Richard C. Vogt, 2018. *Graptemys ouachitensis* Cagle 1953 – Ouachita Map Turtle [J]. Chelonian Research Monographs, 5（Installment 11）: Account 103.

Richard C. Vogt, Grégory Bulté, John B. Iverson, 2018. *Graptemys geographica* (LeSueur 1817) – Northern Map Turtle, Common Map Turtle [J]. Chelonian Research Monographs, 5（Installment 11）: Account 104.

Richard C. Vogt, John R. Polisar, Don Moll, et al, 2011. *Dermatemys mawii* Gray 1847 – Central American River Turtle, Tortuga Blanca, Hickatee [J]. Chelonian Research Monographs, 5（Installment 4）: Account 058.

Richard C. Vogt, Steven G. Platt, Thomas R. Rainwater, 2009. *Rhinoclemmys areolata* (Duméril and Bibron 1851) – Furrowed Wood Turtle, Black-Bellied Turtle, Mojena [J]. Chelonian Research Monographs, 5（Installment 2）: Account 022.

Robert C. Thomson, Phillip Q. Spinks, H. Bradley Shaffer, 2021. A global phylogeny of turtles reveals a burst of climate-associated diversification on continental margins [J]. Proceedings of the National Academy of Sciences, 118(7): e2012215118.

Robert G. Webb, 2002. Observations on the Giant Softshell Turtle, *Pelochelys cantorii*, with description of a new species [J]. Hamadryad, 27 (1): 99-107.

Robert L. Jones, Will Selman, 2019. *Graptemys oculifera* (Baur 1890) – Ringed Map Turtle, Ringed Sawback [J]. Chelonian Research Monographs, 5（Installment 2）: Account 033.

Robert W. Murphy, Kristin H. Berry, Taylor Edwards, et al, 2011. The dazed and confused identity of Agassiz'sland tortoise, *Gopherus agassizii* (Testudines,Testudinidae) with the description of a new species, and its consequences for conservation [J]. ZooKeys, 113: 39–71.

Roger Bour, Hussam Zaher, 2005. A new species of *Mesoclemmys*, from the open formations of northeastern Brazil (Chelonii, Chelidae) [J]. Papeis Avulsos de Zoologia, 45 (24): 295-311.

Roger Bour, Luca Luiselli, Fabio Petrozzi, et al, 2016. *Pelusios castaneus* (Schweigger 1812) – West African Mud Turtle, Swamp Terrapin [J]. Chelonian Research Monographs, 5（Installment 9）: Account 095.

Russell A. Mittermeier, Richard C. Vogt, Rafael Bernhard, 2015. *Podocnemis erythrocephala* (Spix 1824) – Red-headed Amazon River Turtle, Irapuca [J]. Chelonian Research Monographs, 5（Installment 8）: Account 087.

Sabine Schoppe, Indraneil Das, 2011. *Cuora amboinensis* (Riche in Daudin 1801) – Southeast Asian Box Turtle [J]. Chelonian Research Monographs, 5（Installment 4）: Account 053.

Scott Thomson, Arthur Georges, Colin J. Limpus, 2006. A New Species of Freshwater Turtle in the Genus *Elseya* (Testudines: Chelidae) from Central Coastal Queensland, Australia [J]. Chelonian Conservation and Biology, 5: 74-86.

Scott Thomson, Rod Kennett, Anton Tucker, et al, 2011. *Chelodina burrungandjii* Thomson, Kennett, and Georges 2000 – Sandstone Snake-Necked Turtle [J]. Chelonian Research Monographs, 5（Installment 4）:Account 056.

Scott Thomson, Rod Kennett, Arthur Georges, 2000. A New Species of Long-Necked Turtle (Testudines: Chelidae) from the Arnhem Land Plateau, Northern Territory, Australia [J]. Chelonian Conservation and Biology, 3(4): 675-685.

Scott Thomson, Yolarnie Amepou, Jim Anamiato, et al, 2015. A new species and subgenus of *Elseya* (Testudines: Pleurodira: Chelidae) from New Guinea [J]. Zootaxa, 4006(1): 59-82.

Shiping Gong, Uwe Fritz, Melita Vamberger, et al, 2022. Disentangling the *Pelodiscus axenaria* complex, with the description of a new Chinese species and neotype designation for P. axenaria (Zhou, Zhang & Fang, 1991) [J]. Zootaxa, 5125(2): 131-143.

Steven G. Platt, Kalyar Platt, Win Ko Ko, et al, 2014. *Chitra vandijki* McCord and Pritchard 2003 – Burmese Narrow-Headed Softshell Turtle [J]. Chelonian Research Monographs, 5（Installment 7）:Account 074.

Subramanian bhupathy, Robert Webb, Peter Praschag, 2014. *Lissemys punctata* (Bonnaterre 1789) – Indian Flapshell Turtle [J]. Chelonian Research Monographs, 5（Installment 7）: Account 076.

Taylor Edwards, Alice E. Karl, Mercy Vaughn, et al, 2016. The desert tortoise trichotomy: Mexico hosts a third, new sister-species of tortoise in the *Gopherus morafkai–G. agassizii* group [J]. ZooKeys, 562: 131–158.

Thiago S. Marques, Stephan Böhm, Elizângela, et al, 2014. *Mesoclemmys vanderhaegei* (Bour 1973) – Vanderhaege's Toad-headed Turtle, Karumbé-hy [J]. Chelonian Research Monographs, 5（Installment 7）: Account 083.

Thomas Vinke, Sabine Vinke, Enrique Richard, et al, 2011. *Acanthochelys pallidipectoris* (Freiberg 1945) – Chaco Side-Necked Turtle [J]. Chelonian Research Monographs, 5（Installment 4）: Account 065.

Timothy E.M. McCormack, Jeffrey E. Dawson, Douglas B. Hendrie, 2014. *Mauremys annamensis* (Siebenrock 1903) – Vietnamese Pond Turtle, Annam Pond Turtle, Rùa Trung B? [J]. Chelonian Research Monographs, 5（Installment 7）: Account 081.

Torsten Blanck, Zhou Ting, Li Yi, et al, 2017. New Subspecies of *Cuora cyclornata* (Blanck, Mccord & Le, 2006), *Cuora trifasciata* (Bell, 1825) and *Cuora aurocapitata* (Luo & Zong, 1988) [J]. Sichuan Journal of Zoology, 36 (4): 368 – 385.

Travis M. Thomas, Michael C. Granatosky, Jason R. Bourque, et al, 2014. Taxonomic assessment of Alligator Snapping Turtles (Chelydridae: *Macrochelys*), with the description of two new species from the southeastern United States [J]. Zootaxa, 3786(2): 141-165.

Uwe Fritz, Alice Petzold, Christian Kehlmaier, et al, 2014. Disentangling the *Pelomedusa* complex using type specimens and historical DNA (Testudines: Pelomedusidae) [J]. Zootaxa, 3795(5): 501-522.

Uwe Fritz, Daniela Guicking, Markus Auer, et al, 2008. Diversity of the Southeast Asian leaf turtle genus *Cyclemys*: how many leaves on its tree of life? [J]. Zoologica Scripta, 37(4): 367-390.

Uwe Fritz, Christian Kehlmaier, Tomáš Mazuch et al, 2015. Important new records of *Pelomedusa* species for South Africa and Ethiopia [J]. Vertebrate Zoology, 65(3): 383-389.

Uwe Fritz, Richard Gemel, Christian Kehlmaier, et al, 2014. Phylogeography of the Asian softshell turtle *Amyda cartilaginea* (Boddaert, 1770): evidence for a species complex [J]. Vertebrate Zoology, 64(2): 229-243.

Uwe Fritz, Tiziano Fattizzo, Daniela Guicking, et al, 2005. A new cryptic species of pond turtle from southern Italy, the hottest spot in the range of the genus *Emys* (Reptilia,Testudines, Emydidae) [J]. Zoologica Scripta, 34(4): 351-371.

Veerappan Deepak, Madhuri Ramesh, S. Bhupathy, et al, 2011. *Indotestudo travancorica* (Boulenger 1907) – Travancore Tortoise [J]. Chelonian Research Monographs, 5 (Installment 4): Account 054.

Veerappan Deepak, Peter Praschag, Karthikeyan Vasudevan, 2014. *Vijayachelys silvatica* (Henderson 1912) – Cochin Forest Cane Turtle [J]. Chelonian Research Monographs, 5 (Installment 7): Account 078.

Vivian P. Páez, Adriana Restrepo, Mario Vargas-Ramirez, et al, 2009. *Podocnemis lewyana* Duméril 1852 – Magdalena River Turtle [J]. Chelonian Research Monographs, 5 （Installment 2） : Account 024.

Will Selman, Robert L. Jones, 2011. *Graptemys flavimaculata* Cagle 1954 – Yellow-Blotched Sawback, Yellow-Blotched Map Turtle [J]. Chelonian Research Monographs, 5 (Installment 4): Account 052.

William E. Magnusson, Richard C. Vogt, 2014. *Rhinemys rufipes* (Spix 1824) –Red Side-necked Turtle, Red-footed Sideneck Turtle, Perema [J]. Chelonian Research Monographs, 5 (Installment 7): Account 079.

William R. Branch, 2007. A new species of tortoise of the genus *Homopus* (Chelonia:Testudinidae) from southern Namibia [J]. Arican Journal of Herpetology, 56(1): 1-21.

William P. McCord, Mehdi Joseph-Ouni, 2007a. A New Species of *Chelodina* (Testudines: Chelidae) from Southwestern New Guinea (Papua, Indonesia)[J]. Reptilia, 52: 47-52.

William P. McCord, Mehdi Joseph-Ouni, 2007b. A New Genus of Australian Longneck Turtle (Testudines: Chelidae) and a New Species of *Macrochelodina* from the Kimberley Region of Western Australia (Australia) [J]. Reptilia, 53: 56-64.

William P. McCord, Mehdi Joseph-Ouni, William W. Lamar, 2001. A taxonomic reevaluation of *Phrynops* (Testudines: Chelidae) with the description of two new genera and a new species of *Batrachemys* [J]. Revista De Biologia Tropical, 49 (2): 715-764.

William P. McCord, Peter C. H. Pritchard, 2002. A review of the softshell turtles of the genus *Chitra*, with the description of new taxa from Myanmar and Indonesia (Java) [J]. Hamadryad, 27 (1): 11–56.

William P. McCord, Scott A. Thomson, 2002. A New Species of *Chelodina* (Testudines: Pleurodira: Chelidae) from Northern Australia [J]. Journal of Herpetology, 36: 255-267.

Yuichirou Yasukawa, Hidetoshi Ota, 2008. *Geoemyda japonica* Fan 1931 –Ryukyu Black-Breasted Leaf Turtle, Okinawa Black-Breasted Leaf Turtle [J]. Chelonian Research Monographs, 5 (Installment 1): Account 002.

Yuichirou Yasukawa and Hidetoshi Ota, 2010. *Geoemyda spengleri* (Gmelin 1789) – Black-Breasted Leaf Turtle [J]. Chelonian Research Monographs, 5 (Installment 3): Account 047.

Yuichirou Yasukawa, Takashi Yabe, Hidetoshi Ota, 2008. *Mauremys japonica* (Temminck and Schlegel 1835) – Japanese Pond Turtle. Chelonian Research Monographs, 5 (Installment 1): Account 003.

附 表

现生龟鳖类动物物种名录（截至 2022 年 12 月 31 日）

序号	科	属	学名	中文名	地理亚种
1	南美侧颈龟科 Podocnemididae	马达加斯加侧颈龟属 *Erymnochelys*	*Erymnochelys madagascariensis*	马达加斯加大头侧颈龟	
2		盾龟属 *Peltocephalus*	*Peltocephalus dumerilianus*	大头盾龟	
3		南美侧颈龟属 *Podocnemis*	*Podocnemis erythrocephala*	红头侧颈龟	
4			*Podocnemis expansa*	巨型侧颈龟	
5			*Podocnemis lewyana*	马格达莱纳侧颈龟	
6			*Podocnemis sextuberculata*	六疣侧颈龟	
7			*Podocnemis unifilis*	黄头侧颈龟	
8			*Podocnemis vogli*	草原侧颈龟	
9	非洲侧颈龟科 Pelomedusidae	侧颈龟属 *Pelomedusa*	*Pelomedusa barbata*	阿拉伯头盔侧颈龟	
10			*Pelomedusa galeata*	黑头盔侧颈龟	
11			*Pelomedusa gehafie*	厄立特里亚头盔侧颈龟	
12			*Pelomedusa kobe*	坦桑尼亚头盔侧颈龟	
13			*Pelomedusa neumanni*	诺氏头盔侧颈龟	
14			*Pelomedusa olivacea*	北非头盔侧颈龟	
15			*Pelomedusa schweinfurthi*	施氏头盔侧颈龟	
16			*Pelomedusa somalica*	索马里头盔侧颈龟	
17			*Pelomedusa subrufa*	头盔侧颈龟	
18			*Pelomedusa variabilis*	西非头盔侧颈龟	
19		非洲侧颈龟属 *Pelusios*	*Pelusios adansonii*	白胸侧颈龟	
20			*Pelusios bechuanicus*	欧卡芬哥侧颈龟	
21			*Pelusios broadleyi*	肯尼亚侧颈龟	
22			*Pelusios carinatus*	棱背侧颈龟	
23			*Pelusios castaneus*	西非侧颈龟	
24			*Pelusios castanoides*	黄腹侧颈龟	*P. c. castanoides* *P. c. intergularis*
25			*Pelusios chapini*	中非侧颈龟	
26			*Pelusios cupulatta*	科特迪瓦侧颈龟	
27			*Pelusios gabonensis*	加蓬侧颈龟	
28			*Pelusios marani*	马氏侧颈龟	
29			*Pelusios nanus*	侏侧颈龟	
30			*Pelusios niger*	黑森林侧颈龟	
31			*Pelusios rhodesianus*	罗得西亚侧颈龟	
32			*Pelusios sinuatus*	锯齿侧颈龟	*P. s. sinuatus* *P. s. bottegi*
33			*Pelusios subniger*	东非侧颈龟	*P. s. subniger* *P. s. parietalis*
34			*Pelusios upembae*	乌彭巴侧颈龟	
35			*Pelusios williamsi*	威廉氏侧颈龟	*P. w. williamsi* *P. w. laurenti* *P. w. lutescens*
36	蛇颈龟科 Chelidae	刺颈龟属 *Acanthochelys*	*Acanthochelys macrocephala*	巨头刺颈龟	
37			*Acanthochelys pallidipectoris*	刺股刺颈龟	
38			*Acanthochelys radiolata*	放射刺颈龟	
39			*Acanthochelys spixii*	黑腹刺颈龟	

（续）

序号	科	属	学名	中文名	地理亚种
40	蛇颈龟科 Chelidae	长颈龟属 *Chelodina*	*Chelodina burrungandjii*	砂岩长颈龟	
41			*Chelodina canni*	坎氏长颈龟	
42			*Chelodina expansa*	宽甲长颈龟	
43			*Chelodina gunaleni*	古氏长颈龟	
44			*Chelodina kuchlingi*	库氏长颈龟	
45			*Chelodina kurrichalpongo*	达尔文长颈龟	
46			*Chelodina longicollis*	东澳长颈龟	
47			*Chelodina mccordi*	罗地长颈龟	*C. m. mccordi* *C. m. timorensis*
48			*Chelodina novaeguineae*	新几内亚长颈龟	
49			*Chelodina oblonga*	西南长颈龟	
50			*Chelodina parkeri*	纹面长颈龟	
51			*Chelodina pritchardi*	普氏长颈龟	
52			*Chelodina reimanni*	鳞背长颈龟	
53			*Chelodina rugosa*	北部长颈龟	
54			*Chelodina steindachneri*	圆长颈龟	
55			*Chelodina walloyarrina*	长须长颈龟	
56		蛇颈龟属 *Chelus*	*Chelus fimbriata*	枯叶龟	
57			*Chelus orinocensis*	奥里诺科枯叶龟	
58		癞颈龟属 *Elseya*	*Elseya albagula*	白喉癞颈龟	
59			*Elseya branderhorsti*	布氏癞颈龟	
60			*Elseya dentata*	齿缘癞颈龟	
61			*Elseya flaviventralis*	黄腹癞颈龟	
62			*Elseya irwini*	欧文癞颈龟	
63			*Elseya lavarackorum*	拉氏癞颈龟	
64			*Elseya novaeguineae*	新几内亚癞颈龟	
65			*Elseya rhodini*	南部新几内亚癞颈龟	
66			*Elseya schultzei*	北部新几内亚癞颈龟	
67		隐龟属 *Elusor*	*Elusor macrurus*	隐龟	
68		澳龟属 *Emydura*	*Emydura gunaleni*	古氏澳龟	
69			*Emydura macquarii*	墨累澳龟	*E. m. macquarii* *E. m. emmotti* *E. m. krefftii* *E. m. nigra*
70			*Emydura subglobosa*	圆澳龟	*E. s. subglobosa* *E. s. worrelli*
71			*Emydura tanybaraga*	黄面澳龟	
72			*Emydura victoriae*	红面澳龟	
73		渔龟属 *Hydromedusa*	*Hydromedusa maximiliani*	巴西渔龟	
74			*Hydromedusa tectifera*	阿根廷渔龟	
75		中龟属 *Mesoclemmys*	*Mesoclemmys dahli*	达氏蟾头龟	
76			*Mesoclemmys gibba*	吉巴蟾头龟	
77			*Mesoclemmys jurutiensis*	小亚马孙蟾头龟	
78			*Mesoclemmys nasuta*	圭亚那蟾头龟	
79			*Mesoclemmys perplexa*	狭背蟾头龟	
80			*Mesoclemmys raniceps*	亚马孙蟾头龟	
81			*Mesoclemmys sabiniparaensis*	萨宾蟾头龟	
82			*Mesoclemmys tuberculata*	结节蟾头龟	
83			*Mesoclemmys vanderhaegei*	疣背蟾头龟	

（续）

序号	科	属	学名	中文名	地理亚种
84	蛇颈龟科 Chelidae	中龟属 *Mesoclemmys*	*Mesoclemmys wermuthi*	韦氏蟾头龟	
85			*Mesoclemmys zuliae*	苏利亚蟾头龟	
86		宽胸癞颈龟属 *Myuchelys*	*Myuchelys bellii*	贝氏癞颈龟	
87			*Myuchelys georgesi*	贝林格癞颈龟	
88			*Myuchelys latisternum*	宽胸癞颈龟	
89			*Myuchelys purvisi*	曼宁癞颈龟	
90		蟾头龟属 *Phrynops*	*Phrynops geoffroanus*	花面蟾头龟	
91			*Phrynops hilarii*	希拉里蟾头龟	
92			*Phrynops tuberosus*	北部花面蟾头龟	
93			*Phrynops williamsi*	威廉姆斯蟾头龟	
94		扁龟属 *Platemys*	*Platemys platycephala*	扁龟	*P. p. platycephala* *P. p. melanonota*
95		拟澳龟属 *Pseudemydura*	*Pseudemydura umbrina*	澳洲短颈龟	
96		蛙头龟属 *Ranacephala*	*Ranacephala hogei*	霍氏蟾头龟	
97		溪龟属 *Rheodytes*	*Rheodytes leukops*	白眼溪龟	
98		红腿蟾头龟属 *Rhinemys*	*Rhinemys rufipes*	红腿蟾头龟	
99	两爪鳖科 Carettochelyidae	两爪鳖属 *Carettochelys*	*Carettochelys insculpta*	两爪鳖（猪鼻龟）	
100	海龟科 Cheloniidae	蠵龟属 *Caretta*	*Caretta caretta*	蠵龟（红海龟）	
101		海龟属 *Chelonia*	*Chelonia mydas*	绿海龟	
102		玳瑁属 *Eretmochelys*	*Eretmochelys imbricata*	玳瑁	
103		丽龟属 *Lepidochelys*	*Lepidochelys kempii*	肯氏丽龟	
104			*Lepidochelys olivacea*	太平洋丽龟	
105		平背龟属 *Natator*	*Natator depressus*	平背海龟	
106	鳄龟科 Chelydridae	鳄龟属 *Chelydra*	*Chelydra acutirostris*	南美拟鳄龟	
107			*Chelydra rossignonii*	中美拟鳄龟	
108			*Chelydra serpentina*	北美拟鳄龟	
109		大鳄龟属 *Macroclemys*	*Macrochelys suwanniensis*	萨旺尼大鳄龟	
110			*Macrochelys temminckii*	大鳄龟	
111	泥龟科 Dermatemydidae	泥龟属 *Dermatemys*	*Dermatemys mawii*	泥龟	
112	棱皮龟科 Dermochelyidae	棱皮龟属 *Dermochelys*	*Dermochelys coriacea*	棱皮龟	
113	龟科 Emydidae	石斑龟属 *Actinemys*	*Actinemys marmorata*	石斑龟	
114			*Actinemys pallida*	西南石斑龟	
115		锦龟属 *Chrysemys*	*Chrysemys dorsalis*	南部锦龟	
116			*Chrysemys picta*	锦龟	*C. p. picta* *C. p. bellii* *C. p. marginata*
117		水龟属 *Clemmys*	*Clemmys guttata*	星点水龟	
118		鸡龟属 *Deirochelys*	*Deirochelys reticularia*	鸡龟	*D. r. reticularia* *D. r. chrysea* *D. r. miaria*
119		泽龟属 *Emys*	*Emys blandingii*	布氏泽龟	
120			*Emys orbicularis*	欧洲拟龟	*E. o. orbicularis* *E. o. eiselti* *E. o. galloitalica*

（续）

序号	科	属	学名	中文名	地理亚种
		泽龟属 *Emys*	*Emys orbicularis*	欧洲拟龟	*E. o. hellenica* *E. o. ingauna* *E. o. occidentalis* *E. o. persica*
121			*Emys trinacris*	西西里泽龟	
122		木雕龟属 *Glyptemys*	*Glyptemys insculpta*	木雕水龟	
123			*Glyptemys muhlenbergii*	牟氏水龟	
124		图龟属 *Graptemys*	*Graptemys barbouri*	蒙面地图龟	
125			*Graptemys caglei*	卡氏地图龟	
126			*Graptemys ernsti*	恩氏地图龟	
127			*Graptemys flavimaculata*	黄斑地图龟	
128			*Graptemys geographica*	地理地图龟	
129			*Graptemys gibbonsi*	吉氏地图龟	
130			*Graptemys nigrinoda*	黑瘤地图龟	
131			*Graptemys oculifera*	环纹地图龟	
132			*Graptemys ouachitensis*	沃西托地图龟	
133			*Graptemys pearlensis*	珍珠河地图龟	
134			*Graptemys pseudogeographica*	拟地图龟	*G. p. pseudogeographica* *G. p. kohnii*
135			*Graptemys pulchra*	亚拉巴马地图龟	
136			*Graptemys sabinensis*	色宾河图龟	
137			*Graptemys versa*	得州地图龟	
138	龟科 Emydidae	菱斑龟属 *Malaclemys*	*Malaclemys terrapin*	钻纹龟	*M. t. terrapin* *M. t. centrata* *M. t. littoralis* *M. t. macrospilota* *M. t. pileata* *M. t. rhizophorarum* *M. t. tequesta*
139		伪龟属 *Pseudemys*	*Pseudemys alabamensis*	亚拉巴马伪龟	
140			*Pseudemys concinna*	河伪龟	*P. c. concinna* *P. c. floridana* *P. c. suwanniensis*
141			*Pseudemys gorzugi*	格兰德伪龟	
142			*Pseudemys nelsoni*	纳氏伪龟	
143			*Pseudemys peninsularis*	半岛伪龟	
144			*Pseudemys rubriventris*	红腹伪龟	
145			*Pseudemys texana*	得州伪龟	
146		箱龟属 *Terrapene*	*Terrapene carolina*	东部箱龟	*T. c. carolina* *T. c. bauri* *T. c. major* *T. c. Mexicana* *T. c. triunguis* *T. c. yucatana*
147			*Terrapene coahuila*	沼泽箱龟	
148			*Terrapene nelsoni*	星点箱龟	*T. n. klauberi* *T. n. nelsoni*
149			*Terrapene ornata*	锦箱龟	
150		彩龟属 *Trachemys*	*Trachemys adiutrix*	马拉尼昂彩龟	
151			*Trachemys decorata*	海地彩龟	
152			*Trachemys decussata*	古巴彩龟	*T. d. decussata* *T. d. angusta*

（续）

序号	科	属	学名	中文名	地理亚种
153	龟科 Emydidae	彩龟属 *Trachemys*	*Trachemys dorbigni*	南美彩龟	
154			*Trachemys gaigeae*	大本德彩龟	
155			*Trachemys grayi*	危地马拉彩龟	*T. g. grayi* *T. g. emolli* *T. g. panamensis*
156			*Trachemys hartwegi*	纳萨斯彩龟	
157			*Trachemys medemi*	阿特拉托彩龟	
158			*Trachemys nebulosa*	云斑彩龟	*T. n. nebulosa* *T. n. hiltoni*
159			*Trachemys ornata*	锦彩龟	
160			*Trachemys scripta*	彩龟	*T. s. scripta* *T. s. elegans* *T. s. troostii*
161			*Trachemys stejnegeri*	安第列斯彩龟	*T. s. stejnegeri* *T. s. malonei* *T. s. vicina*
162			*Trachemys taylori*	泰勒彩龟	
163			*Trachemys terrapen*	牙买加彩龟	
164			*Trachemys venusta*	中美彩龟	*T. v. venusta* *T. v. callirostris* *T. v. cataspila* *T. v. chichiriviche* *T. v. iversoni* *T. v. uhrigi*
165			*Trachemys yaquia*	亚基彩龟	
166	淡水龟科 Geoemydidae	潮龟属 *Batagur*	*Batagur affinis*	马来潮龟	*B. a. affinis* *B. a. edwardmolli*
167			*Batagur baska*	潮龟	
168			*Batagur borneoensis*	咸水潮龟	
169			*Batagur dhongoka*	三线棱背潮龟	
170			*Batagur kachuga*	红冠棱背潮龟	
171			*Batagur trivittata*	缅甸棱背潮龟	
172		闭壳龟属 *Cuora*	*Cuora amboinensis*	安布闭壳龟	*C. a. amboinensis* *C. a. couro* *C. a. kamaroma* *C. a. lineata*
173			*Cuora aurocapitata*	金头闭壳龟	*C. a. aurocapitata* *C. a. dabieshani*
174			*Cuora bourreti*	布氏闭壳龟	
175			*Cuora cyclornata*	越南三线闭壳龟	*C. c. cyclornata* *C. c. annamitica* *C. c. meieri*
176			*Cuora flavomarginata*	黄缘闭壳龟	*C. f. evelynae* *C. f. flavomarginata*
177			*Cuora galbinifrons*	黄额闭壳龟	
178			*Cuora mccordi*	百色闭壳龟	
179			*Cuora mouhotii*	锯缘闭壳龟	*C. m. mouhotii* *C. m. obsti*
180			*Cuora pani*	潘氏闭壳龟	
181			*Cuora picturata*	图画闭壳龟	
182			*Cuora trifasciata*	三线闭壳龟	*C. t. trifasciata* *C. t. luteocephala*

（续）

序号	科	属	学名	中文名	地理亚种
183	淡水龟科 Geoemydidae	闭壳龟属 *Cuora*	*Cuora yunnanensis*	云南闭壳龟	
184			*Cuora zhoui*	周氏闭壳龟	
185		齿缘龟属 *Cyclemys*	*Cyclemys atripons*	白腹摄龟	
186			*Cyclemys dentata*	齿缘摄龟	
187			*Cyclemys enigmatica*	白舌摄龟	
188			*Cyclemys fusca*	灰舌摄龟	
189			*Cyclemys gemeli*	印度摄龟	
190			*Cyclemys oldhamii*	欧氏摄龟	
191			*Cyclemys pulchristriata*	美丽摄龟	
192		斑点池龟属 *Geoclemys*	*Geoclemys hamiltonii*	斑点池龟	
193		地龟属 *Geoemyda*	*Geoemyda japonica*	日本地龟	
194			*Geoemyda spengleri*	地龟	
195		草龟属 *Hardella*	*Hardella thurjii*	冠背草龟	
196		东方龟属 *Heosemys*	*Heosemys annandalii*	黄头庙龟	
197			*Heosemys depressa*	扁东方龟	
198			*Heosemys grandis*	大东方龟	
199			*Heosemys spinosa*	刺东方龟	
200		白头龟属 *Leucocephalon*	*Leucocephalon yuwonoi*	苏拉威西白头龟	
201		马来龟属 *Malayemys*	*Malayemys khoratensis*	泰国食螺龟	
202			*Malayemys macrocephala*	马来食螺龟	
203			*Malayemys subtrijuga*	湄公河食螺龟	
204		石龟属 *Mauremys*	*Mauremys annamensis*	安南龟	
205			*Mauremys caspica*	里海石龟	
206			*Mauremys japonica*	日本石龟	
207			*Mauremys leprosa*	地中海石龟	*M. l. leprosa* *M. l. saharica*
208			*Mauremys mutica*	黄喉拟水龟	*M. m. mutica* *M. m. kami*
209			*Mauremys nigricans*	黑颈乌龟	
210			*Mauremys reevesii*	乌龟	
211			*Mauremys rivulata*	希腊石龟	
212			*Mauremys sinensis*	花龟	
213		黑龟属 *Melanochelys*	*Melanochelys tricarinata*	三棱黑龟	
214			*Melanochelys trijuga*	黑山龟	*M. t. trijuga* *M. t. coronata* *M. t. edeniana* *M. t. indopeninsularis* *M. t. parkeri* *M. t. thermalis*
215		沼龟属 *Morenia*	*Morenia ocellata*	缅甸沼龟	
216			*Morenia petersi*	印度沼龟	
217		果龟属 *Notochelys*	*Notochelys platynota*	果龟	
218		巨龟属 *Orlitia*	*Orlitia borneensis*	马来西亚巨龟	
219		棱背龟属 *Pangshura*	*Pangshura smithii*	史密斯棱背龟	*P. s. smithii* *P. s. pallidipes*
220			*Pangshura sylhetensis*	阿萨姆棱背龟	
221			*Pangshura tecta*	印度棱背龟	
222			*Pangshura tentoria*	帐篷棱背龟	*P. t. tentoria* *P. t. circumdata* *P. t. flaviventer*

（续）

序号	科	属	学名	中文名	地理亚种
223	淡水龟科 Geoemydidae	木纹龟属 *Rhinoclemmys*	*Rhinoclemmys annulata*	棕木纹龟	
224			*Rhinoclemmys areolata*	犁沟木纹龟	
225			*Rhinoclemmys diademata*	皇冠木纹龟	
226			*Rhinoclemmys funerea*	黑木纹龟	
227			*Rhinoclemmys melanosterna*	黑腹木纹龟	
228			*Rhinoclemmys nasuta*	巨鼻木纹龟	
229			*Rhinoclemmys pulcherrima*	中美木纹龟	*R. p. pulcherrima* *R. p. incisa* *R. p. manni* *R. p. rogerbarbouri*
230			*Rhinoclemmys punctularia*	斑腿木纹龟	*R. p. punctularia* *R. p. flammigera*
231			*Rhinoclemmys rubida*	斑点木纹龟	*R. r. rubida* *R .r. perixantha*
232		眼斑龟属 *Sacalia*	*Sacalia bealei*	眼斑水龟	
233			*Sacalia quadriocellata*	四眼斑水龟	
234		粗颈龟属 *Siebenrockiella*	*Siebenrockiella crassicollis*	粗颈龟	
235			*Siebenrockiella leytensis*	巴拉望龟	
236		蔗林龟属 *Vijayachelys*	*Vijayachelys silvatica*	蔗林龟	
237	动胸龟科 Kinosternidae	匣龟属 *Claudius*	*Claudius angustatus*	窄桥匣龟	
238		动胸龟属 *Kinosternon*	*Kinosternon abaxillare*	恰帕斯中部动胸龟	
239			*Kinosternon acutum*	斑纹动胸龟	
240			*Kinosternon alamosae*	阿拉莫斯动胸龟	
241			*Kinosternon angustipons*	窄桥动胸龟	
242			*Kinosternon baurii*	条纹动胸龟（果核泥龟）	
243			*Kinosternon chimalhuaca*	哈利斯科动胸龟	
244			*Kinosternon cora*	科拉动胸龟	
245			*Kinosternon creaseri*	尤卡坦动胸龟	
246			*Kinosternon dunni*	乔科动胸龟	
247			*Kinosternon durangoense*	杜兰戈动胸龟	
248			*Kinosternon flavescens*	黄动胸龟	
249			*Kinosternon herrerai*	埃雷拉动胸龟	
250			*Kinosternon hirtipes*	毛足动胸龟	*K. h. hirtipes* *K. h. chapalaense* *K. h. magdalense* *K. h. murrayi* *K. h. tarascense*
251			*Kinosternon integrum*	墨西哥动胸龟	
252			*Kinosternon leucostomum*	白吻动胸龟	*K. l. leucostomum* *K. l. postinguinale*
253			*Kinosternon oaxacae*	瓦哈卡动胸龟	
254			*Kinosternon scorpioides*	蝎动胸龟	*K. s. scorpioides* *K. s. albogulare* *K. s. cruentatum*
255			*Kinosternon sonoriense*	索诺拉动胸龟	*K. s. sonoriense* *K. s. longifemorale*
256			*Kinosternon steindachneri*	佛罗里达动胸龟	
257			*Kinosternon stejnegeri*	亚利桑那动胸龟	
258			*Kinosternon subrubrum*	头盔动胸龟	*K. s. subrubrum* *K. s. hippocrepis*
259			*Kinosternon vogti*	巴利亚塔动胸龟	

（续）

序号	科	属	学名	中文名	地理亚种
260	动胸龟科 Kinosternidae	麝香龟属 *Staurotypus*	*Staurotypus salvinii*	萨尔文麝香龟	
261			*Staurotypus triporcatus*	墨西哥麝香龟	
262		小麝香龟属 *Sternotherus*	*Sternotherus carinatus*	剃刀麝香龟	
263			*Sternotherus depressus*	平背麝香龟	
264			*Sternotherus intermedius*	亚拉巴马麝香龟	
265			*Sternotherus minor*	巨头麝香龟	
266			*Sternotherus odoratus*	密西西比麝香龟	
267			*Sternotherus peltifer*	虎纹麝香龟	
268	平胸龟科 Platysternidae	平胸龟属 *Platysternon*	*Platysternon megacephalum*	平胸龟	*P. m. megacephalum* *P. m. peguense* *P. m. shiui*
269	陆龟科 Testudinidae	亚达伯拉陆龟属 *Aldabrachelys*	*Aldabrachelys gigantea*	亚达伯拉陆龟	*A. g. gigantea* *A. g. arnoldi* *A. g. hololissa*
270		马岛陆龟属 *Astrochelys*	*Astrochelys radiata*	辐射陆龟	
271			*Astrochelys yniphora*	安哥洛卡陆龟	
272		中非陆龟属 *Centrochelys*	*Centrochelys sulcata*	苏卡达陆龟	
273		南美象陆属 *Chelonoidis*	*Chelonoidis carbonarius*	红腿陆龟	
274			*Chelonoidis chilensis*	阿根廷陆龟	
275			*Chelonoidis denticulatus*	黄腿陆龟	
276			*Chelonoidis niger*	加拉帕戈斯陆龟	*C. n. becki* *C. n. chathamensis* *C. n. darwini* *C. n. donfaustoi* *C. n. duncanensis* *C. n. guntheri* *C. n. hoodensis* *C. n. microphyes* *C. n. phantasticus* *C. n. porteri* *C. n. vandenburghi* *C. n. vicina*
277		挺胸陆龟 *Chersina*	*Chersina angulata*	挺胸陆龟	
278		海角陆龟属 *Chersobius*	*Chersobius boulengeri*	布氏海角陆龟	
279			*Chersobius signatus*	斑点海角陆龟	
280			*Chersobius solus*	纳米比亚海角陆龟	
281		土陆龟属 *Geochelone*	*Geochelone elegans*	印度星龟	
282			*Geochelone platynota*	缅甸星龟	
283		穴陆龟属 *Gopherus*	*Gopherus agassizii*	沙漠地鼠龟	
284			*Gopherus berlandieri*	得州地鼠龟	
285			*Gopherus evgoodei*	灌丛地鼠龟	
286			*Gopherus flavomarginatus*	黄缘地鼠龟	
287			*Gopherus morafkai*	索诺兰沙漠地鼠龟	
288			*Gopherus polyphemus*	佛州地鼠龟	
289		珍陆龟属 *Homopus*	*Homopus areolatus*	鹰嘴珍陆龟	
290			*Homopus femoralis*	卡鲁珍陆龟	
291		印支度陆龟属 *Indotestudo*	*Indotestudo elongata*	缅甸陆龟	
292			*Indotestudo forstenii*	印度陆龟	
293			*Indotestudo travancorica*	特拉凡科陆龟	

（续）

序号	科	属	学名	中文名	地理亚种
294	陆龟科 Testudinidae	折背陆龟属 *Kinixys*	*Kinixys belliana*	东部钟纹折背陆龟	
295			*Kinixys erosa*	锯齿折背陆龟	
296			*Kinixys homeana*	荷叶折背陆龟	
297			*Kinixys lobatsiana*	洛帕蒂折背陆龟	
298			*Kinixys natalensis*	纳塔尔折背陆龟	
299			*Kinixys nogueyi*	西部钟纹折背陆龟	
300			*Kinixys spekii*	斑纹折背陆龟	
301			*Kinixys zombensis*	南部钟纹折背陆龟	*K. z.zombensis* *K. z. domerguei*
302		扁陆龟属 *Malacochersus*	*Malacochersus tornieri*	饼干陆龟	
303		凹甲陆龟属 *Manouria*	*Manouria emys*	靴脚陆龟	*M. e. emys* *M. e. phayrei*
304			*Manouria impressa*	凹甲陆龟	
305		沙陆龟属 *Psammobates*	*Psammobates geometricus*	几何沙陆龟	
306			*Psammobates oculifer*	锯缘沙陆龟	
307			*Psammobates tentorius*	帐篷沙陆龟	*P. t. tentorius* *P. t. trimeni* *P. t. verroxii*
308		蛛陆龟属 *Pyxis*	*Pyxis arachnoides*	蛛网陆龟	*P. a. arachnoides* *P. a. brygooi* *P. a. oblonga*
309			*Pyxis planicauda*	扁尾陆龟	
310		豹纹陆龟属 *Stigmochelys*	*Stigmochelys pardalis*	豹纹陆龟	
311		陆龟属 *Testudo*	*Testudo graeca*	希腊陆龟	*T. g. graeca* *T. g. armeniaca* *T. g. buxtoni* *T. g. cyrenaica* *T. g. ibera* *T. g. marokkensis* *T. g. nabeulensis* *T. g. terrestris* *T. g.whitei* *T. g. zarudnyi*
312			*Testudo kleinmanni*	埃及陆龟	
313			*Testudo marginata*	缘翘陆龟	
314			*Testudo horsfieldii*	四爪陆龟	*T. h. horsfieldii* *T. h. bogdanovi* *T. h. kazachstanica* *T. h. kuznetzovi* *T. h. rustamovi*
315			*Testudo hermanni*	赫曼陆龟	*T. h. hermanni* *T. h. boettgeri*
316	鳖科 Trionychidae	亚洲鳖属 *Amyda*	*Amyda cartilaginea*	亚洲鳖	*A. c. cartilaginea* *A. c. maculosa*
317			*Amyda ornata*	东南亚鳖	*A. o. ornata* *A. o. phayrei*
318		滑鳖属 *Apalone*	*Apalone ferox*	佛罗里达鳖	
319			*Apalone mutica*	滑鳖	*A. m. mutica* *A. m. calvata*
320			*Apalone spinifera*	刺鳖	*A. s. spinifera* *A. s. aspera* *A. s. atra* *A. s. emoryi* *A. s. guadalupensis* *A. s. pallida*

（续）

序号	科	属	学名	中文名	地理亚种
321	鳖科 Trionychidae	小头鳖属 Chitra	*Chitra chitra*	泰国小头鳖	*C. c. chitra* *C. c. javanensis*
322			*Chitra indica*	印度小头鳖	
323			*Chitra vandijki*	缅甸小头鳖	
324		盘鳖属 Cyclanorbis	*Cyclanorbis elegans*	努比亚盘鳖	
325			*Cyclanorbis senegalensis*	塞内加尔盘鳖	
326		圆鳖属 Cycloderma	*Cycloderma aubryi*	欧氏圆鳖	
327			*Cycloderma frenatum*	东非圆鳖	
328		马来鳖属 *Dogania*	*Dogania subplana*	马来鳖	
329		缘板鳖属 Lissemys	*Lissemys ceylonensis*	斯里兰卡缘板鳖	
330			*Lissemys punctata*	印度缘板鳖	*L. p. punctata* *L. p. andersoni* *L. p. vittata*
331			*Lissemys scutata*	缅甸缘板鳖	
332		丽鳖属 Nilssonia	*Nilssonia formosa*	丽鳖	
333			*Nilssonia gangetica*	恒河鳖	
334			*Nilssonia hurum*	宏鳖	
335			*Nilssonia leithii*	莱氏鳖	
336			*Nilssonia nigricans*	黑鳖	
337		山瑞鳖属 *Palea*	*Palea steindachneri*	山瑞鳖	
338		鼋属 Pelochelys	*Pelochelys bibroni*	花背鼋	
339			*Pelochelys cantorii*	鼋	
340			*Pelochelys signifera*	褐鼋	
341		华鳖属 Pelodiscus	*Pelodiscus axenaria*	砂鳖	
342			*Pelodiscus huangshanensis*	黄山马蹄鳖	
343			*Pelodiscus maackii*	东北鳖	
344			*Pelodiscus parviformis*	小鳖	
345			*Pelodiscus shipian*	石片鳖	
346			*Pelodiscus sinensis*	中华鳖	
347			*Pelodiscus variegatus*	越南鳖	
348		斑鳖属 Rafetus	*Rafetus euphraticus*	西亚斑鳖	
349			*Rafetus swinhoei*	斑鳖	
350		三爪鳖属 *Trionyx*	*Trionyx triunguis*	非洲鳖	

为人师表，传道授业解惑，我们在路上；
亦师亦友，关心支持呵护，我们在用心。

石探记科学教育

石探记科学教育（简称“石探记”），诞生于2015年，是北京石探记教育科技有限公司旗下运营的科学教育品牌。作为一家由职业科学家组成的科学教育机构，团队核心成员均来自中国科学院、南开大学、中国农业大学、西北农林科技大学、北京林业大学等国内高水平科研院所和大学，拥有深厚的科学研究背景，是各自研究领域内的专家。

石探记秉承“为孩子心中播下科学的种子”的理念，致力于成为“未来科学家的摇篮”。以“百人计划”人才培养战略为核心，重点面向全国5～18岁、热爱大自然、喜欢科学的儿童和青少年，推出了一系列科学教育产品，涵盖动物学、昆虫学、植物学、古生物学、天文学、地质学等主题，旨在从孩子的兴趣出发，以科学知识和技能的学习，培养孩子的逻辑思维、语言能力、动手实践能力和专注力，提高他们的学习能力和处理实际事务的能力；并在此基础上，对于愿意将科学研究作为终身理想的孩子们，还将重点提升他们的科学技能和素养，帮助他们成长，每年培养100名“科学之星”。

石探记系列科学教育产品，主要包括以下内容。

· **系统科学课程（线上 & 线下）**：小科学家的系统培训课程，用幽默的课堂讲解、生动的科学故事和丰富的动手实践活动，为学生打造坚实的知识基础。

野外采集捕虫技巧演练

制作滴胶琥珀

珍珠蚌里的秘密

显微镜观察探究

·郊野科学营： 利用晚上和周末的闲暇时间，在科学家的带领下，探索城市郊区的绿地和公园，了解身边的动物和植物，积累基本的自然科学实践经验。

·户外科学营： 国内外数十条独家科学考察线路。跟着科学家走遍世界，见识世界各地的神奇生物，实践和巩固自己的课堂所学，在野外学习鲜活的科学知识，收获大自然中数不尽的学问。

·校园科学课程： 将科学课程送进学校，带领中小学生学习系统科学知识，并完成科学小课题的研究，帮助在校生全面提高科学素养。

请关注微信公众号：

石探记

Paleo Diary

联系人：刘晔 13810545363

龙徽校区：010-88218262

中关村校区：010-88869199

品牌始创于2016年，专注“发烧级”龟缸研发与定制。经历多年耕耘，现在宠物龟养殖领域的龟缸专业定制、环境造景、病灶防治、科学配餐等方面取得了里程碑式成果。2021年，通过对北京、上海、天津、河北、陕西、山西、内蒙古等多地经销商的立体整合，创新推出“线上+线下”“直播+实体”的零售新模式，使品牌在各地生根，蓬勃发展，在行业内占据一席之地。秉承“合作整合、团结共赢”的理念，现真诚盼望与国内外有识之士一道合作，在新“养龟”领域中，掀起一波“科学养龟”的浪潮，共赴智慧共赢的蓝海。

产品设计已申请多项专利，具有以下特点：

◆以黑色调为主，外观沉稳简约；

◆缸体均使用高通透玻璃材质，保证观赏效果；

◆半封闭式设计，最大限度避免大环境温度对缸体内部温度的影响，减小缸内水面上下温差；

◆独立式暖房设计，模拟原生环境，满足宠物龟日常光照和陆上活动需要；

◆强大的过滤系统，有效保证环境水质稳定；

◆干湿分离的物理过滤设计，使更换滤材更加便捷。

半封闭式设计

独立式暖房设计

干湿分离的物理过滤设计

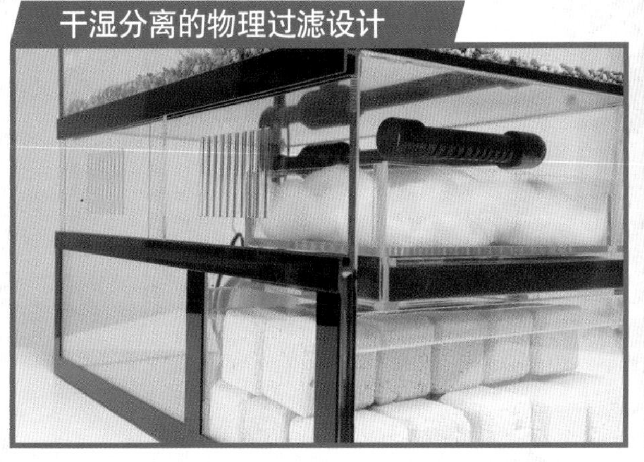

抽拉式设计便于更换滤材

品牌旗下拥有“纳拾”“大师”“无魔”“马克”等多个系列产品，能够满足从入门至专业各级别宠物龟饲养人群的需求。

纳拾系列

NF-933

NF-945

大师系列

ACE-858T

无魔系列

ACE-830T

ACE-845T

ACE-860T

马克系列

SIC-632T

旗舰店地址：

北京市朝阳区十里河

雅园国际 B 座一层

联系电话：15116931780

Graptemys kohnii "Albino"

Malaclemys terrapin rhizophorarum

Heosemys depressa

Orlitia borneensis

Batagur borneoensis

Nilssonia formosa

Claudius angustatus

Sternotherus depressus

Dermatemys mawii

Elusor macrurus

Chelodina rugosa

Podocnemis expansa